Handbibliothek für Bauingenieure

Ein Hand- und Nachschlagebuch
für Studium und Praxis

Begründet von Robert Otzen

Neue Reihe
herausgegeben von
Prof. Dr.-Ing. Dr.-Ing. E.h. Ferd. Schleicher

Statik der Tragwerke

Von

Walther Kaufmann

Vierte ergänzte und verbesserte Auflage

Springer-Verlag Berlin Heidelberg GmbH 1957

ISBN 978-3-540-02154-4   ISBN 978-3-662-13040-7 (eBook)
DOI 10.1007/978-3-662-13040-7

Statik der Tragwerke

Von

Dr.-Ing. habil. Walther Kaufmann
o. Professor an der Technischen Hochschule München

Vierte ergänzte und verbesserte Auflage

Mit 367 Abbildungen

Springer-Verlag Berlin Heidelberg GmbH 1957

Vorwort zur vierten Auflage

In der Statik der „Stabsysteme" — d. h. der Fachwerke und Stabwerke —, welche allein den Gegenstand des vorliegenden Buches bilden, sind seit dem Erscheinen der dritten Auflage im Jahre 1949 keine wesentlichen neuen Erkenntnisse gewonnen worden, wenn man von einigen speziellen Berechnungsverfahren absieht, die besonders für Stockwerkrahmen entwickelt wurden. Da sich außerdem sowohl die Stoffauswahl als auch die Art der Darstellung im Hinblick auf den Zweck des Buches bewährt zu haben scheinen, hielt ich es für berechtigt, bei der Neuauflage von größeren Textänderungen abzusehen und mich lediglich auf einige Verbesserungen und Ergänzungen zu beschränken, die neueren Forschungsergebnissen auf einigen Sondergebieten Rechnung tragen.

So wurde z. B. im ersten Abschnitt (allgemeine Grundlagen) die „Hypothese der größten Gestaltänderungsarbeit" hinzugefügt, welche in letzter Zeit für die modernen Vorstellungen über den Bruchvorgang der Werkstoffe immer mehr an Bedeutung gewonnen hat. Auch die Ausführungen über die Torsion von Stäben haben einige Ergänzungen erfahren, die sich auf den Fall behinderter Querschnittswölbung beziehen (z. B. bei eingespannten Stäben von nichtkreisförmigem Querschnitt).

Im sechsten Abschnitt (statisch unbestimmte Tragwerke) ist das Kapitel über „Rahmen" durch Aufnahme einer Berechnungsanweisung für sogenannte „*Vierendeel*träger" ergänzt worden. Weiter wurde in diesem Abschnitt eine Studie zur Berechnung von Brückenträgerrosten mit drillfesten Hauptträgern hinzugefügt, da diese Frage bei dem Bestreben nach besserer Materialausnutzung neuerdings eine gewisse Rolle spielt.

Den Schluß des Buches bildet eine Einführung in die „Theorie zweiter Ordnung" (Verformungstheorie), deren Anwendung sich bei der Berechnung weitgespannter Hänge- und Bogenbrücken als unerläßlich erwiesen hat.

Herrn Professor Dr.-Ing. Dr.-Ing. E. h. F. SCHLEICHER danke ich für verschiedene Anregungen, ebenso dem Springer-Verlag für die Sorgfalt, welche er auch dieses Mal der Ausstattung des Buches hat angedeihen lassen.

München, im November 1956

W. Kaufmann

Inhaltsverzeichnis

Vierter Abschnitt
Die elastischen Formänderungen

Fünfter Abschnitt
Theorie der statisch unbestimmten Systeme

Sechster Abschnitt
Statisch unbestimmte Tragwerke

Allgemeine Grundlagen

1. Begriff und Aufgabe der Statik

Die *Statik der Baukonstruktionen* besteht in der Anwendung gewisser Grundsätze oder Prinzipien der *allgemeinen Statik* auf besonders gestaltete, für die Technik wichtige Körper *(Tragwerke)*. Dem Wesen dieser Tragwerke entsprechend handelt es sich hier um die Statik *fester* Körper, wobei der Begriff „fest" im allgemeinen nicht gleichwertig ist mit „starr", sondern die Untersuchung in vielen Fällen auch auf das elastische Verhalten der Körper ausgedehnt werden muß.

Unter einem „*Tragwerk*" soll hier ein materielles System verstanden werden, bestehend aus einer Verbindung von *Stäben*, welches zur Aufnahme von Lasten dient und so gestützt ist, daß es unter dem Einfluß dieser Lasten keine Verschiebungen — mit Ausnahme elastischer — erleidet. Fallen alle Stäbe, aus denen das System zusammengesetzt ist, samt den auf sie wirkenden Kräften in eine Ebene *(Kraftebene)*, so liegt ein *ebenes Tragwerk* vor, im andern Falle ein *räumliches*.

Diese Tragwerke sind dadurch gekennzeichnet, daß sie aus *Stäben* bestehen, deren *eine* Abmessung groß ist gegenüber den beiden anderen (im Gegensatz zu den vollwandigen Scheiben, Schalen und Platten). Sie können deshalb in ihrer Gesamtheit zweckmäßig als „*Stabsysteme*" bezeichnet werden und bilden den Gegenstand des vorliegenden Buches.

Je nach der Gliederung der Tragwerke unterscheidet man *Stabwerke* und *Fachwerke*. Erstere bestehen aus *biegungsfesten* (geraden oder krummen) Stäben, welche Widerstandsfähigkeit gegen Kräfte beliebiger Richtung und Lage besitzen und miteinander entweder frei drehbar durch *Gelenke* oder biegungsfest (bzw. drillfest) durch *steife Ecken* verbunden sind. Bei den Fachwerken dagegen wird vorausgesetzt, daß die äußeren Kräfte nur in den Stabverbindungen *(Knotenpunkten)* angreifen. Alle Fachwerkstäbe sind in den Knotenpunkten durch reibungslose Gelenke verbunden gedacht, wodurch die Annahme begründet ist, daß jeder Stab nur axiale Beanspruchungen erleidet.

Die *Statik der Tragwerke* hat wesentlich zwei Aufgaben zu lösen: erstens die Ermittlung der Lagerkräfte sowie der in den Stäben des Systems auftretenden *Spannungen* (vgl. 3) und zweitens die Bestimmung der *Formänderungen* des Tragwerks, beides ausgedrückt als Funktion der gegebenen Belastung sowie etwaiger Temperaturänderungen und Stützenverschiebungen.

Zur Erfüllung dieser Aufgaben stehen zwei Wege offen: das zeichnerische (graphische) und das rechnerische (analytische) Verfahren. An sich wäre es folgerichtig, *ein* Verfahren für alle Fälle durchzuführen und alle Gesetze der Statik nach diesem zu entwickeln. Bei der Ausführung dieses Vorhabens würde man indessen bald erkennen, daß sich das gesteckte Ziel häufig nur auf Umwegen würde erreichen lassen, weshalb man sich zweckmäßig in jedem Einzelfalle für dasjenige Verfahren entscheidet, welches am schnellsten und sichersten eine Lösung der gestellten Aufgabe ermöglicht. Hinsichtlich der Genauigkeit verdient das rechnerische Verfahren den Vorzug und wird deshalb besonders bei verwickelten Untersuchungen statisch unbestimmter Systeme fast durchweg zur Anwendung gelangen, aber auch hier wird man ungern nach Erledigung bestimmter Vorarbeiten etwa auf die Benutzung der Einflußlinien oder anderer graphischer Hilfsmittel verzichten. Für die Ableitung allgemeingültiger Gesetze leistet die Rechnung in der Mehrzahl der Fälle bessere Dienste als das graphische Verfahren.

2. Die äußeren Kräfte

Auf einen Körper können zwei Arten von äußeren Kräften wirken: *Massenkräfte*, wenn alle Teile des Körpers gleichartig und unmittelbar ergriffen werden, und *Oberflächenkräfte*, welche an der Oberfläche des Körpers wirksam sind. Für die hier zu betrachtenden Tragwerke kommen beide Arten in Frage, die Massenkräfte in Form des *Eigengewichtes* und die Oberflächenkräfte als *Lasten* und *Stützkräfte*, letztere dargestellt durch die Widerstände der Lager, welche infolge des *Gesetzes der Wechselwirkung* (Prinzip der Aktion und Reaktion) in gleicher Weise wie die Lasten als äußere Kräfte aufgefaßt werden müssen.

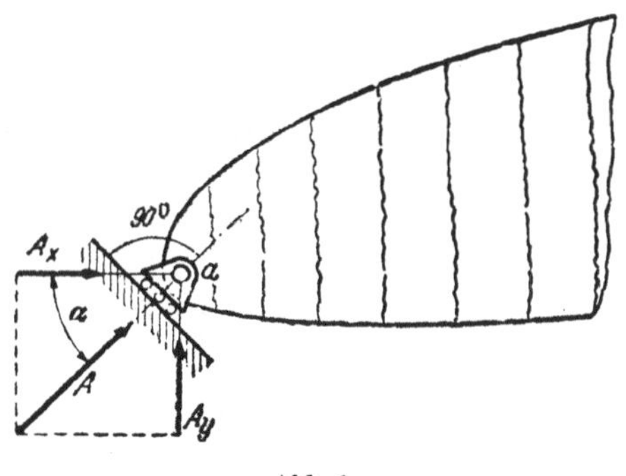

Abb. 1

In der Statik der Tragwerke rechnet man das Eigengewicht mit zu den Lasten und teilt alle äußeren Kräfte ein in *Lasten* und *Stützkräfte*.

Bei den Lasten ist zu unterscheiden zwischen *ständigen* oder *bleibenden* und *veränderlichen* oder *beweglichen* Lasten. Zu ersteren gehören insbesondere die Eigengewichte der Tragkonstruktionen, zu letzteren alle *Verkehrslasten*, z. B. die Raddrücke von Fahrzeugen, das Menschengedränge auf Brücken usw. Als dritte Gruppe kommen die Schnee- und Windlasten sowie Erd- und Wasserdruck in Frage, welche periodisch auftreten, dann aber als ruhende Belastung eingeführt werden können.

Die Lasten können weiter bestehen aus *Einzellasten*, wenn die Kraft in einem Punkte angreift, oder aus *stetigen Lasten*, welche sich über eine bestimmte Fläche oder Linie erstrecken. Letztere können gleichmäßig oder ungleichmäßig verteilt sein.

Bei den Einzellasten wird die Annahme gemacht, daß sich der Einfluß einer Kraft nur auf einen ganz kleinen Umkreis der Oberfläche erstreckt, so daß dieser genau genug als Punkt — der *Angriffspunkt der Kraft* — angesehen werden kann.

Endlich ist zu unterscheiden zwischen *unmittelbaren* und *mittelbaren* Lasten, je nachdem diese auf das Tragwerk direkt oder vermittels einer Zwischenkonstruktion übertragen werden.

Die *Stützkräfte* oder *Lagerwiderstände* können je nach Art und Anordnung des Tragwerkes in verschiedener Form auftreten. Für die ebenen Systeme kommen wesentlich folgende Arten in Frage:

1. Unter einem „*verschieblichen Stützgelenk*" soll eine Lagerung verstanden werden, bei welcher sich der zu stützende Körper (Scheibe) um den Lagerzapfen a (Abb. 1) frei drehen kann, während gleichzeitig das Lager auf einer vorgeschriebenen Bahn (innerhalb gewisser Grenzen) reibungsfrei verschieblich ist. Dagegen soll eine Verschiebung des Lagers normal zu dieser Bahn nach beiden Richtungen ausgeschlossen sein. Ein eventuelles Abheben des Lagers von seiner Führung muß also durch konstruktive Maßnahmen verhindert werden. Die Stützkraft A kann

offenbar nur lotrecht zur Lagerführung wirken, fällt also mit der Bahnnormalen durch das Gelenk a zusammen. Diese Lagerung ist *statisch einwertig*, da die Stützkraft A durch *eine* Zahlenangabe bestimmt ist. Bei gegebener Normalenrichtung ist der Neigungswinkel α von A gegen die Horizontale bekannt. Die Komponenten $A_x = A \cos\alpha$ und $A_y = A \sin\alpha$ sind also durch A ebenfalls bestimmt und voneinander abhängig.

2. Ein „*festes Stützgelenk*" liegt vor, wenn der zu stützende Körper in einem Lagerzapfen a frei drehbar festgehalten wird (Abb. 2). Die Stützkraft A kann durch zwei beliebig gerichtete Komponenten — i. allg. eine waagerechte und eine lotrechte — dargestellt werden, die aber jetzt voneinander unabhängig sind, da der Neigungswinkel α zunächst nicht bekannt ist. Diese Lagerung ist *statisch zweiwertig*, da zur Bestimmung der Stützkraft A *zwei* Zahlenangaben erforderlich sind.

3. Bei einer „*festen Einspannung*" $a{-}b$ eines Stabes in eine starre Wand (Abb. 3) ist weder eine Verschiebung noch eine Drehung des Stabes in der Kraftebene möglich. Sie ist also *statisch* dreiwertig. Die drei Reaktionsgrößen sind die

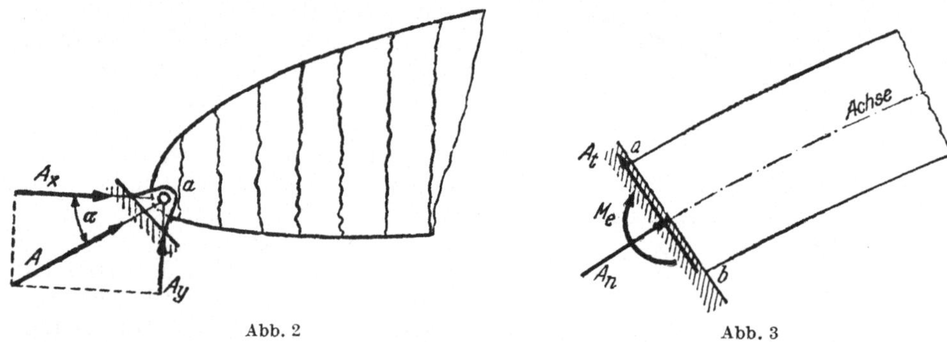

Abb. 2   Abb. 3

Lagerkräfte A_n normal und A_t tangential zur Einspannung $a{-}b$ sowie das Einspannungsmoment M_e.

Sämtliche Stützkomponenten können je nach Art der Belastung des Tragwerks positive oder negative Werte annehmen. Über die bei räumlichen Systemen auftretenden Lagerkräfte vgl. S. 105ff.

Jede Kraft ist eindeutig bestimmt durch Größe, Richtung und Lage, und zwar wird angenommen, daß sie allmählich, d. h. nicht stoßartig, von Null bis zu ihrem Endwert wächst, ohne das System in Schwingungen zu versetzen.

Bei allen in diesem Buche angestellten Überlegungen (mit Ausnahme von Ziffer 10 des sechsten Abschnitts) wird von der Annahme *kleiner* Formänderungen der Tragwerke ausgegangen. Unter dieser einschränkenden Voraussetzung dürfen die äußeren Kräfte auch am deformierten Tragwerk in derselben Lage und Richtung angesetzt werden wie am unverformten. Die auf dieser Annahme aufgebaute Theorie wird als „Theorie erster Ordnung" bezeichnet. Von einigen Sonderfällen abgesehen (vgl. Ziffer 10 des sechsten Abschnitts) genügen die damit gewonnenen Ergebnisse den praktischen Anforderungen.

3. Die inneren Kräfte

Wirkt auf einen festen Körper eine Einzellast, so beeinflußt sie nicht nur den unmittelbar von ihr getroffenen Angriffspunkt, sondern es werden auch die Nachbarpunkte in Mitleidenschaft gezogen. Der Angriffspunkt — als materieller Punkt betrachtet — kann der Kraft nicht frei folgen, sondern wird durch die übrigen materiellen Punkte des Systems daran gehindert. Es wirken also außer der äußeren Kraft auf den Punkt noch andere — innere — Kräfte, die seinen Ruhe- oder Bewegungszustand beeinflussen und durch welche das System als Ganzes betrachtet zusammengehalten wird. Sie werden, auf die Flächeneinheit bezogen, als *Spannungen* bezeichnet und können je nach der Art der äußeren Belastung als *Normalspannungen* (Zug oder Druck) *und Schubspannungen* auftreten (vgl. 7).

Um diese *inneren Kräfte* der Berechnung zugänglich zu machen, denkt man sich durch das Tragwerk einen Schnitt gelegt und betrachtet jeden der beiden so entstehenden Teile als System für sich. Dabei wird der Einfluß jedes Teiles auf den anderen dadurch ersetzt, daß man beim Fachwerk als *Spannungsresultierende* in den Schwerpunktsachsen der geschnittenen Stäbe wirkende Längskräfte, sogenannte *Stabspannkräfte*, anbringt, beim biegungsfesten (ebenen) Stab dagegen in der Schnittfläche je eine (innere) Normal- oder Längskraft N_i, eine Querkraft Q_i und ein Biegungsmoment M_i ansetzt, da der biegungsfeste Stab in seiner Ebene widerstandsfähig gegen axialen Zug oder Druck sowie gegen Schub und Biegung sein soll (Abb. 4). Bei *räumlich* beanspruchten Stäben sind ent-

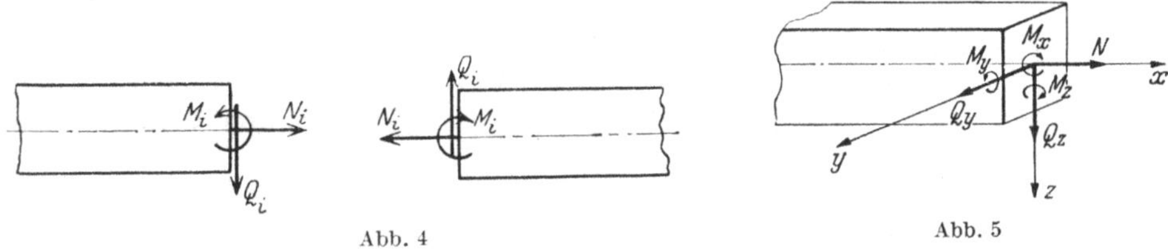

Abb. 4　　　　　　　　　　　　　　　　　　　Abb. 5

sprechend in der Schnittfläche eine Längskraft N, zwei Querkräfte Q_y, Q_z, zwei Biegungsmomente M_y, M_z und ein Drillungs- oder Torsionsmoment M_x anzubringen (Abb. 5). Diese inneren Kräfte sind nach dem Wechselwirkungsgesetz für beide Seiten des Schnittes gleich groß und entgegengesetzt gerichtet. Sie müssen so bestimmt werden, daß sie zusammen mit den *äußeren* Kräften, welche an jedem der durch den Schnitt getrennten Tragwerksteile angreifen, die Bedingungen des Gleichgewichts erfüllen (Ziffer 4). Sind auf diese Weise die Spannungsresultierenden ermittelt, so bleibt die Frage der *Spannungsverteilung* über die jeweilige Querschnittsfläche zunächst noch offen. Näheres darüber ist in Ziffer 7 zu finden.

4. Die Gleichgewichtsbedingungen des starren Körpers und das Prinzip der virtuellen Verrückungen

Ein starrer Körper befindet sich im Gleichgewicht, wenn er entweder in Ruhe ist oder bei gleichförmiger Geschwindigkeit eine geradlinige Translationsbewegung ausführt. Für die Statik der Tragwerke kommt nur der Fall der Ruhe in Frage.

Das Gleichgewicht eines starren Körpers im Raume, auf den beliebige Kräfte wirken, wird durch die Aussage gekennzeichnet, daß

I. die Summen der Komponenten aller am Körper wirkenden Kräfte Q nach drei beliebigen, nicht in einer Ebene liegenden Achsen (X, Y, Z) gleich Null sind ($\Sigma Q_x = 0$; $\Sigma Q_y = 0$; $\Sigma Q_z = 0$);

II. die Summen der Momente aller am Körper wirkenden Kräfte Q, bezogen auf drei beliebige, nicht in einer Ebene liegende Achsen gleich Null sind ($\Sigma M_x = 0$; $\Sigma M_y = 0$; $\Sigma M_z = 0$).

Zur Berechnung der Stützkräfte eines räumlichen Tragwerkes stehen also insgesamt sechs Gleichgewichtsbedingungen zur Verfügung.

In der Ebene vermindern sich diese auf drei. Wählt man hier als Bezugsachsen eine horizontale (X) und eine vertikale (Y), so lauten die ersten beiden

Bedingungen:

$$\Sigma Q_x = \Sigma H = 0,$$
$$\Sigma Q_y = \Sigma V = 0,$$

während die dritte, $\Sigma M = 0$, angibt, daß das Moment aller an dem ebenen System angreifenden Kräfte in bezug auf einen beliebig gewählten Drehpunkt gleich Null ist. Erwähnt sei noch, daß auch in der Ebene die Wahl der beiden Bezugsachsen ganz beliebig getroffen werden kann. Ausgeschlossen ist nur der Fall gleichgerichteter Achsen. In der Regel empfiehlt sich jedoch aus Zweck-

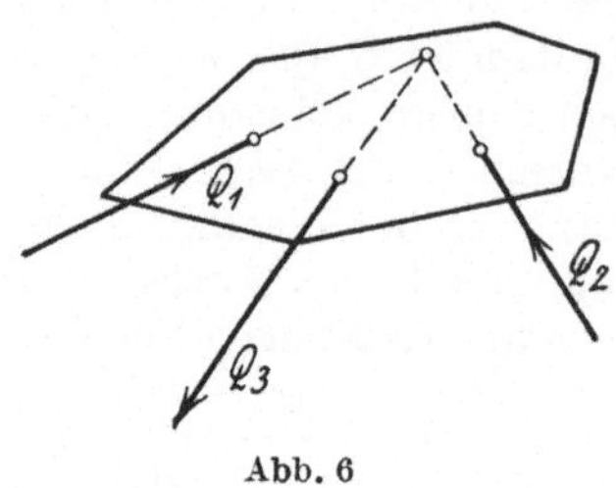

Abb. 6

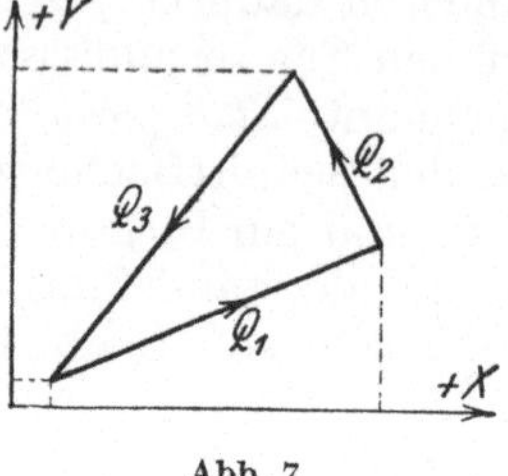

Abb. 7

mäßigkeitsgründen die Wahl eines rechtwinkligen Achsenkreuzes. Aus den Gleichgewichtsbedingungen der Ebene lassen sich zwei wichtige Sätze ableiten:

1. Wird eine starre Scheibe von drei äußeren Kräften ergriffen, so müssen sich, wenn Gleichgewicht bestehen soll, deren Kraftlinien in *einem* Punkte schneiden, während die drei Kräfte ein geschlossenes Krafteck mit stetigem Umfahrungssinn bilden (Abb. 6 u. 7).

Stellt man nämlich das Moment um den Schnittpunkt von zweien der drei Kräfte auf, so liefern diese beiden zum Moment keinen Beitrag. Das Moment aller drei Kräfte kann also nur zu Null werden, wenn auch die dritte Kraft durch den Schnittpunkt der beiden ersten geht. Außerdem muß sein $\Sigma V = 0$ und $\Sigma H = 0$.

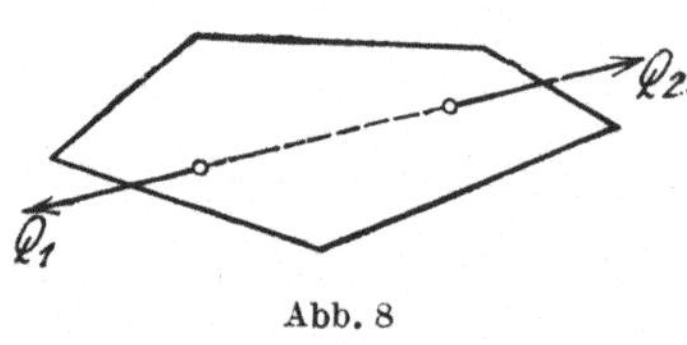

Abb. 8

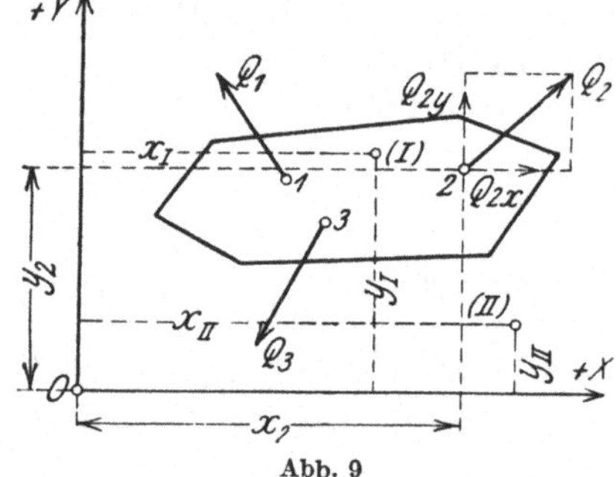

Abb. 9

2. Wird eine starre Scheibe von zwei äußeren Kräften ergriffen, so müssen — wenn Gleichgewicht bestehen soll — deren Kraftlinien zusammenfallen. Die beiden Kräfte Q_1 und Q_2 sind gleich groß, haben aber entgegengesetzten Pfeilsinn (Abb. 8).

Bezieht man die starre Scheibe, deren Gleichgewicht untersucht werden soll, auf ein rechtwinkliges Achsenkreuz (Abb. 9) und wählt den Ursprung 0 als Drehpunkt, so lauten die obigen Gleichgewichtsbedingungen:

$$\sum_{1}^{n} Q_{rx} = 0, \tag{1}$$

$$\sum_{1}^{n} Q_{ry} = 0, \tag{2}$$

$$\sum_{1}^{n} Q_{rx}\, y_r - \sum_{1}^{n} Q_{ry}\, x_r = 0. \tag{3}$$

Diese lassen sich wie folgt umformen. Man multipliziere Gl. (1) nacheinander mit $-y_I$ und $-y_{II}$, darauf Gl. (2) nacheinander mit $+x_I$ und $+x_{II}$, wobei (x_I, y_I) und (x_{II}, y_{II}) die Koordinaten zweier in der (X, Y)-Ebene liegender beliebiger Punkte (I) und (II) darstellen, und bilde

$$-\sum_1^n Q_{rx}\, y_I + \sum_1^n Q_{ry}\, x_I = 0,$$

$$-\sum_1^n Q_{rx}\, y_{II} + \sum_1^n Q_{ry}\, x_{II} = 0.$$

Addiert man jetzt zu diesen Ausdrücken Gl. (3), so erhält man:

$$\sum_1^n Q_{rx}\,(y_r - y_I) - \sum_1^n Q_{ry}\,(x_r - x_I) = 0, \tag{1a}$$

$$\sum_1^n Q_{rx}\,(y_r - y_{II}) - \sum_1^n Q_{ry}\,(x_r - x_{II}) = 0, \tag{2a}$$

$$\sum_1^n Q_{rx}\, y_r - \sum_1^n Q_{ry}\, x_r = 0 \quad \text{(bleibt bestehen).} \tag{3}$$

Damit ergibt sich ein neues Gleichungssystem, welches aus dem ersten hervorgegangen ist und ebenfalls eine Definition des Gleichgewichts der starren Scheibe darstellt. Die obigen Gleichungen sind voneinander unabhängig, wenn

$$\frac{y_I}{x_I} \gtrless \frac{y_{II}}{x_{II}},$$

d. h. wenn die drei Punkte 0, (I) und (II) nicht auf einer Geraden liegen. Wird dagegen $\frac{y_I}{x_I} = \frac{y_{II}}{x_{II}}$ oder $y_{II} = \nu\, y_I$, $x_{II} = \nu\, x_I$, so kann (2a) auch in der Form geschrieben werden

$$\sum_1^n Q_{rx}\,(y_r - \nu\, y_I) - \sum_1^n Q_{ry}\,(x_r - \nu\, x_I) = 0 \tag{2a'}$$

Setzt man noch an Stelle von (3):

$$\nu \sum_1^n Q_{rx}\, y_r - \nu \sum_1^n Q_{ry}\, x_r = 0,$$

so geht (2a′) über in die Gleichung

$$\nu \sum_1^n Q_{rx}\,(y_r - y_I) - \nu \sum_1^n Q_{ry}\,(x_r - x_I) = 0,$$

welche mit (1a) identisch ist, d. h. durch (2a) wird in diesem Sonderfall keine neue Bedingung für das Gleichgewicht der Scheibe aufgestellt.

Die Gln. (1a), (2a) und (3) sagen aus, daß die Summe der Momente aller an der starren Scheibe wirkenden Kräfte (Lasten und Stützkräfte) um drei beliebige, nicht auf einer Geraden liegende Punkte gleich Null ist. Ihre Anwendung ist in vielen Fällen besonders zweckmäßig.

Die Erfüllung der Bedingungen I und II bzw. (1) bis (3) oder (1a), (2a), (3) ist notwendig und hinreichend, wenn die an einem starren Körper bzw. einer starren Scheibe angreifenden Kräfte im Gleichgewicht stehen sollen. Indessen läßt sich dieser Zustand noch durch eine andere Aussage kennzeichnen: das *Prinzip der virtuellen Verrückungen*[1].

Jeder feste Körper kann als Vereinigung einer beliebigen Anzahl von Massenpunkten angesehen werden, deren Bewegungen gewissen Beschränkungen unter-

---

[1] LAGRANGE, J. L.: Mécanique analytique. Paris 1788.

worfen sind, bedingt durch den Zusammenhang des ganzen Systems sowie seine
Führung oder Stützung gegen andere Körper. Eine solche Massengruppe befindet sich im Gleichgewicht, wenn jeder ihrer Massenpunkte unter dem Einfluß
der auf ihn wirkenden äußeren und inneren Kräfte im Gleichgewicht ist. Bezeichnet also $\Re_r$ die Resultante der am Punkte r angreifenden äußeren, $\Im_r$ diejenige der inneren Kräfte (die von den ihn umgebenden Massenpunkten als
Zwangskräfte auf ihn ausgeübt werden), so besteht am Punkte r Gleichgewicht,
wenn — vektoriell geschrieben —

$$\Re_r + \Im_r = 0 \tag{4}$$

ist. Jetzt denke man sich dem Körper eine *virtuelle*, d. h. unendlich kleine, den
geometrischen Zusammenhang der einzelnen Teile nicht störende, im übrigen
aber ganz willkürliche Verrückung erteilt. Bezeichnet $\mathfrak{z}_r$ den dieser Verrückung
entsprechenden Verschiebungsweg des Punktes r, dann folgt aus (4) als Arbeit
der am Punkte r angreifenden Kräfte

$$(\Re_r + \Im_r)\,\mathfrak{z}_r = 0\,.$$

Nach Summation über alle Massenpunkte erhält man für die Arbeit aller äußeren
und inneren Kräfte bei der dem Körper erteilten virtuellen Verrückung

$$\sum \Re_r\, \mathfrak{z}_r + \sum \Im_r\, \mathfrak{z}_r = 0\,. \tag{5}$$

Es mögen nun m und n zwei beliebige Massenpunkte des Körpers bezeichnen,
$\Im_m$ und $\Im_n$ die Zwangskräfte, welche beide aufeinander ausüben (Abb. 10).
Dann ist nach dem Wechselwirkungsgesetz absolut $|\Im_m| =$
$|\Im_n|$. Die allgemeinste Lagenänderung, die man einem
Körper erteilen kann, läßt sich zusammensetzen aus einer
unendlich kleinen Parallelverschiebung und einer unendlich kleinen Drehung. Da die dem Körper zu erteilende
virtuelle Verrückung unendlich klein sein soll, kann
Größe und Richtung der Kräfte bei dieser Verschiebung

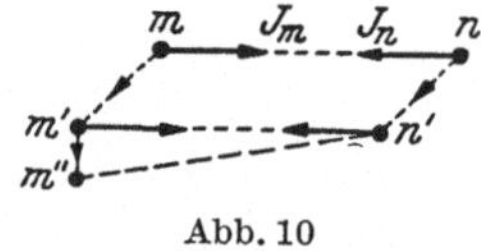

Abb. 10

als unveränderlich angesehen werden. Ist der betreffende Körper *starr*,
dann ändert sich der Abstand $m{-}n$ nicht, und die Kräfte $\Im_m$ und $\Im_n$ leisten
bei der Parallelverschiebung der Geraden $m{-}n$ in die Lage $m'{-}n'$ keine
Arbeit, da die Verschiebungsrichtungen die gleichen, die Kraftrichtungen
dagegen entgegengesetzt sind. Führt man weiter eine Drehung, etwa um den
Punkt n' aus, so leistet $\Im_n$ keine Arbeit, weil n' ruht, und $\Im_m$ leistet keine Arbeit,
weil die Verschiebung $m'{-}m''$ senkrecht zu $\Im_m$ steht. Eine solche Überlegung
kann für je zwei beliebige andere Massenpunkte angestellt werden, und man
erkennt, daß *die virtuelle Arbeit der inneren Kräfte beim starren Körper den Wert
Null hat.* Es ist dieses einfach eine Folge des Wechselwirkungsgesetzes. Damit
folgt aber aus (5)

$$\sum \Re_r\, \mathfrak{z}_r = 0\,, \tag{6}$$

d. h. *an einem starren Körper befindet sich eine beliebige Gruppe äußerer Kräfte
im Gleichgewicht, wenn die Summe der von ihnen bei jeder virtuellen Verrückung
des Körpers geleisteten Arbeit gleich Null ist.*

Der hier für den starren Körper erbrachte Nachweis, daß $\sum \Im_r\, \mathfrak{z}_r = 0$ wird,
gilt beim elastisch-festen Körper nicht mehr, da bei diesem die Abstände $m{-}n$
zweier Massenpunkte infolge der Verformung des Körpers sich ändern. Auf
diese Frage wird im vierten Abschnitt genauer eingegangen (vgl. S. 118).

5. Statisch bestimmte und statisch unbestimmte Systeme

Ein Tragwerk heißt *statisch bestimmt*, wenn die infolge gegebener Lasten erzeugten Lagerkräfte sowie die Spannungsresultierenden (Spannkräfte bzw. Normalkräfte, Querkräfte, Momente) für jeden Querschnitt der Stäbe lediglich mit

Hilfe der Gleichgewichtsbedingungen ermittelt werden können. Es heißt *labil* oder *stabil*, je nachdem die einzelnen Stäbe, aus denen das System zusammengesetzt ist, ihre relative Lage gegeneinander oder gegen die Stützen — abgesehen von elastischen Formänderungen — ändern können oder nicht. Im ersten Fall ist das System verschieblich und somit i. allg. für praktische Zwecke unbrauchbar. Genügen die Gleichgewichtsbedingungen zur Bestimmung der oben genannten statischen Größen nicht, so ist das Tragwerk statisch unbestimmt. Diese statische Unbestimmtheit kann bedingt sein durch eine oder mehrere überzählige Stützkräfte bzw. eine oder mehrere überzählige Spannungsresultierende (s. oben). Die Zahl dieser überzähligen Größen gibt den Grad der statischen Unbestimmtheit des Systems an (einfach, zweifach, n-fach statisch unbestimmt). Zwecks Ableitung einer allgemeinen Beziehung für *ebene Tragwerke* seien jetzt solche *Systeme* betrachtet, die entweder aus *biegungsfesten Stäben* bestehen oder aus *Fachwerkscheiben*, welche ihrer Gliederung nach selbst statisch bestimmt und stabil sind, oder aus einer Verbindung solcher Stäbe und Scheiben. Die Bedingungen, welche eine derartige — in der Folge kurz als *einfache* Scheibe bezeichnete — Fachwerkscheibe erfüllen muß, werden in Ziffer 8 genauer erörtert. Biegungsfeste Stäbe mögen *einfach zusammenhängend* heißen, wenn sie an keiner Stelle in sich zurücklaufen, im andern Falle *mehrfach zusammenhängend* (z. B. Abb. 24).

Abb. 11   Abb. 11 a

An einem Tragwerk können biegungsfeste Stäbe *gelenkig* oder *steif* miteinander verbunden sein. Fachwerkscheiben und biegungsfeste Stäbe hängen in Gelenken miteinander zusammen. Im Querschnitt durch einen biegungsfesten Stab treten bei ebener Beanspruchung *drei* innere Kraftwirkungen (Spannungsresultierende) auf: eine Normalkraft, eine Querkraft und ein Moment (Abb. 4). In einem Gelenk, welches zwei Stäbe oder Scheiben drehbar, aber fest verbindet, kann kein Moment übertragen werden, wohl aber eine Normal- und eine Querkraft. Jedes feste, zweischeibige Gelenk kann also in seiner Wirkung durch diese beiden Kräfte ersetzt werden. Treffen in einem Gelenkpunkt mehr als zwei Scheiben zusammen (Abb. 11), so liefert jede neu hinzutretende zwei weitere innere Kräfte, weshalb bei einem von n Scheiben gebildeten Gelenk $2 + 2(n-2) = 2(n-1)$ unbekannte Gelenkkräfte in Ansatz zu bringen sind. Wird das Gelenk so ausgebildet, daß eine Kraftwirkung zweier Stäbe oder Scheiben gegeneinander nur in bestimmter Richtung ausgeübt werden kann (verschiebliches Gelenk, Abb. 11a), so ist nur *eine* Gelenkkraft von bekannter Richtung vorhanden.

Um nun beurteilen zu können, ob ein ebenes Tragwerk statisch bestimmt ist oder nicht, zerlege man es durch Schnitte, die entweder durch steife Ecken oder Gelenke oder durch eine beliebige Stelle eines biegungsfesten Stabes gelegt werden, in einfach zusammenhängende biegungsfeste Stäbe und einfache Scheiben und zähle die an den Schnittstellen auftretenden Spannungsresultierenden (Gelenkkräfte bei Gelenken, Normalkräfte, Querkräfte, Momente bei steifen Verbindungen) ab, deren Anzahl s sei. Für jeden einfach zusammenhängenden, biegungsfesten Stab und jede einfache Fachwerkscheibe stehen in der Ebene drei Gleichgewichtsbedingungen zur Verfügung (Ziffer 4). Ist also das vorgelegte Tragwerk in p solche Stäbe bzw. Scheiben zerlegt, und bezeichnet noch a die Anzahl der vorhandenen Lagerkräfte, so sind insgesamt $a + s$ Unbekannte vorhanden, denen $3p$ Gleichgewichtsbedingungen gegenüberstehen. Aus letzteren lassen sich die $a + s$ Unbekannten eindeutig bestimmen, sofern gerade $a + s = 3p$ ist und die Nennerdeterminante Δ des Gleichungssystems einen von Null verschiedenen Wert hat. Das Tragwerk ist demnach statisch bestimmt, wenn

$$a + s = 3\,p \tag{7}$$

und

$$\Delta \gtrless 0\,.$$

Wird $a + s > 3\,p$, sind also mehr Unbekannte vorhanden als Gleichgewichtsbedingungen, so heißt das Tragwerk statisch unbestimmt, und zwar gibt

$$n = a + s - 3\,p \tag{7a}$$

den Grad der statischen Unbestimmtheit an.

Andererseits sind im Falle $a + s < 3\,p$ mehr Gleichungen als Unbekannte vorhanden; ein solches System ist *beweglich* und für praktische Zwecke bei beliebig wirkender Belastung unbrauchbar.

Nachstehend sollen jetzt im Anschluß an die obigen Überlegungen einige ebene Tragsysteme besprochen werden.

Eine *einfache* Scheibe S (Abb. 12) möge in A gelenkig fest, in B auf einer schrägen Bahn beweglich gelagert sein. Nach Ziffer 2 treten bei A zwei, bei B eine

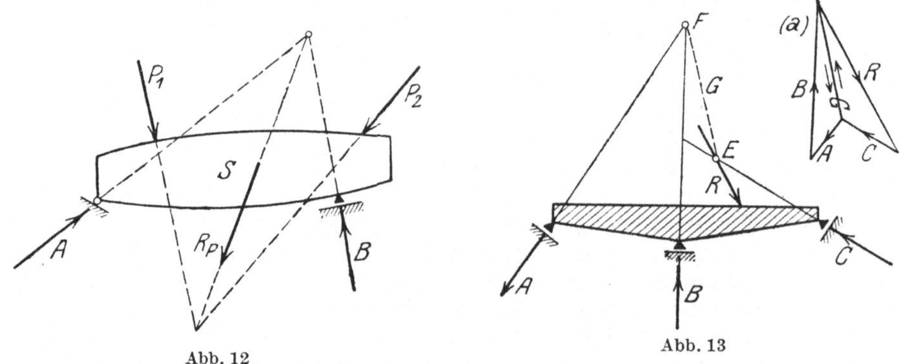

Abb. 12   Abb. 13

unbekannte Reaktionskomponente auf, die mit Hilfe der drei Gleichgewichtsbedingungen der starren Scheibe bestimmt werden können. Die Bedingung (7) ist hier — wie ersichtlich — erfüllt. Zieht man die graphische Lösung der rechnerischen vor, so findet man mit Hilfe des in Ziffer 4, S. 5, abgeleiteten Satzes die Reaktionen A und B aus der Bedingung, daß diese sich mit der Resultierenden R_P der Lasten P in einem Punkte schneiden müssen. Dieser Punkt ist durch die Richtung von B und R_P bekannt. Eine so gestützte Scheibe ist also (hinsichtlich ihrer Stützung) statisch bestimmt.

Auch der in Abb. 13 skizzierte Träger weist eine statisch bestimmte Stützung auf, da alle drei Lager verschiebliche Stützgelenke sind. An ihm greifen drei unbekannte Stützreaktionen an, deren Richtungen durch die Bahnnormalen gegeben sind. Zur Bestimmung dieser Reaktionen A, B, C genügen die drei Gleichgewichtsbedingungen. Schneller gelangt man dagegen auf graphischem Wege zum Ziele, indem man die Aufgabe löst: Eine Kraft R (Resultierende der Lasten) nach drei gegebenen Richtungen zu zerlegen. Zu diesem Zwecke bringt man je zwei der vier Kraftlinien von A, B, C und R zum Schnitt, z. B. R und C in E, ferner A und B in F. Nun verbindet man E mit F durch die Gerade G und zerlegt R im Punkte E nach C und G und darauf G im Punkte F nach A und B. Der Umfahrungssinn von R, C, A, B muß im Gleichgewichtsfalle stetig sein (Abb. 13a). Das vorliegende System ist stabil, solange sich die drei Bahnnormalen nicht in *einem* Punkte schneiden (vgl. S. 12 und 94).

Liegt das in Abb. 14 skizzierte Tragwerk vor, so erkennt man leicht, daß die Anzahl der vorhandenen Lagerkräfte größer ist als die der verfügbaren Gleichgewichtsbedingungen. Der Träger ist also statisch unbestimmt. Allgemein läßt sich sagen, daß für einen aus einer einfachen Scheibe bzw. einem einfach zusammenhängenden biegungsfesten Stabe gebildeten ebenen Träger der Grad der

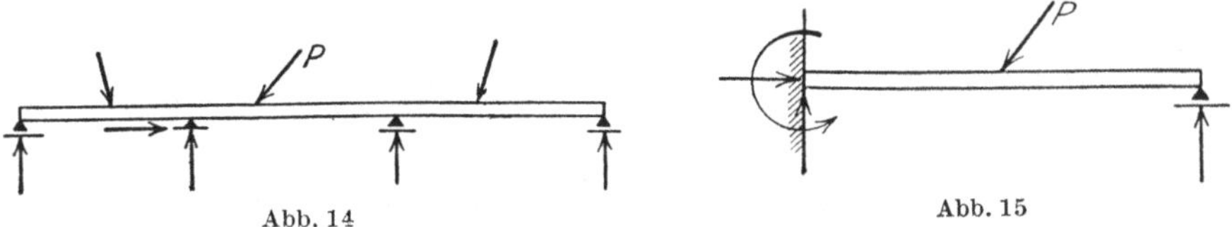

Abb. 14   Abb. 15

statischen Unbestimmtheit wegen $s = 0$ bei a unbekannten Lagergrößen $a-3$ beträgt. Obiges System (Abb. 14) ist also $5 - 3 = 2$fach statisch unbestimmt.

Unter Beachtung der eingetragenen Lagergrößen ergibt sich ferner, daß die in Abb. 15 und 16 dargestellten Systeme einfach, die in Abb. 17 und 18 skizzierten dagegen dreifach statisch unbestimmt sind.

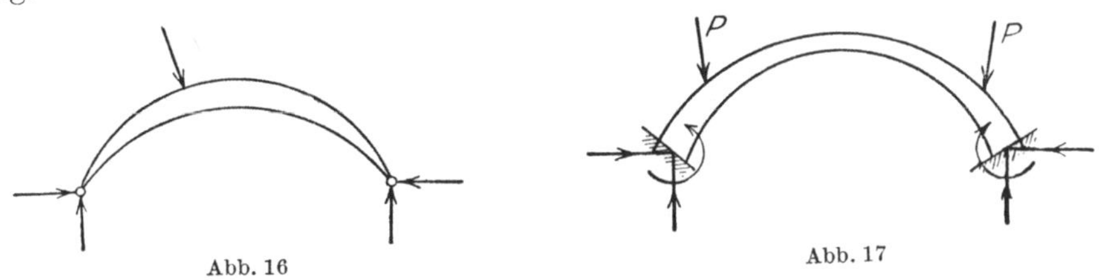

Abb. 16   Abb. 17

Ein solcher Träger kann durch Zerlegung in mehrere durch Gelenke miteinander verbundene Scheiben oder Stäbe in ein statisch bestimmtes System umgewandelt werden. Da in einem Gelenkpunkt ein Biegungsmoment nicht übertragen wird, so erhält man aus der Bedingung $M_g = 0$ eine neue statische Gleichung, die zu den drei Gleichgewichtsbedingungen hinzutritt. Werden nun so viele Gelenke angeordnet, als überzählige Lagergrößen vorhanden sind, so stimmt die Anzahl der verfügbaren statischen Bedingungsgleichungen mit der Anzahl der unbekannten Lagerkräfte überein, welche demnach ermittelt werden können. Ein Träger auf

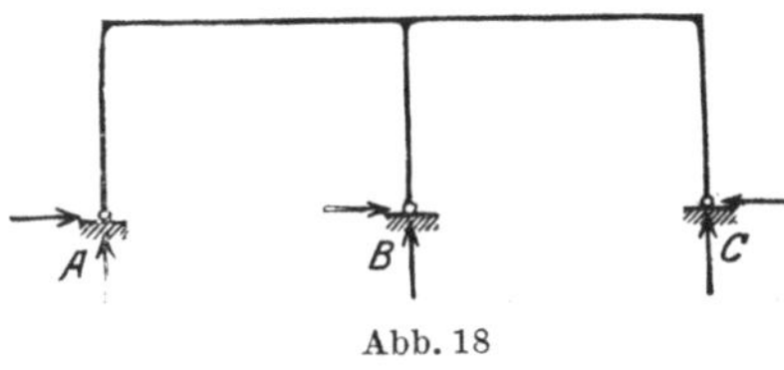

Abb. 18

fünf Stützen mit sechs unbekannten Lagergrößen kann also durch Anordnung von drei Gelenken G_1, G_2, G_3 in einen statisch bestimmten Gelenkträger (Gerberträger) übergeführt werden (Abb. 19). Die Anordnung der Gelenke

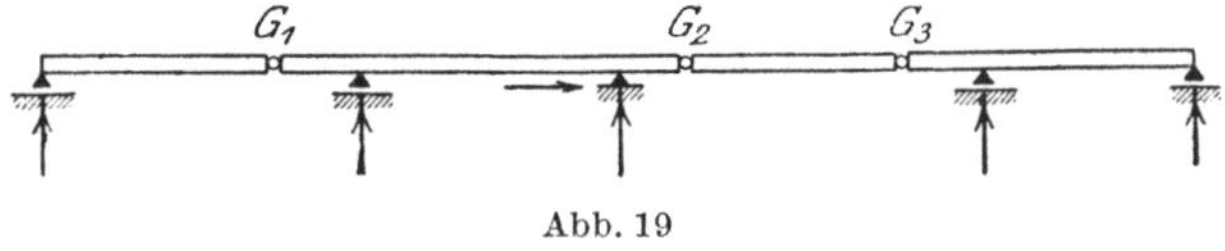

Abb. 19

ist willkürlich und nur an die Bedingung geknüpft, daß zwischen zwei Stützen nicht mehr als zwei Gelenke vorhanden sein dürfen.

In gleicher Weise läßt sich der einfach statisch unbestimmte Zweigelenkbogen (Abb. 16) in den statisch bestimmten Dreigelenkbogen (Abb. 20), der dreifach statisch unbestimmte Bogen (Abb. 17) in das System Abb. 21 überführen. In allen diesen Fällen überzeugt man sich leicht, daß nach Einschaltung der Gelenke die Bedingung (7) jeweils erfüllt ist, wobei in den vorstehenden Beispielen jedem der festen Gelenke zwei unbekannte Gelenkkräfte entsprechen.

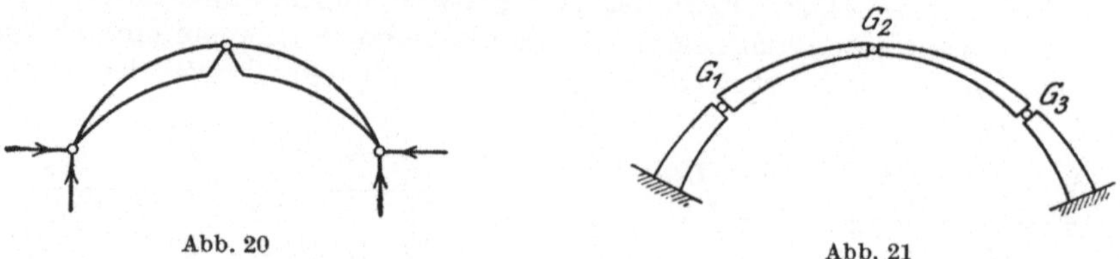

Abb. 20

Abb. 21

Abb. 22 zeigt eine durch einen Balken versteifte Kette. Im ganzen sind bei der gewählten Stützung 7 Lagergrößen zu bestimmen. 4 dreischeibige Gelenke liefern 16, 2 zweischeibige liefern 4, das sind zusammen 20 Gelenkkräfte. Diesen 27 Unbekannten stehen bei 9 Scheiben (bzw. Stäben) 27 Gleichgewichtsbedingungen gegenüber, d. h. das System ist statisch bestimmt. In ähnlicher Weise läßt sich zeigen, daß das in Abb. 23 skizzierte System statisch bestimmt ist, denn mit $a = 14$, $s = 22$, $p = 12$ wird die Gl. (7) identisch erfüllt.

Das in Abb. 24 dargestellte Stabwerk besteht aus biegungsfesten Stäben, die in den Schnitt-

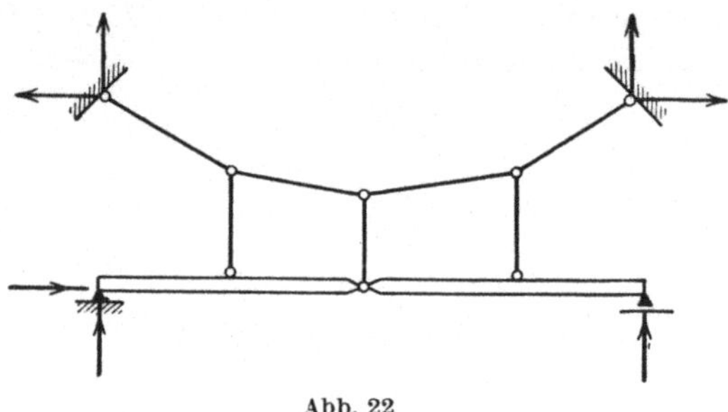

Abb. 22

punkten ihrer Achsen durch steife Ecken miteinander verbunden sind und im oberen Teil des Systems einen geschlossenen Stabzug bilden (mehrfach zusammenhängend). Legt man hier durch den unteren Horizontalstab einen Schnitt, so

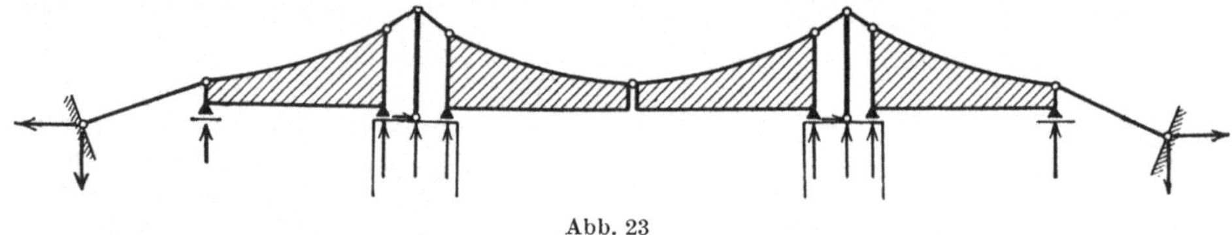

Abb. 23

entsteht ein einfach zusammenhängender Stabzug mit $a = 4$ Auflagerreaktionen. An der Schnittstelle sind $s = 3$ Spannungsresultierende anzubringen. Da jetzt $p = 1$ ist, so wird nach (7a)

$$n = 4 + 3 - 3 = 4;$$

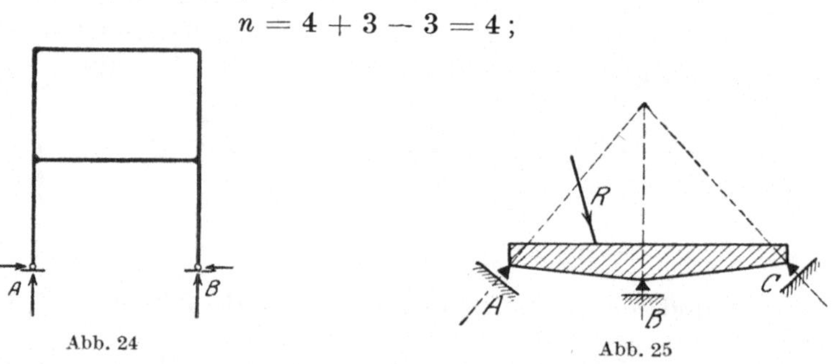

Abb. 24

Abb. 25

das vorgelegte System ist demnach vierfach statisch unbestimmt. Gl. (7) bzw. (7a) entscheidet also auch bei derartigen Systemen leicht, ob es sich um ein statisch bestimmtes Tragwerk handelt oder nicht.

Indessen können auch Systeme auftreten, welche, obwohl Gl. (7) erfüllt ist, unbrauchbar — weil verschieblich — sind ($\varDelta = 0$). Dabei genügt bereits eine sehr kleine (unendlich kleine) Verschieblichkeit. Ein einfaches Beispiel eines verschieblichen Systems, für das Gl. (7) erfüllt ist, zeigt Abb. 25, in welcher sich die drei Bahnnormalen der Stützpunkte in *einem* Punkte schneiden. Eine Zerlegung der Kraft R nach den drei Lagerkräften A, B, C in der auf S. 9 besprochenen Weise ist hier nicht möglich. Wollte man sie ausführen, so würde man für alle drei Lagerkräfte unendlich große Werte erhalten, woraus schon erhellt, daß das System unbrauchbar ist. Vielfach läßt sich diese Frage indessen nicht so einfach entscheiden, weshalb zu ihrer Beantwortung andere Hilfsmittel herangezogen werden müssen (vgl. S. 94).

6. Die Einflußlinie

Für die Berechnung der Querschnittsabmessungen eines Bauwerkes ist die Bestimmung der Grenzwerte aller statischen Größen (Momente, Normalkräfte, Querkräfte, Lagerreaktionen), das sind diejenigen Werte, zwischen welchen alle

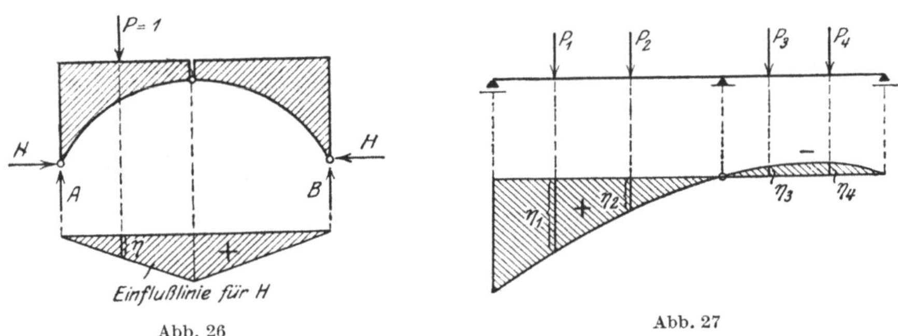

Abb. 26   Abb. 27

sonst vorkommenden eingeschlossen sind, erforderlich. Handelt es sich lediglich um ruhende Lasten (Eigengewicht, Schnee, Wind, Temperaturänderung usw.), so bietet die Ermittelung der Größtwerte keine Schwierigkeiten, da diese durch entsprechende Verbindung der für jede statische Größe ungünstigsten Belastungszustände gefunden werden können. Anders verhält es sich dagegen beim Vorhandensein beweglicher Lasten. Sind diese, was fast ausschließlich der Fall ist, sämtlich parallel, so bietet die Benutzung der *Einflußlinien* ein bequemes Hilfsmittel zur Bestimmung dieser Grenzwerte.

Die Einflußlinie einer beliebigen statischen Größe wird wie folgt gefunden: Man untersucht den Einfluß einer über den Träger wandernden Einzellast $P = 1$ auf die betreffende statische Größe in verschiedenen Laststellungen und trägt die so gefundenen Werte unter der jeweiligen Laststellung als Ordinaten η von einer Nullinie aus auf. Der durch die Endpunkte der Strecken η festgelegte Linienzug ist die gesuchte Einflußlinie, während die von der Einfluß- und Nullinie begrenzte Fläche die *Einflußfläche* genannt wird (Abb. 26).

Im allgemeinen werden die Einflußlinien nur für lotrechte Belastung benötigt, indessen bietet die Konstruktion von Einflußlinien auch für waagerechte oder schräge Lasten keine Schwierigkeiten.

Die Einflußlinien können positive und negative Beitragsstrecken haben, je nachdem bei Belastung des Trägers innerhalb dieser Strecken positive oder negative Werte der betreffenden statischen Größe erzeugt werden (Abb. 27). Positive Ordinaten werden für die Folge von der Nullinie aus nach unten, negative nach oben aufgetragen. Wird für eine bestimmte Laststellung die statische Größe zu Null, so entspricht dieser Stellung in der Einflußlinie ein Nullpunkt.

Geben die Ordinaten η_1, η_2, ... die Einflüsse der Lasteinheit ($P = 1$) auf die statische Größe Z in den verschiedenen Stellungen an, so erzeugt eine in r stehende Last P

$$Z = P\,\eta_r$$

und ein aus mehreren parallelen Lasten P_1, P_2, ..., P_n bestehendes Lastensystem die Größe

$$Z = \sum_1^n P\,\eta \,,$$

wobei die Ordinaten η mit ihren Vorzeichen einzusetzen sind.

Die vorstehende Gleichung setzt die Gültigkeit des *Superpositionsgesetzes* voraus. Auf den vorliegenden Fall angewendet besagt dieses, daß, nachdem ein bestimmter Spannungszustand infolge einer gegebenen Belastung eingetreten ist, jede Änderung dieses Spannungszustandes nur von der neu hinzutretenden Belastung abhängt. Einer Aufeinanderlegung verschiedener Belastungszustände entspricht eine einfache Addition der zu jedem dieser Belastungszustände gehörigen Spannungen (vgl. 7 und 8).

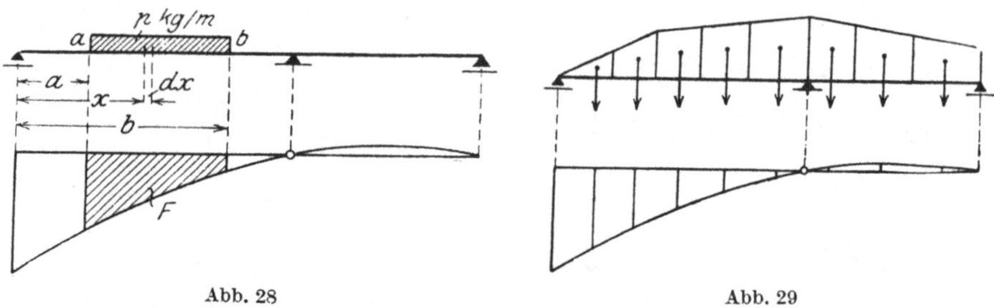

<table>
<tr><td>Abb. 28</td><td>Abb. 29</td></tr>
</table>

Wirkt auf den Träger eine zwischen zwei Punkten a und b gleichmäßig verteilte Last p [kg/m], so erhält man die statische Größe Z durch den Ansatz:

$$Z = \int_{x=a}^{x=b} p\,dx\,\eta = p\,F_{(a,\,b)} \,,$$

d. h. Z wird gleich dem Produkt aus der Belastungseinheit p und dem zwischen den Punkten a und b liegenden Teile der Einflußfläche (Abb. 28). Ist die Last ungleichmäßig verteilt, so setzt man an ihre Stelle (durch Zerlegung der Belastungsfläche in genügend kleine Abschnitte) zweckmäßig eine Anzahl von Einzellasten und verfährt dann genau wie bei letzteren (Abb. 29).

Die Einflußlinie gibt an, wie ein Träger belastet werden muß, damit die gesuchte statische Größe ihre Grenzwerte (größter positiver und größter negativer Wert) annimmt. Besitzt sie nur positive oder nur negative Ordinaten, so muß der ganze Träger belastet werden, und zwar so, daß über den größten Ordinaten die größten Lasten stehen. Sind dagegen positive und negative Ordinate vorhanden, so sind zur Erlangung des positiven Grenzwertes ausschließlich die positiven, zur Erlangung des negativen Grenzwertes ausschließlich die negativen Beitragsstrecken zu belasten.

Vielfach werden die Lasten nicht direkt, sondern indirekt durch Längs- und Querträger gemäß Abb. 30 auf die einzelnen Knotenpunkte der Hauptträger übertragen. Steht dann die Last 1 zwischen zwei Querträgern m und $m + 1$, deren Abstand mit λ bezeichnet sein möge, während ε und ε' die Abstände der Last von m bzw. $m + 1$ angeben, so hat die auf m entfallende Komponente der Last 1 den Wert $1\dfrac{\varepsilon'}{\lambda}$, denn sie muß in bezug auf $m + 1$ das gleiche Moment erzeugen wie die Last 1. Entsprechend ist die auf $m + 1$ entfallende Komponente $1\frac{\varepsilon}{\lambda}$. Nun muß sein

$$1\,\eta = 1\,\frac{\varepsilon'}{\lambda}\,\eta_m + 1\,\frac{\varepsilon}{\lambda}\,\eta_{m+1},$$

wenn η_m bzw. η_{m+1} die den Punkten m und $m + 1$ entsprechenden Ordinaten der Einflußlinie für Z darstellen. Die vorstehende Gleichung ist für die Veränderliche ε bzw. $\varepsilon' = \lambda - \varepsilon$ vom ersten Grade, d. h. die Einflußlinie zwischen den beiden Knotenpunkten m und $m + 1$ verläuft geradlinig.

Mitunter wird man aus Zweckmäßigkeitsgründen als Ordinaten η nicht die gefundenen tatsächlichen Einflüsse der Last 1 auf die statische Größe Z auftragen, sondern andere, mit einer konstanten Zahl k multiplizierte Werte (ηk). In solchen Fällen ist der Einflußlinie ein Multiplikator $\mu = \frac{1}{k}$ beizugeben, mit dem der Wert $\sum\limits_{1}^{n} P(\eta k)$ zu multiplizieren ist, um Z zu erhalten. Zur Darstellung der Einflußlinie genügt es also, wenn ihre Gestalt, d. h. das gegenseitige Verhältnis der Einflußordinaten, festgelegt und der Multiplikator μ bestimmt wird.

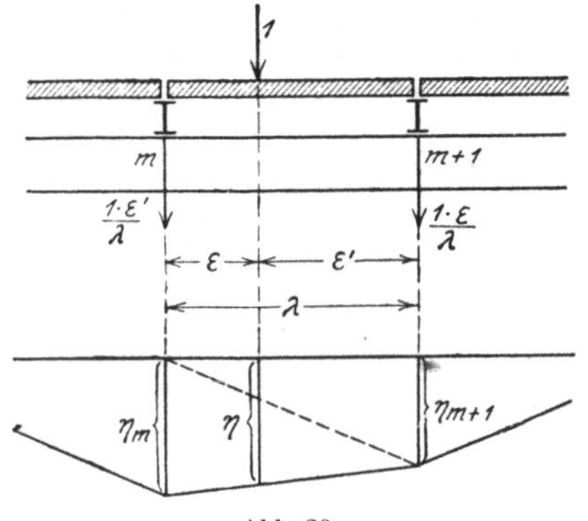

Abb. 30

Die Einflußlinien der am häufigsten vorkommenden Systeme sind in den folgenden Kapiteln eingehender behandelt. Bei verwickelteren statisch bestimmten Systemen bedient man sich mit Vorteil der kinematischen Methode (s. S. 95), die insbesondere auch wichtige allgemeine Schlüsse über die Gestalt der Einflußlinien, ihre Nullpunkte und ihre Knickpunkte zuläßt.

7. Die Grundgleichungen der Statik des stabförmigen Trägers

Ein *gerader* stabförmiger Körper sei von beliebigen äußeren Kräften ergriffen, die zusammen an dem Stab ein Gleichgewichtssystem bilden. Um zu einer Beurteilung über die Größe der durch die äußeren Kräfte im Stabe hervorgerufenen Spannungen zu gelangen (vgl. 3), denke man sich ihn durch einen Querschnitt normal zur Stabachse in zwei Teile zerlegt, bringe zur Wiederherstellung des gestörten Gleichgewichts die in dem Querschnitt übertragenen, zunächst unbekannten Spannungen in der Schnittfläche an und betrachte nunmehr einen dieser Teile — etwa den linken — als selbständigen Körper für sich.

Bezieht man den Querschnitt des Stabes auf ein räumliches Koordinatensystem, dessen Ursprung mit dem Schwerpunkt S und dessen X-Achse mit der Stabachse zusammenfällt, während die Y- und Z-Achse in der Querschnittsebene liegen (Abb. 32), so kann jede der an dem betrachteten — linken — Stabteil angreifenden äußeren Kräfte in drei Komponenten nach diesen drei Achsen zerlegt werden. Die in Richtung der X-Achse wirkenden Komponenten liefern eine Normalkraft N_x sowie die Biegungsmomente M_y und M_z (um die Y- und Z-Achse), die in Richtung der Y- und Z-Achse wirkenden erzeugen die Querkräfte Q_y und Q_z sowie das Verdrehungsmoment M_x (um die X-Achse).

Um nun die unbekannten Spannungen im betrachteten Querschnitt berechnen zu können, geht man zunächst von den Gleichgewichtsbedingungen aus und stellt die Forderung auf, daß die am abgetrennten Stabteil wirkenden *äußeren* Kräfte, bzw. deren Komponenten, mit den im Querschnitt angebrachten *Spannungen* ein Gleichgewichtssystem bilden müssen. Bei der Betrachtung des einfachsten Sonderfalles, der axialen Längskraft, erkennt man jedoch leicht, daß mit Hilfe der Gleichgewichtsbedingungen allein eine eindeutige Lösung der Aufgabe nicht möglich ist, da jede beliebige Spannungsverteilung, sofern sie nur zu einer in die Stabachse fallenden Resultierenden von gleicher Größe und entgegengesetzter Richtung wie die äußere Kraft führt, die Gleichgewichtsbedingungen erfüllen würde. Es ist vielmehr erforderlich, neben dem Spannungszustande auch die mit ihm verbundenen Formänderungen des Stabes zu untersuchen. Der Zusammenhang zwischen Spannungszustand und Formänderung eines ideal-elastischen Körpers ist für den einachsigen Spannungszustand durch das *Hookesche Gesetz* gegeben (vgl. S. 19), wonach Spannungen und Formänderungen proportional sind. Die Erfahrung hat gelehrt, daß im Falle reiner Längskraft — abgesehen von der Krafteinleitungsstelle — die Längenänderungen parallel zur X-Achse für alle Punkte des Querschnitts nahezu konstant sind, weshalb auch die Spannungen über den ganzen Querschnitt gleichmäßig verteilt angenommen werden dürfen. Damit ist der Spannungszustand eindeutig bestimmt. Wesentlich verwickelter liegen die Verhältnisse beim ebenen oder gar beim allgemeinsten Spannungszustand, so daß man in der Statik der Baukonstruktionen, wo es besonders darauf ankommt, praktisch brauchbare Lösungen zu finden, gezwungen ist, vereinfachende Annahmen zu machen, die mit den durch Versuche gewonnenen Erfahrungen innerhalb gewisser Grenzen nicht in Widerspruch stehen.

a) Zug (Druck), Biegung und Schub

Für die weiteren Betrachtungen wird vorausgesetzt:

1. Die Querschnittsabmessungen der Stäbe — um solche allein soll es sich hier handeln — sind klein gegenüber der Stablänge.

2. Alle äußeren Kräfte wirken in einer Ebene, der Kraftebene, welche durch die Stabachse geht; ein Drillungsmoment tritt also nicht auf.

3. Die elastischen Formänderungen sind so klein, daß Lage und Angriffspunkt der Kräfte nach Eintritt des Gleichgewichtszustandes genauso angenommen werden kann wie im Falle des nicht deformierten Stabes (vgl. S. 3).

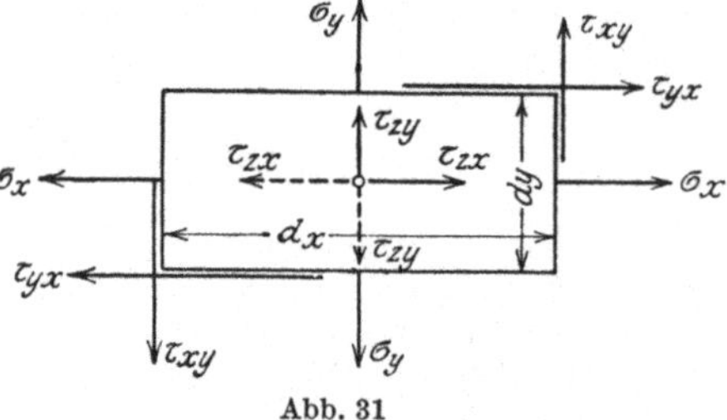

Abb. 31

4. Alle Stabquerschnitte werden als nahezu kongruent vorausgesetzt.

Es mögen nun σ_x, σ_y, σ_z die Längs- (Normal-) Spannungen eines beliebigen Punktes nach den Richtungen der Koordinatenachsen und τ_{yz}, τ_{zy}, τ_{xz}, τ_{zx}, τ_{xy}, τ_{yx} die Schubspannungen bezeichnen, wobei der erste Zeiger jeweils mit dem der zugehörigen (d. h. in dem gleichen Flächenelement wirkenden) Längsspannung übereinstimmt, der zweite die Achsrichtung angibt, zu welcher die betreffende Spannungskomponente parallel läuft. Betrachtet man nun das Gleichgewicht eines unendlich kleinen rechtwinkligen Parallelepipedons mit den Kanten dx, dy, dz gegen Drehen um die durch dessen Mittelpunkt gelegte zur X,Y-Ebene senkrechte Achse, so ergibt sich mit den Bezeichnungen der Abb. 31, welche die Projektion des Körperchens auf die X,Y-Ebene darstellt:

$$(\tau_{yx}\,dx\,dz)\,dy - (\tau_{xy}\,dy\,dz)\,dx = 0.$$

Dabei stellt z. B. $\tau_{yx}\,dx\,dz$ die auf die Fläche $dx\,dz$ entfallende Schubkraft dar. Aus vorstehender Gleichung folgt:

$$\tau_{yx} = \tau_{xy}.$$

In gleicher Weise läßt sich zeigen, daß $\tau_{xz} = \tau_{zx}$ und $\tau_{yz} = \tau_{zy}$ ist. Man nennt dieses hier entwickelte Gesetz den *Satz von der Gleichheit der einander zugeordneten Schubspannungen*.

Nun wird weiter auf Grund der Balkentheorie von St. Venant angenommen, daß die Spannungskomponenten σ_y, σ_z, τ_{yz} bei der hier zugrunde gelegten dünnen Stabform verschwinden[1]. Die Spannungsuntersuchung des geraden Stabes wird somit lediglich auf die Ermittlung der Normalspannungen σ_x und der Schubspannungen τ_{xz} bzw. τ_{xy} beschränkt.

Zur Ermittlung der Normalspannungen σ_x wird der Querschnitt auf ein rechtwinkliges Achsenkreuz bezogen, dessen Y- und Z-Achse mit den Schwerpunktshauptachsen des Querschnitts zusammenfallen (Abb. 32). Da alle äußeren Kräfte in einer Ebene liegen, welche durch die X-Achse geht, so können sie zu einer Resultierenden vereinigt werden, deren Komponente N_x den Querschnitt im Punkte k

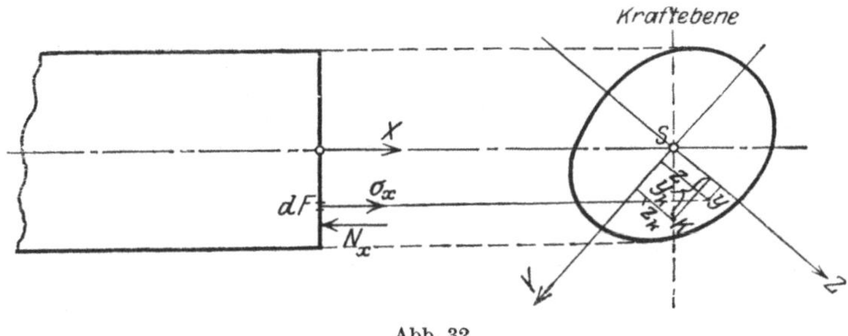

Abb. 32

mit den Koordinaten y_k, z_k schneiden möge. Soll zwischen den Normalspannungen σ_x und der äußeren Normalkraft N_x Gleichgewicht bestehen, so gilt:

$$-N_x + \int \sigma_x \, dF = 0 \, ; \qquad -N_x y_k + \int \sigma_x \, dF \, y = 0 \, ; \qquad N_x z_k - \int \sigma_x \, dF \, z = 0 \, .$$

Um aus diesen Gleichungen die Normalspannung σ_x berechnen zu können, stelle man σ_x als lineare Funktion der Querschnittskoordinaten dar, also

$$\sigma_x = a + b\,y + c\,z \, ,$$

wo a, b, c zunächst unbekannte Konstante sind, die noch bestimmt werden müssen. Der vorstehende Ansatz besagt einfach folgendes: Trägt man in jedem Punkte (y, z) des Querschnitts die zugehörige Spannung σ_x auf, so beschreiben die Endpunkte dieser Spannungswerte eine Ebene, welche die Querschnittsebene in einer Geraden — der sogenannten *Nullinie* (oder neutralen Achse) — schneidet. *Die Spannungen wachsen also proportional mit ihren Abständen von der Nullinie.* Dieses sogenannte „Geradliniengesetz" wurde zuerst von Navier aufgestellt. Es ist eine Folge der *Bernoullischen Hypothese, wonach ebene Querschnitte bei der Formänderung eben bleiben.* Durch eine Verbindung dieser für den geraden Stab im wesentlichen bestätigten Annahme mit dem Hookeschen Gesetz folgt das Geradliniengesetz.

Mit dem Ansatz für σ_x lauten die obigen Gleichgewichtsbedingungen:

$$N_x - \int (a + b\,y + c\,z)\,dF = 0 \, ,$$
$$N_x y_k - \int (a + b\,y + c\,z)\,dF \, y = 0 \, ,$$
$$N_x z_k - \int (a + b\,y + c\,z)\,dF \, z = 0 \, .$$

Da aber mit Rücksicht auf die ausgezeichnete Lage der Y- und Z-Achse die statischen Momente sowie das Zentrifugalmoment der Querschnittsfläche, bezogen

---

[1] St. Venant, B. de: J. d. Math. Sér. 2, S. 89 (Liouville), 1856; vgl. auch A. E. H. Love: Lehrbuch der Elastizität, deutsch von A. Timpe, S. 152 u. 153, Leipzig und Berlin 1907, und A. Föppl: Vorl. über Techn. Mech., Bd. III, 10. Aufl., S. 418. München, 1927.

auf diese Achsen, zu Null werden, so wird mit

$$\int y\, dF = 0\,; \qquad \int z\, dF = 0\,; \qquad \int y z\, dF = 0\,,$$

$$N_x - a F = 0\,,$$

$$N_x\, y_k - b \int y^2\, dF = 0\,,$$

$$N_x\, z_k - c \int z^2\, dF = 0\,.$$

Aus diesen drei Gleichungen lassen sich die Werte a, b, c bestimmen, die nun in obige Spannungsgleichung für σ_x eingeführt werden können. Setzt man noch für die Hauptträgheitsmomente

$$\int y^2\, dF = J_z\,, \qquad \int z^2\, dF = J_y\,,$$

und für die Momente

$$- N_x\, y_k = M_z\,, \qquad N_x\, z_k = M_y\,,$$

so findet man schließlich:

$$\sigma_x = \frac{N_x}{F} - \frac{M_z\, y}{J_z} + \frac{M_y\, z}{J_y}\,. \tag{8}$$

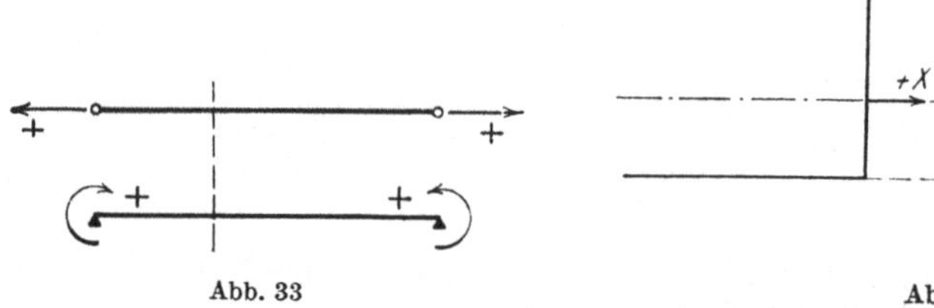

Abb. 33   Abb. 34

In der Mehrzahl der praktisch vorkommenden Fälle liegt eine der Hauptachsen – etwa die Z-Achse – in der Kraftebene. Dann wird mit $- N_x\, y_k = M_z = 0$:

$$\sigma_x = \frac{N_x}{F} + \frac{M_y}{J_y}\, z\,. \tag{9}$$

Für die äußere Normalkraft N_x ist das positive Vorzeichen einzuführen, wenn die Kraft ein Losreißen des linken vom rechten Stabteil anstrebt, den Stab also auf Zug beansprucht, im andern Falle das negative. Das Moment der äußeren Kräfte wird im Falle der Gl. (9) positiv gerechnet, wenn es den linken Stabteil im Sinne des Uhrzeigers, den rechten im entgegengesetzten Sinne zu verdrehen sucht (Abb. 33). Kommt es, wie gewöhnlich, darauf an, die größte Beanspruchung zu finden, so sind für z die Abstände der äußeren Querschnittsfasern $-z_o$ und $+z_u$ einzusetzen. Man erhält (Abb. 34):

$$\left.\begin{aligned}
\sigma_{ob} &= \frac{N_x}{F} - \frac{M_y\, z_o}{J_y}\,, \\[2mm]
\sigma_{ut} &= \frac{N_x}{F} + \frac{M_y\, z_u}{J_y}\,,
\end{aligned}\right\}$$

oder nach Einführung der Widerstandsmomente

$$W_{y\,ob} = \frac{J_y}{z_o} \quad \text{und} \quad W_{y\,ut} = \frac{J_y}{z_u}$$

$$\left.\begin{aligned}
\sigma_{ob} &= \frac{N_x}{F} - \frac{M_y}{W_{y\,ob}}\,, \\[2mm]
\sigma_{ut} &= \frac{N_x}{F} + \frac{M_y}{W_{y\,ut}}\,.
\end{aligned}\right\} \tag{10}$$

Für den Fall reiner Längsbeanspruchung des Stabes erhält man daraus mit $M_y = 0$

$$\sigma_x = \frac{N_x}{F} \, .$$

Es bleibt jetzt noch die Aufgabe übrig, die Größe der Schubspannungen und ihre Verteilung über den Stabquerschnitt anzugeben. Nachdem die Normalspannungen mit Hilfe der oben gemachten Voraussetzungen gefunden sind, bietet dieses für symmetrische Querschnitte keine Schwierigkeiten. Die Kraftebene möge wieder durch die Z-Achse gehen, die zugleich Symmetrieachse sei. Die Komponente der Resultierenden aller am linken Stabteil angreifenden *äußeren* Kräfte nach der Z-Achse wird als Querkraft Q bezeichnet. Die Untersuchung soll hier auf den Fall beschränkt werden, daß der Querschnitt ein Rechteck ist oder aus einer Anzahl von Rechtecken besteht.

Um über die Schubspannungen Aufschluß zu gewinnen, betrachte man zunächst das Gleichgewicht des in Abb. 35 aus einem Stab herausgeschnittenen (schraffierten) Körperchens von der Länge dx gegen Verschieben in Richtung der X-Achse. Senkrecht zu den vertikalen Schnittflächen greifen an diesem die aus den Normalspannungen zusammengesetzten Kräfte

$$S_l = \int\limits_{e_1}^{e_2} \sigma_x \, dF \quad \text{und} \quad S_r = \int\limits_{e_1}^{e_2} (\sigma_x + d\sigma_x) \, dF$$

an. Nimmt man ferner an, daß in Höhe einer der Y-Achse parallelen Geraden gleiche Schubspannungen herrschen, so kann die in der oberen Schnittfläche wirkende Schubspannung mit Rücksicht auf die geringe Längenausdehnung dx als konstant angesehen werden. Als dritte an dem herausgetrennten Körperchen angreifende, in Richtung der X-Achse wirkende Kraft erhält man somit:

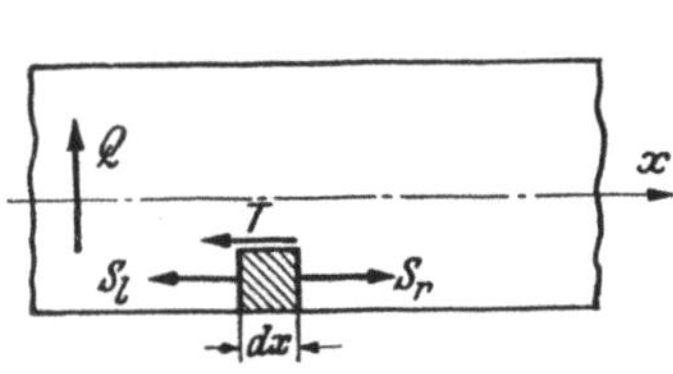

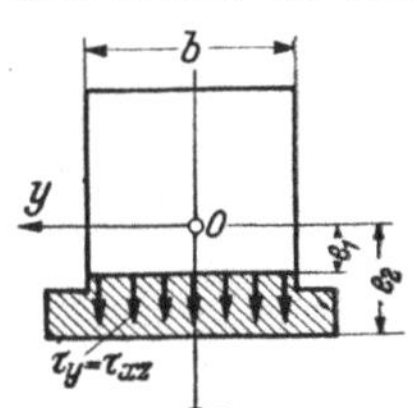

$$T = \tau_{zx} b \, dx \, .$$

Die Gleichgewichtsbedingung zwischen S_r, S_l und T liefert also:

$$\int\limits_{e_1}^{e_2} d\sigma_x \, dF = \tau_{zx} b \, dx \, ,$$

Abb. 35

wobei die Integration über die vertikale Schnittfläche des betrachteten Körperchens (in Abb. 35 schraffiert) auszudehnen ist. Nach Gl. (9) war

$$\sigma_x = \frac{N_x}{F} + \frac{M_y}{J_y} z \, ,$$

woraus sich ergibt:

$$d\sigma_x = dM_y \frac{z}{J_y} \, ,$$

wenn N_x auf die Länge dx als konstant angenommen wird. Bachtet man die zwischen Moment und Querkraft bestehende Beziehung (vgl. S. 39) $dM_y = Q \, dx$, so wird

$$\int\limits_{e_1}^{e_2} d\sigma_x \, dF = \frac{Q \, dx}{J_y} \int\limits_{e_1}^{e_2} z \, dF = \tau_{zx} b \, dx \, ,$$

oder

$$\tau_{zx} = \frac{Q}{J_y b} \int\limits_{e_1}^{e_2} z \, dF \, .$$

Der Wert $\int\limits_{e_1}^{e_2} z\,dF$ stellt das statische Moment $\mathfrak{S}$ der vertikalen (schraffierten) Schnittfläche bezogen auf die Y-Achse dar, weshalb

$$\tau_{zx} = \frac{Q\,\mathfrak{S}}{J_y\,b}\,. \tag{11}$$

Nun ist aber nach dem Satze von der Gleichheit der einander zugeordneten Schubspannungen (vgl. S. 16) $\tau_{zx} = \tau_{xz}$, d. h. gleich der in der Querschnittsfläche im Abstand e_1 von der Y-Achse wirkenden Schubspannung, welche somit durch Gl. (11) ebenfalls festgelegt ist.

Da der betrachtete Querschnitt aus Rechtecken zusammengesetzt ist und die Kraftebene durch eine Hauptachse geht, so darf angenommen werden, daß Schubspannungen senkrecht zur Kraftebene im Querschnitt nicht auftreten. Handelt es sich dagegen um kreisförmige oder ähnlich gestaltete Querschnitte, so trifft diese Voraussetzung nicht mehr zu, vielmehr treten dann auch Schubspannungen senkrecht zur Z-Achse auf.

Aus Gl. (11) ergibt sich, daß die Schubspannung am oberen und unteren Rande des Querschnitts zu Null wird, während sie in der Y-Achse ihren größten Wert erreicht, im Gegensatz zu den durch Biegungsmomente erzeugten Normalspannungen, bei denen die Verhältnisse umgekehrt liegen. Bei Trägern, deren Querschnittshöhe im Verhältnis zur Stablänge klein ist ($h = \frac{1}{8}$ bis $\frac{1}{10}\,l$), sind im allgemeinen die Normalspannungen wesentlich größer als die Schubspannungen, weshalb letztere bei Festigkeitsberechnungen häufig ganz außer acht gelassen werden können. Wird jedoch die Querschnittshöhe von derselben Größenordnung wie die Stablänge, so können die Schubspannungen, besonders bei Baustoffen von relativ geringer Schubfestigkeit, eher die Standsicherheit des Bauwerkes gefährden als die Normalspannungen.

Die oben angegebene Spannungsgleichung für τ_{zx} ist mit Rücksicht auf die Unsicherheit der wirklichen Spannungsverteilung nur als eine Näherungsformel anzusehen und als solche zu bewerten. Das gilt besonders bei ihrer Anwendung auf die $\mathbf{I}$-Querschnitte der Walzeisenprofile. Immerhin gibt sie Aufschluß über die ungefähre Wirkungsweise der Schubspannungen und genügt in der Mehrzahl der Fälle den praktischen Anforderungen.

Durch die Gln. (8), (9) und (11) sind die Beziehungen gefunden, welche für die hier hauptsächlich in Betracht kommenden Fälle zwischen den in einem beliebigen Querschnitt wirkenden Normal- und Schubspannungen einerseits und der auf diesen Querschnitt entfallenden äußeren Normalkraft, äußeren Querkraft sowie dem Moment der äußeren Kräfte andererseits bestehen. Normalkraft, Querkraft und Moment bilden die „*Belastung*" des Querschnitts, welche bekannt sein muß, damit die Spannungen bestimmt werden können.

Neben den *Spannungen* sind für die in der Folge zu lösenden Aufgaben die *Dehnungen* und *Gleitungen* von Wichtigkeit, welche den Formänderungszustand beschreiben. Die Grundlage jeder Formänderungsaufgabe bildet das (empirisch begründete) *Hookesche Gesetz*. Bezeichnet $\frac{\varDelta\lambda}{\lambda} = \varepsilon_x$ das Verhältnis der Längenänderung $\varDelta\lambda$ eines Stabes (bzw. Stabelementes) zur unverformten Stablänge λ — die sogenannte *Dehnung* — und E die *Elastizitätsziffer* (eine Materialkonstante), so lautet das Hookesche Gesetz für die Längsdehnung beim einachsigen Spannungszustand

$$\varepsilon_x = \frac{\sigma_x}{E}\,. \tag{12}$$

Es sagt aus, daß Spannungen und Dehnungen einander proportional sind. Da $\varepsilon_x = \frac{\varDelta\lambda}{\lambda}$ als Verhältnis zweier Längen durch eine Zahl ausgedrückt wird, so muß E die gleiche Dimension haben wie σ_x, also $\left[\frac{\text{kg}}{\text{cm}^2}\right]$.

Das HOOKEsche Gesetz stimmt innerhalb gewisser Grenzen für eine Anzahl Stoffe — besonders Stahl — recht gut mit dem durch Versuche festgestellten Verhalten dieser Stoffe überein, für andere dagegen, z. B. Stein und Beton, bestehen merkliche Abweichungen. Immerhin gelangt es auch bei letzteren zur Erleichterung der praktischen Rechnungen im allgemeinen zur Anwendung.

Ist der betrachtete Stab einer gleichmäßigen Temperaturänderung um $t°$ C unterworfen und bezeichnet ε_t die Änderung der Längeneinheit bei einer Temperaturänderung um $1°$ C, so ist die Dehnung infolge dieser Temperaturänderung gleich $\varepsilon_t t$, und die Gesamtdehnung beträgt (auf die Längeneinheit bezogen)

$$\varepsilon_x = \frac{\sigma_x}{E} + \varepsilon_t t. \tag{12a}$$

Für *Stahl* wird i. allg. $\varepsilon_t = 0{,}000012$ gesetzt.

In der Praxis kommt es mitunter vor, daß ein Stab verschieden hohen Temperaturen ausgesetzt ist, dergestalt etwa, daß die untere Seite des Stabes stärker erwärmt wird als die obere. Dann wird — linearer Abfall vorausgesetzt — mit Bezug auf Abb. 36

$$t = t_s + \frac{\Delta t}{h} z, \tag{13}$$

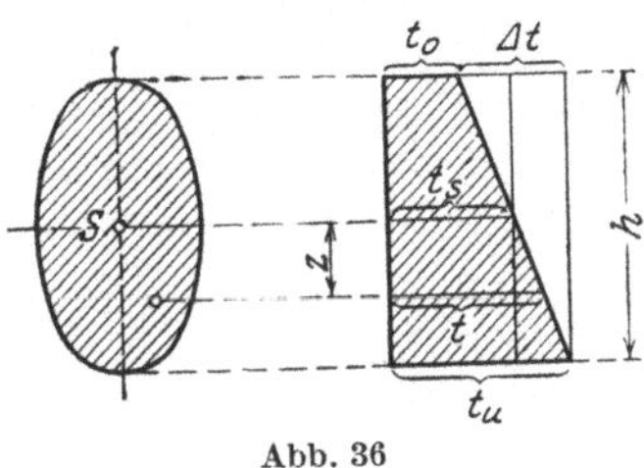

Abb. 36

wenn t_s die Temperatur im Querschnittsschwerpunkt S und $\Delta t = t_u - t_o$ die Temperaturdifferenz zwischen den äußeren Querschnittsfasern angibt.

Mit den Längenänderungen eines Stabes (bzw. Stabelements) sind immer auch *Querdehnungen* verbunden. Bei Stoffen, die dem HOOKEschen Gesetz folgen, wird das Verhältnis der (auf die Einheit bezogenen) Längsdehnung ε_x zu der (auf die Einheit bezogenen) Querdehnung ε_q durch die Zahl m (POISSONsche Zahl) ausgedrückt, und zwar besteht zwischen beiden die Beziehung

$$\varepsilon_x = - m\,\varepsilon_q \quad \text{bzw.} \quad \varepsilon_q = - \frac{\varepsilon_x}{m} = - \frac{\sigma_x}{E\,m}, \tag{14}$$

wobei das negative Vorzeichen angeben soll, daß einer *positiven* Längenänderung eine *Querverkürzung* entspricht.

Für *isotrope Stoffe*, d. h. solche, die sich physikalisch nach allen Richtungen gleichartig verhalten, liegt m zwischen 3 und 4 [1].

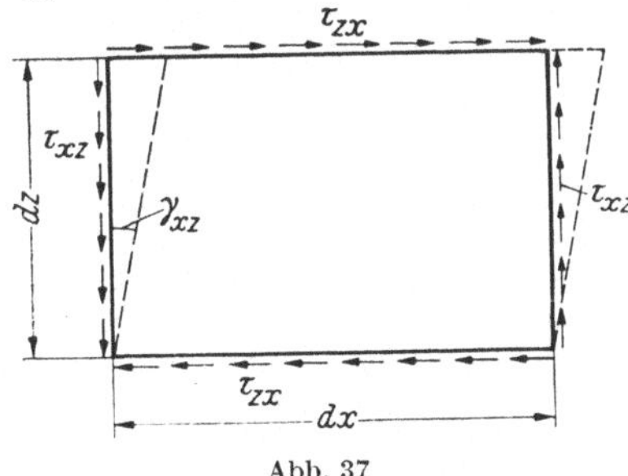

Abb. 37

Ein dem HOOKEschen Gesetz (12) entsprechendes Elastizitätsgesetz besteht auch für die Verzerrung infolge reiner Schubbeanspruchung. Denkt man sich nämlich ein unendlich kleines Parallelepiped aus einem Stabe herausgeschnitten und versteht unter γ denjenigen Winkel, um den sich die beiden Endquerschnitte durch Änderung der ursprünglichen von den Kanten eingeschlossenen rechten Winkel unter dem Einfluß der Schubspannungen gegeneinander verschieben (Abb. 37), so ist erfahrungsgemäß

$$\gamma_{xz} = \frac{\tau_{xz}}{G}, \tag{15}$$

wenn G wieder eine vom Material abhängige Konstante, den Schubmodul, bezeichnet, dessen Dimension ebenfalls [kg/cm²] ist.

---

[1] Vgl. im übrigen Hütte Bd. 1 27. Aufl. S. 640. Berlin 1949.

Zwischen der Elastizitätsziffer E, der (POISSONschen) Zahl m und dem Schubmodul G besteht eine einfache Beziehung, welche auf rechnerischem Wege gefunden werden kann[1], und zwar lautet diese:

$$G = \frac{m\,E}{2\,(m+1)}.\tag{16}$$

Eine wichtige Ergänzung des HOOKEschen Gesetzes bildet das *Superpositionsgesetz*, nach welchem Spannungen, Stützenreaktionen und Formänderungen sich im Falle nacheinander wirkender Ursachen einfach übereinander lagern (superponieren). Die Gültigkeit dieses Gesetzes beruht auf der Voraussetzung, daß die zwischen Formänderung und Spannungszustand bestehenden Beziehungen ebenso wie die zwischen den Spannungen und Lasten bestehenden Gleichgewichtsbedingungen vom ersten Grade sind.

Die vorstehend besprochenen Gesetze (12) und (15) bedürfen einer Erweiterung, sofern die Voraussetzungen der ST. VENANTschen Balkentheorie (s. oben) nicht mehr gelten. Beim dreiachsigen Spannungszustand entspricht jeder Normalspannung σ_x, σ_y, σ_z eine *Längsdehnung* in ihrer Richtung und je eine *Querdehnung* in den beiden anderen Richtungen. Insgesamt erhält man also nach (12) und (14) für den isotropen Körper in den drei Achsrichtungen X, Y, Z die Dehnungen

$$\varepsilon_x = \frac{1}{E}\left(\sigma_x - \frac{\sigma_y + \sigma_z}{m}\right);$$

$$\varepsilon_y = \frac{1}{E}\left(\sigma_y - \frac{\sigma_x + \sigma_z}{m}\right);\tag{17}$$

$$\varepsilon_z = \frac{1}{E}\left(\sigma_z - \frac{\sigma_x + \sigma_y}{m}\right),$$

außerdem entsprechend (15) die drei Gleichungen

$$\gamma_{xy} = \frac{\tau_{xy}}{G};$$

$$\gamma_{xz} = \frac{\tau_{xz}}{G};$$

$$\gamma_{yz} = \frac{\tau_{yz}}{G}.$$

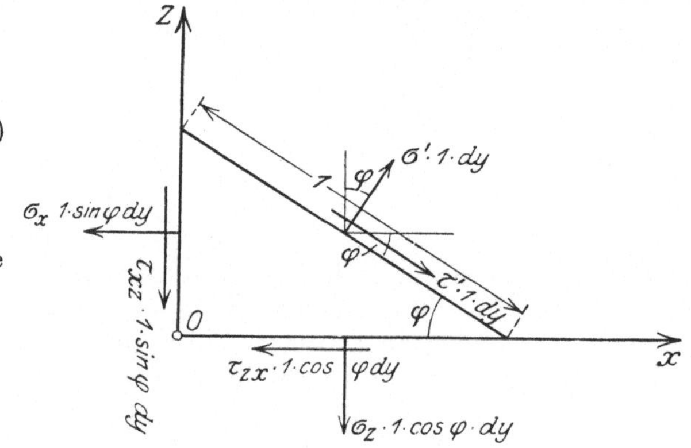

Abb. 38

Die Gln. (9) und (11) liefern für die speziellen Belastungsfälle, für welche sie gelten, die Normal- und Schubspannungen an jeder Stelle eines senkrecht zur Stabachse gelegten Querschnitts. Indessen erhebt sich jetzt die Frage, ob bei der gewählten Schnittrichtung an einer bestimmten Stelle tatsächlich die größte Normal- bzw. Schubspannung auftritt, oder ob dieses nicht für eine andere, gegen die erste geneigte Schnittrichtung der Fall ist. Diese Frage wird für die hier in Betracht kommenden Belastungsfälle durch eine Untersuchung des *ebenen Spannungszustandes* entschieden.

Abb. 38 möge die Grundfläche eines unendlich kleinen dreiseitigen Prismas darstellen, das man sich aus dem Innern des Stabes herausgeschnitten denkt, und dessen eine Ecke O der Ursprung eines räumlichen, rechtwinkligen Koordinatensystems (X, Y, Z) sei. Die zur Y-Achse parallelen Kanten des Prismas seien mit dy bezeichnet, außerdem möge die nicht in die Richtung der Koordinatenachsen fallende Kante, deren Länge $ds = 1$ sei, mit der X-Achse den Winkel φ bilden. Die Spannung der in der (Y, Z)-Ebene liegenden Fläche sei in die Längsspannung σ_x und die Schubspannung τ_{xz}, diejenige der in der (X, Y)-Ebene liegenden Fläche in die Längsspannung σ_z und die Schubspannung τ_{zx} zerlegt, während die unter dem Winkel φ geneigte Fläche die Spannungskomponenten σ' und τ' aufweisen möge. Die zu diesen Spannungen gehörigen Kräfte sind aus Abb. 38 ersichtlich. Vorausgesetzt wird ferner, daß in Richtung der Y-Achse keine Spannungskomponenten auftreten. Mit den Bezeichnungen der Abbildung lauten die Gleichgewichtsbedingungen $\Sigma X = 0$ und $\Sigma Z = 0$, nachdem der gemeinsame Faktor $1 \cdot dy$ weggehoben ist:

$$\sigma_x \sin\varphi + \tau_{zx}\cos\varphi - \sigma'\sin\varphi - \tau'\cos\varphi = 0,$$

$$\tau_{xz}\sin\varphi + \sigma_z\cos\varphi - \sigma'\cos\varphi + \tau'\sin\varphi = 0,$$

wobei nach S. 16 $\tau_{zx} = \tau_{xz} = \tau$ gesetzt werden kann.

---

[1] Vgl. etwa A. FÖPPL: Techn. Mechanik Bd. III, 10. Aufl., S. 52. München 1927.

Multipliziert man die erste dieser Gleichungen mit $\sin\varphi$, die zweite mit $\cos\varphi$, und addiert beide, so ergibt sich:

$$\sigma_x \sin^2\varphi + \sigma_z \cos^2\varphi + 2\,\tau \sin\varphi \cos\varphi = \sigma' \, .$$

Für die hier ins Auge gefaßten Fälle tritt in Richtung der Z-Achse eine Längsspannung nicht auf, weshalb $\sigma_z = 0$ gesetzt werden kann. (Vgl. S. 16.) Mit $\sin^2\varphi = \dfrac{1 - \cos 2\varphi}{2}$ und $2\sin\varphi \cos\varphi = \sin 2\varphi$ geht vorstehende Gleichung für σ' über in

$$\sigma' = \frac{\sigma_x}{2} - \frac{\sigma_x \cos 2\varphi}{2} + \tau \sin 2\varphi \, . \tag{18}$$

Entsprechend findet man für die Schubspannung durch eine ähnliche Überlegung aus obigen Gleichungen:

$$\tau' = \frac{\sigma_x \sin 2\varphi}{2} + \tau \cos 2\varphi \, .$$

Faßt man nun φ als Veränderliche auf, so ergibt sich der größte Wert, den σ' bei veränderlichem Winkel φ annehmen kann, aus der Bedingung

$$\frac{d\sigma'}{d\varphi} = 0 = \sigma_x \frac{\sin 2\varphi}{2} + \tau \cos 2\varphi \, . \tag{19}$$

Die rechte Seite dieser Gleichung stimmt überein mit dem für τ' errechneten Wert. Da (19) die Bedingung für σ'_{max} bzw. σ'_{min} darstellt, so folgt, daß σ' sein Maximum oder Minimum erreicht, wenn $\tau' = 0$ wird. Außerdem ergibt sich aus (19):

$$\operatorname{tg} 2\varphi = -\frac{2\,\tau}{\sigma_x} \, ,$$

Diesem Werte entsprechen zwei Winkel 2φ, die sich um π, bzw. zwei Winkel φ, die sich um $\dfrac{\pi}{2}$ unterscheiden. Für diese Winkel verschwindet τ', während σ' sein Maximum bzw. Minimum erreicht. Mit

$$\sin 2\varphi = \sqrt{1 - \cos^2(2\varphi)}$$

geht (19) über in

$$\sigma_x \sqrt{1 - \cos^2(2\varphi)} = -2\,\tau \cos 2\varphi \, ,$$

woraus folgt

$$\cos 2\varphi = \mp \frac{\sigma_x}{\sqrt{4\,\tau^2 + \sigma_x^2}} \, ,$$

und ferner aus (19)

$$\sin 2\varphi = \pm \frac{2\,\tau}{\sqrt{4\,\tau^2 + \sigma_x^2}} \, .$$

Mit den für $\cos 2\varphi$ und $\sin 2\varphi$ gefundenen Ausdrücken erhält man schließlich aus (18):

$$\sigma' = \frac{\sigma_x}{2} \pm \frac{1}{2} \frac{\sigma_x^2 + 4\,\tau^2}{\sqrt{4\,\tau^2 + \sigma_x^2}}$$

oder

$$\sigma'_{\substack{max \\ min}} = \frac{\sigma_x}{2} \pm \frac{1}{2} \sqrt{4\,\tau^2 + \sigma_x^2} \, , \tag{20}$$

wobei σ_x und τ mit Hilfe der Gln. (9) und (11) zu berechnen sind. Die so gefundenen zueinander senkrecht stehenden Spannungen werden als *Hauptspannungen*, die durch den Winkel φ festgelegten Richtungen als *Hauptrichtungen* bezeichnet.

Durch eine ähnliche Überlegung läßt sich Lage und Größe der maximalen Schubspannung ermitteln, indem man $\dfrac{d\tau'}{d\varphi} = 0$ setzt. Man findet dann die beiden zueinander senkrechten Extremwerte

$$\tau'_{\substack{max \\ min}} = \pm \frac{1}{2} \sqrt{\sigma_x^2 + 4\,\tau^2} \, , \tag{21}$$

deren Beträge entsprechend dem Gesetz von der Gleichheit der einander zugeordneten Schubspannungen übereinstimmen, und welche mit den Hauptrichtungen Winkel von 45° einschließen.

Die vorstehenden Überlegungen bieten die Möglichkeit, etwas über die *Beanspruchung* einer bestimmten Stelle des Stabquerschnittes und die damit zusammenhängende *Bruchgefahr* auszusagen. Bei zusammengesetzter Festigkeit (Biegung und Schub, Biegung und Drillung usw.) kann die Entscheidung darüber, was unter „Beanspruchung" zu verstehen ist, nur aus dem Verhalten der Werkstoffe bei den verschiedenen Belastungsarten abgeleitet werden. Es sind deshalb mehrere Hypothesen aufgestellt worden, die diesem Verhalten Rechnung tragen sollen. Die Beanspruchung selbst wird dargestellt durch sogenannte *reduzierte* oder *Vergleichsspannungen* σ_v, worunter man diejenigen Normalspannungen eines einachsigen Spannungszustandes (reiner Zug oder Druck) versteht, welche die gleiche Beanspruchung liefern wie der jeweils vorliegende tatsächliche Spannungszustand. Hier sollen nur drei dieser Hypothesen besprochen werden, da der wirkliche Sachverhalt noch nicht endgültig geklärt ist.

Hypothese der größten Dehnung. Man nimmt an, daß die größte überhaupt auftretende Dehnung maßgebend für die Bruchgefahr ist. Nach Gl. (17) gilt beim *ebenen* Spannungszustand für die Dehnung in zwei senkrechten Richtungen 1 und 2 wegen $\sigma_3 = 0$:

$$\varepsilon_1 = \frac{1}{E}\left(\sigma_1 - \frac{\sigma_2}{m}\right) ; \qquad \varepsilon_2 = \frac{1}{E}\left(\sigma_2 - \frac{\sigma_1}{m}\right).$$

Um die *Hauptdehnungen* zu bekommen, hat man für σ_1 und σ_2 die *Hauptspannungen* einzusetzen und erhält mit Rücksicht auf (20) für den hier betrachteten Fall der Balkenbiegung ($\sigma_z = 0$, s. oben)

$$\varepsilon_1 = \frac{1}{E}\left(\frac{\sigma_x}{2}\,\frac{m-1}{m} + \frac{m+1}{2\,m}\sqrt{\sigma_x^2 + 4\,\tau^2}\right),$$

$$\varepsilon_2 = \frac{1}{E}\left(\frac{\sigma_x}{2}\,\frac{m-1}{m} - \frac{m+1}{2\,m}\sqrt{\sigma_x^2 + 4\,\tau^2}\right).$$

Denkt man sich jetzt dem betrachteten Spannungszustand einen *einachsigen* zugeordnet — und zwar in jeder der beiden Hauptrichtungen —, welcher dieselben Dehnungen ε_1 bzw. ε_2 ergibt, so ist die Größe der entsprechenden Spannung des einachsigen Spannungszustandes die *Vergleichsspannung*. Also wird

$$\sigma_{v\,1} = E\,\varepsilon_1 = \sigma_x\,\frac{m-1}{2\,m} + \frac{m+1}{2\,m}\sqrt{\sigma_x^2 + 4\,\tau^2} ,$$

$$\sigma_{v\,2} = E\,\varepsilon_2 = \sigma_x\,\frac{m-1}{2\,m} - \frac{m+1}{2\,m}\sqrt{\sigma_x^2 + 4\,\tau^2} .$$

Es muß dann σ_v gleich oder kleiner als die zulässige Spannung σ_{zul} sein.

Hypothese der größten Schubspannung. Hierbei wird angenommen, daß die größte Schubspannung maßgebend für die Bruchgefahr sei. Für die Hauptschubspannung des ebenen Spannungszustandes ist nach Gl. (21)

$$\tau_{\genfrac{}{}{0pt}{}{\max}{\min}} = \pm\,\frac{1}{2}\sqrt{\sigma_x^2 + 4\,\tau^2} .$$

Beim einachsigen Spannungszustand ist $\tau = 0$ und somit $\tau_{\genfrac{}{}{0pt}{}{\max}{\min}} = \pm\,\frac{\sigma_x}{2}$. Daraus folgt als Vergleichsspannung

$$\sigma_v = 2\,\tau_{\genfrac{}{}{0pt}{}{\max}{\min}} = \pm\,\sqrt{\sigma_x^2 + 4\,\tau^2} \leq \sigma_{zul} .$$

Hypothese der größten Gestaltänderungsarbeit. Bei der Formulierung dieser Hypothese geht man davon aus, daß ein sogenannter „hydrostatischer" Spannungszustand — d. h. ein solcher, bei dem an dem betreffenden Orte die Spannung unabhängig von der Schnittrichtung eine konstante Größe hat — keinen Einfluß auf die Bruchgefahr besitzt. Man betrachte nun wieder einen *ebenen* Spannungszustand (s. oben), dessen Hauptnormalspannungen σ_1 und σ_2 seien, und ziehe von diesem die einem hydrostatischen Zustand entsprechende (fiktive) Spannung $\sigma_m = \dfrac{\sigma_1 + \sigma_2}{2}$ ab, wodurch ein neuer Spannungszustand mit den Hauptspannungen $(\sigma_1 - \sigma_m)$, $(\sigma_2 - \sigma_m)$ entsteht. Da für diesen die Summe der Hauptspannungen offenbar zu Null wird, so ist auch — wie in der Festigkeitslehre gezeigt wird — die „kubische Dehnung", d. h. das Verhältnis der Volumenänderung zum ursprünglichen Volumen, gleich Null. Wohl aber ist mit diesem Spannungszustand eine „Gestaltänderung" verbunden. Der vorgegebene Zustand mit den Hauptspannungen σ_1 und σ_2 wird also zusammengesetzt aus einem mit Volumenänderung verbundenen Anteil (infolge σ_m) und einem ohne Volumenänderung, aber *Änderung der Gestalt* verbundenen Anteil (infolge $\sigma_1 - \sigma_m$, $\sigma_2 - \sigma_m$).

Die von den Spannungen des zweiten Anteils bei der statischen Verformung geleistete, auf die Raumeinheit bezogene Arbeit wird als *Gestaltänderungsarbeit* bezeichnet. Sie hat für den *ebenen* Spannungszustand die Größe[1]

$$A_g = \frac{1}{12\,G}\left[\sigma_1^2 + \sigma_2^2 + (\sigma_1 - \sigma_2)^2\right].$$

Für die Hauptnormalspannungen gilt nach Gl. (20)

$$\sigma_{\frac{1}{2}} = \frac{\sigma_x}{2} \pm \frac{1}{2}\sqrt{4\,\tau^2 + \sigma_x^2}\ .$$

Setzt man diese Werte in den Ausdruck für A_g ein, so entsteht nach einfacher Zwischenrechnung

$$A_g = \frac{1}{6\,G}\left(\sigma_x^2 + 3\,\tau^2\right).$$

Der entsprechende Ausdruck beim einachsigen Spannungszustand ist wegen $\tau = 0$

$$A_g{}' = \frac{1}{6\,G}\sigma_x^2 = \frac{1}{6\,G}\sigma_v^2\ ,$$

wo σ_v die „Vergleichsspannung" bezeichnet. Für diese erhält man also, wenn $A_g = A_g{}'$ gesetzt wird,

$$\sigma_v = \pm\sqrt{\sigma_x^2 + 3\,\tau^2} \leqq \sigma_{zul}\ .$$

Von den drei vorstehend genannten Hypothesen haben sich nach unseren heutigen Kenntnissen nur die beiden letztgenannten bewährt, wogegen die erstgenannte durch die Erfahrungen nicht bestätigt worden ist. Sie wird allerdings auch heute noch, besonders im Maschinenbau, hin und wieder verwendet.

Die weiter oben ermittelte Gl. (9) für die Normalspannung σ_x gilt an sich nur für den *geraden* Stab. Sie wurde auf Grund der NAVIERschen Annahme berechnet, daß die Biegungsspannungen proportional ihren Abständen von der Nullinie wachsen (Geradliniengesetz). Beim geraden Stab haben alle axial laufenden Fasern eines Längenelements dx im spannungslosen Zustand die gleiche Länge dx; demnach müssen nach dem HOOKEschen Gesetz auch die Längenänderungen dieser Fasern $\Delta dx = \frac{\sigma_x}{E}\,dx$ proportional ihren Abständen von der Nullinie sein.

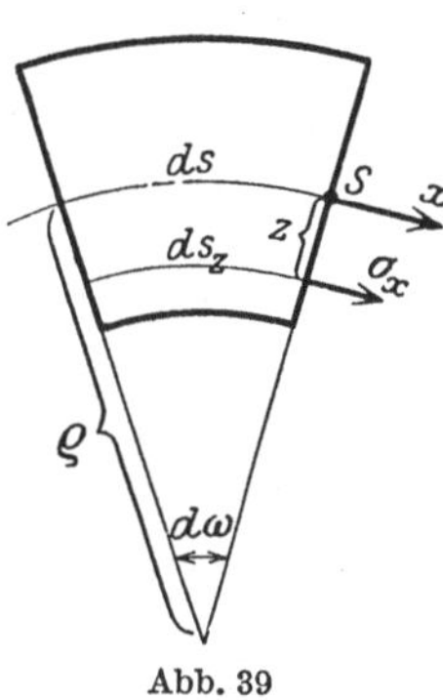

Abb. 39

Betrachtet man 'dagegen ein Längenelement eines *einfach gekrümmten Stabes*, das durch zwei zur Stabachse rechtwinklige Schnitte aus dem Stabe herausgetrennt ist (Abb. 39), so zeigt sich, daß die einzelnen Längsfasern dieses Elements verschieden lang sind. Für die im Abstand z von der Stabachse liegende Faser von der Länge ds_z ergibt sich nach dem HOOKEschen Gesetz eine Längenänderung

$$\Delta\,ds_z = \frac{\sigma_x}{E}\,ds_z = \frac{\sigma_x}{E}\,(\varrho - z)\,d\omega\ ,$$

und man erkennt, daß diese Längenänderung nicht nur von der Spannung σ_x, sondern auch von z abhängig ist. Macht man nun wieder wie beim geraden Stab die Annahme, daß ebene Querschnitte auch nach der Formänderung eben bleiben (BERNOULLI), so kann das Geradliniengesetz NAVIERS hier offenbar nicht mehr erfüllt sein. Damit wird aber auch die auf diesem Gesetz aufgebaute Spannungsermittlung für σ_x hinfällig.

Auf Grund der Annahme eben bleibender Querschnitte läßt sich für den einfach gekrümmten Stab folgende Spannungsgleichung ableiten[2]:

[1] Vgl. dazu: TH. PÖSCHL: Lehrbuch der technischen Mechanik für Ingenieure und Physiker, Bd. II: Elementare Festigkeitslehre, 2. Aufl., S. 54, 62 u. 174. Berlin/Göttingen/Heidelberg 1952.

[2] WINKLER, E.: Die Lehre von der Elastizität und Festigkeit, S. 271. Prag 1867.

$$\sigma_x = \frac{N}{F} - \frac{M_y}{F\varrho} + \frac{\varrho}{\varrho - z}\,\frac{M_y z}{J'},$$

in welcher N die Normalkraft, M_y das auf die horizontale Schwerachse y bezogene Moment (positiver Drehsinn gem. Abb. 33), F den Stabquerschnitt und ϱ den Krümmungsradius bezeichnen, während

$$J' = \int\limits_{(F)} \frac{\varrho}{\varrho - z}\, z^2\, dF$$

eine Größe von der Form eines Trägheitsmomentes ist, die durch Reihenentwicklung wie folgt dargestellt werden kann,

$$J' = \int\limits_{(F)} z^2\, dF + \frac{1}{\varrho}\int\limits_{(F)} z^3\, dF + \frac{1}{\varrho^2}\int\limits_{[(F)} z^4\, dF + \cdots.$$

Für $\varrho \to \infty$ (gerader Stab) geht J' über in das Trägheitsmoment $J_y \int\limits_{(F)} z^2 dF$ und die obige Spannungsformel in Gl. (9) für den geraden Stab. Aber auch schon dann, wenn der Krümmungsradius ϱ groß im Verhältnis zur Querschnittshöhe des gekrümmten Stabes ist — wie das für die im Hoch- und Brückenbau vorkommenden Bogenträger usw. fast ausschließlich zutrifft —, sind die Unterschiede gegenüber der Theorie des geraden Stabes so gering, daß sie bei praktischen Rechnungen im allgemeinen außer acht bleiben und die Spannungen σ_x nach Gl. (9) berechnet werden können[1].

Die oben für gerade und gebogene Stäbe angegebenen Spannungsformeln haben die Gültigkeit des HOOKEschen Gesetzes [Gl. (12)] und „kleine" Formänderungen zur Voraussetzung. Bekanntlich treffen diese Bedingungen nur für bestimmte Werkstoffe (z. B. Stähle) zu und auch bei diesen nur innerhalb des „elastischen" Bereiches. Nach Überschreitung der „Elastizitätsgrenze" wachsen die Dehnungen schneller als die Spannungen. Bei Erreichung der „Fließgrenze" treten sogar erhebliche bleibende (plastische) Formänderungen auf, als Folge einer Veränderung der kristallinen Struktur des Baustoffes. Ihre rechnerische Bestimmung bereitet in den meisten Fällen erhebliche Schwierigkeiten, sofern man nicht gewisse Idealisierungen (ideal-plastische Stoffe) vornimmt.

Indessen ist die Tragfähigkeit eines ganzen Bauwerkes i. allg. noch nicht erschöpft, wenn die Fließgrenze nur an einzelnen Stellen erreicht bzw. überschritten wird. Infolge der damit verbundenen stärkeren Verformung dieser Teile werden letztere an der weiteren Lastaufnahme nur noch in beschränktem Umfange Anteil nehmen, während andere, bisher weniger stark beanspruchte Teile des Tragwerks jetzt stärker zur Lastaufnahme herangezogen werden. Es findet also in gewissem Umfange ein „Spannungsausgleich" statt.

Mit Hilfe dieser Vorstellungen sind in neuerer Zeit sogenannte *Traglastverfahren* entwickelt worden, die auf der Annahme eines idealisierten Spannungs-Dehnungs-Diagramms im elastischen und plastischen Bereich basieren. Auf diese Weise wird es möglich, bei statisch unbestimmten Tragwerken den oben erwähnten Spannungsausgleich rechnerisch zu verfolgen. Leser, die sich mit diesen und ähnlichen Fragen genauer vertraut machen wollen, seien auf das Buch von W. PRAGER: Probleme der Plastizitätstheorie, Birkhäuser Verlag, Basel u. Stuttgart 1954, verwiesen[2].

Bei Betonkonstruktionen spielen noch zwei Vorgänge plastischer Verformung eine Rolle, die als „Kriechen" und „Schwinden" bezeichnet werden. Ersteres findet bei Dauerbelastung eines Tragwerkes statt und führt zu Formänderungen, die im Laufe der Zeit über den elastischen Bereich hinaus langsam weiter zunehmen, wobei der Endzustand der Verformung mitunter erst nach Jahren erreicht wird (Metalle — mit Ausnahme von Blei — zeigen dieses Verhalten nur bei hohen Temperaturen).

Das Schwinden ist eine Folge der Volumenänderung des an der Luft erhärtenden Betons und geht so lange vor sich, bis ein gewisser Ausgleich zwischen Luft- und Betonfeuchtigkeit

---

[1] Hinsichtlich der Theorie des krummen Stabes vgl. etwa A. FÖPPL: Techn. Mechanik Bd. III, 10. Aufl., S. 243, München 1927; M. GRÜNING: Statik des ebenen Tragwerks, S. 157. Berlin 1925.

[2] Vgl. dazu H. MAIER-LEIBNITZ: Bautechnik 1928 S. 11; 1929 S. 313 u. Stahlbau 1936 S. 153. — M. GRÜNING: Die Tragfähigkeit statisch unbestimmter Tragwerke aus Stahl bei beliebig wiederholter Belastung. Berlin 1926.

eingetreten ist. Beide Vorgänge — Kriechen und Schwinden — können unter ungünstigen Umständen erhebliche Zusatzspannungen in Beton- bzw. Stahlbetonkonstruktionen zur Folge haben, die einen besonderen Nachweis erforderlich machen[1].

b) Drillung (Torsion)

α) Freie (St. Venantsche) Torsion

Die weiter oben für den geraden Stab abgeleiteten Gesetze der Spannungsverteilung gelten nur für Beanspruchung durch Längskräfte, Querkräfte und Biegungsmomente. Zwecks Ableitung entsprechender Formeln bei Vorhandensein von Drillmomenten sei zunächst ein gerader Stab von kreisförmigem Querschnitt betrachtet, an dessen freien Enden sich zwei gleich große, aber entgegengesetzt drehende Drillmomente D im Gleichgewicht halten. Unter dem Einfluß von D verdrehen sich zwei benachbarte Querschnitte eines Längenelements ds des Stabes (Abb. 40) relativ gegeneinander um den Winkel $d\vartheta$, d. h. Punkt A' verschiebt sich um $a\,d\vartheta$ nach A'', wenn a den Abstand des Punktes A bzw. A' vom Schwerpunkt O angibt. Bezeichnet nun γ den Winkel $A'AA''$, so läßt sich die Strecke $A'A''$ auch durch das Produkt $\gamma\,ds$ ausdrücken, weshalb

$$a\,d\vartheta = \gamma\,ds \quad \text{oder} \quad \gamma = a\,\frac{d\vartheta}{ds}.$$

Andererseits kann die Winkeländerung γ nach dem Elastizitätsgesetz (15) (S. 20) in der Form

$$\gamma = \frac{\tau}{G}$$

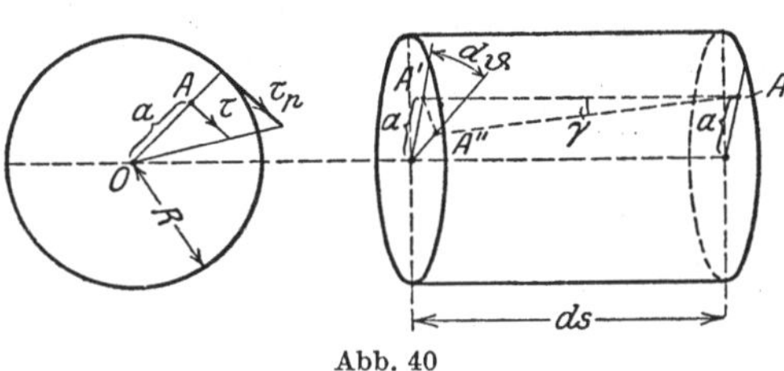

Abb. 40

dargestellt werden, wobei τ entsprechend der Verdrehung zum Kreisradius senkrecht steht. Setzt man beide Werte für γ einander gleich, so wird

$$\tau = G\,a\,\frac{d\vartheta}{ds}, \tag{22}$$

d. h. die Schubspannungen τ sind geradlinig über den Radius verteilt. Für die Schubspannung τ_p an der Kreisperipherie wird also, wenn R den Kreishalbmesser bezeichnet,

$$\tau_p = \frac{\tau R}{a}.$$

Das Moment der inneren Kräfte $\tau\,dF\,a$ am linken Querschnitt des Elements ds muß gleich dem auf den Querschnitt wirkenden Drillmoment D sein. Diese Bedingung liefert:

$$D = \int\limits_{(F)} \tau\,dF\,a = \frac{\tau_p}{R}\int\limits_{(F)} a^2\,dF,$$

wobei

$$\int\limits_{(F)} a^2\,dF = J_p = \frac{\pi R^4}{2}$$

das polare Trägheitsmoment des Kreisquerschnittes ausdrückt. Man findet somit für die Schubspannung am Rande

$$\tau_p = D\,\frac{R}{J_p} = \frac{2D}{\pi R^3}, \tag{23}$$

bzw. an einer beliebigen Stelle im Abstand a vom Schwerpunkt

$$\tau = D\,\frac{a}{J_p} = \frac{2D\,a}{\pi R^4}. \tag{24}$$

---

[1] Vgl. dazu W. GEHLER: Hypothesen und Grundlagen für das Schwinden und Kriechen des Betons. Bautechnik 1938 S. 143, 389, 401 sowie FR. DISCHINGER: Elastische und plastische Verformungen der Eisenbetontragwerke. Bauingenieur 1939 S. 53, 286, 426, 563.

Setzt man diesen Wert in (22) ein, so erhält man

$$d\vartheta = \frac{D\,ds}{G\,J_p} = \frac{2\,D\,ds}{G\,\pi\,R^4}. \tag{25}$$

Ist das Drillmoment, wie hier angenommen wurde, über die Stablänge konstant, so ergibt sich der Verdrehungswinkel zweier um die Strecke s voneinander entfernter Querschnitte

$$\vartheta = \int_0^s \frac{D\,ds}{G\,J_p} = \frac{2\,D\,s}{G\,\pi\,R^4}. \tag{25a}$$

Die Beziehung (23) $\tau_p = D\,\dfrac{R}{J_p}$ gilt auch für den Kreisringquerschnitt, wenn man für J_p das polare Trägheitsmoment des Kreisringes

$$J_p = \frac{\pi\,R^4}{2} - \frac{\pi\,r^4}{2} = \frac{\pi}{2}\,(R^4 - r^4)$$

einsetzt, wo R den Radius des äußeren, r denjenigen des inneren Kreises bezeichnen. Man erhält dann

$$\tau_p = \frac{2\,D\,R}{\pi\,(R^4 - r^4)}. \tag{26}$$

Entsprechend wird der elastische Verdrehungswinkel des Elements ds

$$d\vartheta = \frac{2\,D\,ds}{G\,\pi\,(R^4 - r^4)}.$$

Die für die Schubspannungen gefundenen Beziehungen (23) und (26) werden häufig auf die Form gebracht

$$\tau_p = \tau_{\max} = \frac{D}{W_d},$$

wobei W_d das *Widerstandsmoment gegen Drehen* bedeutet.

Den Gln. (24) und (25) liegt die Voraussetzung zugrunde, daß die Querschnitte nach der Verdrehung eben bleiben, eine Bedingung, welche nach den Ergebnissen theoretischer und praktischer Untersuchungen beim Kreis- und Kreisringquerschnitt erfüllt ist. Bei allen anderen Querschnitten treten jedoch, wie zuerst von St. Venant nachgewiesen wurde, neben der Drehung um die Stabachse auch Verrückungen parallel zu dieser auf, welche von der Querschnittsform und der jeweiligen Lage der Querschnittselemente abhängig sind. In solchen Fällen sind die obigen Formeln nicht mehr gültig.

Für Baukonstruktionen kommen fast ausschließlich *rechteckige* oder aus *Rechtecken zusammengesetzte Querschnitte* in Frage (wozu näherungsweise auch die Walzprofile gehören). Die größte Schubspannung infolge eines Drillmomentes tritt beim einfachen Rechteck in der Mitte der größten Rechteckseite, und zwar am Umfang auf, während in den Ecken die Spannung Null ist. Bezeichnet h die Länge der großen und b diejenige der kleinen Rechteckseite, so können die in der Mitte dieser Seiten auftretenden Schubspannungen nach den Gesetzen der mathematischen Elastizitätstheorie wie folgt dargestellt werden:

$$\tau_{h\atop(\max)} = \frac{D}{\alpha\,b^2\,h}\,; \qquad \tau_b = \frac{D}{\alpha\,b\,h^2},$$

wo α ein von dem Verhältnis $\dfrac{h}{b}$ abhängiger Zahlenwert ist. In dem Ausdruck für den elastischen Verdrehungswinkel tritt an Stelle des polaren Trägmomentes J_p der sogenannte *Drillingswiderstand* J_d, also

$$d\vartheta = \frac{D\,ds}{G\,J_d},$$

und zwar kann für Rechtecke gesetzt werden

$$J_d = \beta\, b^3 h \,,$$

wo β wieder ein von $\dfrac{h}{b}$ abhängiger Faktor ist. Für einige Seitenverhältnisse $\dfrac{h}{b}$ sind die Werte α und β in nachstehender Tabelle angegeben[1]:

$\dfrac{h}{b} =$	1	1,5	1,75	2,0	2,5	3,0	4,0	10
$\alpha =$	0,208	0,231	0,239	0,246	0,258	0,267	0,282	0,312
$\beta =$	0,141	0,196	0,214	0,229	0,249	0,263	0,281	0,312

Bei sehr schmalen Rechtecken wird näherungsweise

$$\tau_{\max} = 3\,\frac{D}{b^2 h}\,.$$

Für *Walzprofile* gelten nach A. Föppl[2] folgende Näherungswerte: für den Drillungswiderstand

$$J_d = \tfrac{1}{3}\,\Sigma\, d^3\, l \tag{27}$$

und für das Widerstandsmoment gegen Drehen

$$W_d = \frac{\Sigma\, d^3\, l}{3\, d_{\max}}\,. \tag{28}$$

Darin bezeichnen d und l die Längen der Schmal- bzw. Längseiten der einzelnen Rechtecke, aus denen der Gesamtquerschnitt besteht, und $d_{\max}$ die Schmalseite des dicksten Rechtecks.

Als größte Schubspannung erhält man

$$\tau_{\max} = \frac{D}{W_d} = \frac{3\, D\, d_{\max}}{\Sigma\, d^3\, l}\,, \tag{29}$$

und zwar tritt diese in der Mitte der Langseite desjenigen Rechtecks auf, dessen Dicke den größten Wert hat. Die Anwendung der Gln. (27) bis (29) setzt voraus, daß die Längen der einzelnen Rechtecke, aus denen der Querschnitt besteht, groß im Verhältnis zu den Breiten sind, und daß durch entsprechende Ausrundungen an den einspringenden Ecken unverhältnismäßig große Spannungserhöhungen vermieden werden. Bei den üblichen Walzträgern besitzen die Flanschen größere Dicke als der Steg. $\tau_{\max}$ wird also bei diesen in Flanschmitte auftreten, und zwar an der Außenseite des Flansches.

Die *Drillbeanspruchung von dünnwandigen Hohlquerschnitten* beliebiger Form, z. B. Kastenquerschnitten, läßt sich durch nachstehende einfache Überlegung leicht bestimmen. Der Stabquerschnitt habe eine beliebige Form und besitze die geringe, i. allg. veränderliche Wandstärke δ. Da die Mantelfläche des Stabes im Falle reiner Verdrehung keine Längskräfte überträgt, kann die Schubspannung τ nach dem Gesetz von der Gleichheit zugeordneter Schubspannungen (S. 16) sowohl am Innen- als auch am Außenrand des Querschnitts nur tangential verlaufen. Bei dünnen, ringförmig geschlossenen Wänden darf τ außerdem angenähert als gleichmäßig über die Wandstärke δ verteilt angenommen werden,

---

[1] Timoshenko, S., u. I. M. Lessels: Festigkeitslehre, S. 31. Berlin 1928.

[2] Föppl, A.: Über den elastischen Verdrehungswinkel eines Stabes. Verlag d. Bayer. Akad. d. Wiss. München 1917 u. Techn. Mechanik Bd. V, 4. Aufl., S. 163f. Leipzig u. Berlin 1922. Nach Versuchen von A. Föppl ist dem obigen Wert für J_d noch ein Berichtigungsfaktor beizugeben, so daß genauer zu setzen ist $J_d = \eta\,\dfrac{1}{3}\,\Sigma\, d^3\, l$. Für I-Profile hat sich η im Mittel zu 1,3 ergeben, für alle anderen Walzprofile war η kleiner, bei Winkeleisen nahezu gleich 1.

so daß die in einem Element $\delta\,du$ der Querschnittswand übertragene Schubkraft $\tau\,\delta\,du$ ist (Abb. 41). Denkt man sich nun ein prismatisches Teilchen von der Länge dx aus der Stabwand herausgeschnitten ($x =$ Richtung der Stabachse), so wirken an diesem Teilchen in der x-Richtung nur die aus Abb. 41 ersichtlichen Schnittkräfte, da im Falle reiner Verdrehung $\sigma_x = 0$ ist. Das Gleichgewicht der Kräfte in der x-Richtung liefert also:

$$\frac{\partial(\tau\,\delta)}{\partial u_{\downarrow}}\,du = 0\,.$$

Das heißt aber, das Produkt $\tau\delta$ ist bei reiner Verdrehung längs des Querschnittsumfanges konstant, oder die Schubspannungen verhalten sich innerhalb des Querschnittes umgekehrt wie die Wandstärken.

Nun muß sein

$$D = \oint(\tau\,\delta\,du)\,r = \tau\,\delta\oint r\,du\,,$$

wobei das Integral über die Mittellinie des Querschnittsringes zu erstrecken ist. Da $r\,du$ gleich dem doppelten Flächeninhalt des in Abb. 41 schraffierten Dreicks ist, wird

$$\oint r\,du = 2F\,,$$

wenn F die von der Mittellinie des Ringes umschlossene Fläche darstellt, und man erhält

$$D = 2\,\tau\,\delta\,F$$

oder

$$\tau\,\delta = \frac{D}{2\,F}\,. \tag{30}$$

Zur Berechnung des Drillungswiderstandes J_d geht man von einer aus dem Satz von STOKES folgenden Beziehung[1] aus, nämlich

$$\oint\tau\,du = 2G\,\vartheta_0\,F\,,$$

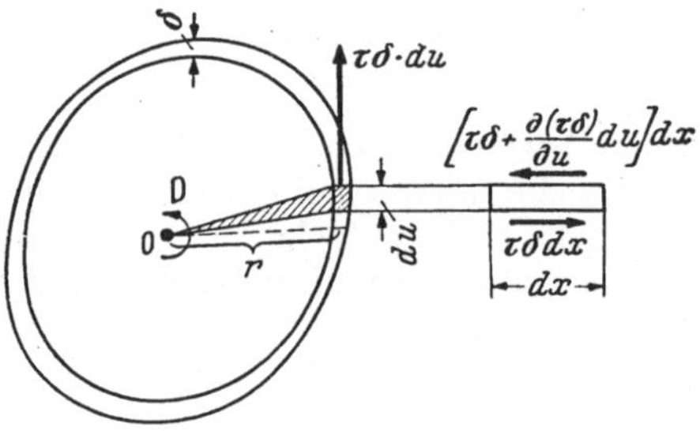

wo $\vartheta_0\left[\dfrac{1}{\mathrm{cm}}\right]$ den *auf die Längeneinheit be-*

Abb. 41

zogenen Verdrehungswinkel — die sogenannte „Verwindung" des Stabes — bezeichnet. Dafür kann man unter Beachtung von (30) auch schreiben

$$\oint\tau\,\delta\,\frac{du}{\delta} = \frac{D}{2\,F}\oint\frac{du}{\delta} = 2G\,\vartheta_0\,F\,. \tag{31}$$

In Anlehnung an Gl. (25) wird für nichtkreisförmige Querschnitte der an Stelle des polaren Trägheitsmomentes tretende Drillungswiderstand J_d definiert durch den Ausdruck

$$\vartheta_0 = \frac{D}{G\,J_d}\,. \tag{32}$$

Setzt man diesen Wert in (31) ein, so wird

$$\oint\frac{du}{\delta} = \frac{4\,F^2}{J_d}$$

oder

$$J_d = \frac{4\,F^2}{\oint\dfrac{du}{\delta}} \quad\text{(BREDTsche Formel)}, \tag{33}$$

wobei das geschlossene Integral längs der Mittellinie des Hohlquerschnitts zu nehmen ist. Mittels der Gln. (30), (32) und (33) können nun die größte Schubspannung, der elastische Verdrehungswinkel und der Drillungswiderstand dünn-

---

[1] Vgl. A. u. L. FÖPPL: Drang u. Zwang Bd. 2, S. 93. München u. Berlin 1920.

wandiger Hohlstäbe leicht berechnet werden. So ist z. B. für den in Abb. 42 dargestellten Kastenquerschnitt

$$\tau_1 = \frac{D}{2\,\delta_1\,b\,h}\,; \quad \tau_2 = \frac{D}{2\,\delta_2\,b\,h}$$

und

$$J_d = \frac{4\,b^2\,h^2}{\dfrac{2\,b}{\delta_1} + \dfrac{2\,h}{\delta_2}} = \frac{2\,b^2\,h^2\,\delta_1\,\delta_2}{b\,\delta_2 + h\,\delta_1}\,.$$

β) Torsion bei behinderter Querschnittswölbung

Die vorstehend für den Verdrehungswinkel und die maximale Schubspannung angegebenen Formeln gelten nur für den Fall „reiner Verdrehung" (ST. VENANTsche Torsion), bei der

Abb. 42   Abb. 43

außer den an den beiden Endquerschnitten des Stabes angreifenden Drillmomenten keine weiteren den Stab verdrehenden Kräftepaare wirken und eine Verwölbung der Querschnitte — in Richtung der Stabachse — ungehindert vor sich gehen kann. Weiter oben war bereits darauf hingewiesen, daß derartige Verwölbungen bei allen Stabquerschnitten — mit Ausnahme des Kreises und Kreisringes — auftreten. Durch starre Einspannung eines Stabes an einem Ende wird diese Verwölbung jedoch verhindert. Auch dann, wenn innerhalb der freien Länge eines beiderseits eingespannten Stabes ein Drillmoment $D = D_1 + D_2$ angreift (Abb. 43), tritt an der Angriffsstelle des Momentes eine Behinderung der Querschnittswölbung auf, da die dort zusammenstoßenden Stabteile sich in verschiedenem Sinne zu verwölben suchen. In solchen Fällen werden Normalspannungen (Wölbkräfte) in Richtung der Stabachse geweckt, die den lückenlosen Zusammenhang des Stabes wiederherstellen. Bei vollwandigen

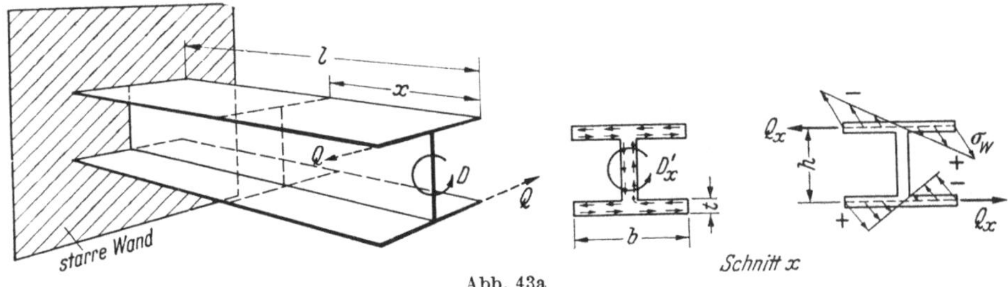

Querschnitten, z. B. dicken Rechtecken, spielen diese Wölbkräfte i. allg. nur eine untergeordnete Rolle, dagegen können sie bei dünnwandigen, offenen Querschnitten, z. B. zweiflanschigen Normalprofilen, eine beträchtliche Größe erreichen. An Stelle der reinen Drillbeanspruchung entsteht dann eine aus Drillung und Biegung zusammengesetzte Beanspruchung, die deshalb auch als „Biegungsverdrehung" bezeichnet wird.

Einen einfachen Überblick über die Spannungsverteilung bei behinderter Querschnittswölbung erlangt man am Beispiel des einseitig starr eingespannten I-Trägers (Abb. 43a). Das am freien Trägerende angreifende Drillmoment D hat in einem Querschnitt am Orte x einerseits ST. VENANTsche Schubspannungen τ_v zur Folge, andererseits Wölbkraftnormalspannungen σ_w wegen der — infolge starrer Einspannung — behinderten Querschnittswölbung. (Der geringe Einfluß des Steges kann dabei i. allg. vernachlässigt werden.) Die Schubspannungen τ_v liefern zusammen ein Drillmoment $D_x{}'$, die Normalspannungen σ_w Flanschbiegungsmomente, denen in die Flanschen fallende Querkräfte Q_x entsprechen. Letztere bilden zusammen das Drillmoment $D_x{}'' = Q_x\,h$ (h = Trägerhöhe). Aus Gleichgewichtsgründen muß $D = D_x{}' + D_x{}''$ sein. Die Anteile $D_x{}'$ und $D_x{}''$ sind mit x veränderlich. An der Einspannstelle, wo keine Verwindung und Verwölbung möglich ist, wird das gesamte Drillmoment D durch Flanschbiegungskräfte aufgenommen. Dort ist also $D' = 0$.

Die Größen D_x' und D_x'' lassen sich unter gewissen vereinfachenden Annahmen berechnen, indessen muß hier auf die Wiedergabe dieser Rechnung verzichtet werden. Es sei deshalb auf die diesbezügliche, unten angegebene Literatur verwiesen[1].

Bei $\underline{\text{I}}$-Trägern, deren Länge $l < \dfrac{b\,h}{t}$ ist ($b =$ Flanschbreite, $t =$ Flanschdicke, Abb. 43a), wird $D' \ll D''$, besonders für Schnitte in der Nähe der Einspannung[2]. Man begeht in solchen Fällen keinen wesentlichen Fehler, wenn man D' ganz vernachlässigt und das äußere Drillmoment durch das am freien Trägerende angreifende Kräftepaar $D = Q\,h$ ersetzt (in Abb. 43a gestrichelt eingetragen). Bei dieser Näherung wird also die Drillung des Stabes durch eine Biegung der Flanschen (im entgegengesetzten Sinne) durch die konstanten Querkräfte Q ersetzt. Die daraus an der Einspannstelle resultierenden maximalen Biegungsspannungen sind nach Gl. (10)

$$\sigma = \pm \frac{Q\,l}{W} = \pm \frac{6\,D\,l}{h\,t\,b^2}\,.$$

Bei größeren Stablängen kann der Beitrag D' zum Drillmoment allerdings erheblich werden. Indessen ist bei diesen Stäben die elastische Verwindung bereits so groß, daß ihre Verwendung für praktische Zwecke nicht mehr in Frage kommt. Um in solchen Fällen zu einer brauchbaren Konstruktion zu gelangen, müssen Kreisring- oder Kastenquerschnitte (Abb. 42) verwendet werden, die eine wesentlich größere Torsionssteifigkeit besitzen als offene Profile.

Auch bei Kastenquerschnitten tritt i. allg. eine Verwölbung auf, die insbesondere in einer nach verschiedenen Richtungen erfolgenden Verzerrung der Querschnittsecken zum Ausdruck kommt. Besteht indessen das Verhältnis $\dfrac{b}{\delta_1} = \dfrac{h}{\delta_2}$ (Abb. 42), so bleibt der Querschnitt (wie der Kreisring) *ohne* Verwölbung[3]. Dies gilt also speziell für den quadratischen Kasten von konstanter Wandstärke $\delta_1 = \delta_2 = \delta$. In solchen Fällen können zur Berechnung der Verwindung ϑ_0 und des Drillungswiderstandes J_d die einfachen Formeln (32) und (33) angewandt werden. Bei wesentlicher Abweichung der Querschnittsabmessungen von der oben angegebenen Proportion treten jedoch merkliche Wölbkräfte auf, die bei genaueren Berechnungen — insbesondere bei kurzen Kastenträgern — nicht außer Beachtung bleiben dürfen[4].

8. Die Grundlagen der Fachwerktheorie

Als *ideales Fachwerk* bezeichnet man ein Tragsystem, das aus einzelnen in den Endpunkten *(Knotenpunkten)* miteinander durch reibungslose Gelenke verbundenen geraden Stäben besteht. Die Stabachsen der an einem Knoten zusammentreffenden Stäbe schneiden sich im Knotenpunkte. Alle äußeren Kräfte (auch die Stabgewichte) greifen in den Knotenpunkten an oder wirken in Richtung der Stabachsen, so daß sämtliche Stäbe nur axialen Zug oder Druck erleiden können[5].

Die in den Fachwerkstäben wirkenden *Stabkräfte*, die auch als *Stabspannkräfte* oder kurz *Spannkräfte* bezeichnet werden, haben von der Größe dieser Kräfte abhängige Längenänderungen der Stäbe zur Folge. Die Knotenpunkte des Fachwerks müssen demnach im belasteten Zustande ihre Lage gegenüber den als starr vorausgesetzten Widerlagern ändern. Da aber diese Längenänderungen sehr klein sind, so wird in der Fachwerktheorie die Annahme gemacht, daß alle auf das System wirkenden Kräfte dieselbe Lage behalten, die sie im Falle des unverformten Fachwerks einnehmen würden (vgl. dazu S. 3).

<hr>

[1] WEBER, C.: Z. angew. Math. Mech. Bd. 6 (1926) S. 85.

[2] KIMM, G.: Bauelemente des Flugzeuges, S. 188. München u. Berlin 1940.

[3] Vgl. dazu K. MARGUERRE: Der Bauingenieur, Bd. 21 (1940) S. 320.

[4] Vgl. H. EBNER: Jahrbuch 1933 der Deutschen Versuchsanstalt für Luftfahrt, III, S. 72.

[5] Die Voraussetzung reibungsloser Gelenke ist bei praktischen Ausführungen nie erfüllt, da die erforderliche freie Drehbarkeit der Stäbe weder bei der im allgemeinen üblichen steifen Knotenpunktsvernietung bzw. Verschweißung noch bei der Verwendung von Gelenkbolzen — infolge der in den Gelenken auftretenden Reibungskräfte — gewährleistet ist. Es wirken vielmehr an den Stabenden Biegungsmomente, durch welche in den Stäben sekundäre Spannungen erzeugt werden. Im Gegensatz zu den unter der Annahme gelenkiger Knotenverbindungen ermittelten Hauptspannungen bezeichnet man diese als *Nebenspannungen*, deren Größe mit Hilfe der Theorie der statisch unbestimmten Systeme ermittelt werden kann. (Vgl. S. 205.)

Die Fachwerktheorie hat allgemein genommen zwei Aufgaben zu lösen: einmal die Bestimmung der Stabspannkräfte und Auflagerreaktionen und ferner die Ermittlung der Formänderung des Fachwerks, beides infolge einer bestimmten Belastung, eines Temperatureinflusses und bestimmter Verschiebungen der Widerlager. Letztere werden in der Mehrzahl der Fälle vernachlässigt, die Lager also als starr angenommen.

An einem räumlichen Fachwerk von k Knotenpunkten, r Stäben und a Stützungen (a gleich Anzahl der voneinander unabhängigen Reaktionskomponenten) sind demnach $r + a + 3k$ Unbekannte zu bestimmen, da die Formänderung des gesamten Fachwerks gegeben ist, sobald die auf drei beliebige, nicht in eine Ebene fallende Achsen bezogenen drei Komponenten der Verschiebung aller k Knotenpunkte bekannt sind. Zur Ermittlung dieser Unbekannten lassen sich ebenso viele Bestimmungsgleichungen aufstellen.

Denkt man sich einen beliebigen Knotenpunkt des Fachwerks herausgeschnitten, so muß zwischen den an diesem Knoten angreifenden Lasten oder Stützkräften und den in den Schwerpunktsachsen der vom Schnitt getroffenen Stäbe angebrachten Stabspannkräften (vgl. S. 4) Gleichgewicht bestehen. Für jeden Knoten stehen drei Gleichgewichtsbedingungen zur Verfügung, nämlich $\Sigma X = 0$, $\Sigma Y = 0$, $\Sigma Z = 0$, wenn X, Y, Z die Komponenten aller an dem betrachteten Knoten wirkenden äußeren und inneren Kräfte nach drei Koordinatenachsen X, Y, Z angeben, im ganzen also $3\,k$ solcher Gleichgewichtsbedingungen. Die noch fehlenden $r + a$ Gleichungen werden wie folgt gewonnen.

Nach dem Elastizitätsgesetz (12a) ergab sich

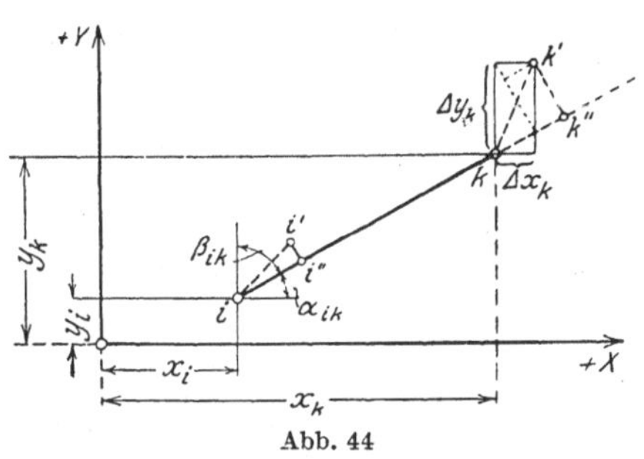

Abb. 44

$$\varepsilon = \frac{\Delta\lambda}{\lambda} = \frac{\sigma}{E} + \varepsilon_t\, t\,.$$

Bezeichnet nun allgemein s die Länge eines beliebigen Stabes, S die in ihm wirkende Spannkraft und F den Stabquerschnitt, so ist

$$\sigma = \frac{S}{F}$$

und

$$\Delta s = \frac{s\,S}{E\,F} + \varepsilon_t\, t\, s\,. \tag{34}$$

Zur Ableitung einer Beziehung zwischen der Längenänderung Δs eines Stabes und den Verschiebungskomponenten seiner Endpunkte sei der in Abb. 44 dargestellte Stab $i - k$ von der Länge s_{ik} auf ein ebenes Koordinatensystem (Y, X) bezogen. Er möge in i festgehalten sein, während sein Endpunkt k eine Verschiebung $k - k'$ erleiden soll, deren Komponenten nach den Koordinatenachsen mit Δx_k und Δy_k bezeichnet werden. Um die durch die Verschiebung von k nach k' entstandene Längenänderung des Stabes zu finden, denke man sich $i - k$ über k verlängert und schlage mit ik' um i den Kreis, der die Verlängerung von ik in k'' trifft. Da es sich hier nur um sehr kleine Verschiebungen handeln soll, so kann der Kreisbogen durch das Lot $k'k''$ von k' auf $i - k$ ersetzt werden. Man findet demnach $\Delta s_{ik} = kk'' = \Delta x_k \cos\alpha_{ik} + \Delta y_k \cos\beta_{ik}$, wenn α_{ik} und β_{ik} die Neigungswinkel des Stabes gegen die Koordinatenachsen X bzw. Y bezeichnen. Liegt der Punkt i nicht fest, sondern wird er um ii' verschoben, und stellt $i'i''$ das Lot von i' auf die ursprüngliche Stabrichtung dar, so wird offenbar

$$\Delta s_{ik} = kk'' - ii''\,,$$

und man erhält die *geometrische Bedingung*

$$\varDelta s_{ik} = (\varDelta x_k - \varDelta x_i)\cos\alpha_{ik} + (\varDelta y_k - \varDelta y_i)\cos\beta_{ik}\,. \tag{35}$$

Denkt man sich endlich den Stab ik nicht auf ein ebenes, sondern auf ein räumliches Koordinatensystem $(X,\ Y,\ Z)$ bezogen, so geht die geometrische Bedingung (35) über in

$$\varDelta s_{ik} = (\varDelta x_k - \varDelta x_i)\cos\alpha_{ik} + (\varDelta y_k - \varDelta y_i)\cos\beta_{ik} + (\varDelta z_k - \varDelta z_i)\cos\gamma_{ik},$$

wenn $\alpha_{ik},\ \beta_{ik},\ \gamma_{ik}$ die Winkel bezeichnen, welche die Stabrichtung mit den Achsen $X,\ Y,\ Z$ einschließt. Unter Beachtung der Gl. (34) findet man schließlich

$$\frac{s_{ik}S_{ik}}{E\,F_{ik}} + \varepsilon_t\,t\,s_{ik} = (\varDelta x_k - \varDelta x_i)\cos\alpha_{ik} + (\varDelta y_k - \varDelta y_i)\cos\beta_{ik} +$$
$$+ (\varDelta z_k - \varDelta z_i)\cos\gamma_{ik}. \tag{36}$$

Eine solche *Elastizitätsbedingung* läßt sich für jeden der r Fachwerkstäbe aufstellen, wodurch r weitere Gleichungen zur Berechnung der oben aufgeführten Unbekannten verfügbar sind. Die noch fehlenden Gleichungen sind durch die a *Auflagerbedingungen* gegeben, d. h. die Verschiebungskomponenten c der Stützpunkte, welche als bekannt vorausgesetzt werden können. Ihre Anzahl ist unter Vernachlässigung von Reibungswiderständen gleich der Anzahl der vorhandenen Reaktionskomponenten.

Es stehen also in der Tat zur Ermittlung der $r + a + 3k$ Unbekannten der Aufgabe ebenso viele Bestimmungsgleichungen zur Verfügung, welche sämtlich vom ersten Grade sind. Mit Hilfe dieser Gleichungen können die Unbekannten eindeutig bestimmt werden, sofern die Nennerdeterminante des Gleichungssystems einen von Null verschiedenen Wert hat, was hier vorausgesetzt wird (vgl. auch S. 84 und 110).

Die unbekannten Größen ergeben sich als lineare Funktionen der Lasten P, Temperaturänderungen t und Stützenverschiebungen c. Es gilt also das *Gesetz der Superposition*, welches besagt, daß die Spannkräfte S, die Stützenreaktionen C und die Verschiebungskomponenten $\varDelta x$, $\varDelta y$, $\varDelta z$ der Knotenpunkte als lineare Funktionen der Lasten, Temperaturänderungen und Stützenverschiebungen dargestellt werden können.

Ein Fachwerk heißt *statisch bestimmt*, wenn bei bekannten auf das System wirkenden Lasten die Stabspannkräfte und Auflagerreaktionen lediglich mit Hilfe der Gleichgewichtsbedingungen bzw. der auf diesen beruhenden statischen Verfahren bestimmt werden können. Es heißt ferner *stabil*, wenn seine Stäbe und Lager so angeordnet sind, daß — abgesehen von elastischen Formänderungen — die Knotenpunkte ihre Lage gegeneinander und gegen die Widerlager unter dem Einfluß dieser Lasten nicht ändern. Bei einem räumlichen Fachwerk von k Knotenpunkten stehen $3k$, bei einem ebenen $2k$ Knotengleichgewichtsbedingungen zur Verfügung.

Soll das System statisch bestimmt sein, so muß die Zahl der unbekannten Stabspannkräfte und Auflagerreaktionen ebenso groß sein wie die Zahl der verfügbaren Knotengleichgewichtsbedingungen, d. h. es muß sein:

$$r + a = 3k \quad \text{im Raume,}$$

bzw.

$$r + a = 2k \quad \text{in der Ebene.}$$

In diesem Falle lassen sich die $r + a$ unbekannten Spannkräfte und Lagerreaktionen lediglich mit Hilfe der $3k$ bzw. $2k$ Gleichgewichtsbedingungen, und ebenso die $3k$ bzw. $2k$ Verschiebungskomponenten der Knotenpunkte mit Hilfe der $r + a$ Elastizitäts- und Auflagerbedingungen ermitteln. Voraussetzung dabei ist, daß die Nennerdeterminante einen von Null verschiedenen Wert hat, da andernfalls die Unbekannten der Aufgabe für beliebige Belastungsfälle nicht eindeutig bestimmt werden können oder keine endlichen Werte annehmen. Diese Voraussetzung stellt eine allgemeine Bedingung für die Stabilität des statisch bestimmten Fachwerkes dar[1]. Da indessen die Ausrechnung der Nennerdeterminante im allgemeinen umständlich und zeitraubend ist, so bedient man sich zur Beurteilung der Stabilität zweckmäßig anderer Verfahren, insbesondere des kinematischen (vgl. S. 94).

Übersteigt die Anzahl der unbekannten Stabspannkräfte und Lagerreaktionen die Zahl der verfügbaren Knotengleichgewichtsbedingungen um n, ist also $r + a = 3k + n$ bzw. $2k + n$, so können erstere mit Hilfe der Gleichgewichtsbedingungen allein nicht mehr ermittelt werden. Dagegen sind n Elastizitäts- und Auflagerbedingungen mehr vorhanden als zur Bestimmung der $3k$ bzw. $2k$ unbekannten Verschiebungskomponenten der Knotenpunkte erforderlich sind. Eliminiert man letztere aus den $r + a$ verfügbaren Elastizitäts- und Auflagerbedingungen, so gewinnt man n Gleichungen, in denen als Unbekannte nur Stabkräfte und Stützenreaktionen auftreten. Da aber ferner $3k$ bzw. $2k$ Knotengleichgewichtsbedingungen verfügbar sind, so können mit Hilfe dieser $3k + n$ bzw. $2k + n$ Gleichungen die $r + a$ unbekannten Spann- und Lagerkräfte eindeutig bestimmt werden. Ein so gegliedertes und gestütztes Fachwerk heißt *statisch unbestimmt*.

Ist endlich die Anzahl der unbekannten Stabspannkräfte und Lagerreaktionen kleiner als die Zahl der verfügbaren Knotengleichgewichtsbedingungen, so ist die feste Lage der Knotenpunkte gegeneinander und gegen die Widerlager nicht unbedingt gewährleistet. Ein solches Fachwerk heißt *labil* und ist für praktische Zwecke i. allg. unbrauchbar.

Fallen sämtliche Stabachsen und äußeren Kräfte in eine Ebene, die Trägerebene, so liegt ein ebenes Fachwerk vor, im anderen Falle ein räumliches. Die besonderen Eigenschaften der räumlichen Systeme werden, sofern sie nicht schon durch die vorstehenden allgemeinen Erläuterungen gekennzeichnet sind, in Kap. 3 des dritten Abschnittes genauer besprochen.

Ein *ebenes* Fachwerk kann aus einer einzigen Scheibe bestehen (Abb. 50, S. 36) oder aus einer Anzahl Scheiben zusammengesetzt sein, die durch Gelenke miteinander in Verbindung stehen (Abb. 51). Zur statisch bestimmten Stützung einer einzelnen ebenen Scheibe sind $a = 3$ Stützungen erforderlich. Damit also eine solche Scheibe als *freies* Fachwerk innerlich statisch bestimmt und stabil sei (einfache Scheibe, vgl. S. 8), muß die Anzahl der erforderlichen Stäbe gerade

$$r = 2k - 3$$

betragen. Ebene Fachwerksysteme, die aus mehreren *einfachen* Scheiben bestehen, sind statisch bestimmt, wenn für sie die Bedingung (7) erfüllt ist, wobei s die Anzahl der vorhandenen Gelenkkräfte (zwischen den einzelnen Scheiben) bezeichnet.

Nachstehend sollen noch zwei wichtige Bildungsgesetze statisch bestimmter ebener Fachwerke angegeben werden. Die einfachste Grundfigur des Fachwerkes ist das Dreieck. Seine Stützung ist statisch bestimmt, wenn es drei sich nicht in einem Punkte schneidende Reaktionskomponenten aufweist. Den sechs unbekannten Spann- und Lagerkräften stehen $2 \cdot 3 = 6$ Knotengleichgewichtsbedingungen gegenüber, wodurch die statische Bestimmtheit gekennzeichnet ist. Eine Verschiebung der Knotenpunkte gegeneinander oder gegen die Lager infolge einer beliebigen Belastung ist — abgesehen von elastischen Formänderungen — nicht möglich, sobald dafür gesorgt wird, daß das bei B (Abb. 45a) angeordnete Gleitlager Zug- und Druckkräfte übertragen kann. Mitunter ist es zweckmäßig, an Stelle der drei Lagerkräfte die Spannkräfte dreier in die Richtung dieser Kom-

---

[1] Föppl, A.: Theorie des Fachwerks, S. 26, Leipzig 1880; Schweiz. Bauztg. 1887, S. 42.

ponenten fallender Stäbe (Pendelstützen) in die Untersuchung einzuführen (Abb. 45b).

Schließt man nun in zwei Punkten des Stabdreiecks, etwa in B und C, einen weiteren Knoten D durch zwei Stäbe oder einfache Scheiben an (Abb. 46), so wird an der statischen Bestimmtheit des Systems nichts geändert, denn jede in D angreifende Last kann auf statischem Wege nach den Richtungen DC

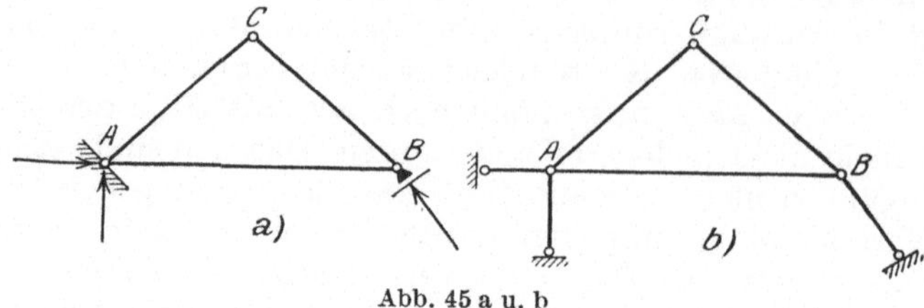

Abb. 45 a u. b

und DB zerlegt und damit ihr Einfluß auf das System eindeutig bestimmt werden. Das gleiche gilt, wenn die Grundfigur, von der man ausgeht, zwar kein Dreieck, aber ein beliebiges, statisch bestimmtes, stabiles Fachwerk ist.

So fortfahrend, kann man das statisch bestimmte Fachwerk beliebig vergrößern, indem man jeden neuen Knotenpunkt durch zwei Stäbe oder Scheiben an Knotenpunkte des bereits vorhandenen Fachwerkes anschließt. Von diesem

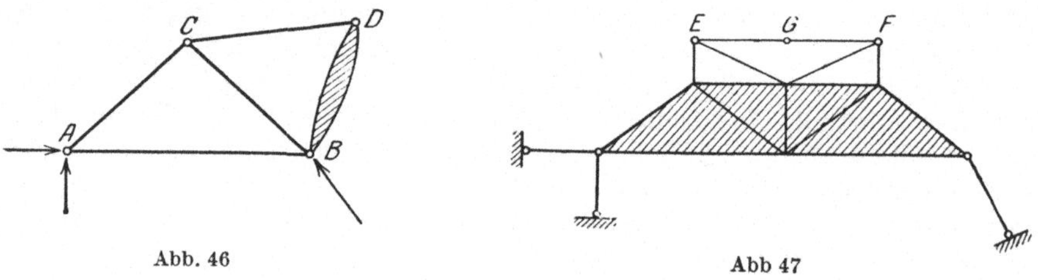

Abb. 46

Abb 47

einfachen Bildungsgesetz ist nur ein Ausnahmefall ausgeschlossen, nämlich der, wenn der neu anzuschließende Punkt in die Richtung der Verbindungsgeraden der beiden Knotenpunkte fällt, an die er angeschlossen werden soll. Die beiden Punkte E und F in Abb. 47 sind je zweistäbig angeschlossen. Fällt nun der neu anzuschließende Punkt G in die Richtung von EF, so kann zwischen einer beliebig gerichteten, in G angreifenden Last P und den Spannkräften der Stäbe EG und FG Gleichgewicht nicht bestehen. Dieses wird vielmehr erst dann eintreten, wenn der Punkt G eine kleine (elastische) Verschiebung erleidet, so daß die Stäbe EG und FG um einen kleinen Winkel gegeneinander geneigt sind. In diesem Falle liefert die Zerlegung von P nach den Richtungen EG und GF sehr große Spannkräfte, das Fachwerk ist also i. allg. für praktische Zwecke unbrauchbar.

Liegen zwei starre Scheiben vor, die durch Stäbe miteinander verbunden werden sollen, so genügen

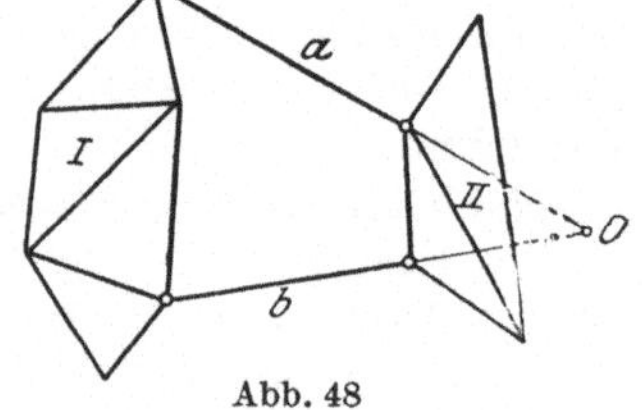

Abb. 48

offenbar zwei Stäbe nicht zur Herstellung einer stabilen Verbindung (Abb. 48), denn denkt man sich etwa die Scheibe II festgehalten, so kann die Scheibe I in eine ihrer Anfangslage unendlich nahe Lage durch Drehung um den Pol O, in welchem sich die Stäbe a und b schneiden, übergeführt werden. Letztere verhindern also nicht eine Verschiebung der Scheiben gegeneinander. Für den Fall einer unendlich kleinen Drehung ist die Wirkungsweise der Stäbe a und b die gleiche, als wenn die Scheiben I und II durch ein Gelenk miteinander verbunden wären. Man bezeichnet deshalb den Schnittpunkt O auch als *imaginäres Gelenk* zwischen den beiden Scheiben. Zur Herstellung einer stabilen Verbindung sind demnach mindestens drei solcher Stäbe erforderlich, aber auch daran ist die Bedingung geknüpft, daß diese drei Stäbe sich nicht in einem Punkte schneiden dürfen, weil andernfalls durch den dritten Stab die unendlich kleine Drehung der Scheibe I gegen II nicht verhindert werden könnte.

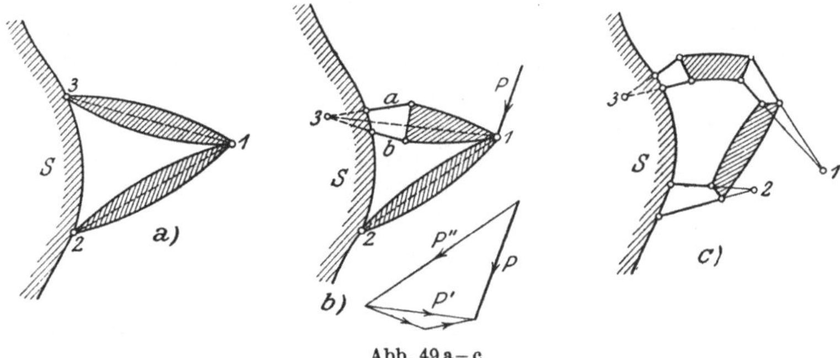

Abb. 49 a—c

Mit Rücksicht auf die vorstehende Betrachtung kann man sich — immer unter der Voraussetzung einer unendlich kleinen Drehung — jedes Gelenk zwischen zwei Scheiben durch zwei Stäbe ersetzt denken. Die oben angegebene Bildungsweise eines Fachwerks durch fortschreitenden zweistäbigen bzw. zweischeibigen Anschluß neuer Knotenpunkte läßt sich somit auch dahin erweitern, daß man

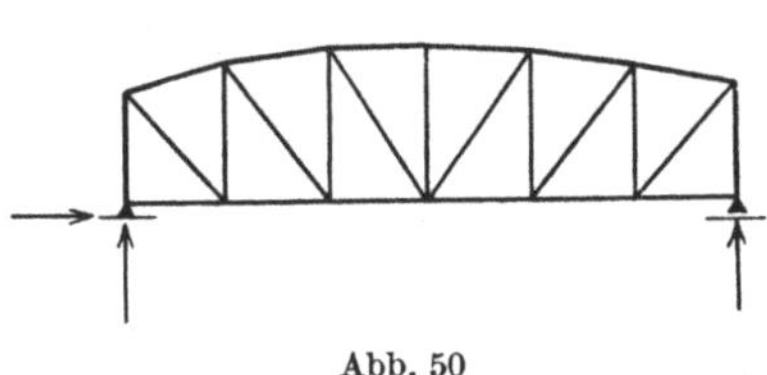

Abb. 50

ein oder zwei oder auch alle drei Gelenke, in welchen die Anschlußstäbe (oder Scheiben) unter sich bzw. mit dem Grundsystem zusammenhängen, durch je zwei Stäbe ersetzt (Abb. 49). Auch hier besteht natürlich die Voraussetzung, daß die drei Gelenke nicht auf einer Geraden liegen, da andernfalls eine unendlich kleine Beweglichkeit möglich ist. Soll nun z. B. der Einfluß einer im Gelenk 1 der Abb. 49 b angreifenden Last P auf die starre Scheibe S, an welche 1 angeschlossen ist, ermittelt werden, so zerlege man P in die Komponenten P' nach der Richtung $1—3$ und P'' nach der Richtung $1—2$. Dann gibt P'' sofort den Gelenkdruck in 2 an, während die Komponenten der Kraft P' nach den Stäben a und b die von diesen Stäben auf die starre Scheibe übertragenen Kräfte darstellen. In ähnlicher Weise verfährt man im Falle der Abb. 49 c.

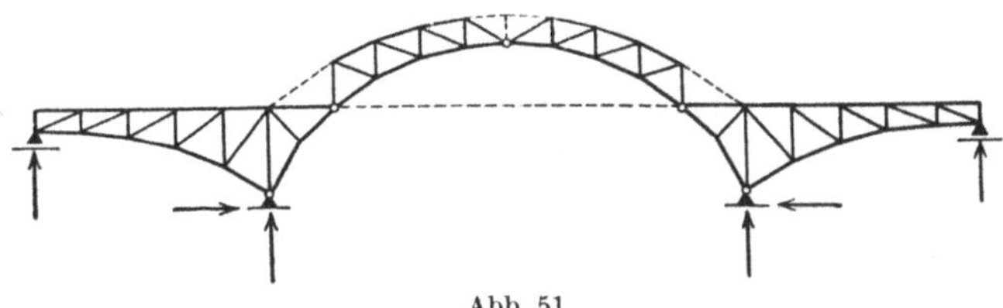

Abb. 51

Wird ein in senkrechter Ebene liegendes Fachwerk oben und unten von einem zusammenhängenden Linienzug begrenzt (Abb. 50 und 51), so nennt man die betreffenden Stabzüge *obere* und *untere Gurtung* des Trägers, während die zwischen beiden liegenden Stäbe als Füllungsstäbe bezeichnet werden. Letztere bestehen aus vertikalen und schrägen Stäben, welche kurz *Vertikalen, Pfosten oder Ständer* und *Diagonalen, Streben* oder *Schrägstäbe* genannt werden.

Zweiter Abschnitt

Momente, Quer- und Normalkräfte an statisch bestimmten Stabwerken

In Kap. 7 des ersten Abschnittes sind die Spannungen des stabförmigen Trägers durch die Momente, Normal- und Querkräfte der äußeren Kräfte ausgedrückt. Die Berechnung der Spannungen an einer beliebigen Stelle des betreffenden Stabes setzt also die Kenntnis dieser statischen Größen voraus. Ihre Ermittlung für beliebige Belastungszustände ist die Aufgabe des vorliegenden Abschnittes.

1. Der einfache Balken

Einfacher Balken heißt ein ebener Träger auf zwei Stützen, der an einem Ende fest, am anderen horizontal verschieblich gelagert ist, an dem also infolge senkrechter Lasten nur senkrechte Stützendrücke auftreten können.

Für die Folge bezeichnen allgemein:

A und B die lotrechten Stützendrücke,

$\quad H$ die Horizontalreaktion des festen Auflagers,

$\quad l$ die Trägerstützweite,

$\quad g$ die bleibende, gleichmäßig verteilte Belastung für die Längeneinheit [kg/m],

$\quad p$ die bewegliche, gleichmäßig verteilte Belastung für die Längeneinheit [kg/m],

$q = g + p$ die gesamte, gleichmäßig verteilte Belastung für die Längeneinheit [kg/m[,

$\quad P$ eine beliebige in der Trägerebene wirkende Einzellast,

x und x' die Abstände eines beliebigen Balkenquerschnitts vom linken bzw. rechten Auflager,

$\quad M_x$ das Biegungsmoment,

$\quad Q_x$ die Querkraft,

$\quad N_x$ die Normalkraft der äußeren Kräfte in bezug auf den Querschnitt x.

I. Ruhende Belastung

Auf den in Abb. 52 skizzierten einfachen Balken mögen die Einzellasten P_1, P_2, P_3 und die gleichmäßig verteilte Last g wirken. P_3 sei unter dem Winkel a_3 gegen die Horizontale geneigt. Zur Ermittlung der unbekannten Lagerkräfte A, B und H wende man die Gleichgewichtsbedingungen der starren Scheibe an. Die Bedingung $\Sigma H = 0$ liefert sofort

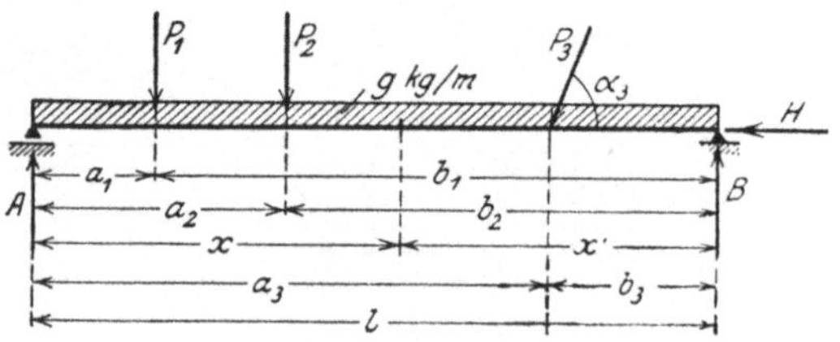

$$P_3 \cos\alpha_3 + H = 0;$$

$$H = - P_3 \cos\alpha_3.$$

Abb. 52

Die Bedingung $\Sigma M = 0$ in bezug auf den Stützpunkt B liefert:

$$A\,l - \left(P_1 b_1 + P_2 b_2 + P_3 \sin\alpha_3 b_3 + g\,l\,\frac{l}{2}\right) = 0$$

oder

$$A = \frac{1}{l}\left(P_1 b_1 + P_2 b_2 + P_3 \sin\alpha_3 b_3 + \frac{g\,l^2}{2}\right).$$

Entsprechend findet man aus der Bedingung $\Sigma V = 0$ oder $\Sigma M = 0$ um A:

$$B = \frac{1}{l}\left(P_1 a_1 + P_2 a_2 + P_3 \sin\alpha_3 a_3 + \frac{g\,l^2}{2}\right).$$

Ist der Träger nur mit g belastet, so wird

$$A = B = \frac{g\,l}{2}\,; \quad H = 0,$$

während sich im Falle nur senkrechter Einzellasten ergibt:

$$A = \frac{\Sigma\,P\,b}{l}\,; \quad B = \frac{\Sigma\,P\,a}{l}\,; \quad H = 0. \tag{1}$$

Ist außer der über den ganzen Träger gleichmäßig verteilten Last g noch eine Streckenlast p vorhanden (Abb. 53), so denke man sich letztere in ihrem Schwerpunkt zu einer Einzellast pe vereinigt und bestimme die Stützendrücke genau wie oben angegeben:

$$A = \frac{g\,l}{2} + \frac{p\,e\,b}{l}\,; \quad B = \frac{g\,l}{2} + \frac{p\,e\,a}{l}\,; \quad H = 0.$$

Nach Festlegung der Stützendrücke können die *Biegungsmomente* und *Querkräfte* für jeden beliebigen Querschnitt ermittelt werden. Im Belastungsfall der

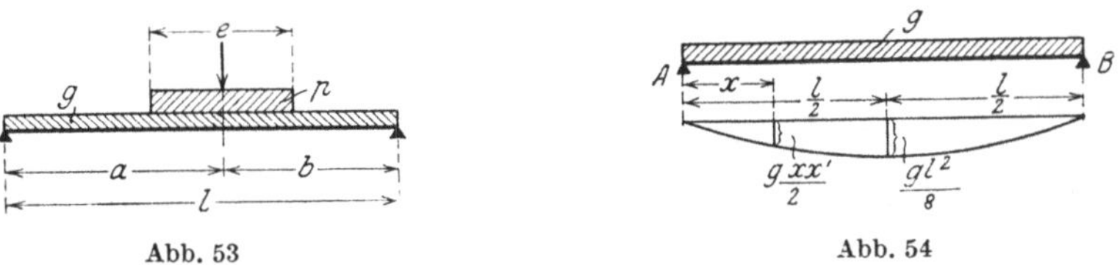

Abb. 53

Abb. 54

Abb. 52 erhält man z. B. für einen Querschnitt zwischen $x = a_2$ und $x = a_3$ (wobei eine Drehung im Uhrzeigersinn am linken Trägerteil als positiv gerechnet wird) das Biegungsmoment:

$$M_x = A\,x - P_1(x - a_1) - P_2(x - a_2) - \frac{g\,x^2}{2}$$

oder allgemein

$$M_x = A\,x - \sum_1^x P(x - a) - \frac{g\,x^2}{2}, \tag{2}$$

wobei $\sum_1^x P$ sich über alle Lasten links von x erstreckt. Treten schräge Lasten auf, so sind in der Summe nur die vertikalen Komponenten zu berücksichtigen.

Im Falle einer gleichmäßig verteilten Last g wird

$$M_x = A\,x - \frac{g\,x^2}{2} = x\left(\frac{g\,l}{2} - \frac{g\,x}{2}\right) = \frac{g\,x\,x'}{2}\,.$$

Für $x = x' = \dfrac{l}{2}$ ergibt sich das größte Moment

$$M_{\max} = \frac{g\,l^2}{8}\,.$$

Trägt man für jeden Trägerpunkt das für ihn gültige Moment von einer Horizontalen — der Nullinie — aus auf und verbindet die Endpunkte dieser Ordinaten, so erhält man die *Momentenlinie* des Trägers infolge der betreffenden Belastung. Momentenlinie und Nullinie schließen zusammen die *Momentenfläche* ein. Für den Fall gleichmäßig verteilter Belastung ist die Momentenlinie eine Parabel mit der Pfeilhöhe $f = \dfrac{g\,l^2}{8}$ (Abb. 54).

Bei Belastung des Trägers mit einer Streckenlast ergeben sich mit Bezug
nahme auf Abb. 55 folgende Stützendrücke:

$$A = \frac{p\,e}{l}\left(\frac{e}{2} + b\right); \quad B = \frac{p\,e}{l}\left(\frac{e}{2} + a\right).$$

An der Stelle a ist $M_a = A\,a$, an der Stelle b $M_b = B\,b$, und an der Stelle
x wird

$$M_x = A\,x - \frac{p\,(x-a)^2}{2}.$$

Die Momentenlinie verläuft also von $x = 0$ bis $x = a$ geradlinig, geht dann in eine
Kurve über bis $x = a + e$ und verläuft von dort aus wieder geradlinig bis ans
Ende des Trägers.

Die *Querkraft* für irgendeinen Querschnitt x erhält man durch algebraische
Addition der zur Stabachse senkrechten Komponenten aller links von x an
greifenden Kräfte. *Sie wird positiv genannt, wenn sie den linken Trägerteil gegen
den rechten nach oben oder den rechten gegen den linken nach unten zu verschieben
sucht.*

Für den Belastungsfall der Abb. 52 ist
z. B. für einen Querschnitt zwischen $x = a_2$
und $x = a_3$

$$Q_x = A - (P_1 + P_2 + g\,x),$$

oder allgemein

$$Q_x = A - \left(\sum_1^x P + g\,x\right).$$

Differenziert man in Gl. (2) M_x nach x, so
ergibt sich

$$\frac{d\,M_x}{d\,x} = A - \sum_1^x P - g\,x = Q_x.$$

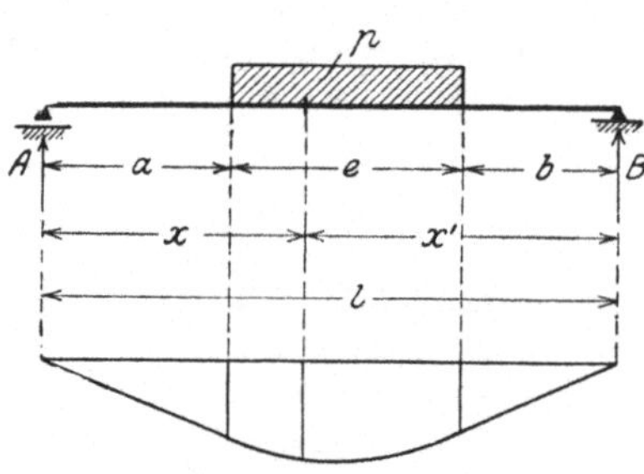

Abb. 55

Zwischen Moment und Querkraft eines beliebigen Querschnitts besteht also die
einfache Beziehung

$$Q_x = \frac{d\,M_x}{d\,x}. \tag{3}$$

Durch nochmalige Differentiation nach x folgt daraus

$$\frac{dQ_x}{d\,x} = \frac{d^2\,M_x}{d\,x^2} = -g. \tag{3a}$$

Danach ist die zweite Ableitung des Biegungsmomentes am Orte x gleich dem
negativen Wert der dort herrschenden Belastungsordinate der stetigen Belastung.

Soll nun im Falle einer stetigen Belastung diejenige Stelle gefunden werden,
an welcher das Moment ein Maximum (oder Minimum) erreicht, so setze man
den ersten Differentialquotienten des Momentes oder, was nach (3) dasselbe ist,
die Querkraft gleich Null, und man erhält damit eine Bedingungsgleichung für
die gesuchte Abszisse x.

Für den durch Abb. 55 dargestellten Belastungsfall wird z. B. die Querkraft
zwischen $x = a$ und $x = a + e$

$$Q_x = \frac{d\,M_x}{d\,x} = A - p\,(x-a).$$

Für $Q_x = 0$ wird $A = p\,(x-a)$ oder

$$x = \frac{A + a\,p}{p}.$$

Führt man diesen Wert für x in die Gleichung

$$M_x = A\,x - \frac{p\,(x-a)^2}{2}\;.$$

ein, so erhält man das infolge dieser Belastung auftretende Maximalmoment.

Besteht die Belastung des Trägers aus Einzellasten, so ergibt sich ein Größtwert des Momentes an der Stelle, an welcher die Querkraft ihr Vorzeichen wechselt.

Entsprechend der Momentenlinie kann man die aus den Querkräften herrührende *Querkraftlinie* bzw. *Querkraftfläche* auftragen (Abb. 56).

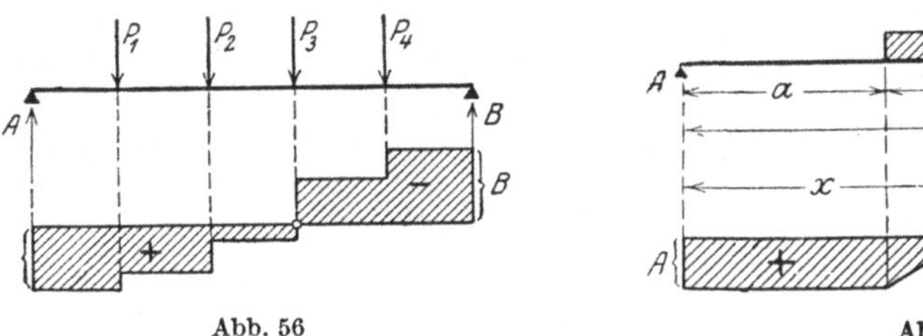

Abb. 56   Abb. 57

Im Belastungsfall der Abb. 57 ist die Querkraft zwischen $x = 0$ und $x = a$ konstant, $Q_x = A$. Zwischen $x = a$ und $x = a + e$ ist $Q_x = A - p\,(x-a)$, während sie zwischen $x = a + e$ und $x = l$ den konstanten Wert $Q_x = A - pe = -B$ annimmt. Die Abszisse des Nullpunktes ist durch die oben angeschriebene Beziehung $x = \dfrac{A}{p} + a$ gegeben. Erstreckt sich die gleichmäßig verteilte Last über den ganzen Träger, so wird die Querkraftlinie dargestellt durch eine die Nullinie in der Mitte schneidende Gerade, deren Ordinaten $+\frac{1}{2}gl$ bei $x = 0$

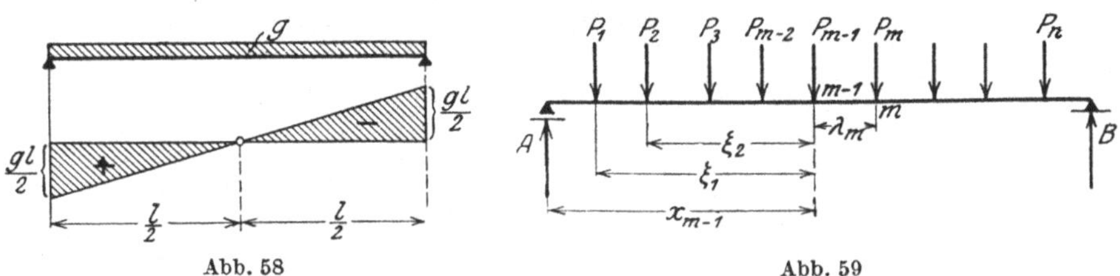

Abb. 58   Abb. 59

und $-\frac{1}{2}gl$ bei $x = l$ sind. Der Nullpunkt gibt an, daß das größte Moment bei $x = \dfrac{l}{2}$ liegt (Abb. 58).

Liegt der in Abb. 59 skizzierte Belastungsfall vor, so ist das Moment an der Stelle m unter Beachtung der aus der Figur ersichtlichen Bezeichnungen:

$$M_m = A\,(x_{m-1} + \lambda_m) - \sum_{1}^{m-1} P\,(\xi + \lambda_m)$$

oder

$$M_m = A\,x_{m-1} - \sum_{1}^{m-2} P\,\xi + \left(A - \sum_{1}^{m-1} P\right)\lambda_m\;.$$

Nun ist aber

$$A\,x_{m-1} - \sum_{1}^{m-2} P\,\xi = M_{m-1}\,,$$

d. h. gleich dem Moment an der Stelle x_{m-1} und

$$\left(A - \sum_{1}^{m-1} P\right)\lambda_m = Q_m\,\lambda_m\,,$$

d. h. gleich der mit λ_m multiplizierten Querkraft in m-ten Felde. Demnach gilt allgemein

$$M_m = M_{m-1} + Q_m \lambda_m. \tag{4}$$

Die vorstehende Beziehung kann benutzt werden, um die Momente aus den Querkräften abzuleiten. Dieses Verfahren empfiehlt sich besonders dann, wenn die Feldweiten λ sämtlich gleich groß sind, ein Fall, der bei Baukonstruktionen häufig auftritt. Man bedient sich dabei zweckmäßig einer Tabelle und gelangt zu untenstehendem Schema.

Punkt	Kraft	Q	$\dfrac{M}{\lambda}$
0	$-A$	$Q_0 = 0$	0
1	P_1	$Q_1 = A$	$\dfrac{M_1}{\lambda} = Q_1$
2	P_2	$Q_2 = Q_1 - P_1$	$\dfrac{M_2}{\lambda} = \dfrac{M_1}{\lambda} + Q_2$
3	P_3	$Q_3 = Q_2 - P_2$	$\dfrac{M_3}{\lambda} = \dfrac{M_2}{\lambda} + Q_3$
4	P_4	$Q_4 = Q_3 - P_3$	$\dfrac{M_4}{\lambda} = \dfrac{M_3}{\lambda} + Q_4$
5	P_5	$Q_5 = Q_4 - P_4$	$\dfrac{M_5}{\lambda} = \dfrac{M_4}{\lambda} + Q_5$
.			
.			
.			

Wirkt die Belastung nicht direkt auf den Balken, sondern wird sie vermittels einfacher Zwischenträger auf diesen übertragen (Abb. 60), so bestimmt man die auf die einzelnen Knotenpunkte, das sind diejenigen Punkte, in denen die Zwischenträger angeordnet sind, entfallenden Lasten und verfährt dann wie im Falle unmittelbarer Belastung des Balkens mit Einzellasten, welche in den Knotenpunkten angreifen.

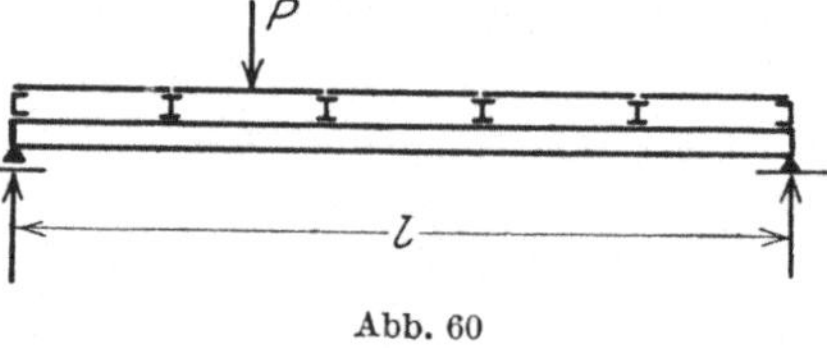

Abb. 60

Die Querkraftlinie eines einfachen Balkens infolge gleichmäßig verteilter Belastung erhält man dann wie nachstehend angegeben. Innerhalb eines Feldes greifen keine äußeren Kräfte an, also ist Q zwischen zwei Knotenpunkten $m-1$ und m konstant. Für das m-te Feld ist

$$Q_m = \frac{g\,l}{2} - g\,x_{m-1} - g\,\frac{\lambda_m}{2}.$$

Dieser Wert stimmt mit demjenigen für Q_c bei unmittelbarer Belastung überein, wenn c die Mitte des m-ten Feldes bezeichnet. Da aber Q_m im Feld konstant ist, so erhält man die Querkraftlinie für mittelbare Belastung aus derjenigen für unmittelbare, indem man durch die unter den Feldmitten liegenden Punkte Parallelen zur Nullgeraden zwischen je zwei Knotenpunkten zieht. Es ergibt sich dann die in Abb. 61 dargestellte staffelförmige Querkraftlinie für mittelbare Belastung.

Nachstehend soll noch die *graphische* Behandlung des einfachen Balkens im Falle senkrechter Einzellasten besprochen werden.

Man trage zunächst die Lasten P_1 bis P_n der Reihe nach auf (Abb. 62), wähle einen beliebigen Pol O, ziehe die Polstrahlen $I, II, III \ldots$ und zeichne das zugehörige Seilpolygon I', II', III' . . ., welches die Auflagersenkrechten in den Punkten a und b schneidet. Die Verbindungsgerade ab heißt die Schlußlinie. Zieht man zu dieser die Parallele g durch O, so zerlegt letztere den Kräftezug in zwei Strecken, welche die Auflagerdrücke A und B darstellen. Die äußeren Polstrahlen I und VI des Kraftecks sind die Komponenten der Resultierenden $R = \Sigma P$. Im Punkte a muß zwischen der Komponente I, dem Stützendruck A und der Seilkraft g Gleichgewicht bestehen, diese müssen also im Krafteck einen geschlossenen Kräftezug bilden. Mit I und g ist A, mit VI und g ist B im Gleichgewicht.

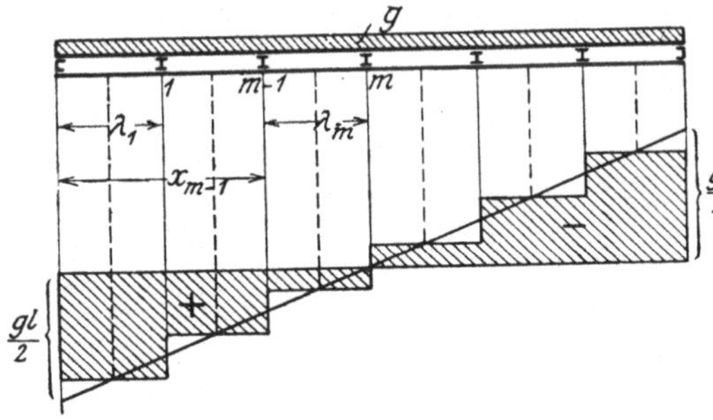

Die Querkraft zwischen den Punkten 2 und 3 ist konstant, und zwar ist

$$Q_3 = A - (P_1 + P_2).$$

Im Kräfteplan ist Q_3 als Differenz von A und $P_1 + P_2$ sofort abzugreifen. Da Q_3 mit den Seilkräften g und III ein geschlossenes Krafteck bildet, so muß sie durch den Schnittpunkt von g' und III' gehen, womit ihre Lage bestimmt ist. Im vorliegenden Beispiel sucht Q_3 den linken Trägerteil gegen den rechten nach oben zu verschieben, ist also positiv.

Denkt man sich bei c einen Schnitt gelegt, so ist Q_3 die Resultierende aller links vom Schnitt wirkenden Kräfte, und das Moment für den Punkt c wird, wenn e_3 den Abstand der Querkraft Q_3 von c angibt:

$$M_c = Q_3\, e_3.$$

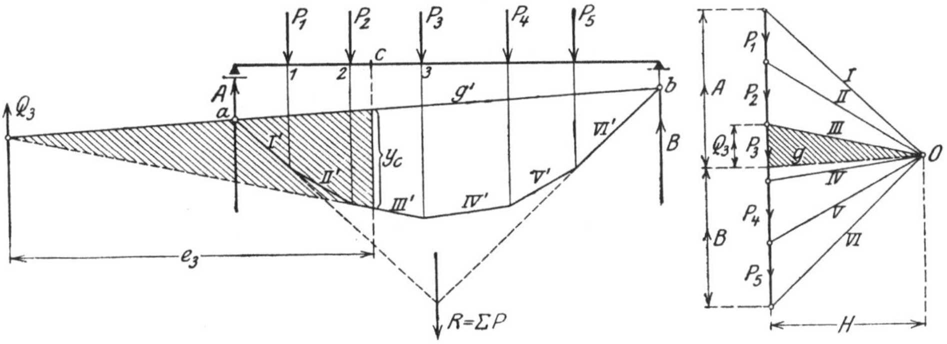

Abb. 61

Abb. 62

Das durch g', III' und die unter c gemessene Ordinate y_c begrenzte Dreieck ist dem durch g, III und Q_3 begrenzten Krafteck ähnlich. Es verhält sich also, wenn H den Polabstand angibt:

$$Q_3 : H = y_c : e_3,$$

woraus folgt

$$Q_3\, e_3 = H y_c$$

und deshalb

$$M_c = H y_c. \tag{5}$$

Man erhält also das Moment M_c aller links vom Schnitt wirkenden Kräfte in bezug auf Punkt c als Produkt aus der Polweite H und der Strecke y_c, welche von der Schlußlinie g' und der vom Schnitt getroffenen Seilpolygonseite III'

auf der Parallelen zur Kraftrichtung durch c abgeschnitten wird. Die Ordinate y_c wird durch eine Länge, H durch eine Kraft dargestellt. Wird $H = 1$ gewählt, so ergibt sich

$$M_c = 1\,y_c.$$

Im Falle einer beliebigen stetigen Belastung (Abb. 63) zerlege man die Belastungsfläche in hinreichend schmale Streifen, denke sich die entsprechenden Lasten in den Schwerpunkten dieser Abschnitte wirkend und behandle den Träger genau wie vorstehend angegeben. Wählt man wieder $H = 1$, so erhält man die

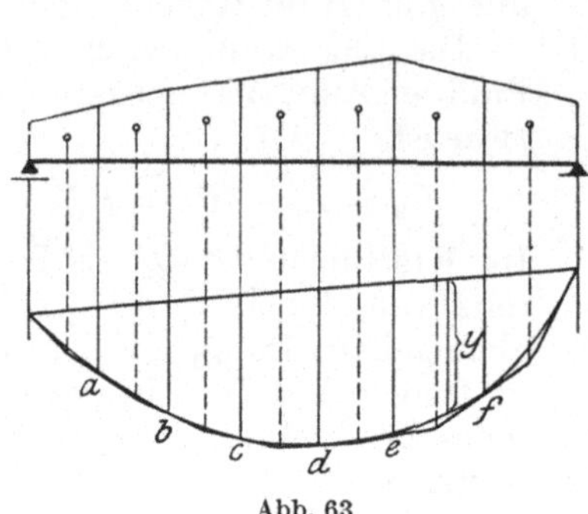

Abb. 63

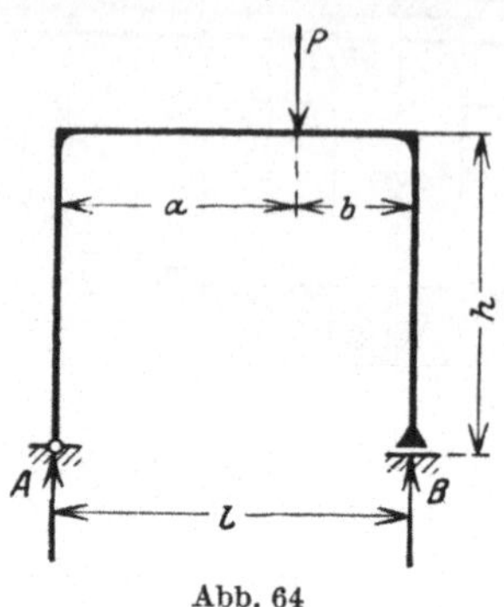

Abb. 64

Momentenlinie, indem man in das Seilpolygon der Lasten eine Kurve einträgt, welche die Seilpolygonseiten unter den Trennungslinien je zweier Streifen berührt (in $a, b, c \ldots$), da an diesen Stellen die Momente infolge der gegebenen stetigen Belastung mit denen infolge der ersatzweise eingeführten Einzellasten übereinstimmen.

Die hier für den einfachen Balken entwickelten Gesetze gelten auch für den Horizontalriegel eines biegungsfesten Stabwerkes gemäß Abb. 64, welches bei A gelenkig fest, bei B verschieblich gestützt ist, sofern nur senkrechte Lasten am Riegel angreifen. Die in den beiden vertikalen Stielen wirkenden Normalkräfte sind gleich den entsprechenden Lagerdrücken A bzw. B, so daß die Momente und Querkräfte des Riegels mit denjenigen eines einfachen Balkens von der Stützweite l übereinstimmen (vgl. S. 38). In den Stielen treten weder Momente noch Querkräfte auf. Das ändert sich jedoch, wenn das Stabwerk in horizontaler Richtung belastet wird, etwa durch eine Horizontalkraft W in der linken oberen Ecke (Abb. 65). Für diesen Belastungsfall stehen folgende Gleichgewichtsbedingungen der

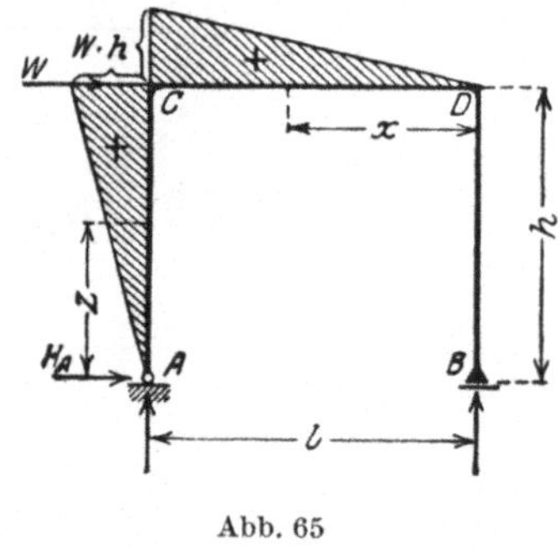

Abb. 65

ebenen Scheibe zur Verfügung (die Richtungen der Reaktionen sind zunächst willkürlich gewählt):

$$A\,l + W\,h = 0 \quad \text{(Momentengleichung um } B\text{)}$$
$$A + B = 0$$
$$H_A + W = 0.$$

Sie liefern $A = -\dfrac{W\,h}{l}$; $\quad B = -A = \dfrac{W\,h}{l}$; $\quad H_A = -W$. Bei A treten also in Wahrheit eine nach *abwärts* und eine nach *links* gerichtete Stützkomponente auf. Mit Hilfe der so gefundenen Reaktionen lassen sich die Momente wie folgt ermitteln: Nennt man solche Momente positiv, welche in den äußeren Fasern des

Stabwerks Druck, in den innern Zug erzeugen, so wird das Moment im linken Stiele an der Stelle z

$$M_z = - H_A\, z = W\, z.$$

Für den oberen Riegel erhält man an der Stelle x das Moment

$$M_x = B\, x = \frac{W\, h}{l}\, x,$$

während im rechten Stiele $M = 0$ ist. Mit den so gefundenen Werten kann die in Abb. 65 dargestellte Momentenfläche sofort aufgetragen werden. In ähnlicher Weise findet man für die Querkraft des linken Stieles $Q_l = - H_A = W$, des rechten Stieles $Q_r = 0$ und des oberen Riegels $Q_o = - B = - \dfrac{W\, h}{l}$.

II. Bewegliche Belastung

a) Einflußlinien

Zur Bestimmung der Auflagerdrücke, Momente und Querkräfte eines einfachen Balkens infolge einer beweglichen Belastung bedient man sich mit Vorteil der Einflußlinien (s. S. 12).

Über den Träger AB von der Stützweite l möge eine Einzellast $P = 1$ wandern (Abb. 66). Für eine beliebige Laststellung wird der linke Stützendruck

$$A = 1\,\frac{\xi'}{l}.$$

Für $\xi' = l$ ist $A = 1$, für $\xi' = 0$ ist $A = 0$. Die Einflußlinie für A (kurz A-Linie genannt) wird also dargestellt durch eine Gerade, welche auf der Auflagersenkrechten durch A die Ordinate 1, durch B die Ordinate 0 von der Nulllinie aus abschneidet. Entsprechend ist die Einflußlinie für den Stützendruck B

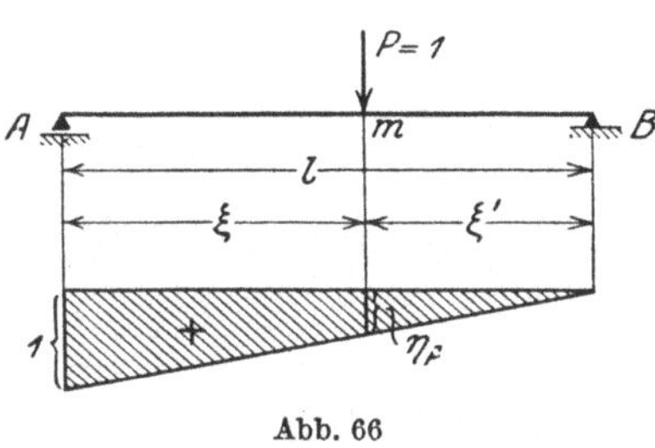

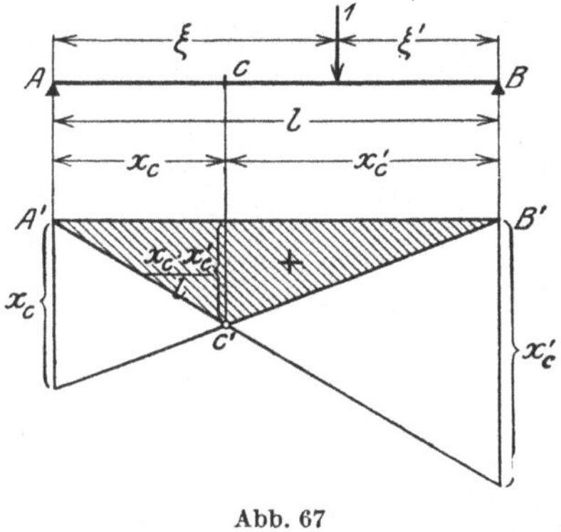

Abb. 66   Abb. 67

(B-Linie) eine Gerade mit den Ordinaten 1 und 0 unter B bzw. A. Wandert eine Reihe von senkrechten Einzellasten P über den Träger, so ergibt sich nach dem Gesetz der Superposition für eine bestimmte Laststellung

$$A = \sum P\, \eta_A,$$
$$B = \sum P\, \eta_B,$$

wenn η_A bzw. η_B die Ordinaten der Einflußlinien für A und B unter den zugehörigen Lasten P darstellen.

Soll die Einflußlinie für das Moment an der Stelle c gefunden werden, so betrachte man zunächst eine Laststellung rechts von c. Dann ist mit den Bezeichnungen der Abb. 67

$$M_c = A\, x_c = \frac{1\,\xi'}{l}\, x_c,$$

und zwar gilt dieser Wert für beliebige Stellungen der Last 1 zwischen c und B. Die Ordinaten η der Einflußlinie für M_c rechts von c sind somit gleich den mit x_c multiplizierten Ordinaten der A-Linie. Steht die Last 1 links von c, so ist

$$M_c = B\,x_c' = \frac{1}{l}\,\frac{\xi}{}\,x_c',$$

d. h. zwischen A und c werden die Ordinaten der Einflußlinie für M_c gleich den mit x_c' multiplizierten Ordinaten der B-Linie. Unter c ist die mit x_c multiplizierte Ordinate der A-Linie

$$\eta_c = \frac{1}{l}\,\frac{\xi'}{}\,x_c = \frac{1\,x_c'\,x_c}{l}$$

und die mit x_c' multiplizierte Ordinate der B-Linie

$$\eta_c = \frac{1}{l}\,\frac{\xi}{}\,x_c' = \frac{1\,x_c\,x_c'}{l}\,,$$

d. h. beide sind einander gleich, die beiden Geraden müssen sich also unter c schneiden. Man findet demnach die Einflußlinie für M_c, indem man unter A die Abszisse x_c, unter B die Abszisse x_c' von der Nullinie aus aufträgt und die Endpunkte mit den Nullpunkten B' unter B bzw. A' unter A verbindet. Da der Schnittpunkt beider Geraden unter c liegt, so genügt es, wenn nur x_c oder nur x_c' aufgetragen und der Punkt c auf die so bestimmte *eine* Gerade heruntergelotet wird. Damit ist auch die Lage der zweiten Geraden bestimmt. Für jede beliebige Laststellung ist das Moment des einfachen Balkens im Falle abwärts gerichteter Lasten positiv, die Einflußfläche erhält also das positive Vorzeichen. Wirkt auf den Träger eine gleichmäßig verteilte Last $q = g + p$, so liefert die Auswertung der Einflußfläche

$$M_c = \int_0^l q\,\eta\,dx.$$

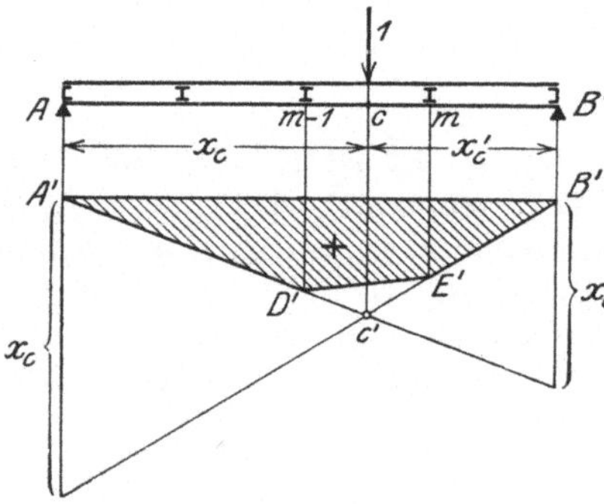

Abb. 68

Da aber $\int \eta\,dx = F$, d. h. gleich dem Inhalt der Einflußfläche ist, so wird

$$M_c = q\,F = q\,\frac{x_c\,x_c'}{l}\,\frac{l}{2} = q\,\frac{x_c\,x_c'}{2}\,,$$

was bereits früher auf anderem Wege gezeigt wurde (vgl. S. 38).

Liegt der Querschnitt c, für welchen das Moment zu bestimmen ist, zwischen zwei Querträgern m und $m-1$ (Abb. 68), so bleibt offenbar die Einflußlinie dieselbe wie bei unmittelbarer Belastung, solange die Last links von $m-1$ oder rechts von m steht, denn wenn man sich eine zwischen zwei Querträgern stehende Last auf die zugehörigen Knotenpunkte verteilt denkt, so erzeugen ihre Komponenten dasselbe Moment M_c wie die Last selbst bei unmittelbarer Belastung. Zwischen m und $m-1$ dagegen muß die Einflußlinie nach S. 14 geradlinig verlaufen. Man hat also in der Einflußlinie für unmittelbare Belastung die Endpunkte der Ordinaten η_{m-1} und η_m zu verbinden und erhält in dem Linienzug $A'\,D'\,E'\,B'$ die Einflußlinie für das Moment M_c bei mittelbarer Belastung.

Die Querkraft Q_c für einen beliebigen Trägerquerschnitt c ist gleich der Resultierenden aller links von c wirkenden senkrechten Kraftkomponenten. Steht also die Last 1 rechts von c, so ist bei unmittelbarer Belastung

$$Q_c = A\,,$$

d. h. die Einflußlinie der Querkraft für Laststellungen rechts von c ist gleich der positiven A-Linie. Steht die Last 1 links von c, so ist

$$Q_c = A - 1 = -B,$$

d. h. die Einflußlinie der Querkraft für Laststellungen links von c ist gleich der negativen B-Linie. Die vollständige Einflußlinie für Q_c wird also gefunden

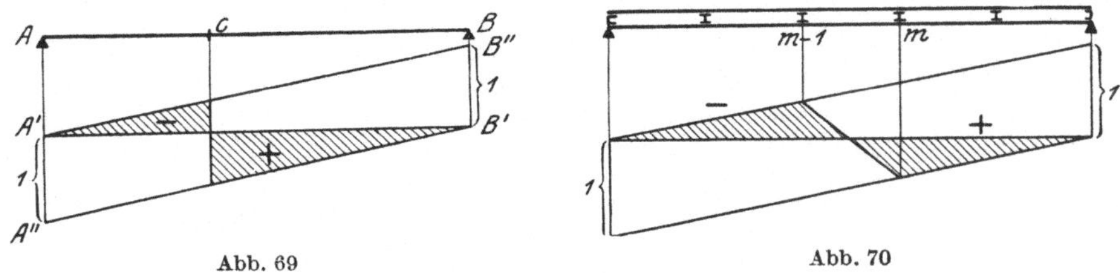

Abb. 69   Abb. 70

(Abb. 69), indem man unter A die Ordinate $+1$, unter B die Ordinate -1 aufträgt und die Endpunkte A'' bzw. B'' mit den Nullpunkten B' bzw. A' verbindet. Lasten rechts von c erzeugen eine positive, Lasten links von c eine negative Querkraft. Im Falle indirekter Belastung ist die Querkraft in einem beliebigen

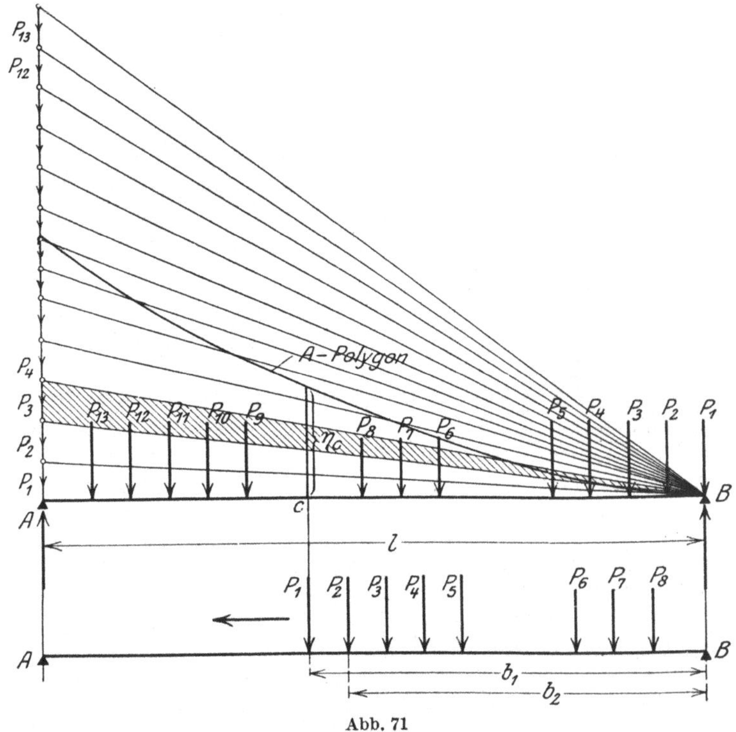

Abb. 71

Feld $(m-1) - m$ konstant. Die Einflußlinie der Querkraft dieses Feldes nimmt die in Abb. 70 dargestellte Form an.

b) A-Polygon und Maximalmomente

Bei der Ermittlung der größten Momente und Querkräfte eines einfachen Balkens infolge der Belastung mit einem verschiebbaren System von Einzellasten leisten die nachstehend beschriebenen Verfahren gute Dienste.

α) A-Polygon

Zur Bestimmung der größten *Querkräfte* infolge eines von rechts vorrückenden Lastenzuges denke man sich zunächst den Zug von links aus über den Träger fahrend, und zwar so, daß die erste Last P_1 gerade über der Stütze B steht (Abb. 71 oben). Darauf trage man die gegebenen Lasten auf der Senkrechten durch A in der Reihenfolge P_1, P_2, P_3, ..., P_n (von unten) auf, verbinde ihre Endpunkte mit dem Pol B und zeichne mit dem Polabstand l das Seilpolygon. Greift man jetzt die zwischen dem so gefundenen Seileck und der Balkenachse AB liegende Ordinate η_c über dem Trägerpunkt c ab, so stellt diese die Auflagerkraft A dar für den Fall, daß der Lastenzug von rechts nach links fahrend mit der Last P_1 gerade den Querschnitt c erreicht hat (Abb. 71 unten). Der

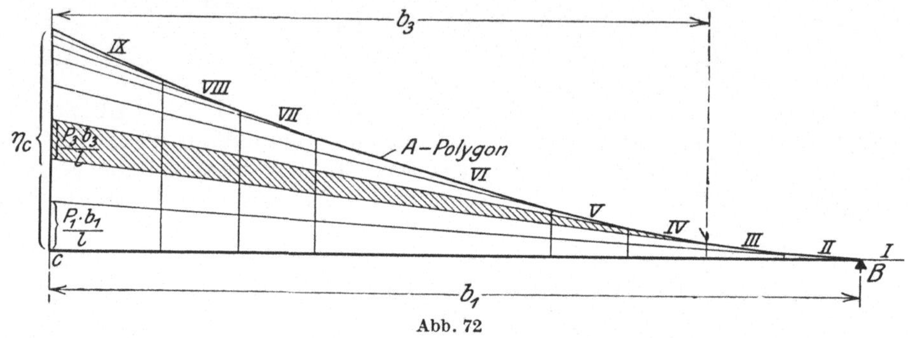

Abb. 72

Beweis ergibt sich wie folgt: Verlängert man die Seilstrahlen *II, III, IV,* ..., *VIII* bis zum Schnitt mit η_c, so begrenzen diese Strahlen Dreiecke, von denen jedes einem entsprechenden Dreieck im Kräftepolygon ähnlich ist. Mit den Bezeichnungen der Abb. 72 ergibt sich somit:

$$\eta_c = \frac{P_1 b_1}{l} + \frac{P_2 b_2}{l} + \cdots + \frac{P_8 b_8}{l} = A,$$

was zu beweisen war. Das hier gezeichnete Seilpolygon führt den Namen *A-Polygon* und kann in einfacher Weise zur Ermittlung der Auflagerdrücke A benutzt werden.

Da nun aber — wie aus der Einflußlinie für Q_c (Abb. 69) ersichtlich — die größte positive Querkraft Q_c entsteht, wenn nur Lasten rechts von c stehen, und da außerdem in diesem Fall die Querkraft gleich dem Lagerdruck A ist, so wird

$$\eta_c = Q_{c\,\mathrm{max}}.$$

Will man die größte Querkraft infolge beweglicher und ruhender Belastung ermitteln, so ist zu vorstehendem Werte noch der Beitrag letzterer (Eigengewicht usw.) hinzuzufügen, welcher nach S. 39 schnell angegeben werden kann.

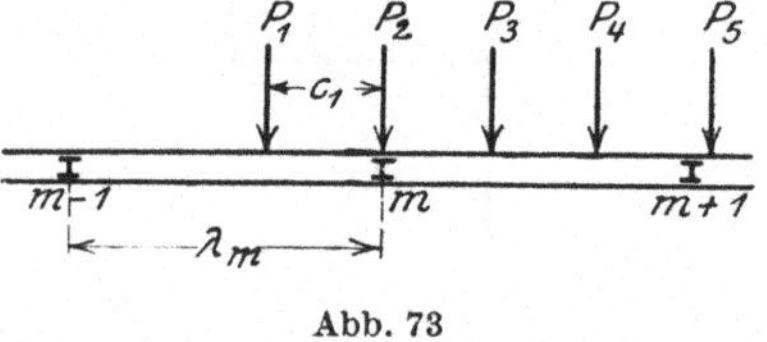

Abb. 73

Bei mittelbarer Belastung des Trägers besitzt die Querkraft innerhalb eines beliebigen Feldes einen konstanten Wert. In diesem Falle braucht die *Grundstellung* — so nennt man die Stellung von P_1 in m in bezug auf das m-te Feld — nicht notwendigerweise die größte positive Querkraft zu liefern, wie auch aus der Einflußlinie für die Querkraft des m-ten Feldes (Abb. 70) ersichtlich ist. Um die größte Querkraft zu finden, verschiebt man den Lastenzug so weit nach links (Abb. 73), daß die zweite Last P_2 über dem Querträger m steht. Dann gibt die unter P_1 gemessene Ordinate des A-Polygons η'_m den Auflagerdruck A' für diese Laststellung an. Von der Last P_1 entfällt $P_1 \dfrac{c_1}{\lambda_m}$ auf den Knotenpunkt $m-1$. Die Querkraft im m-ten Feld ist also:

$$Q_m = A' - P_1 \frac{c_1}{\lambda_m}.$$

Wird nun $\left(\eta_m' - P_1\dfrac{c_1}{\lambda_m}\right) > \eta_m$, so ist die zweite Laststellung zur Bestimmung der größten Querkraft maßgebend. Bei großen Feldweiten kann sich noch eine weitere Verschiebung nach links erforderlich machen, wobei in analoger Weise verfahren wird. Steht die dritte Last über m, so entfällt von P_1 und P_2 auf Knoten $m-1$ der Beitrag $P_1\dfrac{c_1}{\lambda_m} + P_2\dfrac{c_2}{\lambda_m}$, wenn c_1 und c_2 die Abstände der Lasten P_1 und P_2 von m bedeuten. Die Querkraft im m-ten Feld wird dann, wenn η_m'' die Ordinate des A-Polygons unter P_1 angibt,

$$Q_m = \eta_m'' - \left(P_1\frac{c_1}{\lambda_m} + P_2\frac{c_2}{\lambda_m}\right).$$

Wird nun $\left(\eta_m'' - \dfrac{P_1 c_1 + P_2 c_2}{\lambda_m}\right) > \left(\eta_m' - P_1\dfrac{c_1}{\lambda_m}\right)$, so ist die dritte Laststellung maßgebend usw.

Ob die Grundstellung überschritten werden muß oder nicht, läßt sich auch leicht durch folgende Überlegung feststellen. Der Träger sei wie aus Abb. 74 ersichtlich belastet. Dann ist

$$Q_m' = \frac{1}{l}\left[P_1(b_1 + \Delta l) + P_2(b_2 + \Delta l) + \cdots + P_n(b_n + \Delta l)\right] - \frac{P_1 \Delta l}{\lambda_m}$$

$$= \sum_1^n \frac{P\,b}{l} + \frac{\Delta l}{l}\sum_1^n P - P_1\frac{\Delta l}{\lambda_m},$$

wenn Q_m' die Querkraft des m-ten Feldes bei der hier betrachteten Belastung bezeichnet.

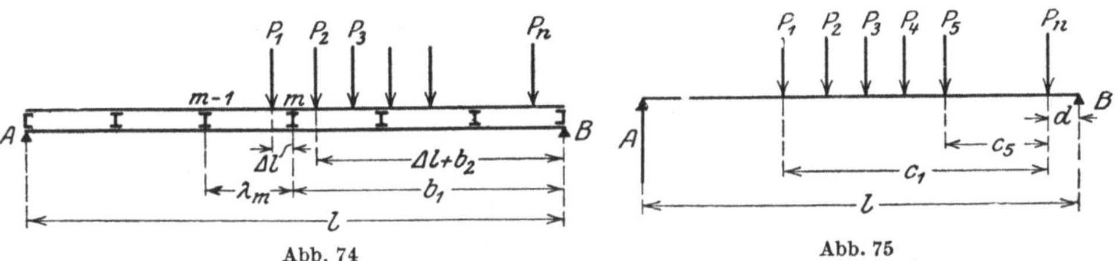

Abb. 74 Abb. 75

Setzt man ferner $\sum_1^n \dfrac{P\,b}{l} = Q_m$, d. h. gleich der Querkraft des m-ten Feldes bei Grundstellung, so wird

$$Q_m' = Q_m + \frac{\Delta l}{l}\sum_1^n P - P_1\frac{\Delta l}{\lambda_m}.$$

Soll nun die Grundstellung (P_1 über m) die größte Querkraft erzeugen, so muß $Q_m' < Q_m$ sein. Das ist der Fall, wenn $\dfrac{\Delta l}{l}\sum_1^n P < P_1\dfrac{\Delta l}{\lambda_m}$, oder

$$\frac{\sum_1^n P}{P_1} < \frac{l}{\lambda_m}. \tag{6}$$

Ist diese Bedingung nicht erfüllt, so muß die Grundstellung überschritten und P_2 über m gestellt werden. Als Kriterium findet man

$$\frac{\sum_1^n P}{P_1 + P_2} < \frac{l}{\lambda_m}, \tag{7}$$

wenn diese Laststellung $Q_{\max}$ erzeugen soll. Der Wert $\sum_1^n P$ erstreckt sich dabei über sämtliche auf dem Träger stehenden Lasten.

Wird der in Betracht kommende Lastenzug durch einen Eisenbahnzug dargestellt, so empfiehlt sich auch die rechnerische Behandlung der Aufgabe mit Hilfe von Tabellenwerten. Infolge der in Abb. 75 skizzierten Belastung wird der linke Stützendruck, wenn $c_1, c_2, \ldots, c_{n-1}$ die waagerechten Abstände der Lasten $P_1, P_2, \ldots, P_{n-1}$ von der letzten auf dem Träger stehenden Last P_n, und d der Abstand der Last P_n von der Auflagersenkrechten durch B bedeuten:

$$A = \frac{1}{l}\left[P_1(c_1 + d) + P_2(c_2 + d) + \cdots + P_n d\right]$$

oder

$$A = \frac{1}{l}\left(\sum_1^{n-1} P\,c + d \sum_1^{n} P\right). \tag{8}$$

Die Summenwerte $\sum Pc$ und $\sum P$ sind für bestimmte Lastenzüge tabellarisch zusammengestellt worden, so daß die Berechnung von A und damit von $Q_{\max}$ schnell erfolgen kann[1].

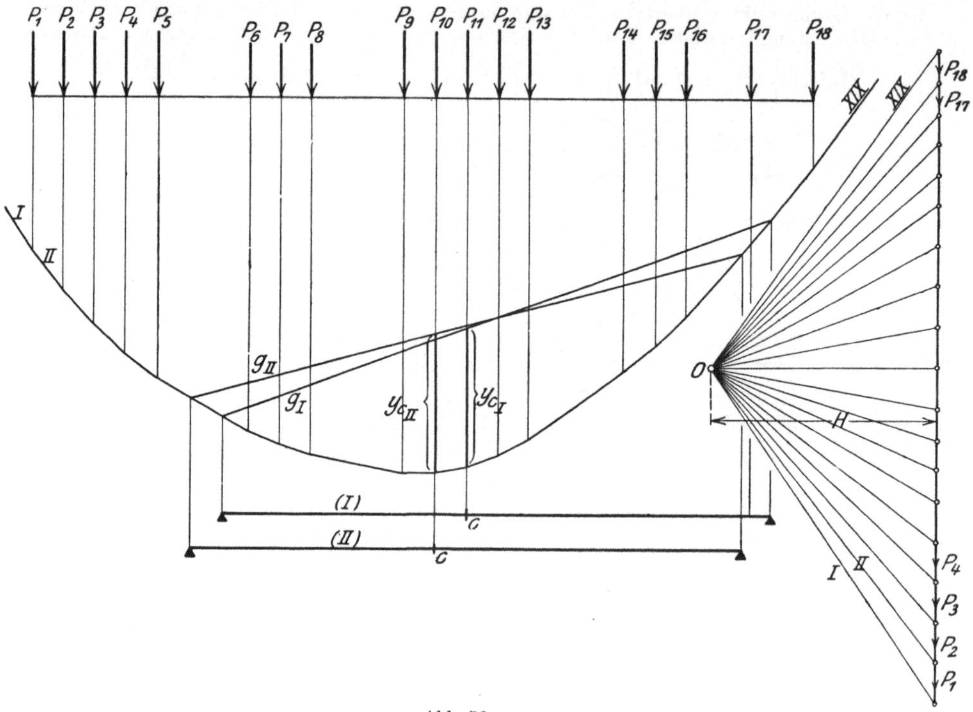

Abb. 76

β) Maximalmomente

Zur Bestimmung der größten Momente infolge eines über einen Träger wandernden Lastenzuges trage man zunächst letzteren unter Beachtung der vorgeschriebenen Lastabstände auf und zeichne mit der beliebig gewählten Polweite H zu diesen Lasten ein Seilpolygon, und zwar vorläufig ganz unabhängig von dem zu untersuchenden Träger (Abb. 76).

Soll nun für den Querschnitt c das größte Moment gefunden werden, so stelle man den Träger so unter den Lastenzug, daß eine große Last gerade über c und möglichst viele große Lasten rechts und links von c stehen. Darauf bestimme man mit Hilfe der Auflagersenkrechten die zu dieser Lage (I) gehörige Schlußlinie g_I und greife die zwischen g_I und dem Seileck gelegene Ordinate y_{cI} ab.

---

[1] Eine eingehende Behandlung der tabellarischen Berechnung für verschiedene Lastenzüge findet sich bei H. MÜLLER-BRESLAU: Graphische Statik der Baukonstruktionen, I. Bd., 5. Aufl., S. 165f., Leipzig 1912; vgl. auch R. KIRCHHOFF: Statik der Bauwerke, I. Bd., 2. Aufl., S. 119. Berlin 1928.

Multipliziert man diese mit der Polweite H, so erhält man nach Gl. (5) das sich aus dieser Laststellung für c ergebende Moment

$$M_{c_I} = y_{c_I} H \, .$$

Nun wird der Träger in eine andere Lage (II) geschoben und die gleiche Konstruktion wiederholt. Diese liefert:

$$M_{c_{II}} = y_{c_{II}} H \, .$$

So fortfahrend findet man schließlich eine Trägerstellung, welche das größte Moment $M_{c\,\text{max}}$ ergibt, was sich durch Vergleich der verschiedenen Ordinaten y_c bald feststellen läßt. Handelt es sich um mittelbare Belastung, so sind in das gezeichnete Seilpolygon zunächst die den einzelnen Trägerfeldern entsprechenden Schlußlinien einzutragen und dann die in Frage kommenden Ordinaten y' abzugreifen (Abb. 77).

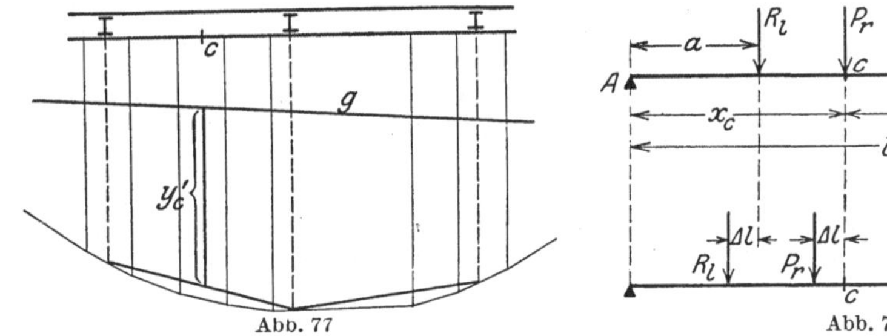

Abb. 77   Abb. 78

Die ungünstigste Laststellung läßt sich auch durch folgende Überlegung ermitteln: Man stelle zunächst eine große Last P_r über c, denke sich darauf die links und rechts von c stehenden Lasten zu je einer Resultierenden R_l und R_r vereinigt und verschiebe nun den Lastenzug um Δl nach links. Dann ist mit den Bezeichnungen der Abb. 78 das Moment an der Stelle c:

$$M_c' = \frac{1}{l} \left[P_r (x_c - \Delta l) x_c' + R_r (b + \Delta l) x_c + R_l (a - \Delta l) x_c' \right]$$

$$= \frac{1}{l} (P_r x_c x_c' + R_r b x_c + R_l a x_c') + \frac{1}{l} (- P_r \Delta l x_c'$$

$$+ R_r \Delta l x_c - R_l \Delta l x_c') \, .$$

Bezeichnet nun

$$M_c = \frac{1}{l} \left[P_r x_c x_c' + R_r b x_c + R_l a x_c' \right]$$

das Moment an der Stelle c für den Fall, daß P_r genau in c steht, so wird

$$M_c' = M_c + \frac{\Delta l}{l} \left[R_r x_c - (P_r + R_l) x_c' \right] \, .$$

Soll die Laststellung mit P_r über c das größte Moment ergeben, so muß $M_c' < M_c$ sein. Das ist der Fall, wenn $R_r x_c < (P_r + R_l) x_c'$ ist, oder wenn

$$\frac{R_r}{P_r + R_l} < \frac{x_c'}{x_c} \, . \tag{9}$$

Verschiebt man in gleicher Weise den Lastenzug um Δl nach rechts, so findet man (Abb. 79):

$$M_c' = \frac{1}{l} \left[P_r (x_c' - \Delta l) x_c + R_r (b - \Delta l) x_c + R_l (a + \Delta l) x_c' \right]$$

$$= M_c + \frac{\Delta l}{l} \left[R_l x_c' - (P_r + R_r) x_c \right] \, .$$

Nun ist $M_c' < M_c$, wenn $R_l x_c' < (P_r + R_r) x_c$, oder wenn

$$\frac{R_l}{P_r + R_r} < \frac{x_c}{x_c'} \, . \tag{10}$$

Die Bedingungen (9) und (10) müssen erfüllt sein, wenn die angenommene Laststellung
— P_r in c — das größte Moment für Punkt c liefern soll.

Will man die Untersuchung mit Hilfe von Tabellenwerten durchführen (vgl. S. 49), so
beachte man, daß infolge der in Abb. 80 skizzierten Belastung das Moment an der Stelle c
den Wert hat:

$$M_c = A\,x_c - (P_1\,r_1 + P_2\,r_2 + \cdots + P_{r-1}\,r_{(r-1)}) = A\,x_c - \sum_1^{r-1} P\,r, \qquad (11)$$

wobei A durch Gl. (8) gegeben ist.

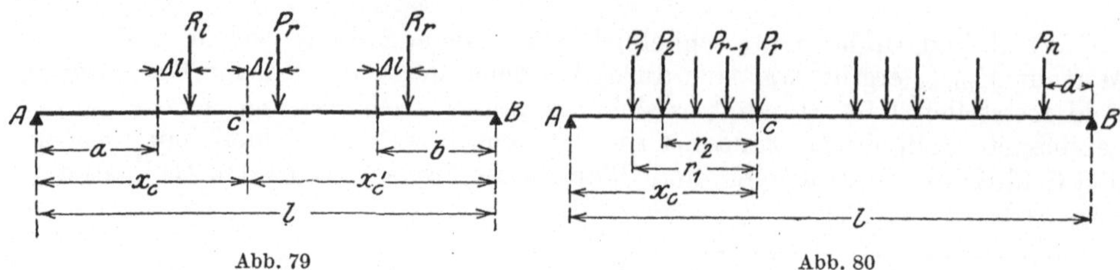

Abb. 79Abb. 80

2. Freiträger, Balken mit überkragenden Enden und Gerberträger

Freiträger heißt ein gerader oder einfach gekrümmter Träger, der an einem
Ende fest eingespannt, am andern dagegen vollkommen frei ist. Unter dem
Einfluß einer beliebigen in die Trägerebene fallenden Belastung treten am Auflager drei unbekannte Lagergrößen auf, eine Vertikalkraft A, eine Horizontalkraft H und ein Einspannungsmoment M_e, die mit Hilfe der drei Gleichgewichtsbedingungen der starren Scheibe berechnet werden können. Auf Abb. 81 angewandt, liefern diese:

$$A - g\,l - P\sin\alpha = 0\,;$$

$$H - P\cos\alpha = 0\,;$$

$$- P\sin\alpha\,b - g\frac{l^2}{2} - M_e = 0\,;$$

oder

Abb. 81

$$A = P\sin\alpha + g\,l\,; \quad H = P\cos\alpha\,; \quad M_e = -\left(P\sin\alpha\,b + \frac{g\,l^2}{2}\right).$$

Das Moment der äußeren Kräfte für einen Querschnitt zwischen $x = 0$ und
$x = a$ wird

$$M_x = -\frac{g\,x^2}{2}\,, \qquad (12)$$

für einen Querschnitt zwischen $x = a$ und $x = l$

$$M_x = -\left[P\sin\alpha\,(x - a) + \frac{g\,x^2}{2}\right].$$

Entsprechend erhält man die Querkräfte zwischen $x = 0$ und $x = a$

$$Q_x = -g\,x, \qquad (13)$$

zwischen $x = a$ und $x = l$

$$Q_x = -(P\sin\alpha + g\,x).$$

Wirken außer der gleichmäßig verteilten Belastung nur senkrechte Einzellasten auf den Träger, so wird (Abb. 82):

$$A = \sum_1^n P + g\,l\,; \quad H = 0\,; \quad M_e = -\left(\sum_1^n P\,b + \frac{g\,l^2}{2}\right).$$

4*

Zur Bestimmung der Momente aus den Einzellasten bedient man sich zweckmäßig der auf S. 41 entwickelten Gl. (4)

$$M_m = M_{m-1} + Q_m \lambda_m \,,$$

unter Benutzung nebenstehender Tabelle.

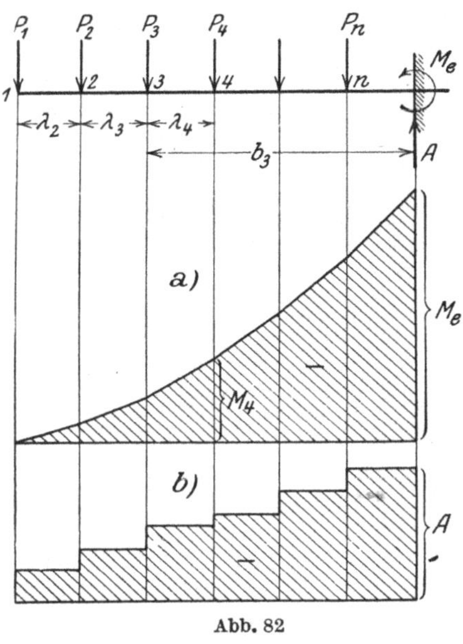

a)

b)

Abb. 82

Punkt	Q_m	λ_m	M_m
1	0		0
2	$-P_1$	λ_2	$-P_1\lambda_2$
3	$-\sum\limits_1^2 P$	λ_3	$M_2 - \sum\limits_1^2 P\lambda_3$
4	$-\sum\limits_1^3 P$	λ_4	$M_3 - \sum\limits_1^3 P\lambda_4$
5	$-\sum\limits_1^4 P$	λ_5	$M_4 - \sum\limits_1^4 P\lambda_5$
6	$-\sum\limits_1^5 P$	λ_6	$M_5 - \sum\limits_1^5 P\lambda_6$
7	$-\sum\limits_1^6 P$	λ_7	$M_6 - \sum\limits_1^6 P\lambda_7$

Trägt man die in der Tabelle gefundenen Werte für die Momente und Querkräfte von je einer Horizontalen als Nullinie aus auf, so erhält man die in Abb. 82a und b dargestellte Momenten- und Querkraftfläche.

Die Momentenlinie aus gleichmäßiger Belastung wird nach Gl. (12) durch eine Parabel, die Querkraftlinie nach Gl. (13) durch eine Gerade dargestellt (Abb. 83a und b).

Durch Verbindung eines Freiträgers und eines einfachen Balkens entsteht ein Träger mit einem überkragenden Ende — auch *Kragträger* genannt (Abb. 84). Lasten innerhalb der Öffnung AB beanspruchen das System genau wie einen einfachen Balken, ihr Einfluß kann also nach den in Ziffer 1 besprochenen Gesetzen verfolgt werden. Bei Belastung des Kragarmes CA können die Momente und Querkräfte für Querschnitte zwi-

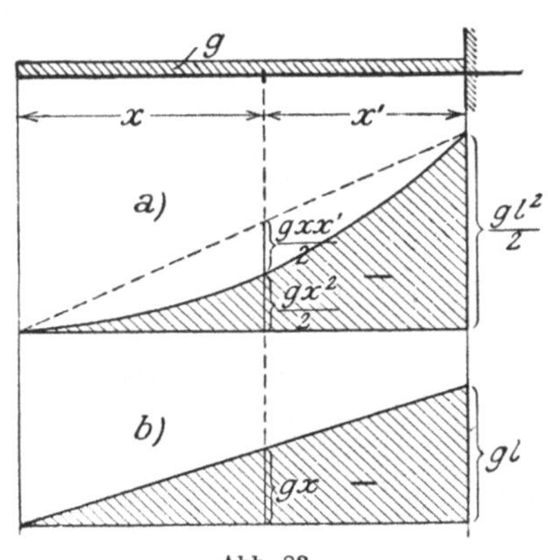

a)

b)

Abb. 83

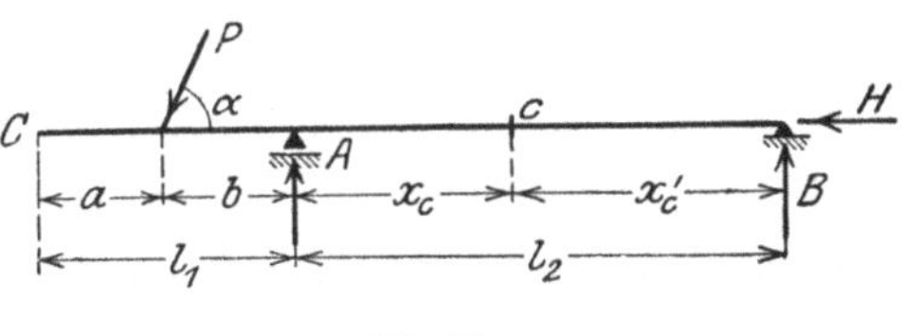

Abb. 84

schen C und A in der gleichen Weise ermittelt werden, wie dieses oben für den Freiträger gezeigt ist. Der Träger möge bei B ein festes, bei A ein horizontal verschiebliches Lager haben. Dann lauten bei Belastung des Kragarmes durch eine unter dem Winkel α geneigte Last P mit Bezug auf Abb. 84 die drei Gleichgewichtsbedingungen:

$$1. \quad A + B - P \sin\alpha = 0\,;$$
$$2. \quad H + P \cos\alpha = 0\,;$$
$$3. \quad A\,l_2 - P \sin\alpha\,(l_2 + b) = 0\,.$$

Aus 3 folgt:

$$A = \frac{P \sin\alpha\,(l_2 + b)}{l_2}\,;$$

aus 2:

$$H = - P \cos\alpha\,;$$

aus 1:

$$B = P \sin\alpha - A = - P \sin\alpha\,\frac{b}{l_2}\,.$$

Für einen Querschnitt c innerhalb AB ergibt sich das Moment

$$M_c = B\,x_c{}' = - P \sin\alpha\,\frac{b}{l_2}\,x_c{}'$$

und die Querkraft

$$Q_c = - B = P \sin\alpha\,\frac{b}{l_2}\,.$$

Eine im Abstande b von A am Kragarm wirkende senkrechte Last 1 erzeugt also

$$A = 1\,\frac{l_2 + b}{l_2}\,;$$
$$H = 0\,;$$
$$B = -1\,\frac{b}{l_2}\,.$$
$$M_c = -1\,\frac{b}{l_2}\,x_c{}'\,;$$
$$Q_c = 1\,\frac{b}{l_2}\,.$$

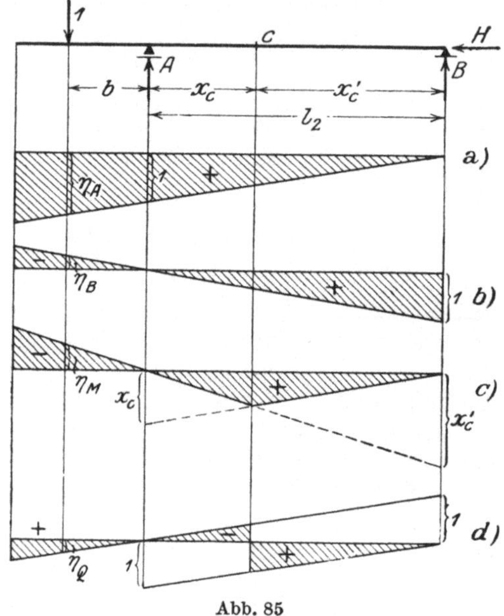

Abb. 85

Mit Hilfe dieser Beziehungen lassen sich die Einflußlinien für die Stützendrücke sowie die Momente und Querkräfte leicht auftragen. Man geht dabei zweckmäßig von den Einflußlinien des einfachen Balkens aus und verlängert diese geradlinig über A hinaus (Abb. 85a bis d). Für die Ordinaten unter der Last 1 ergibt sich aus ähnlichen Dreiecken:

$$\frac{\eta_A}{1} = \frac{l_2 + b}{l_2} \quad \text{(Abb. 85a)},$$
$$\frac{\eta_B}{1} = - \frac{b}{l_2} \quad \text{(Abb. 85b)},$$
$$\frac{\eta_M}{x_c{}'} = - \frac{b}{l_2}, \quad \eta_M = - \frac{b\,x_c{}'}{l_2} \quad \text{(Abb. 85c)},$$
$$\frac{\eta_Q}{1} = \frac{b}{l_2} \quad \text{(Abb. 85d)}$$

in Übereinstimmung mit den oben gefundenen Werten.

Verbindet man einen beiderseits überkragenden Träger derart mit zwei einfachen Balken, daß letztere auf den freien Enden des ersteren gelenkig gelagert werden, so entsteht ein statisch bestimmter Träger auf vier Stützen mit zwei Gelenken (Abb. 86), der als *Gelenkträger* oder (nach seinem Erfinder) *Gerberträger* bezeichnet wird. Die Lage der Gelenke ist gleichgültig; man kann auch beide Gelenke in der Mittelöffnung AB anordnen. Immer setzt sich das System zusammen aus Kragträgern und einfachen Balken. Letztere werden auch als *Koppelträger* bezeichnet.

Soll ein durchlaufender Träger auf n Stützen in ein statisch bestimmtes System übergeführt werden, so sind bei $n+1$ unbekannten Lagergrößen $n+1-3=n-2$ Gelenke erforderlich, um die nötige Anzahl Bedingungsgleichungen zur Berechnung dieser Unbekannten zu erhalten (S. 10). Die An-

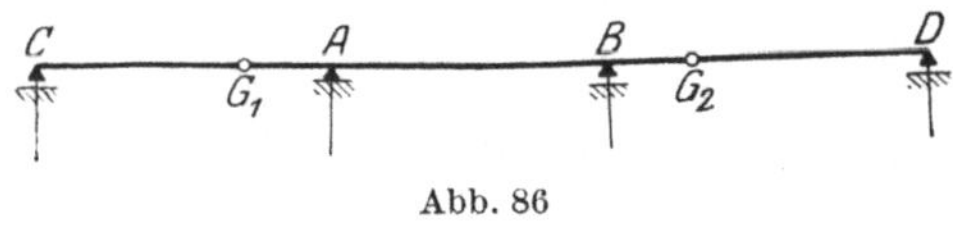

Abb. 86

ordnung der Gelenke ist lediglich an die Bedingung geknüpft, daß in einer Öffnung nicht mehr als zwei solcher Gelenke vorhanden sein dürfen. Es empfiehlt sich, ihre Verteilung so vorzunehmen, daß immer abwechselnd auf eine Öffnung mit Gelenken eine solche ohne Gelenke folgt, da in diesem Falle jede Öffnung höchstens die ihr benachbarten beeinflußt, das System also an Übersichtlichkeit gewinnt (Abb. 87a und b), im Gegensatz zu Abb. 87c.

Da jeder Gerberträger aus Kragträgern und einfachen Balken (Koppelträgern) besteht, so kann seine Berechnung auch nach den für diese Träger

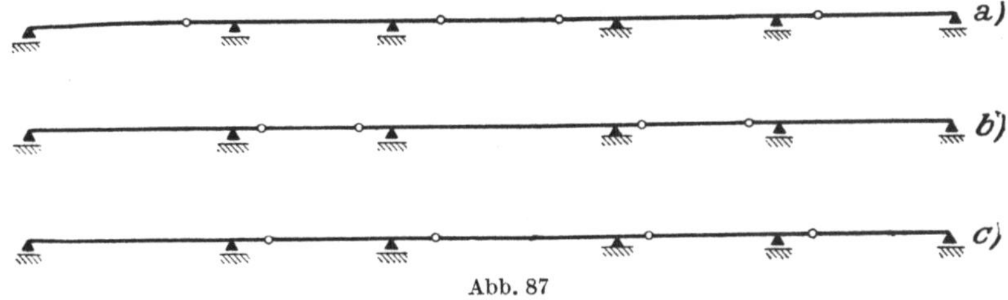

Abb. 87

geltenden Regeln erfolgen. Denkt man sich z. B. in Abb. 86 Schnitte durch die Gelenke G_1 und G_2 geführt und die Drücke R_1 und R_2 der beiden Koppelträger infolge lotrechter Lasten als äußere Kräfte in G_1 und G_2 angebracht, so entsteht der in Abb. 88 skizzierte Belastungszustand, wobei zunächst vorausgesetzt wird, daß andere Lasten als R_1 und R_2 auf den Träger nicht einwirken

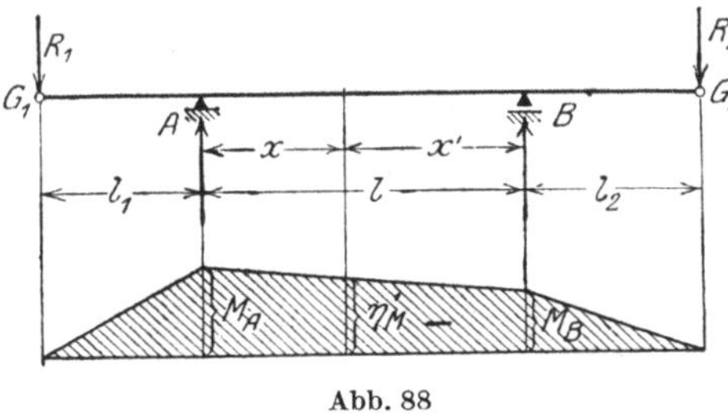

Abb. 88

mögen. Die Momentengleichung in bezug auf B liefert mit den Bezeichnungen der Abb. 88:

$$- R_1 (l_1 + l) + A l + R_2 l_2 = 0$$

oder

$$A = \frac{R_1 (l_1 + l) - R_2 l_2}{l}$$

und entsprechend in bezug auf A

$$R_2 (l_2 + l) - B l - R_1 l_1 = 0$$

oder

$$B = \frac{R_2 (l_2 + l) - R_1 l_1}{l} .$$

Die Momente über den Stützen A und B sind

$$M_A = - R_1 l_1 ; \quad M_B = - R_2 l_2 ,$$

während das Moment für einen beliebigen Querschnitt der Mittelöffnung sich ergibt zu

$$M_x = - R_1 (l_1 + x) + A x = R_1 l_1 \left(\frac{x}{l} - 1 \right) - R_2 \frac{l_2}{l} x ,$$

oder mit $x - l = - x'$

$$M_x = - R_1 l_1 \frac{x'}{l} - R_2 l_2 \frac{x}{l} = M_A \frac{x'}{l} + M_B \frac{x}{l} .$$

M_A und M_B werden die *Stützmomente* des Trägers genannt. Das Moment M_x ergibt sich somit für die hier vorausgesetzte Belastung als lineare Funktion der Stützmomente. Trägt man letztere unter A bzw. B von einer Horizontalen aus auf und verbindet die Endpunkte dieser Ordinaten, so erhält man die Momentenfläche der Mittelöffnung infolge der angenommenen Belastung. Zu demselben Ergebnis gelangt man, wenn außer R_1 und R_2 noch andere Lasten auf den beiden Kragarmen stehen, wobei natürlich deren Beitrag zu den Stützmomenten berücksichtigt werden muß.

Nimmt man nun weiter an, daß nur die Öffnung AB belastet wird, so liegt ein einfacher Balken AB vor, dessen Momentenfläche nach Ziffer 1 gefunden werden kann. An der Stelle x möge sich das Moment M_{x_0} ergeben, welches bei abwärts gerichteten lotrechten Lasten stets positiv wird. Durch Superposition beider Belastungszustände erhält man das tatsächlich am Querschnitt x auftretende Moment (Abb. 89)

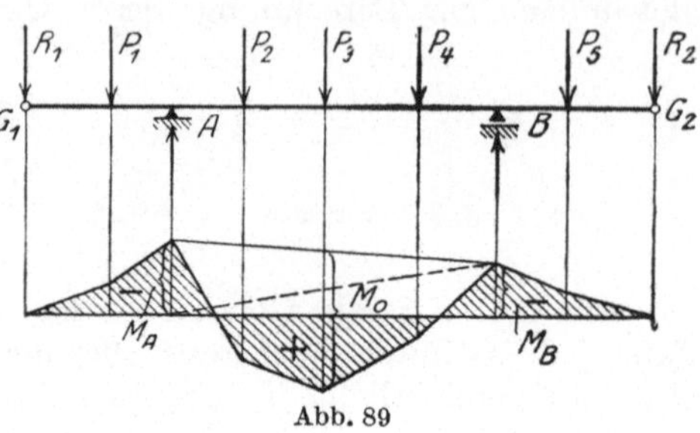

Abb. 89

$$M_x = M_{x_0} + M_A \frac{x'}{l} + M_B \frac{x}{l}. \tag{14}$$

Eine ganz analoge Beziehung läßt sich für die Querkraft eines Querschnittes zwischen den Stützen A und B ableiten. Wirken wieder zunächst nur die Lasten R_1 und R_2 auf das System, so ist nach Abb. 88:

$$Q_x = -R_1 + A = \frac{R_1 l_1 - R_2 l_2}{l} = \frac{M_B - M_A}{l}.$$

Da aber bei alleiniger Belastung der Öffnung $A-B$ die Querkraft an der Stelle x die gleiche wie für

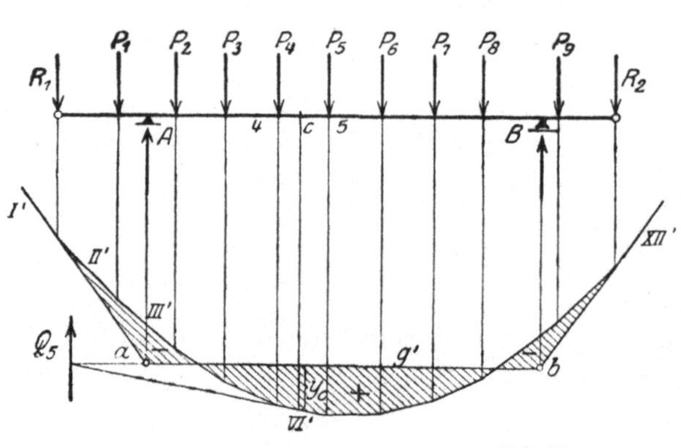
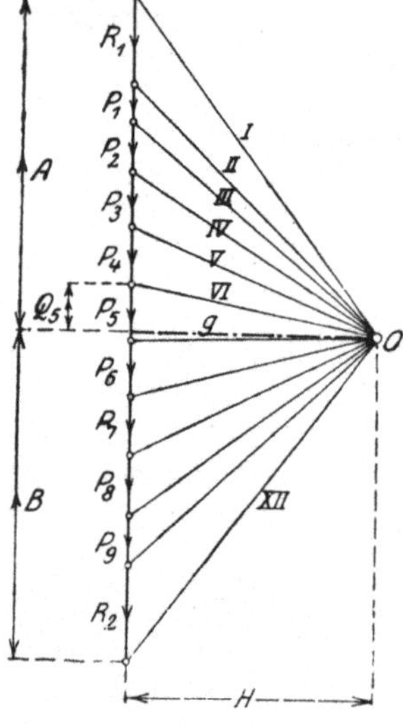

Abb. 90

einen einfachen Balken wird, welche mit Q_{x_0} bezeichnet sei, so erhält man als wirkliche Querkraft

$$Q_x = Q_{x_0} + \frac{M_B - M_A}{l}, \tag{15}$$

was sich auch direkt ergibt, wenn man M_x in Gl. (14) nach x differenziert.

Mit Hilfe der Beziehungen (14) und (15) können die Momente und Querkräfte der Mittelöffnung unter Beachtung der oben für den einfachen Balken und Freiträger abgeleiteten Gesetze schnell bestimmt werden.

Die Untersuchung des Gerberträgers läßt sich auch auf graphischem Wege durchführen, wobei es nach obigen Erläuterungen genügt, wenn lediglich der Teil mit überkragenden Enden der Betrachtung zugrunde gelegt wird.

Liegt z. B. der in Abb. 90 skizzierte Belastungsfall vor, bei dem R_1 und R_2 wieder die Einflüsse der eingehängten (hier weggelassenen) Koppelträger angeben, so zeichne man, wie dieses beim einfachen Balken bereits gezeigt ist, zu den gegebenen Lasten das Seilpolygon mit der beliebig gewählten Polweite H und bringe die äußersten Seilstrahlen mit den Auflagersenkrechten in a und b zum Schnitt. Die Verbindungsgerade ab stellt die Schlußlinie dar. Die zu dieser durch den Pol O des Kraftecks gezogene Parallele g schneidet auf dem Kräftezug die Auflagerdrücke A und B ab, da die Seilkräfte I und g mit A bzw. XII

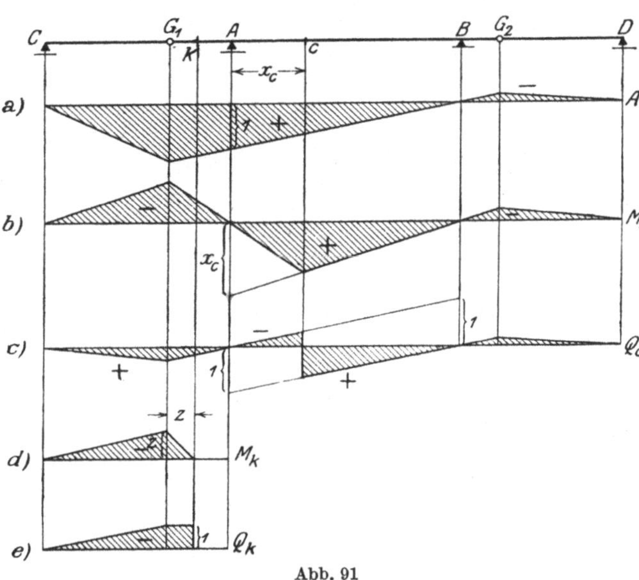

Abb. 91

und g mit B im Gleichgewicht stehen müssen. Die Querkraft ist für alle Querschnitte zwischen zwei Kräften konstant. Im Feld *4—5* erhält man

$$Q_5 = A - (R_1 + P_1 + P_2 + P_3 + P_4)$$

und findet somit Q_5 im Kräfteplan als Differenz der diese Kräfte darstellenden Strecken. Da die Querkraft Q_5 mit den Seilkräften VI und g ein geschlossenes Krafteck bildet, so geht ihre Richtungslinie durch den Schnittpunkt der zu VI und g parallelen Geraden des Seilpolygons. Multipliziert man die durch die Schlußlinie und den Seilstrahl VI' festgelegte Ordinate y_c mit der Polweite H, so liefert dieses Produkt das Moment für den Querschnitt c

$$M_c = H\, y_c.$$

Liegt y_c unterhalb der Schlußlinie, dann ist das Moment positiv, im andern Falle negativ. Der Beweis läßt sich in gleicher Weise führen wie beim einfachen Balken (s. S. 42).

Im Falle beweglicher Lasten führen die Einflußlinien schnell zum Ziele. Diese können nach den Bemerkungen auf S. 55 sofort aufgetragen werden. In den Abb. 91 und 92 sind zwei verschiedene Systeme skizziert, und zwar liegen beim ersten die Gelenke in den Außenfeldern, beim zweiten dagegen im Mittelfeld. Für beide sind nacheinander die Einflußlinien für den Stützendruck A der linken Mittelstütze, für das Moment M_c und die Querkraft Q_c eines Punktes c im gelenklosen Feld und für das Moment M_k und die Querkraft Q_k eines Punktes k des Kragarmes aufgetragen. Abb. 92 zeigt außerdem noch die Einflußlinie für den Stützendruck der Außenstütze C.

Bei der Auftragung der Einflußlinien a bis c geht man, wie beim Kragträger bereits erläutert, zunächst von der gelenklosen Öffnung als Träger auf zwei Stützen aus und verlängert die für diese Öffnung gefundenen Einflußlinien geradlinig bis zu den Enden der Kragarme, d. h. bis zu den Gelenken G_1 und G_2 in Abb. 91 bzw. G_1 in Abb. 92. In diesen Gelenken schließen die Koppelträger an. Der Beitrag einer über den Koppelträger $C\,G_1$ (Abb. 91) wandernden Last zu

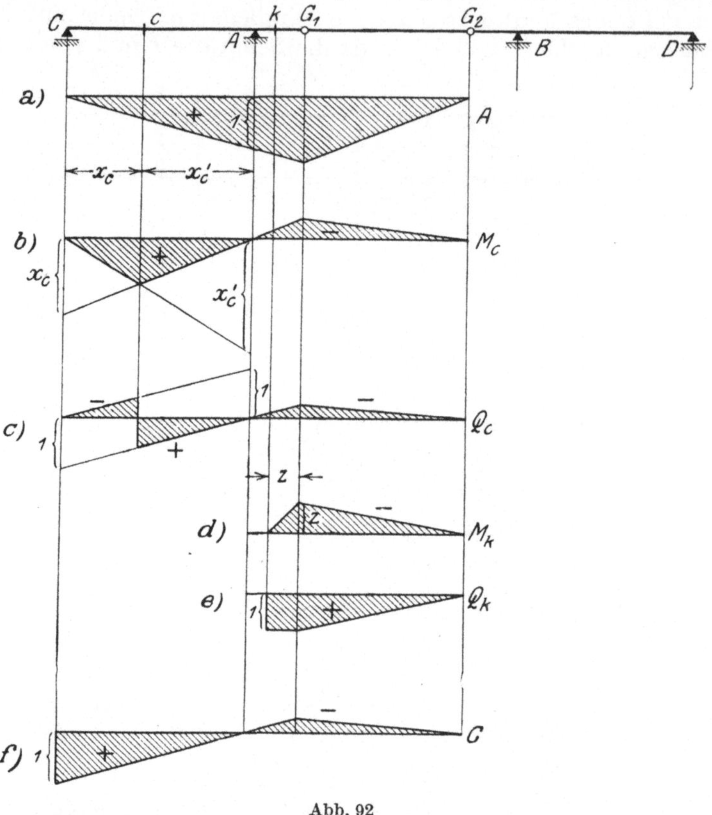

Abb. 92

einer der gesuchten statischen Größen wird absolut genommen am größten, wenn die Last in dem Gelenkpunkt G_1 steht, er wird dagegen gleich Null, wenn sie nach C rückt. Der Einfluß einer zwischen C und G_1 stehenden Last ist proportional ihrem Abstand von C. Die gesuchten Einflußlinien haben also unter C einen Nullpunkt und verlaufen von da geradlinig bis zum Knickpunkt unter G_1, dessen Ordinate bereits festliegt. Das gleiche gilt für den Koppelträger $G_2\,D$ bzw. in Abb. 92 $G_1\,G_2$.

Bei indirekter Belastung beachte man die auf S. 45 und 46 gegebenen Erläuterungen.

3. Dreigelenkbogen und verwandte Systeme

Ein mit zwei festen Auflager- (Kämpfer-) Gelenken A und B versehener ebener Bogenträger hat vier unbekannte Auflagerkräfte, ist also einfach statisch unbestimmt. Durch Einfügung eines weiteren Gelenkes in die Bogenachse wird

das System in einen statisch bestimmten *Dreigelenkbogen* übergeführt (Abb. 93).
Die Lage des dritten Gelenkes ist an und für sich gleichgültig, im allgemeinen
wird es jedoch in den Bogenscheitel gelegt (Scheitelgelenk). Die an den Kämpfern
auftretenden Lagerdrücke zerlegt man in die senkrechten Komponenten A und B
und die in die Verbindungslinie der beiden Kämpfergelenke fallenden Komponenten H_A und H_B. Bezeichnet α den Neigungswinkel dieser Verbindungslinie
gegen die Horizontale, so nennt man $H_A \cos\alpha$ und $H_B \cos\alpha$ die an den Kämpfern A
und B auftretenden *Horizontalschübe*, die als positiv eingeführt werden, wenn
sie nach innen gerichtet sind. Treten nur senkrechte Lasten auf, so ist wegen
$\sum H = 0$ $H_A \cos\alpha = H_B \cos\alpha$ oder $H_B = H_B$.

Der Bogen möge nach Abb. 93 belastet sein. Unter Beachtung der daselbst
gewählten Bezeichnungen liefern die Momentenbedingungen in bezug auf die
Kämpfer B und A:

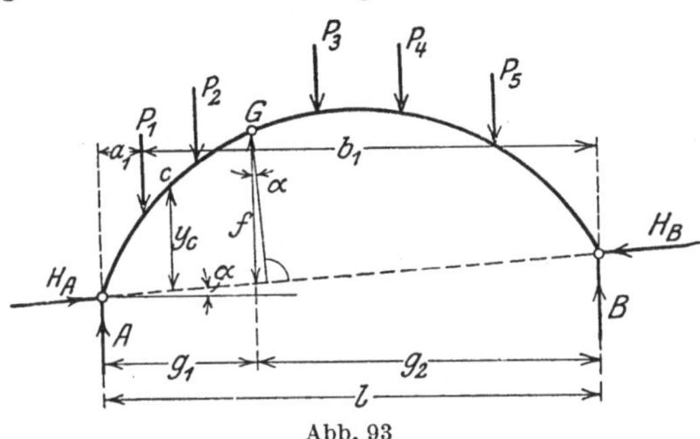

$$A\,l - \sum P\,b = 0;$$
$$A = \frac{\sum P\,b}{l};$$
$$B\,l - \sum P\,a = 0; \tag{16}$$
$$B = \frac{\sum P\,a}{l}.$$

Abb. 93

Man erkennt, daß die senkrechten Stützendrücke beim Dreigelenkbogen die gleichen sind wie
die eines einfachen Balkens von
der Stützweite l. Zur Bestimmung des Horizontalschubes wende man die Bedingung $M_G = 0$ an. Diese liefert:

$$A\,g_1 - \sum_{1}^{2} P\,(g_1 - a) - H_A\,f\cos\alpha = 0.$$

Nun stellen aber die ersten beiden Glieder dieser Gleichung das Moment M_{G_0}
eines einfachen Balkens von der Stützweite l in bezug auf einen im Abstand g_1
von A gelegenen Querschnitt dar. Man erhält also den Horizontalschub

$$H_A \cos\alpha = H_B \cos\alpha = \frac{M_{G_0}}{f}. \tag{17}$$

Für einen beliebigen Punkt c der Bogenachse wird das Moment

$$M_c = M_{c_0} - H_A\,y_c \cos\alpha, \tag{18}$$

wenn M_{c_0} eine entsprechende Bedeutung hat wie M_{G_0}, und y_c den auf der Senkrechten durch c gemessenen Abstand des Punktes c von der Geraden $A - B$
angibt.

Um über die Größe der im Querschnitt c wirkenden Quer- und Normalkraft
Aufschluß zu bekommen, denke man sich an dieser Stelle einen zur Bogenachse
senkrechten Schnitt geführt. Bezeichnen Q_{c_0} die Querkraft eines einfachen Balkens an der Stelle c, d. h. die Resultierende der links von c angreifenden äußeren
Kräfte mit Ausnahme von H_A, ferner N_c und Q_c die gesuchte Normal- und Querkraft und φ den Neigungswinkel der Bogenachse in c gegen die Horizontale, so
liefern die Komponenten von Q_{c_0} und H_A nach den Richtungslinien von N_c
und Q_c (Abb. 94):

$$N_c = Q_{c_0}\sin\varphi + H_A \cos(\varphi - \alpha), \tag{19}$$
$$Q_c = Q_{c_0}\cos\varphi - H_A \sin(\varphi - \alpha). \tag{20}$$

Die entsprechenden Werte N_G und Q_G für den Gelenkpunkt G stellen die
tangentiale und *normale Komponente des Gelenkdrucks* dar, welcher von der linken

auf die rechte Bogenhälfte ausgeübt wird. Die vom rechten auf den linken Bogenteil ausgeübten Gelenkdruckkomponenten haben nach dem Wechselwirkungsgesetz die gleiche Größe, aber entgegengesetzten Richtungssinn. Das Moment ist an dieser Stelle gleich Null.

Wirkt auf den Bogen eine horizontale Last W (Abb. 95), so stelle man wieder zur Bestimmung der senkrechten Lagerkräfte die Momentenbedingungen in bezug auf die Punkte B und A auf. Diese lauten:

$$A\,l - W\,(y - x'\,\mathrm{tg}\,\alpha) = 0$$

oder

$$A = W\,\frac{y - x'\,\mathrm{tg}\,\alpha}{l}$$

und

$$B\,l + W\,(y + x\,\mathrm{tg}\,\alpha) = 0$$

oder

$$B = -\,W\,\frac{y + x\,\mathrm{tg}\,\alpha}{l}\,.$$

Aus der Gelenkbedingung $M_G = 0$ findet man ferner

$$A\,g_1 - H_A\,f\cos\alpha = 0\,;$$

woraus folgt:

$$H_A = \frac{A\,g_1}{f\cos\alpha} = W g_1\,\frac{y - x'\,\mathrm{tg}\,\alpha}{l\,f\cos\alpha}$$

und aus $\sum H = 0$

$$H_A\cos\alpha - W - H_B\cos\alpha = 0$$

oder

$$H_B = H_A - \frac{W}{\cos\alpha}\,.$$

Nachdem bei beliebiger Belastung des Bogens die Lagerkräfte A und H_A bzw. B und H_B gefunden sind, können diese an jedem der beiden Kämpfergelenke zu den *Kämpferdrücken* K_A und K_B zusammengesetzt werden.

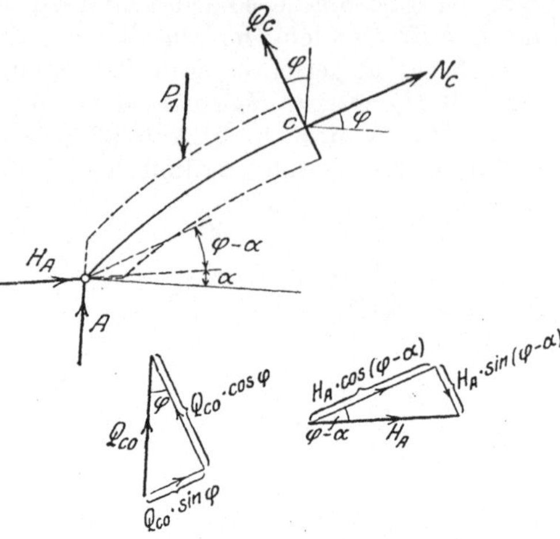

Abb. 94

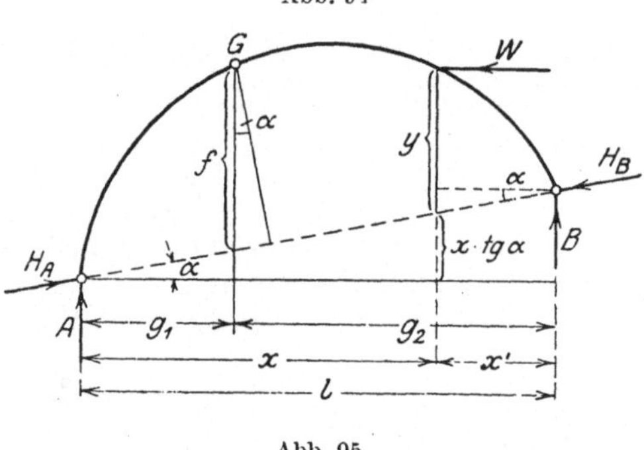

Abb. 95

Wirkt auf den Träger nur eine lotrechte Einzellast P, so müssen sich die Richtungslinien von K_A, P und K_B in einem Punkte O schneiden (Abb. 96a). Da nun aber die Richtungslinie des Kämpferdruckes der unbelasteten Bogenhälfte durch G gehen muß (denn nur dann kann $M_G = 0$ werden), so ist O und damit auch die Richtung des anderen Kämpferdruckes festgelegt. Wandert die Last P von B nach A über den Bogen, so bewegt sich der Punkt O auf dem Linienzug $B'-G-A'$, welcher die *Kämpferdrucklinie* des Bogens heißt und in einfacher Weise zur Bestimmung der Lagerkräfte verwendet werden kann. Im Falle horizontaler oder schräger Lasten sind die die Kämpferdrucklinie bildenden Geraden nach Bedarf zu verlängern (Abb. 96b und c).

Besteht die Belastung des Bogens aus beweglichen (senkrechten) Einzellasten, so bedient man sich zweckmäßig der Einflußlinien. Da in der überwiegenden Mehrzahl der praktisch vorkommenden Fälle die Gelenke A und B gleich hoch liegen, so sollen die Einflußlinien unter dieser vereinfachenden Annahme dargestellt werden. Es bereitet natürlich keine Schwierigkeiten, auch hier eine geneigte Lage der Geraden AB zu berücksichtigen.

Für den Horizontalschub gilt nach Gl. (17) mit $\alpha = 0$

$$H = \frac{M_{G_0}}{f}. \tag{21}$$

Die Einflußfläche für H stimmt also überein mit derjenigen für das Moment M_{G_0} eines einfachen Balkens, wenn man diese mit $\frac{1}{f}$ multipliziert (Abb. 97a).

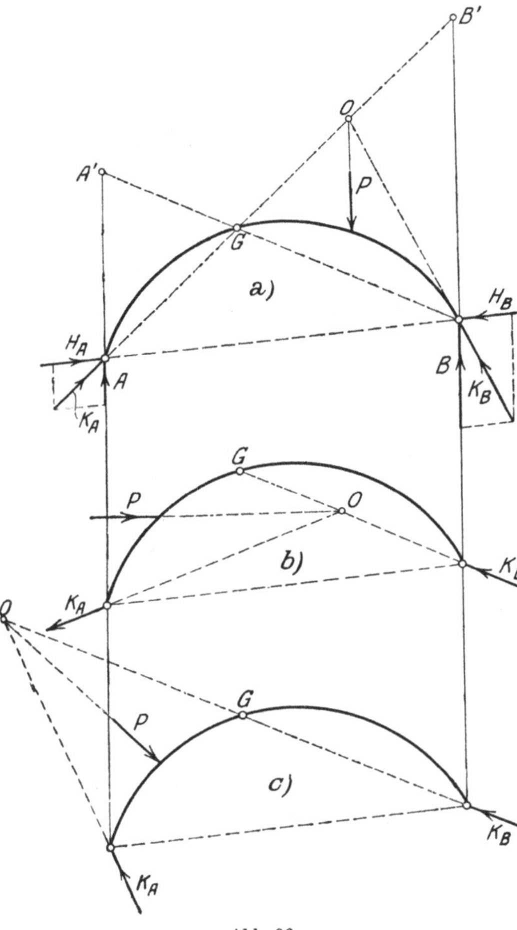

Abb. 96

Für das Moment an der Stelle c ergibt sich nach (18)

$$M_c = M_{c_0} - H\,y_c = M_{c_0} - M_{G_0}\frac{y_c}{f}.$$

Die Einflußfläche für M_c kann also gebildet werden, indem man die mit $\frac{y_c}{f}$ multiplizierte Einflußfläche für M_{G_0} von derjenigen für M_{c_0} subtrahiert (Abb. 97b).

Um die Ordinaten direkt von einer Horizontalen abgreifen zu können, denke man sich die Gerade $A'B''$ in die horizontale Lage $A'B'$ gedreht und trage unter A die Strecke $A'A'' = x_c$ wie vorher, unter B die Strecke $B'B'' = g_2\frac{y_c}{f}$ jedoch nach oben auf. Zieht man darauf $A''B''$ (Abb. 97c), so ist die Einflußfläche durch diese Gerade festgelegt, sobald man deren Schnittpunkte mit den Senkrechten durch c und G eingetragen und diese mit A' bzw. B' verbunden hat.

Im Punkte O' hat die Einflußfläche einen Nullpunkt; eine über O' stehende Last erzeugt also keinen Beitrag zum Moment M_c. Die Lage dieser Last kann auch mit Hilfe der Kämpferdrucklinie gefunden werden, wenn man beachtet, daß der linksseitige Kämpferdruck durch c gehen muß, wenn $M_c = 0$ sein soll. Durch den Schnittpunkt O von Ac und BG ist somit diese ausgezeichnete Lage bestimmt, welche, da sie die positive von der negativen Beitragsstrecke der Einflußfläche trennt, auch als *Lastscheide* bezeichnet wird. Der positive Teil der Einflußfläche stimmt mit der für das Moment M_c' eines einfachen Balkens von der Stützweite $A'O'$ überein. Man kann also, um die Einflußfläche für M_c zu erhalten, auch so verfahren (Abb. 97d), daß man zunächst die Lastscheide bestimmt, darauf die Einflußlinie für das Moment M_c' des *stellvertretenden Balkens* von der Stützweite $A'O'$ zeichnet, diese bis zum Schnittpunkt G' mit der Senkrechten durch G verlängert und endlich $G'B'$ zieht[1].

Für die Querkraft ergibt sich nach (20):

$$Q_c = Q_{c_0}\cos\varphi - H\sin\varphi = Q_{c_0}\cos\varphi - \frac{M_{G_0}}{f}\sin\varphi,$$

---

[1] MÜLLER-BRESLAU, H.: Stat. d. Baukonstr. Bd. I, 5. Aufl., S. 222, Leipzig 1912.

wobei φ den Neigungswinkel der Tangente an die Bogenachse in c gegen die Horizontale angibt. Die Einflußfläche für Q_c läßt sich also darstellen als Differenz

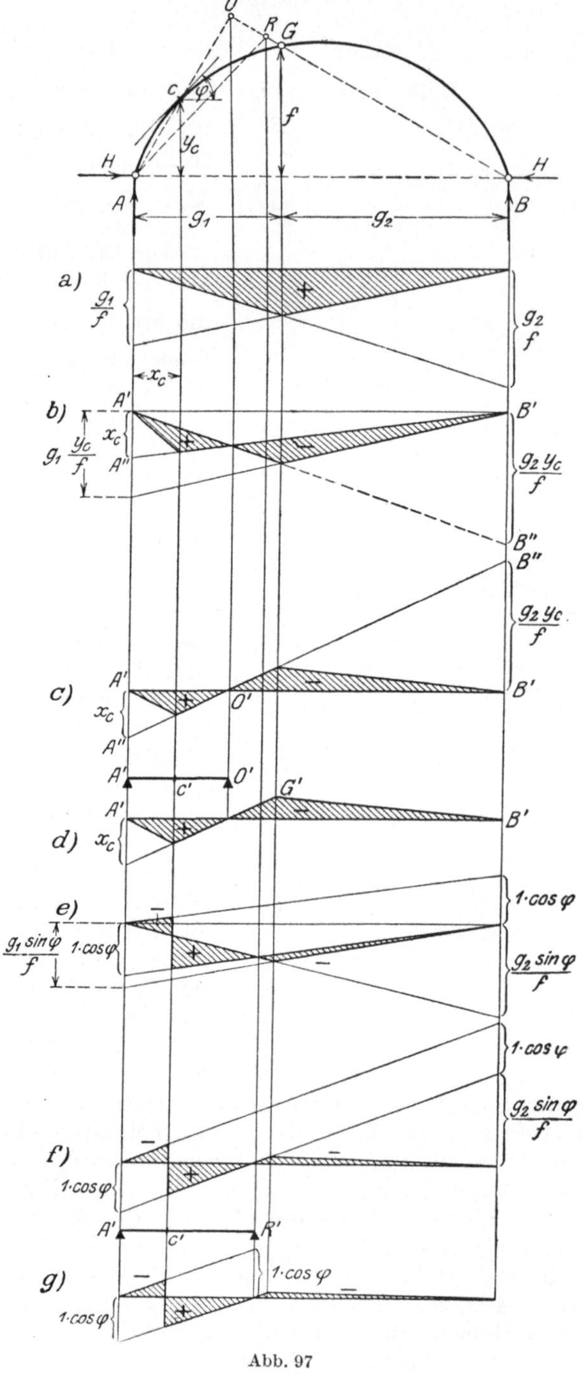

Abb. 97

der mit $\cos\varphi$ multiplizierten Einflußfläche für Q_{c_0} und der mit $\dfrac{\sin\varphi}{f}$ multiplizierten für M_{G_0} (Abb. 97e). Auch hier kann man ähnlich wie beim Moment die

Einflußfläche so zeichnen, daß die Ordinaten von einer horizontalen Nullinie aus abgegriffen werden können (Abb. 97 f). Will man sich des stellvertretenden Balkens bedienen, so bestimme man zunächst die Lastscheide, indem man zur Tangente in c die Parallele durch A zieht und diese in R zum Schnitt mit der Kämpferdrucklinie bringt. Eine Last, deren Richtungslinie durch R geht, erzeugt einen in die Richtung von RA fallenden Kämpferdruck K_A, welcher senkrecht zum Querschnitt c steht, also die Querkraft $Q_c = 0$ hervorruft. Ist somit die Stützweite $A'R'$ des stellvertretenden Balkens gefunden (Abb. 97 g), so verfahre man in analoger Weise wie beim Moment.

Die Einflußlinien für die senkrechten Stützendrücke A und B sind, wie aus Gl. (16) hervorgeht, die gleichen wie für den einfachen Balken (vgl. S. 44).

Im Falle ruhender, beliebig gerichteter Lasten führt das nachstehend besprochene graphische Verfahren schnell zum Ziele. Der Bogen möge gemäß Abb. 98 belastet sein. Die Resultierende der links vom Gelenk G wirkenden Kräfte sei R_l; R_r diejenige der rechts von G angreifenden. Mit Hilfe der Kämpferdrucklinie können erst die Kämpferdrücke K_{ar} und K_{br} infolge R_r und darauf

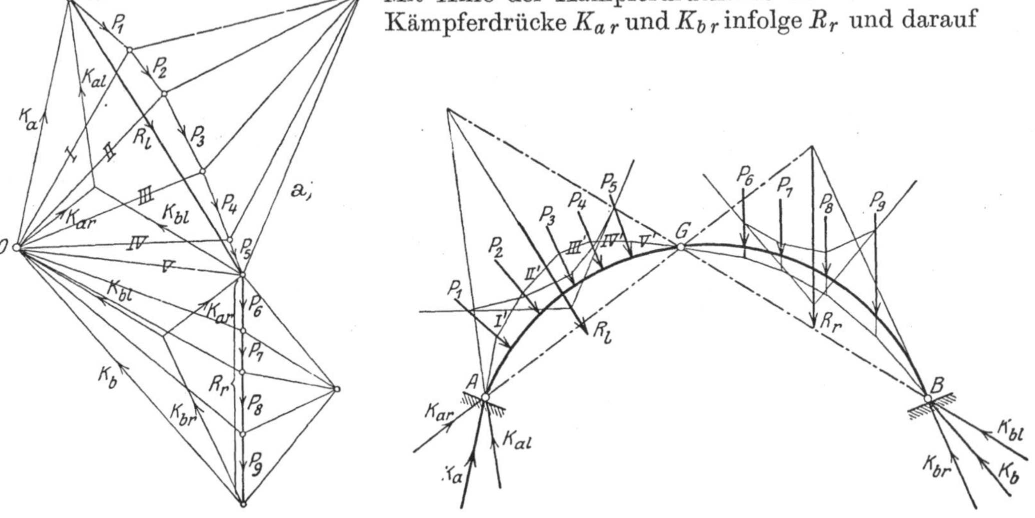

Abb. 98

die Drücke K_{al} und K_{bl} infolge R_l zeichnerisch ermittelt werden. Die wirklichen Kämpferdrücke K_a und K_b findet man dann als Resultierende von K_{ar} und K_{al} einerseits sowie K_{br} und K_{bl} andererseits, und zwar bilden diese mit den gegebenen Lasten ein geschlossenes Krafteck von stetigem Umfahrungssinn. Wählt man nun den Schnittpunkt O von K_a und K_b in Abb. 98 a als Pol und zeichnet zu den Lasten P das Seilpolygon durch das Kämpfergelenk A, so geht dieses auch durch G und B. Der zwischen den beiden dem Gelenk benachbarten Kräften P_5 und P_6 laufende Seilstrahl V' stellt nämlich die Richtungslinie der Resultierenden (Seilkraft V im Kräfteplan 98 a) aller links von G liegenden Kräfte dar, und diese muß, wenn $M_G = 0$ sein soll, durch das Gelenk G gehen. Entsprechend geht die letzte Seilpolygonseite durch das Kämpfergelenk B. Man nennt dieses ausgezeichnete Seilpolygon die *Drucklinie* oder das *Mittelkraftpolygon*, weil im allgemeinen alle Seilkräfte Drücke sind, und weil jeder Seilstrahl die Mittelkraft aller äußeren Kräfte darstellt, die links bzw. rechts von einem durch das betreffende Feld gelegten Schnitt am Bogen wirksam wird.

Die Drucklinie bietet ein bequemes Mittel zur Berechnung der Spannungen in einem beliebigen Querschnitt. Die Lage der zu diesem Querschnitt gehörigen Mittelkraft T ist aus dem Seilpolygon, ihre Größe und Richtung aus dem Kräfteplan zu entnehmen. Bezeichnet β den Neigungswinkel der Kraft T gegen die Querschnittsnormale (Abb. 99), so wird die Normalkraft

$$N = T \cos\beta$$

und die Querkraft

$$Q = T \sin\beta .$$

Ist ferner e der Abstand der Kraft N vom Schwerpunkt S des Querschnitts, so ergibt sich als Biegungsmoment

$$M = N e .$$

Unter Beachtung der Ausführungen auf S. 25 hinsichtlich der Anwendung der für den geraden Stab geltenden Spannungsgesetze auf schwach gekrümmte Stäbe erhält man somit nach Gl. (10) des ersten Abschnitts:

$$\sigma_{\mathrm{ob}} = -\frac{N}{F} - \frac{M}{W_{\mathrm{ob}}},$$

$$\sigma_{\mathrm{ut}} = -\frac{N}{F} + \frac{M}{W_{\mathrm{ut}}}.$$

Die Normalkraft N erhält hier das negative Vorzeichen, da sie die durch den Schnitt getrennten Stabteile gegeneinander zu drücken sucht.

Eine Vereinfachung in der Bestimmung der Kämpferdrücke ergibt sich, wenn das Gelenk G im Bogenscheitel angeordnet ist und die Belastung aus symmetrisch zur Mitte

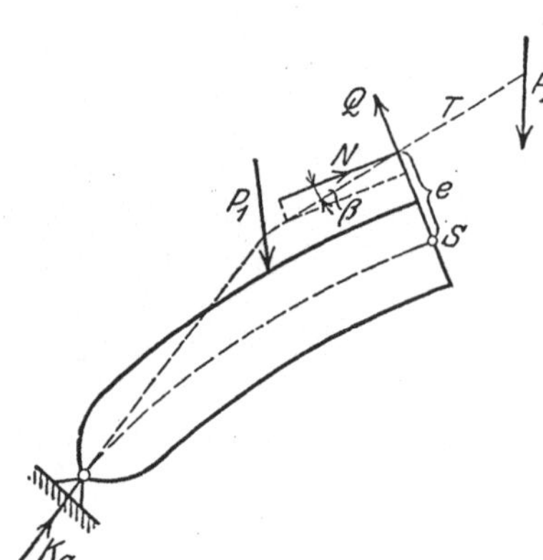

Abb. 99

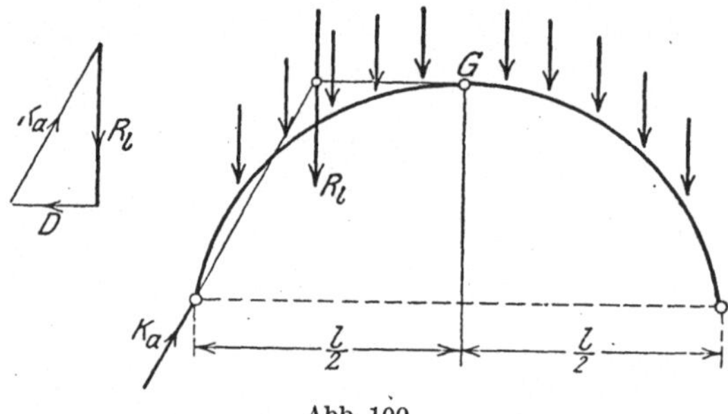

Abb. 100

liegenden Kräften besteht. In diesem Falle verläuft der durch G gehende Seilstrahl, welcher gleichzeitig die Richtungslinie des von der rechten auf die linke Bogenhälfte ausgeübten Gelenkdruckes D darstellt, horizontal. Da aber der Kämpferdruck K_a mit D und R_l im Gleichgewicht stehen muß, so ist die Richtung von K_a durch den Schnittpunkt von D und R_l festgelegt, während seine Größe aus einem Kräftedreieck bestimmt werden kann (Abb. 100).

Die vorstehend für den Dreigelenkbogen entwickelten analytischen und graphischen Verfahren lassen sich auch anwenden, wenn ein aus mehreren Dreigelenkbögen zusammengesetztes System, wie das in Abb. 101 skizzierte, vorliegt.

Soll der Einfluß einer am mittleren Dreigelenkbogen I wirkenden, beliebig gerichteten Last P untersucht werden, so denke man sich diesen durch Schnitte bei A und B von dem Gesamtsystem getrennt und bestimme zuerst die Kämpferdrücke K_a und K_b des mittleren Dreigelenkbogens, führe diese nunmehr als Lasten (Pfeilsinn umkehren) an den beiden Dreigelenkbögen mit überkragenden Armen II und III ein und bestimme darauf die Kämpferdrücke K_a', K_b', K_a'' und K_b''. Sind diese gefunden, so können die Momente und Querkräfte für alle Systempunkte ermittelt werden.

Für den Dreigelenkbogen mit überkragendem Ende sei die Rechnung kurz angedeutet. Es möge K_a den von dem mittleren Dreigelenkbogen auf den linksseitigen ausgeübten Gelenkdruck bezeichnen, der unter dem Winkel γ gegen die Horizontale geneigt sei. Unter Beachtung der in Abb. 101a gewählten Bezeichnungen liefern die Gleichgewichtsbedingungen:

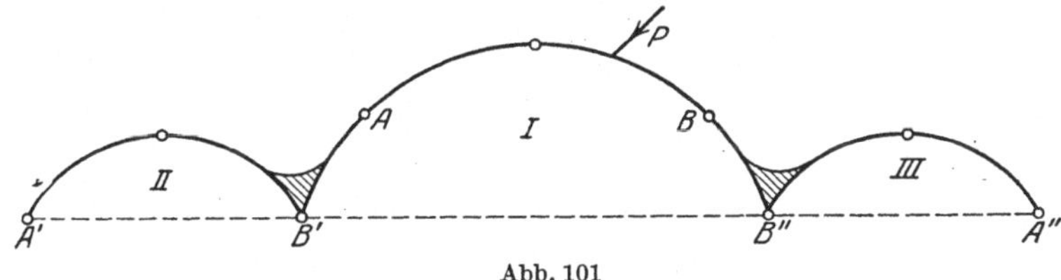

Abb. 101

1. $\sum M = 0$ um B':

$$A' l' + K_a \sin\gamma\, e - K_a \cos\gamma\, d = 0$$

oder

$$A' = \frac{K_a}{l'} (d \cos\gamma - e \sin\gamma)\,.$$

2. $\sum V = 0$:

$$B' + A' - K_a \sin\gamma = 0$$

oder

$$B' = K_a \sin\gamma - A' = \frac{K_a}{l'} [(l' + e) \sin\gamma - d \cos\gamma]\,.$$

3. Die Gelenkbedingung $M_{G'} = 0$ liefert:

$$A' \frac{l'}{2} - H_A' f' = 0$$

oder

$$H_A' = \frac{A' l'}{2 f'} = \frac{K_a}{2 f'} (d \cos\gamma - e \sin\gamma)\,.$$

4. $\sum H = 0$;

$$H_A' - H_B' - K_a \cos\gamma = 0$$

oder

$$H_B' = H_A' - K_a \cos\gamma = \frac{K_a}{2 f'} [(d - 2 f') \cos\gamma - e \sin\gamma]\,.$$

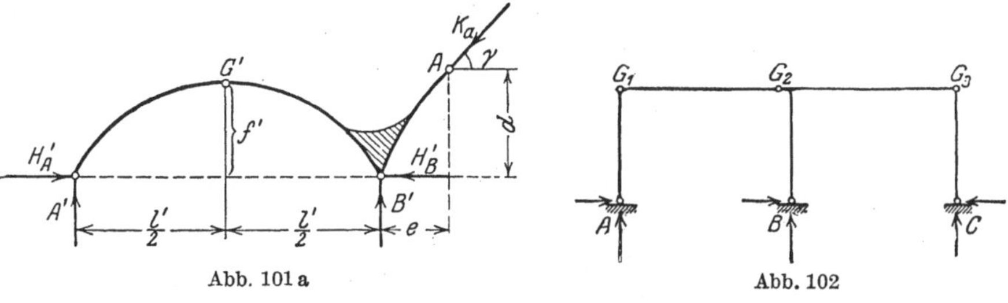

Abb. 101a   Abb. 102

Der Einfluß der am Bogen $A' - G' - B'$ angreifenden Lasten ist in der weiter oben beschriebenen Weise zu ermitteln.

Die vorstehenden Überlegungen können sinngemäß auch auf solche statisch bestimmten Stabwerke angewandt werden, die zwar aus *geraden* Stäben bestehen, aber doch die statischen Eigenschaften des Dreigelenkbogens besitzen. In diesem Sinne versteht man unter *Dreigelenkbogen* alle die Tragwerke, welche aus zwei biegungsfesten Stäben beliebiger Form zusammengesetzt sind, die in einem festen Gelenk (Scheitelgelenk) zusammenhängen, und von denen jeder außerdem ein festes Auflagergelenk besitzt. Voraussetzung ist, daß die drei Gelenke nicht auf einer Geraden liegen, da andernfalls bei beliebiger Belastung unendlich große Lagerkräfte usw. auftreten würden ($H = \infty$, wegen $f = 0$, Abb. 93).

So besteht z. B. das in Abb. 102 dargestellte Stabwerk aus dem Dreigelenkbogen $B—G_3—C$, auf den sich in G_2 der Dreigelenkbogen $A—G_1—G_2$ stützt. Es liegen also hier ähnliche Verhältnisse vor wie in Abb. 101. Auch das Stabwerk Abb. 103 ist aus zwei Dreigelenkbögen aufgebaut, einem unteren, $A—G_1—B$, und einem darüberliegenden, $G_2—G_3—G_4$. Die Berechnung der Stützkräfte, Momente, Querkräfte und Normalkräfte dieser Systeme kann bei gegebener Belastung in ähnlicher Weise erfolgen, wie das oben genauer erläutert ist.

Schließlich sei noch eine Form des Dreigelenkbogens erwähnt, bei welcher die beiden Bogenenden durch eine Gelenkstange verbunden sind, dafür aber *ein* Auflager verschieblich ausgebildet wird (Abb. 104). Man erkennt, daß auch dieses

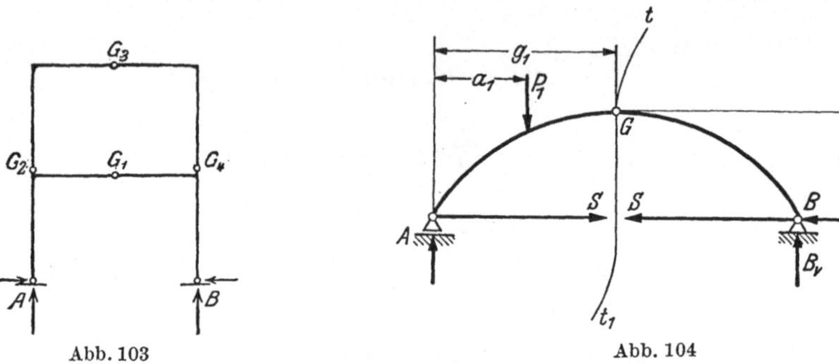

Abb. 103
Abb. 104

System statisch bestimmt ist, da wegen $a = 3$, $s = 3 \cdot 2 = 6$ und $p = 3$ die Bedingung (7) S. 9 erfüllt ist. Die drei Lagerreaktionen A, B_v und B_h lassen sich mittels der drei Gleichgewichtsbedingungen der ebenen Scheibe unmittelbar berechnen. Die Gelenkstange AB hat, solange an ihr selbst keine Lasten angreifen, nur eine Längskraft, dagegen keine Querkraft und kein Moment aufzunehmen. Legt man also durch das Gelenk G einen die Stange $A—B$ treffenden Schnitt $t—t_1$ und bezeichnet die zunächst unbekannte Spannkraft der Stange mit S (positiv als Zug angenommen), so muß S so bestimmt werden, daß das Moment aller links (*oder* rechts) vom Gelenkpunkt am Bogen angreifenden Kräfte (einschließlich S) in bezug auf G verschwindet, da im Gelenk kein Moment übertragen werden kann. Mit den Bezeichnungen der Abb. 104 erhält man z. B.

$$A\,g_1 - S\,f - P_1\,(g_1 - a_1) = 0$$

und daraus

$$S = \frac{A\,g_1 - P_1\,(g_1 - a_1)}{f}.$$

Nachdem S gefunden ist, können die Momente, Quer- und Normalkräfte in der früher für den normalen Dreigelenkbogen beschriebenen Weise ermittelt werden.

Dritter Abschnitt

Ermittlung der Spannkräfte statisch bestimmter Fachwerke

1. Statische Verfahren für das ebene Fachwerk

a) Schnittmethoden

α) Das CULMANNsche Verfahren

Durch das in Abb. 105 dargestellte Fachwerk, an welchem sich die Lasten P_1 bis P_6 im Gleichgewicht befinden mögen, denke man sich einen Schnitt $t-t$ gelegt, welcher drei sich nicht in einem Punkte schneidende Stäbe treffen möge.

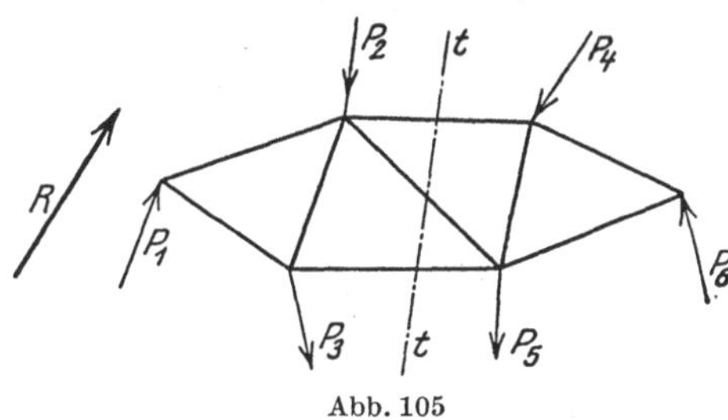

Abb. 105

Ist R die Resultierende aller links vom Schnitt liegenden äußeren Kräfte, so müssen, wenn Gleichgewicht am linken Trägerteil bestehen soll, die Spannkräfte der geschnittenen Stäbe mit der Resultierenden R ein geschlossenes Krafteck bilden. Zur Bestimmung der fraglichen Spannkräfte hat man somit nur die Aufgabe zu lösen: eine nach Größe, Richtung und Lage gegebene Kraft R nach drei Kräften von bekannter Lage zu zerlegen, die sich nicht in einem Punkte schneiden (vgl. S. 9).

Sollen also die Spannkräfte der drei Stäbe O, D und U des in Abb. 106 dargestellten, mit senkrechten Kräften belasteten Fachwerkträgers bestimmt werden, so denke man sich einen diese Stäbe treffenden Schnitt $t-t$ durch das Fachwerk gelegt. Die Mittelkraft der am linken Trägerteil wirkenden äußeren Kräfte ist identisch mit der Querkraft $Q = A - P_1$ in dem vom Schnitt getroffenen Trägerfeld des belasteten Gurtes, deren Lage in bekannter Weise aus dem Seilpolygon der äußeren Kräfte gefunden werden kann (vgl. S. 42). Die Aufgabe lautet also jetzt: Die nach Größe, Richtung und Lage bekannte Querkraft Q nach den drei Stabrichtungen O, D und U zu zerlegen. Zu diesem Zwecke bringt man je zwei der vier Kraftrichtungen zum Schnitt, etwa U mit Q und O mit D und verbindet diese Schnittpunkte durch die Hilfsgerade G. Nun zerlegt man

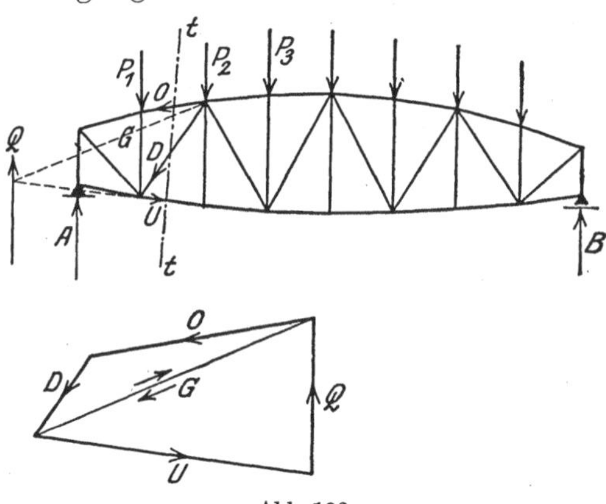

Abb. 106

zunächst Q nach G und U, darauf G nach O und D und findet demnach die gesuchten Spannkräfte. Der Umfahrungssinn zur Bestimmung der Vorzeichen ist durch den Pfeilsinn von Q gegeben. Im vorliegenden Falle ergeben sich O und D als Druckkräfte, während U eine Zugkraft darstellt.

Denkt man sich den Träger so belastet, daß die Kraftrichtung von Q gerade durch den Schnittpunkt der vom Schnitt $t-t$ getroffenen Stäbe O und U geht, so fällt die Hilfsgerade G mit O zusammen, d. h. im Kräfteplan muß sich D zu

Null ergeben. Man erkennt also, daß für einen bestimmten Belastungsfall des Trägers die Diagonalspannkraft den Wert Null annehmen kann.

Die Schnittpunkte des beiderseits verlängerten Untergurtstabes U mit den Auflagersenkrechten (Abb. 107) seien mit A' und B', der Schnittpunkt der Geraden $A'a$ und $B'b$ mit L bezeichnet. Durch L möge die Richtungslinie einer am Obergurt angreifenden Last P gehen, welche nach zwei in den Knotenpunkten a und b der oberen Gurtung angreifenden Seitenkräften P' und P''

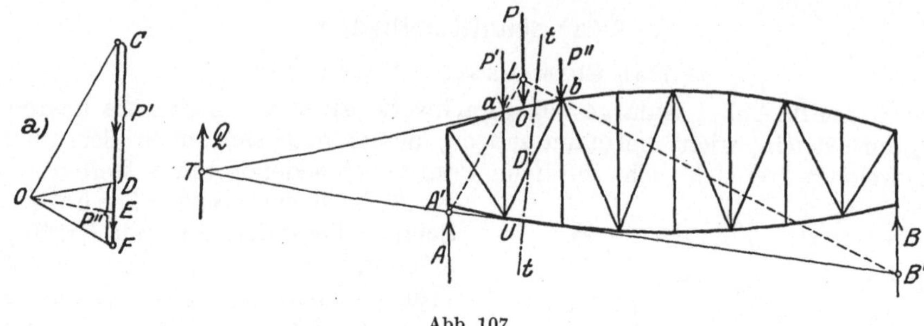

Abb. 107

zerlegt werden soll. Zu diesem Zwecke trage man $P = \overline{CF}$ als Strecke auf (Abb. 107a), ziehe $CO \parallel LA'$, $FO \parallel B'L$ und $OD \parallel ab$. Dann ist $\overline{CD} = P'$ und $\overline{DF} = P''$. Zieht man ferner $OE \parallel A'B'$, so liefern die Strecken $\overline{EC}$ und $\overline{FE}$ die Auflagerdrücke A und B infolge der Last P bzw. der Lasten P' und P'' (vgl. S. 42). Der Geradenzug $A'-a-b-B'$ stellt das Seilpolygon dieser Lasten mit dem Pol O dar. Die Querkraft Q des vom Schnitt $t-t$ getroffenen Feldes muß also durch den Schnittpunkt T der Schlußlinie $A'B'$ mit dem Seilstrahl $a-b$

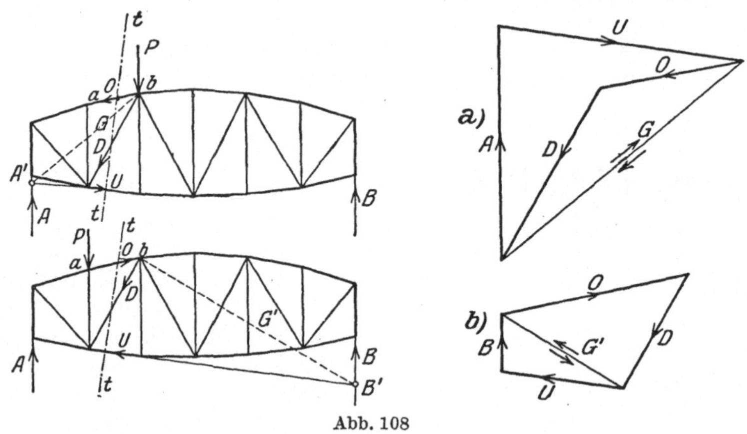

Abb. 108

gehen. Nun ist aber T identisch mit dem Schnittpunkt der Gurtstäbe O und U. Die Spannkraft im Stabe D wird also zu Null, sobald die Last P die hier vorausgesetzte ausgezeichnete Lage einnimmt.

Steht P im Knoten b, so ist die Mittelkraft aller am linken Trägerteil wirkenden äußeren Kräfte gleich dem Auflagerdruck A, da dieser allein an dem abgeschnittenen Teil angreift. Die Lage von A ist bekannt, seine Größe sei auf rechnerischem Wege gefunden. Wendet man jetzt auf diesen Belastungszustand das CULMANNsche Verfahren an (Abb. 108a), so findet man, daß bei aufwärtsgerichtetem A der links fallende Diagonalstab D infolge der gewählten Laststellung Druck erhält, sofern sich die Stäbe O und U außerhalb der Stützweite AB

schneiden. Zu dem gleichen Ergebnis gelangt man, wenn die Last P in irgendeinem anderen Knotenpunkte zwischen b und dem rechten Trägerende angreift. Steht dagegen P im Punkte a, so liefert das CULMANNsche Verfahren, auf den rechten Trägerteil unter Benutzung des Auflagerdruckes B angewandt (Abb. 108 b), im Diagonalstab D eine Zugkraft. Aus dieser Betrachtung ergibt sich, daß die Spannkraft D ihr Vorzeichen wechselt, sobald die Last P vom Knoten a nach b rückt und umgekehrt. Zwischen beiden Knoten liegt der Punkt L (Abb. 107), der insofern ausgezeichnet ist, als eine durch ihn gehende Last P im Stabe D die Spannkraft Null erzeugt. Wegen dieser besonderen Eigenschaft heißt L die *Lastscheide* für den Stab D, die in der Theorie der Einflußlinien eine wichtige Rolle spielt (vgl. S. 74).

Greifen die Lasten am Untergurt an, so bringe man zur Bestimmung von L den vom Schnitt t–t getroffenen Obergurtstab mit den Auflagersenkrechten zum Schnitt und verfahre im übrigen in ganz analoger Weise.

β) Das RITTERsche Verfahren

Stehen an einem Trägersystem beliebig gerichtete Kräfte miteinander im Gleichgewicht, so ist die Summe der Momente aller dieser Kräfte in bezug auf einen beliebig gewählten Momentenpunkt in der Trägerebene gleich Null. Dieser

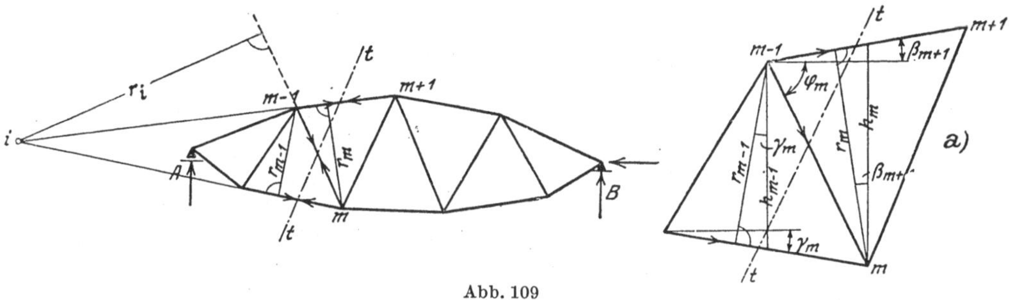

Abb. 109

Satz gilt auch, wenn man sich ein Fachwerk durch einen Schnitt in zwei Teile zerlegt denkt und das Gleichgewicht eines dieser Teile, etwa des linken, für sich untersucht, nur müssen dabei die *Spannkräfte* der vom Schnitt getroffenen Stäbe an dem betrachteten Scheibenteil berücksichtigt werden. Da ihr Pfeilsinn zunächst nicht bekannt ist, führt man sie vorübergehend als positive, also Zugkräfte ein. Gelingt es nun, den Bezugspunkt, für welchen die Momentensumme aller am linken Scheibenteil angreifenden Kräfte gebildet werden soll, so zu wählen, daß alle unbekannten Spannkräfte außer einer durch diesen Punkt gehen, so kann diese eine aus der Momentenbedingung berechnet werden.

Für die Folge sollen die Stabkräfte zur Unterscheidung denjenigen Index erhalten, der ihrem rechtsseitigen Knotenpunkt entspricht. So bezeichnet z. B. D_m den Diagonalstab $(m-1)-m$ usw.

Denkt man sich nun an dem in Abb. 109 skizzierten einfachen Fachwerkbalken den Schnitt t–t so geführt, daß von ihm die drei Stäbe O_{m+1}, D_m und U_m getroffen werden, so müssen die zunächst als Zugkräfte angenommenen Stabspannungen O_{m+1}, D_m und U_m mit den am linken Scheibenteil wirkenden äußeren Kräften zusammen ein Gleichgewichtssystem bilden. Um die Spannkraft U_m zu bestimmen, wähle man als Momentenpunkt den Schnittpunkt $m-1$ der Stäbe O_{m+1} und D_m. Dann lautet die Momentenbedingung in bezug auf $m-1$:

$$M_{m-1} - U_m\, r_{m-1} = 0$$

oder

$$U_m = \frac{M_{m-1}}{r_{m-1}}, \tag{1}$$

wenn M_{m-1} das Moment aller links vom Schnitt $t-t$ an der Scheibe angreifenden *äußeren* Kräfte angibt — welches positiv angenommen wird, wenn es den linken Trägerteil gegen den rechten im Uhrzeigersinn zu verdrehen sucht — und r_{m-1} den Hebelarm des Stabes U_m in bezug auf $m-1$. Die Gl. (1) besagt, daß der für U_m angenommene Pfeil richtig ist, solange M_{m-1} positiv wird.

In gleicher Weise bestimmt man O_{m+1}, indem man als Bezugspunkt den Schnittpunkt m von D_m und U_m wählt. Die Momentenbedingung liefert dann:

$$M_m + O_{m+1}\, r_m = 0$$

oder

$$O_{m+1} = -\frac{M_m}{r_m}, \tag{2}$$

d. h. bei positivem M_m wird O_{m+1} eine Druckkraft. Um endlich D_m zu finden, wähle man als Bezugspunkt den Schnittpunkt i von O_{m+1} und U_m und schreibe die Momentengleichung an:

$$M_i + D_m\, r_i = 0,$$

woraus folgt:

$$D_m = -\frac{M_i}{r_i}, \tag{3}$$

wenn M_i das Moment aller am linken Scheibenteil angreifenden *äußeren* Kräfte in bezug auf den Punkt i bedeutet.

Die Bestimmung des Schnittpunktes i wird ungenau, sobald die Stäbe O_{m+1} und U_m sich unter sehr spitzem Winkel schneiden. Es empfiehlt sich dann, einen anderen Weg zur Bestimmung von D_m einzuschlagen. Zu diesem Zwecke projiziere man die Stabkräfte O_{m-1}, D_m und U_m auf eine Horizontale und bilde $\Sigma H = 0$. Greifen nur senkrechte Kräfte am Träger an, was hier vorausgesetzt sein möge, so liefern die äußeren Kräfte keinen Beitrag zu dieser Gleichung, und man erhält, wenn β_{m+1} den Neigungswinkel des Obergurtstabes O_{m+1}, φ_m den der Diagonale D_m und γ_m den des Untergurtstabes U_m gegen die Horizontale bezeichnen (Abb. 109 a)

$$O_{m+1} \cos\beta_{m+1} + D_m \cos\varphi_m + U_m \cos\gamma_m = 0.$$

Nun ist aber

$$O_{m+1} = -\frac{M_m}{r_m}; \quad U_m = \frac{M_{m-1}}{r_{m-1}}$$

und somit

$$D_m \cos\varphi_m = \frac{M_m}{r_m} \cos\beta_{m+1} - \frac{M_{m-1}}{r_{m-1}} \cos\gamma_m.$$

Bezeichnet man ferner allgemein das zwischen Ober- und Untergurt liegende Stück der Senkrechten durch einen beliebigen Knoten k mit h_k, so wird wegen $r_m = h_m \cos\beta_{m+1}$ und $r_{m-1} = h_{m-1} \cos\gamma_m$

$$D_m \cos\varphi_m = \frac{M_m}{h_m} - \frac{M_{m-1}}{h_{m-1}}.$$

Man findet also die Diagonalspannkraft direkt aus den Angriffsmomenten der äußeren Kräfte für die Punkte m und $m-1$. Die hier betrachtete Diagonale fällt von links nach rechts. Für die von rechts nach links fallende Diagonale D_{m+1} würde sich ergeben:

$$D_{m+1} \cos\varphi_{m+1} = -\frac{M_{m+1}}{h_{m+1}} + \frac{M_m}{h_m},$$

wovon man sich nach den vorstehenden Erläuterungen leicht überzeugen kann. Bezeichnen als M_o und M_u die Momente in bezug auf den oberen und unteren

Endpunkt einer Diagonale D, h_o und h_u die zugehörigen Trägerhöhen und φ den Neigungswinkel gegen die Horizontale, so gilt allgemein[1]

$$D \cos \varphi = \frac{M_u}{h_u} - \frac{M_o}{h_o}. \tag{4}$$

Aus den für O und U abgeleiteten Ausdrücken erkennt man, daß die Gurtkräfte dann ihre größten Werte annehmen, wenn für die zugehörigen Bezugspunkte die größten Momente entstehen. Das *Rittersche Verfahren* eignet sich somit besonders zur Bestimmung der maximalen Spannkräfte in den Gurtungen, sobald für den betreffenden Träger die Maximalmomente gegeben sind (vgl. S. 49). Es gilt ganz allgemein für jedes einfache Dreiecksnetz, sofern sich nur ein Bezugspunkt finden läßt, durch den alle Stabrichtungen bis auf diejenige gehen, deren Spannkraft gesucht wird.

b) Die Cremonaschen Kräftepläne

Die Ermittlung der Spannkräfte eines Fachwerkes mit Hilfe CREMONAscher Kräftepläne empfiehlt sich besonders dann, wenn es sich um ruhende Belastung handelt und das Fachwerk *von der einfachsten Art*, d. h. so gebildet ist, daß es mindestens einen Knotenpunkt besitzt, von dem nur zwei Stäbe ausgehen, und daß sich immer ein folgender Knoten finden läßt, an dem nur zwei neue Stäbe hinzutreten.

Ein Fachwerk, in dessen Knotenpunkten beliebig gerichtete, miteinander im Gleichgewicht stehende äußere Kräfte angreifen, kann statisch als ein System von Massenpunkten aufgefaßt werden, wenn man sich seine Masse auf die einzelnen Knotenpunkte verteilt denkt und die in den Fachwerkstäben wirkenden Spannkräfte als äußere Kräfte an den Knotenpunkten wirksam annimmt. Die Aufgabe des Gleichgewichts der Fachwerkscheibe kann unter dieser Voraussetzung als Aufgabe über das gleichzeitige Gleichgewicht aller Knotenpunkte behandelt werden. Für jeden Punkt stehen in der Ebene zwei Gleichgewichtsbedingungen zur Verfügung ($\Sigma V = 0$, $\Sigma H = 0$), welche zur Bestimmung der unbekannten Stabspannkräfte dienen. Ist nämlich mindestens *ein* Knotenpunkt vorhanden, an dem nur zwei Stäbe zusammentreffen, so liefern die Gleichgewichtsbedingungen sofort die unbekannten Stabspannkräfte. Bei einem Fachwerk von der einfachsten Art läßt sich, von diesem ersten ausgezeichneten Knoten ausgehend, immer ein weiterer finden, an dem nur zwei neue unbekannte Kräfte auftreten, die in der gleichen Weise gefunden werden. Die Bestimmung der Stabspannkräfte beruht also auf einer von Knotenpunkt zu Knotenpunkt fortschreitenden Anwendung der Gleichgewichtsbedingungen. Es wäre demnach für jeden Knotenpunkt gesondert ein geschlossenes Kräftepolygon zu zeichnen, dessen Seiten zu den Richtungen der an diesem Knoten angreifenden äußeren Kräfte und Fachwerkstäbe parallel sind. Nun verbindet aber jeder Fachwerkstab zwei Knotenpunkte, seine Spannkraft tritt also immer in zwei Kräftepolygonen auf. Die gesonderte Zeichnung all dieser k Polygone bei k Fachwerkknoten ist umständlich. Man fügt sie deshalb zur Vereinfachung so aneinander, daß jede Stabkraft nur einmal auftritt, und erhält somit einen Kräfteplan, der allgemein unter dem Namen *Cremonascher Kräfteplan* bekannt ist, weil CREMONA besonders auf seine geometrischen Eigenschaften hingewiesen und einen praktisch brauchbaren Weg für seine Anwendung gegeben hat. Das Verfahren sei nachstehend an Hand eines Beispiels erläutert.

Der in Abb. 110 dargestellte Fachwerkträger, dessen Knotenpunkte mit den Ordnungsziffern 0 bis 10 belegt werden, sei mit den aus der Abbildung ersichtlichen Kräften P belastet. Man bestimme zunächst mit Hilfe eines Seilpolygons die Resultierende R der gegebenen Lasten und ermittle mit ihrer Hilfe die Auf-

---

[1] GRÜNING, M.: Statik des ebenen Tragwerks, S. 123, Berlin 1925.

lagerreaktionen A und B. Darauf trage man die gesamten äußeren Kräfte, einschließlich der Lagerkräfte, mit einer beliebigen Kraft beginnend und ringsherum dem Rande des Fachwerks entlang fortschreitend, zu einem geschlossenen Kräftepolygon von stetigem Umfahrungssinn auf (Abb. 111). Nun suche man einen Knoten auf, an dem nur zwei unbekannte Stabkräfte angreifen, also z. B. den Knoten 0, und zerlege die dort wirkende äußere Kraft A nach O_1 und U_2.

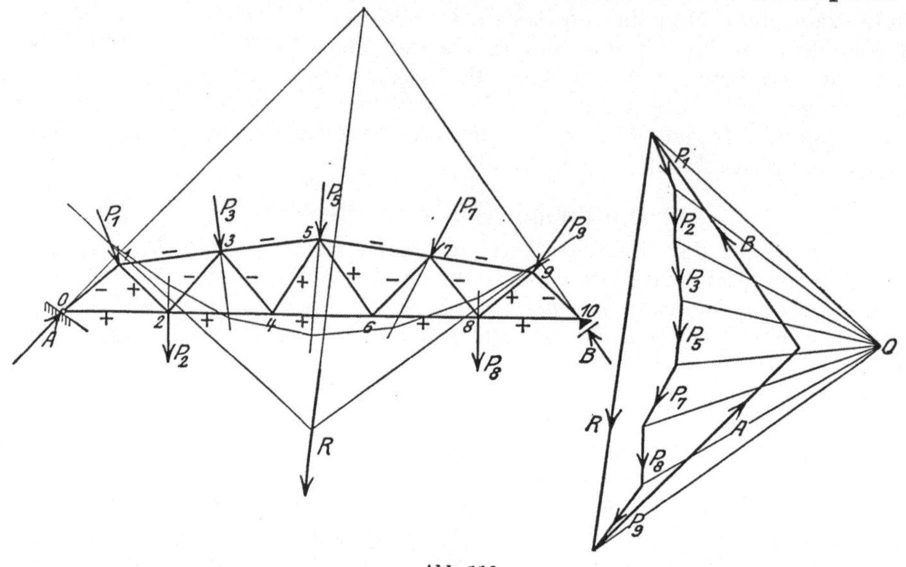

Abb. 110

Für den Knoten 0, und in der Folge ebenso für jeden weiteren Knoten, muß sich wegen des bestehenden Knotengleichgewichts ein geschlossenes Krafteck ergeben, dessen Umfahrungssinn ebenfalls kontinuierlich ist. Die Zerlegung von A nach O_1 und U_2 kann auf zwei Arten erfolgen, entweder indem man die Parallele zu O_1 durch den Schnittpunkt von A und P_1 im Kräfteplan zieht und entsprechend diejenige zu U_2 durch den Schnittpunkt von P_2 und A, oder umgekehrt. Soll jedoch jede Spannkraft im Kräfteplan nur einmal auftreten, so bedenke man, daß O_1 sowohl dem Krafteck für Knoten 0 als auch für Knoten 1 angehört. Dem ersteren gehört auch die äußere Kraft A, dem letzteren die äußere Kraft P_1 an. Man wird also die Parallele zu O_1 durch den Schnittpunkt von A und P_1 und entsprechend diejenige zu U_2 durch den Schnittpunkt von A und P_2 ziehen müssen, um die genannte Bedingung zu erfüllen. Daraus ergibt sich allgemein der Satz, daß im Kräfteplan jede Stabkraft eines Randstabes immer von

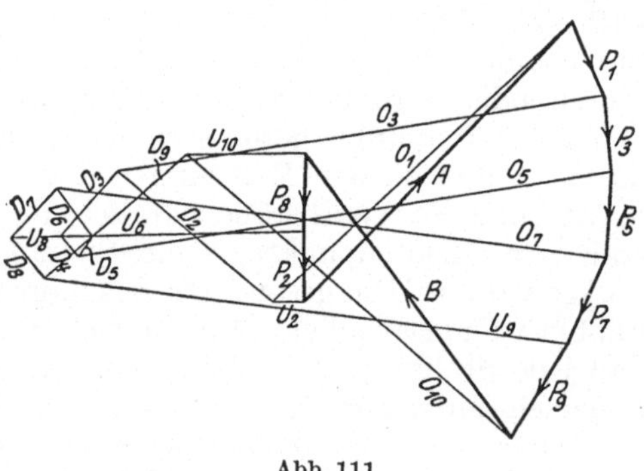

Abb. 111

einer ganz bestimmten Ecke des Kräftepolygons ausgehen muß. Der Umfahrungssinn des Kraftecks für Knoten 0 ergibt gleichzeitig die Vorzeichen für die gefundenen Stabspannungen, denn eine nach dem Knoten *hin* gerichtete Kraft erzeugt im Stabe Druck, eine vom Knoten *weg* gerichtete Kraft erzeugt im Stabe Zug. Die so gefundenen Vorzeichen werden zweckmäßig in das Trägernetz für jeden Stab eingetragen. Vom Knoten 0 geht man nun zum Knoten 1 weiter, denn an diesem greifen jetzt nur noch zwei unbekannte Stabkräfte D_2 und O_3 an. O_3 gehört den beiden Kraftecken für Knotenpunkt *1* und *3* an, muß also durch den Schnittpunkt von P_1 und P_3 gehen, womit gleichzeitig festgelegt ist, daß D_2 durch den Schnittpunkt von O_1 und U_2 gehen muß. Daraus erkennt man, daß die Spannkräfte der drei Stäbe O_1, D_2 und U_2, welche im Trägernetz ein Dreieck bilden, im Kräfteplan durch *einen* Punkt gehen. Dieser Satz gilt allgemein und bietet ein einfaches Hilfsmittel zur richtigen Auftragung des Kräfteplanes. Man findet somit aus dem zum Knoten *1* gehörigen Krafteck die bisher unbekannten Spannkräfte O_3 und D_2, deren Pfeilsinn in bezug auf Knoten *1* zugleich angibt, daß O_3 eine Druckkraft, D_2 dagegen eine Zugkraft ist. In gleicher Weise geht man von Knoten zu Knoten weiter, immer zunächst denjenigen wählend, an dem nur zwei unbekannte Stabkräfte angreifen. Am Knoten *10* müssen schließlich die Spannkräfte O_{10} und U_{10} mit der Lagerreaktion B im Gleichgewicht stehen, also mit dieser im Kräfteplan ein geschlossenes Krafteck bilden, wodurch eine wichtige Kontrolle für die Richtigkeit des Kräfteplans gegeben ist.

Ein Nachteil der Cremonapläne liegt darin, daß sich Fehler schnell fortpflanzen. Zur Erzielung genauer Resultate empfiehlt es sich, das Trägernetz in möglichst großem Maßstabe aufzutragen oder auch die Spannkräfte einzelner Stäbe zur Kontrolle rechnerisch nachzuprüfen.

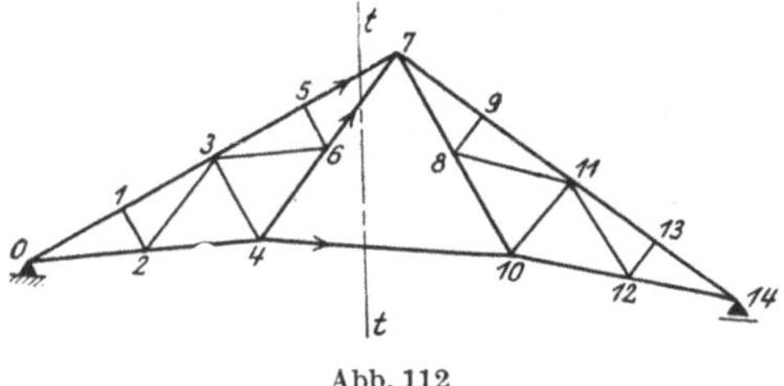

Abb. 112

Liegt ein System vor, das nicht *von der einfachsten Art* ist, wie z. B. der in Abb. 112 dargestellte POLONCEAU-Dachbinder, so empfiehlt es sich, eine oder mehrere Stabkräfte durch Rechnung zu bestimmen und darauf unter Benutzung der so gefundenen Kräfte den Cremonaplan in der oben besprochenen Weise zu zeichnen.

Nach Ermittlung der Auflagerkräfte könnte man bei dem vorliegenden System etwa am Knoten *0* mit der Auftragung des Cremonaplans beginnen. Sobald jedoch die Kräftezerlegung an den Knoten *1* und *2* erledigt ist, würde man sowohl beim Knoten *3* als auch bei *4* nicht zwei, sondern drei unbekannte Stabkräfte antreffen, deren Bestimmung im Kräfteplan nicht ohne weiteres möglich ist. Hier leistet das RITTERsche Verfahren gute Dienste, denn, legt man jetzt einen Schnitt *t—t* durch die drei Stäbe *5—7*, *6—7* und *4—10*, so läßt sich in bezug auf den Knoten *7* eine Momentengleichung aufstellen, welche außer den gegebenen äußeren Kräften nur die unbekannte Stabkraft *4—10* enthält, die somit berechnet werden kann. Ist diese gefunden, dann treten am Knoten *4* nur noch zwei unbekannte Stabkräfte auf, und der Cremonaplan kann nunmehr vervollständigt werden.

An Hand des in Abb. 111 dargestellten Cremonaplanes soll jetzt noch auf einige geometrische Beziehungen zwischen Trägersystem und Kräfteplan hingewiesen werden. Dabei sollen zu ersterem auch die Richtungslinien der am Fachwerk angreifenden Lasten und Lagerreaktionen gerechnet werden. Dem Bildungsgesetz des Kräfteplanes entsprechend gehört dann zu jeder Linie des Trägersystems eine ihr parallele im Kräfteplan und umgekehrt. Außerdem entspricht jedem Knotenpunkt des Fachwerks ein Polygon (Krafteck) im Kräfteplan, da an jedem Knoten zwischen äußeren und inneren Kräften Gleichgewicht bestehen muß. Aber auch umgekehrt entspricht jedem Eckpunkt im Kräfteplan ein Polygon im Trägersystem. Für solche Eckpunkte des Kräfteplanes, von denen keine äußeren Kräfte ausgehen, ist das schon oben bei der Besprechung des Kräfteplanes gezeigt worden, denn es bildeten im Trägersystem immer die drei Stäbe ein Dreieck, deren Spannkräfte im Kräfteplan durch einen Punkt gingen. Aber auch denjenigen Eckpunkten des Kräfteplanes, in denen zwei äußere Kräfte und eine oder mehrere Stabkräfte zusammentreffen, entspricht im Trägersystem ein Polygon, und zwar besteht dieses aus den Richtungslinien der betreffenden äußeren Kräfte und den zwischen ihnen liegenden Stabachsen, wobei man sich das Polygon geschlossen denken kann, indem man die Kraftlinien bis zum Schnitt verlängert. Zwei Figuren, die zueinander in einem derartigen geometrischen Verhältnis stehen, bezeichnet man als reziprok und nennt deshalb die CREMONAschen Kräftepläne auch „reziproke Kräftepläne".

c) Spannkraftermittlung mit Hilfe der Einflußlinien

Die allgemeine Theorie der Einflußlinien ist bereits in Ziffer 6 des ersten Abschnitts behandelt worden. Es sollen nun an dieser Stelle die Einflußlinien der wichtigsten Fachwerksysteme besprochen werden, wobei durchweg senkrechte Belastung vorausgesetzt wird.

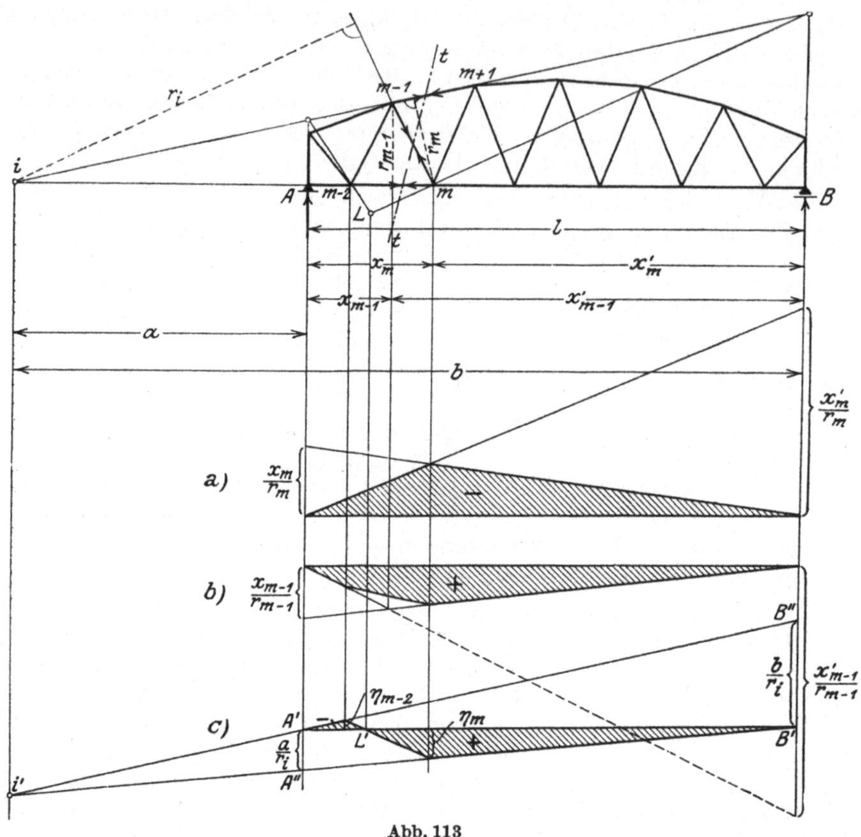

Abb. 113

Die Einflußlinien für die Stützendrücke A und B eines *einfachen Fachwerkbalkens* sind die gleichen wie die bereits in Ziffer 1 des zweiten Abschnitts gefundenen des einfachen Vollwandbalkens.

Für die Spannkräfte in den Gurtstäben ergab sich mit Hilfe des RITTERschen Verfahrens eine allgemeine Beziehung, wonach erstere gleich dem Quotienten aus dem Moment des Bezugspunktes und dem zugehörigen Hebelarm r gesetzt werden können, und zwar erhalten die Obergurtkräfte das negative, die Untergurtkräfte das positive Vorzeichen. Ihre Einflußlinien ergeben sich somit aus denjenigen für die Momente der Bezugspunkte, wenn man diesen den Multiplikator $\mu = \dfrac{1}{r}$ beilegt. In Abb. 113a und b sind die Einflußlinien für den Obergurtstab O_{m+1} und den Untergurtstab U_m eines einfachen Fachwerkbalkens AB aufgetragen. Da der Bezugspunkt $m-1$ für U_m zwischen zwei Knotenpunkten des Lastgurtes liegt, so ist die Spitze der Einflußlinie für U_m auf die Länge des Feldes $(m-2)-m$ abzuschneiden (vgl. S. 45).

Die Bestimmung der Einflußlinie eines Diagonalstabes kann im allgemeinen ebenfalls mit Hilfe des RITTERschen Verfahrens erfolgen. Bezeichnet i den Bezugspunkt des Stabes D_m und r_i den zugehörigen Hebelarm, so lautet die Momentengleichung in bezug auf i für den durch den Schnitt $t—t$ abgetrennten linken Trägerteil (Abb. 113):

$$D_m r_i + M_i = 0,$$

woraus folgt

$$D_m = -\frac{M_i}{r_i}.$$

Steht die Last 1 im Knotenpunkt m oder rechts von m, so ist das Moment der am linken Trägerteil angreifenden äußeren Kräfte, wenn a den Abstand des Punktes i von der Auflagersenkrechten durch A angibt,

$$M_i = -A a.$$

Man erhält also

$$D_m = \frac{a}{r_i} A.$$

Steht dagegen die Last 1 im Knoten $m—2$ oder links davon, so liefert die Momentengleichung der am rechten Trägerteil wirkenden Kräfte in bezug auf Punkt i, wenn b dessen Abstand von der Auflagersenkrechten durch B bezeichnet,

$$B b + D_m r_i = 0$$

oder

$$D_m = -\frac{b}{r_i} B.$$

Die Größen $\frac{a}{r_i} A$ und $-\frac{b}{r_i} B$ geben demnach die Ordinaten der Einflußlinie für D_m rechts und links des vom Schnitt getroffenen Feldes der belasteten Gurtung an. Trägt man nun von einer Horizontalen $A'—B'$ (Abb. 113c) aus unter A den Wert $1\frac{a}{r_i} = A'A''$ und unter B den Wert $-1\frac{b}{r_i} = B'B''$ auf, und verbindet A'' mit B' und B'' mit A', so stellen die Geraden $B'A''$ und $A'B''$ zwischen B und m bzw. A und $m-2$ die Einflußlinie für D_m dar. Im Feld $(m-2)-m$ wechselt diese ihr Vorzeichen und geht unter der Lastscheide L durch den Nullpunkt. Man hat also nur noch die Endpunkte der den Punkten m und $m-2$ entsprechenden Ordinaten η_m und η_{m-2} zu verbinden, um die vollständige Einflußlinie zu erhalten.

Zu einer bemerkenswerten Eigenschaft der Einflußlinie führt noch eine Beziehung, welche zwischen den unter A und B aufgetragenen Strecken $\frac{a}{r_i}$ und $-\frac{b}{r_i}$ sowie den Abständen a und b des Punktes i von den Lagersenkrechten besteht. Es verhält sich nämlich

$$\frac{a}{r_i} : \frac{b}{r_i} = a : b,$$

d. h. der Schnittpunkt der Geraden $A'B''$ und $B'A''$ liegt senkrecht unter dem Bezugspunkt i. Beachtet man diese Eigenschaft, so bedarf es nur der Auftragung eines der Werte $\frac{a}{r_i}$ oder $-\frac{b}{r_i}$, um die Einflußlinie festzulegen. Dasselbe gilt, wenn die Lastscheide L bestimmt wird, wodurch der Nullpunkt L' der Einflußlinie gegeben ist.

Eine Vereinfachung in der Konstruktion der Einflußlinien für die Füllungsstäbe tritt besonders dann auf, wenn Ober- und Untergurt einander parallel sind. Für die Diagonale D_m des in Abb. 114 dargestellten Parallelträgers, dessen Untergurt der Lastgurt sein möge, ist nach Gl. (4)

$$D_m \cos \varphi_m = \frac{M_m - M_{m-1}}{h},$$

oder mit $h = \lambda_m \, \mathrm{tg}\, \varphi_m$

$$D_m = \frac{M_m - M_{m-1}}{\lambda_m \sin \varphi_m} = \frac{Q_m}{\sin \varphi_m} \quad \text{(vgl. S. 41)}.$$

Die Einflußlinie für D_m ist demnach die gleiche wie für die Querkraft Q_m des m-ten Feldes, wenn letztere den Multiplikator $\mu = \dfrac{1}{\sin \varphi_m}$ erhält (Abb. 114a).

Denkt man sich den Knoten $m-1$ des Obergurtes durch einen Schnitt vom Träger getrennt, so muß, da Lasten nur am Untergurt angreifen, zwischen den Spannkräften der von diesem Schnitt getroffenen Stäbe Gleichgewicht bestehen. Die Bedingung $\Sigma V = 0$ liefert:

$$V_{m-1} + D_m \sin \varphi_m = 0$$

oder

$$V_{m-1} = - D_m \sin \varphi_m = - Q_m.$$

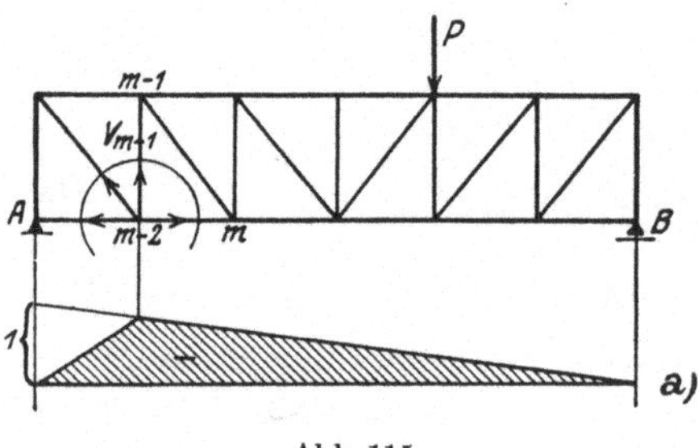

Abb. 114   Abb. 115

Die Einflußlinie für V_{m-1} ist also gegeben durch die mit dem Multiplikator $\mu = -1$ behaftete Einflußlinie für die Querkraft Q_m (Abb. 114b).

Greifen die Lasten am Obergurt an (Abb. 115), so ändert sich hinsichtlich der Bestimmung von D_m gegenüber dem oben betrachteten Fall des belasteten Untergurtes nichts, denn für diese Diagonale gilt das dort abgeleitete Gesetz unverändert. Zur Bestimmung von V_{m-1} dagegen trenne man jetzt den Knoten $m-2$ des Untergurtes vom Träger ab und bilde

$$D_{m-2} \sin \varphi_{m-2} + V_{m-1} = 0$$

oder

$$V_{m-1} = - D_{m-2} \sin \varphi_{m-2} = - Q_{m-1}.$$

Die Einflußfläche für V_{m-1} ist also gleich der mit -1 multiplizierten Einflußfläche für die Querkraft Q_{m-1} des $(m-1)$-ten Feldes (Abb. 115a).

Bei Fachwerkträgern von größerer Spannweite werden häufig innerhalb des Hauptnetzes noch Zwischensysteme angeordnet, wodurch ein Fachwerk entsteht, das nicht mehr von der einfachsten Art ist. Ein solcher Träger ist z. B. in Abb. 116 dargestellt. Handelt es sich dabei um eine ruhende, gleichbleibende Belastung, so kann die Ermittlung der Spannkräfte mit Hilfe eines Cremonaplanes erfolgen, nachdem vorher etwa nach der RITTERschen Methode die Spannkräfte der an bestimmten Knoten überzähligen Stäbe berechnet sind (vgl. POLONCEAU-*Binder* S. 72). Besteht die Belastung dagegen aus verschieblichen Einzellasten, die hier am Obergurt angreifen mögen, so benutzt man zweckmäßig die Einflußlinien.

Soll z. B. die Einflußlinie für O_5 (Abb. 116a) gezeichnet werden, so verfahre man zunächst genau so, als ob das Zwischensystem nicht vorhanden sei und trage die Einflußlinie $A'C'B'$ in bekannter Weise für das Hauptnetz auf. Denkt man sich nun im Knoten $3'$ zwischen 3 und 5 die Last 1 stehend, und betrachtet das Dreieck 3—$3''$—5 als selbständigen Träger (Abb. 116b), so erzeugt diese in bezug auf $3''$ das Moment $\frac{1}{2}\lambda$, wenn λ die durchweg gleiche Feldweite 3—$3'$ des Systems bedeutet. Aus diesem Moment ergibt sich die Zusatzspannkraft im Obergurtstab $O_5' = -\dfrac{1}{2}\dfrac{\lambda}{\frac{h}{2}} = -\dfrac{\lambda}{h}$, wobei h die Trägerhöhe bezeichnet. Man erkennt, daß $\dfrac{\lambda}{h}$ diejenige Strecke ist, welche von den Geraden $A'B''$ und $B'A''$ auf der Senkrechten durch $3'$ abgeschnitten wird, wie sich aus ähnlichen Dreiecken ergibt. In den Feldern 3—$3'$ einerseits und $3'$—5 anderer-

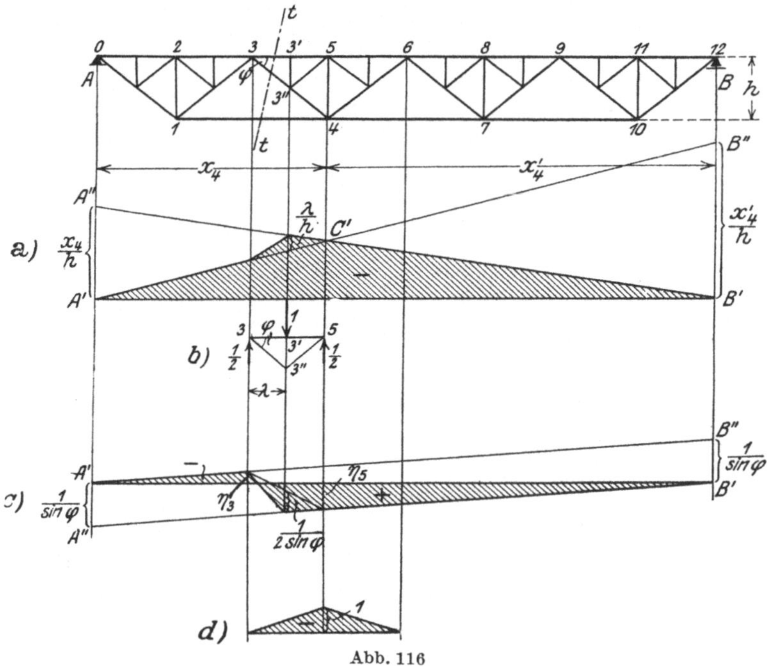

Abb. 116

seits muß die Einflußlinie geradlinig verlaufen, ihre Form ist somit festgelegt. In ähnlicher Weise sind diejenigen für die anderen Obergurtstäbe zu bestimmen.

Die Spannkräfte der Untergurtstäbe werden im vorliegenden Fall durch das Zwischensystem nicht berührt, ihre Einflußlinien weisen also keine Besonderheit auf. Das gleiche gilt von den unteren Hälften der Diagonalstäbe, während die oberen Hälften dieser Stäbe Zusatzkräfte aus dem Zwischensystem erhalten.

Zur Bestimmung der Einflußlinie für $D_{3''}$ trage man zunächst diejenige für D_4 in bekannter Weise auf, die besonders einfach zu zeichnen ist, da es sich hier um einen Parallelträger handelt, bei dem alle Diagonalen unter dem gleichen Winkel φ geneigt sind (Abb. 116c). Für den in Abb. 116b skizzierten Belastungsfall entsteht in der Diagonale $D_{3''}$ eine Zusatzkraft, welche sich durch Zerlegung der Kraft $\frac{1}{2}$ nach $O_{3'}$ und $D_{3''}$ zu $+\dfrac{1}{2\sin\varphi}$ ergibt. Nun schneiden aber die beiden parallelen Geraden $A'B''$ und $B'A''$ der Einflußlinie auf der Senkrechten durch $3'$ die Strecke $\dfrac{1}{\sin\varphi}$ ab, und diese wird, da $3'$ in der Mitte zwischen *3* und *5* liegt, durch die dem Feld *3—5* entsprechende Gerade der Einflußlinie des Hauptsystems in zwei gleiche Teile zerlegt, deren unterer somit gleich $\dfrac{1}{2\sin\varphi}$ ist, um welchen Wert die dem Punkt *3'* entsprechende Ordinate der Einflußlinie bei Anordnung des Zwischensystems vergrößert werden muß. Da die Einflußlinie in den Feldern *3—3'* und *3'—5* geradlinig verlaufen muß, so ist ihre endgültige Form leicht festzulegen.

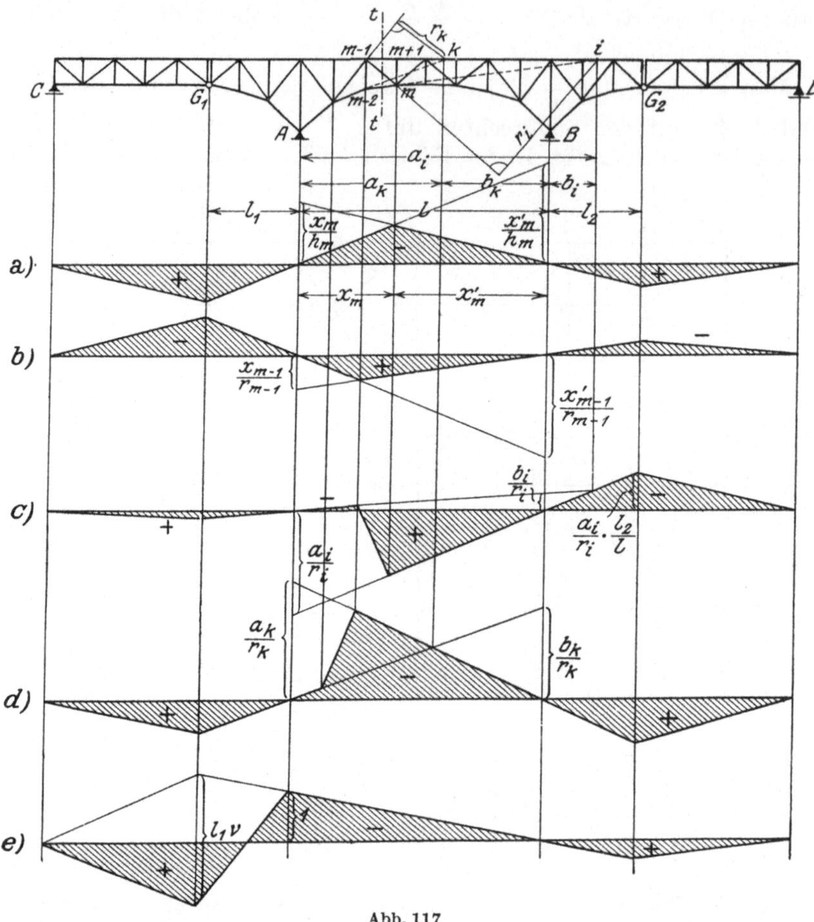

Abb. 117

In Abb. 116d ist endlich die Einflußlinie für die Hauptvertikale V_5 aufgetragen, deren Bildungsgesetz einer weiteren Erklärung nicht bedarf.

Von besonderer Wichtigkeit ist das Verfahren der Einflußlinien für zusammengesetzte Fachwerke, wie Gerberträger, Dreigelenkbogen und verwandte Systeme. Bei der Besprechung dieser Einflußlinien kann zum Teil auf die in den Ziffern 2 und 3 des zweiten Abschnittes angestellten Betrachtungen Bezug genommen werden.

Die Einflußlinien für die Spannkräfte von Stäben der Mittelöffnung *A B* des in Abb. 117 dargestellten Gerberträgers, dessen Obergurt der Lastgurt ist, unterscheiden sich innerhalb der Stützweite *A B* nicht von denen für die entsprechenden Stäbe eines einfachen Fachwerkbalkens. Um die Beiträge der rechts und links anschließenden Kragarme und Koppelträger zu erhalten, verlängert man die Einflußlinien der Mittelöffnung beiderseits bis zu den Senkrechten durch die Gelenke und läßt sie von da ab unter den äußeren Lagern zu Null abfallen. Daß dieses für die Gurtkräfte zutrifft, ist nach den Erläuterungen auf S. 57 ohne weiteres verständlich, wenn man beachtet, daß deren Einflußlinien direkt aus denen für die Momente der zugehörigen Bezugspunkte abgeleitet werden können, unter Berücksichtigung der aus dem RITTERschen Verfahren sich ergebenden Vorzeichen und Division mit den entsprechenden Hebelarmen. So wurde in Abb. 117a die Einflußlinie für den Obergurtstab O_{m+1} und in Abb. 117b diejenige für den Untergurtstab U_m aufgetragen.

Aber auch für die Diagonalen kann man sich von der Richtigkeit dieser Darstellung leicht überzeugen. Bei Belastung der Mittelöffnung verhält sich der Träger wie ein einfacher Balken, die Einflußlinien der Diagonalspannkräfte können also für diesen Trägerteil nach den früheren Erläuterungen gezeichnet werden. Steht nun die Last 1 über dem Gelenk G_2, so greift in bezug auf den Schnitt $t-t$ am linken Trägerteil als äußere Kraft nur der Auflagerdruck A an, und zwar wird $A = -1\frac{l_2}{l}$, wenn l die Stützweite der Mittelöffnung und l_2 die Länge des Kragarmes BG_2 angeben. Für den Diagonalstab D_m ist der Bezugspunkt i maßgebend. Die Momentengleichung der am linken Trägerteil wirkenden Kräfte für diesen Punkt lautet nun:

$$A\,a_i - D_m\,r_i = 0,$$

woraus folgt

$$D_m = A\,\frac{a_i}{r_i} = -1\,\frac{l_2}{l}\,\frac{a_i}{r_i}.$$

Man überzeugt sich leicht, daß in Abb. 117c, welche die Einflußlinie für D_m darstellt, in der Tat die unter G_2 liegende Ordinate die Größe $-\frac{l_2}{l}\frac{a_i}{r_i}$ besitzt. In gleicher Weise könnte man am linken Kragarme verfahren. Zwischen dem Gelenkpunkt G_1 und den Lagern C und A bzw. G_2 und den Lagern B und D verläuft die Einflußlinie geradlinig, wie bereits früher gezeigt ist (vgl. S. 57).

In Abb. 117d ist noch die Einflußlinie für den Stab D_{m-1} gezeichnet, die insofern bemerkenswert ist, als sie ihr Vorzeichen innerhalb der Öffnung AB nicht ändert. Dieser Fall tritt immer dann ein, wenn der Schnittpunkt der zugehörigen Gurtstäbe — hier mit k bezeichnet — innerhalb der Stützweite AB liegt.

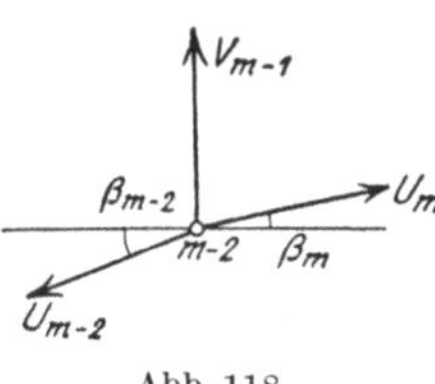

Abb. 118

Die durch den Knoten $m+1$ gehende Vertikale V_{m+1} tritt nur in Tätigkeit bei Belastung der beiden ihr benachbarten Trägerfelder. Ihre Spannkraft ist somit leicht anzugeben. Dagegen wird die durch $m-1$ gehende Vertikale V_{m-1} durch alle den Träger belastenden Kräfte beansprucht. Denkt man sich den Knoten $m-2$ der unteren Gurtung herausgeschnitten und bildet für diesen Knoten $\Sigma V = 0$, so wird, wenn β_{m-2} und β_m die Neigungswinkel von U_{m-2} und U_m gegen die Horizontale angeben (Abb. 118),

$$-U_{m-2}\sin\beta_{m-2} + V_{m-1} + U_m\sin\beta_m = 0$$

oder

$$V_{m-1} = U_{m-2}\sin\beta_{m-2} - U_m\sin\beta_m.$$

Man kann also die Einflußlinie für V_{m-1} aus denjenigen für U_{m-2} und U_m ableiten.

Die Einflußlinien der Gurtkräfte des Kragarmes ergeben sich wieder aus denen für die Momente der zugehörigen Bezugspunkte. In Abb. 119a und b sind diejenigen für die Stabkräfte O_{m+1} und U_m aufgetragen, die unter Beachtung der auf S. 57 gegebenen Erläuterungen keiner weiteren Erklärung bedürfen.

Im Diagonalstab D_m kann offenbar nur dann eine Spannkraft auftreten, wenn der Träger links vom Knoten $m + 1$ belastet wird. Man stelle nun die Last 1 in den Knoten $m - 1$, bestimme den Bezugspunkt i und schreibe die Momentengleichung für die links vom Schnitt $t—t$ wirkenden Kräfte an. Diese lautet unter Beachtung der aus Abb. 119 ersichtlichen Bezeichnungen:

$$1\,(c_i + x_{m-1}) + D_m\,r_i = 0.$$

Daraus findet man

$$D_m = -\,1\,\frac{c_i + x_{m-1}}{r_i}$$

als Einflußordinate für den Punkt $m - 1$. Steht die Last 1 im Gelenkpunkt, so wird entsprechend

$$D_m = -\,1\,\frac{c_i}{r_i}.$$

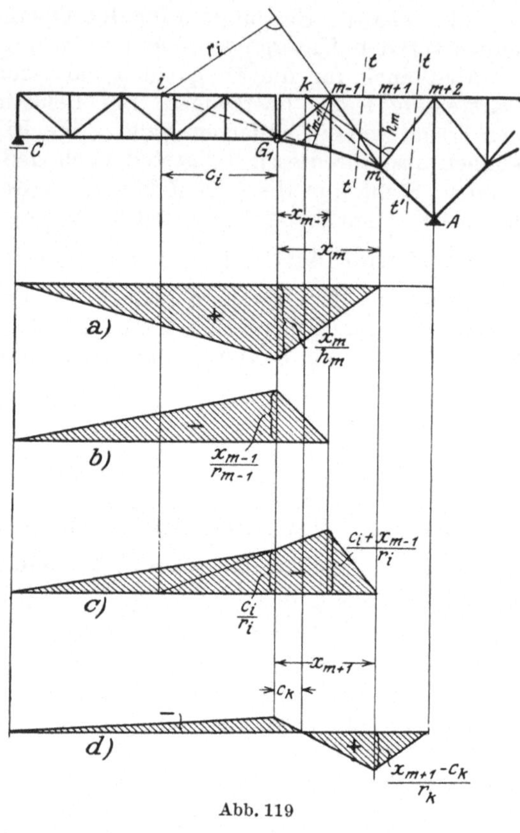

Durch diese beiden Ordinaten ist die Einflußlinie festgelegt (Abb. 119c). Sie hat unter $m + 1$ einen Nullpunkt, unter G_1 einen Knickpunkt, denn dem Koppelträger entspricht wieder als Einflußlinie eine Gerade. Die Verbindungslinie der Endpunkte der beiden Einflußordinaten unter $m - 1$ und G_1 schneidet die Nullinie senkrecht unter dem Bezugspunkt i, eine Eigenschaft, die mit Vorteil bei der Konstruktion der Einflußlinie benutzt wird.

Endlich ist in Abb. 119d die Einflußlinie für die Spannkraft D_{m+2} aufgetragen. Der Bezugspunkt k liegt hier rechts von G_1. Eine in diesem Punkt stehende

Abb. 119

Last 1 erzeugt den Wert $D_{m+2} = 0$, was sowohl aus der Momentengleichung hervorgeht als auch aus den auf S. 67 bei Besprechung des CULMANNschen Verfahrens gegebenen Erläuterungen ersichtlich ist.

Zur Bestimmung der Einflußlinie für die Hauptvertikale V_A über der Stütze A denke man sich den Lagerknoten herausgeschnitten (Abb. 120) und stelle die Knotengleichgewichtsbedingung $\sum V = 0$ auf. Diese liefert

$$A + V_A + U_l \sin\beta_l + U_r \sin\beta_r = 0,$$

wenn mit U_l und U_r die links und rechts von A anschließenden Untergurtstäbe bezeichnet werden und β_l bzw. β_r deren Neigungswinkel gegen die Horizontale angeben. Die Auflösung der vorstehenden Gleichung nach V_A ergibt:

$$V_A = -\,(A + U_l \sin\beta_l + U_r \sin\beta_r)$$

oder mit

$$U_r \cos\beta_r = U_l \cos\beta_l = \frac{M_A}{h},$$

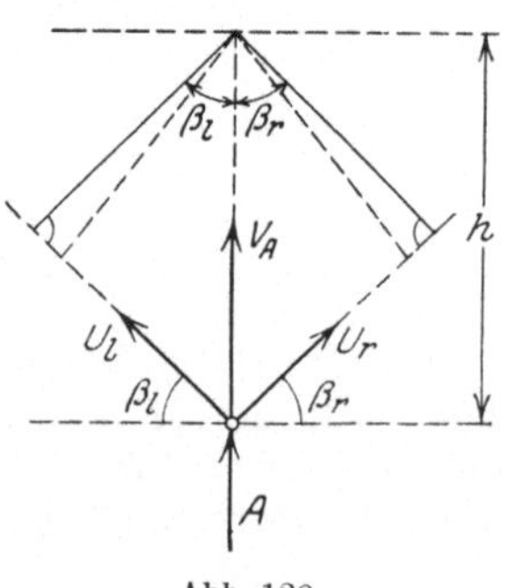

Abb. 120

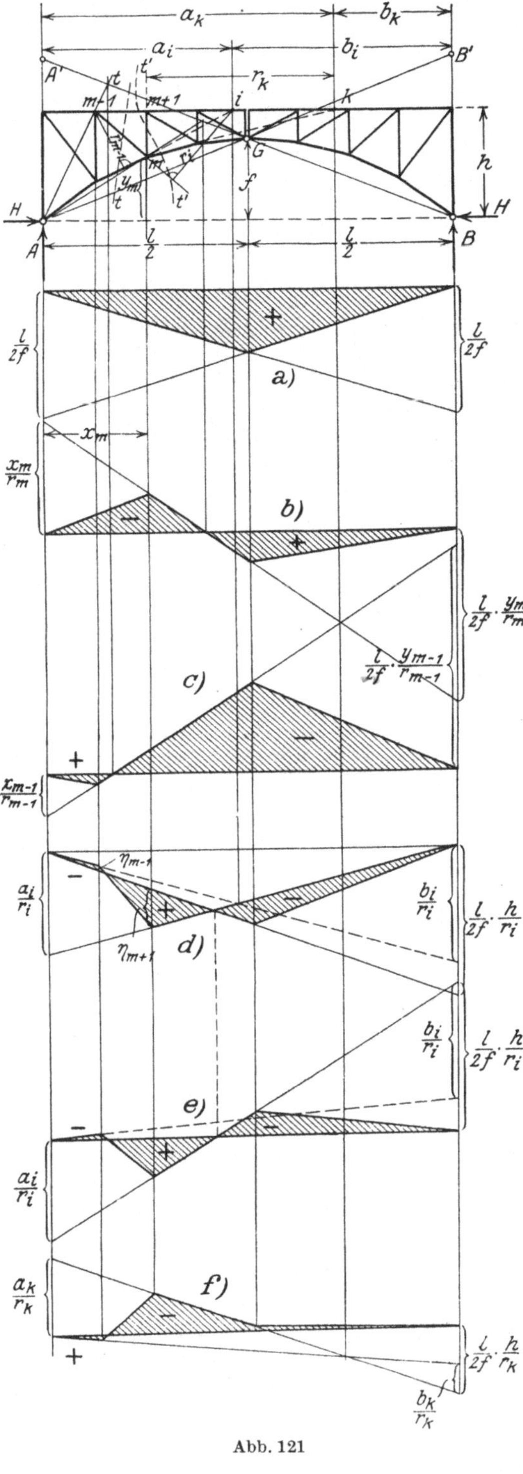

Abb. 121

wobei h die Höhe [der Vertikalen V_A und M_A das Stützmoment bedeuten,

$$V_A = -\left[A + \frac{M_A}{h}(\operatorname{tg}\beta_l + \operatorname{tg}\beta_r)\right].$$

Somit läßt sich die Einflußfläche für V_A als Summe der Einflußfläche für A (Ordinate 1 unter A) und der mit $v = \frac{1}{h}(\operatorname{tg}\beta_l + \operatorname{tg}\beta_r)$ multiplizierten Einflußfläche für das Stützmoment M_A darstellen. Erstere ist zwischen den Stützen C und A positiv, letztere negativ. Nach Multiplikation mit -1 entsteht die aus Abb. 117e ersichtliche Einflußfläche für V_A.

Beim Dreigelenk-Fachwerkbogen können die Einflußlinien für den Horizontalschub und die Gurtspannkräfte nach den für den vollwandigen Bogen (zweiter Abschn. Kap. 3) gegebenen Erläuterungen gezeichnet werden, indem man bei den Gurtstäben wieder die zwischen diesen und den Momenten der zugehörigen Bezugspunkte bestehenden Beziehungen beachtet. In Abb. 121 a—c sind die Einflußlinien für den Horizontalschub sowie dieSpannkräfte O_{m+1} und U_m für einen symmetrisch gebauten *Zwickelbogen* aufgetragen (vgl. Abb. 97).

Zur Konstruktion derjenigen für D_m denke man sich den Schnitt $t-t$ gelegt und bestimme den Schnittpunkt i von O_{m+1} und U_m. Steht die Last 1 im Punkte $m + 1$ oder rechts davon, so greifen am linken Trägerteil als äußere Kräfte nur der Lagerdruck A und der Horizontalschub H an. Die Momentengleichung für Punkt i lautet somit:

$$A\,a_i - H\,h - D_m\,r_i = 0,$$

wenn h die Höhe des Obergurtes über den Kämpfern und a_i bzw. r_i die Hebelarme von A und D_m in bezug auf i bedeuten. Nach D_m aufgelöst, erhält man

$$D_m = \frac{1}{r_i}(A\,a_i - H\,h)$$

und findet somit für den Teil zwischen $m + 1$ und B die Einflußordinaten für D_m als Differenz der mit $\frac{a_i}{r_i}$ multiplizierten Ordinaten der A-Linie und der mit $\frac{h}{r_i}$ multiplizierten Einflußordinaten für H (Abb. 121d). Steht die Last 1 dagegen im Knoten $m - 1$ oder links davon, so lautet die Momentengleichung der am rechten Trägerteil angreifenden Kräfte in bezug auf i:

$$B\,b_i - H\,h - D_m\,r_i = 0,$$

woraus folgt:

$$D_m = \frac{1}{r_i}\,(B\,b_i - H\,h).$$

Für den Trägerteil zwischen $m - 1$ und A ergeben sich die Einflußordinaten für D_m somit als Differenz der mit $\frac{b_i}{r_i}$ multiplizierten Ordinaten der B-Linie und der mit $\frac{h}{r_i}$ multiplizierten Einflußordinaten für H. Im Feld $(m - 1) - (m + 1)$ verläuft die Einflußlinie geradlinig, man hat also nur die Endpunkte der bereits gefundenen Ordinaten η_{m-1} und η_{m+1} zu verbinden, um das vollständige Bild der gesuchten Einflußlinie zu erhalten. Für die Auswertung ist es immer wünschenswert, daß die Einflußordinaten von einer Horizontalen aus abgegriffen werden können. Es empfiehlt sich also, die Bestimmungsgrößen in der in Abb. 121e angegebenen Weise aufzutragen. Die Übereinstimmung beider Einflußlinien ist unschwer zu erkennen.

In Abb. 121f ist die Einflußlinie für die Vertikale V_{m+1} gezeichnet, unter Anwendung des gleichen Bildungsgesetzes wie für D_m. Bemerkenswert ist, daß hier nur *ein* Nullpunkt zwischen A und B auftritt. Das ist immer der Fall, wenn der Bezugspunkt des zu untersuchenden V- oder D-Stabes — im vorliegenden Beispiel k — außerhalb des durch die Kämpferdrucklinie $A'GB'$ begrenzten Feldes fällt. Liegt er gerade auf der Kämpferdrucklinie, dann muß bei Belastung der rechten Scheibe der linke Kämpferdruck immer durch den Bezugspunkt gehen, d. h. bei dieser Belastung wird die Spannkraft in dem betreffenden Füllungsstabe zu Null. Die der rechten Scheibe entsprechende Gerade der Einflußlinie fällt also mit der Nullinie zusammen.

An dieser Stelle soll noch ein Tragsystem Erwähnung finden, das durch Verbindung zweier Fachwerkscheiben mit einer Anzahl von Stäben entsteht und in statischer Hinsicht dem Dreigelenkbogen verwandt ist.

Abb. 122 zeigt einen Gelenkbogen $A-8'-B$, welcher aus einzelnen Gelenkstangen $0-2'$, $2'-4'$, ... besteht und durch einen den Schub des Bogens aufnehmenden Fachwerkträger versteift ist. Daß dieses System statisch bestimmt ist, erkennt man leicht, wenn man sich einen Stab des Bogens entfernt denkt und statt dessen einen neuen Stab am Untergurt des Versteifungsträgers gegenüber dem Gelenk G einschaltet. Es entsteht dann ein einfacher Balken AB, an dessen Obergurt einzelne Knotenpunkte zweistäbig angeschlossen sind.

Bei A ist ein auf horizontaler Bahn verschiebliches, bei B ein festes Lager angeordnet. Infolge senkrechter Lasten, welche am Obergurt des Versteifungsträgers angreifen mögen, können auf die Stützen nur senkrechte Lagerdrücke ausgeübt werden. Die Einflußlinien für A und B stimmen also mit der A- bzw. B-Linie eines einfachen Balkens überein.

Die Horizontalprojektion der in den Bogenstäben wirkenden Spannkräfte hat für alle Stäbe die gleiche Größe und soll mit H bezeichnet werden. Führt man nun einen Schnitt $t-t$ durch den Träger, welcher den dem Bogenscheitel rechts benachbarten Stab der Bogengurtung und die beiden rechts vom Gelenk G ausgehenden Gurtstäbe des Versteifungsträgers trifft, und stellt die Momentengleichung aller links vom Schnitt wirkenden Kräfte in bezug auf den Gelenkpunkt G auf, so muß sein:

$$M_{G_0}' + H\,f = 0,$$

wenn f den Bogenpfeil und M_{G0} das Moment der äußeren Kräfte eines einfachen Balkens AB in bezug auf den Punkt G angibt. Demnach wird

$$H = -\frac{M_{G0}}{f}.$$

Bezeichnet man allgemein α_r den Neigungswinkel des Bogenstabes S_r gegen die Horizontale, so wird die Spannkraft in diesem Stabe

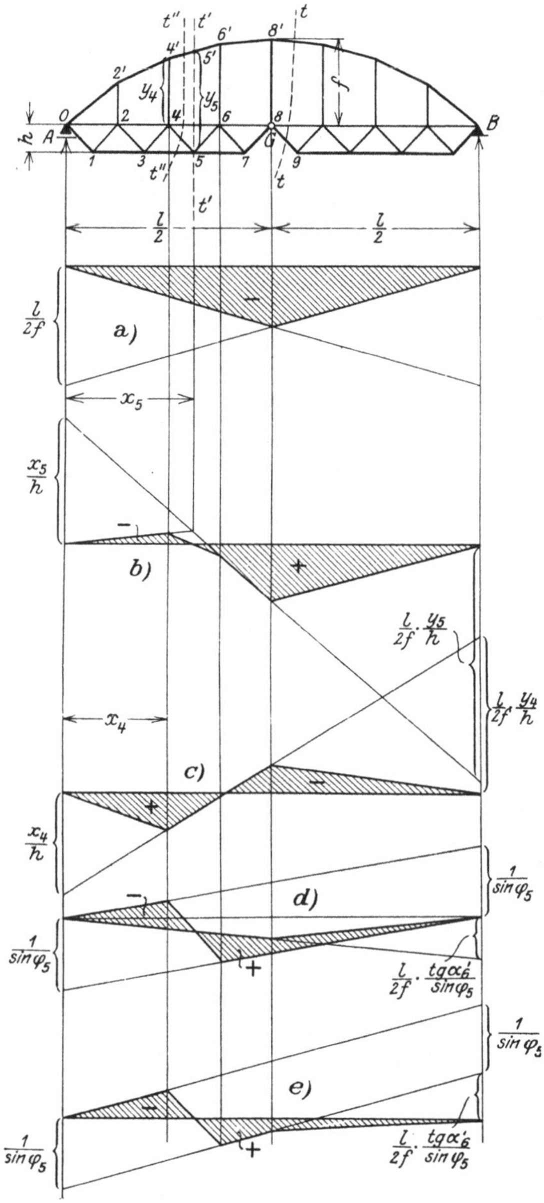

$$S_r = \frac{H}{\cos\alpha_r} = -\frac{M_{G0}}{f\cos\alpha_r}.$$

Es genügt demnach die Auftragung der Einflußlinie für H, um damit alle Spannkräfte S_r festzulegen. Diese stimmt ihrer Gestalt nach überein mit derjenigen für den Horizontalschub eines Dreigelenkbogens von der Pfeilhöhe f (Abb. 122a).

Die Gurtspannkräfte können auch hier aus den Knotenpunktsmomenten der zugehörigen Bezugspunkte abgeleitet werden. Um z.B. die Spannkraft im Stabe O_6 zu bestimmen, denke man sich einen Schnitt $t'-t'$ senkrecht durch den Bezugspunkt 5 geführt und zerlege die Spannkraft $S_{6'}$ des vom Schnitt getroffenen Bogenstabes im Punkte $5'$ (s. Abb. 122) in ihre senkrechte und waagerechte Komponente. Erstere geht durch den Knoten 5, letztere ist gleich H. Die Momentengleichung aller am linken Trägerteil wirkenden Kräfte in bezug auf Knoten 5 lautet:

$$M_{50} + Hy_5 + O_6 h = 0,$$

wenn y_5 den Abstand des Punktes $5'$ vom Knoten 5 und h die Höhe des Versteifungsbalkens bezeichnen. Daraus folgt:

$$O_6 = -\frac{M_{50} + Hy_5}{h}.$$

Die Einflußfläche für O_6 läßt sich somit darstellen als Summe der mit $-\dfrac{y_5}{h}$ multiplizierten Einflußfläche für H und der mit $-\dfrac{1}{h}$ multiplizierten für das Moment M_{50} des einfachen Balkens AB. In Abb. 122b sind die Bestimmungsstücke $\dfrac{x_5}{h}$ und $\dfrac{l}{2f}\dfrac{y_5}{h}$ wieder so aufgetragen, daß die Ordinaten der Einflußlinie von einer hori-

Abb. 122

zontalen Nullgeraden aus abgegriffen werden können (vgl. hierzu S. 60). In gleicher Weise wurde die Einflußlinie für den Stab U_5 in Abb. 122c gefunden.

Legt man einen Schnitt $t''-t''$, welcher die Stäbe $S_{6'}$, O_6, D_5 und U_5 trifft, und stellt für den linken Trägerteil die Gleichgewichtsbedingung $\Sigma V = 0$ auf, so liefert diese:

$$Q_{60} + S_{6'} \sin \alpha_{6'} - D_5 \sin \varphi_5 = 0,$$

wenn Q_{60} die Querkraft des einfachen Balkens AB im Feld $4-6$, $\alpha_{6'}$ den Neigungswinkel des Stabes $S_{6'}$ und φ_5 den Neigungswinkel der Diagonale D_5 gegen die Horizontale bezeichnen. Daraus folgt mit $S_{6'} = \dfrac{H}{\cos \alpha_{6'}}$

$$D_5 = \frac{Q_{6'} + H \operatorname{tg} \alpha_{6'}}{\sin \varphi_5}.$$

Man erhält also die Einflußordinaten für D_5 als Summe der mit $\dfrac{1}{\sin \varphi_5}$ multiplizierten Ordinaten der Q_{60}-Linie und der mit $\dfrac{\operatorname{tg} \alpha_{6'}}{\sin \varphi_5}$ multiplizierten Ordinaten der H-Linie (Abb. 122d). Es empfiehlt sich auch hier, die Bestimmungsstücke $\dfrac{1}{\sin \varphi_5}$ und $\dfrac{l}{2\,f} \dfrac{\operatorname{tg} \alpha_{6'}}{\sin \varphi_5}$ gemäß Abb. 122e aufzutragen.

d) Die Methode der Stabvertauschung[1]

Liegt ein statisch bestimmtes Fachwerk vor, bei dem die unter a) bis c) besprochenen Verfahren versagen, so leistet die *Methode der Stabvertauschung* gute Dienste, welche stets zum Ziele führt, sofern es sich um ein stabiles Fachwerk handelt, was hier vorausgesetzt wird.

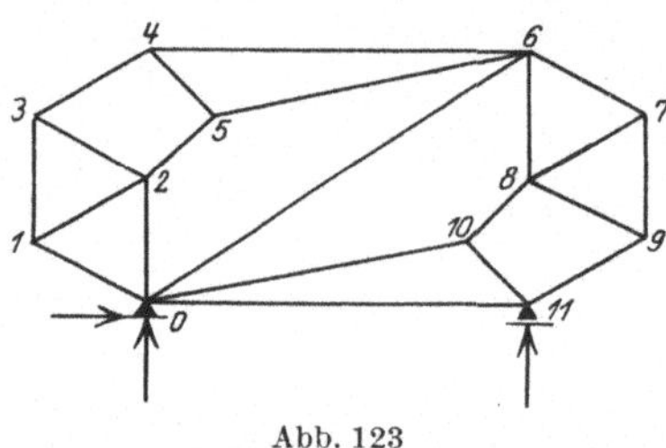

Abb. 123 Abb. 124

Der Betrachtung sei das in Abb. 123 skizzierte Tragsystem zugrunde gelegt, das in den Punkten *0* und *11* statisch bestimmt gestützt sei. Im ganzen sind $a = 3$ unbekannte Lagergrößen, $r = 21$ unbekannte Stabspannkräfte und $2\,k = 24$ Knotengleichgewichtsbedingungen vorhanden. Die früher für das ebene, statisch bestimmte Fachwerk abgeleitete Bedingung

$$r + a = 2k$$

ist somit erfüllt. Da an dem vorliegenden System kein Knotenpunkt vorhanden ist, von dem nur zwei Stäbe ausgehen, so läßt sich ein Cremonascher Kräfteplan nicht zeichnen. Auch die Schnittmethoden von RITTER und CULMANN führen nicht zum Ziel, denn an keiner Stelle kann ein Schnitt gelegt werden, der nur drei Stäbe trifft, die sich nicht in einem Punkte schneiden. Um nun zu einer Lösung zu gelangen, denke man sich an einem Knotenpunkt mit drei Stäben einen Stab entfernt, z. B. den Stab *3—4* am Knoten *3*, und ersetze die in ihm wirkende Spannkraft $S_{3-4} = Z_1$ durch zwei in seine Achse fallende, in den Punkten *3* und *4* angreifende äußere Kräfte von gleicher Größe, aber entgegengesetzter Richtung (Abb. 124). Da das System durch Hinwegnahme dieses Stabes nicht

---

[1] MÜLLER-BRESLAU, H.: Stat. d. Baukonstr. Bd. I, 5. Aufl., S. 497, Leipzig 1912 vgl. auch L. HENNEBERG: Stat. d. starren Systeme, S. 222, Darmstadt 1886.

mehr die erforderliche Anzahl von Stäben hat, so muß an anderer Stelle ein neuer Stab — Ersatzstab — dem Fachwerk zugefügt werden. Dieser kann entweder zwei Knotenpunkte des Trägers oder auch einen Knotenpunkt mit einem beliebigen festen Punkt außerhalb des Fachwerks verbinden. Über die Stelle, an welcher dieser Stab eingezogen wird, soll später noch verfügt werden. Setzt man zunächst die Kräfte Z_1 als bekannt voraus, so kann an den Knotenpunkten *3* und *4* die Zerlegung der dort angreifenden äußeren Kräfte nach den Fachwerkstäben erfolgen. Vom Knoten *4* kann man in gleicher Weise nach *5*, von *3* nach *1* fortschreiten, da dort nur je zwei neue unbekannte Stabspannkräfte hinzutreten. Geht man darauf nach *2*, so trifft man nur *eine* unbekannte Stabkraft, nämlich S_{0-2}, an. An dieser Stelle wird jetzt der Ersatzstab S' für S_{3-4} eingefügt, damit eine eindeutige Kräftezerlegung möglich ist. S' sei hier als Verbindungsstab der Knoten *2* und *10* gewählt. Nach Bestimmung der Spannkräfte S' und S_{0-2} geht man zum Knoten *0* und trifft dort drei Stäbe mit unbekannten Stabkräften an, von denen einer, nämlich *0—6*, entfernt und durch den Stab S'' ersetzt wird, welcher die Knoten *8* und *11* verbinden möge. Die im Stabe *0—6* wirkende unbekannte Spannkraft $S_{0-6} = Z_2$ ersetzt man durch zwei äußere, gleich große und entgegengesetzt gerichtete Kräfte Z_2 in den Punkten *0* und *6*. Nun kann die Kräftezerlegung am Knoten *0* und von da aus an jedem folgenden Knotenpunkte vorgenommen werden, sobald die Kräfte Z_2 bekannt sind. Der Träger ist durch die Stabvertauschung in ein Fachwerk von der einfachsten Art übergeführt, dessen Stabilität keinem Zweifel unterliegt.

Denkt man sich nun die unbekannten Kräfte Z_1 und Z_2 zunächst entfernt, so können die Spannkräfte in allen Stäben des neuen Fachwerks infolge einer beliebigen gegebenen Belastung P graphisch oder rechnerisch ermittelt werden. Sie seien allgemein mit S_0 bezeichnet. In gleicher Weise lassen sich alle Spannkräfte S_1 des Fachwerks von der einfachsten Art bestimmen, wenn nur die beiden Kräfte $Z_1 = 1$ am Träger angreifen, und ebenso die Spannkräfte S_2, wenn nur die beiden Kräfte $Z_2 = 1$ wirksam sind. Durch Superposition der einzelnen Wirkungen P, Z_1 und Z_2 erhält man somit die wirklichen Spannkräfte

$$S = S_0 + S_1 Z_1 + S_2 Z_2. \tag{5}$$

Eine solche Gleichung läßt sich auch für jeden der beiden Ersatzstäbe S' und S'' anschreiben. Nun sind aber in Wirklichkeit diese Ersatzstäbe nicht vorhanden, können also auch keine Spannkräfte übertragen. Aus dieser Bedingung ergeben sich zwei Gleichungen

$$\begin{cases} S' = 0 = S_0' + S_1' Z_1 + S_2' Z_2, \\ S'' = 0 = S_0'' + S_1'' Z_1 + S_2'' Z_2, \end{cases} \tag{6}$$

aus denen die unbekannten Stabkräfte Z_1 und Z_2 eindeutig berechnet werden können, sobald die Nennerdeterminante des Gleichungssystems

$$\Delta = \begin{vmatrix} S_1' & S_2' \\ S_1'' & S_2'' \end{vmatrix} = S_1' S_2'' - S_1'' S_2'$$

einen von Null verschiedenen Wert annimmt. Sind aber $Z_1 = S_{3-4}$ und $Z_2 = S_{0-6}$ bekannt, so läßt sich die Bestimmung der übrigen Spannkräfte des Trägers Abb. 123 etwa mit Hilfe eines Cremonaplanes oder einer der Schnittmethoden durchführen.

Die Gl. (5) gilt zunächst nur für Spannkräfte des neuen Fachwerks. Für den Fall jedoch, daß Z_1 und Z_2 den Bedingungen (6) genügen, d. h. so bestimmt sind, daß S' und S'' zu Null werden, gilt sie auch für die Spannkräfte des ursprünglichen Systems und kann zu deren Berechnung benutzt werden, sobald Z_1 und Z_2 gefunden sind.

Das vorstehende Verfahren läßt sich ganz allgemein für ebene und auch für räumliche Fachwerke anwenden, für die es von besonderer Wichtigkeit ist (vgl. S. 110). Zudem bietet die Untersuchung der Nennerdeterminante der Bestimmungsgleichungen (6) für die Z-Stäbe ein willkommenes Mittel, um Aufschluß über die Stabilität des betrachteten Systems zu erlangen.

Ist das vorliegende Fachwerk so gebaut, daß nicht einer oder zwei, sondern n Ersatzstäbe erforderlich werden, so erhält man entsprechend den obigen Gln. (6) n Bestimmungsgleichungen für die Z-Stäbe von der Form:

$$\begin{cases} S' = 0 = S_0' + S_1' Z_1 + S_2' Z_2 + \cdots + S_n' Z_n \\ S'' = 0 = S_0'' + S_1'' Z_1 + S_2'' Z_2 + \cdots + S_n'' Z_n \\ \cdots \cdots \cdots \cdots \cdots \cdots \cdots \cdots \cdots \\ S^n = 0 = S_0^n + S_1^n Z_1 + S_2^n Z_2 + \cdots + S_n^n Z_n . \end{cases}$$

Nachdem mit ihrer Hilfe die Größen Z_1 bis Z_n gefunden sind, können die Spannkräfte aller Stäbe vermittels der Beziehung

$$S = S_0 + S_1 Z_1 + S_2 Z_2 + \cdots S_n Z_n$$

berechnet werden.

Bei praktischen Aufgaben kommen im allgemeinen nicht mehr als ein oder zwei Ersatzstäbe in Betracht.

2. Die kinematische Methode[1]

a) Die zwangläufige kinematische Kette

Im Anschluß an die im vorhergehenden Kapitel besprochenen statischen Verfahren zur Ermittlung der Spannkräfte statisch bestimmter, ebener Fachwerke soll jetzt noch die kinematische Methode erläutert werden, die insbesondere auch dort zum Ziele führt, wo die Schnittmethoden versagen, wo sich also ein drei Stäbe des Fachwerks treffender Schnitt nicht führen läßt.

Entfernt man in einem statisch bestimmten Fachwerk von r Stäben, a Lagergrößen und k Knotenpunkten einen Stab oder eine Stütze, so ist die auf S. 33 aufgestellte Stabilitätsbedingung $r + a = 2k$ offenbar nicht mehr erfüllt. Die Knotenpunkte des Fachwerks können ihre Lage gegeneinander und gegen die Widerlager ändern, ohne daß damit eine Längenänderung Δs der Stäbe oder eine Verschiebung c der Widerlager verbunden ist. Für die Untersuchung einer unendlich kleinen Lageänderung des Fachwerks stehen zur Bestimmung der $2k$ Verschiebungskomponenten der Knotenpunkte (vgl. S. 32) bei Entfernung eines Stabes $r - 1$ Bedingungen $\Delta s = 0$ — wo Δs aus Gl. (35) auf S. 33 zu entnehmen ist — und a Auflagerbedingungen $c = 0$ zur Verfügung, bei Entfernung einer Stütze dagegen r Gleichungen $\Delta s = 0$ und $a - 1$ Auflagerbedingungen $c = 0$, in jedem Falle also zusammen $r + a - 1$ Gleichungen, welche als *Starrheitsbedingungen* bezeichnet werden. Man kann also entweder eine unbekannte Verschiebungskomponente willkürlich wählen oder aber eine willkürliche Bedingung den $r + a - 1$ anderen hinzufügen, z. B. dergestalt, daß für die Knotenpunkte i, k des entfernten Stabes die gegenseitige Verschiebung $\Delta s_{ik} = 1$ oder für die entfernte Stütze r die Lagerverschiebung $c_r = 1$ gesetzt wird. Ist dies geschehen, so stehen für die $2k$ unbekannten Verschiebungskomponenten $r + a - 1 + 1 = 2k$ lineare Gleichungen zur Verfügung, die eine eindeutige Bestimmung der Unbekannten ermöglichen.

In dem vorliegenden Gleichungssystem tritt außer den $2k$ Verschiebungskomponenten nur ein Absolutglied auf, welches entweder gleich der willkürlich

[1] Föppl, A.: Theorie des Fachwerks. Leipzig 1880. — H. Müller-Breslau: Stat. d. Baukonstr. Bd. I, 5. Aufl., S. 509 Leipzig, 1912. — O. Mohr: Ziviling. 1887, S. 631. — M. Grüning: Stat. des ebenen Tragwerks, S. 161, Berlin 1925.

gewählten Verschiebungskomponente Δx_r ist, oder der willkürlich hinzugefügten Bedingung für Δs_{ik} bzw. c_r angehört. Für den Fall, daß $\Delta s_{ik} = w$ gesetzt wird, nehmen die Verschiebungskomponenten Δx_m und Δy_m eines beliebigen Knotenpunktes m die Werte an:

$$\Delta x_m = \alpha_m w; \quad \Delta y_m = \beta_m w,$$

in denen α_m und β_m Konstante sind. Die Verschiebungskomponenten des Punktes m und damit dessen Verschiebung selbst, sind also der Größe w proportional. Da außerdem $\dfrac{\Delta x_m}{\Delta y_m} = \dfrac{\alpha_m}{\beta_m}$, so folgt ferner, daß das Verhältnis $\dfrac{\Delta x_m}{\Delta y_m}$ konstant ist. Für einen beliebigen anderen Knoten n möge sich ergeben $\Delta x_n = \alpha_n w$, wobei α_n ebenfalls eine Konstante ist. Würde man $\Delta s_{ik} = \dfrac{w}{\alpha_n}$ setzen, so würde $\Delta x_n = w$ und $\Delta x_m = \alpha_m \dfrac{w}{\alpha_n}$, $\Delta y_m = \beta_m \dfrac{w}{\alpha_n}$ oder $\dfrac{\Delta x_m}{\Delta y_m} = \dfrac{\alpha_m}{\beta_m}$. Wählt man also umgekehrt nicht die Bedingung $\Delta s_{ik} = w$ willkürlich, sondern die Verschiebungskomponente $\Delta x_n = w$, so behält das Verhältnis $\dfrac{\Delta x_m}{\Delta y_m}$ denselben konstanten Wert wie im ersten Falle.

Die Verschiebung des Knotenpunktes m — und damit jedes anderen Knotenpunktes — erfolgt also stets nach einer bestimmten Richtung, gleichgültig, welche Bedingung willkürlich in das Gleichungssystem eingeführt wird. Einem konstanten Werte für w entspricht eine bestimmte, diesem Werte proportionale Verschiebung aller Knotenpunkte.

Man nennt ein bewegliches Gebilde, dessen Glieder derartig miteinander verbunden sind, eine *„zwangläufige kinematische Kette"*. Sie besitzt *eine* Bewegungsfreiheit, da ihr (durch Entfernung eines Stabes oder einer Stütze des Fachwerks) *eine* Starrheitsbedingung zur Stabilität fehlt. Ist über erstere eine bestimmte Verfügung getroffen, so ist damit der Verrückungszustand des Systems festgelegt. Eine kinematische Kette besteht aus einer Anzahl starrer Scheiben, von denen jede in zwei Punkten mit anderen Scheiben verbunden ist, wobei starre Stäbe die gleiche Bedeutung haben wie Scheiben.

Wirken auf die so gebildete kinematische Kette beliebig gerichtete Lasten ein, so kann man sich das Gleichgewicht dadurch hergestellt denken, daß man in den Knotenpunkten des entfernten Stabes zwei mit der Stabachse zusammenfallende Kräfte von gleicher Größe, aber entgegengesetzter Richtung anbringt. Das Gleichgewicht des Fachwerks setzt voraus, daß an jedem Knotenpunkt Gleichgewicht bestehen muß. Die hinzugefügten Kräfte müssen also diejenige Größe haben, welche die Spannkraft in dem entfernt gedachten Stabe infolge der äußeren Belastung annehmen würde.

Unterwirft man nun das durch Entfernung eines Stabes in eine zwangläufige kinematische Kette verwandelte System einer virtuellen Verrückung (vgl. S. 7), so leisten außer den äußeren Kräften nur noch die beiden in den Knotenpunkten des entfernten Stabes angebrachten Kräfte Arbeit, während die inneren Kräfte keine Arbeit leisten können, da ja die Bewegung ohne Änderung der Stablängen vor sich geht. Nach dem Prinzip der virtuellen Verrückungen muß aber, wenn Gleichgewicht bestehen soll, die Summe der virtuellen Arbeiten aller an der Kette wirkenden Kräfte gleich Null sein. Sind nun die virtuellen Verrückungen aller Knotenpunkte, in denen Kräfte angreifen, in Richtung dieser Kräfte bekannt, so ergibt sich eine Gleichung, in welcher die beiden als Ersatz für den entfernten Stab angebrachten Kräfte als einzige Unbekannte auftreten, die somit berechnet werden können. Damit ist aber auch die Spannkraft in dem fraglichen Stabe selbst bekannt.

Soll eine Auflagergröße bestimmt werden, so denke man sich das betreffende Auflager durch Stäbe ersetzt, und zwar so, daß einem festen Auflager mit zwei

Lagerkomponenten zwei, einem verschieblichen Auflager dagegen ein Stützstab entspricht, deren Achsen jeweils mit den Richtungen der entsprechenden Lagerkomponenten zusammenfallen. Zur Ermittlung der gesuchten Stützenreaktion entferne man den betreffenden Lagerstab und bestimme dessen Spannkraft genau so, als wenn es sich um einen Fachwerkstab handelte.

Die Lösung der Aufgabe setzt in jedem Falle voraus, daß die virtuellen Verrückungen der Knotenpunkte gefunden sind. Da diese unendlich klein sind, so empfiehlt es sich, sie durchweg in demselben Verhältnis zu vergrößern, um in der Zeichnung oder Rechnung mit endlichen Größen arbeiten zu können. Zu diesem Zwecke benutzt man gewöhnlich an Stelle der Knotenpunktsverrückungen die Knotenpunktsgeschwindigkeiten, indem man sich alle Verrückungen durch das Zeitdifferential dt dividiert denkt, währenddessen die Bewegung vor sich geht.

b) Polplan und Geschwindigkeitsplan

Die Darstellung der virtuellen Verrückungen erfolgt mit Hilfe des „*Satzes vom augenblicklichen Drehpol*".

Die in Abb. 125a skizzierte Scheibe, welche einer zwangläufigen kinematischen Kette angehören möge, soll aus ihrer Anfangslage in eine dieser unendlich nahe Lage übergeführt werden. Die Geschwindigkeiten der Knotenpunkte *1, 2, 3* seien mit v_1, v_2, v_3 bezeichnet und mögen die in der Abbildung angegebenen Richtungen haben. Die fragliche Bewegung der Scheibe kann als Drehung um einen Punkt, den augenblicklichen Drehpol der Scheibe, aufgefaßt werden. Dann müssen die Geschwindigkeiten v_1, v_2, v_3 der Eckpunkte offenbar senkrecht zu den von diesem Pol nach den Ecken gezogenen Polstrahlen stehen. Da aber bei einer unendlich kleinen Verrückung der Scheibe die Geschwindigkeiten v_1, v_2, v_3 die durch dt dividierten Verrückungen der Knotenpunkte darstellen, so findet man, sobald zwei dieser Verrückungen bekannt sind, den Drehpol O der Scheibe als Schnittpunkt der auf ihnen errichteten Lote.

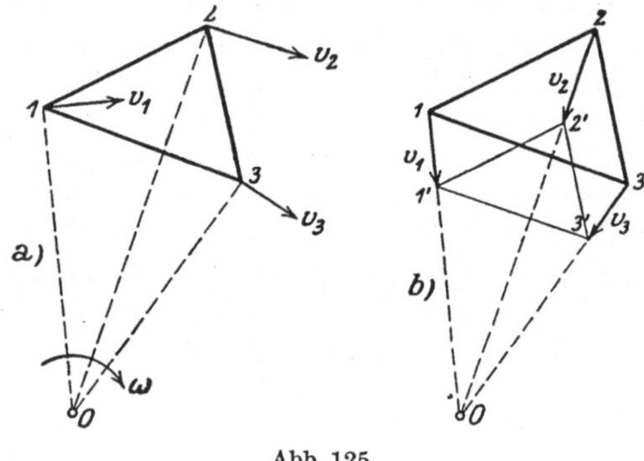

Abb. 125

Bezeichnet ω die Winkelgeschwindigkeit der Scheibe, so erhält man für die Geschwindigkeiten der Knotenpunkte:

$$v_1 = \omega \cdot \overline{01}; \quad v_2 = \omega \cdot \overline{02}; \quad v_3 = \omega \cdot \overline{03}$$

oder

$$\frac{v_1}{\overline{01}} = \frac{v_2}{\overline{02}} = \frac{v_3}{\overline{03}},$$

d. h. die Geschwindigkeiten bzw. die Verrückungen der Eckpunkte verhalten sich zueinander wie die Längen der zugehörigen Polstrahlen. Nun denke man sich die Geschwindigkeiten v_1, v_2, v_3 (oder die diesen entsprechenden Verrückungen) um 90° gedreht und auf den zugehörigen Polstrahlen von den Eckpunkten *1, 2, 3* aus abgetragen (Abb. 125b). Verbindet man jetzt *ihre* Endpunkte *1′, 2′, 3′*, miteinander, dann ist wegen der bestehenden Proportionalität *1′—2′ ‖ 1—2*, *2′—3′ ‖ 2—3* und *1′—3′ ‖ 1—3*. Die Ausgangsfigur *1—2—3* soll hinfort mit F, die aus ihr abgeleitete Figur *1′—2′—3′* mit F' bezeichnet werden. Man erhält somit den allgemeinen Satz: *Die Endpunkte der um 90° gedrehten Geschwindigkeiten (auch senkrechte Geschwindigkeiten genannt) der Eckpunkte einer sich be-*

wegenden Figur F bilden eine Figur F', welche ersterer ähnlich ist und zu ihr in bezug auf den Drehpol als Ähnlichkeitspunkt ähnlich liegt.

Sind die um 90° gedrehten Geschwindigkeiten gegeben, so sind auch die wirklichen Geschwindigkeiten bzw. Verrückungen bekannt. Ihre Richtung ist eindeutig bestimmt, *wenn man festsetzt, daß die senkrechten Geschwindigkeiten durch Drehung im Uhrzeigersinn aus den wirklichen entstanden sind.* Mit Hilfe des vorstehenden Satzes läßt sich der Verrückungszustand einer starren Scheibe angeben, sobald man ihren Drehpol O und die um 90° gedrehte Geschwindigkeit eines Eckpunktes kennt. Ist z. B. in Abb. 125b $v_1 = 1-1'$ gegeben und der Pol O bekannt, so findet man $2'$ als Schnittpunkt des Polstrahles $\overline{O2}$ mit der Parallelen $1'-2'$ zu $1-2$ und entsprechend $3'$ als Schnittpunkt des Polstrahles $\overline{O3}$ mit der Parallelen $1'-3'$ zu $1-3$. Die wirklichen Verrückungen der Endpunkte ergeben sich, wenn man $1-1'$, $2-2'$ und $3-3'$ um 90° dem Uhrzeigersinn entgegengesetzt dreht und mit dt multipliziert. Der Verrückungszustand der Scheibe $1-2-3$ ist auch dann bestimmt, wenn O nicht bekannt ist, dafür aber die senk-

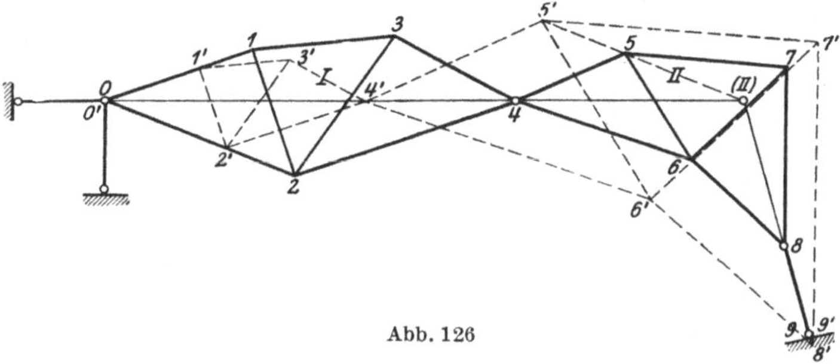

Abb. 126

rechten Geschwindigkeiten zweier Eckpunkte, etwa $2-2'$ und $3-3'$ gegeben sind. Man erhält dann $1'$ als Schnittpunkt der Parallelen $2'-1'$ und $3'-1'$ zu $2-1$ bzw. $3-1$.

Bei der in Abb. 126 dargestellten zwangläufigen kinematischen Kette ist das feste Lagergelenk O der Drehpol für die linke Scheibe I. Sind also die senkrechten Geschwindigkeiten $1-1'$ und $2-2'$ zweier Punkte 1 und 2 gegeben, so kann die senkrechte Geschwindigkeit des durch zwei Stäbe an 1 und 2 angeschlossenen Knotenpunktes 3 sofort angegeben werden, indem man durch $1'$ und $2'$ zu $1-3$ bzw. $2-3$ Parallelen zieht. Ihr Schnittpunkt liefert $3'$. In gleicher Weise erhält man $4'$ als Schnittpunkt von $3'-4' \parallel 3-4$ und $2'-4' \parallel 2-4$. Die senkrechten Knotenpunktsgeschwindigkeiten der in 4 mit der Scheibe I zusammenhängenden Scheibe II können zunächst nicht angegeben werden, da z.B. für $5'$ oder $6'$ nur ein geometrischer Ort vorhanden ist in Gestalt der Parallelen zu $4-5$ bzw. $4-6$ durch $4'$. Ist dagegen der Drehpol — auch kurz Pol — der rechten Scheibe II bekannt, dann läßt sich der *Geschwindigkeitsplan* vervollständigen. Dieser Pol möge mit (II) bezeichnet werden. Da die senkrechte Geschwindigkeit $5-5'$ mit dem Polstrahl $5-(II)$ zusammenfallen muß, so ist mit $5-(II)$ ein zweiter geometrischer Ort für $5'$ gegeben. Nach Bestimmung von $5'$ sind für zwei Punkte der Scheibe II die senkrechten Geschwindigkeiten bekannt, nämlich $4-4'$ und $5-5'$. Mit ihrer Hilfe können genau wie bei Scheibe I die senkrechten Geschwindigkeiten aller übrigen Punkte gefunden werden.

Die Verbindungslinien der Endpunkte der um 90° gedrehten Geschwindigkeiten bilden einen zusammenhängenden Linienzug, welcher die Figuren F' der Scheiben I und II umgrenzt. Jede dieser Figuren F' ist der zugehörigen Scheibe I bzw. II ähnlich und in bezug auf ihren Drehpol ähnlich liegend.

Der Geschwindigkeitsplan der obigen kinematischen Kette kann auch gezeichnet werden, wenn von jeder der starren Scheiben I und II die senkrechte

Geschwindigkeit eines Punktes gegeben ist. Es sei z. B. *1—1'* die senkrechte Geschwindigkeit des Punktes *1* der Scheibe *I*, *5—5'* diejenige des Punktes *5* der Scheibe *II* (Abb. 127). Da Punkt *4* beiden Scheiben gleichzeitig angehört, so muß offenbar *4'* sowohl auf der Parallelen *1'—4'* zu *1—4* als auch auf der Parallelen *5'—4'* zu *5—4* liegen. Ihr Schnittpunkt liefert *4'*. Nun sind für je zwei Punkte beider Scheiben die senkrechten Geschwindigkeiten bekannt, weshalb nach den obigen Erläuterungen auch die übrigen gefunden werden können.

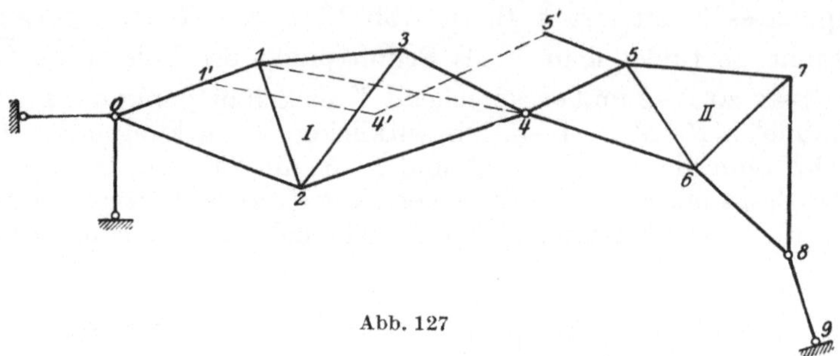

Abb. 127

Abb. 128 zeigt ein Gelenkviereck *2—3—5—4*, an welches zwei starre Scheiben *I* und *II* angeschlossen sind. Denkt man sich die Scheibe *II* festgehalten, womit auch der Stab *4—5* des Gelenkvierecks festliegt, und nimmt für einen der beweglichen Punkte des Gelenkvierecks eine senkrechte Geschwindigkeit an, z. B. *3—3'* auf der Stabrichtung *3—5*, so ist damit der Geschwindigkeitsplan festgelegt. Man findet den Punkt *2'*, welcher auf *2—4* liegen muß, da *4* der Pol des Stabes *2—4* ist, als Schnittpunkt der Parallelen *3'—2'* zu *3—2* und der Stabrichtung *2—4*. Nun läßt sich die Figur *F'* der Scheibe *I* durch Ziehen von Parallelen in bekannter Weise ergänzen, während die Figur *F'* der Scheibe *II* infolge der vorausgesetzten Ruhelage dieser Scheibe mit der Figur *F* zusammenfällt.

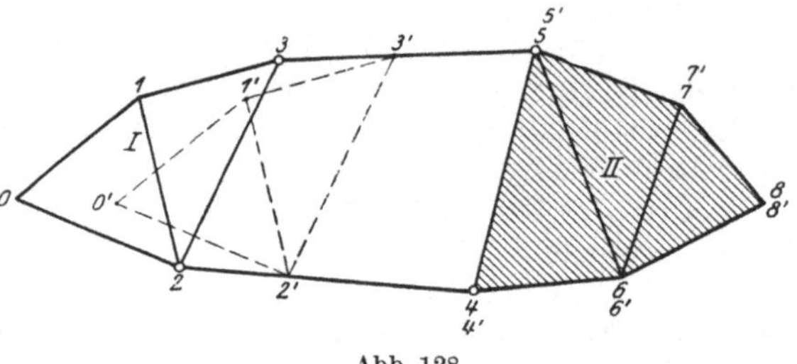

Abb. 128

In vielen Fällen ist es zweckmäßig, zur Zeichnung des Geschwindigkeitsplanes die Pole der einzelnen Scheiben zu benutzen. Das setzt voraus, daß diese Pole bekannt sind bzw. gefunden werden können. Zur Erklärung ihrer Lagebestimmung mögen die folgenden Überlegungen dienen.

Die in Abb. 129 dargestellten Scheiben *I* und *II* sind in *a* durch ein Gelenk miteinander verbunden. Der augenblickliche Drehpol *(I)* der Scheibe *I* sei bekannt. Bei einer unendlich kleinen Drehung der Scheibe *I* um den Pol *(I)* bewegt

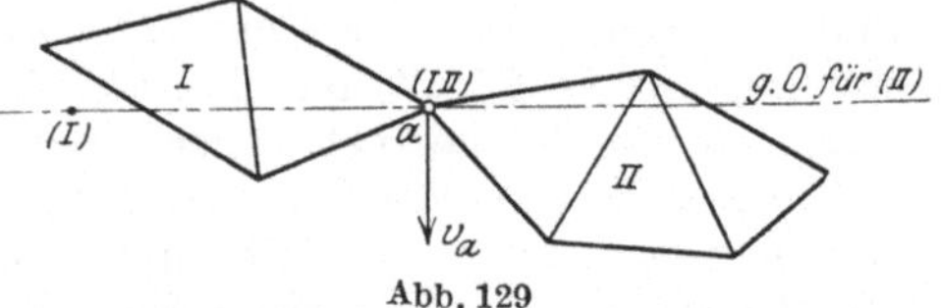

Abb. 129

sich der Punkt *a* auf der Senkrechten zum Polstrahl *(I)—a*. Gleichzeitig muß sich aber auch die Scheibe *II* um ihren augenblicklichen Pol *(II)* drehen, und da der Punkt *a* auch der Scheibe *II* angehört, so muß seine Verrückung auch zum Polstrahl *a—(II)* senkrecht stehen. Das ist aber nur möglich, wenn die Polstrahlen *(I)—a* und *(II)—a* in eine Gerade fallen. Die Verbindungslinie von *(I)* mit *a* stellt also einen geometrischen Ort für den Pol *(II)* der Scheibe *II* dar.

Der beiden Scheiben gemeinsame Punkt a kann bei einer Verrückung der Scheiben ebenfalls als Pol aufgefaßt werden, nämlich als der Punkt, um welchen die relative Drehung der Scheibe II gegen die Scheibe I erfolgt und umgekehrt. Man nennt ihn den *Nebenpol* der Scheibe I gegen die Scheibe II — zum Unterschied von den *Hauptpolen* (I) und (II) — und gibt ihm die Bezeichnung $(I\,II)$. Aus den obigen Betrachtungen ergibt sich der für die Folge wichtige Satz: *Die beiden Hauptpole zweier durch ein Gelenk miteinander verbundener Scheiben und ihr Nebenpol liegen auf einer Geraden, und zwar ist der Gelenkpunkt der Nebenpol.*

Zwei Scheiben I und II mögen durch zwei Stäbe a—b und c—d miteinander verbunden sein (Abb. 130). Wird die Scheibe I festgehalten, so bewegt sich bei einer unendlich kleinen Drehung der Scheibe II der Punkt b senkrecht zu a—b und der Punkt d senkrecht zu c—d. Die relative Drehung der Scheibe II gegen I erfolgt also um den Schnittpunkt e von a—b und c—d, welcher somit den Nebenpol $(I\,II)$ der Scheibe I gegen II, oder umgekehrt, darstellt. Der Punkt e kann als gemeinsamer Punkt beider Scheiben angesehen werden und ersetzt den Gelenkpunkt a des vorhergehenden Beispieles (vgl. auch S. 35). Bei einer unendlich kleinen Verrückung verhalten sich die Scheiben I und II genau so, als wären sie in e gelenkig miteinander verbunden. *Der Satz, nach welchem die Hauptpole zweier Scheiben und ihr Nebenpol auf einer Geraden liegen, gilt also auch für den Fall, daß die beiden Scheiben nicht durch ein Gelenk, sondern durch zwei Stäbe miteinander*

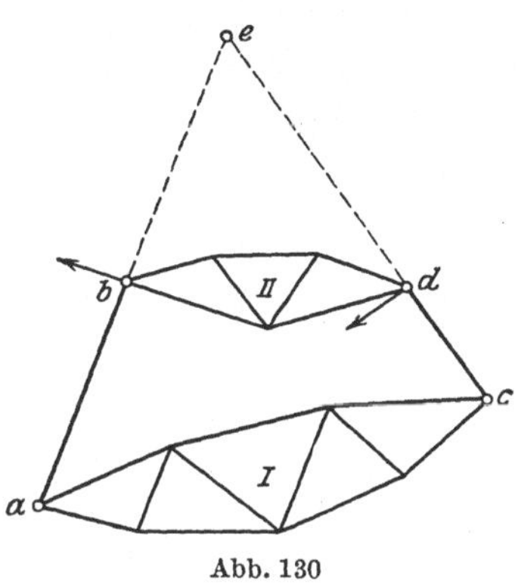

Abb. 130

verbunden sind. Andererseits folgt aus der vorstehenden Betrachtung, daß der *Nebenpol zweier durch zwei Stäbe zu einem Gelenkviereck miteinander verbundener Scheiben im Schnittpunkt dieser beiden Stäbe liegt.*

Drei Scheiben I, II und III mögen zu einem Scheibenzug, wie in Abb. 131 skizziert, vereinigt sein. Ihre Hauptpole (I), (II) und (III) seien bekannt. Die Nebenpole $(I\,II)$ und $(II\,III)$ sind durch die Gelenke a und b zwischen den Scheiben I und II einerseits, bzw. II und III andererseits gegeben. Für den Fall einer unendlich kleinen Verrückung kann man den Pol (I) als Punkt der Scheibe I und den Pol (III) als Punkt der Scheibe III ansehen. Der Abstand (I)—(III) ist für die Zeit dt konstant, man kann sich also die Pole (I) und (III) — und damit auch die Scheiben I und III — durch einen starren Stab

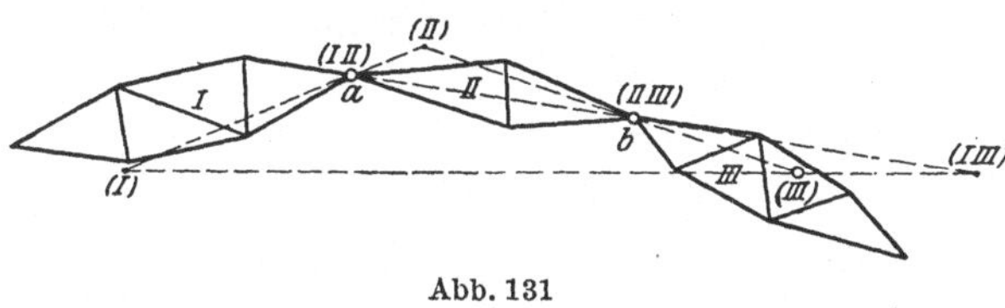

Abb. 131

verbunden denken. Dann bilden die Scheiben I und III mit der Scheibe II und dem gedachten Stab (I)—(III) ein Gelenkviereck, ihr Nebenpol $(I\,III)$ liegt also im Schnittpunkt von (I)—(III) und a—b. Da aber a und b gleichzeitig die Nebenpole $(I\,II)$ und $(II\,III)$ darstellen, so folgt hieraus, daß *die drei Nebenpole der drei Scheiben I, II und III auf einer Geraden liegen.* Dieser Satz gilt auch dann, wenn die Scheiben in a und b nicht durch Gelenke zusammenhängen, sondern durch je zwei Stäbe miteinander verbunden sind.

Für die in Abb. 132 skizzierte zwangläufige kinematische Kette fällt der Pol (I) der Scheibe I[1] mit dem Schnittpunkt O der beiden Stützstäbe zusammen, der Nebenpol $(I\,II)$ der Scheibe I gegen die Scheibe II mit dem Schnittpunkt

---

[1] Mit Scheibe I ist das Dreiecksnetz 0—1—3—2 bezeichnet.

der beiden Verbindungsstäbe *3—4* und *2—5*. Der Pol (*II*) der Scheibe *II* liegt also erstens auf der Geraden (*I*)—(*I II*) und zweitens auf der Normalen zur Bahn des Punktes *9*, d. h. auf der Verlängerung der Pendelstütze *10—9*.

Nun sei die senkrechte Geschwindigkeit *1—1′* des Punktes *1* der Scheibe *I* angenommen. Dann können zunächst die Punkte *2′* und *3′* durch Ziehen von Parallelen gefunden werden. Darauf läßt sich *4′* bestimmen als Schnittpunkt des Polstrahls (*II*)—*4* und der Parallelen *3′—4′* zu *3—4*, ferner *6′* als Schnittpunkt des Polstrahls (*II*)—*6* mit der Parallelen *4′—6′* zu *4—6* usw. Nach Fest-

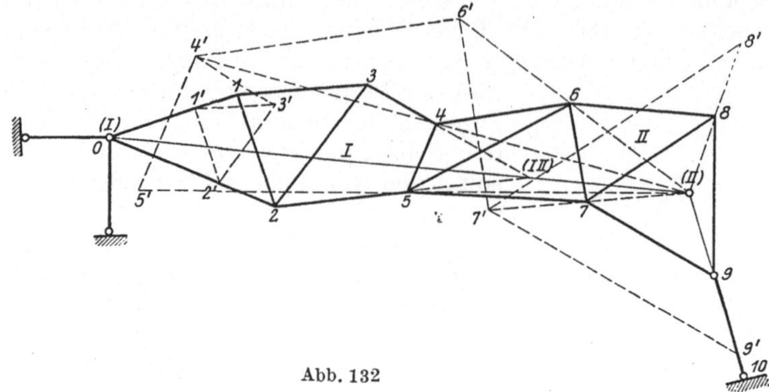

Abb. 132

legung des *Polplanes* genügt also die Annahme einer senkrechten Geschwindigkeit, um die Figuren *F′* für die gesamte kinematische Kette zeichnen zu können.

Sind mit Hilfe der obigen Überlegungen die senkrechten Geschwindigkeiten und damit die virtuellen Verrückungen aller Knotenpunkte einer zwangläufigen kinematischen Kette gefunden, so kann nunmehr auf die an der Kette angreifenden Kräfte das Prinzip der virtuellen Verrückungen angewandt werden. Die von einer äußeren Kraft bei einer virtuellen Verrückung geleistete Arbeit·wird dargestellt durch das Produkt aus der betreffenden Kraft und der Projektion der Verrückung ihres Angriffspunktes auf die Kraftrichtung. In Abb. 133 möge P eine an einem beliebigen Knoten a der Kette angreifende äußere Kraft und $aa′$ die um 90° gedrehte Geschwindigkeit bedeuten. Die wirkliche Geschwindigkeit $aa″$ erhält man, wenn man $aa′$ entgegengesetzt dem Uhrzeigersinn um 90° dreht. Die bei der virtuellen Verrückung von P geleistete Arbeit ist somit $P\overline{aa″}\,dt\cos\varphi = P\overline{\delta_a}\,dt$. Die Projektion $\overline{\delta_a}$ ist aber gleich dem Abstand c_a des Punktes $a′$ von der Kraftrichtung, was sich aus der Ähnlichkeit der beiden rechtwinkligen Dreiecke $a—a′—(a′)$ und $a—a″—(a″)$ ergibt. Die von der

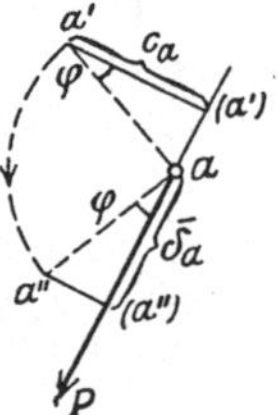

Abb. 133

Kraft P geleistete Arbeit ist also gleich dem mit dt multiplizierten Drehmoment dieser Kraft um $a′$, und zwar soll die Arbeit als positiv bezeichnet werden, wenn P im Uhrzeigersinn um $a′$ dreht. Wäre der Pfeilsinn von P umgekehrt, dann wäre die virtuelle Verrückung der Kraftrichtung entgegengesetzt, die Arbeit also negativ. Dann würde aber auch das Moment der Kraft P um $a′$ negativ sein. Die Arbeit einer beliebigen äußeren Kraft der Kette kann also immer angegeben werden, sobald die um 90° gedrehte Geschwindigkeit des Angriffspunktes bekannt ist. Die Bezeichnung $\overline{\delta_a}$ soll andeuten, daß es sich hier nicht um eine Verschiebung des Punktes a infolge gegebener Lasten P handelt, sondern um eine virtuelle (nur gedachte Verschiebung). Der Faktor dt tritt in dem Arbeitswert jeder äußeren Kraft der Kette auf und kann deshalb in der Summengleichung weggehoben werden. Aus diesem Grunde soll er in den weiteren Betrachtungen ganz außer acht bleiben ($dt = 1$ gesetzt).

Der allgemeine Gang des Verfahrens möge an einem Beispiel erläutert werden.
Für das in Abb. 134a dargestellte statisch bestimmte Fachwerksystem soll die
Spannkraft im Stabe *2—4* infolge der Belastung des Systems mit der Kraft P

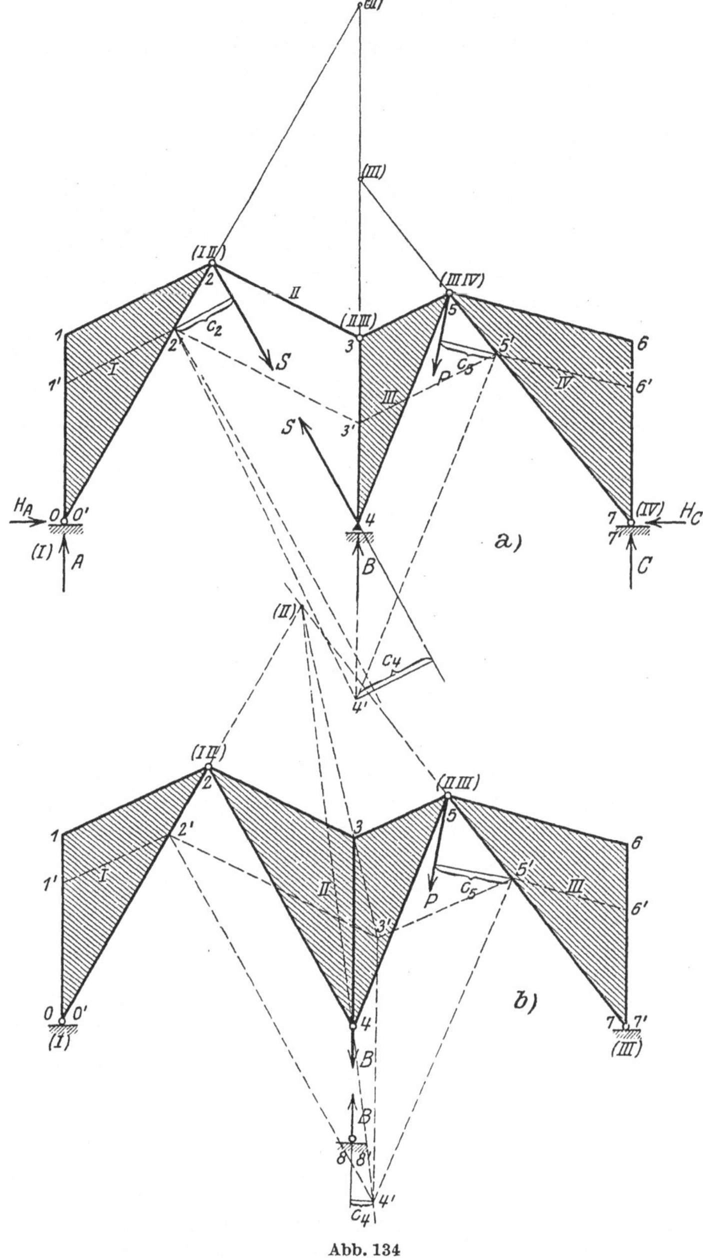

Abb. 134

im Punkte *5* auf kinematischem Wege bestimmt werden. Zu diesem Zwecke
denke man sich den fraglichen Stab entfernt und durch die beiden in seine Achse
fallenden, gleich großen Kräfte S von entgegengesetzter Richtung ersetzt, wodurch das Fachwerk in eine zwangläufige kinematische Kette übergeführt wird,
die aus vier starren Scheiben *I—II—III—IV* besteht. Bei A und C sind feste,

bei B ein auf horizontaler Bahn verschiebliches Auflager vorhanden. Die Hauptpole (I) und (IV) der Scheiben I und IV fallen also mit den Punkten 0 bzw. 7 zusammen, da die Scheiben I und IV sich um diese Punkte drehen müssen. Der Punkt 4 kann sich nur auf der horizontalen Bahn des Lagers B bewegen, sein Polstrahl muß also senkrecht zu dieser Bahn stehen, wodurch ein geometrischer Ort für den Pol (III) der Scheibe III gegeben ist. Die Scheiben I und II hängen in 2 durch ein Gelenk zusammen. Der Punkt 2 stellt demnach den Nebenpol $(I\,II)$ dieser beiden Scheiben dar, und entsprechend ist 5 der Nebenpol $(III\,IV)$ der Scheiben III und IV. Nun müssen aber die beiden Hauptpole und der zugehörige Nebenpol zweier Scheiben auf einer Geraden liegen, weshalb die Gerade $(IV)-(III\,IV)$ einen zweiten geometrischen Ort für den Hauptpol (III) liefert, der dadurch bekannt ist. Ferner findet man den Pol (II) der Scheibe II als Schnittpunkt der Geraden $(I)-(I\,II)$ und $(II\,III)-(III)$, womit die vier Hauptpole festgelegt sind. Jetzt denke man sich die Kette derart angetrieben, daß der Punkt 1 eine um $90°$ gedrehte Geschwindigkeit $1-1'$ erhält, welche in die Richtung $1-0$ fallen muß, und zeichne nach den oben angegebenen Regeln den Geschwindigkeitsplan. Als äußere Kräfte wirken an der Kette die Last P, die Auflagerreaktionen und die Kräfte S in den Knoten 2 und 4. Bezeichnen c_2, c_4 und c_5 die Hebelarme der in den Knoten 2, 4 und 5 angreifenden Kräfte in bezug auf die Punkte $2'$, $4'$ und $5'$, so lautet die Bedingung für den Gleichgewichtszustand:

$$S\,(c_2 - c_4) - P\,c_5 = 0 \tag{7}$$

oder

$$S = P\,\frac{c_5}{c_2 - c_4}.$$

Die Lagerreaktionen liefern keinen Beitrag, da sie keine virtuelle Arbeit leisten. Somit ist die Größe von S eindeutig bestimmt, falls c_2-c_4 einen von Null verschiedenen Wert hat. Die Strecken c_2, c_4 und c_5 können aus dem Geschwindigkeitsplan entnommen werden.

Will man die Auflagerkraft B ermitteln, so denke man sich zunächst das Auflager B durch eine Pendelstütze ersetzt, deren Achse mit der Bahnnormalen zusammenfällt. Darauf verwandle man das Fachwerk wieder in eine zwangläufige kinematische Kette, indem man die Pendelstütze entfernt und die in ihr wirkende Spannkraft durch zwei Kräfte B von gleicher Größe und entgegengesetzter Richtung ersetzt (Abb. 134b). Die kinematische Kette besteht jetzt aus drei starren Scheiben I, II und III, ihr Polplan kann in ähnlicher Weise wie oben gezeichnet werden. Nun wähle man wieder die um $90°$ gedrehte Geschwindigkeit $1-1'$ und zeichne den Geschwindigkeitsplan, welcher für die Knoten 5 und 4 die senkrechten Geschwindigkeiten $5-5'$ bzw. $4-4'$ liefert. Die Geschwindigkeiten der übrigen Knotenpunkte, an denen äußere Kräfte angreifen, sind gleich Null. Somit lautet die Gleichgewichtsbedingung:

$$- P\,c_5 - B\,c_4 = 0,$$

woraus folgt:

$$B = - P\,\frac{c_5}{c_4}. \tag{8}$$

Damit ist B eindeutig bestimmt, sofern c_4 nicht zu Null wird. B ergibt sich im Stützstab als Druck, was einem nach oben gerichteten Lagerdruck entspricht.

Im Anschluß an das vorstehende Beispiel soll noch auf eine für die Fachwerktheorie besonders wichtige Anwendung der Kinematik hingewiesen werden, welche Aufschluß über die Stabilität eines Fachwerks gibt.

Zu diesem Zweck sei angenommen, das hier betrachtete System sei in bezug auf den Stab $3-4$ symmetrisch. Dann muß offenbar in Abb. 134b der Pol (II) in die Verlängerung des Stabes $4-3$ fallen. Der Punkt 4 bewegt sich bei einer unendlich kleinen Drehung der Scheibe *II* um den Pol (*II*) senkrecht zu *3—4*, d. h. in Richtung der Bahn des Auflagers *B*. Diese Bewegung kann aber durch die Stütze *B* nicht verhindert werden, das Fachwerk ist also verschieblich. Daß es für praktische Zwecke nicht brauchbar ist, ergibt auch die Betrachtung des oben für *B* gefundenen Ausdrucks (8). Infolge der vorausgesetzten Symmetrie fällt nämlich der Punkt *4'* auf die Verlängerung von *3—4*, der Wert c_4 wird also zu Null und damit *B* unendlich groß. Zu dem gleichen Ergebnis gelangt man bei der Betrachtung der Abb. 134a. Da jetzt der Punkt *5'* symmetrisch zu *2'* liegt, so fällt *4'* sowohl auf die Parallele *5'—4'* zu *5—4* als auch auf die Parallele *2'—4'* zu *2—4*. Dann ist $c_2 = c_4$, und der oben für den Stab *S* gefundene Wert wird unendlich groß. In der Gl. (7) verschwindet der Beitrag der Kräfte *S*. Diese leisten bei der virtuellen Verrückung keine Arbeit, was nur möglich ist, wenn die Punkte *2* und *4* ihre gegenseitige Entfernung nicht ändern, $\overline{\varDelta s_{24}}$ also zu Null wird. Die unendlich kleine Verschiebung des Fachwerks kann somit ausgeführt werden, ohne daß der fragliche Stab aus dem Fachwerk entfernt wird. Dieses ist demnach nicht starr, sondern verschieblich. Alle Geraden der Figuren *F'* sind den ihnen entsprechenden Stäben parallel, während bei dem unsymmetrischen System in Abb. 134a die Gerade *2'—4'* dem Stab *2—4* nicht parallel ist. Zu jedem Fachwerk können zwar beliebig viele Figuren gezeichnet werden, in denen alle Geraden den entsprechenden Stäben parallel sind, denn diese Eigenschaft besitzen alle dem Fachwerk ähnlichen Figuren. Von ihnen unterscheiden sich jedoch die Figuren *F'* einer zwangläufigen kinematischen Kette dadurch, daß sie als Ganzes genommen der Kette nicht ähnlich sind, wenigstens immer dann nicht, wenn nicht ausnahmsweise die Hauptpole aller Scheiben der Kette in einem Punkt zusammenfallen, welcher dann der Ähnlichkeitspunkt der Kette sein würde. Es sind also die Figuren *F'* des verschieblichen Fachwerks dem Fachwerk nicht ähnlich, und doch sind alle Geraden den entsprechenden Stäben parallel. Aus dieser Überlegung ergibt sich der für die Beurteilung der Stabilität wichtige Satz:

Ein Fachwerk ist von unendlich kleiner Verschieblichkeit, wenn sich zu ihm eine Figur zeichnen läßt, die dem Fachwerk nicht ähnlich ist, in der sämtliche Geraden den entsprechenden Stäben des Fachwerks aber parallel sind.

Diese Regel birgt — wie schon angedeutet — eine Ausnahme in sich, nämlich dann, wenn die Hauptpole aller Scheiben einer kinematischen Kette zusammenfallen. Liegt z. B. das in Abb. 135 dargestellte Fachwerk vor, welches durch Entfernung des punktiert gezeichneten Stabes in eine zwangläufige kinematische Kette verwandelt ist, so fallen die Pole der vier Scheiben, aus denen die Kette besteht, mit dem Schnittpunkt *O* der Normalen zu den Bahnen der drei Stützpunkte zusammen. Die Figur *F'* wird also hier der Kette ähnlich, *O* ist der Ähnlichkeitspunkt. Indessen erkennt man leicht, daß auch dieses Fachwerk verschieblich ist, da die Auflager einer unendlich kleinen Drehung des Fachwerks um *O* keinen Widerstand entgegensetzen (vgl. auch S. 12).

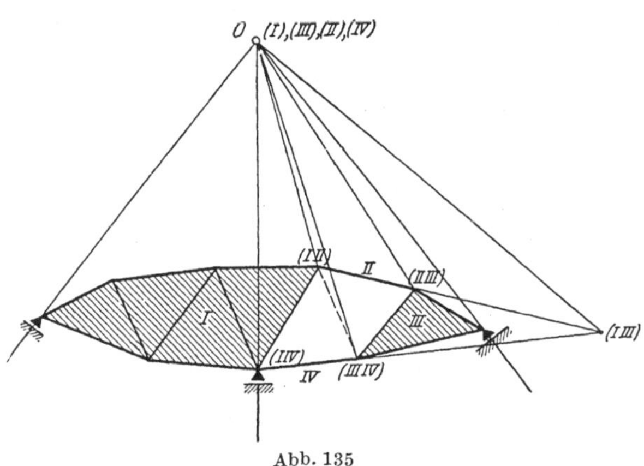

Abb. 135

c) Einflußlinien

Im Falle einer beweglichen, aus lauter parallelen Kräften bestehenden Belastung empfiehlt sich die Benutzung der *Einflußlinien*, zu deren Konstruktion das kinematische Verfahren besonders geeignet ist. Für die Folge werden der Einfachheit halber nur senkrechte Lasten vorausgesetzt.

Der Stab, für dessen Spannkraft die Einflußlinie bestimmt werden soll, möge die Punkte a und b eines stabilen Fachwerks verbinden. Durch seine Entfernung wird dieses in eine zwangläufige kinematische Kette verwandelt. Die senkrechten Geschwindigkeiten der Punkte a und b bei einer (die Auflagerbedingungen befriedigenden) virtuellen Verrückung seien $a—a'$ und $b—b'$, aus denen sich durch Rückwärtsdrehung um $90°$ die wirklichen Geschwindigkeiten $a—a''$ und $b—b''$ ergeben (Abb. 136). Bezeichnet man mit S die beiden gleich großen, entgegengesetzt gerichteten Kräfte, welche als Ersatz für den entfernten Stab in den Punkten a und b angebracht sind, so lautet die Bedingung für das Gleichgewicht der am Fachwerk angreifenden äußeren Kräfte, einschließlich der Kräfte S:

$$-S\,(c_a + c_b) + \Sigma P_m\,c_m = 0,$$

wenn c_a und c_b die Hebelarme der S in bezug auf die Punkte a' und b', und c_m denjenigen einer beliebigen Last P_m in bezug auf den Punkt m' angeben. Nach S aufgelöst erhält man mit $c_a + c_b = c$

$$S = \frac{\Sigma P_m\,c_m}{c},$$

wobei $\Sigma P_m\,c_m$ nur Lasten, aber keine Lagerreaktionen enthält, da diese keine Arbeit leisten. Die Größe $c = c_a + c_b$ stellt, wie aus Abb. 136 ersichtlich, die (in entsprechend großem Maßstabe aufgetragene) Längenänderung $\overline{\varDelta s}$ des Knotenpunktsabstandes

Abb. 136

$a—b$ bei der betrachteten virtuellen Verrückung dar. Für den Sonderfall $\overline{\varDelta s} = 1$ wird, wenn nur die Last $P_m = 1$ im Punkte m angreift,

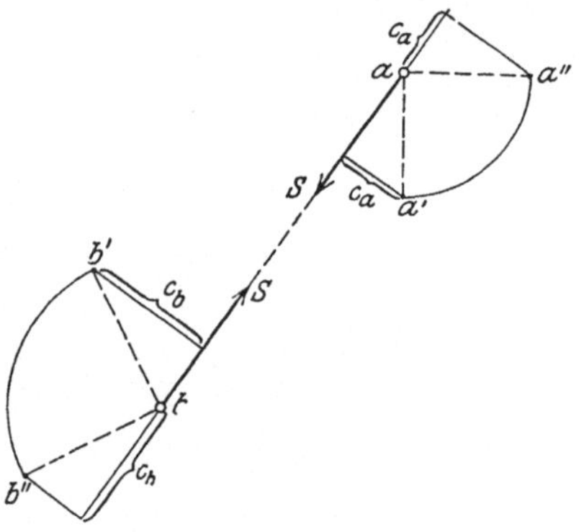

$$S = 1\,c_m.$$

Die Ordinate der Einflußlinie für die Spannkraft S an der Stelle m ist somit gleich dem senkrechten Abstand c_m des Punktes m' der Figur F' von der Richtung der in m angreifenden Last 1. *Sie ist positiv, wenn bei einer angenommenen Vergrößerung* $\overline{\varDelta s} = 1$ *das Moment* $1\,c_m$ — *bzw. die Arbeit* $1\,c_m$ — *positiv wird.* In gleicher Weise können die Einflußordinaten für alle übrigen Punkte des Fachwerks dem Geschwindigkeitsplan direkt entnommen werden.

Indessen ist in den meisten Fällen die Zeichnung eines solchen gar nicht erforderlich, vielmehr kann man bereits aus dem Polplan die Gestalt der Einflußlinie ableiten.

In Abb. 137 ist der Polplan der aus den drei Scheiben I, II und III bestehenden zwangläufigen kinematischen Kette gezeichnet, welche in den Punkten O und 3 gelenkig gelagert sei. Die Pole (I) und (III) fallen mit den festen Stützpunkten O bzw. 3 zusammen. Während einer unendlich kleinen Verrückung der Kette möge die Scheibe I die Winkelgeschwindigkeit $\omega_1{}^*$ haben. Der Punkt 4 dieser Scheibe dreht sich also um den Pol (I) mit der Geschwindigkeit $v_4 = \overline{04}\,\omega_1$. Bezeichnet ξ_4 die Horizontalprojektion des Polstrahles $\overline{04}$, dann ist die Projektion der Geschwindigkeit v_4 auf die Richtung einer in 4 wirkenden Kraft P

---

* ω_1 wurde in Abb. 137 links drehend angenommen.

oder, was dasselbe ist, der Abstand des Punktes $4'$ von der Kraftrichtung, wenn $4-4'$ wieder die um 90° gedrehte Geschwindigkeit angibt, $c_4 = \xi_4 \dfrac{v_4}{04} = \xi_4\, \omega_1$.

Im Falle $\overline{\varDelta s} = 1$ ist $c_4 = \eta_4$ die Einflußordinate des Punktes 4, die somit als lineare Funktion des Abstandes des Punktes 4 vom Hauptpol (I) der Scheibe I dargestellt ist. Für $\xi = 0$ ist $\eta = 0$. Eine gleiche Überlegung kann für jede

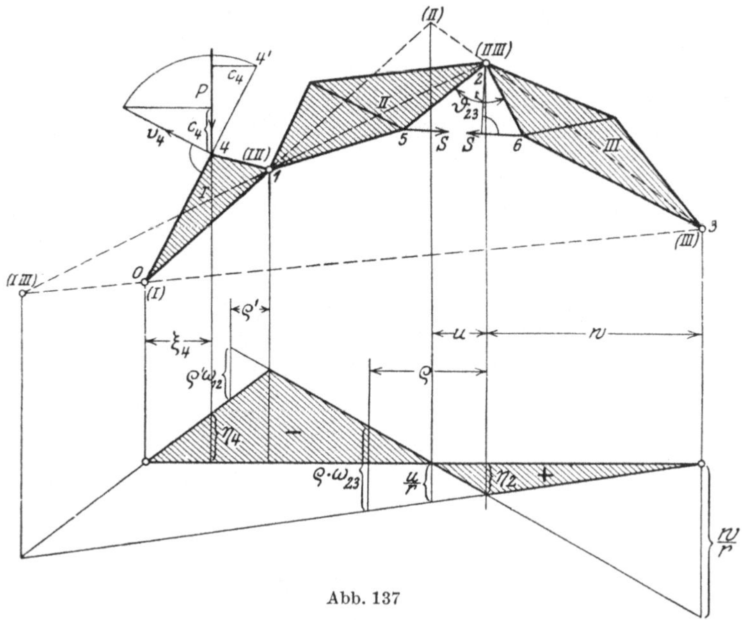

Abb. 137

Scheibe der Kette angestellt werden. Daraus folgt, daß zu jeder starren Scheibe eine Gerade als Einflußlinie gehört, deren Nullpunkt auf der Kraftrichtung durch den zugehörigen Hauptpol der Scheibe liegt.

Im Gelenkpunkt 1, welcher die Scheiben I und II verbindet, hat Scheibe I die gleiche Geschwindigkeit wie Scheibe II, somit sind auch die Projektionen beider Geschwindigkeiten auf die Kraftrichtung einander gleich. Die den Schei-

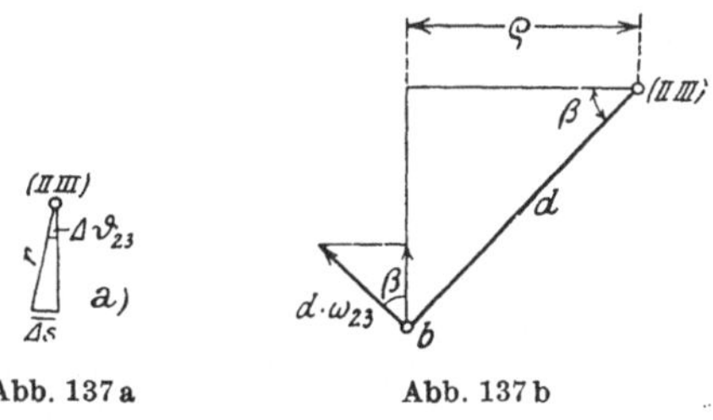

Abb. 137a   Abb. 137b

ben I und II entsprechenden Geraden der Einflußlinie müssen sich also auf der Senkrechten durch den Nebenpol $(I\,II)$ schneiden, die Einflußlinie hat an dieser Stelle einen Knickpunkt. Dasselbe gilt offenbar für die Scheiben II und III in bezug auf den Nebenpol $(II\,III)$. Die Scheiben I und III hängen im vorliegenden Fall nicht direkt zusammen, sondern sind durch die Scheibe II getrennt. Nach den oben angestellten Überlegungen kann aber ihr Nebenpol kinematisch als gemeinsamer Punkt beider Scheiben angesehen werden. Es müssen sich demnach auch die den Scheiben I und III entsprechenden Geraden der Einflußlinie auf der Senkrechten durch den Nebenpol $(I\,III)$ schneiden.

Durch diese wichtigen Beziehungen zwischen Hauptpolen der Scheiben und Nullpunkten der Einflußlinie einerseits sowie Nebenpolen und Knickpunkten andererseits kann die *Gestalt* der Einflußlinie einer beliebigen statischen Größe angegeben werden, sobald nach Entfernung des zu untersuchenden Fachwerk- bzw. Stützstabes der Polplan für die so gebildete kinematische Kette gezeichnet ist. Es bedarf nun nur noch der Größenangabe *einer* Ordinate, welche zwei der Einflußlinie angehörige Gerade auf einer Senkrechten abschneiden, um die Einflußlinie vollkommen festzulegen.

Auf S. 90 war bereits darauf hingewiesen, daß der Nebenpol zweier Scheiben den Pol der relativen Drehung beider Scheiben gegeneinander darstellt. Bezeichnet nun ω_{23} die Winkelgeschwindigkeit der relativen Drehung der Scheibe *II* gegen die Scheibe *III*, dann ist die relative Geschwindigkeit eines Punktes b, dessen Polstrahl die Länge d besitzt (Abb. 137 b), $d\,\omega_{23}$ und ihre Projektion auf die Kraftrichtung $d\,\omega_{23}\cos\beta = \varrho\,\omega_{23}$, wenn ϱ die Horizontalprojektion der Strecke d darstellt. Zieht man also in Abb. 137 im Abstand ϱ von $(II\,III)$ eine Senkrechte, so schneiden die den Scheiben *II* und *III* entsprechenden Geraden der Einflußlinie auf dieser Senkrechten die Strecke $\varrho\,\omega_{23}$ ab, und ebenso schneiden die den Scheiben *I* und *II* entsprechenden Geraden der Einflußlinie auf einer Senkrechten im Abstand ϱ' vom Nebenpol $(I\,II)$ die Strecke $\varrho'\,\omega_{12}$ ab.

In den Punkten *5* und *6* der Scheiben *II* und *III* greifen die Kräfte *S* an, die dort als Ersatz für den aus dem Fachwerk entfernten Stab angebracht wurden. Bei einer virtuellen Verrückung der zwangläufigen kinematischen Kette möge sich der gegenseitige Abstand der Punkte *5* und *6* um $\overline{\varDelta s}$ ändern. Dadurch ändert sich der von den Stäben *5—2* und *2—6* eingeschlossene *untere* Winkel ϑ_{23} um den Wert $\varDelta\vartheta_{23} = \dfrac{\overline{\varDelta s}}{r}$ (Abb. 137a), wenn r das Lot vom Punkt *2* auf die Richtung *5—6* bezeichnet. $\varDelta\vartheta_{23}$ gibt die relative Winkeländerung oder, wenn man wieder an Stelle der Verrückungen die Geschwindigkeiten einführt (vgl. S. 87), die relative Winkelgeschwindigkeit der Scheibe *II* gegen die Scheibe *III* an. Im Falle $\overline{\varDelta s} = 1$ ist demnach $\varDelta\vartheta_{23} = \omega_{23} = \dfrac{1}{r}$. Bezeichnet nun w den Abstand der Senkrechten durch den Hauptpol (III) vom Nebenpol $(II\,III)$, so schneiden die den Scheiben *II* und *III* entsprechenden Geraden der Einflußlinie nach dem oben Gesagten auf dieser Senkrechten die Strecke $w\,\omega_{23} = \dfrac{w}{r}$ und auf der Senkrechten durch den Hauptpol *II* die Strecke $\dfrac{u}{r}$ ab, wenn u deren Abstand von $(II\,III)$ angibt. In den Ordinaten $\dfrac{w}{r}$ und $\dfrac{u}{r}$ erhält man somit zwei Bestimmungsstücke für den Maßstab der Einflußlinie.

Allgemein soll festgesetzt werden, daß die positiven Ordinaten der Einflußlinie von der Nullinie aus nach unten, die negativen nach oben aufgetragen werden. Treibt man die Kette so an, daß die Längenänderung $\overline{\varDelta s} = 1$ wird, so erfolgt die Verrückung der Knotenpunkte *5* und *6* der Richtung der in diesen Punkten angreifenden Kräfte *S* entgegengesetzt. Letztere leisten demnach die virtuelle Arbeit $-1\,S$. Die Scheibe *II* dreht sich um ihren Hauptpol (II), die Scheibe *III* um ihren Hauptpol (III). Soll nun der Abstand *5—6* vergrößert werden, so muß der Gelenkpunkt *2* offenbar eine Verrückung erleiden, die auf der Geraden $(II)—(II\,III)—(III)$ senkrecht steht und nach unten gerichtet ist. Ihre Projektion auf die Senkrechte durch *2* ist $c_2 = \eta_2$. Eine in *2* stehende, senkrecht nach unten wirkende Last *1* leistet somit die positive virtuelle Arbeit $+1\,\eta_2$, und das Prinzip der virtuellen Verrückungen liefert

$$-1\,S + 1\,\eta_2 = 0,$$

woraus folgt:

$$S = 1\,\eta_2.$$

Die Einflußlinie erhält demnach unter dem Gelenkpunkt *2* eine positive Ordinate.

Einer Längenänderung $\overline{\varDelta s} = +1$ entspricht im vorliegenden Beispiel eine Winkeländerung $+\,\varDelta\vartheta_{23}$, denn der Winkel ϑ_{23} erfährt hierbei eine Vergrößerung. In diesem Falle nehmen aber auch die Ordinaten $\dfrac{w}{r}$ und $\dfrac{u}{r}$ positive Werte an, sind also von der Nullinie aus nach unten aufzutragen. Damit ergibt sich in der Einflußlinie entsprechend dem oben gefundenen Resultat eine positive Ordinate η_2, womit auch das Vorzeichen aller übrigen Ordinaten festgelegt ist.

Die Bestimmung des Vorzeichens der Einflußlinie einer beliebigen statischen Größe läßt sich demnach aus folgender einfacher Regel herleiten: Vergrößert sich infolge einer positiven Längenänderung $\overline{\varDelta s} = 1$ des entfernt gedachten Stabes der zugehörige (untere) Winkel ϑ, so wird die Ordinate der Einflußlinie unter dem Winkelscheitel positiv, verkleinert sich ϑ, dann wird sie negativ. *Einem positiven $\varDelta\vartheta$ entspricht somit ein Knick der Einflußlinie nach unten, einem negativen $\varDelta\vartheta$ ein Knick nach oben.*

Für diese Regel besteht ein Ausnahmefall, der gewöhnlich dann vorliegt, wenn der Nebenpol der beiden Scheiben, welche durch den Stab verbunden werden, dessen Spannkraft gesucht ist, nicht zwischen die beiden Hauptpole dieser Scheiben fällt, sondern außerhalb derselben. Im Zweifelsfalle kann man sich über das Vorzeichen wie folgt Aufschluß verschaffen.

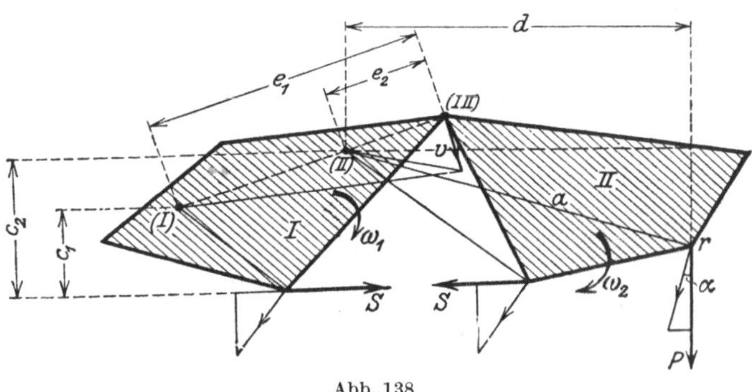

Abb. 138

Es seien I und II die beiden Scheiben, S die Spannkraft des sie verbindenden Stabes (Abb. 138). Die Hauptpole (I) und (II) sowie der Nebenpol $(I\,II)$ seien bekannt. Bei einer virtuellen Verrückung der Kette möge der Punkt $(I\,II)$ die Verschiebung v erleiden, welche senkrecht zu $(I)-(II)-(I\,II)$ steht. Bezeichnen ω_1 und ω_2 die Winkelgeschwindigkeiten der Scheiben I und II, so ist, da $(I\,II)$ beiden Scheiben angehört, mit den Bezeichnungen der Abb. 138

$$v = e_1\,\omega_1 = e_2\,\omega_2 \quad \text{oder} \quad \omega_1 = \omega_2\,\frac{e_2}{e_1}.$$

Bei der betreffenden virtuellen Verrückung erleidet der Punkt r der Scheibe II die Verschiebung $a\,\omega_2$, wenn a die Länge des Polstrahles $(II)-r$ angibt. Die Projektion dieser Verschiebung auf die Richtung einer in r stehenden senkrechten Last P wird unter Beachtung der in der Abbildung gewählten Bezeichnungen $a\,\omega_2\cos\alpha = d\,\omega_2$, und die von der Last P geleistete Arbeit demnach $Pd\,\omega_2$. In gleicher Weise können die Arbeiten der beiden Kräfte S bestimmt werden. Der Angriffspunkt der an der Scheibe I wirkenden Kraft S erleidet in Richtung dieser Kraft die Verschiebung $-c_1\omega_1$, der Angriffspunkt der an der Scheibe II wirkenden Kraft S in Richtung dieser Kraft die Verschiebung $+c_2\,\omega_2$. Das Prinzip der virtuellen Verrückungen liefert also:

$$P\,d\,\omega_2 + S\,c_2\,\omega_2 - S\,c_1\,\omega_1 = 0$$

oder mit $\omega_1 = \omega_2\,\dfrac{e_2}{e_1}$

$$P\,d + S\left(c_2 - c_1\,\frac{e_2}{e_1}\right) = 0,$$

woraus folgt:

$$S = -\frac{Pd}{c_2 - c_1 \dfrac{e_2}{e_1}}.$$

Die Einflußordinate unter r wird demnach negativ, wenn $c_2 > c_1 \dfrac{e_2}{e_1}$ ist, im andern Falle positiv.

Die vorstehend entwickelten Gesetze sollen jetzt auf einige Beispiele angewendet werden.

1. Für den in Abb. 139a dargestellten Dreigelenkbogen sind die Einflußlinien der Stabkräfte O, U und D zu zeichnen.

Nach Entfernung des Stabes O (Abb. 139b) geht das Fachwerk in eine zwangläufige kinematische Kette über, die aus den Scheiben I, II und III besteht. Die Hauptpole (I) und (III) der Scheiben I und III fallen mit den beiden Kämpfergelenken zusammen, die Nebenpole $(I\,II)$ und $(II\,III)$ sind durch die zu den Scheiben I und II bzw. II und III gehörigen Gelenkpunkte gegeben. Zur Bestimmung des Hauptpoles (II) beachte man, daß dieser mit (I) und $(I\,II)$ einerseits sowie mit $(II\,III)$ und (III) andererseits auf einer Geraden liegen muß. Der Schnittpunkt beider Geraden liefert den Pol (II). Durch den Polplan ist die Gestalt der Einflußlinie festgelegt. Den drei Hauptpolen entsprechen Nullpunkte der Einflußlinie, den beiden Nebenpolen entsprechen Knickpunkte. Infolge einer Verlängerung des Stabes O tritt eine Verkleinerung des Winkels ϑ_{12} ein, die unter $(I\,II)$ liegende Ordinate der Einflußlinie ist also negativ. Die Ordinaten $\dfrac{w}{r}$ oder $\dfrac{u}{r}$, unter (I) bzw. (II) aufgetragen, bestimmen den Maßstab der Einflußlinie, die somit festgelegt ist.

In gleicher Weise wurde in Abb. 139c der Polplan für die Kette gezeichnet, in welche das Fachwerk nach Entfernung des Stabes U, dessen Einflußlinie

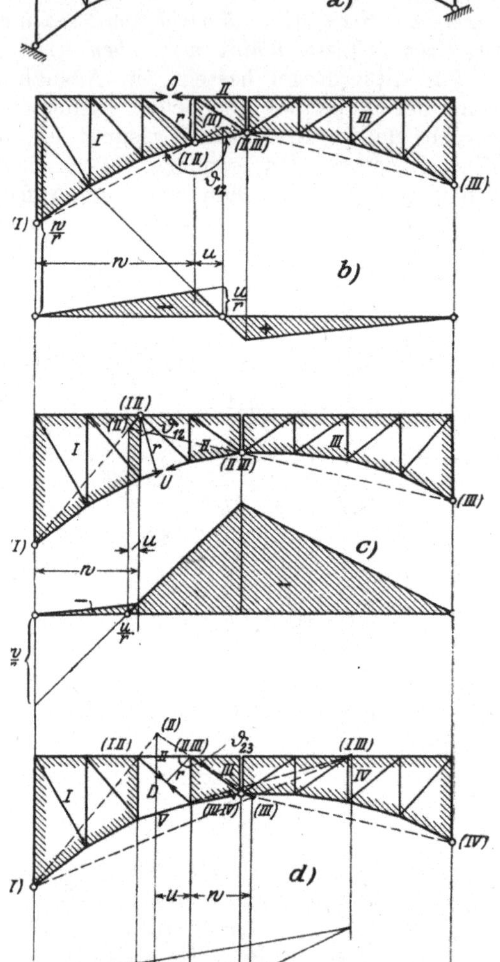

Abb. 139

gesucht ist, verwandelt wird. Der Hauptpol (II) fällt hier in das Einflußgebiet der Scheibe I, d. h., die Einflußlinie hat im Bereich der Scheibe II keinen Nullpunkt. Dieser liegt vielmehr links vom Nebenpol $(I\,II)$ und ist somit wohl der Nullpunkt der der Scheibe II entsprechenden Geraden der Einflußlinie, nicht aber ein Nullpunkt der Einflußlinie selbst. Die Aufeinanderfolge der beiden Hauptpole (I) und (II) und des Nebenpols $(I\,II)$ ist hier derart, daß letzterer nicht zwischen die beiden Hauptpole fällt, sondern außerhalb derselben. In diesem Fall trifft die auf S. 98 gegebene Regel zur Bestimmung des Vorzeichens der Einflußlinie nicht zu. Obwohl hier der Winkel ϑ_{12} bei einer positiven Längenänderung $\overline{\varDelta s}$ größer wird, ist die unter $(I\ II)$ liegende Ordinate nicht positiv, sondern negativ. Im vorliegenden Beispiel kann man sich davon leicht überzeugen, wenn man die Last 1 im Gelenkpunkt $(II\ III)$ angreifen läßt. Dann müssen die beiden Kämpferdrücke durch diesen Gelenkpunkt gehen, und man erkennt, daß der linke Kämpferdruck in bezug auf $(I\ II)$ ein negatives Moment erzeugt. Der Stab U erhält somit bei dieser Laststellung Druck, d. h., die unter dem Gelenk $(II\ III)$ liegende Ordinate ist negativ. Da aber die Einflußlinie innerhalb der Trägerstützweite keinen Nullpunkt besitzt, so muß auch die dem Nebenpol $(I\ II)$ entsprechende Einflußordinate negativ sein. Die Bestimmungsstücke $\dfrac{w}{r}$ und $\dfrac{u}{r}$ geben den Maßstab der Einflußlinie an.

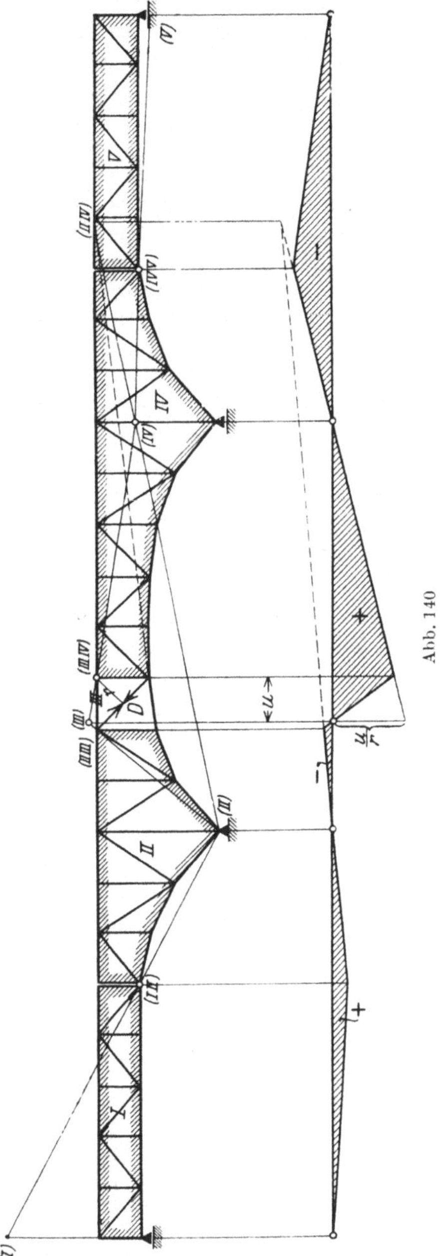

In Abb. 139d ist die Einflußlinie für den Stab D dargestellt. Die Kette besteht jetzt aus den fünf Scheiben (bzw. Stäben) I bis V. Unter der Annahme, daß die Lasten am Obergurt angreifen, ist für die Bestimmung der Einflußlinie der Scheibenzug $I-II-III-IV$ maßgebend. Die Hauptpole (I) und (IV) sowie die Nebenpole $(I\ II)$, $(II\ III)$ und $(III\ IV)$ sind durch die Stützung und den Zusammenhang der Scheiben gegeben. Für den Hauptpol (III) ist ein geometrischer Ort bekannt, nämlich die Gerade $(IV)-(III\ IV)$. Um einen zweiten zu finden, muß zunächst ein Hilfspol, der Nebenpol $(I\ III)$, bestimmt werden. Da die Scheiben I und III mit den Stäben II und V ein Gelenkviereck bilden, so liegt der Nebenpol $(I\ III)$ im Schnittpunkt der Stäbe II und V. Nun muß aber der Hauptpol (III) auf der Geraden $(I)-(I\ III)$ liegen, welche demnach den zweiten geometrischen Ort für diesen Pol liefert. Endlich findet man den Hauptpol (II) als Schnittpunkt der Geraden $(I)-(I\ II)$ und $(III)-(II\ III)$. Nach Zeichnung des Polplanes ist die Gestalt der Einflußlinie für D festgelegt. Ihr Maßstab wird in bekannter Weise bestimmt. Bezüglich der Angabe des Vorzeichens beachte man, daß bei einer Verlängerung des Stabes D eine Vergrößerung des Winkels ϑ_{23} eintritt; die unter dem Nebenpol $(II\ III)$ liegende Ordinate der Einflußlinie ist daher positiv. Zu bemerken ist noch, daß der Schnittpunkt der den Scheiben *I* und *III* entsprechenden Geraden der Einflußlinie unter dem Nebenpol (*I III*) liegen muß, wodurch ein Mittel gegeben ist, die Richtigkeit der Einflußlinie zu prüfen.

2. In Abb. 140 ist die Einflußlinie für den Diagonalstab *D* der Mittelöffnung eines Gerberträgers dargestellt. Eine Erläuterung der Zeichnung erübrigt sich nach den vorhergehenden Erklärungen. Zum Vergleich sei auf die in Abb. 117 c dargestellte Einflußlinie hingewiesen, die dort mit Hilfe des RITTERschen Verfahrens abgeleitet wurde.

3. Für den in Abb. 141 dargestellten Dreigelenkbogen, dessen Belastung am Obergurt angreifen möge, soll die Einflußlinie für die Spannkraft des Obergurtstabes *O* gezeichnet werden. Durch Entfernung dieses Stabes wird das Fachwerk in eine zwangläufige kinematische Kette verwandelt, die aus den starren Scheiben *I*, *II*, *III* und den Stäben *IV* bis *VII* besteht. Für die Bestimmung der Einflußlinie sind nur die Scheiben *I* bis *III* maßgebend. Der Hauptpol (*III*) fällt mit

dem rechten Kämpfergelenk zusammen, außerdem sind die Nebenpole (*I II*) und (*II III*) durch den Zusammenhang der Scheiben gegeben. Der Hauptpol (*I*) liegt auf der Richtung des Stabes *IV*, während für (*II*) die Gerade (*III*)—(*II III*) einen geometrischen Ort liefert. Um einen zweiten zu finden, müssen zunächst einige Hilfspole bestimmt werden. Der Pol (*V*) liegt im linken Kämpfergelenk, und der Pol (*VII*) muß

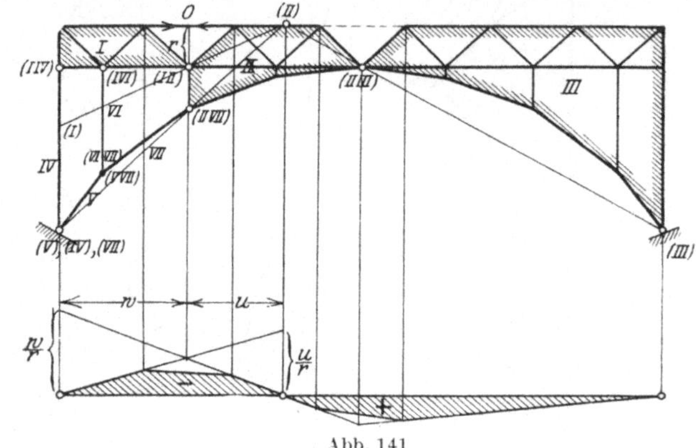

Abb. 141

erstens auf der Geraden (*V VII*)—(*V*) und zweitens auf der Verbindungslinie der Pole (*I*) und (*I VII*) liegen. Von (*I*) weiß man, daß er auf der Achse des Stabes *IV* liegt. (*I VII*) fällt ins Unendliche, da die beiden ihn bestimmenden Geraden (*I VI*)—(*VI VII*) und (*I II*)—(*II VII*) einander parallel sind. Die Verbindungslinie (*I*)—(*I VII*) muß also mit dem Stab *IV* zusammenfallen. Demnach liegt der Hauptpol (*VII*) ebenfalls im linken Kämpfergelenk. Verbindet man nun (*VII*) mit (*II VII*), so erhält man einen zweiten geometrischen Ort zur Bestimmung von (*II*). Die Gerade (*II*)—(*I II*) liefert endlich im Schnittpunkt mit dem Stabe *IV* den Hauptpol (*I*), dessen Ermittlung zur Lösung der Aufgabe an und für sich nicht erforderlich ist, da es genügt, zu wissen, daß er auf der Senkrechten durch das linke Kämpfergelenk liegen muß. Nunmehr können Gestalt, Maßstab und Vorzeichen der Einflußlinie in bekannter Weise festgelegt werden.

In ähnlicher Weise verfährt man bei der Konstruktion der Einflußlinie eines *D*-Stabes (Abb. 142). Die Kette besteht hier aus den Scheiben (bzw. Stäben) *I* bis *IX*, von denen *I* bis *IV* zur Bestimmung der Einflußlinie maßgebend sind. Die Pole (*III*), (*I IV*), (*II IV*) und (*II III*) können sofort festgelegt werden. Hauptpol (*I*) liegt auf der Achse des Stabes *V*, Hauptpol (*II*) auf der Geraden (*III*)—(*II III*). Nun sind zunächst wieder einige Hilfspole zu ermitteln. Der Pol (*VI*) fällt mit dem linken Kämpfergelenk zusammen. Da die Nebenpole (*I II*), wegen der Parallelität der Stäbe *IV* und *IX*, sowie (*I VI*), wegen der Parallelität der Stäbe *V* und *VII*, im Unendlichen liegen, so folgt, daß auch der auf ihre Verbindungsgerade fallende Nebenpol (*VI II*) ein unendlich ferner Punkt ist.

Andererseits fällt er auf die Gerade $(VIII\ II)-(VIII\ VI)$, liegt also auf dieser im Unendlichen. Die Verbindungslinie des Hauptpoles (VI) und des Nebenpoles $(VI\ II)$ läuft demnach der Geraden $(VIII\ II)-(VIII\ VI)$ parallel. Sie liefert den zweiten geometrischen Ort für den Hauptpol (II), der damit bestimmt

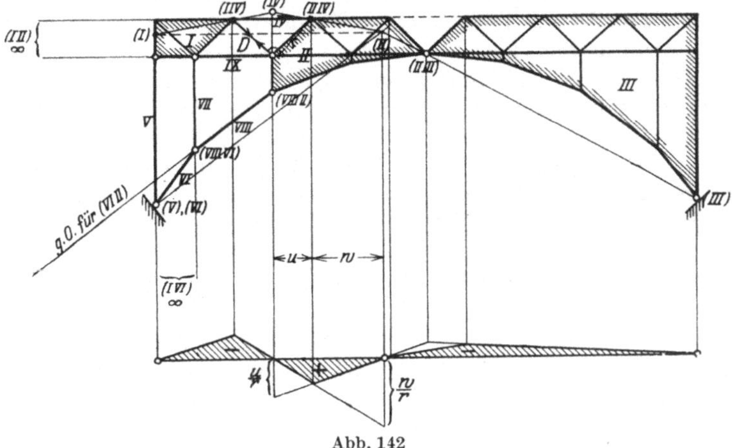

Abb. 142

ist. Nun ist auch (I) bekannt als Schnittpunkt des Stabes V mit der Parallelen zu dem Stabe IV (bzw. IX) durch den Hauptpol (II). Der Pol (IV) ergibt sich endlich als Schnittpunkt der Geraden $(I)-(I\ IV)$ und $(II)-(II\ IV)$. Es liegen somit die Nullpunkte und Knickpunkte der Einflußlinie für D durch den Polplan fest, so daß diese in bekannter Weise aufgetragen werden kann.

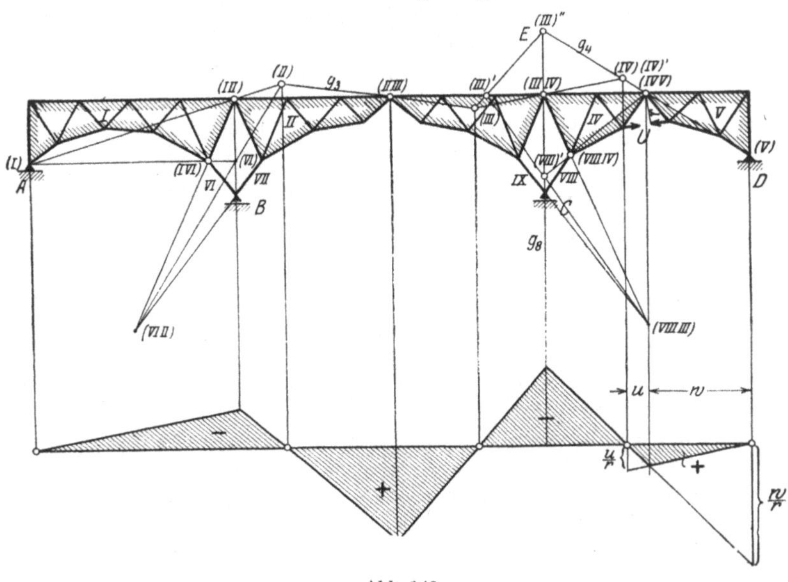

Abb. 143

4. Es soll die Einflußlinie für die Spannkraft im Stabe U des in Abb. 143 skizzierten Tragsystems, welches bei A und D feste, bei B und C auf horizontaler Bahn verschiebliche Auflager besitzt, gezeichnet werden. Nach Entfernung des Stabes U geht der Träger in eine aus den Scheiben I bis V und den Stäben VI bis IX bestehende zwangläufige kinematische Kette über. Die Hauptpole (I)

und (V) fallen mit den Auflagergelenken A bzw. D zusammen. Die Nebenpole ($I\ II$), ($II\ III$), ($III\ IV$), ($IV\ V$), ($I\ VI$) und ($VIII\ IV$) sind durch den Zusammenhang der Scheiben gegeben, ($VI\ II$) und ($VIII\ III$) können in bekannter Weise gefunden werden. Für den Hauptpol (II) ist ein geometrischer Ort in der Geraden (I)—($I\ II$) vorhanden. Um einen zweiten zu finden, wird zunächst der Pol (VI) bestimmt. Dieser liegt auf der Bahnnormalen des Lagers B und auf der Verbindungslinie der Pole (I) und ($I\ VI$). Zieht man jetzt die Gerade ($VI\ II$)—(VI), so liefert diese einen zweiten geometrischen Ort für den Pol (II), der somit ebenfalls bekannt ist. Für die Hauptpole der drei Scheiben III, IV und VIII ist je ein geometrischer Ort, g_3, g_4, g_8, vorhanden, nämlich die Geraden $g_3 = (II)-(II\ III)$, $g_4 = (V)-(IV\ V)$ und die Bahnnormale g_8 des Lagers C. Ein zweiter geometrischer Ort für einen dieser Pole kann zunächst nicht ohne weiteres angegeben werden. Die zugehörigen Nebenpole ($III\ IV$), ($VIII\ IV$) und ($VIII\ III$), welche auf einer Geraden liegen, sind bekannt. Nun weiß man, daß die Hauptpole (III) und (IV) mit dem Nebenpol ($III\ IV$), die Hauptpole (III) und (VIII) mit dem Nebenpol ($VIII\ III$) und die Hauptpole (IV) und (VIII) mit dem Nebenpol ($VIII\ IV$) auf einer Geraden liegen müssen. Die drei Hauptpole (III), (IV) und (VIII) bilden also die Ecken eines Dreiecks, dessen Seiten durch die zugehörigen Nebenpole gehen. Dieses kann mit Hilfe eines Lehrsatzes aus der Geometrie der Lage gezeichnet werden, welcher lautet[1]:

Drehen sich die Seiten eines veränderlichen n-Ecks um feste, auf einer Geraden liegende Punkte, und bewegen sich dabei n—1 Ecken auf bestimmten Geraden, so bewegt sich auch die n-te Ecke auf einer Geraden.

Man nimmt zunächst einen Hauptpol willkürlich auf der Richtung der Geraden an, welche einen ersten geometrischen Ort für ihn darstellt, z. B. (IV)' auf der Geraden g_4, wobei hier (IV)' mit ($IV\ V$) zusammenfallen möge. Dann findet man (VIII)' als Schnittpunkt von g_8 mit der Verbindungslinie (IV)'—($VIII\ IV$) und (III)' als Schnittpunkt der Geraden (VIII)'—($VIII\ III$) und (IV)'—($III\ IV$). Verschiebt man (IV)' auf g_4, wobei (VIII)' auf g_8 wandert, so muß sich nach obigem Satz auch (III)' auf einer Geraden bewegen. Nimmt nun (IV)' die ausgezeichnete Lage (IV)'' im Schnittpunkt E von g_4 und g_8 an, so fallen die Pole (VIII)'' und (III)'' — wie man sich leicht überzeugt — mit (IV)'' zusammen. Die Verbindungslinie E—(III)' stellt also die Gerade dar, auf welcher sich der Pol (III)' bewegt, wenn (IV)' auf g_4 verschoben wird. Sie liefert einen zweiten geometrischen Ort für den Hauptpol (III), welcher als Schnittpunkt der Geraden g_3 mit der Verbindungslinie E—(III)' gefunden wird. Nun kann auch der Hauptpol (IV) als Schnittpunkt von (III)—($III\ IV$) und g_4 bestimmt werden. Es sind jetzt alle Hauptpole der Scheiben I bis V bekannt, die Einflußlinie für U läßt sich somit in bekannter Weise auftragen.

5. Mitunter empfiehlt es sich, die Einflußlinie eines Fachwerkstabes mit Hilfe des Geschwindigkeitsplanes zu ermitteln, ohne daß zuvor ein Polplan gezeichnet wird. Das Verfahren möge an zwei *mehrteiligen Fachwerken* erläutert werden, zu deren Untersuchung es besonders geeignet ist.

Für die Spannkraft im Stabe D des in Abb. 144 dargestellten Fachwerkträgers soll die Einflußlinie gezeichnet werden. Man entferne zunächst den Stab D, wodurch das System in eine zwangläufige kinematische Kette verwandelt wird. Die rechte Scheibe, welche durch den Stab 6—7 begrenzt wird, ist starr und möge als ruhend angesehen werden. Das Auflager bei A denke man sich durch die dort wirkende Stützkraft A ersetzt. Bei einer unendlich kleinen Verrückung der Kette muß sich der Punkt 5 um den ruhend gedachten Punkt 7 drehen. Seine senkrechte Geschwindigkeit 5—$5'$, welche beliebig gewählt wird, fällt also auf die Richtung 5—7. 7—$7'$ und 6—$6'$ sind gleich Null. Der Punkt 4 ist

---

[1] Vgl. H. Müller-Breslau: Stat. d. Baukonstr. Bd. I, 5. Aufl., S. 263, Leipzig 1912.

an 5 und 6 angeschlossen. Demnach findet man $4'$ im Schnittpunkt von $5'-4' \| 5-4$ und $6'-4' \| 6-4$. Punkt 3 ist an 5 und 6 angeschlossen, weshalb $3'$ im Schnittpunkt von $5'-3' \| 5-3$ und $6'-3' \| 6-3$ liegt. Schreitet man in dieser Weise von Knoten zu Knoten weiter fort, so findet man ferner die Punkte $2'$, $1'$ und $0'$.

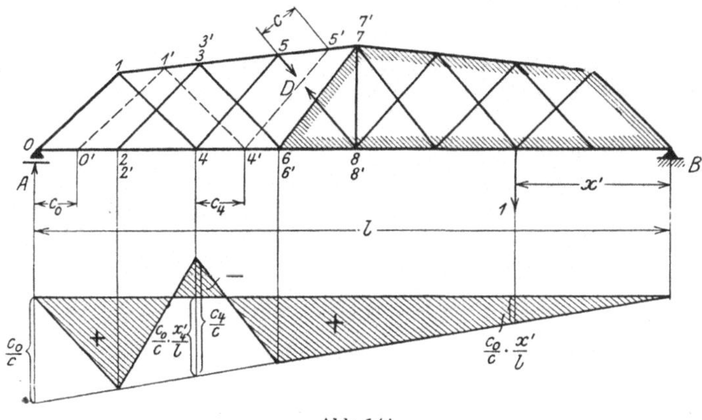

Abb. 144

Der Abstand des Punktes $5'$ von D sei mit c, derjenige des Punktes $0'$ von A mit c_0 bezeichnet. Eine zwischen dem Knoten 6 und dem Lager B stehende Last 1 erzeugt den Auflagerdruck $A = 1\dfrac{x'}{l}$. Wendet man auf diesen Belastungszustand

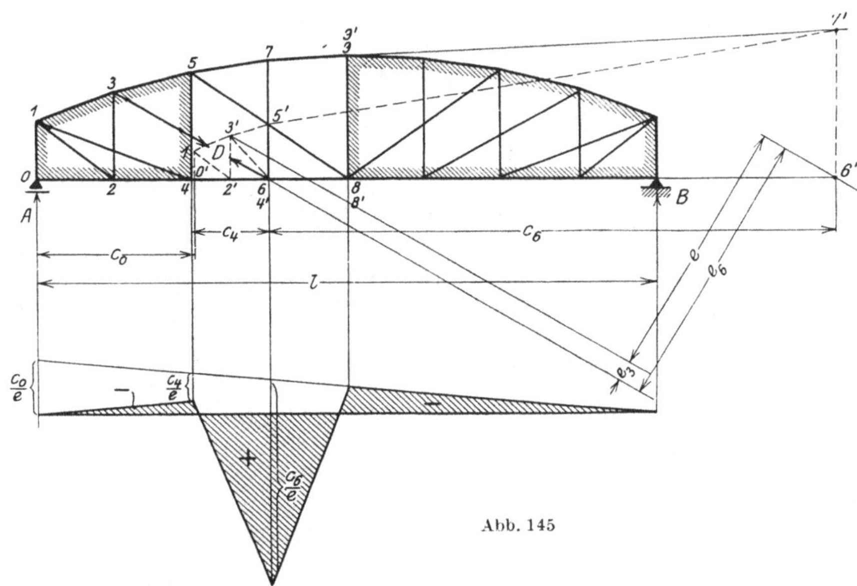

Abb. 145

das Prinzip der virtuellen Verrückungen an, so liefert dieses:

$$A c_0 - D c = 0 \quad \text{oder} \quad D = 1 \frac{x'}{l} \frac{c_0}{c}.$$

Dieser in x' lineare Ausdruck stellt die Ordinaten der Einflußlinie für D zwischen den Punkten 6 und B dar. Steht die Last 1 im Knoten 4, so wird

$$A c_0 - D c - 1 c_4 = 0 \quad \text{oder} \quad D = 1 \frac{x_4'}{l} \frac{c_0}{c} - \frac{c_4}{c}.$$

Endlich ergibt sich, wenn die Last *1* im Knoten *2* steht,

$$A c_0 - D c = 0 \quad \text{oder} \quad D = 1 \frac{x_2'}{l} \frac{c_0}{c}.$$

Durch diese Ordinaten ist die Einflußlinie eindeutig festgelegt.

In ähnlicher Weise verfährt man bei der Bestimmung der Einflußlinie für die Spannkraft im Stabe *D* des in Abb. 145 skizzierten Trägers. Wird *D* entfernt, so entsteht eine kinematische Kette, die aus den zwei schraffierten starren Scheiben und einer Anzahl diese verbindender Stäbe besteht. Man denke sich die rechte Scheibe ruhend und erteile der Kette, nachdem man das linke Auflager durch den Stützendruck *A* ersetzt hat, eine virtuelle Verrückung, dergestalt, daß der Knotenpunkt *7* die senkrechte Geschwindigkeit *7—7'* erhält. Nun zeichne man in bekannter Weise den Geschwindigkeitsplan, indem man nacheinander die Punkte *6'*, *5'*, *4'*, *3'*, *2'*, *1'* und *0'* bestimmt. Eine zwischen dem Knotenpunkt *8* und dem Auflager *B* stehende Last *1* erzeugt den Auflagerdruck $A = 1 \frac{x'}{l}$. Für diese Laststellung liefert das Prinzip der virtuellen Verrückungen unter Beachtung der in Abb. 145 gewählten Bezeichnungen:

$$A c_0 + D (e_6 - e_3) = 0 \quad \text{oder} \quad D = - 1 \frac{x'}{l} \frac{c_0}{e},$$

wenn $e_6 - e_3 = e$ gesetzt wird.

Damit ist die Einflußlinie zwischen *8* und *B* festgelegt. Steht die Last *1* in *6*, so wird:

$$A c_0 + D e - 1 c_6 = 0 \quad \text{oder} \quad D = - 1 \frac{x_8'}{l} \frac{c_0}{e} + \frac{c_6}{e}$$

Endlich liefert eine Last *1* in *4*:

$$A c_0 + D e - 1 c_4 = 0 \quad \text{oder} \quad D = - 1 \frac{x_4'}{l} \frac{c_0}{e} + \frac{c_4}{e}.$$

Die Einflußlinie für *D* kann nunmehr gezeichnet werden.

3. Räumliche Fachwerke

Die in Kap. 8 des ersten Abschnitts besprochenen allgemeinen Grundlagen der Fachwerktheorie sollen an dieser Stelle für die Raumfachwerke noch einige Ergänzungen erfahren.

Schließt man an ein Stabdreieck *A—B—C* einen Knotenpunkt *D* durch drei nicht in der Ebene des Dreiecks liegende Stäbe an, so entsteht ein stabiles räumliches Gebilde. Mit dieser Grundfigur können weitere Knotenpunkte durch dreistäbigen Anschluß verbunden werden, wobei stets darauf zu achten ist, daß die drei Anschlußstäbe nicht in einer Ebene liegen, da andernfalls bei Belastung eines solchen Knotens mit einer beliebig gerichteten Kraft *P* das Knotengleichgewicht nicht unbedingt gewährleistet ist. Man erhält somit den dreistäbigen Knotenpunktanschluß als einfachstes Bildungsgesetz eines räumlichen Fachwerks, wobei die Grundfigur, von welcher ausgegangen wird, ein beliebig gestalteter Raumkörper sein kann, für den nur vorausgesetzt werden muß, daß er stabil ist.

In Kap. 8 des ersten Abschnittes war bereits die Stabilitätsbedingung eines statisch bestimmten räumlichen Fachwerks gefunden. Sie lautet:

$$r + a = 3 k,$$

wenn *r* die Anzahl der vorhandenen Stäbe, *a* die Anzahl der voneinander unabhängigen Reaktionskomponenten und *k* die Anzahl der Knotenpunkte angibt. Entsprechend den sechs Bewegungsfreiheiten eines starren Körpers (drei Parallelverschiebungen nach drei nicht in einer Ebene liegenden Achsen und drei Drehungen um diese Achsen) muß die zur statisch bestimmten und stabilen Stützung eines solchen Fachwerks erforderliche Zahl der Stützwerte gleich sechs sein, von denen nicht mehr als drei in einer Ebene liegen, durch einen Punkt gehen oder einander parallel sein dürfen. Besitzt nun ein Raumfachwerk, für welches die Bedingung $r + a = 3k$ erfüllt ist, gerade $a = 6$ Stützwerte, so muß es, als *freies* Fachwerk betrachtet, in sich selbst statisch bestimmt und stabil sein. Die für das *freie* Fachwerk notwendige Anzahl von Stäben beträgt demnach

$$r = 3k - 6,$$

sofern es statisch bestimmt und stabil sein soll. Denkt man sich ein freies, stabiles, räumliches Fachwerk auf ein zweites gestützt und ersetzt die Auflager durch Stützstäbe, so sind nach den obigen Erläuterungen zur starren Verbindung beider mindestens 6 Stäbe erforderlich, die hinsichtlich ihrer Lage und Richtung außerdem bestimmten Bedingungen unterworfen sind (s. oben). Damit ist ein zweites Bildungsgesetz für räumliche Fachwerke gegeben.

Die stabile Stützung eines Raumfachwerkes setzt das Vorhandensein von mindestens drei Stützpunkten voraus, die nicht in einer Geraden liegen. Ein Lager weist drei, zwei oder eine Reaktionskomponente auf, je nachdem der betreffende Punkt gelenkig festgehalten, in einer Linie oder in einer Fläche geführt wird. Die Verteilung der Reaktionskomponenten auf die einzelnen Stützpunkte kann auf verschiedene Weise erfolgen, jedoch muß die Anordnung der Lagerführungen stets so getroffen werden, daß nicht eine unendlich kleine Verschieblichkeit vorliegt (vgl. S. 117). Die Anzahl der Reaktionskomponenten darf auch größer sein als sechs, ohne daß das System statisch unbestimmt zu sein braucht, wenn man nur ebensoviel Stäbe aus dem Fachwerk entfernt, als überzählige Reaktionskomponenten vorhanden sind, so daß jedenfalls die Bedingung $a + r = 3k$ erfüllt ist.

Bezeichnen Q_{xm}, Q_{ym} und Q_{zm} die Komponenten einer im Knoten m angreifenden Last — bzw. der Resultierenden mehrerer in m wirkender Lasten — parallel zu den Koordinatenachsen X, Y, Z, ferner $\cos\alpha$, $\cos\beta$, $\cos\gamma$ die Richtungskosinus eines von m ausgehenden Fachwerkstabes und S dessen Spannkraft, dann lauten die für den Knoten m gültigen Gleichgewichtsbedingungen:

$$\left.\begin{aligned} Q_{xm} + \textstyle\sum S\cos\alpha &= 0,\\ Q_{ym} + \textstyle\sum S\cos\beta &= 0,\\ Q_{zm} + \textstyle\sum S\cos\gamma &= 0. \end{aligned}\right\} \tag{9}$$

Treffen in m nicht mehr als drei Stäbe zusammen, so lassen sich deren Spannkräfte infolge einer beliebigen in m angreifenden Belastung aus diesen drei Gleichungen bestimmen. Ein Fachwerk, welches mindestens *einen* Knoten besitzt, an dem nur drei Stäbe — und damit drei unbekannte Stabkräfte — zusammenstoßen, und bei dem sich, von Knoten zu Knoten fortschreitend, immer ein weiterer finden läßt, an dem nur drei neue unbekannte Stabkräfte hinzutreten, sei hinfort als *räumliches Fachwerk von der einfachsten Art* bezeichnet (vgl. auch S. 70). Ein solches kann durch wiederholte Auflösung der obigen Gleichgewichtsbedingungen berechnet werden.

Durch geschickte Wahl der Koordinatenachsen läßt sich die Rechnung wesentlich vereinfachen. Zu diesem Zwecke wähle man etwa die X, Y-Ebene so, daß diese sich mit der Ebene zweier in dem fraglichen Knotenpunkt zusammenstoßender Stäbe deckt und die X-Achse mit einer der Stabachsen zusammenfällt. In Abb. 146 sind die Knoten *1, 2, 3* eines Raumfachwerks und der durch die Stäbe S_1, S_2, S_3 mit den Stablängen s_1, s_2, s_3 an diese angeschlossene Knoten *0* im Auf- und Grundriß dargestellt, wobei die X, Y-Ebene die Grundrißebene bildet. Die Projektionen der Stabkräfte S sind im Aufriß mit S', im Grundriß mit S'' bezeichnet worden. In Übereinstimmung hiermit wurden die

Knotenpunkte im Aufriß mit $0'$, $1'$, $2'$, $3'$, im Grundriß mit $0''$, $1''$, $2''$, $3''$ bezeichnet. S_1 und S_2 liegen in der X, Y-Ebene, außerdem fällt S_1 mit der X-Achse zusammen. Nun ist allgemein

$$s_r \cos\alpha_r = \xi_r, \qquad s_r \cos\beta_r = \eta_r, \qquad s_r \cos\gamma_r = \zeta_r,$$

wenn ξ_r, η_r und ζ_r die rechtwinkligen Projektionen der Stablänge s_r auf die Koordinatenachsen bedeuten. Diese können für jeden der drei Stäbe aus der Abb. 146 entnommen werden. Damit lauten die Gleichgewichtsbedingungen (9) für den Knoten 0:

$$S_1 \frac{\xi_1}{s_1} + S_2 \frac{\xi_2}{s_2} - S_3 \frac{\xi_3}{s_3} + Q_x = 0,$$

$$S_2 \frac{\eta_2}{s_2} - S_3 \frac{\eta_3}{s_3} + Q_y = 0,$$

$$- S_3 \frac{\zeta_3}{s_3} - Q_z = 0,$$

aus denen sich S_1, S_2 und S_3 bestimmen lassen.

In vielen Fällen führt auch das nachstehend angegebene allgemeine Verfahren schnell zum Ziele[1]. Abb. 147 zeigt die Knotenpunkte 0, 1, 2, 3 eines Raumfachwerks im Auf- und Grundriß. Die Achsen der Stäbe S_1, S_2, S_3 sind bis zum Schnitt (1), (2), (3) mit der Grundrißebene verlängert.

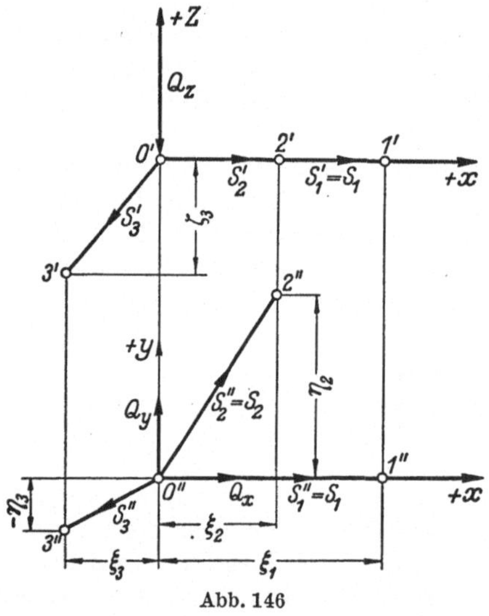

Abb. 146

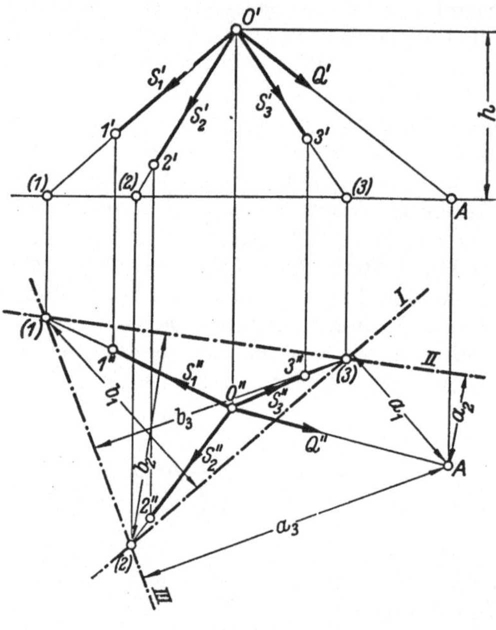

Abb. 147

Im Knoten 0 greift die Kraft Q an, welche die Grundrißebene in A schneidet. Nun denke man sich in den Punkten (1), (2), (3) und A die durch diese gehenden Kräfte nach ihren Vertikal- und Horizontalkomponenten zerlegt und stelle die Momentengleichung aller Kräfte in bezug auf die die Punkte (2) und (3) verbindende Achse I auf. Diese lautet, wenn b_1 den Abstand des Punktes (1) von I, a_1 den Abstand des Punktes A von I, l_1 und q die wirklichen Längen $0-(1)$ bzw. $0-A$ und h die Höhe des Punktes 0 über der Grundrißebene bezeichnen:

$$- S_1 \frac{h}{l_1} b_1 + Q \frac{h}{q} a_1 = 0,$$

woraus folgt

$$S_1 = Q \frac{l_1}{q} \frac{a_1}{b_1},$$

[1] MÜLLER-BRESLAU, H.: Neuere Methoden der Festigkeitslehre, 5. Aufl., S. 294, Leipzig 1924.

und entsprechend findet man aus den Momentengleichungen in bezug auf die Achsen II und III:

$$S_2 = -Q\,\frac{l_2}{q}\,\frac{a_2}{b_2}\,,$$

$$S_3 = -Q\,\frac{l_3}{q}\,\frac{a_3}{b_3}\,,$$

wenn l_2, l_3, a_2, a_3, b_2 und b_3 die analogen Bedeutungen für S_2 und S_3 haben wie l_1, a_1, b_1 für S_1.

Wirkt Q parallel zur Grundrißebene, so zerlege man Q zur Bestimmung von S_1 nach zwei Komponenten parallel und senkrecht zur Achse I. Im Grundriß möge α den Winkel zwischen der Richtung von Q und der Achse I bezeichnen. Dann lautet die Momentengleichung in bezug auf I (Abb. 148):

$$- S_1 \frac{h}{l_1}\, b_1 + Q \sin \alpha\, h = 0\,.$$

Zieht man nun $c_1 \,\|\, Q$, so wird wegen $b_1 = c_1 \sin \alpha$

$$- S_1 \frac{h}{l_1}\, c_1 + Q\, h = 0\,,$$

also

$$S_1 = Q\,\frac{l_1}{c_1}\,.$$

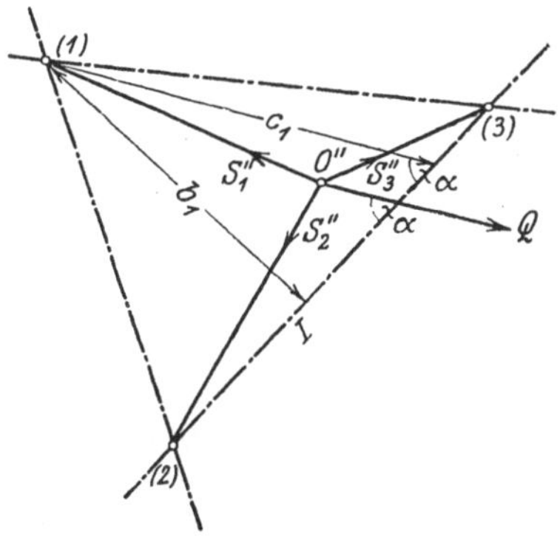

Abb. 148

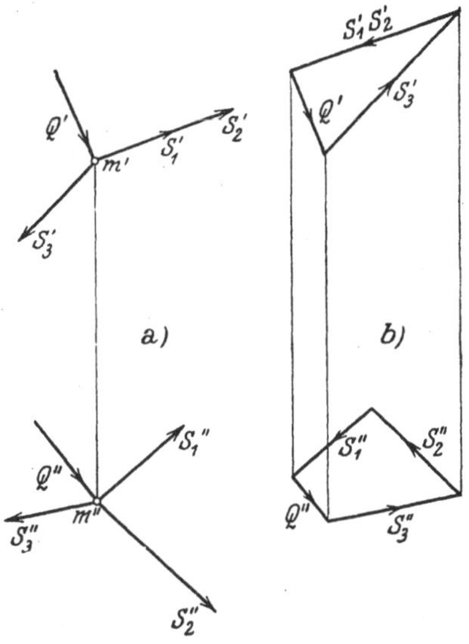

Abb. 149

In gleicher Weise verfahre man bei der Bestimmung von S_2 und S_3.

Sollen die Spannkräfte graphisch ermittelt werden, so empfiehlt es sich, eine der Projektionsebenen so zu wählen, daß zwei Spannkräfte sich in dieser decken. Abb. 149a zeigt die Auf- und Grundrißprojektion eines Fachwerkknotens m, in dem die drei Stäbe S_1, S_2, S_3 zusammentreffen, die zunächst sämtlich als Zugstäbe angenommen sind. Die Stabrichtungen von S_2 und S_1 decken sich im Aufriß.

Man zerlegt im Aufriß die Kraft Q' nach den Richtungen von S_3' und $S_1'\,S_2'$ und findet somit S_3' nach Größe und Richtung (Abb. 149b). Dann bestimmt man im Grundriß S_2'' und S_1'', die mit Q'' und S_3'' im Gleichgewicht stehen müssen. Die Lösung der Aufgabe beruht auf dem Satz, daß, falls für die vier Kräfte Q, S_1, S_2 und S_3 ein geschlossenes Krafteck besteht, auch die Aufriß- und Grundrißprojektion geschlossene Kraftecke darstellen.

Die wiederholte Anwendung des vorstehenden Verfahrens setzt die Benutzung verschiedener Projektionsebenen voraus, was mit Rücksicht auf die Deutlichkeit und Übersichtlichkeit der Darstellung in den meisten Fällen zu empfehlen ist[1].

Bei Fachwerken, die nicht von der einfachsten Art sind, gelingt es mitunter, einen solchen Schnitt zu führen, daß alle von diesem getroffenen Stäbe mit Ausnahme eines einzigen eine bestimmte Achse schneiden. Stellt man in bezug auf diese Achse das Moment aller an dem abgetrennten Fachwerkteil wirkenden Kräfte auf, so erhält man eine Bestimmungsgleichung für die übrigbleibende Stabkraft, unter der Voraussetzung, daß alle äußeren Kräfte, einschließlich der etwa in Frage kommenden Lagerkräfte, bekannt sind. Das Verfahren, welches die RITTERsche Schnittmethode auf den Raum übertragen darstellt, eignet sich mitunter auch im Verein mit den Gleichgewichtsbedingungen zur Bestimmung der Lagerkräfte, sofern deren Zahl größer ist als sechs, wenn sich nämlich der Schnitt so führen läßt, daß alle von ihm getroffenen Fachwerkstäbe eine bestimmte Achse schneiden[2].

Das in Abb. 150 im Grundriß dargestellte statisch bestimmte Raumfachwerk, welches im Punkte e durch eine zur Grundrißebene senkrechte Kraft P belastet sei, möge bei a ein festes, bei d und b auf Linien bewegliche und bei c ein in der Grundrißebene verschiebliches Lager, im ganzen also $3 + 2 \cdot 2 + 1 = 8$ Lagerkomponenten aufweisen. Zu deren Bestimmung stehen zunächst nur sechs Gleichgewichtsbedingungen zur Verfügung. Legt man nun einen Schnitt $t—t$ senkrecht zur Grundrißebene durch die Längsachse des Systems, so gehen die vom Schnitt getroffenen Stäbe durch die Schnittgerade I der beiden Ebenen $a—b—f—e$ und $d—c—g—h$ oder sind ihr parallel. Die Momentengleichung aller am rechten Fachwerkteil wirkenden Kräfte in bezug auf die Gerade I als Momentenachse enthält nur drei unbekannte Lagergrößen, da andere äußere Kräfte nicht in Betracht kommen. Der Abstand der Geraden I von der Ebene der Auflager sei mit h bezeichnet. In gleicher Weise kann man einen zweiten Schnitt $t'—t'$ senkrecht zum ersten durch die Querachse des Systems legen und findet eine zweite Momentenachse II als Schnittgerade der Ebenen $a—e—h—d$ und $b—c—g—f$, deren Abstand von der Lagerebene h' sein möge. Stellt man in bezug auf die Gerade II die Momentengleichung aller am unteren Trägerteil (in der Zeichnung) wirkenden Kräfte auf, so enthält diese ebenfalls nur drei unbekannte Lagergrößen.

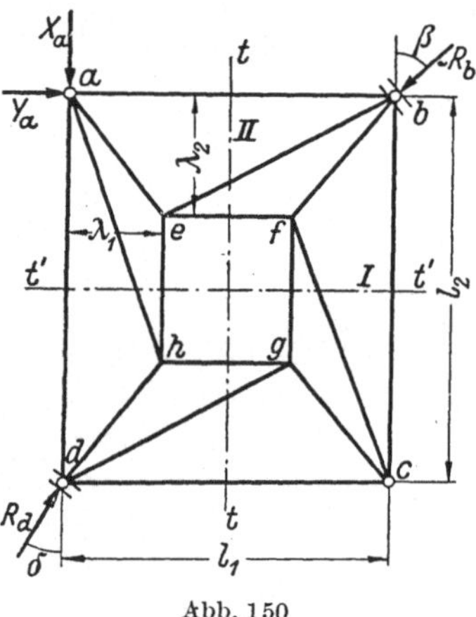

Abb. 150

Mit den Bezeichnungen der Abb. 150 lauten die Gleichgewichtsbedingungen, wenn das ganze Fachwerk auf ein rechtwinkliges Koordinatensystem mit dem Ursprung in a bezogen wird:

$$\sum X = 0 = X_a + R_b \cos\beta - R_d \cos\delta ,$$
$$\sum Y = 0 = Y_a - R_b \sin\beta + R_d \sin\delta ,$$
$$\sum Z = 0 = Z_a + Z_b + Z_c + Z_d - P ,$$

---

[1] Ein allgemeines Verfahren der räumlichen Kräftezerlegung ohne Zuhilfenahme zweier Projektionsebenen ist von MAYOR und v. MISES durch *Abbildung* räumlicher auf ebene Kräftesysteme entwickelt worden. Da indessen eine Besprechung dieser Verfahren hier zu weit führen würde, so muß diesbezüglich auf die nachstehende Literatur verwiesen werden: B. MAYOR: Statique graphique des systèmes de l'espace. Lausanne 1910. — R. v. MISES: Graphische Statik räumlicher Kräftesysteme. Z. Math. Phys. 1916 S. 222. — W. PRAGER: Beitrag zur Kinematik des Raumfachwerks. Z. angew. Math. Mech. 1926 S. 341.

[2] Vgl. TH. LANDSBERG: Zbl. Bauverw. 1903 S. 221, 361.

$$\Sigma M_x = 0 = (Z_b + Z_c)\, l_1 - P\,\lambda_1\,,$$
$$\Sigma M_y = 0 = (Z_c + Z_d)\, l_2 - P\,\lambda_2\,,$$
$$\Sigma M_z = 0 = R_b \cos\beta\, l_1 - R_d \sin\delta\, l_2\,.$$

Die Momentengleichung der Kräfte am rechten Trägerteil (Schnitt t—t) in bezug auf die Gerade I liefert:

$$(Z_b - Z_c)\,\frac{l_2}{2} - R_b\, h \cos\beta = 0\,,$$

und die Momentengleichung der Kräfte am unteren Trägerteil (Schnitt t'—t') in bezug auf die Gerade II:

$$(Z_c - Z_d)\,\frac{l_1}{2} + R_d\, h' \sin\delta = 0\,.$$

Aus diesen acht Gleichungen, deren Auflösung keine Schwierigkeiten bereitet, können nunmehr sämtliche acht unbekannten Lagergrößen berechnet werden.

Bei Fachwerken, die nicht von der einfachsten Art sind und deren Spannkräfte sich auf andere Weise nicht berechnen lassen, führt die *Methode der Stabvertauschung* stets zum Ziel. Diese wurde bereits im Kap. 1, Absatz d dieses Abschnittes für ebene Fachwerke besprochen, kann aber in ganz analoger Weise auch auf räumliche Fachwerke angewandt werden. Zu diesem Zwecke verwandelt man das zu untersuchende Fachwerk in ein solches von der einfachsten Art, indem man eine bestimmte Anzahl von Stäben entfernt und an anderer Stelle ebensoviel Ersatzstäbe S', S'', S''' ... hinzufügt, wodurch an der statischen Bestimmtheit des Systems — um ein solches möge es sich handeln — nichts geändert wird. An Stelle der entfernten Stäbe bringt man deren Spannkräfte als Lasten an dem so gewonnenen Fachwerk von der einfachsten Art an und erhält dann die Spannkraft in einem beliebigen Stabe des neuen Fachwerks nach dem Gesetz der Superposition in der linearen Form:

$$S = S_0 + S_1 Z_1 + S_2 Z_2 + \cdots + S_n Z_n\,,$$

wenn S_0, S_1, S_2 ... S_n sowie Z_1, Z_2 ... Z_n die gleiche Bedeutung haben wie in Kap. 1, Absatz d, und n die Anzahl der vorhandenen Ersatzstäbe angibt. Aus der Bedingung, daß die Spannkräfte in den Ersatzstäben gleich Null sein müssen, erhält man n Gleichungen von Form

$$S_0' + S_1' Z_1 + S_2' Z_2 + \cdots + S_n' Z_n = 0\,,$$
$$S_0'' + S_1'' Z_1 + S_2'' Z_2 + \cdots + S_n'' Z_n = 0\,,$$
$$\cdot\ \cdot\ \cdot\ \cdot\ \cdot\ \cdot\ \cdot\ \cdot\ \cdot\ \cdot\ \cdot\ \cdot\ \cdot\ \cdot$$
$$S_0^n + S_1^n Z_1 + S_2^n Z_2 + \cdots + S_n^n Z_n = 0\,,$$

aus denen Z_1, Z_2 ... Z_n eindeutig berechnet werden können, sofern die Nennerdeterminante

$$\Delta = \begin{vmatrix} S_1' & S_2' & S_3' & \ldots & S_n' \\ S_1'' & S_2'' & S_3'' & \ldots & S_n'' \\ \cdot & \cdot & \cdot & \cdot & \cdot \\ \cdot & \cdot & \cdot & \cdot & \cdot \\ S_1^n & S_2^n & S_3^n & \ldots & S_n^n \end{vmatrix}$$

einen von Null verschiedenen Wert annimmt. Die Untersuchung dieser Determinante bietet somit zugleich ein Hilfsmittel, um sich über die Stabilität des Systems ein Urteil bilden zu können. Wird $\Delta = 0$, so ist das Fachwerk verschieblich, also unbrauchbar.

Nachdem Z_1, Z_2, ..., Z_n bekannt sind, können auch alle übrigen Spannkräfte bestimmt werden. Es empfiehlt sich, die Lage der Ersatzstäbe, welche auch Lagerstäbe sein können, immer so zu wählen, daß die Ermittlung ihrer Spannkräfte leicht möglich ist.

Ist nur die Anordnung *eines* Ersatzstabes notwendig, so lautet die Bestimmungsgleichung für Z_1:

$$S_0' + S_1' Z_1 = 0 \,,$$

woraus folgt:

$$Z_1 = - \frac{S_0'}{S_1'} \,.$$

Zur Beurteilung der Stabilität des Systems genügt es demnach, festzustellen, ob die Spannkraft S_1' des Ersatzstabes infolge des Belastungszustandes $Z_1 = 1$ von Null verschieden ist, denn für $S_1' = 0$ wird Z_1 bei einem endlichen Werte von S_0' unendlich groß, das System also unbrauchbar.

Sind mehrere Ersatzstäbe vorhanden, so macht das Verfahren die Auflösung von n linearen Gleichungen mit n Unbekannten erforderlich.

Das in Abb. 151 dargestellte Raumfachwerk hat bei a, c, e und g auf radial gerichteten Geraden bewegliche, bei b, d, f und h in der Grundrißebene bewegliche Auflager und ist offenbar nicht von der einfachsten Art. Es besitzt $a = 12$ Auflagerkomponenten, $r = 24$ Fachwerkstäbe und $k = 12$ Fachwerkknoten, die Stabilitätsbedingung $a + r = 3k$ ist somit erfüllt. Um das Fachwerk in ein solches von der einfachsten Art zu verwandeln, denke man sich die Stäbe Z_1, Z_2, Z_3 und Z_4 entfernt, füge statt dessen die Stützstäbe S', S'', S''' und S'''' ein, durch welche die Linienbeweglichkeit der Lager a, c, e und g aufgehoben wird, und bringe in den Knotenpunkten i bis m des oberen Polygons die Spannkräfte Z_1, Z_2, Z_3, Z_4 der entfernten Stäbe als Lasten an. In diesen Punkten

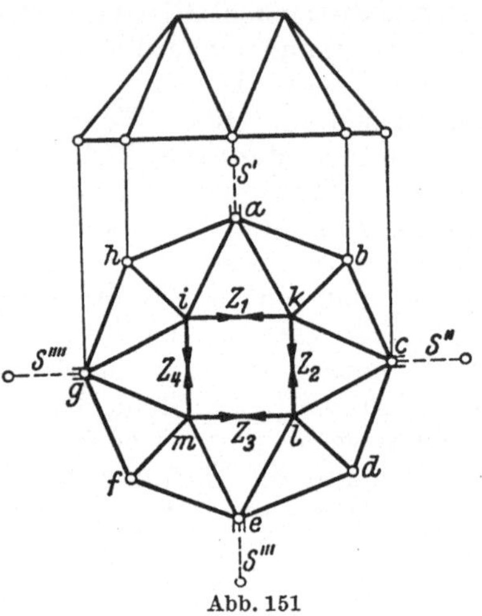

Abb. 151

treffen jetzt nur je drei unbekannte Stabkräfte zusammen, welche nach einem der oben besprochenen Verfahren bestimmt werden können, sobald die Kräfte Z bekannt sind. Für letztere stehen vier Bestimmungsgleichungen zur Verfügung, nämlich

$$\left.\begin{aligned}
S_0' + S_1' \, Z_1 + S_2' \, Z_2 + S_3' \, Z_3 + S_4' \, Z_4 &= 0 \,, \\
S_0'' + S_1'' \, Z_1 + S_2'' \, Z_2 + S_3'' \, Z_3 + S_4'' \, Z_4 &= 0 \,, \\
S_0''' + S_1''' \, Z_1 + S_2''' \, Z_2 + S_3''' \, Z_3 + S_4''' \, Z_4 &= 0 \,, \\
S_0'''' + S_1'''' Z_1 + S_2'''' Z_2 + S_3'''' Z_3 + S_4'''' Z_4 &= 0 \,.
\end{aligned}\right\}$$

Nun ist aber, wie leicht ersichtlich, infolge der bestehenden Symmetrie des Fachwerks

$$\begin{aligned}
S_1' = S_2'' = S_3''' = S_4'''' &= \alpha_1 \,, \\
S_2' = S_3'' = S_4''' = S_1'''' &= \alpha_2 \,, \\
S_3' = S_4'' = S_1''' = S_2'''' &= \alpha_3 = 0 \,, \\
S_4' = S_1'' = S_2''' = S_3'''' &= \alpha_4 = \alpha_2 \,.
\end{aligned}$$

Das obige Gleichungssystem geht also über in:

$$\left.\begin{aligned}
\alpha_1 Z_1 + \alpha_2 Z_2 \qquad\quad + \alpha_2 Z_4 &= - S_0' \,, \\
\alpha_2 Z_1 + \alpha_1 Z_2 + \alpha_2 Z_3 \qquad\quad &= - S_0'' \,, \\
\alpha_2 Z_2 + \alpha_1 Z_3 + \alpha_2 Z_4 &= - S_0''' \,, \\
\alpha_2 Z_1 \qquad\quad + \alpha_2 Z_3 + \alpha_1 Z_4 &= - S_0'''' \,,
\end{aligned}\right\}$$

aus dem sich die Unbekannten

$$Z_1 = \frac{\varDelta_1}{\varDelta} \; ; \qquad Z_2 = \frac{\varDelta_2}{\varDelta} \; ; \qquad Z_3 = \frac{\varDelta_3}{\varDelta} \; ; \qquad Z_4 = \frac{\varDelta_4}{\varDelta}$$

bestimmen lassen. Die Zählerdeterminanten $\varDelta_1 ; \varDelta_2 \ldots$ nehmen folgende Werte an:

$$\varDelta_1 = \begin{vmatrix} -S_0' & \alpha_2 & 0 & \alpha_2 \\ -S_0'' & \alpha_1 & \alpha_2 & 0 \\ -S_0''' & \alpha_2 & \alpha_1 & \alpha_2 \\ -S_0'''' & 0 & \alpha_2 & \alpha_1 \end{vmatrix} \; ; \qquad \varDelta_2 = \begin{vmatrix} \alpha_1 & -S_0' & 0 & \alpha_2 \\ \alpha_2 & -S_0'' & \alpha_2 & 0 \\ 0 & -S_0''' & \alpha_1 & \alpha_2 \\ \alpha_2 & -S_0'''' & \alpha_2 & \alpha_1 \end{vmatrix}$$

usw., und die Nennerdeterminante $\varDelta$ lautet:

$$\varDelta = \begin{vmatrix} \alpha_1 & \alpha_2 & 0 & \alpha_2 \\ \alpha_2 & \alpha_1 & \alpha_2 & 0 \\ 0 & \alpha_2 & \alpha_1 & \alpha_2 \\ \alpha_2 & 0 & \alpha_2 & \alpha_1 \end{vmatrix} .$$

Sie ändert ihren Wert nicht, wenn man zu den Elementen einer Reihe ein beliebiges Vielfaches von den Elementen einer parallelen Reihe addiert. Läßt man nun die ersten beiden Horizontalreihen bestehen und addiert zu den Elementen der dritten die mit -1 multiplizierten Elemente der ersten und zu den Elementen der vierten die mit -1 multiplizierten Elemente der zweiten, so erhält man:

$$\varDelta = \begin{vmatrix} \alpha_1 & \alpha_2 & 0 & \alpha_2 \\ \alpha_2 & \alpha_1 & \alpha_2 & 0 \\ -\alpha_1 & 0 & \alpha_1 & 0 \\ 0 & -\alpha_1 & 0 & \alpha_1 \end{vmatrix} ,$$

und wenn man noch die erste und vierte Spalte miteinander vertauscht:

$$\varDelta = - \begin{vmatrix} \alpha_2 & \alpha_2 & 0 & \alpha_1 \\ 0 & \alpha_1 & \alpha_2 & \alpha_2 \\ 0 & 0 & \alpha_1 & -\alpha_1 \\ \alpha_1 & -\alpha_1 & 0 & 0 \end{vmatrix} .$$

Jetzt löst man die Determinante wie folgt auf:

$$\varDelta = -\alpha_2 \begin{vmatrix} \alpha_1 & \alpha_2 & \alpha_2 \\ 0 & \alpha_1 & -\alpha_1 \\ -\alpha_1 & 0 & 0 \end{vmatrix} + \alpha_1 \begin{vmatrix} \alpha_2 & 0 & \alpha_1 \\ \alpha_1 & \alpha_2 & \alpha_2 \\ 0 & \alpha_1 & -\alpha_1 \end{vmatrix}$$

$$= -\alpha_2 [-\alpha_1 (-2 \alpha_1 \alpha_2)] + \alpha_1 [\alpha_2 (-2 \alpha_1 \alpha_2) + \alpha_1^3]$$

und findet schließlich

$$\varDelta = \alpha_1^2 (\alpha_1^2 - 4 \alpha_2^2) .$$

Die Stabilität des betrachteten Systems setzt voraus, daß $\varDelta \lesseqgtr 0$ ist, wovon man sich ohne Schwierigkeit überzeugen kann, nachdem die Spannkräfte $\alpha_1 = S_1'$ und $\alpha_2 = S_1''$ für den Zustand $Z_1 = 1$ bestimmt sind.

Die Formen, welche die räumlichen Fachwerke annehmen können, sind äußerst mannigfaltig. Für die Praxis sind diejenigen Systeme von besonderer Wichtigkeit, bei denen die gesamten tragenden Konstruktionsteile auf einem Mantel liegen, welcher einen einfach zusammenhängenden inneren Raum umschließt. Derartige Raumfachwerke bestehen im allgemeinen aus Sparren oder

Schrägstäben und einem oder mehreren übereinanderliegenden Stabpolygonen, auch *Ringen* genannt, in deren Eckpunkten die Sparren oder Schrägstäbe angreifen. Um eine Verschiebung der Knotenpunkte zu verhindern, sind in den Mantelflächen — sofern diese nicht schon aus Dreiecken bestehen — Diagonalstäbe eingeschaltet. Die Gliederung der einzelnen Systeme, die in der vorstehend angegebenen Weise geformt sind, kann wiederum je nach dem angewandten Bildungsgesetz sehr verschieden sein.

a) Netzwerkkuppeln

Ihre Hauptbestandteile sind einzelne, meist aus regelmäßigen Polygonen bestehende *Stockwerkringe* und *Netzwerkstäbe*, welche die übereinanderliegenden, das Fachwerk in mehrere Geschosse oder Stockwerke teilenden Ringe verbinden und mit den Polygonseiten in der Mantelfläche liegende Dreiecke bilden. Die Stockwerkringe liegen versetzt gegeneinander, derart, daß sich im Grundriß immer Ringecke und Ringseite zweier aufeinanderfolgender Ringe gegenüberstehen.

Abb. 152 zeigt den Grundriß einer Netzwerkkuppel, deren Stockwerkringe aus regelmäßigen Fünfecken bestehen. Die fünf Stützpunkte erhalten sämtlich auf Linien bewegliche Lager mit je zwei, im ganzen also $a = 10$ Lagerkomponenten. Da ferner die Anzahl der Stäbe $r = 35$ und die Anzahl der Knotenpunkte $k = 15$ beträgt, so ist die Stabilitätsbedingung $a + r = 3k$ erfüllt. An Stelle der beweglichen Lager können auch feste mit je drei Lagerkomponenten angeordnet werden, wenn man dafür die fünf Stäbe des Fußringes entfernt. Würde man auf den oberen Ring eine Spitze aufsetzen, die mit fünf Stäben an die Ecken dieses Ringes angeschlossen würde, so wäre, da für den neu hinzukommenden Knoten nur drei weitere Gleichgewichtsbedingungen verfügbar sind, das Fachwerk $5 - 3 = 2$fach statisch unbestimmt.

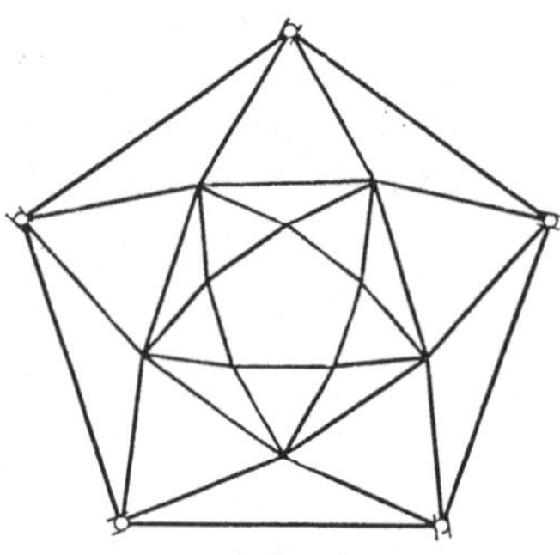

Abb. 152

Die vorliegende Kuppel ist, wie man sich leicht überzeugt, nicht von der einfachsten Art. Zu ihrer Berechnung bedient man sich mit Vorteil der Methode der Stabvertauschung. Ist die Seitenzahl der Ringe gerade, erhalten diese also 4, 6, 8 usw. Ecken, so ist das Fachwerk von unendlich kleiner Beweglichkeit, wie zuerst von A. Föppl[1] gezeigt ist. Zu dem gleichen Ergebnis gelangt H. Müller-Breslau[2] auf dem Wege der Stabvertauschung. Regelmäßige Netzwerkkuppeln von gerader Seitenzahl sind demnach für praktische Zwecke unbrauchbar. Aber auch schon dann, wenn bei gerader Seitenzahl die Ringe nicht vollkommen regelmäßig sind, können sehr große Spannungen auftreten, weshalb bei der Verwendung derartiger Systeme Vorsicht geboten ist.

b) Schwedler-Kuppeln

Den vorstehenden Systemen im Aufbau verwandt sind die Schwedler-Kuppeln, welche aus den Netzwerkkuppeln hervorgehen, wenn man die Stockwerkringe gegeneinander so verdreht, daß die entsprechenden Seiten der übereinanderliegenden Ringe einander parallel werden (Abb. 153).

Die Schwedler-Kuppeln sind besonders dadurch gekennzeichnet, daß sie in Meridianebenen liegende Sparren besitzen, welche mit den Ringseiten Trapeze bilden, die durch Diagonalen versteift sind. Die Sparren können geradlinig

---

[1] Föppl, A.: Techn. Mechanik Bd. 2, 5. Aufl., S. 257. München 1920.

[2] Müller-Breslau, H.: Die neueren Methoden der Festigkeitslehre, 5. Aufl., S. 284, Leipzig 1924.

oder gebrochen sein. Im ersteren Falle entsteht eine abgestumpfte Pyramide. Hinsichtlich der Lagerung gilt das gleiche wie bei den Netzwerkkuppeln. Die hier und im vorigen Beispiel angedeutete, von MÜLLER-BRESLAU vorgeschlagene Lagerführung ist insofern bemerkenswert, als außer den senkrechten Lagerkräften nur solche in Richtung der Fußringseiten übertragen werden.

Wie die Netzwerkkuppeln so sind auch die Schwedler-Kuppeln keine Fachwerke von der einfachsten Art. Ihre Berechnung läßt sich jedoch in sehr einfacher Weise durchführen, wenn man sich eines von MÜLLER-BRESLAU angegebenen Verfahrens bedient[1]. Zu dessen Erläuterung sei zunächst als Sonderfall der Schwedler-Kuppel die abgestumpfte Pyramide betrachtet.

Abb. 154 stellt zwei benachbarte Felder der Mantelfläche einer zweistöckigen abgestumpften Pyramide — oder Schwedler-Kuppel mit geradlinigen Sparren — dar. Eine in m angreifende, beliebig gerichtete Last Q denke man sich nach drei Seitenkräften Q_I, Q_{II} und Q_s zerlegt, und zwar so, daß Q_s in die Sparrenrichtung, Q_I und Q_{II} in die Richtungen der den Scheiben I bzw. II angehörigen mittleren Ringseiten fallen. Q_I belastet nur die Scheibe I, Q_{II} nur die Scheibe II und Q_s nur

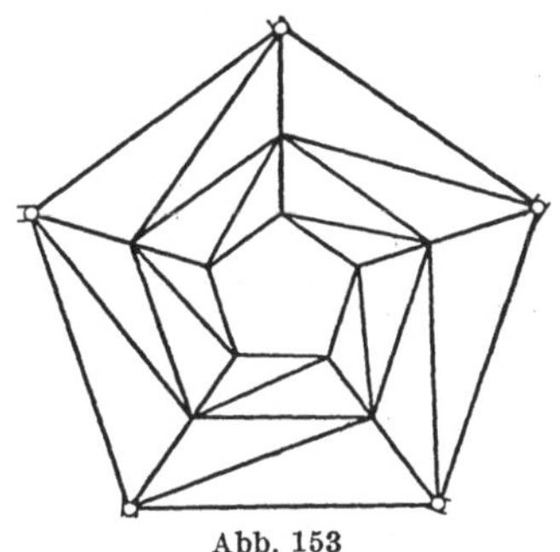

Abb. 153

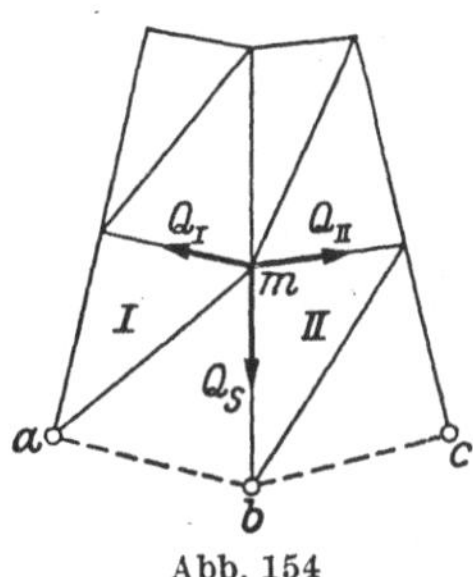

Abb. 154

den unteren Sparrenteil zwischen beiden Scheiben. Besitzt das Fachwerk bei a, b, c feste Lager, so kann jetzt jede der Scheiben I und II als selbständiger, ebener Träger, der in zwei Punkten a und b bzw. b und c gestützt ist, aufgefaßt und berechnet werden. Der Stab $m—b$ erhält außer der Kraft $S_b = -Q_s$ noch Spannkräfte als Gurtstab der Scheiben I und II. Durch Addition aller drei Beträge findet man die wirkliche Spannkraft. Man erkennt aus dieser Überlegung, daß auch dann, wenn nicht nur in m, sondern auch in anderen Knotenpunkten des Fachwerks Lasten angreifen, das vorstehende Verfahren stets zum Ziele führt. Auch ist die Lösung durchaus nicht an die in Abb. 154 gewählte Gliederung des Systems gebunden, sondern immer dann möglich, wenn die einzelnen Scheiben I, II ... der Pyramide ebene, statisch bestimmte Träger bilden. Nachdem alle Spannkräfte in den Fachwerkstäben bekannt sind, erfolgt die Bestimmung der Lagerreaktionen mit Hilfe der Gleichgewichtsbedingungen für die einzelnen Stützpunkte.

Das vorstehend beschriebene Verfahren kann auch dann angewendet werden, wenn die Sparren nicht geradlinig durchlaufen, wie bei der abgestumpften Pyramide, sondern an jedem Stockwerkring einen Knick aufweisen. Abb. 155 stellt den Aufriß einer zweigeschossigen Schwedler-Kuppel dar. Das obere Stockwerk dieser Kuppel kann als abgestumpfte Pyramide aufgefaßt und nach den obigen Regeln berechnet werden. Im Knoten m' des mittleren Ringes greifen nun neben den äußeren Kräften noch die bereits bekannten Spannkräfte S und D des oberen Stockwerks an. Man hat also jetzt sowohl die äußeren Kräfte als auch S und D nach Q_I', Q_{II}' und Q_s' zu zerlegen und verfährt dann genau wie früher, wobei

---

[1] MÜLLER-BRESLAU, H.: Neuere Methoden der Festigkeitslehre, 5. Aufl. S. 320, Leipzig 1924.

immer nur die Spannkräfte ebener Träger zu bestimmen sind. Am Schluß werden alle Einzelwirkungen für jeden Stab addiert.

Für die Stabilität der Schwedler-Kuppel genügt es, wenn in jedem Trapezfeld *eine* Diagonale vorhanden ist. Infolge symmetrischer Belastung sind diese Diagonalen spannungslos, bei unsymmetrischer dagegen können sie Zug- oder Druckkräfte erhalten. Bei praktischen Ausführungen sucht man gewöhnlich zu vermeiden, daß Diagonalstäbe gedrückt werden, da Druckstäbe mit Rücksicht auf die erforderliche Knicksicherheit im allgemeinen größere Querschnitte bedingen als Zugstäbe. Aus diesem Grunde legt man in jedes Feld zwei sich kreuzende Diagonalen, von denen immer nur eine, je nach Art. der Belastung,

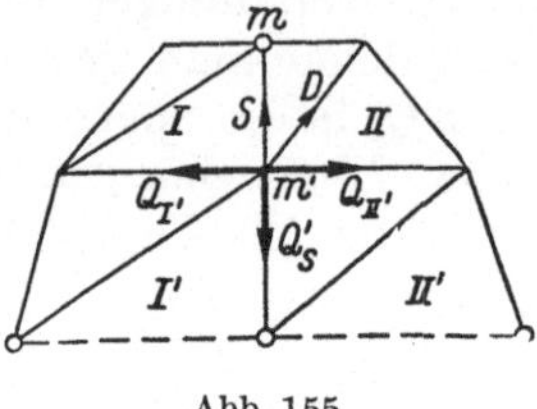

Abb. 155

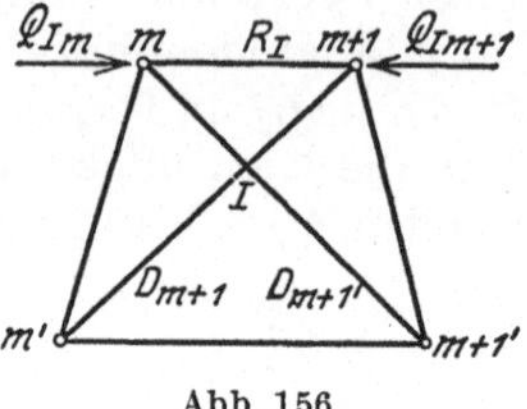

Abb. 156

Zug erhält, während die andere näherungsweise als spannungslos angesehen wird. Welche der Diagonalen Spannung erhält, läßt sich im Zusammenhang mit den obigen Betrachtungen leicht entscheiden. In Abb. 156 seien Q_{Im} und Q_{Im+1} die Komponenten der in m bzw. $m + 1$ wirkenden Kräfte nach der Richtung der oberen Ringseite R_I der Scheibe I. Ist $Q_{Im} > Q_{Im+1}$, dann wird, wenn in den Diagonalen nur Zugspannungen zugelassen werden, $R_I = -Q_{Im}$, und im Knoten $m + 1$ greift die Kraft $Q_{Im} - Q_{Im+1}$ an, die im Stabe D_{m+1} Zug erzeugt, während $D_{m+1'}$ spannungslos ist. Im andern Falle erhält $D_{m+1'}$ Zug und D_{m+1} wird spannungslos.

c) Zimmermannsche Kuppeln[1]

Die eingeschossige ZIMMERMANNsche Kuppel (Abb. 157) ist dadurch gekennzeichnet, daß der untere Ring doppelt soviel Ecken aufweist als der obere. Der Aufbau kann derart erfolgen, daß man zunächst beiden Ringen die gleiche

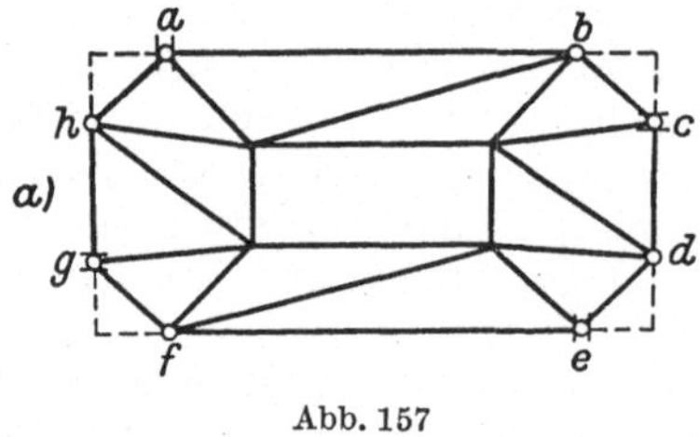

Abb. 157

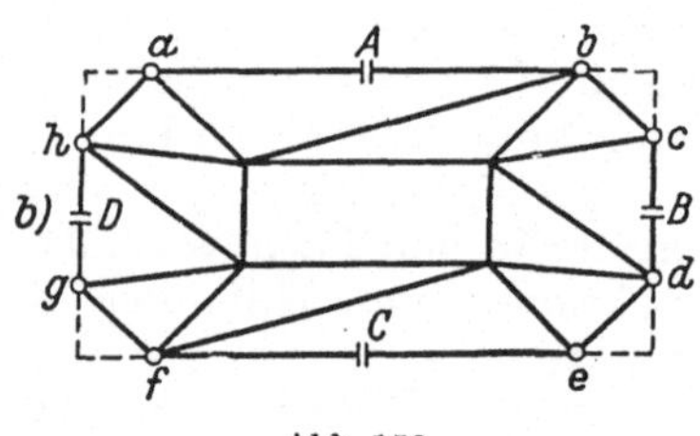

Abb. 158

Anzahl — etwa n — Ecken gibt und darauf diejenigen des unteren Ringes abschneidet, so daß $2n$ neue Ecken entstehen. Letztere verbindet man nun mit den n Ecken des oberen Ringes, und zwar derart, daß die Mantelfläche aus lauter Dreiecken besteht. Das Fachwerk besitzt n in der Lagerebene und n in Geraden bewegliche Auflager, so daß im ganzen $n + 2n = 3n$ Lagerkomponenten vorhanden sind. Besonders zweckmäßig ist die von ZIMMERMANN vorgeschlagene Stützung (Abb. 158), bei welcher alle $2n$ Ecken des unteren Ringes in der Lager-

---

[1] ZIMMERMANN, H.: Über Raumfachwerke. Berlin 1901.

ebene geführt sind, also nur lotrechte Drücke ausüben. Die zur sicheren Stützung noch fehlenden horizontalen Lager werden in die Mitten A, B, C, D der vier Ringstäbe $a—b$, $c—d$, $e—f$, $g—h$ verlegt und übertragen nur waagerechte Kräfte.

Ersetzt man die $3n$ Lagerkomponenten der Kuppel in Abb. 157 durch ebensoviel Stützstäbe (Abb. 159), und zwar so, daß einem auf einer Geraden beweglichen Lager zwei und einem in einer Ebene beweglichen Lager ein Stützstab entsprechen, so ergibt sich die zur Bildung mehrgeschossiger Kuppeln erforderliche Stabanordnung. Man kann nun die vorhandene Kuppel einschließlich ihrer Lagerstäbe auf eine andere eingeschossige ZIMMERMANNsche Kuppel aufsetzen und erhält damit ein mehrgeschossiges System.

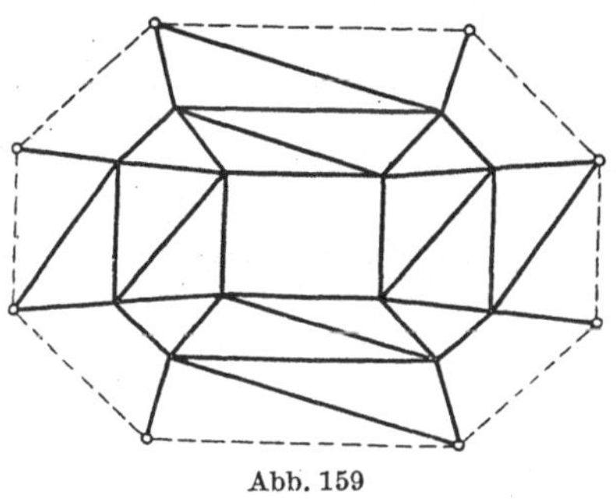

Abb. 159

Außer den vorstehend besprochenen Kuppeln gibt es eine große Reihe anderer Formen, die teils aus den hier behandelten Fachwerken abgeleitet sind, teils auch anderen Bildungsgesetzen folgen[1].

d) Turmgerüste und ähnliche Konstruktionen

Für Turmgerüste, Brückenpfeiler, hohe Maste usw. werden häufig Raumfachwerke verwendet, die im Prinzip Schwedler-Kuppeln mit geradlinig durchlaufenden Sparren darstellen. Solche Gerüste sind, als *freie* Fachwerke betrachtet, statisch bestimmt, wenn ihre Mantelflächen aus lauter aneinandergrenzenden Dreiecken gebildet werden, die einen einfach zusammenhängenden Raum vollständig umschließen. Zu ihrer Stabilität ist notwendig, daß der obere und der Fußring durch Diagonalen versteift werden. So besitzt z. B. das in Abb. 160 dargestellte Turmgerüst $k = 20$ Knotenpunkte und $r = 54$ Stäbe. Die zur Stabilität notwendige Anzahl von Stäben $r = 3k — 6$ ist also vorhanden. Solche Fachwerke werden nach FÖPPL[2] als *Flechtwerke* bezeichnet. Wird das Gerüst wie in Abb. 160 in 4 festen Stützgelenken gelagert, so treten insgesamt $4 \cdot 3 = 12$ unbekannte Lagerkräfte auf. Da nur 6 Stützkräfte zur statisch bestimmten und stabilen Lagerung eines Körpers im Raume erforderlich sind, ist das vorgelegte Raumfachwerk sechsfach äußerlich statisch unbestimmt. Bei praktischen Ausführungen werden meist auch die inneren Ringe oder Querwände durch Diagonalen versteift, wodurch der

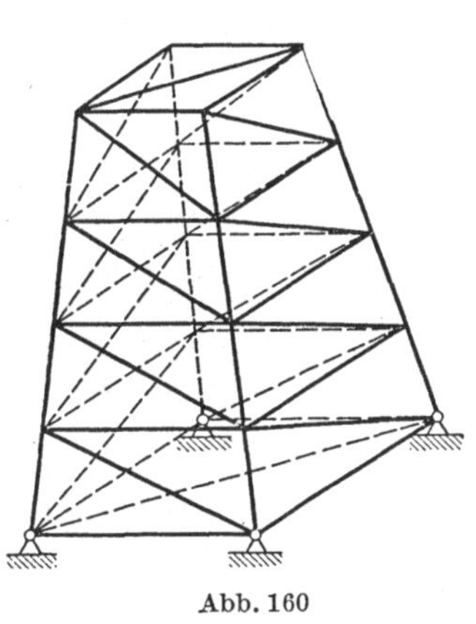

Abb. 160

Grad der statischen Unbestimmtheit entsprechend erhöht wird. Eine sehr brauchbare Theorie derartig hochgradig unbestimmter Raumfachwerke ist von H. EBNER[3] entwickelt worden, worauf hier verwiesen sei.

An dieser Stelle soll noch eine Bemerkung über die Art der Lagerführung bei Raumfachwerken mit auf Geraden verschieblichen Stützpunkten und Fußring eingeflochten werden. Besteht der Fußring aus einem *regelmäßigen* n-Eck, so ist ersichtlich, daß eine unendlich kleine Drehung des ganzen Fachwerks um die Systemachse möglich ist, falls alle Eckpunkte des Fußringes in den Tangenten an den umbeschriebenen Kreis des n-Ecks geführt werden. Ein derartiges System

[1] Vgl. etwa W. SCHLINK: Stat. d. Raumfachwerke, Leipzig u. Berlin 1907.

[2] FÖPPL, A.: Vorl. über techn. Mechanik Bd. 2 Graph. Statik 5. Aufl., S. 241. München 1920.

[3] EBNER, H.: Stahlbau 1932, S. 1.

ist verschieblich, also unbrauchbar. Das gleiche gilt für solche Systeme, deren Fußring ein *regelmäßiges n*-Eck von gerader Seitenzahl darstellt, sofern sämtliche Eckpunkte auf Lagern geführt werden, deren Gleitbahnen durchweg radial gerichtet sind. In diesem Falle ist eine Verschiebung der Stützpunkte abwechselnd nach innen und außen ohne Änderung der Stablängen möglich (Abb. 161). Weist das *n*-Eck dagegen ungerade Seitenzahl auf, so ist das Fachwerk bei radial angeordneten Gleitbahnen stabil.

Zu einer allgemeinen Untersuchung der Frage, ob die gewählte Stützung des Fußringes sicher ist oder nicht, bedient man sich zweckmäßig eines Geschwindigkeitsplanes[1].

Abb. 162 möge den Fußring eines Raumfachwerkes darstellen, dessen Eckpunkte $a, b, c, \ldots, f$ in den Geraden g_a bis g_f geführt werden sollen. Man denke sich die Führung g_f entfernt und erteile dem Punkt a der so entstehenden zwangläufigen kinematischen Kette die senkrechte Geschwindigkeit $a—a'$, welche

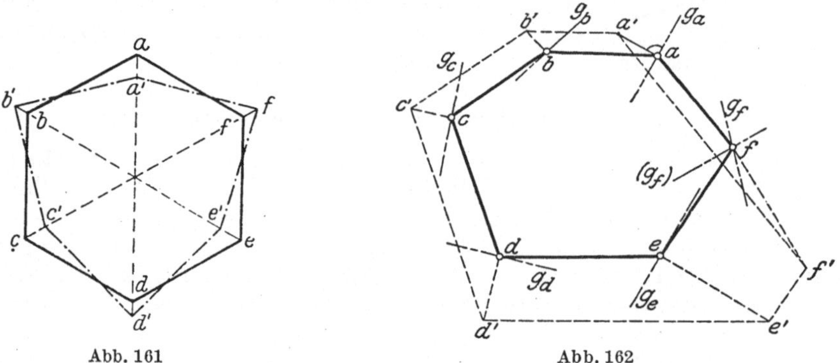

Abb. 161   Abb. 162

senkrecht zur Bahn g_a steht. Darauf konstruiere man b' als Schnittpunkt von $a'—b' \| a—b$ und $b—b' \perp g_b$, c' als Schnittpunkt von $b'—c' \| b—c$ und $c—c' \perp g_c$ usw. bis zum Punkte e'. Die Ecke f ist an a und e angeschlossen. Man findet somit f' als Schnittpunkt der Geraden $a'—f' \| a—f$ und $e'—f' \| e—f$. Steht nun die Gerade $f—f'$ senkrecht zur Bahn des Punktes f, so fällt die Verrückung von f in diese Bahn (g_f), ist also möglich. Das Fachwerk wäre demnach von unendlich kleiner Verschieblichkeit. Um dieses zu vermeiden, muß man der Führung des Punktes f eine von (g_f) abweichende Richtung geben, z. B. g_f.

Wie bereits früher erwähnt (vgl. S. 31), liegt der Fachwerktheorie die Annahme zugrunde, daß alle Stäbe in den Knotenpunkten durch reibungslose Kugelgelenke miteinander verbunden sind, eine Voraussetzung, die indessen bei den in der Praxis üblichen Knotenpunktsverbindungen niemals erfüllt ist. Vielmehr sind alle Stäbe in gewissem Grade eingespannt und erhalten außer den Hauptspannungen, die sich auf Grund der obigen Annahme ergeben, noch Nebenspannungen infolge der an den Knotenpunkten wirkenden Einspannungsmomente. Der Einfluß dieser Knotensteifigkeit ist bei räumlichen Systemen mitunter recht erheblich, so daß die übliche Berechnungsart in vielen Fällen nur rohe Näherungswerte liefert[2].

---

[1] Vgl. H. MÜLLER-BRESLAU: Zbl. Bauverw. 1892 S. 203.

[2] Vgl. hierzu W. KAUFMANN: Beitrag zur Berechnung räumlicher Fachwerke von zyklischer Symmetrie mit biegungssteifen Ringen und Meridianen. Z. angew. Math. Mech. 1921, Heft 5.

Vierter Abschnitt

Die elastischen Formänderungen

1. Das Prinzip der virtuellen Verrückungen

a) Das Prinzip für den elastisch-festen Körper

Der Betrachtung sei ein elastisch-fester, isotroper Körper unter dem Einfluß einer im Gleichgewicht befindlichen Kräftegruppe zugrunde gelegt, bei dem der Elastizitätsmodul E und die Poissonsche Zahl m (vgl. S. 20) nach allen Richtungen denselben unveränderlichen Wert haben. Während nun beim *starren* Körper die Arbeit der *inneren* Kräfte bei jeder virtuellen Verrückung des Körpers den Wert Null besitzt, weshalb nach S. 7 auch die Summe der virtuellen Arbeiten der *äußeren* Kräfte verschwinden muß, ist dieses beim elastisch-festen, also deformierbaren Körper nicht mehr der Fall. Hier liefern auch die inneren Kräfte infolge der elastischen Formänderungen zur Summe der virtuellen Arbeiten einen Beitrag.

Um die von den inneren Kräften geleistete Arbeit zu bestimmen, denke man sich ein Raumelement von den Kantenlängen dx, dy, dz aus dem Körper herausgeschnitten. Die in den Schnittflächen des Elements durch die gegebene Belastung erzeugten Normal- und Schubkräfte sind jetzt zusammen mit dem im Schwerpunkt angreifenden Gewicht als *äußere* Kräfte des betrachteten Teilchens aufzufassen. In Abb. 163 sind nur die Projektion des Elements auf die X, Y-Ebene und die der X-Achse parallelen Normalkräfte dargestellt. Die virtuelle Verrückung des Teilchens besteht aus einer Lagenänderung und einer Formänderung. Bei der ohne Formänderung vorgenommenen Lagenänderung leisten die äußeren Kräfte nach Gl. (6) S. 7 im Gleichgewichtsfalle die Arbeit Null, da das Teilchen jetzt als starrer Körper aufzufassen ist. Man braucht also auf die Lagenänderung überhaupt keine Rücksicht zu nehmen und hat nur die Formänderung zu betrachten. Dabei entfällt noch der Beitrag des Gewichtes $\gamma\, dx\, dy\, dz$, da dieses klein höherer Ordnung gegenüber der Normalkraft $\sigma_x dy\, dz$ ist. Bezeichnet $\varDelta \overline{dx}$ die virtuelle Längenänderung der Kantenlänge dx, so ist die virtuelle Arbeit der Normalkräfte in der X-Richtung offenbar $\sigma_x\, dy\, dz\, \varDelta \overline{dx}$, da $\dfrac{\partial \sigma_x}{\partial x}\, dx$ klein gegen σ_x ist. Nun ist aber

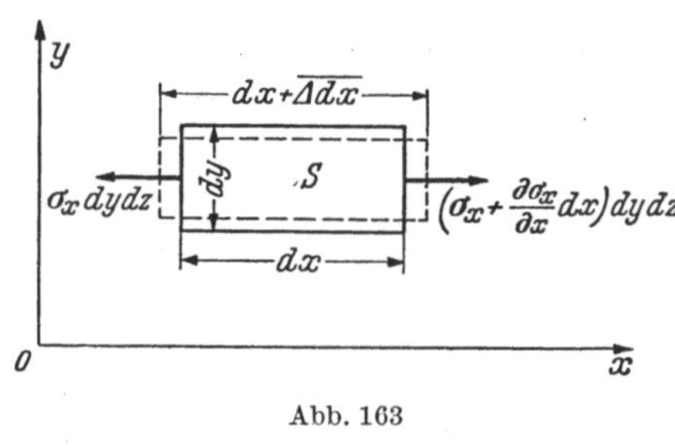

Abb. 163

$$\frac{\varDelta \overline{dx}}{dx} = \overline{\varepsilon}_x$$

die virtuelle Dehnung in der X-Richtung, also wird die virtuelle Arbeit der Spannungen σ_x

$$\sigma_x\, \overline{\varepsilon}_x\, dx\, dy\, dz$$

und somit diejenige aller Normalspannungen

$$(\sigma_x\, \overline{\varepsilon}_x + \sigma_y\, \overline{\varepsilon}_y + \sigma_z\, \overline{\varepsilon}_z)\, dx\, dy\, dz. \tag{1}$$

In Abb. 164 sind die wirklichen Schubspannungen $\tau_{xy} = \tau_{yx}$ (vgl. S. 15) und die virtuelle Änderung $\overline{\gamma}_{xy}$ der Kantenwinkel in der X, Y-Ebene dargestellt.

Denkt man sich bei der Schubverformung die untere Fläche des Teilchens festgehalten, so leistet nur die obere Schubkraft auf dem Wege $\bar{\gamma}_{xy}\,dy$ eine virtuelle Arbeit, da die seitlichen Schubkräfte zu dieser unendlich kleinen Verschiebung senkrecht stehen. Die virtuelle Arbeit der Schubspannungen $\tau_{yx} = \tau_{xy}$ wird also, da $\dfrac{\partial \tau_{yx}}{\partial y}\,dy$ klein gegen τ_{yx} ist,

$$\tau_{xy}\,\bar{\gamma}_{xy}\,dx\,dy\,dz$$

und somit die virtuelle Arbeit aller drei Schubspannungen

$$(\tau_{xy}\bar{\gamma}_{xy} + \tau_{xz}\bar{\gamma}_{xz} + \tau_{yz}\bar{\gamma}_{yz})\,dx\,dy\,dz. \tag{2}$$

Durch Addition der Beiträge (1) und (2) erhält man die virtuelle Arbeit der an dem betrachteten Teilchen wirkenden *äußeren* Kräfte. Da diese nach Gl. (5), S. 7 gleich der negativen Arbeit der inneren Kräfte sein muß, ergibt sich nach Integration über den ganzen Körper, wenn noch $dx\,dy\,dz = dV$ gesetzt wird, als *gesamte Arbeit der inneren Kräfte*

$$\sum \mathfrak{J}_r\,\mathfrak{z}_r = -\int\limits_{(V)} (\sigma_x \bar{\varepsilon}_x + \sigma_y \bar{\varepsilon}_y + \sigma_z \bar{\varepsilon}_z + \tau_{xy}\bar{\gamma}_{xy} + \tau_{xz}\bar{\gamma}_{xz} + \tau_{yz}\bar{\gamma}_{yz})\,dV. \tag{3}$$

Nun bezeichne $\bar{\delta}_r$ die Projektion der virtuellen Verschiebung $\mathfrak{z}_r$ des Punktes r auf die Richtung der Kraft $\mathfrak{K}_r$. Dann ist die virtuelle Arbeit der am Körper angreifenden äußeren Kräfte

$$\sum \mathfrak{K}_r\,\mathfrak{z}_r = \sum K_r\,\bar{\delta}_r, \tag{4}$$

wobei jetzt K_r den Betrag des Kraftvektors $\mathfrak{K}_r$ darstellt. $\bar{\delta}_r$ ist positiv oder negativ einzusetzen, je nachdem es den gleichen oder entgegengesetzten Richtungssinn hat wie $\mathfrak{K}_r$. Führt man die Ausdrücke (3) und (4) in Gl. (5) von S. 7 ein, so erhält man

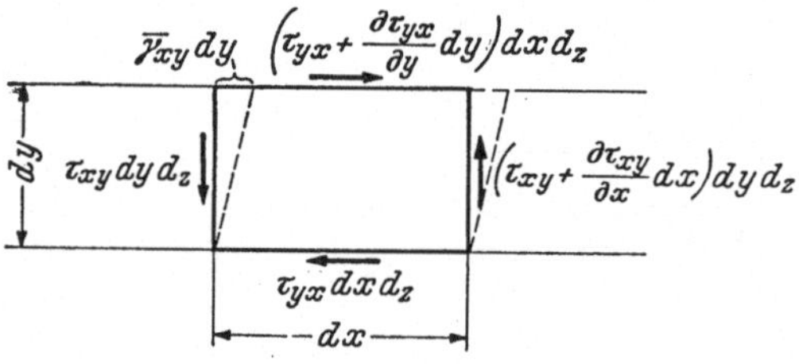

Abb. 164

$$\sum K_r\,\bar{\delta}_r = \int\limits_{(V)} (\sigma_x \bar{\varepsilon}_x + \sigma_y \bar{\varepsilon}_y + \sigma_z \bar{\varepsilon}_z + \tau_{xy}\bar{\gamma}_{xy} + \tau_{xz}\bar{\gamma}_{xz} + \tau_{yz}\bar{\gamma}_{yz})\,dV, \tag{5}$$

wobei das Integral über das ganze Körpervolumen V zu erstrecken ist. Gl. (5) spricht das Prinzip der virtuellen Verrückungen für den elastisch-festen, isotropen Körper aus.

Der der Gl. (5) zugrunde liegende Belastungs- und Spannungszustand (K, σ, τ) ist von dem Verrückungszustand $(\bar{\delta}, \bar{\varepsilon}, \bar{\gamma})$ vollkommen unabhängig und setzt nur voraus, daß zwischen den Kräften K einerseits und den Spannungen σ und τ andererseits Gleichgewicht besteht. Der Verrückungszustand ist vollkommen beliebig, sofern er nur mit den geometrischen Bedingungen des betrachteten Körpers nicht im Widerspruch steht. Man kann demnach als Verrückungszustand auch die infolge einer gegebenen, im Gleichgewicht stehenden Belastung eintretende (kleine) elastische Formänderung des ganzen Systems wählen. Daraus folgt, daß auch ein ganz beliebiger, nur gedachter Belastungs- bzw. Spannungszustand $(\overline{K}, \bar{\sigma}, \bar{\tau})$ mit einem wirklichen, durch die elastischen Formänderungen des Systems infolge einer gegebenen Belastung dargestellten Verschiebungszustand $(\delta, \varepsilon, \gamma)$ kombiniert werden[1] kann, d.h. an Stelle von Gl. (5) läßt sich auch schreiben:

$$\sum \overline{K}_r\,\delta_r = \int\limits_{(V)} (\bar{\sigma}_x \varepsilon_x + \bar{\sigma}_y \varepsilon_y + \bar{\sigma}_z \varepsilon_z + \bar{\tau}_{xy}\gamma_{xy} + \bar{\tau}_{xz}\gamma_{xz} + \bar{\tau}_{yz}\gamma_{yz})\,dV. \tag{6}$$

---

[1] MOHR, O.: Beitrag zur Theorie des Fachwerks. Z. Arch. Ing.-Ver. Hannover 1874 u. 1875.

b) Anwendung auf Stabwerke

Bei *ebenen* Stabwerken, welche aus geraden oder schwach gekrümmten, biegungsfesten Stäben bestehen, deren Querschnittsabmessungen klein gegen die Stablängen sind, können nach der Balkentheorie von St. Venant die Spannungen $\sigma_y = \sigma_z = \tau_{yz} = 0$ gesetzt werden (vgl. S. 16). Dasselbe gilt von τ_{xy}, wenn die Stabquerschnitte Rechtecke oder aus Rechtecken zusammengesetzt sind, was hier vorausgesetzt sei (S. 18). In diesem Falle geht Gl. (6) über in

$$\sum \overline{K}_r \delta_r = \int (\overline{\sigma}_x \varepsilon_x + \overline{\tau}_{xz} \gamma_{xz})\, dV, \tag{6a}$$

mit $\overline{\sigma}_x$ und $\overline{\tau}_{xz}$ als virtueller Normal- bzw. Schubspannung. Nach Ziffer 7 des ersten Abschnittes ist:

$$\varepsilon_x = \frac{\sigma_x}{E} + \varepsilon_t t = \frac{N}{EF} + \frac{M}{EJ} z + \varepsilon_t \left(t_s + \frac{\Delta t}{h} z\right),$$

$$\overline{\tau}_{xz} = \frac{\overline{Q}\, \mathfrak{S}}{J b}; \qquad \gamma_{xz} = \frac{\tau_{xz}}{G} = \frac{Q\, \mathfrak{S}}{J b G},$$

wobei $\overline{Q}$ und Q die virtuelle bzw. die wirkliche Querkraft bezeichnen. Schließlich sei $dV = dF\, ds$ gesetzt, wo dF ein Flächenelement des Stabquerschnitts und ds ein Längenelement des Stabes darstellen. Mit diesen Werten geht (6a) über in:

$$\sum \overline{K}_r \delta_r = \int_{(s)} \frac{N}{EF}\, ds \int_{(F)} \overline{\sigma}_x\, dF + \int_{(s)} \frac{M\, ds}{EJ} \int_{(F)} \overline{\sigma}_x z\, dF + \int_{(s)} \varepsilon_t t_s\, ds \int_{(F)} \overline{\sigma}_x\, dF +$$

$$+ \int_{(s)} \varepsilon_t \frac{\Delta t}{h}\, ds \int_{(F)} \overline{\sigma}_x z\, dF + \int_{(s)} \frac{\overline{Q}\, Q\, ds}{G} \int_{(F)} \frac{\mathfrak{S}^2}{J^2 b^2}\, dF.$$

Beachtet man noch, daß

$$\int_{(F)} \overline{\sigma}_x\, dF = \overline{N}; \qquad \int_{(F)} \overline{\sigma}_x z\, dF = \overline{M}$$

ist, und setzt für den nur von der Querschnittsform abhängigen Integralwert

$$\int_{(F)} \frac{\mathfrak{S}^2}{J^2 b^2}\, dF = \frac{\varkappa}{F}, \tag{7}$$

so wird

$$\sum \overline{K}_r \delta_r = \int_{(s)} \frac{\overline{N}\, N\, ds}{EF} + \int_{(s)} \frac{\overline{M}\, M\, ds}{EJ} + \int_{(s)} \frac{\varkappa \overline{Q}\, Q\, ds}{GF} + \int_{(s)} \overline{N}\, \varepsilon_t t_s\, ds + \int_{(s)} \overline{M}\, \varepsilon_t \frac{\Delta t}{h}\, ds. \tag{8}$$

Die zu dem virtuellen Belastungszustand $(\overline{K})$ gehörigen virtuellen Stützreaktionen mögen allgemein mit $\overline{C}$ bezeichnet werden. Treten nun infolge der tatsächlichen Belastung dieses Stabwerks Lagerverschiebungen (bzw. Drehungen bei Einspannungen) auf, deren Größe c in Richtung der Lagerreaktionen bekannt sein möge, so leisten die Stützreaktionen eine virtuelle Arbeit $\sum \overline{C} c$. Die virtuelle Arbeit der äußeren Kräfte kann somit getrennt werden in den Beitrag $\sum \overline{P}_r \delta_r$ der Lasten und den Beitrag $\sum \overline{C} c$ der Lagerkräfte. Es wird also

$$\sum \overline{K}_r \delta_r = \sum \overline{P}_r \delta_r + \sum \overline{C} c. \tag{9}$$

Damit geht Gl. (8) über in

$$\sum \overline{P}_r \delta_r = \int_{(s)} \frac{\overline{N}\, N\, ds}{EF} + \int_{(s)} \frac{\overline{M}\, M\, ds}{EJ} + \int_{(s)} \frac{\varkappa \overline{Q}\, Q\, ds}{GF} +$$

$$+ \int_{(s)} \overline{N}\, \varepsilon_t t_s\, ds + \int_{(s)} \overline{M}\, \varepsilon_t \frac{\Delta t}{h}\, ds - \sum \overline{C} c, \tag{10}$$

wobei die Integrale über die ganze Länge (s) des Stabwerkes zu erstrecken sind. N, M, Q bezeichnen die Längskraft, das Biegungsmoment und die Querkraft infolge der wirklichen Belastung, $\overline{N}$, $\overline{M}$, $\overline{Q}$ die entsprechenden Werte für den virtuellen Belastungszustand. Der Einfluß der Längs- und Querkräfte ist im allgemeinen so gering, daß er gegenüber demjenigen der Momente meistens vernachlässigt werden darf. Die vorstehende Gl. (10) soll hinfort die *Arbeitsgleichung für den Belastungszustand* $\overline{P}$ genannt werden[1].

Die in dem Integral für die Querkräfte auftretende Zahl $\varkappa$ kann für jeden Querschnitt aus Gl. (7) berechnet werden. Sie ist für verschiedene Querschnittsformen verschieden groß. Für das Rechteck wird $\varkappa = \tfrac{6}{5}$; für IN. P. 8 $\varkappa \approx 2{,}5$; für IN. P. 50 $\varkappa \approx 2{,}1$, für IB. P. 30 $\varkappa \approx 4{,}1$.

Wird das betrachtete Stabwerk auch auf *Drillung* beansprucht, so tritt zur Arbeitsgleichung (10) noch ein von den Drillmomenten herrührender Beitrag, den man leicht wie folgt erhält. Es bezeichne $\overline{\tau}$ die Schubspannung infolge eines virtuellen Drillmomentes $\overline{D}$ und γ den aus der wirklichen Belastung durch Drillmomente entstehenden Gleitwinkel. Dann ist der aus der Drillung folgende Beitrag zu Gl. (6)

$$\int\limits_{(s)}\int\limits_{(F)} \overline{\tau}\,\gamma\,ds\,dF$$

Nun ist nach S. 26 und 27

$$\gamma = a\,\frac{d\vartheta}{ds} = \frac{a\,D}{G\,J_d},$$

wo D das Drillmoment der wirklichen Belastung und J_d den Drillungswiderstand des Stabquerschnitts darstellen. Demnach wird

$$\int\limits_{(s)}\int\limits_{(F)} \overline{\tau}\,\gamma\,ds\,dF = \int\limits_{(s)}\frac{D\,ds}{G\,J_d}\int\limits_{(F)}\overline{\tau}\,a\,dF,$$

und es ergibt sich wegen

$$\int\limits_{(s)} \overline{\tau}\,a\,dF = \overline{D}$$

als Beitrag der Drillmomente zur Arbeitsgleichung

$$\int\limits_{(s)}\frac{\overline{D}\,D\,ds}{G\,J_d}. \tag{11}$$

Dieser Wert ist auf der rechten Seite von Gl. (10) zu addieren, falls außer Biegung, Längskraft und Querkraft noch eine Drillbeanspruchung des zu untersuchenden Stabwerkes in Frage kommt.

c) Anwendung auf Fachwerke

Ist das vorgelegte Tragwerk ein Fachwerk, so treten nur Normalspannungen σ auf und Gl. (6) lautet jetzt einfach

$$\sum \overline{K}_r\,\delta_r = \sum \int\limits_{(s)}\int\limits_{(F)} \overline{\sigma}\,\varepsilon\,ds\,dF, \tag{12}$$

wobei die Summe $\sum$ über sämtliche Stäbe des Fachwerks zu erstrecken ist. Für die Dehnung ε gilt, wenn s die Länge eines beliebigen Fachwerkstabes und Δs dessen Längenänderung bezeichnet,

$$\varepsilon = \frac{\Delta s}{s}.$$

---

[1] MÜLLER-BRESLAU, H.: Statik d. Baukonstr. Bd. 2, Abt. 1, 4. Aufl., S. 11. Stuttgart 1907.

Damit geht (12) über in

$$\Sigma \overline{K}_r \, \delta_r = \Sigma \int_{(s)} \frac{\varDelta s}{s} \, ds \int_{(F)} \bar{\sigma} \, dF. \tag{13}$$

Nun ist aber

$$\int_{(s)} \frac{\varDelta s}{s} \, ds = \varDelta s,$$

und

$$\int_{(F)} \bar{\sigma} \, dF = \overline{S}$$

stellt die virtuelle Stabkraft dar. Mit diesen Werten folgt schließlich aus (13) unter Beachtung von Gl. (9) als *Arbeitsgleichung für das Fachwerk*

$$\Sigma \overline{P}_r \delta_r = \Sigma \overline{S} \, \varDelta s - \Sigma \overline{C} \, c \tag{14}$$

oder, wenn nach Gl. (34) S. 32 noch

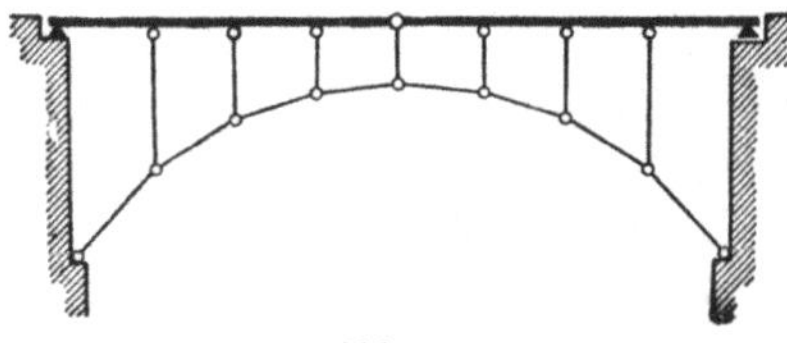

Abb. 165

$$\varDelta s = \frac{S \, s}{E \, F} + \varepsilon_t \, t \, s$$

und

$$\frac{s}{E \, F} = \varrho$$

gesetzt wird,

$$\Sigma \overline{P}_r \delta_r = \Sigma \overline{S} \, S \, \varrho + \Sigma \overline{S} \, \varepsilon_t \, t \, s - \Sigma \overline{C} \, c. \tag{15}$$

Darin sind S die wirklichen, infolge einer gegebenen Belastung des Fachwerks entstehenden Stabkräfte, $\overline{S}$ diejenigen infolge eines gedachten Belastungszustandes.

Liegt ein Tragwerk vor, das aus biegungsfesten Stäben und aus lediglich durch Normalkräfte beanspruchten Gelenkstäben besteht, wie der in Abb. 165 dargestellte Gelenkbogen mit Versteifungsträger, so erhält man durch Überlagerung der Gln. (10) und (15)

$$\Sigma \overline{P}_r \delta_r = \int \frac{\overline{N} \, N \, ds}{E \, F} + \int \frac{\overline{M} \, M \, ds}{E \, J} + \int \frac{\varkappa \, \overline{Q} \, Q \, ds}{G \, F} + \int \overline{N} \, \varepsilon_t \, t_s \, ds + \int \overline{M} \, \varepsilon_t \, \frac{\varDelta t}{h} \, ds +$$

$$+ \, \Sigma \overline{S} \, S \, \varrho + \Sigma \overline{S} \, \varepsilon_t \, t \, s - \Sigma \overline{C} \, c,$$

wobei die beiden die Stabkräfte S und $\overline{S}$ enthaltenden Glieder über alle Gelenkstäbe des Systems zu erstrecken sind.

d) Die Belastungseinheiten des Punktes, des Punktpaares, der Geraden und des Geradenpaares

Die Gln. (10) und (15) gestatten nun in einfacher Weise die Berechnung der Formänderungen eines elastischen Stab- bzw. Fachwerks, sobald der virtuelle Belastungszustand des Tragwerks in geeigneter Weise gewählt wird, wie nachstehend an einigen Beispielen gezeigt werden soll.

1. Es ist die senkrechte Verschiebung (Durchbiegung) δ_m des Knotenpunktes m des in Abb. 166 skizzierten Fachwerkträgers unter dem Einfluß einer gegebenen Belastung zu bestimmen. Temperaturänderungen und Lagerverschiebungen mögen nicht auftreten. Die Lösung der Aufgabe setzt voraus, daß die Stabkräfte S des Fachwerks infolge der gegebenen Belastung bekannt sind. Als virtuellen Belastungszustand wählt man die im Knoten m in Richtung der gesuchten Verschiebung (hier senkrecht) wirkende Last 1 (Abb. 167) und bestimmt die infolge dieses gedachten Belastungszustandes auftretenden Lagerkräfte $\overline{C}$ und virtuellen Stabkräfte $\overline{S}$ (etwa mit Hilfe eines Cremonaplanes). Da

weder Lagerverschiebungen c noch Temperaturänderungen auftreten sollen, lautet jetzt Gl. (15) einfach

$$1\,\delta_m = \Sigma\,\overline{S}\,S\,\varrho\,,$$

woraus die gesuchte Verschiebung δ_m sofort berechnet werden kann. Die Summe Σ erstreckt sich über alle Stäbe des Fachwerks. Da die virtuelle Last gleich 1 angenommen wurde (also dimensionslos), müssen auch die virtuellen Stabkräfte $\overline{S}$ dimensionslos in die Rechnung eingehen. δ_m hat also — wie es sein muß — die Dimension einer Länge.

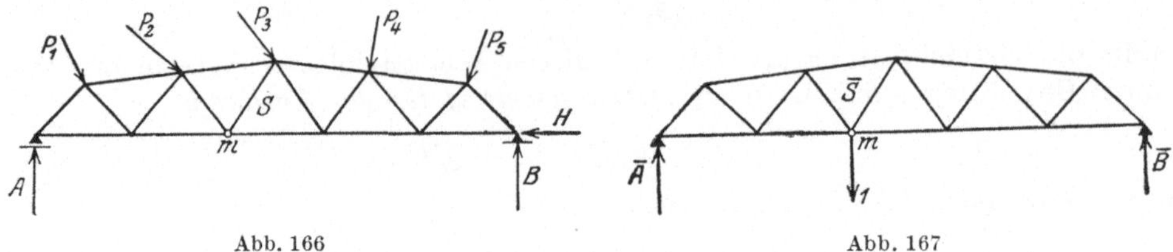

Abb. 166   Abb. 167

2. Für das in Abb. 168 dargestellte Stabwerk, welches bei A ein festes, bei B ein auf horizontaler Bahn verschiebliches Auflagergelenk besitzt, soll die horizontale Verschiebung δ_B des Lagerpunktes B unter dem Einfluß einer in C angreifenden Last W berechnet werden. Bei dieser Belastung möge sich der Stützpunkt B um den beobachteten Wert c_b senken, während A um c_a gehoben und gleichzeitig um c_h nach innen (rechts) gedrückt werden möge. Eine Temperaturänderung sei dagegen nicht vorhanden. Das Trägheitsmoment der Stiele sei J_1, das des Riegels J_2.

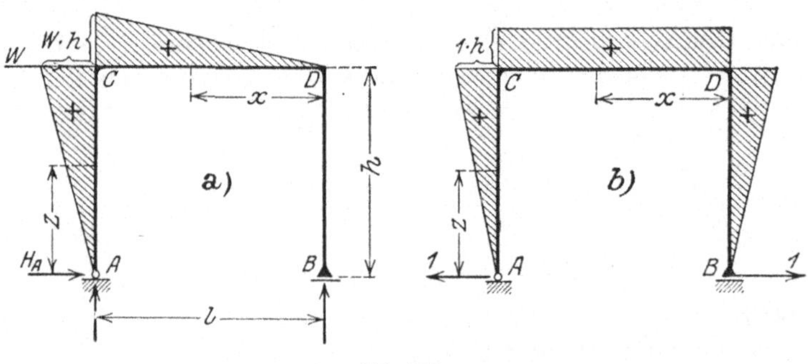

Abb. 168

Aus den Gleichgewichtsbedingungen findet man für die Stützkräfte folgende Werte:

$$B = -A = \frac{W\,h}{l}\,; \quad H_A = -W\,.$$

Danach läßt sich die aus Abb. 168a ersichtliche Momentenfläche der wirklichen Belastung sofort auftragen. Der Einfluß der Normal- und Querkräfte auf die gesuchte Verschiebung soll gegenüber demjenigen der Momente vernachlässigt werden.

Der virtuelle Belastungszustand ist in Abb. 168b dargestellt. Man bringt in B die Last 1 in Richtung der gesuchten Horizontalverschiebung δ_B an, welche bei A die gleich große, aber entgegengesetzt gerichtete, virtuelle Reaktion 1 erzeugt. Senkrechte Stützkräfte treten infolge dieser Belastung nicht auf. Demnach ergibt sich die aus der Abbildung ersichtliche virtuelle Momentenfläche, welche die Momente $\overline{M}$ liefert. Auf diesen virtuellen Belastungszustand und den wirklichen Formänderungszustand wendet man nun die Arbeitsgleichung (10) an und erhält

$$1\,\delta_B = \int \frac{\overline{M}\,M\,ds}{E\,J} - (-\,1\,c_h)\,.$$

Der Wert $-1\,c_h$ stellt die virtuelle Arbeit der Lagerkräfte dar, zu welcher nur der Horizontalschub in A einen Beitrag liefert.

Zur Ermittlung der gesuchten Verschiebung δ_B ist also nur das Integral auszuwerten. Für den linken Stiel ergibt sich aus der Momentenfläche der Abb. 168 a an der Stelle z das Moment

$$M_z = -H_A\,z = W\,z\,,$$

aus der Abb. 168 b das virtuelle Moment

$$\overline{M}_z = 1\,z\,.$$

Entsprechend wird für den oberen Querriegel an der Stelle x

$$M_x = \frac{W\,h}{l}\,x\,;\quad \overline{M}_x = 1\,h\,.$$

Damit wird

$$1\,\delta_B = \frac{W}{E\,J_1}\int\limits_0^h z^2\,dz + \frac{W\,h^2}{E\,J_2\,l}\int\limits_0^l x\,dx + c_h$$

$$= \frac{W\,h^2}{6\,E}\left(\frac{2\,h}{J_1} + \frac{3\,l}{J_2}\right) + c_h\,.$$

In den beiden vorstehenden Beispielen handelt es sich darum, die Verschiebung des Punktes m bzw. B in bestimmter Richtung zu ermitteln. Der virtuelle Be-

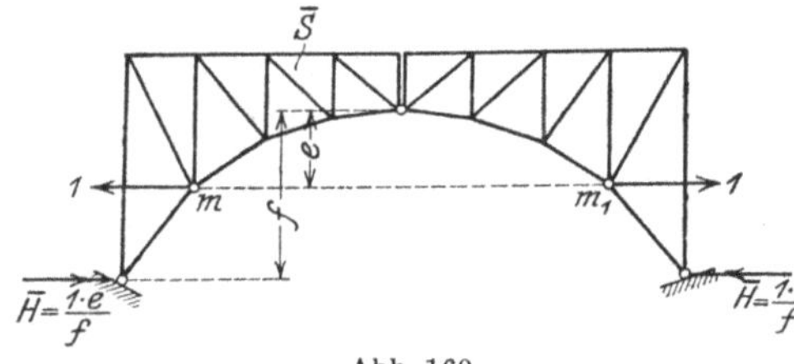

Abb. 169

lastungszustand besteht hier aus der Last $\overline{P} = 1$, welche an dem Knotenpunkt, dessen Verschiebung gesucht ist, im Sinne und in der Richtung der als positiv festgelegten Verschiebung angebracht wird. Diese virtuelle Belastung soll hinfort als *Belastungseinheit des Punktes* bezeichnet werden.

Für die Folge ist es wichtig und zweckmäßig, den bisher für δ_r gebrauchten Begriff der Verschiebung zu erweitern.

3. Es sei die Aufgabe gestellt, die relative Verschiebung der Knotenpunkte m und m_1 des in Abb. 169 dargestellten Dreigelenkbogens gegeneinander infolge einer bestimmten Belastung zu ermitteln, d. h. anzugeben, um welchen Wert sich die Länge der Sehne $m-m_1$ ändert. Zu diesem Zwecke bringe man in m und m_1 zwei in die Richtung $m-m_1$ fallende, entgegengesetzt gerichtete Lasten 1 an und wähle ihren Sinn so, daß sie im Falle einer Verlängerung der Sehne $m-m_1$ die positive virtuelle Arbeit $1\,\delta_m$ leisten. Sie erzeugen in den Fachwerkstäben die virtuellen Stabkräfte $\overline{S}$ sowie die virtuellen Lagerreaktionen $\overline{C}$. Sind nun die infolge des wirklichen Belastungszustandes auftretenden Stabkräfte S und Lagerverschiebungen c sowie eventuelle Temperaturänderungen t bekannt, so liefert die Arbeitsgleichung (15)

$$1\,\delta_m = \Sigma\,\overline{S}\,S\,\varrho + \Sigma\,\overline{S}\,\varepsilon_t\,t\,s - \Sigma\,\overline{C}\,c$$

und damit sofort die gesuchte Längenänderung der Sehne $m-m_1$ bzw. die gegenseitige Verschiebung der Punkte m und m_1.

Um also allgemein die gegenseitige Verschiebung zweier Punkte m und m_1 zu finden, ist der virtuelle Belastungszustand so zu wählen, daß in den Knotenpunkten m und m_1 die Lasten 1 in der Richtung $m-m_1$, im Sinne einer Vergrößerung von $m-m_1$ wirkend, angebracht werden. Dieser Belastungszustand soll hinfort die *Belastungseinheit des Punktpaares* genannt werden.

4. Als weitere Verschiebungsgröße, deren Ermittlung häufig notwendig wird, kommt die Drehung einer durch zwei Punkte m und m_1 eines Tragwerks gelegten Geraden gegen eine feste Gerade in Frage. Dieser Fall liegt z. B. vor, wenn die unter dem Einfluß einer gegebenen Belastung auftretende Drehung der Endvertikalen V_0 des in Abb. 170 skizzierten Trägers gesucht ist. Zu ihrer Bestimmung bringe man in den Knotenpunkten m und m_1 senkrecht zur Geraden $m-m_1$, deren Länge mit e bezeichnet sei, die entgegengesetzt gerichteten Lasten $\dfrac{1}{e}$ an, und zwar so, daß

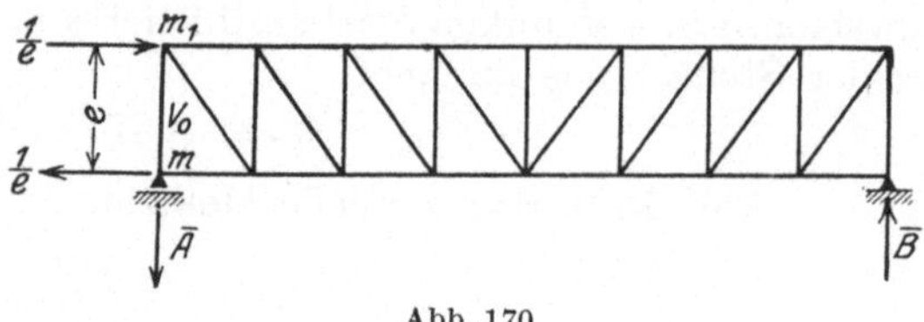

Abb. 170

das von dem Kräftepaar erzeugte Moment $\overline{M} = 1$ im Sinne der als positiv festgesetzten Drehung τ_m der Geraden $m-m_1$ wirkt. Bezeichnen δ_m und δ_{m1} die Projektionen der tatsächlichen Verschiebungen der Punkte m und m_1 auf die Richtung der virtuellen Lasten $\dfrac{1}{e}$ (Abb. 170a), so wird die virtuelle Arbeit dieser Lasten $\dfrac{1}{e} (\delta_{m1} - \delta_m)$. Nun ist aber

$$\frac{\delta_{m1} - \delta_m}{e} = \tau_m,$$

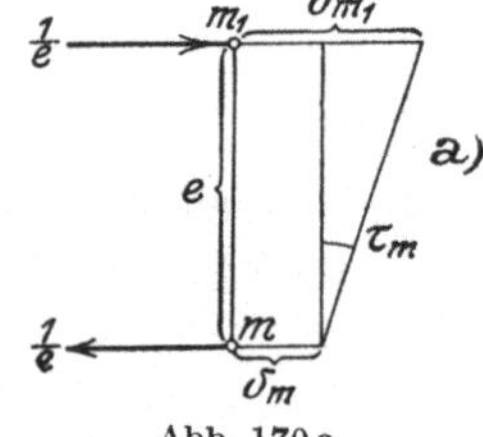

Abb. 170 a

wobei der Winkel τ_m im Bogenmaß gemessen wird. Die virtuelle Arbeit der Lasten $\dfrac{1}{e}$ wird also

$$\sum \overline{P} \delta = \frac{1}{e} (\delta_{m1} - \delta_m) = 1 \tau_m.$$

Der Wert $1 \tau_m$ stellt das Produkt aus dem Moment 1 und einer Zahl (Winkel im Bogenmaß) dar. Das Moment 1 hat hier die Dimension „eins", wenn die Kraft $\dfrac{1}{e}$ die Dimension $\left[\dfrac{1}{c\,m}\right]$ erhält. In der Arbeitsgleichung

$$1 \tau_m = \sum \overline{S} S \varrho + \sum \overline{S} \varepsilon_t t s - \sum \overline{C} c$$

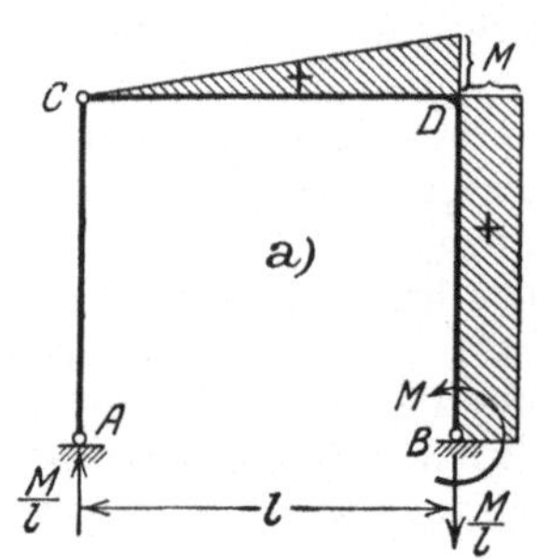

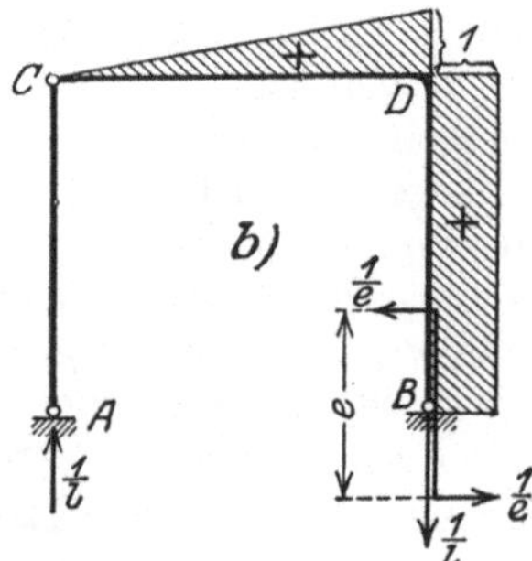

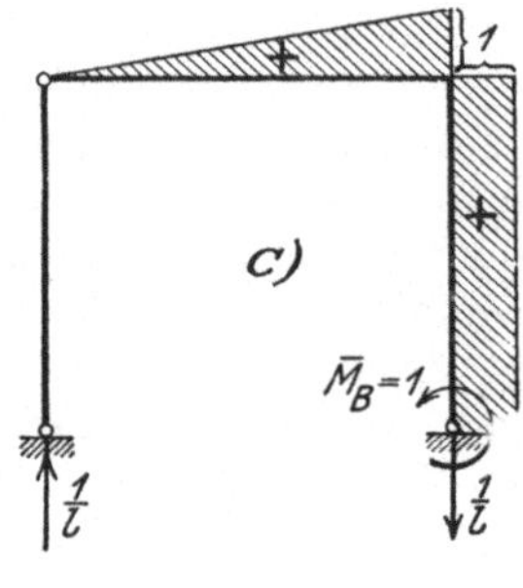

Abb. 171

haben demnach die virtuellen Stabkräfte $\overline{S}$ und die virtuellen Lagerkräfte $\overline{C}$ ebenfalls die Dimension $\left[\dfrac{1}{c\,m}\right]$.

Der hier betrachtete virtuelle Belastungszustand liefert mit Hilfe der Arbeitsgleichung die gesuchte Drehung τ_m der Geraden $m-m_1$. Er wird hinfort als *Belastungseinheit der Geraden* bezeichnet.

5. Ganz ähnlich geht man bei Stabwerken vor. Das in Abb. 171 dargestellte Stabwerk sei am rechten unteren Stielende durch das Moment M belastet. Es soll die Drehung der Endtangente in B an diesen Stiel berechnet werden. Das System ist statisch bestimmt, denn den vier unbekannten Auflagerkräften stehen drei Gleichgewichtsbedingungen und eine Gelenkbedingung bei $C\,(M_C = 0)$ gegenüber, aus denen sich die senkrechten Lagerkräfte zu $\dfrac{M}{l}$ ergeben, während horizontale nicht auftreten können. Die wirkliche Momentenfläche nimmt also die aus Abb. 171a ersichtliche Form an.

Die an den rechten Stiel gelegte Endtangente denke man sich als starren Stab in B fest mit dem Stiel verbunden und bringe an ihr die Belastungseinheit der Geraden an (Abb. 171b), wobei der Abstand e beliebig gewählt werden kann. Infolge dieses virtuellen Belastungszustandes entstehen Stützendrücke von der Größe $\dfrac{1}{l}$, weshalb die virtuelle Momentenfläche die aus Abb. 171b ersichtliche Form besitzt. Die gesuchte Drehung τ_B ergibt sich nun aus der Arbeitsgleichung

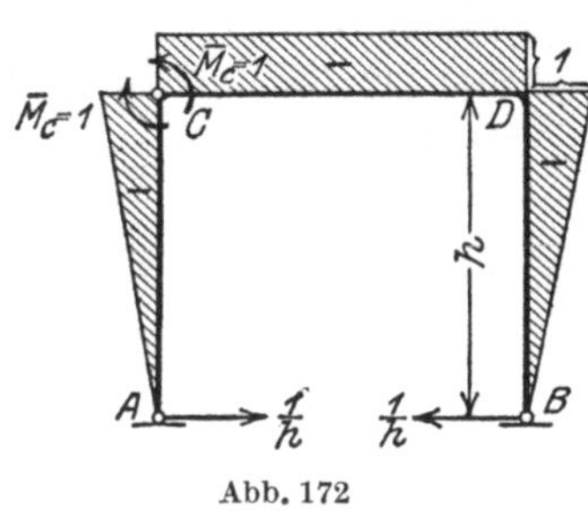

Abb. 172

$$1\,\tau_B = \int \frac{\overline{M}\,M\,ds}{EJ},$$

wenn wieder der Einfluß von Längs- und Querkräften unberücksichtigt bleibt und Temperaturänderungen sowie Lagerverschiebungen nicht vorhanden sind. Der einfacheren Darstellung halber wird in Zukunft für die Belastungseinheit der Tangente im Punkte m eines Stabzuges direkt das virtuelle Moment $\overline{M} = 1$ eingeführt (Abbildung 171c).

6. Als weitere Verschiebungsgröße kommt die Änderung τ_m des von zwei Geraden, die sich in m schneiden mögen, eingeschlossenen Winkels unter dem Einfluß einer gegebenen Belastung oder, was dasselbe ist, die gegenseitige Drehung dieser beiden Geraden in Frage. Als Beispiel möge die gegenseitige Drehung τ_C der Tangenten in C des linken Stieles $A-C$ und des Querriegels $C-D$ infolge der in Abb. 171a gegebenen Belastung des Stabwerkes durch das Moment M in B berechnet werden. Zur Lösung der Aufgabe werden die beiden Geraden $A-C$ und $C-D$ in C gemäß Abb. 172 durch die beiden virtuellen Momente $\overline{M}_C = 1$ im Sinne einer Vergrößerung des von diesen Geraden bei C eingeschlossenen Winkels belastet. Infolge dieses virtuellen Belastungszustandes werden die senkrechten Lagerkräfte zu Null, dagegen nehmen die Horizontalschübe den Wert $\dfrac{1}{h}$ an, bei A und B nach innen gerichtet. Demnach erhält man die aus Abb. 172 ersichtliche virtuelle Momentenfläche. Die Arbeitsgleichung liefert die gesuchte Winkeländerung

$$1\,\tau_C = \int \frac{\overline{M}\,M\,ds}{EJ},$$

wobei M die wirklichen Momente darstellen, welche aus Abb. 171a, und $\overline{M}$ die virtuellen Momente, die aus Abb. 172 entnommen werden können. Der hier benutzte virtuelle Belastungszustand soll in Zukunft die *Belastungseinheit des Geradenpaares* heißen.

Die vorstehend besprochenen vier Belastungseinheiten ermöglichen unter Benutzung der Arbeitsgleichungen (10) bzw. (15) die sofortige Berechnung jeder Verschiebungsgröße, da in diesen Gleichungen einfach

$$\Sigma\,\overline{P}_r\,\delta_r = 1\,\delta_m$$

bzw.

$$\Sigma\,\overline{P}_r\,\delta_r = 1\,\tau_m$$

wird. Voraussetzung ist, daß die Momente, Quer- und Längskräfte der zu untersuchenden Stabwerke bzw. die Stabkräfte der zu untersuchenden Fachwerke infolge einer gegebenen Belastung bekannt sowie etwa auftretende Lagerverschiebungen und Temperaturänderungen vorgegeben sind.

2. Die Sätze von der Gegenseitigkeit der elastischen Formänderungen

Auf ein stabiles Fachwerk mit starren Lagern möge im Punkte m die Last $P_m = 1$ wirken, welche in den Fachwerkstäben die Spannkräfte S_m erzeugt. Temperaturänderungen sollen nicht in Frage kommen. Unabhängig von der Last $P_m = 1$ möge in n eine zweite Last $P_n = 1$ wirken, durch welche im Fachwerk Spannkräfte S_n hervorgerufen werden. Infolge der Last $P_m = 1$ erleidet der Knotenpunkt n in Richtung der Last P_n eine elastische Verschiebung, die mit δ_{nm} bezeichnet werden soll. Umgekehrt erzeugt die Last $P_n = 1$ eine Verschiebung des Knotenpunktes m, welche in Richtung der Last P_m gemessen die Größe δ_{mn} haben möge. Die Arbeitsgleichung für den Belastungszustand $P_m = 1$ und den hiervon unabhängigen Verschiebungszustand δ_{mn} lautet

$$1\,\delta_{mn} = \sum S_m\,\varDelta s_n\,,$$

wenn $\varDelta s_n = S_n \varrho$ die von den Spannkräften S_n erzeugten Längenänderungen der Fachwerkstäbe bedeuten. Setzt man diesen Wert ein, so wird

$$1\,\delta_{mn} = \sum S_m\,S_n\,\varrho\,.$$

Die Arbeitsgleichung für den Belastungszustand $P_n = 1$ und den Verschiebungszustand δ_{nm} lautet

$$1\,\delta_{nm} = \sum S_n\,\varDelta s_m\,,$$

oder mit

$$\varDelta s_m = S_m\,\varrho$$

$$1\,\delta_{nm} = \sum S_n\,S_m\,\varrho\,.$$

Ein Vergleich der beiden für δ_{nm} und δ_{mn} gefundenen Ausdrücke ergibt

$$\delta_{nm} = \delta_{mn}\,. \tag{16}$$

Bisher war nur von der Belastungseinheit des Punktes m bzw. des Punktes n die Rede. Die hier angestellte Betrachtung gilt indessen auch für die drei übrigen Belastungseinheiten (vgl. Ziffer 1), wenn man nur den Begriff der Verschiebung δ_{nm} bzw. δ_{mn} entsprechend erweitert. Zu diesem Zwecke soll für die Folge allgemein unter δ_{nm} die elastische Verschiebung der Angriffspunkte der Belastungseinheit P_n in Richtung von P_n, hervorgerufen durch die Belastungseinheit P_m, und unter δ_{mn} die elastische Verschiebung der Angriffspunkte der Belastungseinheit P_m in Richtung von P_m, hervorgerufen durch die Belastungseinheit P_n, verstanden werden.

Das vorstehende Gesetz heißt nach seinem Entdecker der *Maxwellsche Satz von der Gegenseitigkeit der elastischen Formänderungen*. Es gilt allgemein für statisch bestimmte und unbestimmte Systeme. Voraussetzung ist, daß weder eine Temperaturänderung des spannungslosen Anfangszustandes noch Lagerverschiebungen auftreten, und die Gliederung des Fachwerks bei den vorkommenden Belastungen unveränderlich bleibt.

Liegt ein Stabwerk vor, so lautet die Arbeitsgleichung für den Belastungszustand $P_m = 1$ und den Verschiebungszustand δ_{mn}:

$$1\,\delta_{mn} = \int \frac{N_m\,N_n}{E\,F}\,ds + \int \frac{M_m\,M_n}{E\,J}\,ds + \int \frac{\varkappa\,Q_m\,Q_n\,ds}{G\,F}\,,$$

für den Belastungszustand $P_n = 1$ und den Verschiebungszustand δ_{nm}:

$$1\,\delta_{nm} = \int \frac{N_n N_m}{E F}\,ds + \int \frac{M_n M_m}{E J}\,ds + \int \frac{\varkappa\,Q_n Q_m\,ds}{G F}\,.$$

Daraus folgt wieder

$$\delta_{nm} = \delta_{mn}\,,$$

d. h. der MAXWELLsche Satz gilt unter den für das Fachwerk getroffenen Voraussetzungen auch für das Stabwerk.

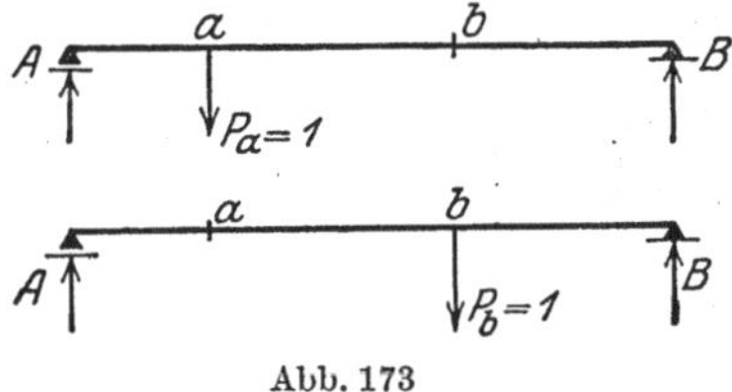

Abb. 173

Dieser Satz, welcher für die Theorie der statisch unbestimmten Systeme eine weittragende Bedeutung besitzt, ist ein Sonderfall des erst später entdeckten *Bettischen Satzes*, zu welchem man durch folgende Überlegung gelangt.

Man denke sich ein Fachwerk, für welches die oben gemachten Voraussetzungen erfüllt sind, erst mit den beliebigen Lasten (P_m) belastet, die in ihm Spannkräfte (S_m) und Längenänderungen der Stäbe $\varDelta s_m$ erzeugen. Unabhängig von den Lasten (P_m) denke man sich andere Lasten (P_n) auf das Fachwerk wirkend, welche Spannkräfte (S_n) und Längenänderungen $\varDelta s_n$ hervorrufen. Infolge dieser zweiten Belastung (P_n) erleiden die Angriffspunkte m der Lasten (P_m) in Richtung dieser Lasten Verschiebungen, welche mit (δ_{mn}) bezeichnet werden mögen, wobei

$$(\delta_{mn}) = \Sigma\,(P_n)\,\delta_{mn}\,,$$

und ebenso erleiden die Angriffspunkte der Lasten (P_n) Verschiebungen (δ_{nm}) in Richtung dieser Lasten, wenn auf das Fachwerk nur die Belastung (P_m) einwirkt, wobei

$$(\delta_{nm}) = \Sigma\,(P_m)\,\delta_{nm}\,.$$

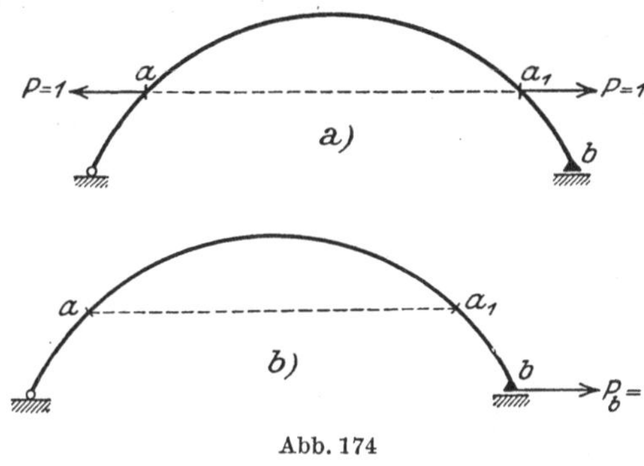

Abb. 174

Die Arbeitsgleichung für den Kräftezustand (P_n) und den Verschiebungszustand (δ_{nm}) liefert:

$$\Sigma\,(P_n)\,(\delta_{nm}) = \Sigma\,(S_n)\,\varDelta s_m$$
$$= \Sigma\,(S_n)\,(S_m)\,\varrho\,,$$

ferner für den Kräftezustand (P_m) und den Verschiebungszustand (δ_{mn}):

$$\Sigma\,(P_m)\,(\delta_{mn}) = \Sigma\,(S_m)\,\varDelta s_n = \Sigma\,(S_m)\,(S_n)\,\varrho\,.$$

Aus den vorstehenden Gleichungen findet man:

$$\Sigma\,(P_n)\,(\delta_{nm}) = \Sigma\,(P_m)\,(\delta_{mn})\,. \tag{17}$$

Die hier gewonnene Beziehung besagt, daß die Lasten (P_m) infolge der von den Lasten (P_n) erzeugten Verschiebungen die gleiche Arbeit leisten wie die Lasten (P_n) infolge der von den Lasten (P_m) erzeugten Verschiebungen. Dieses Gesetz wurde zuerst von BETTI bewiesen und heißt nach ihm der *Bettische Satz*. Für den Sonderfall $(P_m) = 1$ und $(P_n) = 1$ erhält man den oben bewiesenen MAXWELLschen Satz.

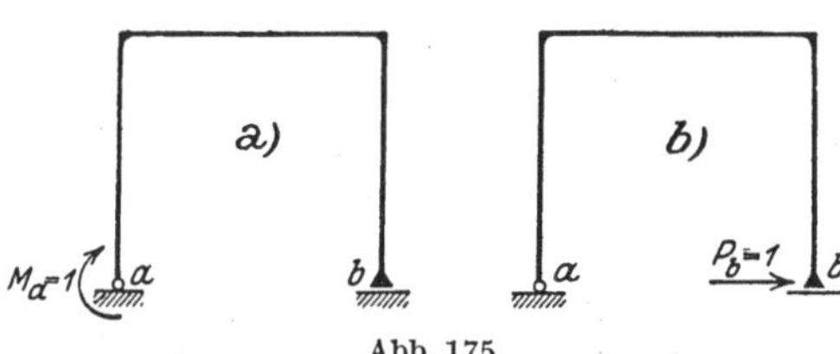

Abb. 175

Die Vielseitigkeit des MAXWELLschen Satzes soll nachstehend an einigen einfachen Beispielen gezeigt werden.

1. Die Verschiebung δ_{ba} des Punktes b in Richtung der Kraft $P_b = 1$, hervorgerufen durch die Kraft $P_a = 1$, ist gleich der Verschiebung δ_{ab} des Punktes a in Richtung der Kraft $P_a = 1$, hervorgerufen durch die Kraft $P_b = 1$ (Abb. 173).

2. Die Verschiebung δ_{ba} des Punktes b in Richtung der Kraft $P_b = 1$, hervorgerufen durch die Belastungseinheit des Punktpaares a, a_1, ist gleich der gegenseitigen Verschiebung δ_{ab} des Punktpaares a, a_1, hervorgerufen durch die Kraft $P_b = 1$ (Abb. 174).

3. Die Verschiebung δ_{ba} des Punktes b in Richtung der Kraft $P_b = 1$, hervorgerufen durch die Belastungseinheit der Tangente in a, ist gleich der Drehung τ_{ab} der Tangente in a, hervorgerufen durch die Kraft $P_b = 1$ (Abb. 175).

4. Die gegenseitige Drehung $\tau_{(r+1)r}$ des Tangentenpaares in $r + 1$, hervorgerufen durch die Belastungseinheit des Tangentenpaares in r, ist gleich der

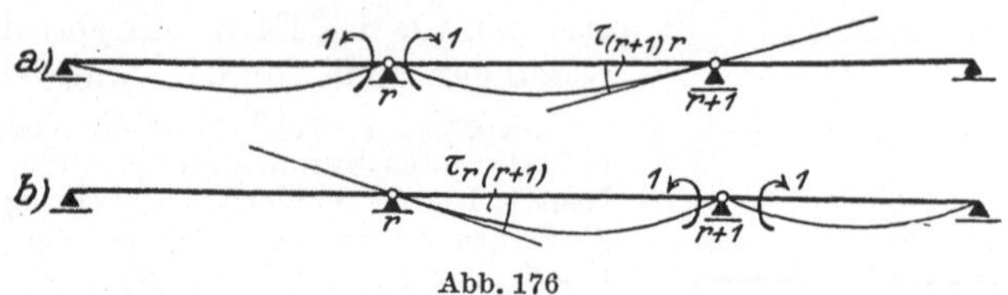

Abb. 176

gegenseitigen Drehung $\tau_{r(r+1)}$ des Tangentenpaares in r, hervorgerufen durch die Belastungseinheit des Tangentenpaares in $r + 1$ (Abb. 176).

5. Die gegenseitige Verschiebung δ_{mn} des Punktpaares m, m_1, hervorgerufen durch die Belastungseinheit des Geradenpaares n, ist gleich der gegenseitigen Drehung τ_{nm} des Geradenpaares n, hervorgerufen durch die Belastungseinheit des Punktpaares m, m_1 (Abb. 177).

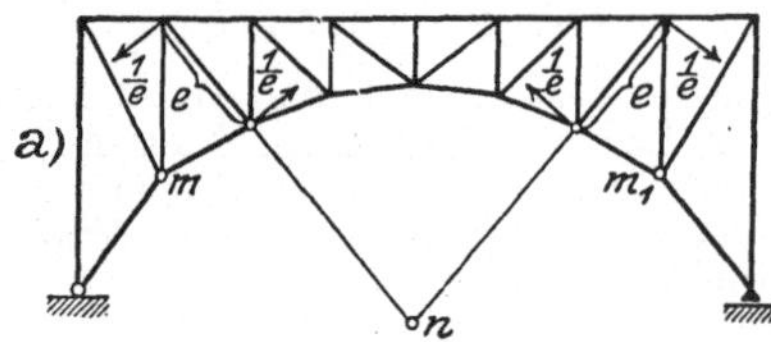

Abb. 177

3. Der Castiglianosche Satz vom Differentialquotienten der Formänderungsarbeit

a) Fachwerke

Ein anfangs spannungsloses Fachwerk mit starren Lagern, welches keinen Temperaturänderungen ausgesetzt sei, möge von beliebigen Lasten ergriffen werden. Wie bereits auf S. 3 gesagt, wird in der Statik der Tragwerke die Annahme gemacht, daß alle Lasten und mit ihnen alle Spannkräfte S allmählich von Null bis zu ihren Endwerten anwachsen, eine stoßartige Belastung ist also ausgeschlossen. Zur Zeit t, welche kleiner sei als diejenige, zu der die Kräfte bereits ihre Endwerte erreicht haben, mögen die Spannkräfte die Werte S_x besitzen. Während des Zeitdifferentials dt, in dem diese Kräfte S_x wirksam sind, ändern sich die Stablängen um $d\Delta s_x$, wobei $\Delta s_x = \dfrac{S_x \, s}{E F}$ ist. Die Spannkräfte S_x leisten also die Formänderungsarbeit

$$dA = \sum S_x \, d\Delta s_x = \sum S_x \, dS_x \frac{s}{E F} .$$

Für die gesamte Dauer des Anwachsens der Spannkräfte von Null bis zu ihren Endwerten wird

$$A = \sum \int_0^S S_x \frac{dS_x \, s}{E F} = \sum \frac{S^2 \, s}{2 E F} = \frac{1}{2} \sum S^2 \varrho , \tag{18}$$

wobei A die *wirkliche Formänderungsarbeit des Fachwerks* darstellt.

Die Spannkräfte S eines Fachwerks lassen sich unter Beachtung des Superpositionsgesetzes in der linearen Form anschreiben:

$$S = S_1 P_1 + S_2 P_2 + \cdots + S_m P_m + \cdots + S_n P_n ,$$

wenn S_1, $S_2 \ldots S_m \ldots S_n$ diejenigen Spannkräfte bezeichnen, welche in den Stäben infolge der Belastungszustände $P_1 = 1$, $P_2 = 1 \ldots$ entstehen. Die partielle Ableitung des vorstehenden Ausdrucks für S nach der Kraft P_m liefert

$$\frac{\partial S}{\partial P_m} = S_m .$$

Unter der Voraussetzung starrer Lager lautet die Arbeitsgleichung für den Belastungszustand $P_m = 1$

$$1\,\delta_m = \Sigma \overline{S}\,\varDelta s ,$$

wobei die Werte $\overline{S}$ identisch sind mit den Werten S_m infolge $P_m = 1$. Ersetzt man nun $\overline{S}$ durch $S_m = \dfrac{\partial S}{\partial P_m}$, so erhält man

$$1\,\delta_m = \Sigma \frac{\partial S}{\partial P_m}\,\varDelta s = \Sigma \frac{\partial S}{\partial P_m}\,S\varrho ,$$

und man erkennt, daß die rechte Seite dieser Gleichung übereinstimmt mit der partiellen Ableitung der Formänderungsarbeit A [Gl. (18)] nach P_m. Daraus folgt:

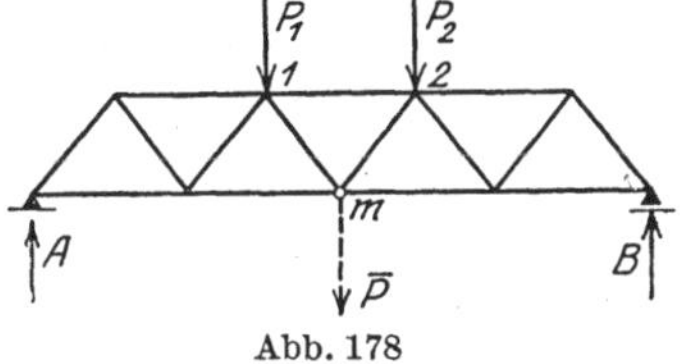

Abb. 178

$$\delta_m = \frac{\partial A}{\partial P_m} . \tag{19}$$

Dieser Satz wurde zuerst von CASTIGLIANO bewiesen und kann unter der Voraussetzung eines spannungslosen Anfangszustandes, starrer Lager und unveränderlicher Temperatur wie folgt formuliert werden: *Die Verschiebung δ_m des Punktes m in Richtung der in m angreifenden Last P_m ist gleich dem nach P_m genommenen partiellen Differentalquotienten der Formänderungsarbeit A des Fachwerks.*

Das vorstehende Gesetz ermöglicht auch die Berechnung der Verschiebung eines Punktes, an dem keine Last angreift, wenn man sich in dem fraglichen Punkte zunächst eine in die Richtung der gesuchten Verschiebung fallende Last $\overline{P}$ wirksam denkt und diese nachträglich gleich Null setzt.

Soll z. B. die Verschiebung des Punktes m des in Abb. 178 skizzierten Trägers in Richtung der punktiert eingetragenen, in Wirklichkeit nicht vorhandenen Last $\overline{P}$ infolge der in 1 und 2 wirkenden Lasten P_1 und P_2 bestimmt werden, so schreibe man die Bedingung an

$$\delta_m = \frac{\partial A}{\partial \overline{P}} = \Sigma S' \varrho \frac{\partial S'}{\partial \overline{P}} ,$$

wobei

$$S' = S + \overline{S}\,\overline{P}$$

ist, wenn S die Spannkraft infolge der gegebenen Belastung (P_1, P_2) und $\overline{S}$ diejenige infolge des gedachten Belastungszustandes $\overline{P} = 1$ bedeutet. Demnach wird

$$\frac{\partial S'}{\partial \overline{P}} = \overline{S} ,$$

und damit

$$\delta_m = \Sigma (S + \overline{S}\,\overline{P})\,\varrho\,\overline{S} .$$

Da aber in Wirklichkeit $\overline{P} = 0$ ist, so erhält man

$$\delta_m = \Sigma S\,\overline{S}\,\varrho$$

und gelangt damit zu einem Ausdruck, der mit dem aus der Arbeitsgleichung abgeleiteten übereinstimmt.

Der CASTIGLIANOsche Satz vom Differentialquotienten der Formänderungsarbeit läßt sich auch in solchen Fällen anwenden, wo Temperaturänderungen und Lagerverschiebungen auftreten, sofern man die wirkliche Formänderungsarbeit A durch eine Funktion A' ersetzt, welche den veränderten Verhältnissen Rechnung trägt[1].

Die Arbeitsgleichung für den Belastungszustand $\overline{P}_m = 1$ lautet

$$1\,\delta_m = \sum \overline{S}\,\Delta s - \sum \overline{C}\,c\,.$$

Mit

$$\overline{S} = \frac{\partial S}{\partial P_m} \quad \text{und} \quad \Delta s = \frac{S\,s}{E\,F} + \varepsilon_t\,t\,s$$

geht sie über in

$$1\,\delta_m = \sum \frac{\partial S}{\partial P_m} S\,\varrho + \sum \frac{\partial S}{\partial P_m}\,\varepsilon_t\,t\,s - \sum \overline{C}\,c\,. \tag{20}$$

Die wirklichen Reaktionen C lassen sich als lineare Funktionen der Lasten P darstellen:

$$C = C_1\,P_1 + C_2\,P_2 + \cdots + C_m\,P_m + \cdots + C_n\,P_n\,.$$

Infolge des Belastungszustandes $\overline{P}_m = 1$ nimmt demnach eine beliebige Reaktion den Wert an

$$\overline{C} = C_m = \frac{\partial C}{\partial P_m}\,.$$

Setzt man nun

$$A' = \tfrac{1}{2} \sum S^2\,\varrho + \sum S\,\varepsilon_t\,t\,s - \sum C\,c\,, \tag{21}$$

wobei die Werte c wieder die gegebenen oder durch Beobachtung gefundenen Lagerverschiebungen darstellen, und bildet $\dfrac{\partial A'}{\partial P_m}$, so erkennt man, daß dieser Differentialquotient identisch ist mit der rechten Seite der Gl. (20). Daraus folgt:

$$\delta_m = \frac{\partial A'}{\partial P_m} \tag{22}$$

oder in Worten: *Die Verschiebung δ_m des Punktes m eines unter dem Einfluß gegebener Lasten, Temperaturänderungen und Stützenverschiebungen stehenden Fachwerks, in Richtung der in m angreifenden Kraft P_m, ist gleich dem nach P_m genommenen partiellen Differentialquotienten der Funktion A'.*

b) Stabwerke

Auf ein anfangs spannungsloses ebenes Stabwerk mit starren Lagern, welches keinen Temperaturänderungen ausgesetzt sei, mögen beliebige, miteinander im Gleichgewicht stehende äußere Kräfte wirken, die — entsprechend der in der Statik üblichen Annahme — allmählich von Null bis zu ihren Endwerten anwachsen. Aus dem Innern des Stabwerks denke man sich ein unendlich kleines Parallelepiped mit den Kantenlängen dx, dy, dz herausgeschnitten, welches unter dem Einfluß der zunächst allein wirksam angenommenen Normalspannungen σ_x eine Längenänderung $\Delta\,dx$ erfahren möge, die erreicht ist, sobald σ_x seinen Endwert erreicht hat. Bezeichnen σ_x' einen beliebigen Wert von σ_x zwischen Null und dem Endwert, und ξ die diesem σ_x' entsprechende Verlängerung von dx, so wird nach dem HOOKEschen Gesetz

$$\frac{\xi}{dx} = \frac{\sigma_x'}{E} \quad \text{und} \quad d\xi = d\sigma_x'\,\frac{dx}{E}\,.$$

Auf dem Wege $d\xi$ leistet $\sigma_x'\,dF$ die Arbeit $\sigma_x'\,dF\,d\xi$, weshalb mit $dF\,dx = dV$ die gesamte Formänderungsarbeit des betrachteten Körperchens infolge

---

[1] MÜLLER-BRESLAU, H.: Neuere Methoden der Festigkeitslehre, 5. Aufl., S. 77, Leipzig 1924.

der Normalspannungen den Wert annimmt:

$$dA_n = \int\limits_0^{\sigma_x} \sigma_x' \, \frac{d\sigma_x'}{E} \, dV = \frac{\sigma_x^2}{2\,E} \, dV.$$

Demnach wird die Formänderungsarbeit des Stabwerks

$$A_n = \int \frac{\sigma^2}{2\,E} \, dV = \int \frac{ds}{2\,E} \int \sigma^2 \, dF,$$

wenn hier das Längendifferential ds an Stelle von dx und der Einfachheit halber $\sigma = \sigma_x$ gesetzt wird.

Mit

$$\sigma = \frac{N}{F} + \frac{M}{J} z$$

erhält man

$$A_n = \int \frac{ds}{2\,E} \int \left(\frac{N^2}{F^2} + \frac{2\,N\,M}{F\,J} z + \frac{M^2}{J^2} z^2 \right) dF,$$

und dieser Ausdruck liefert wegen

$$\int dF = F; \quad \int z\,dF = 0; \quad \int z^2\,dF = J. \quad \text{(S. 17)}$$

$$A_n = \int \frac{N^2}{2\,E\,F}\,ds + \int \frac{M^2}{2\,E\,J}\,ds.$$

Für die Formänderungsarbeit der Schubspannungen τ am unendlich kleinen Parallelepiped läßt sich ein ganz analoger Ausdruck ableiten wie für die Normalspannungen. Bezeichnet τ' einen beliebigen Wert von τ zwischen Null und dem Endwert, so erhält man als Formänderungsarbeit am unendlich kleinen Parallelepiped nach Abb. 37:

$$dA_s = \int\limits_0^{\tau} (\tau' \, dy \, dz) \, d\gamma' \, dx.$$

Da aber

$$\gamma' = \frac{\tau'}{G},$$

so wird

$$dA_s = \int\limits_0^{\tau} \tau' \, \frac{d\tau'}{G} \, dV = \frac{\tau^2}{2\,G} \, dV$$

und demnach für das ganze Stabwerk

$$A_s = \int \frac{\tau^2}{2\,G} \, dV = \int \frac{ds}{2\,G} \int \tau^2 \, dF.$$

Mit

$$\tau = \frac{Q\,\mathfrak{S}}{J\,b}$$

geht dieser Ausdruck über in

$$A_s = \int \frac{Q^2\,ds}{2\,G} \int \frac{\mathfrak{S}^2\,dF}{J^2\,b^2} = \int \frac{\varkappa\,Q^2\,ds}{2\,G\,F},$$

wo $\dfrac{\varkappa}{F}$ die weiter oben angeschriebene Bedeutung besitzt (vgl. S. 120).

Faßt man nun die beiden für A_n und A_s gefundenen Werte unter Beachtung des Superpositionsgesetzes zusammen, so erhält man schließlich als *gesamte Formänderungsarbeit des Stabwerks*

$$A = \int \frac{N^2\,ds}{2\,E\,F} + \int \frac{M^2\,ds}{2\,E\,J} + \int \frac{\varkappa\,Q^2\,ds}{2\,G\,F}. \tag{23}$$

Die in einem Stabwerk auftretenden Längskräfte N, Momente M und Querkräfte Q lassen sich wie folgt darstellen:

$$N = N_1 P_1 + N_2 P_2 + \cdots + N_m P_m + \cdots + N_n P_n,$$

$$M = M_1 P_1 + M_2 P_2 + \cdots + M_m P_m + \cdots + M_n P_n,$$

$$Q = Q_1 P_1 + Q_2 P_2 + \cdots + Q_m P_m + \cdots + Q_n P_n,$$

wenn wieder $N_1, N_2, \ldots, N_n$, $M_1, M_2 \ldots, M_n$ und $Q_1, Q_2, \ldots, Q_n$ die in dem Stabwerk auftretenden Längskräfte, Momente und Querkräfte infolge der Belastungszustände $P_1 = 1, P_2 = 1, \ldots, P_n = 1$ bedeuten. Es ist also

$$\frac{\partial N}{\partial P_m} = N_m, \quad \frac{\partial M}{\partial P_m} = M_m, \quad \frac{\partial Q}{\partial P_m} = Q_m.$$

Führt man diese Werte in die Arbeitsgleichung für den Belastungszustand $\overline{P}_m = 1$ ein, wobei zunächst wieder starre Lager und unveränderliche Temperatur vorausgesetzt werden, so wird nach Gl. (10) mit $\overline{N} = N_m$, $\overline{M} = M_m$, $\overline{Q} = Q_m$

$$1\,\delta_m = \int \frac{N}{EF} \frac{\partial N}{\partial P_m}\,ds + \int \frac{M}{EJ} \frac{\partial M}{\partial P_m}\,ds + \int \varkappa \frac{Q}{GF} \frac{\partial Q}{\partial P_m}\,ds$$

oder

$$\delta_m = \frac{\partial A}{\partial P_m}. \tag{24}$$

Damit ist der Castiglianosche Satz vom Differentialquotienten der Formänderungsarbeit auch für Stabwerke von der auf S. 120 vorausgesetzten Form bewiesen.

Treten Temperaturänderungen und Lagerverschiebungen auf, so wird die Formänderungsarbeit A durch die Funktion A' ersetzt. Diese findet man, indem man zunächst die Arbeitsgleichung anschreibt

$$1\,\delta_m = \int \frac{\overline{N}\,N}{E\,F}\,ds + \int \frac{\overline{M}\,M}{E\,J}\,ds + \int \frac{\varkappa\,\overline{Q}\,Q\,ds}{G\,F} + \int \overline{N}\,\varepsilon_t\,t_s\,ds + \int \overline{M}\,\varepsilon_t \frac{\varDelta t}{h}\,ds - \sum \overline{C}\,c$$

und wieder

$$\overline{N} = N_m = \frac{\partial N}{\partial P_m}; \quad \overline{M} = M_m = \frac{\partial M}{\partial P_m}; \quad \overline{Q} = Q_m = \frac{\partial Q}{\partial P_m}; \quad \overline{C} = C_m = \frac{\partial C}{\partial P_m}$$

setzt. Damit wird

$$1\,\delta_m = \int \frac{N}{EF} \frac{\partial N}{\partial P_m}\,ds + \int \frac{M}{EJ} \frac{\partial M}{\partial P_m}\,ds + \int \varkappa \frac{Q}{GF} \frac{\partial Q}{\partial P_m}\,ds +$$

$$+ \int \varepsilon_t\,t_s \frac{\partial N}{\partial P_m}\,ds + \int \varepsilon_t \frac{\varDelta t}{h} \frac{\partial M}{\partial P_m}\,ds - \sum \frac{\partial C}{\partial P_m}\,c.$$

Der vorstehende Ausdruck stellt die partielle Ableitung der Funktion

$$A' = \int \frac{N^2\,ds}{2EF} + \int \frac{M^2\,ds}{2EJ} + \int \frac{\varkappa\,Q^2\,ds}{2GF} + \int N\,\varepsilon_t\,t_s\,ds + \int \varepsilon_t \frac{\varDelta t}{h}\,M\,ds - \sum C\,c \tag{25}$$

nach der Last P_m dar, woraus folgt:

$$\delta_m = \frac{\partial A'}{\partial P_m}. \tag{26}$$

Mit Hilfe des Castiglianoschen Satzes läßt sich die Verschiebung δ_m eines Punktes m auch dann bestimmen, wenn in m keine Last angreift. Man denkt sich dann zunächst eine Last P in der Richtung der gesuchten Verschiebung wirksam und setzt diese nachträglich gleich Null (vgl. S. 130).

4. Die Biegungslinie

Die in den Ziffern 1 bis 3 dieses Abschnitts besprochenen Verfahren ermöglichen die Berechnung der Verschiebung einzelner Punkte eines Fachwerks oder Stabwerks in bestimmter Richtung. Häufig ist es indessen notwendig, die Verschiebungen aller Knotenpunkte eines Fachwerks oder die Verschiebungen einer hinreichend großen Anzahl von Punkten der Achse eines biegungsfesten Stabes in bestimmter Richtung zu finden. In solchen Fällen würde zwar die wiederholte Anwendung der obigen Verfahren ebenfalls zum Ziele führen, jedoch verwendet man zweckmäßiger zur Lösung der Aufgabe die *Biegungslinie*. Bei Fachwerken wird diese durch einen Geradenzug dargestellt, welcher die Endpunkte der den einzelnen Knoten entsprechenden, von einer Nullinie aus als Ordinaten aufgetragenen Projektionen der totalen elastischen Verschiebungen auf die festgelegte Verschiebungsrichtung verbindet. Die Richtung der Nullinie kann dabei beliebig gewählt werden. Bei steifen Stäben bestimmt man im allgemeinen die Biegungslinie in gleicher Weise für bestimmte Punkte der Achse des Stabes oder Stabwerkes. Alle Punkte, welche keine Verschiebung in der fraglichen Richtung erleiden, liegen auf der Nullinie. Positive Ordinaten werden in der Richtung der als positiv festgelegten Verschiebung, negative in entgegengesetzter Richtung von der Nullinie aus aufgetragen. Bei Fachwerken genügt es mitunter, die Verschiebungen nur für gewisse Knotenpunkte — etwa die Knotenpunkte einer Gurtung — nach bestimmter Richtung festzulegen. In solchen Fällen betrachtet man die die fraglichen Knotenpunkte verbindenden Stäbe als *Stabzug mit gelenkartigen Knotenpunkten* und bestimmt die Biegungslinie dieses Stabzuges.

A. Die Biegungslinie des ebenen Fachwerks als Seilpolygon der elastischen Gewichte

Um eine wichtige Beziehung für die Biegungslinie ableiten zu können, denke man sich zunächst, diese sei für ein beliebiges Fachwerksystem gefunden. Den einzelnen Knotenpunkten des Fachwerks entsprechen Knickpunkte der Biegungs-

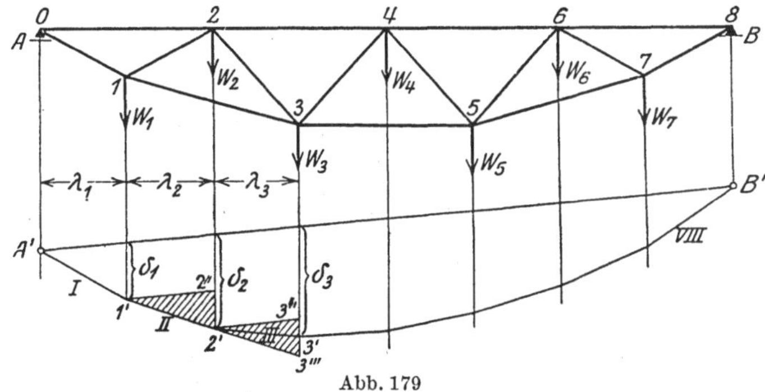

Abb. 179

linie. Als Verschiebungsrichtung sei die senkrechte angenommen, jedoch steht es frei, jede beliebige andere Richtung zu wählen (Abb. 179). Dann läßt sich die Biegungslinie als Seileck paralleler (hier senkrechter) Kräfte von endlicher Größe auffassen, deren Richtungslinien durch die Eckpunkte des Biegungspolygons gehen. Die Kräfte selbst sind zunächst nicht bekannt, jedoch ist ihr Größenverhältnis bestimmt, wenn man von einem Pol O zu den Seiten der Biegungslinie I, II, III . . . die Parallelen I', II', III' . . . zieht und diese mit einer Senkrechten in beliebigem Abstande vom Pol O zum Schnitt bringt. Zwischen den gesuchten (fiktiven) Kräften, welche „elastische" Gewichte (auch *W-Gewichte*) genannt werden (Abb. 179a), und den Durchbiegungen δ der Knotenpunkte des Fachwerks lassen sich bestimmte Beziehungen aufstellen[1].

Die horizontalen Abstände der Knotenpunkte sollen mit λ_1, λ_2, ..., die Projektionen der wirklichen Verschiebungen auf die Vertikale (Ordinaten der Biegungslinie) mit δ_1, δ_2 ... bezeichnet werden. Zieht man in Abb. 179 $1'-2''$ und $2'-3''$ parallel zur Nullinie $A'-B'$ und verlängert den Seilstrahl II bis zum Schnitt $3'''$ mit der Verlängerung von δ_3, so ist wegen der Ähnlichkeit der Dreiecke $1'-2''-2'$ und $2'-3''-3'''$

$$\overline{2'-2''}\,\frac{\lambda_3}{\lambda_2} = \overline{3'''-3''}\,.$$

Nun ist aber

$$\overline{2'-2''} = \delta_2 - \delta_1$$

und, wenn die Polweite $H = 1$ gewählt wird,

$$\overline{3'''-3''} = \delta_3 - \delta_2 + W_2\frac{\lambda_3}{1},$$

da das Dreieck $2'-3'-3'''$ dem von den Strahlen II', III' und dem Gewicht W_2 gebildeten Dreieck ähnlich ist. Man erhält also:

$$(\delta_2 - \delta_1)\frac{\lambda_3}{\lambda_2} = \delta_3 - \delta_2 + W_2\frac{\lambda_3}{1}$$

oder

$$W_2 = \frac{\delta_2 - \delta_1}{\lambda_2} - \frac{\delta_3 - \delta_2}{\lambda_3}$$

und somit allgemein

$$W_m = \frac{\delta_m - \delta_{m-1}}{\lambda_m} - \frac{\delta_{m+1} - \delta_m}{\lambda_{m+1}}. \tag{27}$$

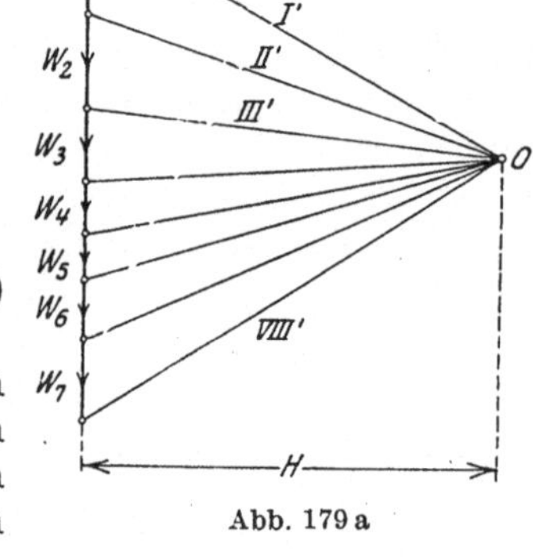

Abb. 179a

Damit ist zunächst eine Beziehung zwischen den Ordinaten δ der Biegungslinie und den W-Gewichten gefunden. Denkt man sich das Fachwerk auf ein rechtwinkliges Koordinatensystem X, Y bezogen und legt die Y-Achse in die Verschiebungsrichtung, so stellen die Ordinaten δ die Verschiebungskomponenten der Knotenpunkte nach der Y-Achse dar. An Stelle der obigen Gl. (27) kann also auch geschrieben werden:

$$W_m = \frac{\Delta y_m - \Delta y_{m-1}}{\lambda_m} - \frac{\Delta y_{m+1} - \Delta y_m}{\lambda_{m+1}}. \tag{28}$$

Es seien nun $m-1$, $\dot{m}$, $m+1$ drei aufeinanderfolgende Knotenpunkte eines beliebigen Stabzuges mit gelenkartigen Knoten, bezogen auf das aus Abb. 180 ersichtliche Koordinatensystem, s_m und s_{m+1} die Längen der im Punkte m zusammenstoßenden Stäbe, β_m und β_{m+1} deren Neigungswinkel gegen die X-Achse und ϑ_m der von s_m und s_{m+1} eingeschlossene untere Randwinkel.

Die Differenz $\Delta y_m - \Delta y_{m-1}$ stellt die relative Verschiebung des Punktes m gegen $m-1$ in Richtung der δ-Achse dar. Diese kann wie folgt bestimmt werden. Man denke sich den Punkt $m-1$ festgehalten und nehme an, der Punkt m verschiebe sich relativ gegen $m-1$ um $m-m'$ (Abb. 180a). Die Verschiebung $m-m'$ zerlege man in zwei Komponenten, von denen eine, $m-m''$, in die Richtung der Stabachse fällt, die andere, $m'-m''$, senkrecht dazu steht. $m-m''$ stellt die Längenänderung Δs_m dar, $m'-(m-1)-m'' = \Delta\beta_m$ den Winkel, um welchen der Stab s_m gedreht wird. Projiziert man jetzt die beiden Komponenten $m-m'' = \Delta s_m$

---

[1] MÜLLER-BRESLAU, H.: Stat. d. Baukonstr. Bd. 2 Abt. 1, 4. Aufl., S. 99ff., Stuttgart 1907.

und $m' - m'' = (s_m + \varDelta s_m)\,\varDelta\beta_m$ auf die Y-Richtung, so erhält man die gesuchte Relativverschiebung

$$\varDelta y_m - \varDelta y_{m-1} = -[\varDelta s_m \sin\beta_m + (s_m + \varDelta s_m)\,\varDelta\beta_m \cos\beta_m]$$

oder, bei Vernachlässigung kleiner Größen zweiter Ordnung,

$$\varDelta y_m - \varDelta y_{m-1} = -(\varDelta s_m \sin\beta_m + s_m \cos\beta_m\,\varDelta\beta_m).$$

Das negative Vorzeichen gibt an, daß die Verschiebung den entgegengesetzten Sinn hat wie die als positiv festgelegte Verschiebungsrichtung. Eine gleiche Beziehung läßt sich für $\varDelta y_m$ und $\varDelta y_{m+1}$ anschreiben:

$$\varDelta y_{m+1} - \varDelta y_m = -(\varDelta s_{m+1} \sin\beta_{m+1} + s_{m+1} \cos\beta_{m+1}\,\varDelta\beta_{m+1}).$$

Dividiert man die erste der vorstehenden Gleichungen durch $\lambda_m = s_m \cos\beta_m$ und die zweite durch $\lambda_{m+1} = s_{m+1} \cos\beta_{m+1}$ und führt die so gefundenen Ausdrücke für $\dfrac{\varDelta y_m - \varDelta y_{m-1}}{\lambda_m}$ und $\dfrac{\varDelta y_{m+1} - \varDelta y_m}{\lambda_{m+1}}$ in (28) ein, so ergibt sich

$$W_m = \varDelta\beta_{m+1} + \frac{\varDelta s_{m+1}}{s_{m+1}}\,\mathrm{tg}\,\beta_{m+1} - \varDelta\beta_m - \frac{\varDelta s_m}{s_m}\,\mathrm{tg}\,\beta_m.$$

Nun ist aber nach Abb. 180

$$\vartheta_m = 180° + \beta_{m+1} - \beta_m$$

oder

$$\varDelta\vartheta_m = \varDelta\beta_{m+1} - \varDelta\beta_m.$$

Beachtet man noch, daß nach Gl. (34) des ersten Abschnitts

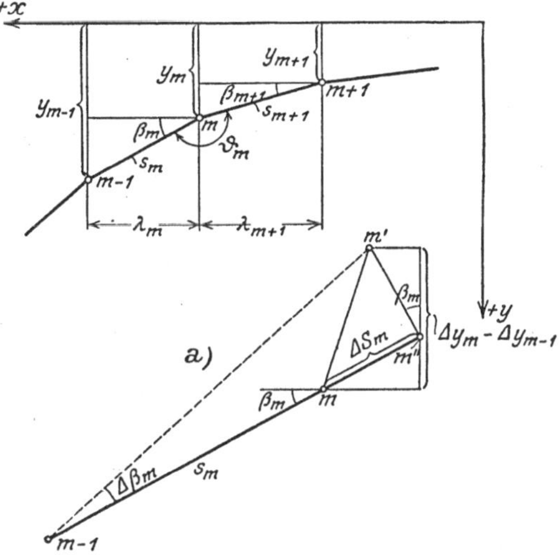

Abb. 180

$$\varDelta s_m = \frac{\sigma_m s_m}{E} + \varepsilon_t t_m s_m = s_m\left(\frac{\sigma_m}{E} + \varepsilon_t t_m\right),$$

$$\varDelta s_{m+1} = s_{m+1}\left(\frac{\sigma_{m+1}}{E} + \varepsilon_t t_{m+1}\right)$$

ist, und setzt diese Werte in die obige Gleichung für W_m ein, so erhält man schließlich für das W-Gewicht den allgemeinen Ausdruck:

$$W_m = \varDelta\vartheta_m - \left(\frac{\sigma_m}{E} + \varepsilon_t t_m\right)\mathrm{tg}\,\beta_m + \left(\frac{\sigma_{m+1}}{E} + \varepsilon_t t_{m+1}\right)\mathrm{tg}\,\beta_{m+1}. \tag{29}$$

Unter der Voraussetzung, daß alle Stäbe die gleiche Elastizitätszahl E besitzen, kann mit E multipliziert werden, weshalb

$$E W_m = E\varDelta\vartheta_m - (\sigma_m + \varepsilon_t E t_m)\,\mathrm{tg}\,\beta_m + (\sigma_{m+1} + \varepsilon_t E t_{m+1})\,\mathrm{tg}\,\beta_{m+1}. \tag{30}$$

Eine solche Gleichung läßt sich für jeden Knotenpunkt aufstellen, vorausgesetzt, daß keiner der Winkel β gleich einem Rechten wird, da in diesem Falle $\mathrm{tg}\,\beta = \infty$ würde.

In dem vorstehenden Ausdruck für W_m stellt $\varDelta\vartheta_m$ die Änderung des Randwinkels ϑ_m infolge der wirklichen Belastung des Systems dar, welche die gesuchte Verschiebung erzeugt. Diese Winkeländerung kann immer angegeben werden, sobald die Winkeländerungen der in dem Knoten m eines Stabzuges zusammentreffenden Fachwerkdreiecke bekannt sind. Bezeichnen z. B. α, α', α'' die in m

nebeneinander liegenden Dreieckswinkel und $\varDelta\alpha$, $\varDelta\alpha'$, $\varDelta\alpha''$ ihre Änderungen, so ist offenbar (Abb. 181)

$$\varDelta\vartheta_m = -(\varDelta\alpha + \varDelta\alpha' + \varDelta\alpha''),$$

denn einer Vergrößerung der Winkel α entspricht eine Verkleinerung von ϑ_m. Zur Bestimmung des Wertes $\varDelta\vartheta_m$ ist also zunächst die Ermittlung der Änderung der fraglichen Dreieckswinkel erforderlich.

Um die Winkeländerung $\varDelta\alpha_1$ des in Abb. 182 skizzierten Stabdreiecks zu finden, führe man die Belastungseinheit des Geradenpaares s_2 und s_3 ein und wende auf diesen virtuellen Belastungszustand und den wirklichen Formänderungszustand die Arbeitsgleichung an. Diese liefert:

$$1\,\varDelta\alpha_1 = \overline{S_1}\,\varDelta s_1 + \overline{S_2}\,\varDelta s_2 + \overline{S_3}\,\varDelta s_3.$$

Die virtuelle Spannkraft $\overline{S_1}$, welche dem dem Knoten 1 gegenüberliegenden Stabe des Dreiecks angehört, findet man, indem man die gedachte Last $\dfrac{1}{s_2}$ im Knoten 3 nach den Richtungen der beiden in 3 zusammenstoßenden Stäbe zerlegt. Aus ähnlichen Dreiecken ergibt sich

$$\overline{S_1} : \frac{1}{s_2} = s_2 : h_1,$$

woraus folgt

$$\overline{S_1} = \frac{1}{h_1}.$$

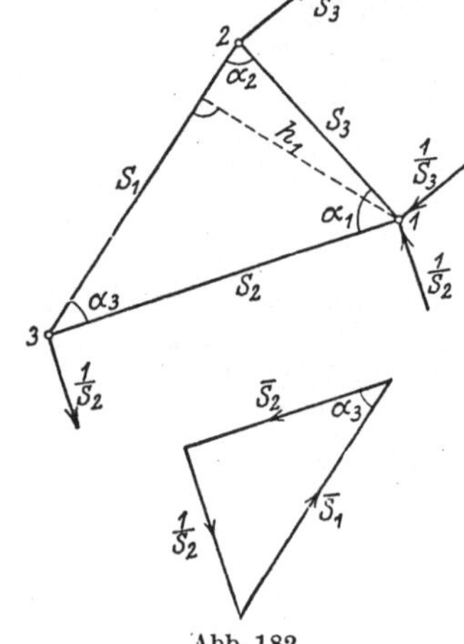

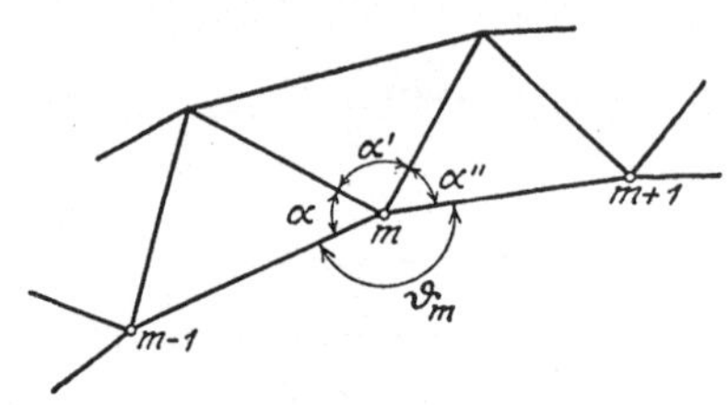

Abb. 181Abb. 182

Weiter ist

$$\overline{S_2} = -\overline{S_1}\cos\alpha_3 = -\frac{\cos\alpha_3}{h_1}; \quad \overline{S_3} = -\overline{S_1}\cos\alpha_2 = -\frac{\cos\alpha_2}{h}.$$

Für die wirklichen Änderungen der Stablängen gilt:

$$\varDelta s_1 = \frac{\sigma_1}{E}s_1 + \varepsilon_t\,t_1\,s_1,$$

$$\varDelta s_2 = \frac{\sigma_2}{E}s_2 + \varepsilon_t\,t_2\,s_2,$$

$$\varDelta s_3 = \frac{\sigma_3}{E}s_3 + \varepsilon_t\,t_3\,s_3.$$

Damit geht die Arbeitsgleichung über in

$$1\,\varDelta\alpha_1 = \left(\frac{\sigma_1}{E} + \varepsilon_t\,t_1\right)\frac{s_1}{h_1} - \left(\frac{\sigma_2}{E} + \varepsilon_t\,t_2\right)\frac{s_2\cos\alpha_3}{h_1} - \left(\frac{\sigma_3}{E} + \varepsilon_t\,t_3\right)\frac{s_3\cos\alpha_2}{h_1}.$$

Setzt man ferner

$$s_1 = s_2\cos\alpha_3 + s_3\cos\alpha_2$$

und multipliziert mit E, so ergibt sich

$$E\,\varDelta\alpha_1 = (\sigma_1 + \varepsilon_t\,E\,t_1 - \sigma_2 - \varepsilon_t\,E\,t_2)\frac{s_2\cos\alpha_3}{h_1} + (\sigma_1 + \varepsilon_t\,E\,t_1 - \sigma_3 - \varepsilon_t\,E\,t_3)\frac{s_3\cos\alpha_2}{h_1}.$$

Da aber

$$\frac{h_1}{s_2} = \sin\alpha_3; \qquad \frac{h_1}{s_3} = \sin\alpha_2,$$

so wird schließlich

$$E\,\Delta\alpha_1 = [\sigma_1 - \sigma_2 + \varepsilon_t\,E\,(t_1 - t_2)]\,\mathrm{ctg}\,\alpha_3 + [\sigma_1 - \sigma_3 + \varepsilon_t\,E\,(t_1 - t_3)]\,\mathrm{ctg}\,\alpha_2. \qquad (31)$$

Bleibt der Temperatureinfluß unberücksichtigt, so erhält man:

$$\left.\begin{aligned}
E\,\Delta\alpha_1 &= (\sigma_1 - \sigma_2)\,\mathrm{ctg}\,\alpha_3 + (\sigma_1 - \sigma_3)\,\mathrm{ctg}\,\alpha_2 \\
\text{und entsprechend} & \\
E\,\Delta\alpha_2 &= (\sigma_2 - \sigma_3)\,\mathrm{ctg}\,\alpha_1 + (\sigma_2 - \sigma_1)\,\mathrm{ctg}\,\alpha_3 \\
E\,\Delta\alpha_3 &= (\sigma_3 - \sigma_1)\,\mathrm{ctg}\,\alpha_2 + (\sigma_3 - \sigma_2)\,\mathrm{ctg}\,\alpha_1
\end{aligned}\right\} \qquad (32)$$

Mit Hilfe der vorstehenden Gleichungen können die Änderungen aller in einem Knotenpunkt m zusammenstoßenden Dreieckswinkel berechnet werden, womit auch die Randwinkeländerung $\Delta\vartheta_m$ bekannt ist.

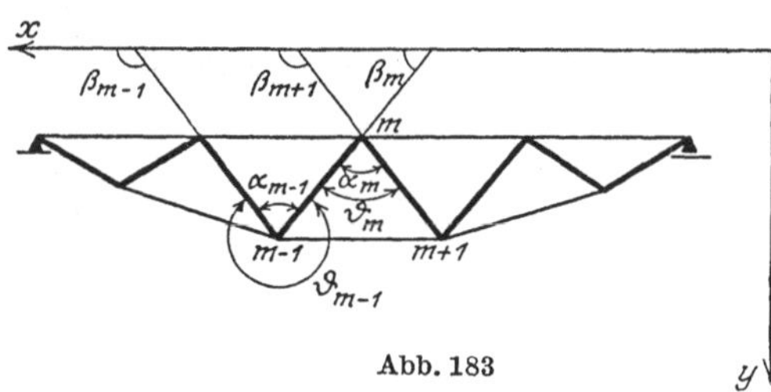

Abb. 183

Liegt der in Abb. 183 durch starke Linien hervorgehobene Stabzug vor, so kommen zur Berechnung von W_{m-1} und W_m die aus der Zeichnung ersichtlichen Winkel ϑ_{m-1}, ϑ_m, β_{m-1}, β_m, β_{m+1} in Frage. Hier ist:

$$\Delta\vartheta_{m-1} = -\Delta\alpha_{m-1},$$
$$\Delta\vartheta_m = \Delta\alpha_m.$$

Nachdem die elastischen Gewichte W sämtlicher Knoten des zu untersuchenden Stabzuges berechnet sind, trägt man sie als Lasten auf einer Parallelen zur Verschiebungsrichtung auf, wählt einen Pol O im Abstand $H = 1$ und zeichnet das zugehörige Seilpolygon, welches die Biegungsordinaten δ liefert, sobald die Nullinie bekannt ist. Diese wird mit Hilfe der Auflagerbedingungen gefunden. Für feste Stützpunkte und solche, die auf einer zur Verschiebungsrichtung senkrecht stehenden Bahn geführt werden, wird $\delta = 0$, sofern die betreffenden Lager unnachgiebig sind, andernfalls muß die Verschiebung c durch Beobachtung gegeben sein. Handelt es sich um ein bewegliches Lager C, welches auf einer um den Winkel γ gegen die Verschiebungsrichtung geneigten Bahn geführt wird (Abb. 184), so ist bei starrem Widerlager $\delta_C = \Delta c \cos\gamma$, wobei

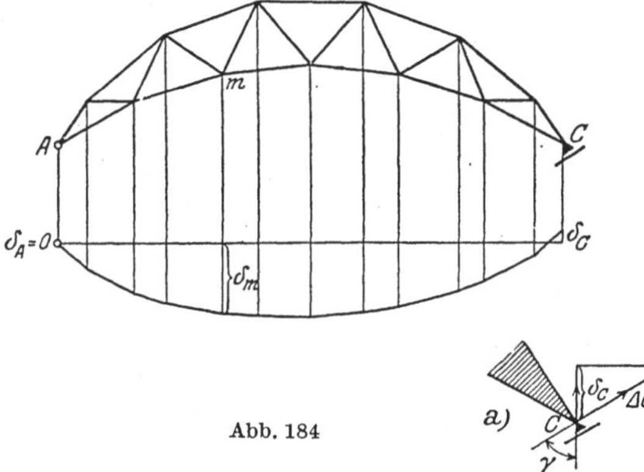

Abb. 184

Δc die in Richtung der Bahn gemessene Verschiebung des Punktes C angibt (Abb. 184a). δ wird negativ, wenn es den entgegengesetzten Sinn hat wie die als positiv festgelegte Verschiebungsrichtung.

Die W-Gewichte ergeben sich als Zahlen, die Dimension der mit E multiplizierten W-Gewichte ist also kg/cm². Bei der Ableitung der Gl. (29) war die Polweite, mit welcher das Seilpolygon gezeichnet werden sollte, zu $H = 1$ angenommen. In diesem Falle ergeben sich die Verschiebungen im Maßstab des Trägernetzes, sobald für die W-Gewichte derselbe Zahlenmaßstab gewählt wird wie für die Polweite 1. Dasselbe erreicht man, wenn man die E-fach zu großen

W-Gewichte einführt und als Polweite $H = E$ wählt. Da nun aber die δ-Werte sehr klein sind, ist es erforderlich, für diese einen anderen, entsprechend größeren Maßstab zu benutzen. Das wird erreicht, indem man die Polweite in dem gleichen Maße verkleinert. Will man die Ordinaten δ im Maßstab 1:1 haben (Abb. 185) so ist, wenn das Systemnetz z.B. im Maßstab 1:200 dargestellt wurde, die Pol,

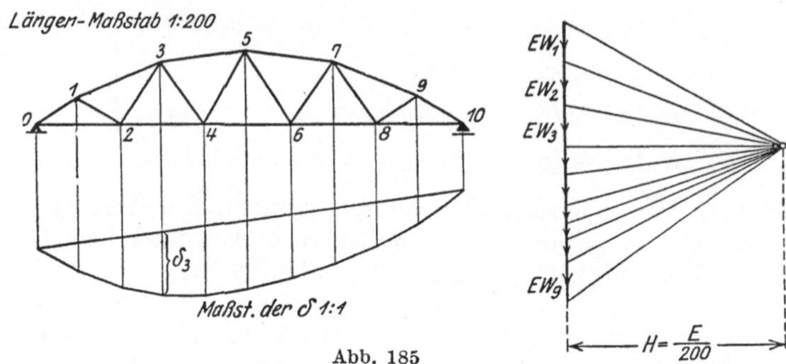

Abb. 185

weite $H = \dfrac{E}{200}$, will man die δ im Maßstab 3:1 — also dreifach vergrößert — erhalten, so ist die Polweite $\dfrac{E}{3 \cdot 200}$ zu wählen.

Wie bereits auf S. 134 erwähnt wurde, kann die Biegungslinie sowohl für alle als auch nur für gewisse Knotenpunkte bestimmt werden. Soll z. B. für den in Abb. 183 dargestellten Träger die Biegungslinie für alle Knotenpunkte gefunden werden, so ist der stark ausgezogene Stabzug der Betrachtung zugrunde zu legen. Will man jedoch nur die Durchbiegung des Untergurtes ermitteln, so wird der Untergurt als Stabzug eingeführt.

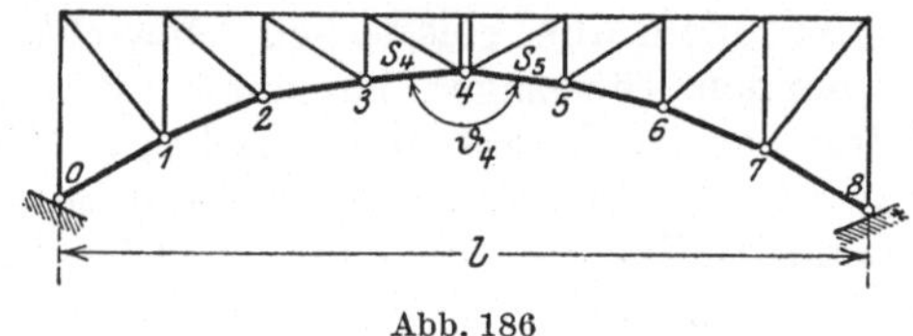

Abb. 186

Soll die Biegungslinie für den in Abb. 186 skizzierten Dreigelenkbogen gezeichnet werden, so erkennt man, daß mit Hilfe des vorstehenden Verfahrens wohl die Gewichte W_1 bis W_3 und W_5 bis W_7 bestimmt werden können, nicht aber W_4, da die Winkeländerung $\varDelta\vartheta_4$ am Gelenk sich nicht aus der Änderung von Dreieckswinkeln ableiten läßt. Man kann in diesem Falle so vorgehen, daß man durch Einführung der Belastungseinheit des Geradenpaares $(3—4)—(4—5)$ die gegenseitige Drehung $\varDelta\vartheta$ der in 4 zusammenstoßenden Stäbe berechnet, wobei die Lasten $\dfrac{1}{s_4}$ und $\dfrac{1}{s_5}$ so an-

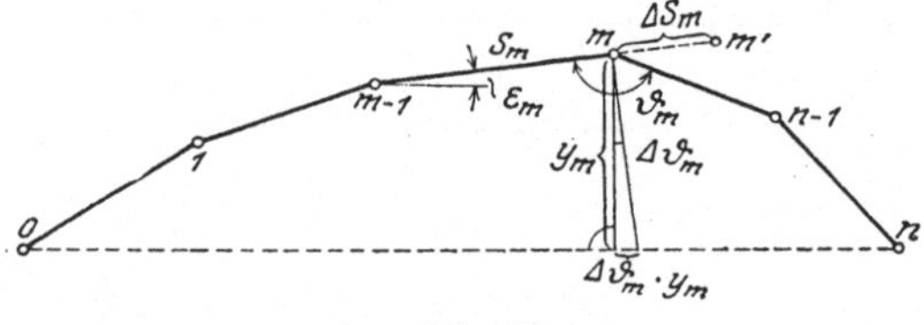

Abb. 187

zubringen sind, daß sie eine Vergrößerung des Winkels ϑ erzeugen. Ist $\varDelta\vartheta_4$ bekannt, dann kann auch W_4 bestimmt werden.

Ein anderes Verfahren, welches schnell zum Ziele führt, beruht auf der Ermittlung der Längenänderung der Stabzugsehne $0—8$. In einem beliebigen Stabzug $0—1—(m—1)—m—(n—1)—n$ (Abb. 187) bezeichne y_m den senkrechten Abstand des Punktes m von der Sehne $0—n$, ϑ_m den Randwinkel bei m, s_m die Länge des Stabes $(m—1)—m$ und ε_m dessen Neigungswinkel gegen die Sehne $0—n$. Einer Vergrößerung des Winkels ϑ_m um $\varDelta\vartheta_m$ entspricht eine Verlängerung der Sehne des Stabzuges um den Wert $\varDelta\vartheta_m y_m$, einer Verlängerung des Stabes s_m

um Δs_m eine Verlängerung der Sehne um $\Delta s_m \cos \varepsilon_m$. Die gesamte Längenänderung Δl wird demnach

$$\Delta l = \sum_1^{n-1} y_m \, \Delta \vartheta_m + \sum_1^n \Delta s_m \cos \varepsilon_m.$$

Setzt man wieder

$$\Delta s_m = \left(\frac{\sigma_m}{E} + \varepsilon_t t_m\right) s_m,$$

so wird

$$\Delta l = \sum_1^{n-1} y_m \, \Delta \vartheta_m + \sum_1^n \frac{\sigma_m + \varepsilon_t E t_m}{E} s_m \cos \varepsilon_m$$

oder mit $s_m \cos \varepsilon_m = \lambda_m$

$$\Delta l = \sum_1^{n-1} y_m \, \Delta \vartheta_m + \sum_1^n \frac{\sigma_m + \varepsilon_t E t_m}{E} \lambda_m. \tag{33}$$

Wendet man die vorstehende Beziehung auf den oben skizzierten Dreigelenkbogen (Abb. 186) an, so ergibt sich im Falle starrer Widerlager:

$$\Delta l = 0 = \sum_1^3 y_m \, \Delta \vartheta_m + y_4 \, \Delta \vartheta_4 + \sum_5^7 y_m \, \Delta \vartheta_m + \sum_1^8 \frac{\sigma_m + \varepsilon_t E t_m}{E} \lambda_m.$$

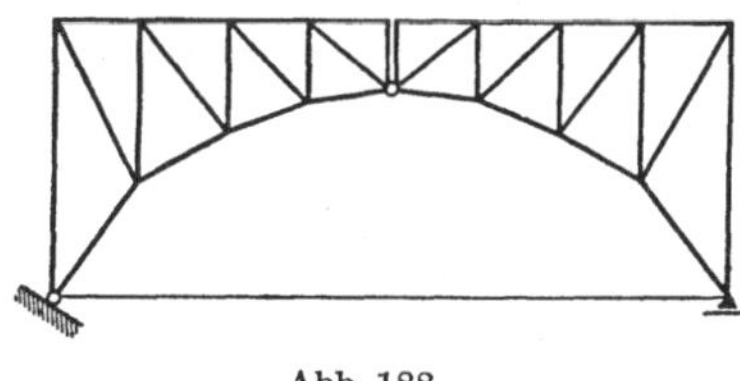

Abb. 188

Aus dieser Gleichung kann die Winkeländerung $\Delta \vartheta_4$ berechnet werden, sobald die übrigen $\Delta \vartheta$ mit Hilfe von (31) bzw. (32) gefunden sind. Handelt es sich um einen Dreigelenkbogen mit aufgehobenem Horizontalschub (Abb. 188), so ist $\Delta l = \dfrac{Z \, l}{E \, F_z}$ zu setzen, d. h. gleich der Längenänderung des Zugbandes vom Querschnitt F_z, wobei Z die im Zugband auftretende Spannkraft angibt.

Ein anderes, sehr zweckmäßiges Verfahren zur Berechnung der W-Gewichte ist von MÜLLER-BRESLAU mit Hilfe des Prinzips der virtuellen Verrückungen entwickelt worden[1].

Nach Gl. (27) war für das elastische Gewicht W_m die Beziehung gefunden:

$$W_m = \frac{\delta_m - \delta_{m-1}}{\lambda_m} - \frac{\delta_{m+1} - \delta_m}{\lambda_{m+1}}$$

oder etwas anders geschrieben

$$W_m = -\frac{1}{\lambda_m} \delta_{m-1} + \left(\frac{1}{\lambda_m} + \frac{1}{\lambda_{m+1}}\right) \delta_m - \frac{1}{\lambda_{m+1}} \delta_{m+1}.$$

Faßt man nun die Größen $\dfrac{1}{\lambda_m}$, $\left(\dfrac{1}{\lambda_m} + \dfrac{1}{\lambda_{m+1}}\right)$ und $\dfrac{1}{\lambda_{m+1}}$ in vorstehender Gleichung als Kräfte auf, und zwar so, daß $\dfrac{1}{\lambda_m}$ im Knoten $m-1$ und $\dfrac{1}{\lambda_{m+1}}$ im Knoten $m+1$ in entgegengesetztem, $\left(\dfrac{1}{\lambda_m} + \dfrac{1}{\lambda_{m+1}}\right)$ im Knoten m aber im gleichen Sinne wie die positiv angenommene Verschiebungsrichtung wirken (Abb. 189), so stellt die rechte Seite der obigen Gleichung die virtuelle Arbeit dieser drei Kräfte $\sum \overline{K} \delta$ dar. Für das W-Gewicht findet man also unter Beachtung der Arbeitsgleichung den Ausdruck

$$W_m = \sum \overline{K} \delta = \sum \overline{S} \Delta s, \tag{34}$$

[1] MÜLLER-BRESLAU, H.: Stat. d. Baukonstr. Bd. 2, Abt. 1, 4. Aufl., S. 104, Stuttgart 1907.

wenn $\overline{S}$ die virtuellen Spannkräfte des Fachwerks infolge der oben angegebenen „$\frac{1}{\lambda}$-Belastung" und Δs die wirklichen Längenänderungen der Stäbe bedeuten.

Der Einfluß dieser virtuellen Belastung erstreckt sich im allgemeinen nur über wenige Stäbe des Fachwerks, deren Spannkräfte leicht bestimmt werden können. Die Längenänderungen Δs der Stäbe infolge der wirklichen, die Verschiebung erzeugenden Belastung müssen bekannt sein. Nachdem die W-Gewichte mit Hilfe der Arbeitsgleichung berechnet sind, kann die Biegungslinie in der gleichen Weise aufgetragen werden, wie dieses weiter oben bereits gezeigt ist.

Wie man im einzelnen zur Bestimmung der W-Gewichte zu verfahren hat, soll noch an einigen Beispielen kurz erläutert werden.

Ist die Biegungslinie aller Knotenpunkte des in Abb. 190 skizzierten Trägers gesucht, so führe man den aus der Abbildung ersichtlichen virtuellen Belastungszustand zur Berechnung von W_m ein. Dann wird

$$W_m = \Sigma \overline{S}\, \Delta s\,.$$

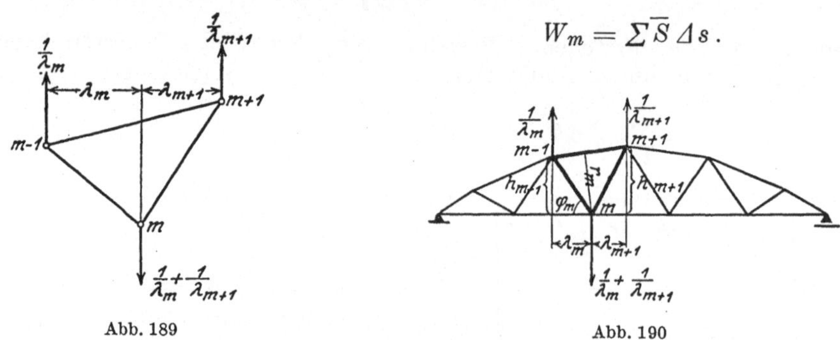

Abb. 189   Abb. 190

Auflagerkräfte entstehen infolge der virtuellen Belastung nicht, es werden also nur die drei stark ausgezogenen Stäbe beansprucht. Infolge der virtuellen Belastung ist $\overline{M}_m = 1$, $\overline{M}_{m-1} = \overline{M}_{m+1} = 0$. Demnach wird:

$$\overline{O}_{m+1} = -\frac{\overline{M}_m}{r_m} = -\frac{1}{r_m}\,;$$

$$\overline{D}_m = \left(\frac{\overline{M}_m}{h_m} - \frac{\overline{M}_{m-1}}{h_{m-1}}\right)\frac{1}{\cos\varphi_m} \quad \text{(vgl. S. 69)}$$

$$= \frac{1}{h_m \cos\varphi_m}\,;$$

$$\overline{D}_{m+1} = \left(\frac{\overline{M}_m}{h_m} - \frac{\overline{M}_{m+1}}{h_{m+1}}\right)\frac{1}{\cos\varphi_{m+1}} = \frac{1}{h_m \cos\varphi_{m+1}}\,.$$

Man erhält also im vorliegenden Falle:

$$W_m = -\frac{1}{r_m}\Delta o_{m+1} + \frac{1}{h_m \cos\varphi_m}\Delta d_m + \frac{1}{h_m \cos\varphi_{m+1}}\Delta d_{m+1}\,,$$

wenn Δo_{m+1}, Δd_m und Δd_{m+1} die wirklichen Längenänderungen der drei Stäbe O_{m+1}, D_m und D_{m+1} angeben.

Entsprechend ist für einen Knotenpunkt m der oberen Gurtung die aus Abb. 191 ersichtliche virtuelle Belastung einzuführen.

Soll nur die Biegungslinie des Untergurtes gefunden werden, so wähle man den in Abb. 192 skizzierten virtuellen Belastungszustand, wobei zu beachten ist, daß jetzt die Feldweiten λ_m und λ_{m+1} andere sind als in den ersten beiden Beispielen. Virtuelle Spannkräfte treten hier in den stark ausgezogenen Fachwerkstäben auf, die entweder graphisch oder rechnerisch leicht gefunden werden können.

Das aus Abb. 193 ersichtliche Belastungsschema stellt die virtuelle Belastung des vorliegenden Ständerfachwerks zur Berechnung des Gewichtes W_m dar, wenn die Biegungslinie des Obergurtes gesucht ist.

Soll das W-Gewicht für den Gelenkpunkt G eines Dreigelenkbogens bestimmt werden (Abb. 194), so liefert die „$\frac{1}{\lambda}$-Belastung" nicht nur in den beiden dem Gelenk benachbarten Feldern, sondern — infolge des auftretenden Horizontalschubes $\frac{1}{f}$ — im ganzen System virtuelle Spannkräfte, welche zweckmäßig

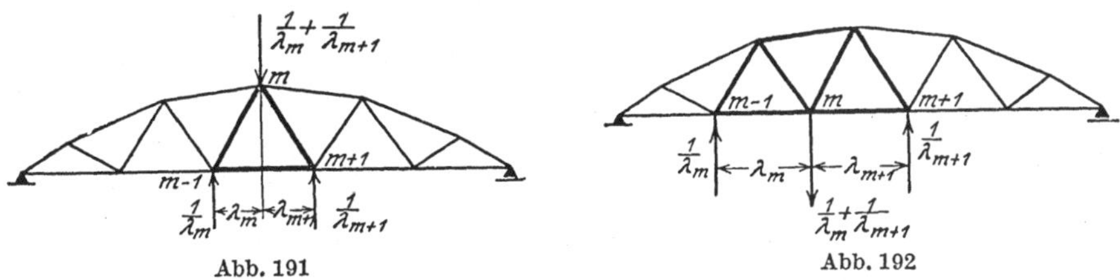

Abb. 191
Abb. 192

mit Hilfe eines Cremonaplanes bestimmt werden. Im übrigen ist der Rechnungsgang der gleiche wie bei den bereits besprochenen Systemen.

Das einzuschlagende Verfahren dürfte mit Hilfe der vorstehenden Beispiele zur Genüge erläutert sein. Man erkennt, daß in all diesen Fällen die Bestimmung der virtuellen Spannkräfte $\overline{S}$ und damit der W-Gewichte in einfacher Weise

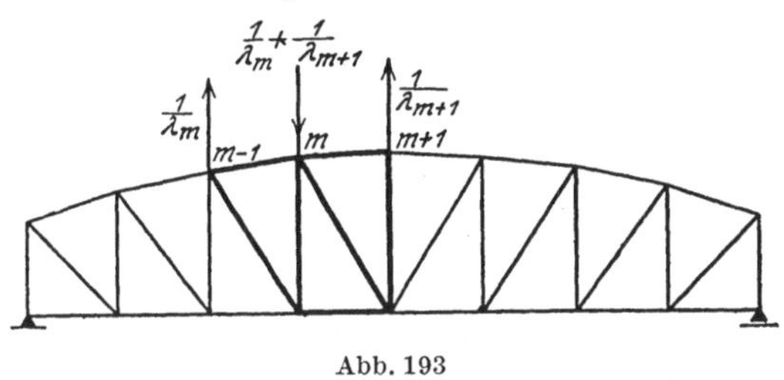

Abb. 193

erfolgen kann. Da letztere sehr kleine Größen sind, so werden sie zweckmäßig zur besseren Handhabung entweder mit E (vgl. S. 138) oder mit dem konstanten Faktor EF_c multipliziert, wobei F_c einen beliebigen Querschnitt angibt, für welchen zweckmäßig der am häufigsten vorkommende Gurtquerschnitt eingeführt wird. Im letzterem Falle erhält man nach (34)

$$EF_c W_m = \Sigma \overline{S}\left(S\,s\frac{F_c}{F} + \varepsilon_t\,E\,t\,s F_c\right). \tag{35}$$

Hinsichtlich des Maßstabes vgl. S. 139.

Bisher wurde immer vorausgesetzt, daß die Biegungslinie des Fachwerks als Seilpolygon zu den mit Hilfe der obigen Verfahren ermittelten W-Gewichten gezeichnet werden sollte. Im allgemeinen und besonders bei symmetrischen Systemen von gleicher Feldweite empfiehlt es sich jedoch, die Biegungsordinaten rechnerisch zu bestimmen.

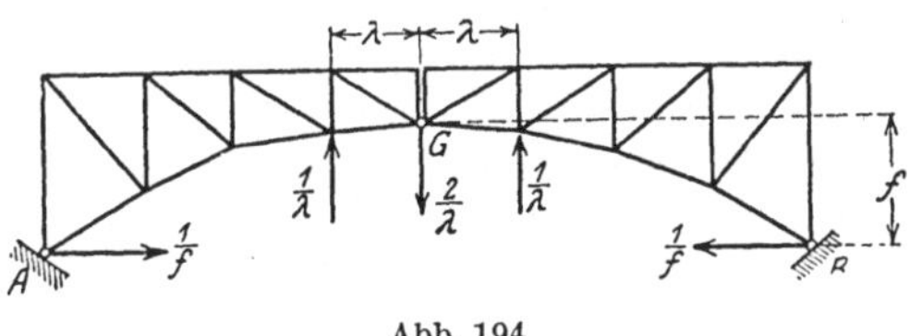

Abb. 194

Es sei z. B. die Biegungslinie für den Obergurt des in Abb. 195 gezeichneten Fachwerkträgers bei senkrechter Verschiebungsrichtung gegeben. δ_1 und δ_{n-1} seien die Verschiebungen der Punkte 1 und $n-1$. Verbindet man die Endpunkte $1'$ und $(n-1)'$ von δ_1 und δ_{n-1}, so kann die unter der Geraden $1'-(n-1)'$ als Schlußlinie liegende Fläche als Momentenfläche eines einfachen Balkens $A-B$ infolge der Belastung des Balkens mit den W-Gewichten aufgefaßt werden, wenn die Polweite $H=1$ gewählt wird (vgl. S. 42). Zwischen den die relativen Verschiebungen der Knotenpunkte gegen die Gerade $1'-(n-1)'$ darstellenden Ordinaten η_m und den Momenten M_{mw} infolge der W-Gewichte besteht dann die einfache Beziehung

$$1\,\eta_m = M_{mw}.$$

Man hat also zur Bestimmung der Ordinaten η_m nur die Momente M_{mw} eines einfachen Balkens zu berechnen. Werden die W-Gewichte in E-facher bzw. EF_c-facher Vergrößerung eingeführt, so sind die Momente M_{mw} nachträglich durch E bzw. EF_c zu dividieren. Die Biegungsordinaten δ_m ergeben sich schließlich aus der Beziehung:

$$\delta_m = \eta_m + \delta_1\frac{x_m'}{l} + \delta_{n-1}\frac{x_m}{l}. \tag{36}$$

Zur Ermittlung der M_{mw} beachte man die auf S. 41 entwickelte Beziehung zwischen zwei aufeinanderfolgenden Momenten und der Querkraft des Feldes:

$$M_m = M_{m-1} + Q_m\lambda_m$$

oder — unter der Voraussetzung überall gleicher Feldweiten λ —

$$\frac{M_m}{\lambda} = \frac{M_{m-1}}{\lambda} + Q_m,$$

mit deren Hilfe die Momente M_{mw} und damit die gesuchten Verschiebungen η_m immer schnell angegeben werden können. Bei gleichen Feldweiten λ bedient man sich dabei zweckmäßig der auf S. 41 angegebenen Tabelle.

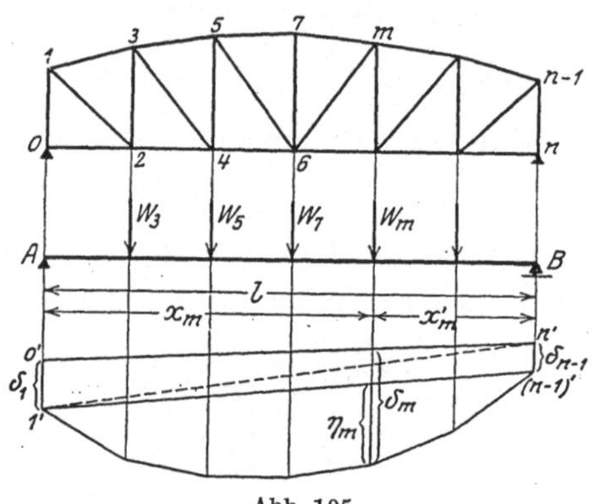

Abb. 195

Die vorstehenden Regeln lassen sich nicht nur auf einfache Balkenträger anwenden, sondern auch auf solche Systeme, welche aus mehreren starren Scheiben zusammengesetzt sind. Soll z. B. die Biegungslinie für den Untergurt des in Abb. 196 dargestellten Gerberträgers aufgetragen werden, so berechne man zunächst in der früher angegebenen Weise die Gewichte W_1 bis W_3, W_5 bis W_{17}, W_{19} bis W_{21}, wobei W-Gewichte mit negativem Vorzeichen als Lasten aufzufassen sind, welche der positiven Verschiebungsrichtung entgegengesetzt wirken. Darauf belaste man den der starren Scheibe $G_1-B-C-G_2$ entsprechenden einfachen Balken $G_1'-G_2'$ mit den Gewichten W_5 bis W_{17}, bestimme die Momente M_{mw} und trage diese unter Beachtung ihrer Vorzeichen als Ordinaten η_m von einer Horizontalen $G_1''-G_2''$ aus auf. Die η_m stellen die relativen Verschiebungen der Untergurtknotenpunkte des Kragträgers gegen die Gerade G_1-G_2 dar, welche zunächst als festliegend angenommen ist. η_B und η_C sind die relativen Verschiebungen der Stützpunkte B und C gegen diese Gerade. Werden alle Widerlager als starr vorausgesetzt, so sind die wirklichen Verschiebungen δ_B und δ_C der Stützpunkte B bzw. C gleich Null, wodurch die Nullinie $B''-C''$ für die wirklichen Verschiebungen δ_m der Knotenpunkte des Kragträgers festgelegt ist. Nach Erfüllung der Auflagerbedingungen erhält man

$$\delta_m = \eta_m - \left(\eta_B\frac{x_m'}{l} + \eta_C\frac{x_m}{l}\right).$$

η_m, η_B und η_C sind mit ihren Vorzeichen einzuführen. Liegt die zu berechnende Ordinate außerhalb der mittleren Stützweite l, so wird x_m negativ, wenn m links, bzw. x_m' negativ, wenn m rechts von der Mittelöffnung liegt. Ähnlich verfährt man bei den Koppelträgern. Man findet zunächst aus der Momentenfläche eines mit den Gewichten W_1 bis W_3 bzw. W_{19} bis W_{21} belasteten einfachen Balkens (Abb. 196)

$$1 \eta_m = M_{mw}.$$

Da aber der Punkt G_1 die Verschiebung

$$\delta_{G1} = -\left(\eta_B \frac{l+c_1}{l} - \eta_C \frac{c_1}{l}\right)$$

erleidet und der Punkt G_2 die Verschiebung

$$\delta_{G2} = -\left(-\eta_B \frac{c_2}{l} + \eta_C \frac{l+c_2}{l}\right),$$

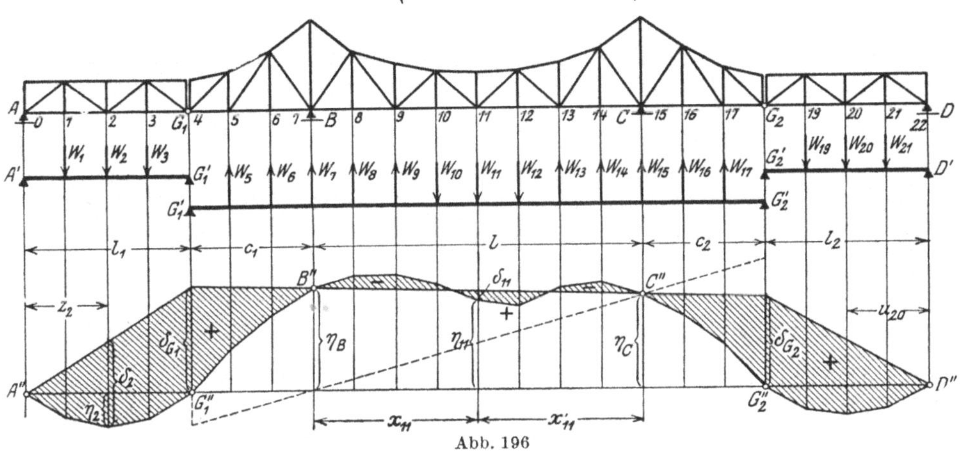

Abb. 196

während $\delta_A = \delta_D = 0$ ist, so wird für den linken Koppelträger

$$\delta_m = \eta_m + \delta_{G1} \frac{z_m}{l_1}$$

und für den rechten

$$\delta_m = \eta_m + \delta_{G2} \frac{u_m}{l_2},$$

womit die Verschiebungen aller Knotenpunkte des Untergurtes festgelegt sind.

B. Die Biegungslinie stabförmiger Träger

a) Die Gleichung der elastischen Linie des geraden Stabes

Ein gerader, biegungsfester Stab möge von beliebigen, in der Stabebene liegenden Kräften ergriffen sein. Unter ihrem Einfluß erleiden die Punkte der Stabachse Verschiebungen, bei deren Ermittlung vorausgesetzt wird, daß der Einfluß der Querkräfte auf die Verbiegung des Stabes unberücksichtigt bleiben darf und die Biegungsordinaten sehr kleine Werte haben.

Es soll zunächst der Winkel $d\omega$ bestimmt werden, um welchen sich zwei im spannungslosen Zustande parallele, um das Längendifferential dx voneinander entfernte Querschnitte des Stabes bei der Biegung gegeneinander drehen. Eine Querschnittsfaser im Abstand z von der Stabachse (Abb. 197) erleidet eine Längenänderung Δdx_z, für welche nach dem HOOKEschen Gesetz gilt

$$\frac{\Delta dx_z}{dx} = \frac{\sigma}{E} + \varepsilon_t t_z.$$

Entsprechend ändert sich das der Stabachse angehörige Längenelement dx um den Wert

$$\frac{\Delta dx}{dx} = \frac{\sigma_0}{E} + \varepsilon_t t_s.$$

Mit

$$\sigma = \frac{N}{F} + \frac{M}{J}\, z\,, \quad \sigma_0 = \frac{N}{F}\,, \quad t_z = t_s + \frac{\Delta t}{h}\, z$$

wird

$$\Delta d x_z - \Delta d x = \left(\frac{M}{EJ}\, z + \varepsilon_t \frac{\Delta t}{h}\, z\right) d x\,.$$

Nun ist aber (Abb. 197a)

$$\Delta d x_z - \Delta d x = d\omega\, z\,,$$

weshalb

$$d\omega = \left(\frac{M}{EJ} + \varepsilon_t \frac{\Delta t}{h}\right) d x\,. \tag{37}$$

Für den Krümmungsradius ϱ gilt nach den Lehren der analytischen Geometrie

$$\varrho = \frac{\left[1 + \left(\frac{dy}{dx}\right)^2\right]^{\frac{3}{2}}}{\dfrac{d^2 y}{d x^2}}\,,$$

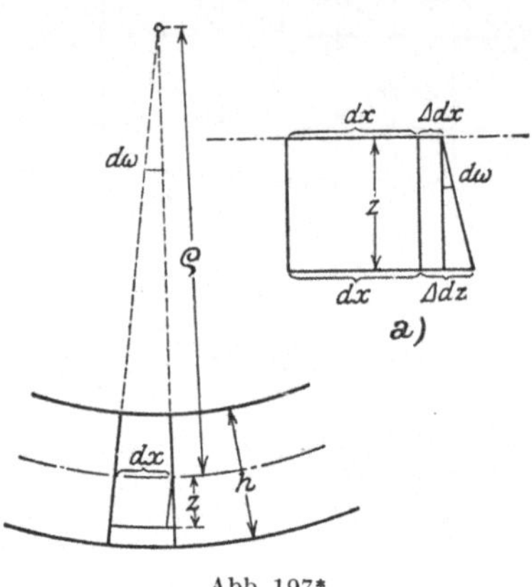

Abb. 197*

wobei y die Ordinate der elastischen Linie des gebogenen Stabes angibt. Unter der oben erwähnten Annahme, daß die Formänderungen des Stabes sehr kleine Größen sind, stellt der Wert $\frac{dy}{dx}$ die Tangente eines sehr kleinen Winkels dar. Das Quadrat $\left(\frac{dy}{dx}\right)^2$ kann demnach gegen 1 vernachlässigt werden, und man erhält mit hinreichender Genauigkeit

$$\varrho = \pm \frac{1}{\dfrac{d^2 y}{d x^2}}\,.$$

Zwischen dem Krümmungsradius ϱ, dem Winkel $d\omega$ und der Länge $d x$ besteht ferner die Beziehung (Abb. 197)

$$\varrho\, d\omega = d x\,.$$

Führt man für $d\omega$ den oben gefundenen Wert (37) ein, wo zunächst der Temperatureinfluß unbeachtet bleiben soll, so erhält man

$$\pm \frac{d^2 y}{d x^2} = \frac{M}{EJ}\,. \tag{38}$$

Gl. (38) stellt die (vereinfachte) *Differentialgleichung der elastischen Linie des geraden Stabes* dar, wie sie in der Statik der Baukonstruktionen im allgemeinen zur Anwendung gelangt. Das Vorzeichen von M ist zunächst unbestimmt und muß in Übereinstimmung mit den übrigen Annahmen gewählt werden. Führt man — wie gewöhnlich — abwärts gerichtete Biegungsordinaten y als positiv ein, so wird die Neigung $\frac{dy}{dx}$ der Tangente an die elastische Linie eines Stabes, welcher nach unten konkav gekrümmt ist, von links nach rechts

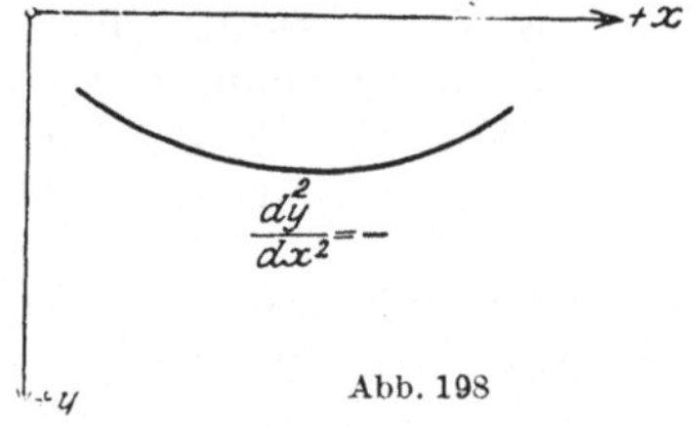

im positiven Sinne der X-Achse immer kleiner, bis sie schließlich negative Werte annimmt (Abb. 198). Es ist also hier $\frac{d^2 y}{d x^2}$ immer negativ. Da nun aber eine derartige

---

* In Abb. 197a lies $\Delta d x_z$ statt Δdz.

Krümmung durch positive Momente erzeugt wird, so lautet unter dieser Annahme die Gleichung der elastischen Linie

$$\frac{d^2 y}{d x^2} = -\frac{M}{EJ}.$$ (38 a)

Um aus ihr die Biegungsordinaten y zu finden, stellt man das Moment $M = M_x$ als Funktion der Abszisse x dar und integriert zweimal nach x. Das Integral enthält zwei unbekannte Konstante, welche aus den Grenz- bzw. Auflagerbedingungen berechnet werden können.

Die elastische Linie ist eine stetig gekrümmte Kurve. Sie kann einen Knick nur bei Vorhandensein eines Gelenkes aufweisen. Wird $M_x = 0$, also auch $\frac{d^2 y}{d x^2} = 0$, so hat sie an dieser Stelle einen Wendepunkt. Bei veränderlichem Trägheitsmoment $J = J(x)$ ist der Stab in einzelne Intervalle mit konstantem J zu zerlegen. Man betrachtet dann jedes Intervall als selbständigen Stab und hat bei n Intervallen $2n$ Integrationskonstanten zu bestimmen, für welche ebenso viele Gleichungen zur Verfügungen stehen, die sich aus den Auflagerbedingungen und ferner aus der weiteren Bedingung ergeben, daß an den Übergangsstellen alle Äste der elastischen Linie sich ohne Knick aneinanderschließen müssen, daß also die Ordinaten y und die zugehörigen Tangentenneigungen $\frac{dy}{dx}$ je zweier Äste gleiche Werte haben. In analoger Weise verfährt man, wenn der Träger durch Einzellasten beansprucht wird.

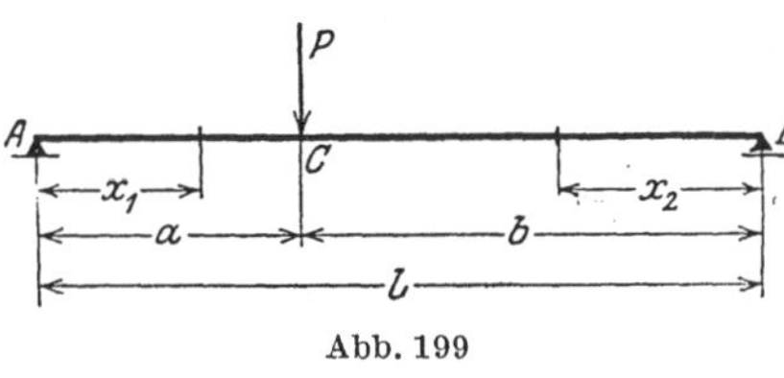

Abb. 199

Zur Erläuterung des Verfahrens soll die elastische Linie für einen einfachen Balken mit konstantem Trägheitsmoment berechnet werden, auf den eine Last P wirkt (Abb. 199). Nach (38 a) ist

$$\frac{d^2 y}{d x^2} = -\frac{M}{EJ}.$$

Der Träger wird in zwei Intervalle $A-C$ und $B-C$ zerlegt. Für den linken Trägerteil $A-C$ ist das Moment an der Stelle x_1

$$M_{x_1} = \frac{P b}{l} x_1;$$

für den rechten Trägerteil $B-C$ an der Stelle x_2

$$M_{x_2} = \frac{P a}{l} x_2.$$

Man erhält also

<table>
<tr><td>für den linken Ast:</td><td>für den rechten Ast:</td></tr>
</table>

$$EJ \frac{d^2 y_1}{d x_1^2} = -\frac{P b}{l} x_1; \qquad\qquad EJ \frac{d^2 y_2}{d x_2^2} = -\frac{P a}{l} x_2;$$

$$EJ \frac{d y_1}{d x_1} = -\frac{P b}{l}\frac{x_1^2}{2} + A_1; \qquad\qquad EJ \frac{d y_2}{d x_2} = -\frac{P a}{l}\frac{x_2^2}{2} + A_2;$$

$$EJ y_1 = -\frac{P b}{l}\frac{x_1^3}{6} + A_1 x_1 + B_1; \qquad\qquad EJ y_2 = -\frac{P a}{l}\frac{x_2^3}{6} + A_2 x_2 + B_2.$$

Zur Berechnung der vier Integrationskonstanten A_1, B_1, A_2, B_2 stehen vier Bestimmungsgleichungen zur Verfügung:

für $x_1 = 0$ ist $y_1 = 0$ woraus folgt: 1. $B_1 = 0$.

„ $x_2 = 0$ „ $y_2 = 0$ „   „ 2. $B_2 = 0$,

„ $x_1 = a$ } „ $y_1 = y_2$,   „   „ 3. $-\dfrac{P b}{l}\dfrac{a^3}{6} + A_1 a = -\dfrac{P a}{l}\dfrac{b^3}{6} + A_2 b$,
„ $x_2 = b$ }

„ $x_1 = a$ } „ $\dfrac{d y_1}{d x_1} = -\dfrac{d y_2}{d x_2}$, „   „ 4. $-\dfrac{P b}{l}\dfrac{a^2}{2} + A_1 = \dfrac{P a}{l}\dfrac{b^2}{2} - A_2$.
„ $x_2 = b$ }

Multipliziert man Gl. (4) mit b und addiert 4 zu 3, dann wird mit $a + b = l$

$$A_1 = \frac{Pab}{6\,l^2}\,(a^2 + 3\,ab + 2\,b^2)$$

$$= \frac{Pab}{6\,l^2}\,[l^2 + (l - b)\,b + b^2]$$

$$= \frac{Pab}{6\,l}\,(a + 2\,b).$$

Führt man endlich A_1 in die Gleichung für y_1 ein, so erhält man die Ordinate der elastischen Linie des linken Astes:

$$y_1 = \frac{P\,a^2\,b^2}{6\,EJ\,l}\left(\frac{2\,x_1}{a} + \frac{x_1}{b} - \frac{x_1^3}{a^2\,b}\right) \tag{39}$$

und analog für den rechten Ast:

$$y_2 = \frac{P\,a^2\,b^2}{6\,EJ\,l}\left(\frac{2\,x_2}{b} + \frac{x_2}{a} - \frac{x_2^3}{a\,b_2}\right). \tag{39 a}$$

Die Bestimmung der Biegungslinie des geraden Stabes mit Hilfe der Gleichung der elastischen Linie im Falle mehrerer Einzellasten ist umständlich. Man bedient sich deshalb zu ihrer Ermittlung mit Vorteil anderer Methoden.

b) Die Biegungslinie des geraden Stabes als Seilpolygon

Denkt man sich die elastische Linie des steifen Stabes in lauter kleine, geradlinige Teile zerlegt, so kann man sie als Seilpolygon zu bestimmten, vorläufig

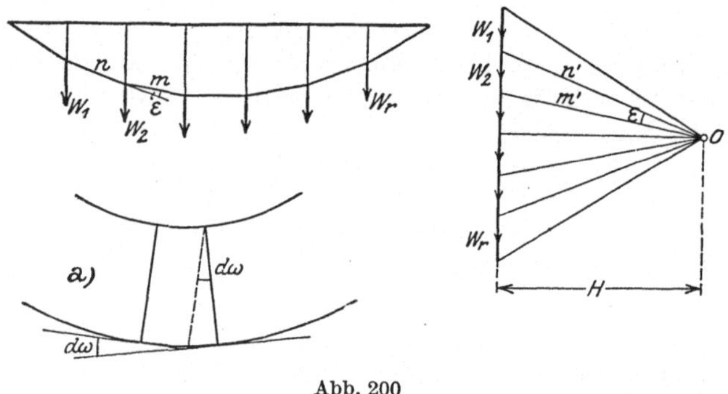

Abb. 200

unbekannten, zur Stabachse senkrecht stehenden Kräften W auffassen, welche in den Eckpunkten des Biegungspolygons angreifen. Die durch einen Pol O zu den Seilstrahlen gelegten Parallelen schneiden auf einer Senkrechten in beliebigem Abstande H vom Pol Strecken ab, durch welche das Größenverhältnis der gesuchten (fiktiven) Kräfte W bestimmt ist (Abb. 200). Der von zwei aufeinanderfolgenden Seilstrahlen n und m eingeschlossene Winkel sei mit ε bezeichnet. Den gleichen Winkel ε schließen auch die den Strahlen n und m parallelen Polstrahlen n' und m' im Krafteck ein. Läßt man nun die Seilstrahlen immer kleiner werden, so stellt im Grenzfall ε den Kontingenzwinkel der elastischen Linie dar, d. h. den Winkel, welchen die Tangenten der elastischen Linie in zwei unendlich nahe liegenden Stabquerschnitten miteinander bilden. Dieser ist offenbar gleich dem Winkel $d\omega$, um welchen sich die beiden Querschnitte bei der Biegung gegeneinander drehen (s. Abb. 200a). Die praktisch zulässigen Durchbiegungen sind so klein, daß die Richtungen der Seilstrahlen nur sehr wenig voneinander abweichen. Es kann also $\varepsilon H = W$ gesetzt werden, bzw. im Grenzfall mit $\varepsilon = d\omega$ und $H = 1$, wegen (37),

$$dW = d\omega = \left(\frac{M}{EJ} + \varepsilon_t\frac{\Delta t}{h}\right)dx.$$

Die Biegungslinie läßt sich demnach darstellen als Momentenkurve einer stetigen Belastung, deren Belastungsordinate an der Stelle x die Größe

$$w_x = \frac{dW}{dx} = \frac{M_x}{EJ} + \varepsilon_t \frac{\Delta t}{h} \tag{40}$$

besitzt. Die Nullinie wird in der früher besprochenen Weise mit Hilfe der Auflagerbedingungen festgelegt. Handelt es sich um einen einseitig eingespannten Träger, so liefert die Tangente der elastischen Linie an der Einspannungsstelle die Schlußlinie (Abb. 201).

Unter Vernachlässigung des Temperatureinflusses lautet die Belastungsordinate

$$w_x = \frac{M_x}{EJ},$$

und man erkennt, daß zur Bestimmung der elastischen Linie die mit $\frac{1}{EJ}$ multiplizierte Momentenfläche des Balkens als Belastungsfläche eingeführt werden

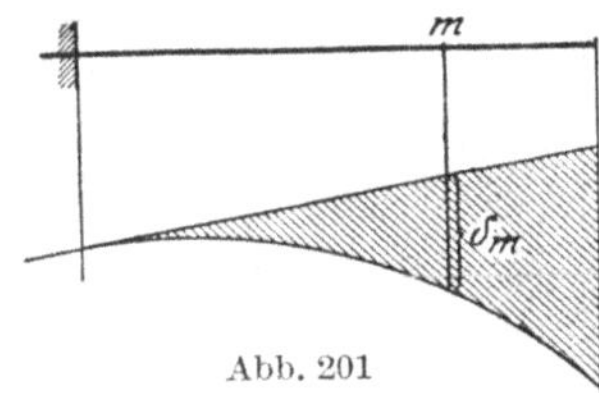

Abb. 201

muß. Das aus dieser fiktiven Belastung an der Stelle x entstehende Moment liefert unter Beachtung der Auflagerbedingungen die Biegungsordinate δ_x senkrecht zur Stabachse. Das vorstehende Gesetz ist zuerst von O. Mohr[1] ausgesprochen worden und wird nach ihm als *Mohrscher Satz* bezeichnet.

Zur Lösung der gestellten Aufgabe kann man sich des rechnerischen oder graphischen Verfahrens bedienen. Entscheidet man sich für das letztere, so empfiehlt es sich, bei konstantem Trägheitsmoment die Belastungsordinate

$$EJw_x = M_x + \varepsilon_t EJ \frac{\Delta t}{h}$$

einzuführen und die Polweite $H = EJ$ zu wählen. Bei veränderlichem J wird zweckmäßig nach Multiplikation mit $\frac{J_c}{J}$ gesetzt

$$EJ_c w_x = M_x \frac{J_c}{J} + \varepsilon_t EJ_c \frac{\Delta t}{h},$$

wobei J_c ein konstantes Trägheitsmoment von beliebiger Größe angibt. Als Polweite führt man in diesem Falle $H = EJ_c$ ein. Die von den Werten $M_x \frac{J_c}{J}$ gebildete Fläche heißt die *verzerrte Momentenfläche* des Balkens.

Es soll z. B. die Biegungslinie für den in Abb. 202 skizzierten, mit den Kräften P_1, P_2 und P_3 belasteten Balken, welcher die aus der Figur ersichtlichen Trägheitsmomente haben möge, unter Ausschluß von Temperaturänderungen bestimmt werden. Die infolge der gegebenen Belastung entstehende Momentenfläche $0'-1'-2' \ldots 6'-7'-8'$ wird in bekannter Weise gefunden. Das Trägheitsmoment J_2 wird gleich J_c gesetzt und darauf $\frac{J_c}{J_1}$ und $\frac{J_c}{J_3}$ gebildet. Nun zerlegt man den Träger in einzelne Abschnitte, und zwar so, daß jeder von ihnen ein konstantes J besitzt und Lasten nur in den Endpunkten der Abschnitte wirksam sind. Darauf trägt man nach Multiplikation mit $\frac{J_c}{J}$ die verzerrte Momentenfläche $0'-1''-1'-2' \ldots 6'-7'-7''-8'$ (in der Figur stark ausgezogen) auf, und betrachtet diese als Belastungsfläche des Trägers. Die Flächengröße jedes Abschnitts gibt die Belastung des zugehörigen Feldes an. Jetzt verteilt man die stetige Belastung des ersten Abschnitts nach dem Momentensatz auf

---

[1] Mohr, O.: Beitrag zur Theorie der Holz- und Eisenkonstruktionen. Z. Arch. Ing.-V. Hannover 1868.

die Knoten *0* und *1*, die des zweiten auf die Knoten *1* und *2* usw. Nachdem der auf jeden Knoten entfallende Beitrag EJ_cW_1, EJ_cW_2 ... berechnet ist, bringt man diese Werte als fiktive Kräfte in den Knotenpunkten an und zeichnet zu ihnen mit der Polweite EJ_c das Seilpolygon, welches die Auflagersenkrechten durch *0* und *8* in *A* und *B* schneiden möge. Da aber unter der Voraussetzung starrer Lager die Punkte *0* und *8* keine Senkung erfahren, so stellt *A B* die Nullinie des Biegungspolygons dar. In den Knotenpunkten *1, 2, 3* ... stimmt das Moment aus den eingeführten Einzellasten EJ_cW mit dem Moment aus der stetigen Belastung EJ_cw überein. Man erhält demnach die Biegungslinie des Trägers als diejenige Kurve, welche dem gezeichneten Seileck umbeschrieben ist.

Bei der hier gewählten Polweite $H = EJ_c$ ergeben sich die Biegungsordinaten im Längenmaßstab des Trägersystems. Um zu praktisch brauchbaren Werten zu gelangen, muß man einen entsprechend kleineren Polabstand wählen. Ist der Systemmaßstab $1 : n$, so erhält man bei einer Polweite $H = \dfrac{EJ_c}{n}$ die Biegungs-

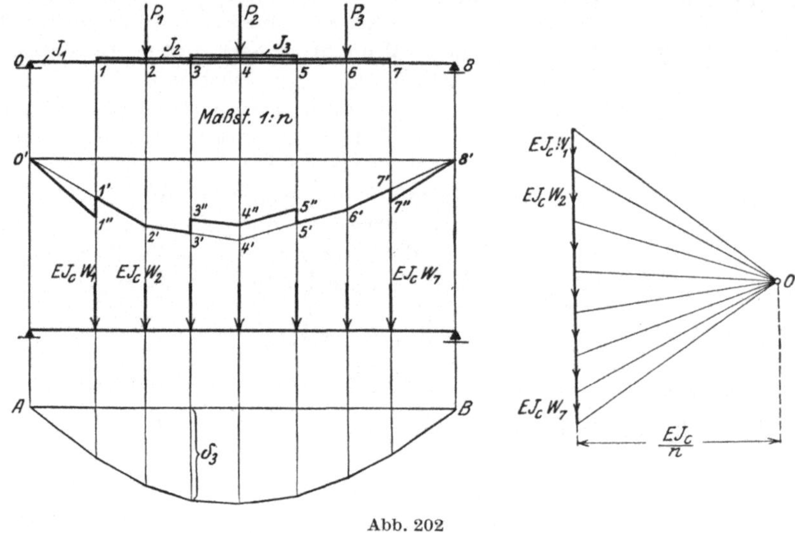

Abb. 202

ordinaten in ihrer wirklichen Größe, bei der Polweite $H = \dfrac{EJ_c}{n\,v}$ in *v*-facher Vergrößerung (vgl. S. 139).

Zur *rechnerischen* Ermittlung der Biegungsordinaten für die Knotenpunkte *1, 2, 3* ... hat man nur die Momente M_{mw} des Balkens an den fraglichen Punkten infolge der Lasten EJ_cW zu bestimmen und nachträglich durch EJ_c zu dividieren.

Das Verfahren läßt sich kurz wie folgt zusammenfassen. Zur Ermittlung der Biegungslinie eines geraden Stabes bestimmt man zunächst die Momentenfläche aus der gegebenen Belastung, verwandelt diese bei veränderlichem Trägheitsmoment in die verzerrte Momentenfläche, faßt letztere nunmehr als Belastungsfläche des Trägers auf und ermittelt die aus dieser fiktiven Belastung entstehenden Momente, welche durch EJ_c dividiert, unter Berücksichtigung der Auflagerbedingungen die gesuchten Biegungsordinaten angeben. Bei Anwendung des graphischen Verfahrens läßt sich die Division mit EJ_c durch entsprechende Wahl der Polweite erledigen.

Mitunter ist es erforderlich, die Neigungswinkel τ_A und τ_B der Endtangenten eines Balkens *A B* (Abb. 203a) unter dem Einfluß einer gegebenen Belastung zu bestimmen. Es möge z.B. Abb. 203b die Momentenfläche dieser Belastung, Abb. 203c diejenige infolge der Belastungseinheit der Tangente in *A* $(\overline{M}_A = 1)$

darstellen. Die Arbeitsgleichung für diesen gedachten Belastungszustand und den wirklichen Verschiebungszustand lautet

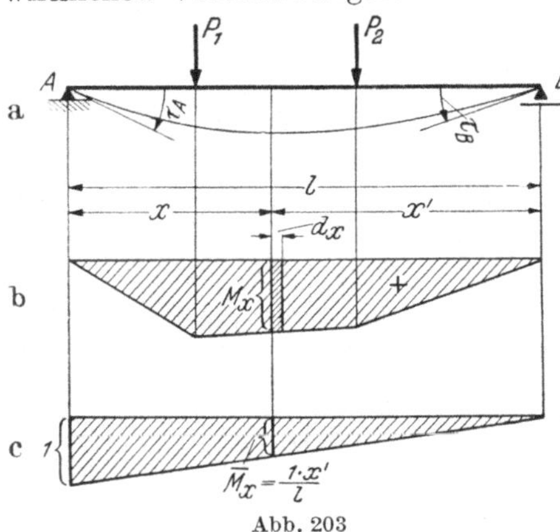

$$1\,\tau_A = \int \frac{\overline{M}_x\,M_x\,dx}{E\,J}.$$

Für $J = $ const folgt daraus nach Einführung des Wertes $\overline{M}_x = \dfrac{1\,x'}{l}$

$$E\,J\,\tau_A = \int\limits_{x=0}^{x=l} M_x\,dx\,\frac{x'}{l}.$$

Das Integral stellt den Auflagerdruck A_f an der Stelle A infolge der fiktiven Belastung des Balkens mit der wirklichen Momentenfläche dar. Man erhält also den Satz: *Der Winkel, welchen die Tangente in A an die elastische Linie eines Balkens AB mit der Sehne AB infolge einer gegebenen Belastung bildet, ist gleich*

Abb. 203

dem mit $\dfrac{1}{E\,J}$ multiplizierten Auflagerdruck A_f, welcher durch die fiktive Belastung des Balkens mit der gegebenen Momentenfläche erzeugt wird. Entsprechend erhält man für den Tangentenwinkel bei B

$$E\,J\,\tau_B = \int\limits_{x'=0}^{x'=l} M_{x'}\,dx'\,\frac{x}{l} = B_f.$$

Im Falle eines veränderlichen Trägheitsmomentes tritt an Stelle der wirklichen die verzerrte Momentenfläche. A_f und B_f sind dann zur Bestimmung von τ_A bzw. τ_B mit $\dfrac{1}{E\,J_c}$ zu multiplizieren.

c) Die Biegungslinie des steifen Stabzuges

Als steifen oder biegungsfesten Stabzug bezeichnet man ein Stabwerk, das aus lauter biegungsfesten Stäben besteht, welche — im Gegensatz zu dem früher besprochenen Stabzug mit gelenkartigen Knoten — in den Eckpunkten steif miteinander verbunden sind. Die Knickpunkte des Stabzuges sowie alle Punkte zwischen zwei Ecken, in denen Kräfte angreifen, werden als Knotenpunkte bezeichnet.

Auch beim steifen Stabzug wird die Biegungslinie als Seilpolygon von W-Gewichten aufgefaßt, zu deren Ermittlung man von ganz ähnlichen Überlegungen ausgeht wie beim Stabzug mit gelenkartigen Knoten. Es seien z. B. δ_{m-1}, δ_m und δ_{m+1} in Abb. 204 die senkrechten Verschiebungen der Knotenpunkte $m-1$, m, $m+1$ eines biegungsfesten Stabzuges, λ_m und λ_{m+1} die

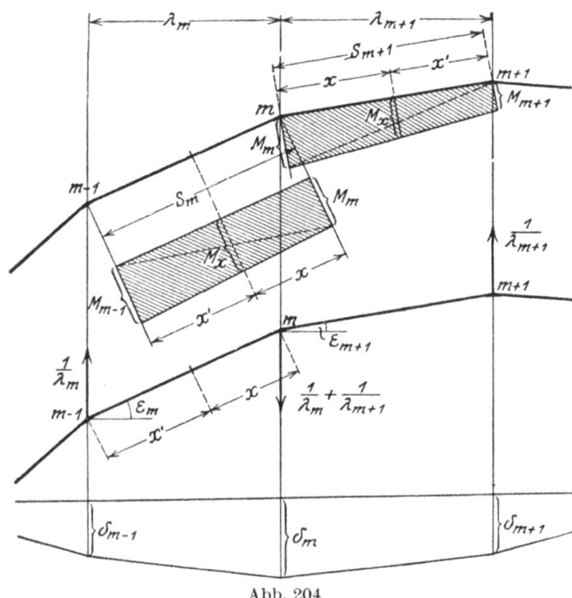

Abb. 204

horizontalen Knotenpunktsabstände. Dann besteht zwischen den Biegungsordinaten δ und dem W-Gewicht des Knotens m die Beziehung (27), nämlich

$$W_m = \frac{\delta_m - \delta_{m-1}}{\lambda_m} - \frac{\delta_{m+1} - \delta_m}{\lambda_{m+1}} \, ,$$

oder

$$W_m = - \frac{1}{\lambda_m}\,\delta_{m-1} + \left(\frac{1}{\lambda_m} + \frac{1}{\lambda_{m+1}}\right)\delta_m - \frac{1}{\lambda_{m+1}}\,\delta_{m+1} \, .$$

Faßt man wieder die Größen $\dfrac{1}{\lambda_m}$, $\left(\dfrac{1}{\lambda_m} + \dfrac{1}{\lambda_{m+1}}\right)$ und $\dfrac{1}{\lambda_{m+1}}$ als virtuelle Kräfte auf, welche in den Knoten $m-1$, m, $m+1$ mit dem aus Abb. 204 ersichtlichen Pfeilsinn wirken, so stellt die rechte Seite des vorstehenden Ausdrucks die virtuelle Arbeit $\sum \overline{K}\delta$ dar, und man erhält nach Gl. (8) S. 120

$$W_m = \sum \overline{K}\,\delta = \int \frac{\overline{N}\,N}{E\,F}\,ds + \int \frac{\overline{M}\,M}{E\,J}\,ds + \int \frac{\varkappa\,\overline{Q}\,Q\,ds}{G\,F} + $$
$$+ \int \overline{N}\,\varepsilon_t\,t_s\,ds + \int \overline{M}\,\varepsilon_t\,\frac{\varDelta t}{h}\,ds \, , \qquad (41)$$

wenn $\overline{N}$, $\overline{Q}$ und $\overline{M}$ die virtuellen, N, Q und M die wirklichen Längskräfte, Querkräfte bzw. Momente in den Stäben des Stabzuges bezeichnen und die Integrale sich über alle Teile desselben erstrecken. Für den Fall, daß der Stabteil $(m-1)$ $-m-(m+1)$ nicht durch ein Gelenk unterbrochen ist, beeinflußt die virtuelle „$\dfrac{1}{\lambda}$-Belastung" nur die beiden in m zusammentreffenden Stäbe, deren Längen s_m bzw. s_{m+1} sein mögen. Man erhält nun mit den Bezeichnungen der Abb. 204 für Punkte des Stabes $(m-1)-m$ infolge der wirklichen Belastung

$$M_x = M_{m-1}\frac{x}{s_m} + M_m\frac{x'}{s_m} \, ; \qquad N_m = \text{const} \, ; \qquad Q_m = \frac{M_m - M_{m-1}}{s_m} \, ,$$

infolge der virtuellen Belastung:

$$\overline{M}_x = \frac{1}{\lambda_m}\,x'\cos\varepsilon_m = \frac{x'}{s_m} \, ; \qquad \overline{N}_m = - \frac{1}{\lambda_m}\sin\varepsilon_m = - \frac{\operatorname{tg}\varepsilon_m}{s_m} \, ; \qquad \overline{Q}_m = \frac{1}{\lambda_m}\cos\varepsilon_m = \frac{1}{s_m} \, .$$

Analog ergibt sich für Punkte des Stabes $m-(m+1)$ infolge der wirklichen Belastung

$$M_x = M_{m+1}\frac{x}{s_{m+1}} + M_m\frac{x'}{s_{m+1}} \, ; \qquad N_{m+1} = \text{const} \, ; \qquad Q_{m+1} = \frac{M_{m+1} - M_m}{s_{m+1}} \, ,$$

infolge der virtuellen Belastung:

$$\overline{M}_x = \frac{x'}{s_{m+1}} \, ; \qquad \overline{N}_{m+1} = \frac{\operatorname{tg}\varepsilon_{m+1}}{s_{m+1}} \, ; \qquad \overline{Q}_{m+1} = - \frac{1}{s_{m+1}} \, .$$

Führt man vorstehende Werte in Gl. (41) ein, so lautet diese:

$$W_m = \frac{N_{m+1}\operatorname{tg}\varepsilon_{m+1}}{E\,F_{m+1}\,s_{m+1}}\int\limits_0^{s_{m+1}} dx - \frac{N_m\operatorname{tg}\varepsilon_m}{E\,F_m\,s_m}\int\limits_0^{s_m} dx + $$

$$+ \frac{1}{E\,J_{m+1}\,s_{m+1}^2}\int\limits_0^{s_{m+1}} (M_{m+1}\,x + M_m\,x')\,x'\,dx + $$

$$+ \frac{1}{E\,J_m\,s_m^2}\int\limits_0^{s_m} (M_{m-1}\,x + M_m\,x')\,x'\,dx + $$

$$+ \frac{\varkappa_{m+1}}{G\,F_{m+1}} \frac{M_m - M_{m+1}}{s_{m+1}^2} \int\limits_0^{s_{m+1}} dx + \frac{\varkappa_m}{G\,F_m} \frac{M_m - M_{m-1}}{s_m^2} \int\limits_0^{s_m} dx \;|$$

$$+ \frac{\operatorname{tg}\varepsilon_{m+1}}{s_{m+1}} \varepsilon_t\, t_{s(m+1)} \int\limits_0^{s_{m+1}} dx - \frac{\operatorname{tg}\varepsilon_m}{s_m} \varepsilon_t\, t_{s\,m} \int\limits_0^{s_m} dx +$$

$$+ \frac{\varepsilon_t\,\Delta t_{m+1}}{h_{m+1}\,s_{m+1}} \int\limits_0^{s_{m+1}} x'\, dx + \frac{\varepsilon_t\,\Delta t_m}{h_m\,s_m} \int\limits_0^{s_m} x'\, dx \,.$$

Nach Ausführung der Integration geht dieser Ausdruck über in

$$W_m = \left(\frac{N_{m+1}}{E\,F_{m+1}} + \varepsilon_t\, t_{s(m+1)}\right) \operatorname{tg}\varepsilon_{m+1} - \left(\frac{N_m}{E\,F_m} + \varepsilon_t\, t_{s\,m}\right) \operatorname{tg}\varepsilon_m + \frac{M_{m+1}\,s_{m+1}}{6\,E\,J_{m+1}} +$$

$$+ \frac{M_m\,s_{m+1}}{3\,E\,J_{m+1}} + \frac{M_{m-1}\,s_m}{6\,E\,J_m} + \frac{M_m\,s_m}{3\,E\,J_m} + \frac{\varkappa_{m+1}}{G\,F_{m+1}} \frac{M_m - M_{m+1}}{s_{m+1}} +$$

$$+ \frac{\varkappa_m}{G\,F_m} \frac{M_m - M_{m-1}}{s_m} + \frac{\varepsilon_t\,\Delta t_{m+1}}{2\,h_{m-1}} s_{m+1} + \frac{\varepsilon_t\,\Delta t_m}{2\,h_m} s_m \,,$$

oder, etwas anders geordnet:

$$W_m = \frac{M_{m-1} + 2\,M_m}{6\,E\,J_m} s_m + \frac{2\,M_m + M_{m+1}}{6\,E\,J_{m+1}} s_{m+1} - \left(\frac{N_m}{E\,F_m} + \varepsilon_t\, t_{s\,m}\right) \operatorname{tg}\varepsilon_m +$$

$$+ \left(\frac{N_{m+1}}{E\,F_{m+1}} + \varepsilon_t\, t_{s(m+1)}\right) \operatorname{tg}\varepsilon_{m+1} + \frac{\varkappa_{m+1}}{G\,F_{m+1}} \frac{M_m - M_{m+1}}{s_{m+1}} +$$

$$+ \frac{\varkappa_m}{G\,F_m} \frac{M_m - M_{m-1}}{s_m} + \frac{\varepsilon_t}{2} \left(\frac{\Delta t_m}{h_m} s_m + \frac{\Delta t_{m+1}}{h_{m+1}} s_{m+1}\right) . \tag{42}$$

Der Einfluß der Längskräfte und Querkräfte ist im allgemeinen gegenüber
dem der Biegungsmomente klein und kann deshalb in den meisten praktischen
Fällen ganz ohne Beachtung bleiben. Treten außerdem Temperaturänderungen·
nicht auf, so vereinfacht sich der obige Ausdruck wie folgt:

$$W_m = \frac{1}{6\,E} \left[(M_{m-1} + 2\,M_m) \frac{s_m}{J_m} + (2\,M_m + M_{m+1}) \frac{s_{m+1}}{J_{m+1}}\right] ,$$

oder nach Multiplikation mit $E J_c$

$$E\,J_c\,W_m = \frac{1}{6} \left[(M_{m-1} + 2\,M_m)\, s_m \frac{J_c}{J_m} + (2\,M_m + M_{m+1})\, s_{m+1} \frac{J_c}{J_{m+1}}\right] . \tag{43}$$

Wird der steife Stabzug durch ein Gelenk unterbrochen, so kann das W-
Gewicht für den Gelenkpunkt nicht mit Hilfe der vorstehenden Gleichungen
berechnet werden, da sich dann der Einfluß der „$\frac{1}{\lambda}$-Belastung" nicht nur über
die zwei in diesem Punkt zusammentreffenden Stäbe erstreckt. Indessen führt
das Verfahren auch hier zum Ziele, wenn man nur die Integration über alle Stäbe
ausdehnt, in denen virtuelle Momente, Querkräfte und Längskräfte auftreten.

Nachdem die W-Gewichte für den steifen Stabzug gefunden sind, kann die
Biegungslinie in genau der gleichen Weise gezeichnet oder berechnet werden,
wie dieses für den Stabzug mit gelenkartigen Knoten gezeigt ist.

In der Statik der Tragwerke ist es fast immer zulässig, die vorstehend entwickelten Gleichungen auch dann anzuwenden, wenn an Stelle des hier betrachteten Stabzuges der vollwandige Bogen tritt, wobei allerdings vorausgesetzt wird, daß der Krümmungsradius groß gegenüber den Querschnittsabmessungen des Stabes ist. Man ersetzt dann den Bogen durch gerade, miteinander steif verbundene Stäbe von geringer Länge und verfährt in der oben
beschriebenen Weise.

Soll die stetige Krümmung des Bogens berücksichtigt werden, so setze man in Gl. (42)

$$s_m = s_{m+1} = ds \; ; \quad M_{m-1} = M_m = M_{m+1} = M \; ; \quad J_m = J_{m+1} = J \text{ usw.}$$

Dann geht diese bei Vernachlässigung von Längs- und Querkräften über in

$$dW = \frac{M\,ds}{EJ} + \frac{\varepsilon_t\,\Delta t}{h}\,ds + d(\varepsilon\,t_s\,\mathrm{tg}\varphi)\,,$$

wenn jetzt der Winkel ε durch φ ersetzt wird (s. Abb. 205).

Für das Bogenelement ds gilt:

$$ds = \frac{dx}{\cos\varphi} \quad \text{und} \quad \mathrm{tg}\varphi = \frac{dy}{dx}\,,$$

so daß

$$dW = \frac{M\,dx}{EJ\cos\varphi} + \frac{\varepsilon_t\,\Delta t}{h\cos\varphi}\,dx + \varepsilon_t\,t_s\,\frac{d^2y}{dx^2}\,dx\,.$$

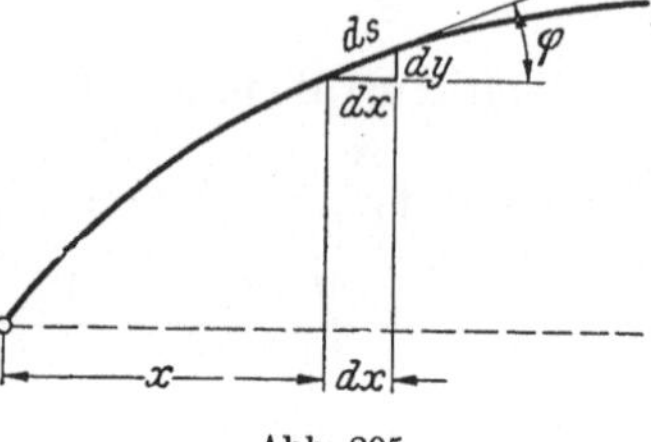

Abb. 205

Man kann also die Biegungslinie als Momentenkurve einer stetigen Belastung auffassen, deren Belastungsordinate an der Stelle x die Größe

$$w_x = \frac{M}{EJ\cos\varphi} + \frac{\varepsilon_t\,\Delta t}{h\cos\varphi} + \varepsilon_t\,t_s\,\frac{d^2y}{dx^2} \tag{44}$$

besitzt.

Genau genommen stellt die unter Benutzung der vorstehenden Gleichung gewonnene Biegungslinie nur eine Näherungslösung dar, da der Einfluß der Längs- und Querkräfte ausgeschaltet und außerdem vorausgesetzt wurde, daß die Normalspannungen σ den gleichen Gesetzen folgen wie beim geraden Stab, was in Wirklichkeit nicht genau zutrifft (vgl. S. 24).

C. Die Biegungslinie als Einflußlinie einer elastischen Formänderung

Mit Hilfe der in den Kap. 1 bis 4 dieses Abschnitts besprochenen Verfahren kann die Verschiebung eines Fachwerkknotens oder eines Punktes der Achse eines Stabwerks in bestimmter Richtung unter dem Einfluß einer gegebenen Belastung ermittelt werden. Es sei nun die Aufgabe gestellt, den Einfluß einer *veränderlichen* Belastung auf die Durchbiegung δ_m eines Punktes m des in Abb. 206 skizzierten Trägers zu bestimmen. Bezeichnet allgemein δ_{mn} die Verschiebung des Punktes m in der festgesetzten Verschiebungsrichtung, hervorgerufen durch die Last $P_n = 1$, so wird die gesuchte Verschiebung δ_m des Punktes m unter Beachtung des Superpositionsgesetzes:

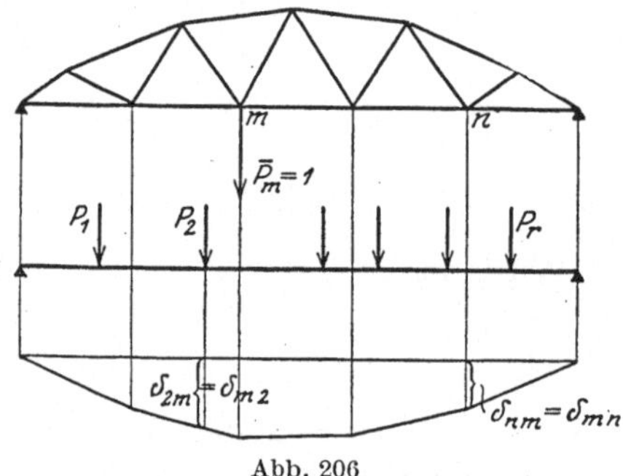

Abb. 206

$$\delta_m = P_1\,\delta_{m1} + P_2\,\delta_{m2} + P_3\,\delta_{m3} + \dots,$$

wenn P_1, P_2, $P_3 \dots$ die auf den Träger wirkenden Lasten bezeichnen. Nun ist aber nach dem Maxwellschen Satz (S. 127)

$$\delta_{m1} = \delta_{1m}; \quad \delta_{m2} = \delta_{2m}, \dots,$$

weshalb auch

$$\delta_m = P_1\,\delta_{1m} + P_2\,\delta_{2m} + \dots$$

geschrieben werden kann. δ_{1m}, $\delta_{2m} \dots$ stellen die Verschiebungen der Angriffspunkte *1, 2, 3* $\dots$ der Lasten P_1, P_2, $P_3 \dots$ in Richtung dieser Lasten, hervorgerufen durch die Belastungseinheit $\overline{P}_m = 1$ dar, wobei $\overline{P}_m$ in die festgelegte Verschiebungsrichtung fällt. Zeichnet man also die Biegungslinie für die belastete Gurtung des Trägers unter dem Einfluß der Last $\overline{P}_m = 1$, so stellt diese die Einflußlinie für die gesuchte Verschiebung δ_m dar.

Was hier an einem statisch bestimmten Fachwerkträger gezeigt wurde, läßt sich auch für jedes andere statisch bestimmte oder unbestimmte System nachweisen. Dabei kann unter δ_m — wie vorstehend — sowohl die Verschiebung eines Punktes m in bestimmter Richtung als auch die gegenseitige Verschiebung eines Punktpaares, die Drehung einer Geraden oder die Drehung eines Geradenpaares verstanden werden, wenn man nur jeweils die diesen Verschiebungsgrößen entsprechenden Belastungseinheiten gemäß Kap. 1 dieses Abschnitts einführt. Das obige Gesetz läßt sich demnach wie folgt aussprechen:

Zeichnet man die Biegungslinie eines statisch bestimmten oder unbestimmten Systems infolge einer der vier Belastungseinheiten, so stellt diese die Einflußlinie für diejenige elastische Verschiebungsgröße dar, welche der gewählten Belastungseinheit entspricht.

5. Vollständige Darstellung der Formänderung ebener Systeme

Bisher wurden nur Verschiebungen nach bestimmten Richtungen betrachtet. Mitunter ist es jedoch erforderlich, die totalen Verschiebungen eines Fachwerks oder steifen Stabzuges darzustellen, so daß man bei Benutzung der bisher besprochenen Methoden die wirkliche Verschiebung aus zwei nach bestimmten Richtungen ermittelten Komponenten zusammensetzen müßte. Dieses Verfahren empfiehlt sich immer dann, wenn es sich nur darum handelt, die totale Verschiebung einzelner Punkte zu bestimmen. Soll jedoch die Deformation des ganzen Systems untersucht werden, so bedient man sich zweckmäßig eines der nachstehenden Verfahren.

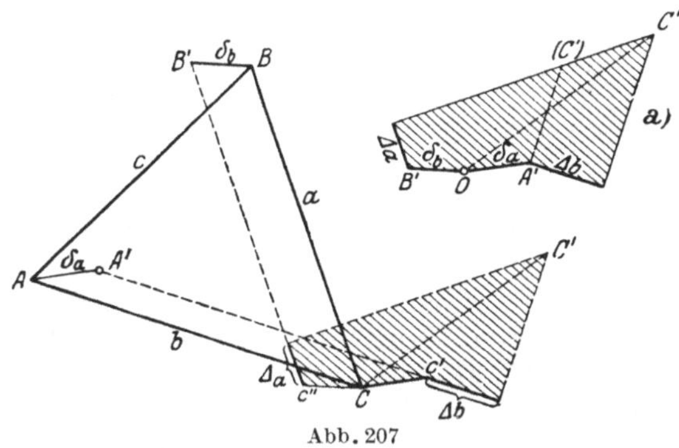

Abb. 207

A. Der Williotsche Verschiebungsplan für das Fachwerk

Die Zeichnung eines WILLIOTschen Verschiebungsplanes beruht auf der wiederholten Lösung der Aufgabe: Die Verschiebung des an zwei Punkte A und B eines Fachwerks angeschlossenen Knotenpunktes C zu bestimmen, unter der Voraussetzung, daß die Verschiebungen der Punkte A und B sowie die Längenänderungen $\varDelta s$ der Anschlußstäbe bekannt sind.

Es mögen $\delta_a = A - A'$ und $\delta_b = B - B'$ die bekannten Verschiebungen der Knotenpunkte A und B bedeuten (Abb. 207). Die Verschiebung des Punktes C wird einerseits durch die Längenänderung der Stäbe a und b und andererseits durch eine Drehung dieser Stäbe um die Punkte A' bzw. B' erzeugt. Man kann sich als Folge der Verschiebungen δ_a und δ_b zunächst eine Parallelverschiebung der Stäbe a und b in die Lagen $A'-c'$ und $B'-c''$ vorstellen. Da aber der Stab b eine Längenänderung $\varDelta b$ erfährt, so ist $\varDelta b$ von c' aus parallel zur Stabrichtung AC aufzutragen, und zwar von A weg gerichtet, wenn $\varDelta b$ eine Verlängerung darstellt. In gleicher Weise trägt man $\varDelta a$ von c'' aus parallel zur Stabrichtung $B—C$ ab. Wird, wie hier vorausgesetzt, $\varDelta a$ negativ (Verkürzung), so ist $\varDelta a$ nach dem festen Punkt B' gerichtet. Zur Bestimmung von C' hat man nur noch mit den neuen Längen $b + \varDelta b$ um A' bzw. $a + \varDelta a$ um B' Kreise zu schlagen, deren Schnittpunkt der gesuchte Punkt C' ist. Da es sich hier, wie bei allen elastischen Formänderungen, um sehr kleine Drehungen handelt, so können die Kreisbögen durch Lote in den Endpunkten von $\varDelta b$ bzw. $\varDelta a$ ersetzt werden. Dann ergibt sich C' als Schnittpunkt dieser Lote.

Die Längenänderungen $\varDelta s$ der Stäbe sind ebenso wie die Drehungen sehr kleine Größen. Es ist deshalb praktisch nicht möglich, sie im gleichen Maßstab wie die Stablängen s in einer Zeichnung aufzutragen. Aus diesem Grunde trennt man den Verschiebungsplan vollkommen von der Zeichnung des Systemnetzes und wählt zur Darstellung der Verschiebungen einen hinreichend großen Maßstab. Von einem beliebigen Pol O (Abb. 207 a) aus trägt man zunächst die Verschiebungen δ_a und δ_b der Punkte A und B auf. An δ_a schließt man die Verlängerung $\varDelta b$ parallel zur Stabrichtung AC und an δ_b die Verkürzung $\varDelta a \,\|\, BC$, wobei auf den Richtungssinn dieser Strecken ihrem Vorzeichen entsprechend zu achten ist. Die Lote in den Endpunkten von $\varDelta b$ und $\varDelta a$ zu diesen Strecken, bzw. zu den zugehörigen Stabrichtungen schneiden sich im Punkte C'. Nun stellt $O—C'$ die gesuchte Verschiebung des Punktes C dar. Der Beweis ergibt sich aus der Kongruenz der beiden schraffierten Figuren. Wäre die Spannkraft S_b im Stabe AC gleich Null, also auch $\varDelta b = 0$, so hätte man das Lot zur Stabrichtung AC im Endpunkte A' von δ_a anbringen müssen (in Abb. 207a punktiert eingetragen) und hätte (C') als Schnittpunkt beider Lote, demnach $O—(C')$ als gesuchte Verschiebung erhalten.

Durch wiederholte Anwendung des hier beschriebenen Verfahrens kann der Verschiebungsplan für alle die Fachwerke gezeichnet werden, welche durch zweistäbigen Anschluß neuer Knotenpunkte an ein Stabdreieck gewonnen werden. Allerdings bedarf es dazu noch einer besonderen Bemerkung.

Bei der Lösung der obigen Aufgabe war angenommen, daß die Verschiebungen zweier Punkte des Ausgangsdreiecks bekannt sind. Soll nun z. B. der Verschiebungsplan für den in Abb. 208 skizzierten Fachwerkträger gezeichnet werden, so weiß man zunächst nur, daß der Punkt A, falls dieser fest gestützt ist, bei der Verschiebung des Systems in Ruhe bleibt, während B sich auf einer unter dem Winkel γ gegen die Horizontale geneigten Bahn bewegen muß, da jede andere Bewegung durch die Lagerführung verhindert ist. Um zu einer Lösung zu gelangen, zerlegt man die Aufgabe in zwei Teile. Man denkt sich zunächst die Lager A und B entfernt und zeichnet den Verschiebungsplan von einem Pol O ausgehend unter der Annahme, daß die Richtung eines beliebigen Stabes, etwa $3—4$, und einer seiner Endpunkte, z. B. 4, in Ruhe bleiben.

Sind alle Längenänderungen $\varDelta s = \dfrac{S\,s}{E\,F} + \varepsilon_t\, t s$ der Stäbe bekannt, was hier vorausgesetzt wird, so kann die relative Verschiebung $3—3'$ des Knotenpunktes 3 gegen 4 mit Hilfe der Längenänderung $\varDelta s_{34}$ bestimmt werden, da $3—3'$ in die als ruhend angesehene Richtung $4—3$ fällt. Damit sind die relativen Verschiebungen zweier Knotenpunkte ($4—4'$ gleich Null und $3—3'$ gleich $\varDelta s_{34}$) bekannt. Zur besseren Übersicht wurden in Abb. 208 die Stäbe durch Buchstaben a, b, $c \ldots$ bezeichnet. Die entsprechenden Längenänderungen $\varDelta a$, $\varDelta b$, $\varDelta c \ldots$ sind in den Verschiebungsplan (Abb. 208a) eingetragen. Der Punkt $4'$ fällt, da $4—4'$ gleich Null ist, mit dem Pol O zusammen; $3'$ erhält man, indem man $+ \varDelta g$ von O aus parallel zum Stabe g im Sinne einer Entfernung des Punktes 3 von 4 anträgt. An die Knotenpunkte 3 und 4 des Fachwerks ist 5 angeschlossen. Zur Konstruktion des Punktes $5'$ im Verschiebungsplan geht man also wie folgt vor. Man zieht von $4'$ aus $+ \varDelta i \,\|\, 4—5$ und von $3'$ aus $- \varDelta h \,\|\, 3—5$, errichtet in den Endpunkten dieser Strecken Lote und bestimmt deren Schnitt-punkt *5′*. In gleicher Weise findet man von Knoten zu Knoten vorgehend die Punkte *6′*, *7′*, *8′* und ferner links von *3—4* die Punkte *2′*, *1′*, *0′*, womit der erste Teil der Aufgabe erledigt ist.

Der zweite Teil besteht in der Erfüllung der Auflagerbedingungen. Bisher war angenommen, daß die Richtung des Stabes *3—4* und der Punkt *4* festliegen.

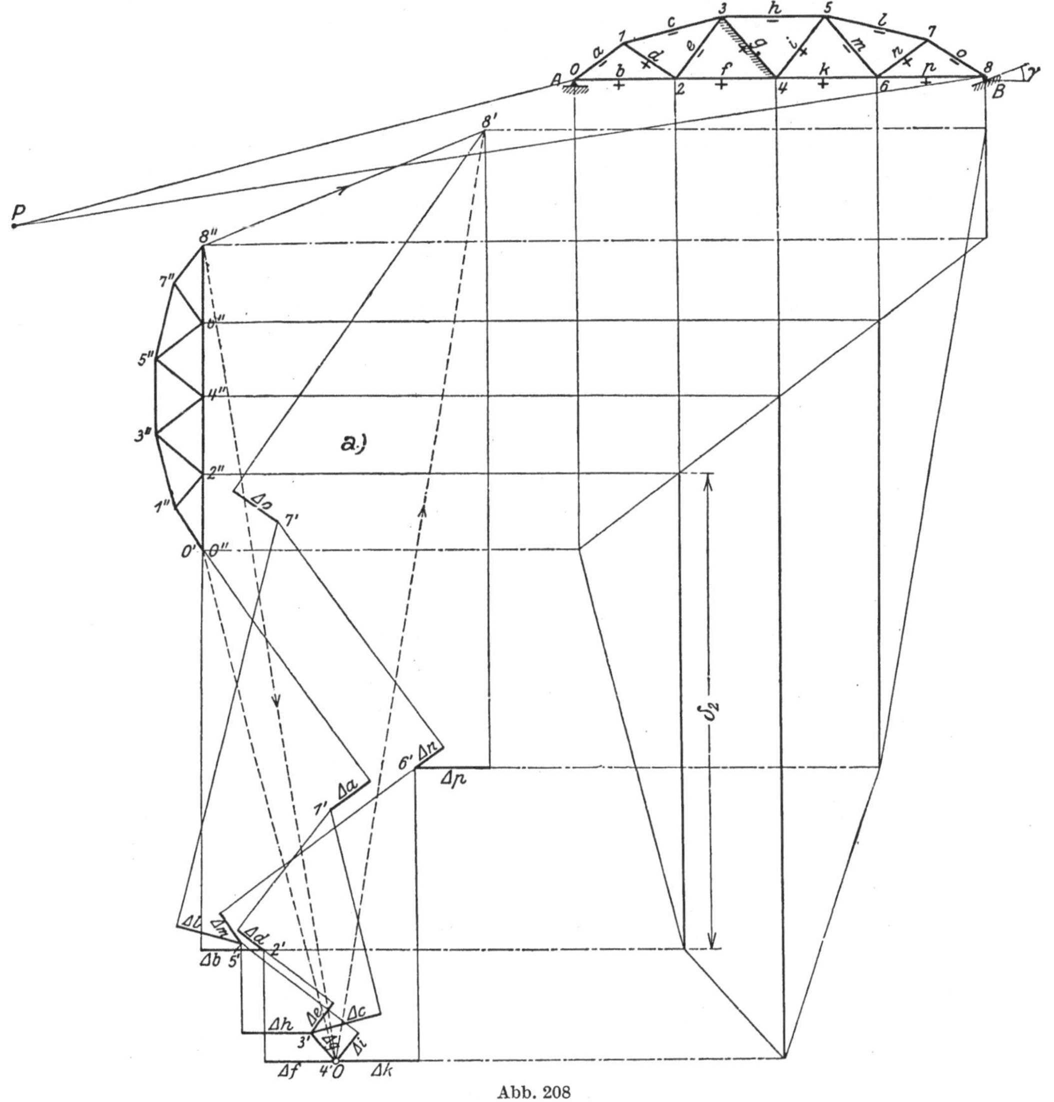

Abb. 208

In Wirklichkeit liegt jedoch der Stützpunkt $A = o$ fest und der Punkt $B = 8$ bewegt sich auf einer vorgeschriebenen Bahn. Um nun die wirklichen Ver-schiebungen der Knotenpunkte zu gewinnen, betrachtet man das bereits de-formierte Fachwerk als starr und erteilt ihm eine Bewegung, durch welche die Auflagerbedingungen erfüllt werden. Die wirklichen Verschiebungen ergeben sich dann als Resultierende der mit dieser Bewegung verbundenen Verschie-bungen der Knotenpunkte (die man sich ebenfalls von O aus aufgetragen denkt) und der in dem Verschiebungsplan ermittelten elastischen Verschiebungen.

Jede sehr kleine Bewegung einer Scheibe kann als Drehung um einen augenblicklichen Drehpol P aufgefaßt werden. Dieser Pol P, um welchen das Fachwerk zur Erfüllung der Auflagerbedingungen gedreht werden muß, sei auf irgendeine Weise gefunden (s. Abb. 208). Aus dem Verschiebungsplan ergibt sich, daß bei dieser Drehung der Punkt o offenbar den Weg $o''-O$ zurücklegen muß, da die Resultierende von $O-o'$ (weg vom Pol O) und $o''-O$ (hin zum Pol O), d. h. also die wirkliche Verschiebung des Punktes o den Wert Null ergibt, was erforderlich ist, wenn $o = A$ ein festes Lager ist. Die Punkte o' und o'' müssen also im Verschiebungsplan zusammenfallen. Die Verschiebung $o''-O$ steht nach dem Satz vom augenblicklichen Drehpol (vgl. S. 87) zum Polstrahl $P-o$ senkrecht, und ebenso muß die vorläufig noch unbekannte Verschiebung $8''-O$ zu dem zugehörigen Polstrahl $P-8$ senkrecht stehen. Da ferner die Geschwindigkeiten v_0 und v_8 der Punkte o und 8 bei der Drehung einerseits den Polstrahlen $P-o$ und $P-8$ und andererseits den Verschiebungen $o''-O$ und $8''-O$ dieser Punkte proportional sind, so besteht die Beziehung:

$$P - o : P - 8 = o'' - O : 8'' - O . \qquad (45)$$

Die Dreiecke $o-P-8$ und $o''-O-8''$ sind also einander ähnlich. Da aber

$$P - o \perp o'' - O \quad \text{und} \quad P - 8 \perp 8'' - P,$$

so ist auch

$$o - 8 \perp o'' - 8''.$$

Die Senkrechte zu $o-8$ durch o'' stellt demnach einen geometrischen Ort für den Punkt $8''$ dar. Ein weiterer geometrischer Ort ergibt sich aus der Bedingung, daß die wirkliche Verschiebung des Punktes 8 in die Bahn des Lagers B fallen muß. Die Resultierende $8''-8'$ der beiden Verschiebungen des Punktes 8 muß also dieser Bahn parallel sein und außerdem durch $8'$ gehen. Zur Konstruktion des Punktes $8''$ hat man somit nur die Senkrechte zu $o-8$ durch o'' zu ziehen und diese mit der Parallelen zur Bahn des Lagers B durch $8'$ zum Schnitt zu bringen.

Die obige Beziehung (45) kann in analoger Weise auf alle übrigen Punkte des Fachwerks angewendet werden, weshalb

$$P - o : P - 1 : P - 2 \ldots = o'' - O : 1'' - O : 2'' - O \ldots$$

Daraus folgt, daß die von den Punkten o'', $1''$, $2''$, $\ldots$, $8''$ begrenzte Figur dem Systemnetz ähnlich ist und gegen dieses um 90° verdreht liegt, da ja $o''-8'' \perp o-8$. Hat man demnach die Strecke $o''-8''$ gefunden, so können die Punkte $1''$, $2''$, $3'' \ldots$ und damit die wirklichen Verschiebungen $1''-1'$, $2''-2'$, $3''-3' \ldots$ konstruiert werden, womit die Aufgabe gelöst ist.

In ähnlicher Weise verfährt man, wenn die Auflagerbedingungen andere sind als hier angenommen.

Sollen aus dem Verschiebungsplan die Verschiebungen der Knotenpunkte nach einer bestimmten Richtung gewonnen werden, so hat man nur die wirklichen Verschiebungen auf die betreffende Richtung zu projizieren. So ist z. B. in Abb. 208 die Biegungslinie für den Untergurt des betrachteten Fachwerksystems dargestellt worden.

Das vorstehend beschriebene Verfahren läßt sich auch auf solche Fachwerke anwenden, die nicht nur aus einer, sondern aus mehreren, durch Gelenke miteinander zu einem stabilen System verbundenen starren Scheiben bestehen. Bei derartigen Systemen (Dreigelenkbogen, Gerberträger) denkt man sich zunächst die Verbindung im Gelenk aufgehoben und zeichnet für jede starre Scheibe nach den obigen Regeln den Verschiebungsplan, indem man sich die Richtung eines Stabes und einen seiner Endpunkte festgehalten denkt. Nach Erledigung dieser Aufgabe erteilt man jeder Scheibe eine solche Bewegung, daß die Auflager- und Gelenkbedingungen erfüllt sind und bildet schließlich die Resultierende aus den beiden Verschiebungen jedes Knotenpunktes, welche nach Größe, Richtung und Sinn die totale Verschiebung darstellt.

Sollen z. B. die Gesamtverschiebungen der Knotenpunkte des in Abb. 209 skizzierten Dreigelenkbogens dargestellt werden, so zeichne man zunächst getrennt für die Scheiben *1—2—4* und *3—2—5* je einen WILLIOT-Plan, indem man etwa die Richtung des Stabes *1—4* und das Kämpfergelenk *1* der linken Scheibe bzw. die Richtung des Stabes *3—5* und das Kämpfergelenk *3* der rechten Scheibe

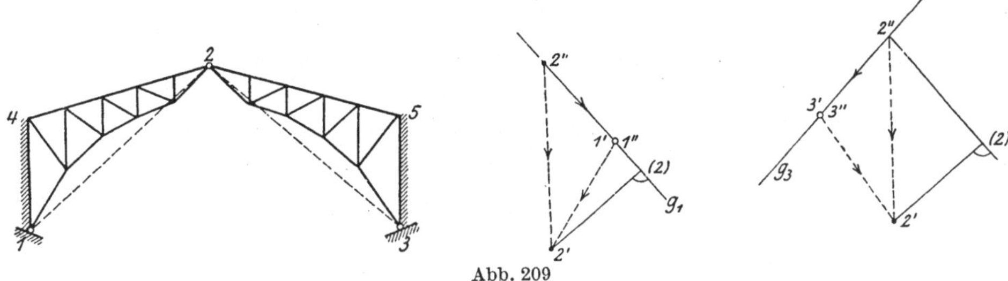

Abb. 209

festlegt. Diese Verschiebungspläne mögen für die linke Scheibe die den Gelenken *1* und *2* entsprechenden Punkte *1′* und *2′* und für die rechte Scheibe die den Gelenken *3* und *2* entsprechenden Punkte *3′* und *2′* liefern. (Die übrigen Punkte sind hier der Einfachheit halber fortgelassen.) Nun erteilt man jeder Scheibe eine solche Bewegung, daß erstens die Auflagerbedingungen erfüllt und zweitens die Wege des Scheitelgelenkes *2* in beiden Plänen gleich groß werden. Im Verschiebungsplane müssen wegen der ersten Bedingung *1″* mit *1′* und *3″* mit *3′* zusammenfallen. Die Drehung der linken Scheibe erfolgt um den Punkt *1* als Pol, die der rechten um den Punkt *3* als Pol. Demnach muß im linken Plan *2″* auf der Senkrechten g_1 zu *1—2* durch *1″* und im rechten *2″* auf der Senkrechten g_3 zu *3—2* durch *3″* liegen. Zur Erfüllung der zweiten Bedingung (Gelenkbedingung) konstruiert man im linken Plan die Projektion *2′—(2)* der Verschiebung *2″—2′* auf die Richtung von *1—2*, indem man das Lot von *2′* auf g_1 fällt, und überträgt diese in den rechten

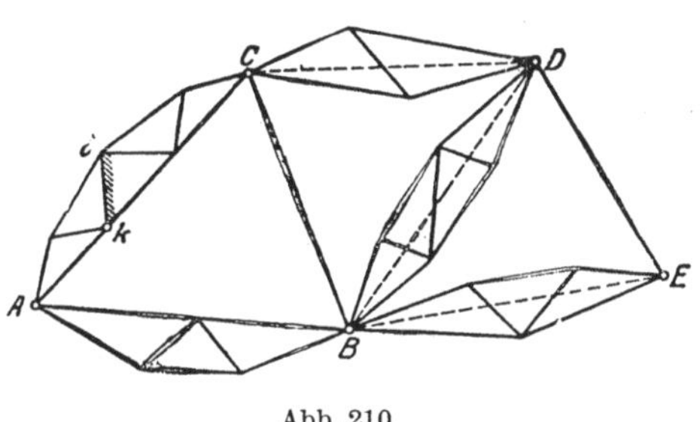

Abb. 210

Plan. Nun errichtet man auf *2′—(2)* in *(2)* das Lot und bestimmt *2″* als Schnittpunkt dieses Lotes mit der Geraden g_3. Dann gibt *2″—2′* nach Größe, Richtung und Sinn die wirkliche Verschiebung des Scheitelgelenkes an. Man kann nun *2″—2′* in den linken Plan übertragen und endlich für beide Scheiben mit Hilfe der um 90° gedrehten, diesen ähnlichen Figuren die totalen Verschiebungen aller Knotenpunkte in der oben besprochenen Weise bestimmen.

Mit Hilfe des hier beschriebenen Verfahrens lassen sich die Verschiebungspläne der weitaus größten Anzahl aller praktisch vorkommenden Fachwerke zeichnen. Mitunter treten Systeme auf, die dem oben angegebenen einfachen Bildungsgesetz nicht folgen, z. B. dann, wenn das Fachwerk, von einem aus drei Scheiben bestehenden Dreieck ausgehend, durch Anschluß neuer Knotenpunkte mit Hilfe zweier Scheiben gebildet ist, wobei an die Stelle einzelner Scheiben auch Stäbe treten können. Ein solches Fachwerk ist in Abb. 210 dargestellt. An die aus zwei Scheiben und einem Stab gebildete Grundfigur *ABC* ist zunächst der Knotenpunkt *D* mittels zweier Scheiben angeschlossen, und ferner der

Knotenpunkt E an die Punkte D und B mit Hilfe des Stabes DE und der Scheibe BE. Es wird vorausgesetzt, daß die einzelnen Scheiben in sich Fachwerke von der einfachsten Art sind. Soll nun der Verschiebungsplan eines solchen Scheibengebildes gezeichnet werden, so denke man sich nach Entfernung der Auflager die Richtung eines Stabes und einen seiner Endpunkte festgelegt — z. B. die Richtung $i—k$ und den Punkt k der Scheibe AC — und ersetze die übrigen Scheiben durch Stäbe, welche die Gelenke, in denen diese Scheiben zusammenhängen, miteinander verbinden, wodurch das ganze System in ein Fachwerk von der einfachsten Art übergeführt wird. Der Verschiebungsplan kann gezeichnet werden, sobald die Längenänderungen der der Scheibe AC angehörigen Stäbe sowie der Stabsehnen $A—B$, $C—B$, $C—D$, $B—D$, $D—E$ und $B—E$ bekannt sind. Sind die Stabspannungen sämtlich gegeben, was hier vorausgesetzt wird, so sind die Längenänderungen der Stäbe CB und DE sowie des Stabzuges $A—B$ sofort bekannt, während die Längenänderungen der die Scheiben CD, BD und BE ersetzenden Stäbe mit Hilfe je eines Verschiebungsplanes für diese Scheiben als gegenseitige Verschiebung der Gelenkpunkte in Richtung der betreffenden Stabsehnen bestimmt werden können. Die Aufgabe ist demnach auf die frühere für das Fachwerk von der einfachsten Art zurückgeführt.

Auf diese Weise läßt sich z. B. der Verschiebungsplan des in Abb. 211 skizzierten Dreigelenkbogens mit Zugband zeichnen. Man legt die Richtung des Stabes $a—d$ und das Kämpfergelenk a

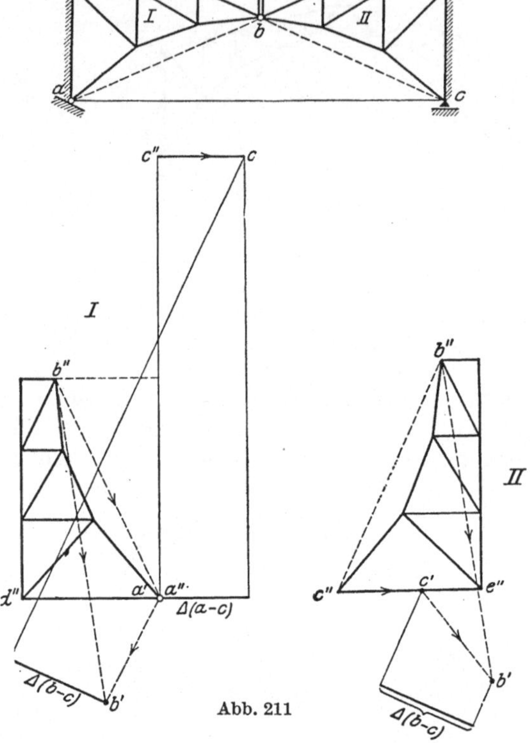

Abb. 211

fest und zeichnet den Willot-Plan I der Scheibe I, welcher für das Gelenk b den Punkt b' liefert. (Die übrigen Punkte sind in der Abbildung weggelassen.) In einem zweiten Verschiebungsplan II ermittelt man nach Festlegung der Richtung des Stabes $c—e$ und des Punktes c die gegenseitige Verschiebung $\Delta(b—c)$ der Punkte b und c in Richtung der Geraden $b—c$ und faßt diese als Längenänderung des gedachten Stabes $b—c$ auf. Dann kann mit Hilfe dieser Längenänderung und derjenigen des Zugbandes $a—c$ der Punkt c' im Verschiebungsplan I gefunden werden. Die Auflagerbedingungen erfordern, daß der Punkt a in Ruhe bleibt und daß c sich auf einer Horizontalen bewegt (Lagerführung). Im Verschiebungsplan I fällt also a'' mit a' zusammen. c'' liegt im Schnittpunkt der Senkrechten durch a'' und der Horizontalen durch c'. Damit kann die um 90° gedrehte, der Scheibe I ähnliche Figur $a''—b''—d''$ gezeichnet werden, wodurch die totalen Verschiebungen der Knotenpunkte dieser Scheibe gefunden sind. Nun überträgt man $c'—c''$ und $b'—b''$ in den Plan II, zeichnet die gegen die Scheibe II um 90° gedrehte, ihr ähnliche Figur $c''—b''—e''$ und erhält somit auch die totalen Verschiebungen der Knotenpunkte dieser Scheibe. Als Kontrolle ergibt sich, daß im Plan II $c''—b'' \perp c—b$ stehen muß.

B. Ableitung der totalen Verschiebungen aus der Biegungslinie eines Stabzuges

Die vollständige Darstellung der Knotenpunktsverschiebungen eines Stabzuges mit gelenkigen oder steifen Knoten läßt sich in sehr einfacher Weise durchführen, wenn die Biegungslinie dieses Stabzuges und die wirkliche Verschiebung eines Knotenpunktes gegeben sind.

In Abb. 212 sei $0'-1'-2' \ldots 8'$ die Biegungslinie des stark ausgezogenen Diagonalenzuges. Der Punkt 0 liegt fest, 8 bewegt sich auf einer um den Winkel γ gegen die Horizontale geneigten Bahn. Die Ordinaten der Biegungslinie geben die senkrechten Projektionen der wirklichen Verschiebungen der Knotenpunkte des Stabzuges an. Um nun zu einer Darstellung dieser Verschiebungen selbst zu gelangen, projiziere man die senkrechten Verschiebungen δ in Richtung der Schlußlinie $0'-(8')$ auf eine Lotrechte $L-L$, auf welcher die Größen δ

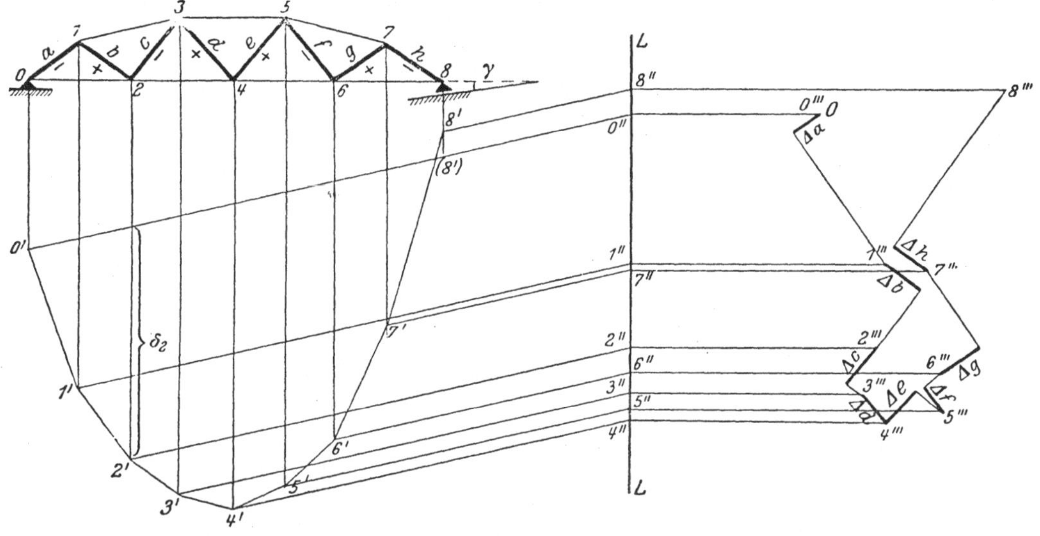

Abb. 212

durch die Strecken $0''-1''$, $0''-2''$ usw. dargestellt werden. Nun wähle man auf der Horizontalen durch $0''$ den beliebigen Pol O als Ausgangspunkt des Planes der totalen Verschiebungen, welche allgemein mit $O-m'''$ bezeichnet werden sollen. Da die Totalverschiebung des Punktes 0 gleich Null ist, so fällt $0'''$ mit O zusammen. Der Stab a erleidet eine Verkürzung um $\varDelta a$, der Punkt 1 bewegt sich also in Richtung $1-0$. Bei der Deformation des Systems führt der Stab a aber auch eine Drehung um den Punkt 0 aus. Man erhält also einen geometrischen Ort für den Punkt $1'''$, indem man vom Pol O aus $\varDelta a$ parallel zum Stabe a im Sinne einer Verkürzung von a aufträgt und im Endpunkte von $\varDelta a$ das Lot (an Stelle des Kreisbogens) errichtet. Der zweite geometrische Ort für $1'''$ ist die Horizontale durch den Punkt $1''$. Damit ist $1'''$ gefunden, und die Strecke $O-1'''$ stellt die wirkliche Verschiebung des Punktes 1 dar. Nun trägt man in analoger Weise $\varDelta b$ in $1'''$ parallel zum Stab b unter Beachtung des Vorzeichens an, errichtet das Lot und bringt dieses in $2'''$ zum Schnitt mit der Horizontalen durch $2''$. Schreitet man auf diese Weise von Knotenpunkt zu Knotenpunkt fort, so erhält man schließlich die totalen Verschiebungen $O-m'''$ aller Knotenpunkte des Stabzuges, womit die Aufgabe gelöst ist. In gleicher Weise verfährt man, wenn es sich um einen biegungsfesten Stabzug handelt, dessen Biegungslinie gegeben ist.

Die Darstellung der totalen Verschiebungen der Knotenpunkte steifer oder gelenkiger Stabzüge ist auch ohne Zuhilfenahme der Biegungslinie möglich. Ein allgemeines Verfahren zu ihrer Ermittlung ist von MÜLLER-BRESLAU gegeben, worauf hier verwiesen wird[1].

Fünfter Abschnitt

Theorie der statisch unbestimmten Systeme

1. Einführung

Über den grundsätzlichen Unterschied zwischen statisch bestimmten und unbestimmten *Fachwerken* ist bereits im Kapitel 8 des ersten Abschnittes berichtet worden. Dort wurde auch schon die Eindeutigkeit der Spannungsaufgabe des statisch unbestimmten Fachwerks erörtert. Nachstehend sollen diese Überlegungen noch etwas ergänzt und auch für *Stabwerke* erweitert werden, wobei wir uns der einfacheren Darstellung halber auf *ebene* Systeme beschränken wollen.

Wir betrachten zu diesem Zwecke ein beliebig gestaltetes, aus im allgemeinen biegungsfesten, geraden Stäben bestehendes Tragwerk (Abb. 213), dessen Stäbe entweder in freien Knotenpunkten biegungsfest oder gelenkig miteinander verbunden oder gegen Widerlager abgestützt sind. Gekrümmte Stäbe mögen

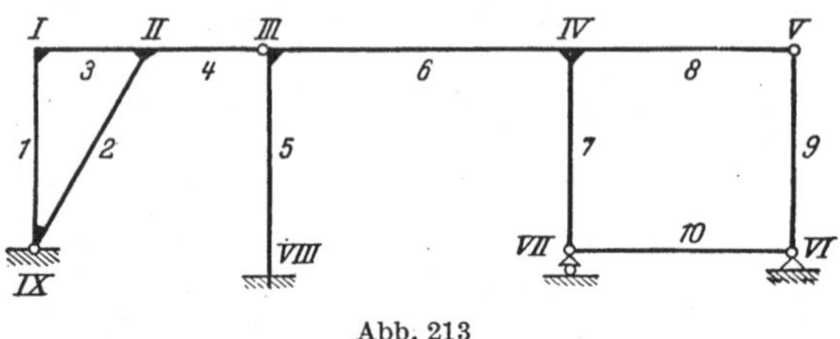
Abb. 213

durch Stabpolygone mit biegungssteifen Ecken ersetzt werden. Die Stützung der Stäbe soll in festen oder in bestimmter Richtung verschieblichen Stützgelenken oder vermittels einer festen Einspannung erfolgen. Innerhalb gewisser Grenzen sollen Lagerverschiebungen zugelassen werden, die als gegeben anzusehen sind und deren Anzahl gleich der Zahl der vorhandenen, voneinander unabhängigen Lagerreaktionen ist. Im allgemeinen dürfen alle Lagerverschiebungen gleich Null gesetzt werden (starre Stützung).

Wir denken uns jetzt um sämtliche Knotenpunkte des Systems — einschließlich der Lagerknoten — Schnitte gelegt und betrachten die auf diese Weise isolierten Knotenpunkte und die zwischen ihnen liegenden Stäbe als selbständige Gebilde, nachdem an den Schnittstellen die entsprechenden Schnittkräfte angebracht sind, die nun für jeden selbständigen Teil als äußere Kräfte aufzufassen sind. Ist ein Stab an einem Knoten elastisch fest angeschlossen, so treten als Schnittkräfte im allgemeinen ein Biegungsmoment M, eine Querkraft Q und eine Normalkraft N auf (vgl. Abb. 4, S. 4), bei gelenkigem Anschluß entfällt das Moment, und es sind nur zwei Schnittkräfte Q und N vorhanden.

Es bezeichne nun: r_1 die Zahl der beiderseits gelenkig angeschlossenen Stäbe des Tragwerks (Stab *9* und *10* in Abb. 213), r_2 die Zahl der auf einer Seite gelenkig, auf der anderen Seite biegungsfest angeschlossenen Stäbe (Stab *4*, *7*, *8*), r_3 die Zahl der beiderseits biegungsfest angeschlossenen Stäbe (Stab *1*, *2*, *3*, *5* und *6*). Ferner sei k_1 die Zahl der Gelenkknoten, einschließlich der festen oder verschieblichen Stützgelenke (Knoten *V*, *VI*, *VII*), k_2 die Zahl der steifen Knoten (*I*, *II*, *III*, *IV*, *VIII*, *IX*). Treffen in einem Knoten mindestens zwei biegungsfest

---

[1] MÜLLER-BRESLAU, H.: Statik der Baukonstruktionen Bd. 2 Abt. 1, 4. Aufl. S. 87. Stuttgart 1907 u. Abt. 2, S. 478. Leipzig 1908.

angeschlossene und weitere gelenkig angeschlossene Stäbe zusammen, so gilt der Knoten als steif (*III, IX*). Schließlich bezeichne noch a die Anzahl der voneinander unabhängigen Stützungen, wobei zu bemerken ist, daß einem verschieblichen Stützgelenk eine, einem festen Stützgelenk zwei und einer festen Einspannung drei Stützungen entsprechen.

Durch die vorgenommene Aufteilung des Tragwerks in Knotenpunkte und Stäbe treten

$$4\,r_1 + 5\,r_2 + 6\,r_3 + a$$

unbekannte Schnitt- und Lagerkräfte bzw. Momente auf, da an einem beiderseits gelenkig angeschlossenen Stab vier, an einem einerseits gelenkig, andererseits biegungsfest angeschlossenen Stab fünf und an einem beiderseits biegungsfest angeschlossenen Stab sechs Schnittkräfte vorhanden sind. Nun bestehen für jeden Stab drei Gleichgewichtsbedingungen zwischen den an den Stäben (ohne Knoten) angreifenden Lasten einerseits und den Schnittkräften bzw. Momenten andererseits. Lasten, die an den Knotenpunkten angreifen, werden zum System des Knotens gerechnet, gehören also nicht zur Stabbelastung. Es können somit für jeden Stab mittels dieser Gleichgewichtsbedingungen die beiden Anschlußquerkräfte Q und je eine Normalkraft N eliminiert werden, insgesamt also $3\,(r_1 + r_2 + r_3)$ Schnittkräfte. Demnach verbleiben nur noch $r_1 + 2\,r_2 + 3\,r_3$ unbekannte Momente und Normalkräfte und a unbekannte Lagerkräfte.

Die Verschiebung eines gelenkigen Knotenpunktes wird durch die Angabe der beiden Verschiebungskomponenten ξ und η nach den Koordinatenrichtungen X und Y bestimmt. Bei einem steifen Knoten tritt dazu noch eine Drehung um den Knotendrehwinkel φ. An den k_1 Gelenkknoten sind also $2\,k_1$, an den k_2 steifen Knoten $3\,k_2$ Verschiebungsgrößen unbekannt, insgesamt also $2\,k_1 + 3\,k_2$. Für die Lagerknoten sind bei a voneinander unabhängigen Stützungen a Lagerverschiebungen oder Drehungen vorgegeben bzw. durch sonstige (elastische) Bedingungen festgelegt. Es bleiben also noch $2\,k_1 + 3\,k_2 - a$ Verschiebungsgrößen unbekannt. Insgesamt treten somit

$$r_1 + 2\,r_2 + 3\,r_3 + 2\,k_1 + 3\,k_2$$

unbekannte Schnitt- bzw. Lagerkräfte und Verschiebungskomponenten bzw. Knotendrehungen auf.

Diesen Unbekannten der Aufgabe stehen folgende Bedingungsgleichungen gegenüber:

a) $2\,k_1$ Knotengleichgewichtsbedingungen $\sum X = 0$; $\sum Y = 0$ für die Gelenkknoten und $3\,k_2$ Gleichgewichtsbedingungen $\sum X = 0$; $\sum Y = 0$; $\sum M = 0$ für die steifen Knoten, zusammen also $2\,k_1 + 3\,k_2$ Knotengleichgewichtsbedingungen.

b) $r_1 + r_2 + r_3$ geometrische Bedingungen von der Form

$$\Delta s_{ik} = (\xi_k - \xi_i)\cos\alpha_{ik} + (\eta_k - \eta_i)\cos\beta_{ik}\,, \tag{1}$$

wenn man in Gl. (35) S. 33 $\Delta x = \xi$ und $\Delta y = \eta$ setzt.

c) Durch die Knotenpunktsverschiebungen ξ_i, η_i und ξ_k, η_k geht der Stab $i-k$ in die Lage $i'-k'$ über (Abb. 214) und erfährt damit eine Drehung um den *Stabdrehwinkel* ϑ_{ik}. Durch Querbelastung und elastische Einspannung erleidet er weiter eine Verbiegung, wobei die Stabtangenten an den Knotenpunkten i' und k' Drehungen gegen die Stabsehne $i'-k'$ erfahren, die mit τ_{ik} bzw. τ_{ki} bezeichnet seien und — ebenso wie die Stabdrehwinkel — positiv gerechnet werden sollen, wenn die Drehung im Uhrzeigersinn erfolgt. Aus Abb. 214 liest man sofort folgende geometrische Beziehung zwischen dem *Knotendrehwinkel* φ, dem *Tangentenwinkel* τ und dem *Stabdrehwinkel* ϑ ab:

$$\tau_{ik} = \varphi_i - \vartheta_{ik}\,; \quad \tau_{ki} = \varphi_k - \vartheta_{ki}\,, \tag{2}$$

wobei

$$\vartheta_{ik} = \vartheta_{ki}\,.$$

Für alle am Knoten i steif angeschlossenen Stäbe hat φ_i den gleichen Wert, d. h. es ist

$$\varphi_i = \tau_{ik} + \vartheta_{ik} = \tau_{il} + \vartheta_{il}. \tag{2a}$$

Der Stabdrehwinkel ϑ_{ik} ist durch die Verschiebungen ξ_i, η_i und ξ_k, η_k festgelegt. Man entnimmt dafür aus Abb. 214 folgende einfache Beziehung

$$\vartheta_{ik} = \frac{(\eta_i - \eta_k)\cos\alpha_{ik} - (\xi_i - \xi_k)\sin\alpha_{ik}}{s_{ik}}.$$

Da bei r_2 Stäben r_2 steife Knoten und bei r_3 Stäben $2r_3$ steife Knoten vorhanden sind, so stehen $r_2 + 2r_3$ geometrische Bedingungen (2) zur Verfügung.

Die Zahl der nach a), b) und c) verfügbaren Bedingungsgleichungen beträgt demnach

$$2k_1 + 3k_2 + r_1 + 2r_2 + 3r_3,$$

ist also gerade so groß wie die Anzahl der unbekannten Schnitt- bzw. Lagerkräfte und Verschiebungskomponenten.

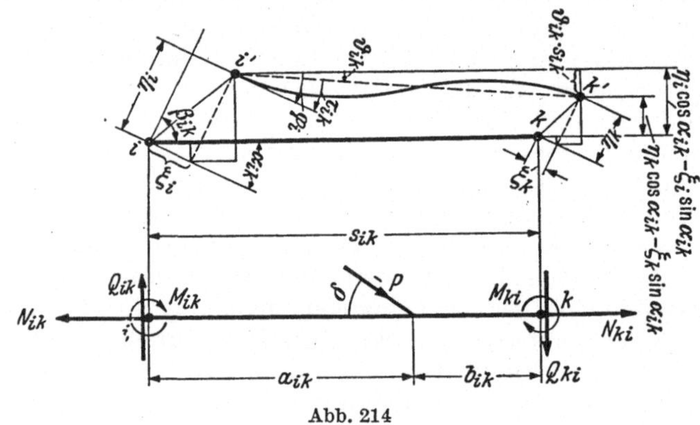

Abb. 214

Die in den Gln. (1) und (2) zunächst noch unbekannten Formänderungsgrößen Δs und τ lassen sich nun durch weitere, zwischen diesen Größen und den Schnittkräften bestehende Beziehungen eliminieren. Zunächst gilt nach Gl. (34), S. 32 und mit Bezugnahme auf Abb. 214

$$\Delta s_{ik} = \frac{N_{ik} a_{ik}}{E F_{ik}} + \frac{N_{ki} b_{ik}}{E F_{ik}} + \varepsilon_t t s_{ik}. \tag{3}$$

Dabei ist angenommen, daß der Stabquerschnitt F_{ik} über die Länge s_{ik} konstant ist. Trifft diese Annahme nicht zu, so können zwischen i und k weitere Knotenpunkte angenommen werden, die so eng zu legen sind, daß zwischen ihnen der Stabquerschnitt und sein Trägheitsmoment J im Mittel als konstant angesehen werden dürfen. Sind außerdem mehrere schräg zur Stabachse liegende Kräfte P vorhanden, so hat man in entsprechender Weise zu verfahren.

Nun ist wegen

$$N_{ik} = N_{ki} + P\cos\delta \tag{3a}$$

$$\Delta s_{ik} = \frac{N_{ik} a_{ik}}{E F_{ik}} + \frac{N_{ik} b_{ik}}{E F_{ik}} - \frac{P\cos\delta\, b_{ik}}{E F_{ik}} + \varepsilon_t t s_{ik}$$

oder

$$\Delta s_{ik} = N_{ik} \frac{s_{ik}}{E F_{ik}} + \Delta s_{ik}^0, \tag{4}$$

wenn für den aus der Belastung P und der Temperaturänderung herrührenden, unmittelbar bekannten Beitrag

$$\varepsilon_t t s_{ik} - \frac{P\cos\delta\, b_{ik}}{E F_{ik}} = \Delta s_{ik}^0 \tag{4a}$$

gesetzt wird. Aus der Verbindung von Gl. (1) und (4) folgt

$$N_{ik}\,\frac{s_{ik}}{E\,F_{ik}} = (\xi_k - \xi_i)\cos\alpha_{ik} + (\eta_k - \eta_i)\cos\beta_{ik} - \Delta s^0_{ik}. \tag{5}$$

Derartige *Elastizitätsbedingungen* stehen für jeden Stab, insgesamt also $r_1 + r_2 + r_3$ zur Verfügung.

Weitere Elastizitätsbedingungen lassen sich mit Hilfe der Tangentenwinkel τ ableiten. Der Stab $i-k$ sei wie in Abb. 214 an seinen Enden durch Momente M_{ik} und M_{ki} belastet, als deren positiver Drehsinn hier aus Zweckmäßigkeitsgründen der Uhrzeigersinn eingeführt wird. Außerdem greife an dem Stabe eine beliebige Querbelastung an. Dann können die Tangentenwinkel τ_{ik} und τ_{ki} je in zwei Anteile zerlegt werden, die sich mit Hilfe des MOHRschen Satzes (S. 150) als $\dfrac{1}{E\,J_{ik}}$-fache Lagerkräfte des mit der Momentenfläche belasteten einfachen Balkens $i-k$ sofort angeben lassen. Für die aus den Momenten M_{ik} und M_{ki} folgenden Tangentenwinkel τ'_{ik} und τ'_{ki} gilt also (Abb. 215)

$$\tau'_{ik} = \frac{1}{E\,J_{ik}}\left[\frac{2}{3}\,(M_{ik} + M_{ki})\,\frac{s_{ik}}{2} - \frac{1}{2}\,M_{ki}\,s_{ik}\right]$$

oder

$$\tau'_{ik} = \frac{s_{ik}}{6\,E\,J_{ik}}\,(2\,M_{ik} - M_{ki}). \tag{6}$$

Entsprechend wird

$$\tau'_{ki} = \frac{s_{ik}}{6\,E\,J_{ik}}\,(2\,M_{ki} - M_{ik}). \tag{6a}$$

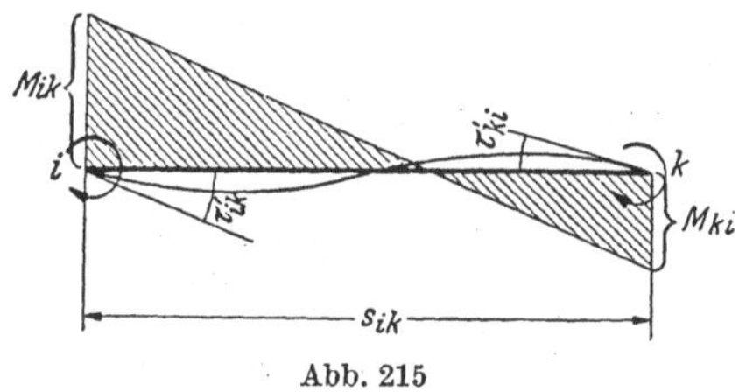

Abb. 215

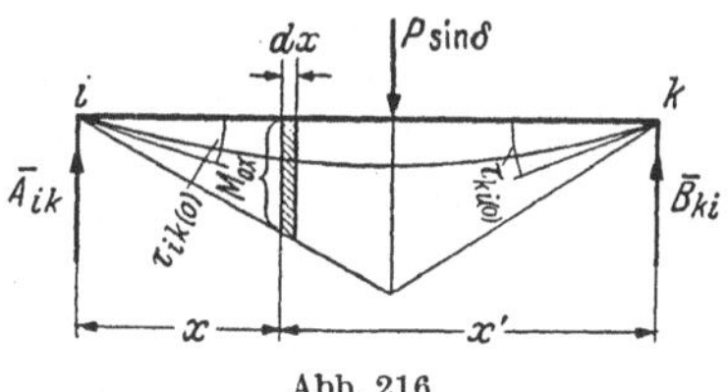

Abb. 216

Dazu treten die Tangentenwinkel $\tau_{ik(0)}$ und $\tau_{ki(0)}$, die aus der Belastung $P\sin\delta$ am Träger auf zwei Stützen entstehen. Für diese folgt nach S. 150 und mit Bezug auf Abb. 216

$$\tau_{ik(0)} = \frac{1}{E\,J_{ik}}\int_{x=0}^{x=s_{ik}} M_{0x}\,dx\,\frac{x'}{s_{ik}} = \frac{\overline{A}_{ik}}{E\,J_{ik}} \tag{7}$$

und

$$\tau_{ki(0)} = \frac{1}{E\,J_{ik}}\int_{x=0}^{x=s_{ik}} M_{0x}\,dx\,\frac{x}{s_{ik}} = \frac{\overline{B}_{ki}}{E\,J_{ik}} \tag{7a}$$

Dabei stellen $\overline{A}_{ik}$ und $\overline{B}_{ki}$ die Lagerkräfte am einfachen Balken $i-k$ infolge der fiktiven Belastung des Balkens mit der Momentenfläche aus der Querbelastung dar. Setzt man außerdem eine Temperaturdifferenz Δt zwischen Ober- und Untergurt des Stabes gemäß S. 20 voraus, so tritt hierzu noch ein Temperaturbeitrag, der sich mittels der Arbeitsgleichung leicht angeben läßt. Man erhält dafür nach Gl. (10) S. 120, wenn man dort die Belastungseinheit der Geraden (vgl. S. 125) einführt,

$$1\,\tau_{ik(t)} = \int_{(s_{ik})} \overline{M}\,\varepsilon_t\,\frac{\Delta t}{h}\,ds = \varepsilon_t\,\frac{\Delta t}{h}\int_{x'=0}^{x'=s_{ik}} \frac{x'}{s_{ik}}\,dx' = \varepsilon_t\,\frac{\Delta t}{h}\,\frac{s_{ik}}{2}. \tag{8}$$

Durch Überlagerung der drei Anteile (6), (7) und (8) folgt für die wirklichen Tangentenwinkel

$$\left.\begin{aligned}
\tau_{ik} &= \frac{s_{ik}}{6\,E\,J_{ik}}\,(2\,M_{ik} - M_{ki}) + \frac{\overline{A}_{ik}}{E\,J_{ik}} + \varepsilon_t\,\frac{\Delta t}{h}\,\frac{s_{ik}}{2}\\[2mm]
\tau_{ki} &= \frac{s_{ik}}{6\,E\,J_{ik}}\,(2\,M_{ki} - M_{ik}) - \frac{\overline{B}_{ki}}{E\,J_{ik}} - \varepsilon_t\,\frac{\Delta t}{h}\,\frac{s_{ik}}{2}
\end{aligned}\right\}. \qquad (9)$$

Ist der Stab $i-k$ im Knoten k *gelenkig* angeschlossen, dann wird $M_{ki} = 0$, und die Ausdrücke (9) lauten einfacher

$$\left.\begin{aligned}
\tau_{ik} &= \frac{s_{ik}}{3\,E\,J_{ik}}\,M_{ik} + \frac{\overline{A}_{ik}}{E\,J_{ik}} + \varepsilon_t\,\frac{\Delta t}{h}\,\frac{s_{ik}}{2}\\[2mm]
\tau_{ki} &= -\frac{s_{ik}}{6\,E\,J_{ik}}\,M_{ik} - \frac{\overline{B}_{ki}}{E\,J_{ik}} - \varepsilon_t\,\frac{\Delta t}{h}\,\frac{s_{ik}}{2}
\end{aligned}\right\}. \qquad (10)$$

Löst man die Gln. (9) nach den Momenten auf, so erhält man

$$\left.\begin{aligned}
M_{ik} &= \frac{2}{s_{ik}}\left[E\,J_{ik}\,(2\,\tau_{ik} + \tau_{ki}) - (2\,\overline{A}_{ik} - \overline{B}_{ki}) - E\,J_{ik}\,\varepsilon_t\,\frac{\Delta t}{h}\,\frac{s_{ik}}{2}\right]\\[2mm]
M_{ki} &= \frac{2}{s_{ik}}\left[E\,J_{ik}\,(\tau_{ik} + 2\,\tau_{ki}) - (\overline{A}_{ik} - 2\,\overline{B}_{ki}) + E\,J_{ik}\,\varepsilon_t\,\frac{\Delta t}{h}\,\frac{s_{ik}}{2}\right]
\end{aligned}\right\}. \qquad (11)$$

Entsprechend folgt aus der ersten Gl. (10) bei *gelenkigem* Anschluß des Stabes ik im Knoten k:

$$\left.\begin{aligned}
M_{ik} &= \frac{3}{s_{ik}}\,(E\,J_{ik}\,\tau_{ik} - \overline{A}_{ik}) - \frac{3}{2}\,E\,J_{ik}\,\varepsilon_t\,\frac{\Delta t}{h}\\[2mm]
M_{ki} &= 0
\end{aligned}\right\}. \qquad (12)$$

Unter Beachtung der Gl. (2) folgt schließlich aus (11)

$$\left.\begin{aligned}
M_{ik} &= \frac{2}{s_{ik}}\left[E\,J_{ik}\,(2\,\varphi_i + \varphi_k - 3\,\vartheta_{ik}) - (2\,\overline{A}_{ik} - \overline{B}_{ki})\right] - E\,J_{ik}\,\varepsilon_t\,\frac{\Delta t}{h}\\[2mm]
M_{ki} &= \frac{2}{s_{ik}}\left[E\,J_{ik}\,(\varphi_i + 2\,\varphi_k - 3\,\vartheta_{ik}) - (\overline{A}_{ik} - 2\,\overline{B}_{ki})\right] + E\,J_{ik}\,\varepsilon_t\,\frac{\Delta t}{h}
\end{aligned}\right\}. \qquad (13)$$

und aus (12)

$$\left.\begin{aligned}
M_{ik} &= \frac{3}{s_{ik}}\left[E\,J_{ik}\,(\varphi_i - \vartheta_{ik}) - \overline{A}_{ik}\right] - \frac{3}{2}\,E\,J_{ik}\,\varepsilon_t\,\frac{\Delta t}{h}\\[2mm]
M_{ki} &= 0
\end{aligned}\right\}. \qquad (14)$$

Bei r_2 Stäben stehen r_2 Elastizitätsbedingungen (14) zur Verfügung, bei r_3 Stäben $2\,r_3$ Bedingungen (13). Es gibt also insgesamt $r_1 + r_2 + r_3$ Elastizitätsbedingungen (5) und $r_2 + 2\,r_3$ Elastizitätsbedingungen (14) bzw. (13). Den $r_1 + 2\,r_2 + 3\,r_3 + 2\,k_1 + 3\,k_2$ unbekannten Schnitt- bzw. Lagerkräften und Verschiebungsgrößen stehen somit $r_1 + 2\,r_2 + 3\,r_3$ Elastizitätsbedingungen und $2\,k_1 + 3\,k_2$ Knotengleichgewichtsbedingungen gegenüber. Demnach können alle unbekannten Schnitt- und Lagerkräfte sowie alle unbekannten Verschiebungsgrößen bei gegebener Belastung, Temperaturänderung und Lagerverschiebung eindeutig berechnet werden, vorausgesetzt, daß die Koeffizientendeterminante des Gleichungssystems einen von Null verschiedenen Wert hat.

In den $2\,k_1 + 3\,k_2$ Knotengleichgewichtsbedingungen treten $r_1 + 2\,r_2 + 3\,r_3 + a$ unbekannte Schnitt- und Lagerkräfte auf (S. 162), während die

$$\varkappa = r_1 + 2\,r_2 + 3\,r_3$$

Elastizitätsbedingungen

$$\nu = 2\,k_1 + 3\,k_2 - a$$

unbekannte Verschiebungsgrößen enthalten. Ist nun gerade

$$r_1 + 2\,r_2 + 3\,r_3 + a = 2\,k_1 + 3\,k_2,$$

dann lassen sich alle unbekannten Schnitt- und Lagerkräfte aus den verfügbaren Knotengleichgewichtsbedingungen berechnen, ohne daß man auf die Elastizitätsgleichungen (5), (13) und (14) zurückgreifen muß. Andererseits können dann aus letzteren alle unbekannten Verschiebungsgrößen ξ, η und φ bestimmt werden. Ein solches Tragwerk ist *statisch bestimmt und stabil*. Ist dagegen

$$r_1 + 2\,r_2 + 3\,r_3 + a > 2\,k_1 + 3\,k_2\,,$$

dann reichen die Gleichgewichtsbedingungen zur Berechnung der unbekannten Schnitt- und Lagerkräfte nicht aus, das System ist

$$n = r_1 + 2\,r_2 + 3\,r_3 + a - (2\,k_1 + 3\,k_2) \tag{15}$$

bzw.

$$n = \varkappa - \nu \tag{15a}$$

-fach statisch unbestimmt. Beim *idealen Fachwerk* ist $r_1 = r$ die Anzahl der Stäbe und $k_1 = k$ die Anzahl der Knotenpunkte, während $r_2 = r_3 = k_2 = 0$ ist. Somit ergibt sich als Grad der statischen Unbestimmtheit nach (15)

$$n = r + a - 2\,k\,.$$

in Übereinstimmung mit den Ausführungen auf S. 34.

Bei der Berechnung statisch unbestimmter Systeme kann man nun nach zwei verschiedenen Gesichtspunkten vorgehen:

a) Da die $r_1 + 2\,r_2 + 3\,r_3$ Elastizitätsbedingungen nur $2\,k_1 + 3\,k_2 - a$ unbekannte Verschiebungsgrößen enthalten, können letztere aus diesen Gleichungen sämtlich eliminiert werden, und man erhält auf diese Weise

$$n = r_1 + 2\,r_2 + 3\,r_3 - (2\,k_1 + 3\,k_2 - a)$$

Elastizitätsgleichungen, in denen nur noch unbekannte Schnittkräfte auftreten. Fügt man zu diesen n Gleichungen die $2\,k_1 + 3\,k_2$ Knotengleichgewichtsbedingungen, so erhält man $r_1 + 2\,r_2 + 3\,r_3 + a$ Gleichungen, aus denen alle unbekannten Schnitt- und Lagerkräfte berechnet werden können. Rückläufig lassen sich dann aus den Elastizitätsbedingungen alle Verschiebungsgrößen bestimmen. Man faßt also bei diesem hier zunächst im Prinzip angedeuteten Verfahren die *Kräfte* als Hauptunbekannte auf und bezeichnet es deshalb auch als *Kraftverfahren*.

b) Mit Hilfe der Elastizitätsbedingungen (5), (13) und (14) sowie der weiter oben bereits erwähnten Gleichgewichtsbedingungen für die $r_1 + r_2 + r_3$ Stäbe können alle Schnittkräfte durch die $2\,k_1 + 3\,k_2 - a$ unbekannten Verschiebungsgrößen ξ, η, φ ausgedrückt werden. Die a unbekannten Lagerreaktionen lassen sich mit Hilfe von a Gleichgewichtsbedingungen für die Lagerknoten durch die Schnittkräfte der anschließenden Stäbe ersetzen und damit ebenfalls als Funktionen der unbekannten Verschiebungsgrößen darstellen. Es stehen somit noch $2\,k_1 + 3\,k_2 - a$ Knotengleichgewichtsbedingungen zur Verfügung. Führt man nun alle Kräfte als Funktionen der ξ, η, φ in die $2\,k_1 + 3\,k_2 - a$ noch verfügbaren Knotengleichgewichtsbedingungen ein, so erhält man ebensoviel Gleichungen wie unbekannte Verschiebungen vorhanden sind, die somit berechnet werden können. Rücklaufend lassen sich dann alle Schnitt- und Lagerkräfte aus den Verschiebungen bestimmen. Da hier die *Formänderungen* als Hauptunbekannte aufgefaßt werden, bezeichnet man diese zweite Methode auch als *Formänderungsverfahren*. In welchen Fällen zweckmäßig das eine oder das andere Verfahren angewandt wird und wie man dabei zu verfahren hat, das sollen die folgenden Ausführungen zeigen[1].

---

[1] Vgl. hierzu A. HERTWIG: Stahlbau 1933 S. 145.

2. Das statisch bestimmte Hauptsystem

Übersteigt in einem Fachwerk die Anzahl der unbekannten Spannkräfte und Lagerreaktionen die Zahl der verfügbaren Knotengleichgewichtsbedingungen um n, so kann in der Gleichgewichtsaufgabe über n Unbekannte willkürlich·verfügt werden. Es gibt somit in dem betrachteten Fachwerk $n \cdot \infty$ viele Spannungszustände, welche mit den Gleichgewichtsbedingungen verträglich sind. Von all diesen Spannungszuständen kann indessen nur einer wirklich zustande kommen, nämlich derjenige, bei welchem durch die eintretende Formänderung der geometrische Zusammenhang des Systems nicht gestört wird. Demnach besteht zwischen den statisch bestimmten und unbestimmten Systemen insofern ein wichtiger Unterschied, als bei ersteren die Spannkräfte und Lagerreaktionen von den Formänderungen unabhängig sind, bei letzteren dagegen nicht. Die Untersuchung eines statisch unbestimmten Systems ist vielmehr immer mit einer Formänderungsaufgabe verknüpft.

Ein Fachwerk, welches n überzählige (statisch unbestimmte) Größen enthält, heißt n-fach statisch unbestimmt. Nach Entfernung von n Konstruktionsgliedern, den Trägern dieser überzähligen Größen, entsteht ein statisch bestimmtes Fachwerk, das hinfort als *statisch bestimmtes Hauptsystem* (auch Grundsystem) bezeichnet werden soll. Bringt man an diesem als Ersatz für die entfernten Konstruktionsglieder äußere Kräfte X_a, X_b, $X_c \ldots$ von solcher Größe und Richtung an, wie sie die Spannkräfte und Lagerreaktionen in den entfernt gedachten Stäben und Stützungen des statisch unbestimmten Systems infolge einer gegebenen Belastung P annehmen würden, so ist das mit P und den Kräften X belastete statisch bestimmte Fachwerk dem mit P belasteten statisch unbestimmten hinsichtlich seiner Wirkungsweise gleichwertig. Über den Sinn der Kräfte X_a, X_b, $X_c \ldots$ soll so verfügt werden, daß die an Stelle einer Stabspannkraft gesetzte Größe positiv als Zugkraft, die an Stelle einer Stützkraft gesetzte positiv im Sinne der positiven Stützenreaktion eingeführt wird.

Alle Spannkräfte S und Lagerreaktionen C des mit P und den überzähligen Größen X_a, X_b, $X_c, \ldots$ belasteten statisch bestimmten Hauptsystems können nach den im dritten Abschnitt besprochenen Verfahren ermittelt werden, sobald $X_a, X_b, X_c \ldots$ bekannt sind. Sie lassen sich unter Beachtung des Superpositionsgesetzes als lineare Funktionen der gegebenen Lasten P und der statisch unbestimmten Größen in der Form darstellen

$$\left. \begin{aligned} S &= S_0 + S_a X_a + S_b X_b + \ldots + S_n X_n \\ C &= C_0 + C_a X_a + C_b X_b + \ldots + C_n X_n \end{aligned} \right\}, \tag{16}$$

wobei S_0 die Spannkraft eines Stabes und C_0 die Reaktion einer Stütze des statisch bestimmten Hauptsystems bedeuten, wenn auf dieses nur die Lasten P wirken, und S_a, $S_b, \ldots$ die Spannkräfte dieses Stabes bzw. C_a, $C_b, \ldots$ die Reaktionen dieser Stütze, wenn das statisch bestimmte Hauptsystem nacheinander nur durch die Kräfte $X_a = 1$, $X_b = 1$, $X_c = 1 \ldots$ beansprucht wird.

Der in Abb. 217a dargestellte Fachwerkträger auf vier Stützen ist, wie man sich leicht überzeugt, zweifach statisch unbestimmt. Als statisch bestimmtes Hauptnetz sei das aus Abb. 217b ersichtliche System gewählt, welches entsteht, wenn der der Stütze B gegenüberliegende Stab $a—a_1$ und die Stütze C entfernt werden. An der Wirkungsweise des statisch unbestimmten Systems wird nichts geändert, wenn man die am statisch bestimmten Hauptnetz als Ersatz für die entfernten Konstruktionsglieder angebrachten Kräfte X_a und X_b so bestimmt, daß die von ihnen im Verein mit den Lasten P erzeugte Formänderung des statisch bestimmten Hauptnetzes mit derjenigen übereinstimmt, welche das statisch unbestimmte System unter dem Einfluß der Lasten P erleidet. Abb. 217c bis e zeigen die drei Belastungszustände des Hauptsystems mit den Kräften

P, $X_a = 1$ und $X_b = 1$, welche unmittelbar die Spannkräfte S_0, S_a und S_b sowie die Lagerkräfte A_0, A_a, A_b, B_0, B_a, B_b usw. liefern. Nachdem diese mit Hilfe der im dritten Abschnitt besprochenen Methoden bestimmt sind, kann der Wert jeder Spannungsgröße in der Form (16) angeschrieben werden.

Über die Größe der in einem statisch unbestimmten System auftretenden n Überzähligen X_a, X_b, $X_c \ldots$ läßt sich zunächst noch nichts aussagen. Zu ihrer Berechnung sind n Gleichungen erforderlich, die wie folgt gewonnen werden können.

Hat man alle Spannungsgrößen in der Form (16) dargestellt, so lassen sich die Formänderungen des statisch bestimmten Hauptsystems als lineare Funk-

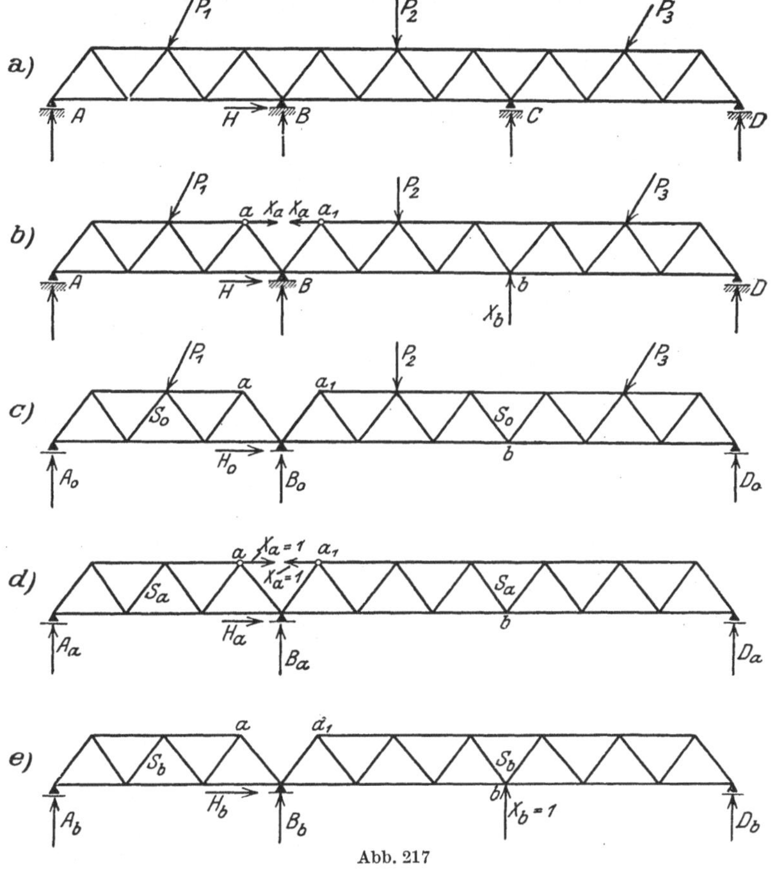

Abb. 217

tionen der Lasten P, statisch unbestimmten Größen X, Temperaturänderungen t und Lagerverschiebungen c mit Hilfe der im vierten Abschnitt behandelten Verfahren ermitteln. Ferner können die Formänderungen der aus dem statisch unbestimmten Fachwerk entfernten überzähligen Stäbe und Stützungen als lineare Funktionen der statisch unbestimmten Größen X und Temperaturänderungen t bzw. Lagerverschiebungen c dargestellt werden. Soll nun der geometrische Zusammenhang des statisch unbestimmten Systems gewahrt bleiben, so müssen die Formänderungen der n überzähligen Konstruktionsglieder den entsprechenden Formänderungen des statisch bestimmten Hauptsystems gleich sein. Man erhält somit n lineare Bedingungsgleichungen zur Berechnung der n statisch unbestimmten Größen. Schließlich liefern die Gln. (16) die Spannkräfte und Lagerreaktionen des mit den Kräften P belasteten statisch unbestimmten Systems, sobald die X_a, X_b, $X_c \ldots$ in der vorstehenden Weise ermittelt sind.

Ähnliche Überlegungen, wie die hier für das Fachwerk angestellten, sind auch bei der Untersuchung vollwandiger statisch unbestimmter Systeme maßgebend.

Der in Abb. 218 skizzierte Träger auf vier Stützen kann z. B. in ein statisch bestimmtes Hauptsystem verwandelt werden, indem man über der Stütze B ein Gelenk einschaltet und die Stütze C entfernt. Das Hauptsystem besteht dann aus zwei einfachen Balken AB und BD. Zur Wiederherstellung des ursprünglichen Zustandes bringt man in a zwei entgegengesetzt gerichtete, gleich große Momente X_a an, positiv im Sinne einer positiven Verbiegung des statisch bestimmten Hauptsystems, und in b die Kraft X_b, positiv nach oben gerichtet.

Nun können alle Momente, Längskräfte und Querkräfte in der Form

$$M = M_0 + M_a X_a + M_b X_b$$

$$N = N_0 + N_a X_a + N_b X_b,$$

$$Q = Q_0 + Q_a X_a + Q_b X_b$$

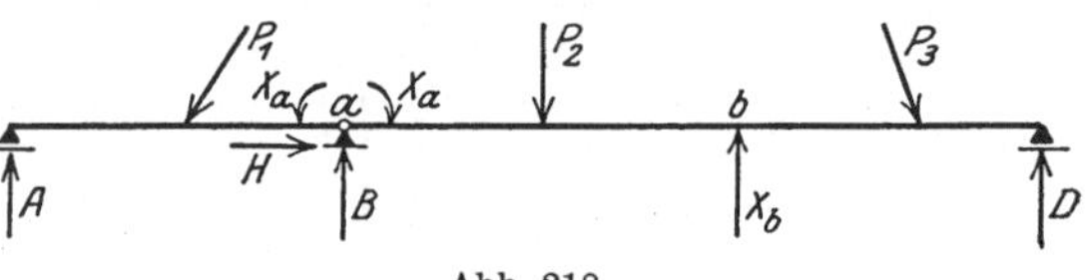

Abb. 218

dargestellt werden, wobei M_0, N_0, Q_0 das Moment bzw. die Längskraft und Querkraft eines beliebigen Querschnitts des statisch bestimmten Hauptsystems infolge der Lasten P, ferner M_a, N_a, Q_a das Moment bzw. die Längskraft und Querkraft dieses Querschnitts infolge des Belastungszustandes $X_a = 1$ und M_b bzw. N_b, Q_b die entsprechenden Werte infolge $X_b = 1$ angeben. Zur Bestimmung der statisch unbestimmten Größen X_a und X_b stehen zwei Bedingungsgleichungen zur Verfügung. Es muß nämlich das mit den Lasten P, statisch unbestimmten Größen X und Temperaturänderungen t belastete statisch bestimmte Hauptsystem eine solche Formänderung ergeben, daß sowohl die gegenseitige Verdrehung der in a zusammentreffenden Endquerschnitte der Balken AB und BD gleich Null wird, als auch die senkrechte Verschiebung des Punktes b im Falle starrer Lager.

Innerhalb gewisser Grenzen ist die Wahl der überzähligen Konstruktionsglieder eines statisch unbestimmten Systems, welche zur Herstellung des statisch bestimmten Hauptsystems entfernt werden müssen, gleichgültig. So können z. B. in dem Fachwerkträger auf vier Stützen (Abb. 217) auch zwei Auflager

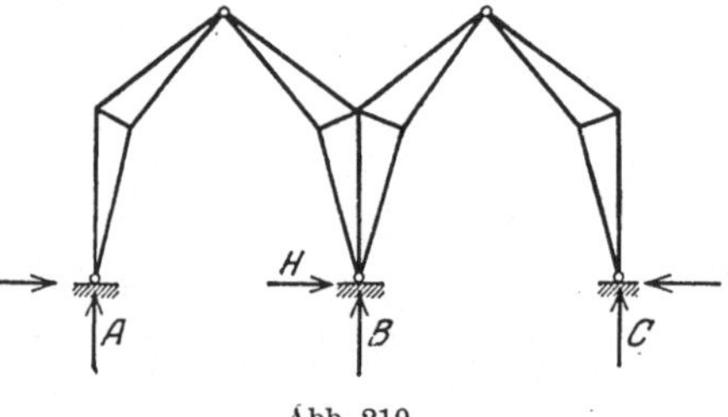

Abb. 219

— etwa A und C — entfernt werden, wodurch das Fachwerk in einen Balken auf zwei Stützen mit Kragarm übergeht, oder man kann alle Stützen beibehalten und außer dem Stabe a–a_1 auch den Stab über der Stütze C entfernen. Das statisch bestimmte Hauptsystem besteht dann aus drei nebeneinanderliegenden einfachen Balken AB, BC, CD.

Eine notwendige Bedingung bei der Wahl der überzähligen Größen ist die, daß das entstehende statisch bestimmte Hauptsystem stabil ist. Wollte man z. B. in dem in Abb. 219 dargestellten einfach statisch unbestimmten Tragwerk die Horizontalreaktion H der Mittelstütze als statisch unbestimmte Größe einführen, so würde als statisch bestimmtes Hauptnetz ein System von unendlich kleiner

Beweglichkeit entstehen, welches unendlich große Spannkräfte S_0 und S_a liefert, also unbrauchbar ist (vgl. S. 93).

In allen Fällen wird man bestrebt sein, ein möglichst einfaches statisch bestimmtes Hauptsystem zu wählen, um alle erforderlichen Untersuchungen übersichtlich und schnell durchführen zu können. Wie an den obigen Beispielen bereits gezeigt wurde, gelangt man zu ihm durch Entfernung von Stäben und

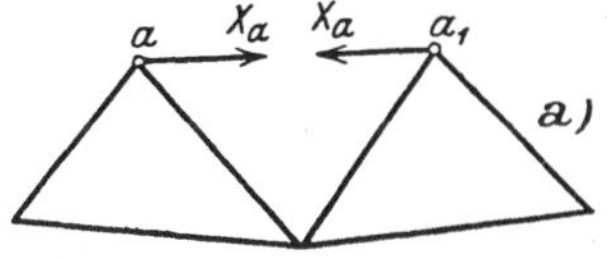

Abb. 220

Stützen sowie Einschalten von (festen oder verschieblichen) Gelenken in biegungssteife Stäbe.

Bisher war immer die Rede davon, daß ein Fachwerkstab *entfernt* werden sollte, sofern er Träger einer statisch unbestimmten Größe ist (Abb. 220 a). Es ist indessen ohne weiteres ersichtlich, daß der gleiche Zweck erreicht wird, wenn man den betreffenden Stab nur *durchschneidet.* Seine Wirkung wird dann am statisch bestimmten Hauptsystem durch zwei in den Schnittflächen angreifende Kräfte X von gleicher Größe und entgegengesetzter Richtung ersetzt, welche mit der Stabachse zusammenfallen (Abb. 220 b). Die Stabilität der übrigbleibenden Stabstücke ist gesichert, da bei den in Frage kommenden Belastungsfällen nur axiale Kräfte auftreten können. In den folgenden Betrachtungen soll von der hier beschriebenen Auffassung Gebrauch gemacht werden.

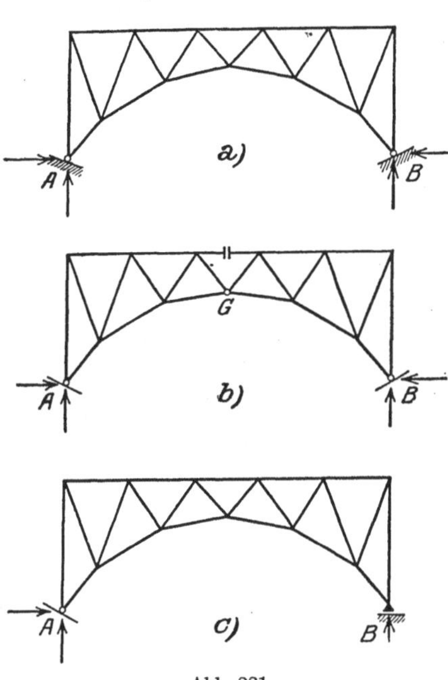

Abb. 221

Die Wahl des statisch bestimmten Hauptsystems möge nachstehend noch an einigen Beispielen erläutert werden.

1. Der in Abb. 221 a dargestellte Zweigelenkbogen ist einfach statisch unbestimmt. Als statisch bestimmtes Hauptsystem wählt man entweder den Dreigelenkbogen (Abb. 221 b), welcher entsteht, wenn der über G liegende Gurtstab durchschnitten wird, oder den einfachen Balken AB, welcher entsteht, wenn man die horizontale Stützung bei B entfernt (Abb. 221 c).

2. Abb. 222 a stellt einen über drei Öffnungen gespannten, dreifach statisch unbestimmten Träger dar. Schaltet man bei G_1 und G_2 durch Zerschneiden der über diesen Knotenpunkten liegenden Stäbe (Abb. 222 b) Gelenke ein und entfernt die Horizontalkomponente des Lagers B, so entsteht als statisch bestimmtes Hauptsystem ein Gerberträger. Man kann aber auch die Stützung bei B bestehen lassen und dafür ein weiteres Gelenk G_3 in die Mittelöffnung einschalten. Dann erhält man als Hauptsystem einen Dreigelenkbogen BG_3C mit überkragenden Enden und beiderseits eingehängten Koppelträgern (Abb. 222 c).

3. Der in Abb. 223 a skizzierte Gelenkbogen mit unterem Versteifungsträger (LANGERscher Balken) ist einfach statisch unbestimmt. Zur Herstellung des

statisch bestimmten Hauptsystems durchschneidet man entweder den Stab $a{-}a_1$ im Obergurt des Versteifungsträgers und erhält ein statisch bestimmtes System von der auf S. 82 besprochenen Form (Abb. 223b), oder man durch-

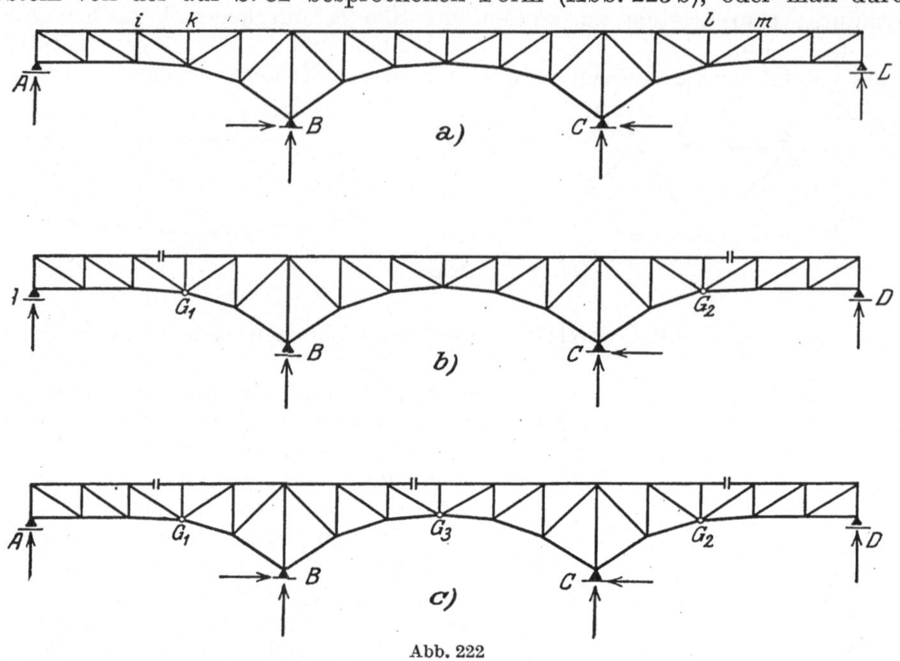
Abb. 222

schneidet einen Stab des Gelenkbogens und erhält als statisch bestimmtes Hauptsystem einen Balken auf zwei Stützen AB, an dessen Obergurt einzelne Knotenpunkte b, c, d, ..., g zweistäbig angeschlossen sind (Abb. 223c).

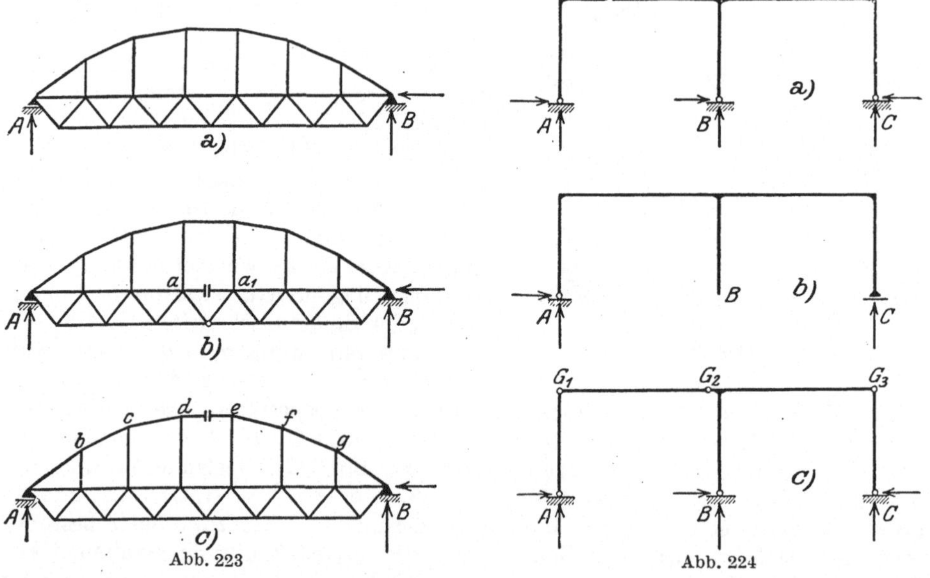
Abb. 223   Abb. 224

4. Abb. 224a stellt ein gelenkig gelagertes Doppelportal (dreistieliger Gelenkrahmen) dar, welches dreifach statisch unbestimmt ist. Um zu einem statisch bestimmten Hauptsystem zu gelangen, kann man entweder die vertikale und

horizontale Stützung bei B und die horizontale Stützung bei C entfernen und erhält dann einen Balken auf zwei Stützen AC (Abb. 224b), oder man behält alle Stützungen bei, schaltet aber drei Gelenke G_1, G_2, G_3 ein, so daß ein Dreigelenkrahmen CG_3B entsteht, auf den ein zweiter AG_1G_2 in G_2 abgestützt ist (Abb. 224c).

5. In ähnlicher Weise geht man bei dem in Abb. 225a skizzierten Stockwerkrahmen vor, welcher vierfach statisch unbestimmt ist. Man schaltet vier Gelenke G_1 bis G_4 (Abb. 225b) ein und erhält einen Dreigelenkbogen AG_1B, auf welchen ein zweiter Dreigelenkbogen $G_2G_3G_4$ aufgesetzt ist.

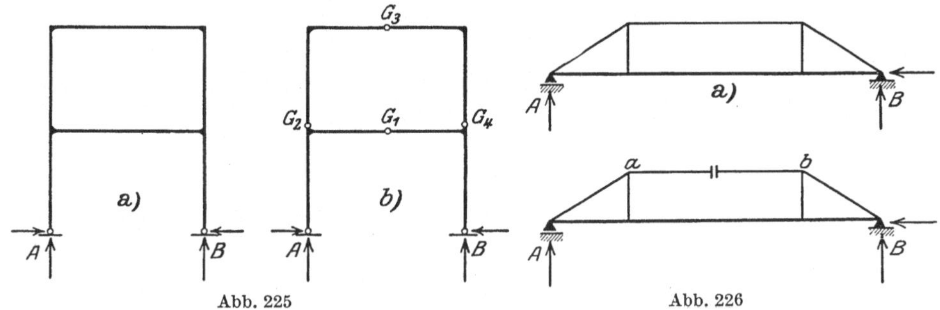

Abb. 225   Abb. 226

6. Das in Abb. 226a dargestellte Hängewerk ist einfach statisch unbestimmt. Als statisch bestimmtes Hauptsystem kann man den einfachen Balken AB wählen, an den zwei Knotenpunkte a und b zweistäbig angeschlossen sind.

3. Die Elastizitätsgleichungen
für die statisch unbestimmten Größen

Das in Abb. 227 skizzierte, unter dem Einfluß der Lasten P, statisch unbestimmten Größen X_a und X_b, Temperaturänderungen t und Lagerverschiebungen c stehende statisch bestimmte Hauptsystem ist dem in Abb. 217a dargestellten, durch die Lasten P, Temperaturänderungen t und Lagerverschiebungen c beeinflußten Träger auf vier Stützen hinsichtlich seiner Wirkungsweise gleichwertig, wenn die Größen X_a und X_b so gewählt sind, daß erstens die

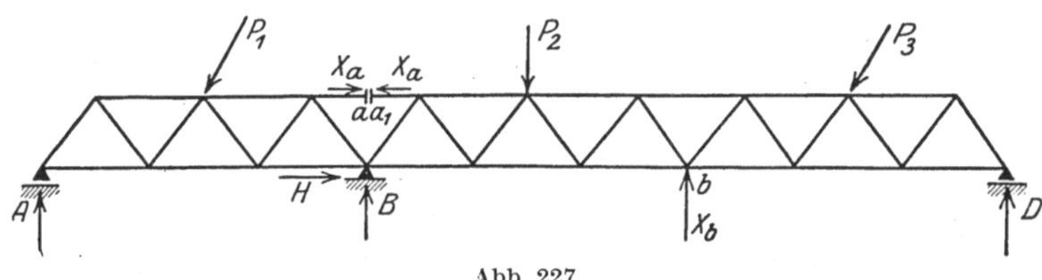

Abb. 227

Querschnittsufer a und a_1 des über der Stütze B liegenden, durchschnittenen Stabes ihren gegenseitigen Abstand nicht ändern, und zweitens die Verschiebung des Punktes b in Richtung der Kraft X_b gleich der gegebenen senkrechten Verschiebung des Lagers C wird. Aus diesen Bedingungen ergeben sich zwei Gleichungen für X_a und X_b, die wie folgt gewonnen werden. Zur Bestimmung der gegenseitigen axialen Verschiebung der Punkte a und a_1 schreibe man die Arbeitsgleichung für die Belastungseinheit des Punktpaares a, a_1 und den wirklichen Verschiebungszustand

$$1\,\delta_a + \Sigma \overline{C}\,c = \Sigma \overline{S}\,\varDelta s$$

an, wobei δ_a die gesuchte Verschiebung, $\overline{S}$ und $\overline{C}$ die virtuellen Spannkräfte bzw. Lagerreaktionen, $\varDelta s$ die wirklichen Längenänderungen der Stäbe und c die gegebenen Lagerverschiebungen bezeichnen. Da der hier gewählte virtuelle Belastungszustand identisch ist mit dem Belastungszustand $X_a = 1$, so kann $\overline{S} = S_a$ und $\overline{C} = C_a$ gesetzt werden. Die Bedingung $\delta_a = 0$ lautet demnach:

$$\delta_a = 0 = \sum S_a \, \varDelta s - \sum C_a \, c \, .$$

In analoger Weise bestimmt man die Verschiebung des Punktes b in Richtung der Kraft X_b aus der Gleichung

$$1 \, \delta_b + \sum \overline{C} \, c = \sum \overline{S} \, \varDelta s \, .$$

Hier stimmt der virtuelle Belastungszustand überein mit dem Zustand $X_b = 1$, weshalb $\overline{S} = S_b$, $\overline{C} = C_b$ gesetzt werden kann. Es möge nun das Widerlager C (Abb. 217a) infolge Nachgiebigkeit des Baugrundes die beobachtete, senkrecht nach unten gerichtete Verschiebung c_C erleiden. Mit der Bedingung $\delta_b = -c_C$ lautet dann die vorstehende Arbeitsgleichung

$$0 = \sum S_b \, \varDelta s - \sum C_b \, c + 1 \, c_C \, .$$

Die Summen $\sum C_b c$ und $\sum C_a c$ erstrecken sich über sämtliche Auflager des statisch bestimmten Hauptsystems, welche Stützenverschiebungen c in Richtung der Lagerreaktionen erleiden. Um nun die beiden hier gefundenen Bedingungsgleichungen auf dieselbe Form zu bringen, braucht man nur die virtuellen Arbeiten $\sum (C_a c)$ bzw. $\sum (C_b c)$ für *alle* Auflager zu bilden, auch für dasjenige bei C, welches Träger einer statisch unbestimmten Größe ist. Durch diese Festsetzung nimmt $\sum (C_a c)$ denselben Wert an wie $\sum C_a c$, da für den Belastungszustand $X_a = 1$ an der Stütze C eine Lagerkraft nicht auftritt. Bei dem Belastungszustand $X_b = 1$ dagegen wirkt an der Stütze C die Kraft $C_b = X_b = 1$. Ihr Beitrag zur Arbeitssumme $- \sum (C_b c)$ ist also $+ 1 c_C$, da c_C der Kraft 1 entgegengesetzt gerichtet ist. Demnach wird

$$- \sum (C_b c) = - \sum C_b \, c + 1 \, c_C \, ,$$

und die beiden Bedingungsgleichungen können in der Form geschrieben werden

$$\left.\begin{aligned} 0 &= \sum S_a \, \varDelta s - \sum (C_a c) \\ 0 &= \sum S_b \, \varDelta s - \sum (C_b c) \end{aligned}\right\} . \tag{17}$$

Führt man in diese nach S. 122 und unter Beachtung von (16) den Wert

$$\varDelta s = S \varrho + \varepsilon_t \, t \, s = (S_0 + S_a X_a + S_b X_b) \, \varrho + \varepsilon_t \, t \, s$$

ein, so gehen sie über in

$$0 = \sum S_a \varrho \, (S_0 + S_a X_a + S_b X_b) + \sum S_a \varepsilon_t \, t \, s - \sum (C_a c) \, ,$$

$$0 = \sum S_b \varrho \, (S_0 + S_a X_a + S_b X_b) + \sum S_b \varepsilon_t \, t \, s - \sum (C_b c) \, .$$

Die hier angestellte Betrachtung läßt sich offenbar in ganz analoger Weise für jedes statisch unbestimmte Fachwerk durchführen. Jeder statisch unbestimmten Größe X_r entspricht eine Gleichung von der Form:

$$0 = \sum S_r \varrho \, (S_0 + S_a X_a + S_b X_b + \cdots + S_r X_r + \cdots) + \sum S_r \varepsilon_t \, t \, s - \sum (C_r c) \, .$$

In dieser bezeichnen $X_a, X_b, \ldots, X_r, \ldots$ die statisch unbestimmten Größen, S_0 die Spannkräfte des statisch bestimmten Hauptsystems infolge der Lasten P, ferner $S_a, S_b, \ldots, S_r, \ldots$ die Spannkräfte des statisch bestimmten Hauptsystems, wenn auf dieses nacheinander die Belastungen $X_a = 1$, $X_b = 1, \ldots$, $X_r = 1, \ldots$ wirken, C_r die Auflagerreaktionen am statisch bestimmten Hauptsystem infolge der Belastung $X_r = 1$, einschließlich der Kraft $X_r = 1$, sofern X_r eine Stützenreaktion darstellt, und c die Verschiebungen der Stützpunkte in

Richtung der Lagerreaktionen. Die virtuelle Arbeit $C_r c$ wird negativ, sobald die virtuelle Lagerkraft C_r der wirklichen Verschiebung c des Lagers entgegengesetzt gerichtet ist. Ganz analoge Gleichungen lassen sich für jede der übrigen statisch unbestimmten Größen aufstellen, und man erhält somit die allgemeinen Elastizitätsgleichungen zur Berechnung eines mehrfach statisch unbestimmten Fachwerks:

$$\left. \begin{aligned}
\Sigma(C_a\,c) &= \Sigma S_0\,S_a\,\varrho + X_a\,\Sigma S_a^2\,\varrho + X_b\,\Sigma S_b\,S_a\,\varrho + \\
&\quad + X_c\,\Sigma S_c\,S_a\,\varrho + \cdots + \Sigma S_a\,\varepsilon_t\,t\,s \\
\Sigma(C_b\,c) &= \Sigma S_0\,S_b\,\varrho + X_a\,\Sigma S_a\,S_b\,\varrho + X_b\,\Sigma S_b^2\,\varrho + \\
&\quad + X_c\,\Sigma S_c\,S_b\,\varrho + \cdots + \Sigma S_b\,\varepsilon_t\,t\,s \\
\Sigma(C_c\,c) &= \Sigma S_0\,S_c\,\varrho + X_a\,\Sigma S_a\,S_c\,\varrho + X_b\,\Sigma S_b\,S_c\,\varrho + \\
&\quad + X_c\,\Sigma S_c^2\,\varrho + \cdots + \Sigma S_c\,\varepsilon_t\,t\,s
\end{aligned} \right\} . \qquad \text{(I)}$$

In diesen n Gleichungen treten außer den n statisch unbestimmten Größen lauter bekannte Werte auf, erstere können somit aus ihnen gewonnen werden, sofern die Nennerdeterminante des Gleichungssystems $\Delta \gtreqless 0$ ist.

Zur Ableitung einer weiteren Beziehung für die statisch unbestimmten Größen mögen die Gln. (17) noch etwas näher untersucht werden. Wegen $S_a = \dfrac{\partial S}{\partial X_a}$, $S_b = \dfrac{\partial S}{\partial X_b}$, $C_a = \dfrac{\partial C}{\partial X_a}$, $C_b = \dfrac{\partial C}{\partial X_b}$ lauten diese, wenn man noch $\Delta s = S\varrho + \varepsilon_t\,ts$ setzt,

$$0 = \Sigma S\,\frac{\partial S}{\partial X_a}\,\varrho + \Sigma \frac{\partial S}{\partial X_a}\,\varepsilon_t\,t\,s - \Sigma\left(\frac{\partial C}{\partial X_a}\,c\right),$$

$$0 = \Sigma S\,\frac{\partial S}{\partial X_b}\,\varrho + \Sigma \frac{\partial S}{\partial X_b}\,\varepsilon_t\,t\,s - \Sigma\left(\frac{\partial C}{\partial X_b}\,c\right).$$

Nun stellen aber die rechten Seiten der vorstehenden Gleichungen die partiellen Ableitungen der Funktion

$$A' = \tfrac{1}{2}\,\Sigma S^2\,\varrho + \Sigma S\,\varepsilon_t\,t\,s - \Sigma(C\,c)$$

nach den statisch unbestimmten Größen X_a und X_b dar, woraus folgt

$$0 = \frac{\partial A'}{\partial X_a}\,; \qquad 0 = \frac{\partial A'}{\partial X_b}.$$

Die Summe $\Sigma(C\,c)$ erstreckt sich über sämtliche Auflager, auch über diejenigen, welche Träger statisch unbestimmter Größen sind. Für den Fall, daß Lagerverschiebungen und Temperaturänderungen nicht auftreten, geht A' über in den Ausdruck für die wirkliche Formänderungsarbeit (vgl. S. 129 u. 131)

$$A = \tfrac{1}{2}\,\Sigma S^2\,\varrho,$$

und man erhält

$$0 = \frac{\partial A}{\partial X_a}\,; \qquad 0 = \frac{\partial A}{\partial X_b}.$$

Da

$$\frac{\partial A}{\partial X_a} = \Sigma S\,\frac{\partial S}{\partial X_a}\,\varrho \quad \text{und} \quad \frac{\partial A}{\partial X_b} = \Sigma S\,\frac{\partial S}{\partial X_b}\,\varrho$$

ist, so lauten die zweiten Differentialquotienten wegen $\dfrac{\partial S}{\partial X_a} = S_a$, $\dfrac{\partial S}{\partial X_0} = S_b$

$$\frac{\partial^2 A}{\partial X_a^2} = \frac{\partial}{\partial X_a}\Sigma S\,S_a\,\varrho = \Sigma S_a^2\,\varrho\,; \qquad \frac{\partial^2 A}{\partial X_b^2} = \Sigma S_b^2\,\varrho.$$

Diese Werte sind immer positiv, da alle Spannkräfte S_a bzw. S_b im Quadrat auftreten.

Außerdem ist

$$\frac{\partial^2 A}{\partial X_a^2}\frac{\partial^2 A}{\partial X_b^2} - \left(\frac{\partial^2 A}{\partial X_a\,\partial X_b}\right)^2 = \sum S_a^2\,\varrho\,\sum S_b^2\,\varrho - (\sum S_a\,S_b\,\varrho)^2 > 0\,.$$

Die vorstehende Überlegung läßt sich offenbar für jedes statisch unbestimmte Fachwerk anstellen. Sie führt zu dem CASTIGLIANOschen Satz vom Minimum der Formänderungsarbeit, welcher wie folgt formuliert werden kann: *Unter der Voraussetzung starrer Lager und eines unveränderlichen Temperaturzustandes müssen die statisch unbestimmten Größen die wirkliche Formänderungsarbeit des Fachwerks zu einem Minimum machen.*

Die Summe $\sum$ in dem Ausdruck für die wirkliche Formänderungsarbeit erstreckt sich über sämtliche Stäbe. In dem hier betrachteten Beispiel ist für den durchschnittenen Stab $S_0 = S_b = 0$ und $S_a = 1$, also $S = S_0 + S_a X_a + S_b X_b = X_a$.

Treten Temperaturänderungen und Lagerverschiebungen auf, so kann der CASTIGLIANOsche Satz ebenfalls angewendet werden, wenn man an Stelle der wirklichen Formänderungsarbeit des Fachwerks die oben entwickelte Funktion A' einführt. In dieser Form liefert er die allgemeinen Elastizitätsgleichungen (I) mit Hilfe der Bedingungen:

$$\frac{\partial A'}{\partial X_a} = 0\,; \qquad \frac{\partial A'}{\partial X_b} = 0\,; \qquad \frac{\partial A'}{\partial X_c} = 0\,; \quad \ldots\,.$$

Aus der ersten Bedingung ergibt sich z. B.

$$0 = \sum S\frac{\partial S}{\partial X_a}\varrho + \sum\frac{\partial S}{\partial X_a}\varepsilon_t\,t\,s - \sum\left(\frac{\partial C}{\partial X_a}c\right)$$

oder wegen $\frac{\partial S}{\partial X_a} = S_a$, $\frac{\partial C}{\partial X_a} = C_a$ und unter Beachtung von (16)

$$0 = \sum S_0\,S_a\,\varrho + X_a\sum S_a^2\,\varrho + X_b\sum S_b\,S_a\,\varrho +$$
$$+ X_c\sum S_c\,S_a\,\varrho + \cdots + \sum S_a\,\varepsilon_t\,t\,s - \sum(C_a\,c)$$

Dieser Ausdruck stimmt mit der ersten Gleichung der Gruppe (I) überein, die folgenden würde man erhalten, wenn man in der vorstehenden Weise die Bedingungen $\frac{\partial A'}{\partial X_b} = 0$; $\frac{\partial A'}{\partial X_c} = 0$ usw. auswertet.

Um die Anwendung der Gln. (I) dem Verständnis näherzubringen, soll der Gang der Untersuchung an dem in Abb. 228a dargestellten dreifach statisch unbestimmten Fachwerkträger durchgeführt werden. Dieser hat bei A und D feste Lager, während die Punkte B und C auf Pendelstützen von der Länge s_B bzw. s_C ruhen, deren Querschnitte F_B bzw. F_C sein mögen.

Als statisch unbestimmte Größen werden der Horizontalschub X_a bei A sowie die Spannkräfte X_b und X_c in den Stäben $i-k$ und $l-m$ eingeführt (Abb. 228b). Das statisch bestimmte Hauptsystem ist also ein Gerberträger mit den Gelenken G_1 und G_2 in den Seitenöffnungen. Man erhält es, indem man die horizontale Stützung bei A entfernt und die Stäbe $i-k$ und $l-m$ durchschneidet. (Die Pendelstützen entsprechen horizontalen Gleitlagern.)

Zunächst werden die Spannkräfte S_0 des statisch bestimmten Hauptsystems infolge der gegebenen Lasten P in bekannter Weise ermittelt (Abb. 228c). In den durchschnittenen Stäben entstehen dabei die Spannkräfte $S_0 = 0$. Darauf geht man an die Untersuchung der Zustände $X_a = 1$, $X_b = 1$ und $X_c = 1$. Den Belastungszustand $X_a = 1$ zeigt Abb. 228d. Die infolge dieser Belastung auftretenden Lagerreaktionen lassen sich wie folgt berechnen. Da im Gelenk G_1 ein Moment nicht übertragen werden kann, so besteht die Bedingung

$$-1\,e + A_a\,(l_1 - d) = 0 \quad \text{oder} \quad A_a = \frac{e}{l_1 - d}\,.$$

Wegen $\Sigma H = 0$ muß $H_a = 1$ werden. Man erhält also in gleicher Weise wie für A_a

$$D_a = \frac{e}{l_1 - d} = A_a \, .$$

Die Momentenbedingung für den Punkt B liefert (für das ganze System):

$$A_a l_1 - C_a l_2 - D_a (l_1 + l_2) = 0 \, ,$$

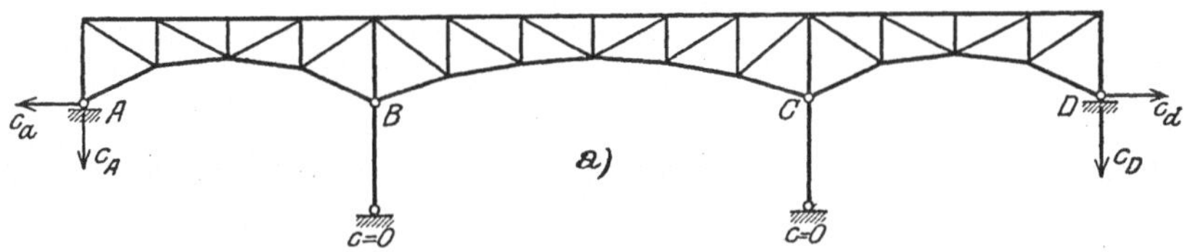

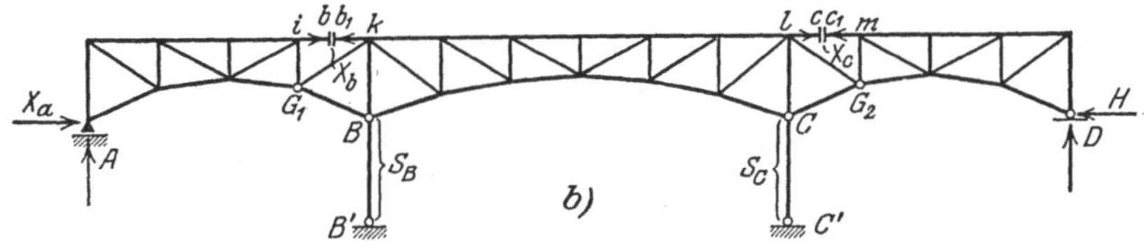

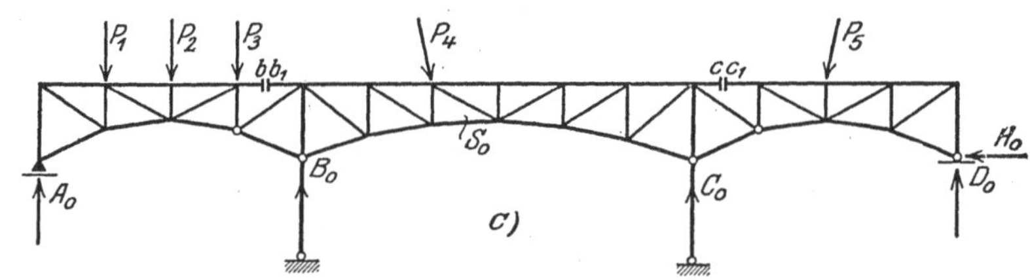

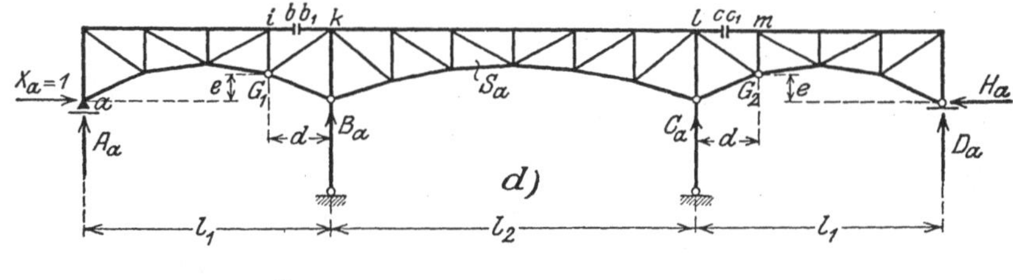

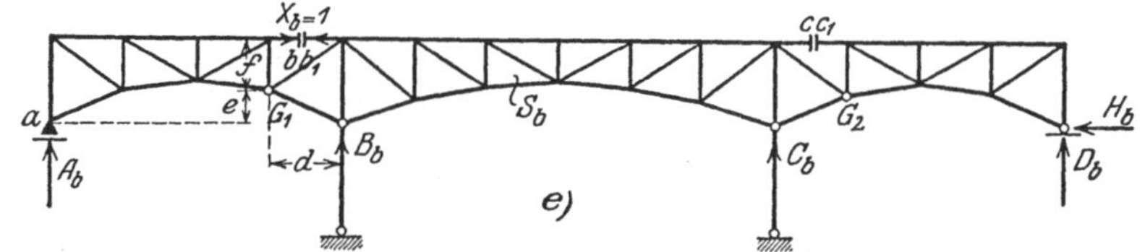

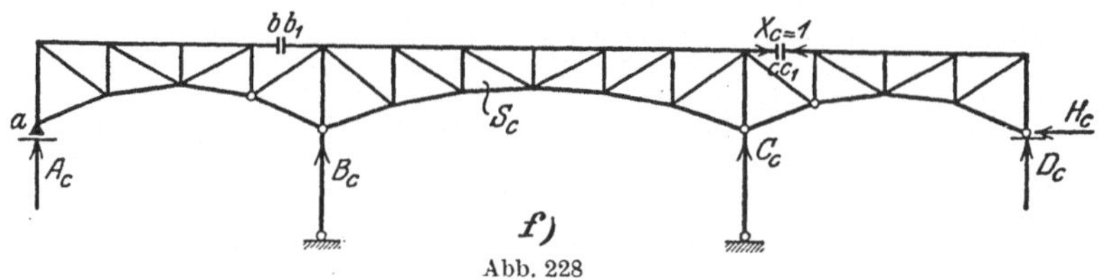

Abb. 228

woraus folgt

$$C_a = \frac{1}{l_2} A_a \, (l_1 - l_1 - l_2) = - A_a = - \frac{e}{l_1 - d} \, .$$

Endlich wird wegen $\sum V = 0$

$$B_a = C_a = - \frac{e}{l_1 - d} \, .$$

Nachdem alle Lagerreaktionen bekannt sind, lassen sich die Spannkräfte S_a des statisch bestimmten Hauptsystems in bekannter Weise ermitteln. Für die durchschnittenen Stäbe wird $S_a = 0$.

Den Zustand $X_b = 1$ zeigt Abb. 228e. Aus der Gelenkbedingung für G_1 ergibt sich

$$A_b \, (l_1 - d) + 1 \, f = 0 \quad \text{oder} \quad A_b = - \frac{f}{l_1 - d} \, .$$

Da H_b infolge $\sum H = 0$ zu Null wird, so ergibt sich auch D_b aus der Gelenkbedingung für G_2 gleich Null. Die Momentenbedingung für den Punkt B liefert

$$A_b \, l_1 - C_b \, l_2 = 0 \quad \text{oder} \quad C_b = A_b \frac{l_1}{l_2} = - \frac{f}{l_1 - d} \frac{l_1}{l_2} \, ,$$

und endlich erhält man wegen $\sum V = 0$

$$B_b = - \, (A_b + C_b) = \frac{f}{l_1 - d} \frac{l_1 + l_2}{l_2} \, .$$

Die Spannkräfte S_b infolge $X_b = 1$ im statisch bestimmten Hauptsystem können jetzt ermittelt werden. Für den Stab $i - k$ ergibt sich $S_b = 1$, für $l - m$ dagegen $S_b = 0$.

Endlich verfährt man in analoger Weise für den Zustand $X_c = 1$ (Abb. 228f) und findet die Lagerreaktionen

$$A_c = 0 \, ; \qquad B_c = - \frac{f}{l_1 - d} \frac{l_1}{l_2} \, ; \qquad C_c = \frac{f}{l_1 - d} \frac{l_1 + l_2}{l_2} \, ;$$

$$D_c = - \frac{f}{l_1 - d} \, ; \qquad H_c = 0 \, ,$$

sowie die Spannkräfte S_c. Der Stab $i - k$ erhält die Spannkraft $S_c = 0$, der Stab $l - m$ dagegen $S_c = 1$.

Für die weitere Untersuchung sei vorausgesetzt, daß das Lager A infolge Nachgiebigkeit des Baugrundes eine Verschiebung c_a horizontal nach links und eine Verschiebung c_A senkrecht nach unten erleiden möge, entsprechend das Lager D eine horizontale Verschiebung c_d nach rechts und eine vertikale nach abwärts c_D (Abb. 228a). Die Pendelstützen mögen so fundiert sein, daß eine Senkung der Stützenfüße nicht eintritt. Die in diesen Pendelstützen wirkenden Drücke lassen sich in der linearen Form anschreiben:

$$B = B_0 + B_a X_a + B_b X_b + B_c X_c \, ,$$
$$C = C_0 + C_a X_a + C_b X_b + C_c X_c \, .$$

Bei positiven Lagerkräften erleiden die Pendelstützen eine Zusammendrückung, deren Größe nach dem HOOKEschen Gesetz wird

$$\Delta s_B = \frac{B \, s_B}{E \, F_B} \, , \qquad\qquad \Delta s_C = \frac{C \, s_C}{E \, F_C} \, .$$

Treten außerdem noch Temperaturänderungen auf, so werden die vorstehenden Größen um $\varepsilon_t \, t_B \, s_B$ bzw. $\varepsilon_t \, t_C \, s_C$ vermindert, da einer positiven Temperaturänderung eine Dehnung der Stäbe entspricht. Die abwärts gerichteten

Verschiebungen der Stützpunkte B und C lassen sich also in der Form anschreiben

$$c_B = \frac{B\,s_B}{E\,F_B} - \varepsilon_t\,t_B\,s_B\,; \qquad c_C = \frac{C\,s_C}{E\,F_C} - \varepsilon_t\,t_C\,s_C\,,$$

wobei für B und C die obigen Werte einzuführen sind. In den auf S. 174 entwickelten Gln. (I) ist nun für das hier behandelte Beispiel zu setzen:

$$\Sigma\,(C_a\,c) = -1\,c_a - \frac{e}{l_1 - d}\,c_A + \frac{e}{l_1 - d}\,c_B + \frac{e}{l_1 - d}\,c_C - \frac{e}{l_1 - d}\,c_D - 1\,c_d$$

$$= -1\,(c_a + c_d) - \frac{e}{l_1 - d}\,(c_A - c_B - c_C + c_D)\,,$$

$$\Sigma\,(C_b\,c) = \frac{f}{l_1 - d}\,c_A - \frac{f}{l_1 - d}\,\frac{l_1 + l_2}{l_2}\,c_B + \frac{f}{l_1 - d}\,\frac{l_1}{l_2}\,c_C$$

$$= \frac{f}{l_1 - d}\left(c_A - \frac{l_1 + l_2}{l_2}\,c_B + \frac{l_1}{l_2}\,c_C\right),$$

$$\Sigma\,(C_c\,c) = \frac{f}{l_1 - d}\left(\frac{l_1}{l_2}\,c_B - \frac{l_1 + l_2}{l_2}\,c_C + c_D\right).$$

Führt man diese Werte in die Elastizitätsgleichungen (I) ein, so können aus letzteren die drei statisch unbestimmten Größen X_a, X_b, X_c berechnet werden, womit unter Beachtung von (16) auch alle übrigen Spannungsgrößen S und Lagerkräfte C bekannt sind.

Den Gln. (I) ganz analoge Beziehungen ergeben sich für Stabwerke, wenn man unter Beachtung der auf S. 173 gegebenen Erläuterungen nacheinander auf die gedachten Belastungszustände $X_a = 1$, $X_b = 1$, $X_c = 1 \ldots$ und den wirklichen Formänderungszustand die Arbeitsgleichung anwendet. Für den Zustand $X_r = 1$ lautet diese, wenn X_r z. B. eine Stützenreaktion ist, unter Beschränkung auf *ebene* Systeme:

$$1\,\delta_r = \int \frac{N_r\,N\,ds}{E\,F} + \int \frac{M_r\,M\,ds}{E\,J} + \int \frac{\varkappa\,Q_r\,Q\,ds}{G\,F} + \int N_r\,\varepsilon_t\,t_s\,ds +$$

$$+ \int M_r\,\varepsilon_t\,\frac{\Delta t}{h}\,ds - \Sigma\,C_r\,c$$

oder

$$0 = \int \frac{N_r\,N\,ds}{E\,F} + \int \frac{M_r\,M\,ds}{E\,J} + \int \frac{\varkappa\,Q_r\,Q\,ds}{G\,F} + \int N_r\,\varepsilon_t\,t_s\,ds +$$

$$+ \int M_r\,\varepsilon_t\,\frac{\Delta t}{h}\,ds - \Sigma\,(C_r\,c)\,. \qquad (17')$$

Nun ist aber

$$M = M_0 + M_a\,X_a + M_b\,X_b + \cdots + M_r\,X_r + \cdots,$$

$$N = N_0 + N_a\,X_a + N_b\,X_b + \cdots + N_r\,X_r + \cdots,$$

$$Q = Q_0 + Q_a\,X_a + Q_b\,X_b + \cdots + Q_r\,X_r + \cdots.$$

Nach Einführung dieser Werte in (17′) ergibt sich:

$$0 = \int (N_0 + N_a\,X_a + N_b\,X_b + \cdots + N_r\,X_r + \cdots)\,N_r\,\frac{ds}{E\,F} +$$

$$+ \int (M_0 + M_a\,X_a + M_b\,X_b + \cdots + M_r\,X_r + \cdots)\,M_r\,\frac{ds}{E\,J} +$$

$$+ \int \varkappa\,(Q_0 + Q_a\,X_a + Q_b\,X_b + \cdots + Q_r\,X_r + \cdots)\,Q_r\,\frac{ds}{G\,F} +$$

$$+ \int N_r\,\varepsilon_t\,t_s\,ds + \int M_r\,\varepsilon_t\,\frac{\Delta t}{h}\,ds - \Sigma\,(C_r\,c)$$

oder

$$\Sigma(C_r c) = \int \frac{N_0 N_r \, ds}{EF} + \int \frac{M_0 M_r \, ds}{EJ} + \int \frac{\varkappa Q_0 Q_r \, ds}{GF} +$$

$$+ X_a\left(\int \frac{N_a N_r \, ds}{EF} + \int \frac{M_a M_r \, ds}{EJ} + \int \frac{\varkappa Q_a Q_r \, ds}{GF}\right) +$$

$$+ X_b\left(\int \frac{N_b N_r \, ds}{EF} + \int \frac{M_b M_r \, ds}{EJ} + \int \frac{\varkappa Q_b Q_r \, ds}{GF} + \cdots\right) +$$

$$+ X_r\left(\int \frac{N_r^2 \, ds}{EF} + \int \frac{M_r^2 \, ds}{EJ} + \int \frac{\varkappa Q_r^2 \, ds}{GF}\right) + \cdots +$$

$$+ \int N_r \varepsilon_t t_s \, ds + \int M_r \frac{\varepsilon_t \varDelta t}{h} \, ds . \qquad \text{(I a)}$$

In ähnlicher Weise werden die übrigen Bedingungen mit Hilfe der Arbeitsgleichung gewonnen.

Setzt man in (17′)

$$M_r = \frac{\partial M}{\partial X_r}; \qquad N_r = \frac{\partial N}{\partial X_r}; \qquad Q_r = \frac{\partial Q}{\partial X_r}; \qquad C_r = \frac{\partial C}{\partial X_r},$$

so geht dieser Ausdruck über in

$$0 = \int N \frac{\partial N}{\partial X_r} \frac{ds}{EF} + \int M \frac{\partial M}{\partial X_r} \frac{ds}{EJ} + \int \varkappa Q \frac{\partial Q}{\partial X_r} \frac{ds}{GF} +$$

$$+ \int \frac{\partial N}{\partial X_r} \varepsilon_t t_s \, ds + \int \frac{\partial M}{\partial X_r} \varepsilon_t \frac{\varDelta t}{h} \, ds - \Sigma\left(\frac{\partial C}{\partial X_r} c\right),$$

und man erkennt, daß die rechte Seite der vorstehenden Gleichung die partielle Ableitung der Funktion

$$A' = \int \frac{N^2 \, ds}{2EF} + \int \frac{M^2 \, ds}{2EJ} + \int \varkappa \frac{Q^2 \, ds}{2GF} + \int N \varepsilon_t t_s \, ds + \int M \frac{\varepsilon_t \varDelta t}{h} \, ds - \Sigma(C c)$$

nach X_r darstellt. Daraus folgt

$$\frac{\partial A'}{\partial X_r} = 0 .$$

Im Falle starrer Lager und eines unveränderten Temperaturzustandes geht A' in die wirkliche Formänderungsarbeit A des Stabwerkes über. Der CASTIGLIANOsche Satz vom Minimum der Formänderungsarbeit (vgl. S. 175) gilt also auch für Stabwerke. Daß dieser Satz bei Verwendung der Funktion A' direkt zur Ableitung der Elastizitätsgleichung (I a) benutzt werden kann, bedarf nach den Ausführungen auf S. 175 keiner weiteren Erläuterung.

Es sei hier noch besonders darauf hingewiesen, daß in dem Ausdruck $\Sigma(C_r c)$ auch die virtuelle Arbeit eines Einspannungsmomentes bei der Drehung der Tangente eines eingespannten Stabes um den Winkel τ infolge Nachgiebigkeit des Baugrundes od. dgl. auftreten kann. Das betreffende Moment ist genau so zu behandeln wie eine Stützenreaktion.

Der Einfluß der Querkräfte Q und der Normalkräfte N wird bei der Berechnung der statisch unbestimmten Größen im allgemeinen außer acht gelassen, da er gegenüber dem der Momente in der Mehrzahl der Fälle unbedeutend ist.

Die Stabspannkräfte S_a, S_b, $S_c \ldots$ eines Fachwerks bzw. die Momente M_a, M_b, $M_c \ldots$, Normalkräfte N_a, N_b, $N_c \ldots$ und Querkräfte Q_a, Q_b, $Q_c \ldots$ eines Stabwerks sind von den Lasten unabhängig und brauchen deshalb auch im Falle beweglicher Lasten nur einmal bestimmt zu werden, was von den Spannkräften S_0 bzw. den Momenten M_0, Normalkräften N_0 und Querkräften Q_0 nicht gilt. Letztere müssen vielmehr für jede neue Laststellung von neuem ermittelt werden. Aus diesem Grunde empfiehlt es sich, eine weitere Umformung der obigen Elastizitätsgleichungen vorzunehmen, wodurch eine sehr einfache Darstellung der Summenwerte ermöglicht wird.

Für die Folge möge bezeichnen:

δ_{ma} die Verschiebung des Angriffspunktes m der Kraft P_m im Sinne und in der Richtung dieser Kraft, hervorgerufen durch den Belastungszustand $X_a = 1$.

δ_{mb} die Verschiebung des Angriffspunktes m der Kraft P_m im Sinne und in der Richtung dieser Kraft, hervorgerufen durch den Belastungszustand $X_b = 1$.

δ_{aa} die Verschiebung des Angriffspunktes a der Belastung $X_a = 1$ im Sinne dieser Belastung, hervorgerufen durch den Belastungszustand $X_a = 1$.

δ_{ba} die Verschiebung des Angriffspunktes b der Belastung $X_b = 1$ im Sinne dieser Belastung, hervorgerufen durch den Belastungszustand $X_a = 1$.

δ_{at} die Verschiebung des Angriffspunktes a der Belastung $X_a = 1$ im Sinne dieser Belastung, hervorgerufen durch eine Temperaturänderung des unbelasteten statisch bestimmten Hauptsystems.

In den vorstehenden Ausdrücken kann unter „Verschiebung" auch eine Drehung verstanden werden im Sinne der in Ziffer 2 des vierten Abschnittes gegebenen Erläuterungen.

Zur Aufklärung sei hier noch darauf hingewiesen, daß man sich den durch einen überzähligen Stab $i-k$ (Abb. 229) gelegten Schnitt so breit denken muß, daß z. B. die gegenseitige Verschiebung δ_{bb} der Querschnitte b und b_1 infolge des Belastungszustandes $X_b = 1$ überhaupt eintreten kann. Es ist dieses immer dann möglich, wenn man sich die Belastungseinheit entsprechend klein vorstellt.

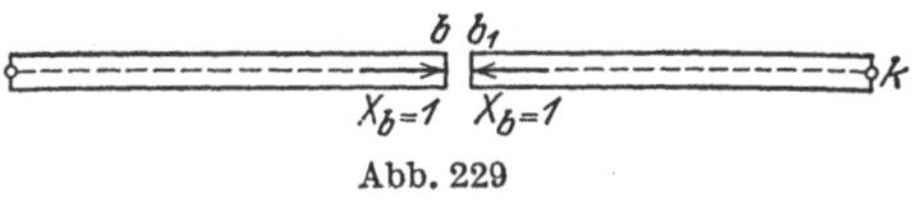

Abb. 229

Nunmehr sollen die Elastizitätsgleichungen (I) weiter umgeformt werden. Nach Beseitigung der überzähligen Größen wende man auf das statisch bestimmte Hauptsystem, dessen Lager jetzt als starr vorausgesetzt werden, das Prinzip der virtuellen Verrückungen für den wirklichen Belastungszustand P und die Formänderungen der nacheinander wirkenden, gedachten Zustände $X_a = 1$, $X_b = 1$, $X_c = 1 \ldots$ an. Dann ergibt sich:

$$\sum P_m \delta_{ma} = \sum S_0 \, \varDelta s_a = \sum S_0 \, S_a \, \varrho \,,$$
$$\sum P_m \delta_{mb} = \sum S_0 \, \varDelta s_b = \sum S_0 \, S_b \, \varrho \,,$$
$$\cdots \cdots \cdots \cdots \cdots \cdots \cdots$$

In gleicher Weise wende man das Prinzip der virtuellen Verrückungen nacheinander auf den Belastungszustand $X_a = 1$ und die Formänderungszustände infolge $X_a = 1$, $X_b = 1$, $X_c = 1 \ldots$ an. Dann ergibt sich:

$$1 \, \delta_{aa} = \sum S_a \, \varDelta s_a = \sum S_a^2 \, \varrho \,,$$
$$1 \, \delta_{ab} = \sum S_a \, \varDelta s_b = \sum S_a \, S_b \, \varrho \,,$$
$$1 \, \delta_{ac} = \sum S_a \, \varDelta s_c = \sum S_a \, S_c \, \varrho \,,$$
$$\cdots \cdots \cdots \cdots \cdots \cdots \cdots$$

Ebenso findet man:

$$\delta_{ba} = \sum S_b \, S_a \, \varrho \,; \qquad \delta_{bb} = \sum S_b^2 \, \varrho \,; \qquad \delta_{bc} = \sum S_b \, S_c \, \varrho \,;$$
$$\delta_{ca} = \sum S_c \, S_a \, \varrho \,; \qquad \delta_{cb} = \sum S_c \, S_b \, \varrho \,; \quad \delta_{cc} = \sum S_c^2 \, \varrho \,;$$
$$\cdots \cdots \cdots \cdots \cdots \cdots \cdots \cdots \cdots \cdots$$

Schließlich liefert das Prinzip der virtuellen Verrückungen, angewandt auf die Formänderungen infolge einer Temperaturänderung und die nacheinander wirkenden Belastungszustände $X_a = 1$, $X_b = 1$, $X_c = 1 \ldots$

$$1 \, \delta_{at} = \sum S_a \, \varepsilon_t \, t \, s \,,$$
$$1 \, \delta_{bt} = \sum S_b \, \varepsilon_t \, t \, s \,,$$
$$1 \, \delta_{ct} = \sum S_c \, \varepsilon_t \, t \, s \,.$$

Führt man die hier gefundenen Verschiebungsgrößen in die Gln. (I) an Stelle der Summenwerte ein, so gehen diese über in

$$\left.\begin{aligned}
\Sigma(C_a c) &= \Sigma P_m \delta_{ma} + X_a \delta_{aa} + X_b \delta_{ba} + X_c \delta_{ca} + \cdots + \delta_{at} \\
\Sigma(C_b c) &= \Sigma P_m \delta_{mb} + X_a \delta_{ab} + X_b \delta_{bb} + X_c \delta_{cb} + \cdots + \delta_{bt} \\
\Sigma(C_c c) &= \Sigma P_m \delta_{mc} + X_a \delta_{ac} + X_b \delta_{bc} + X_c \delta_{cc} + \cdots + \delta_{ct} \\
&\;\cdots\cdots\cdots\cdots\cdots\cdots\cdots\cdots\cdots\cdots\cdots \\
&\;\cdots\cdots\cdots\cdots\cdots\cdots\cdots\cdots\cdots\cdots\cdots
\end{aligned}\right\} \quad \text{(II)}$$

Die Koeffizienten δ_{ma}, δ_{aa}, δ_{ba}, ... der ersten Gleichung können sämtlich aus einem einzigen Verschiebungsplan entnommen werden, nämlich demjenigen für den Belastungszustand $X_a = 1$. Analoges gilt von den entsprechenden Koeffizienten der übrigen Gleichungen, während sich die Werte δ_{at}, δ_{bt}, δ_{ct}, ... aus einem Verschiebungsplan ergeben, welcher für das nur Temperaturänderungen unterworfene Hauptsystem gezeichnet wird.

Wirken auf das zu untersuchende System lauter parallele (im allgemeinen senkrechte) Lasten, so können die Verschiebungsgrößen δ_{ma}, δ_{mb}, δ_{mc}, ... aus den Biegungslinien des Hauptsystems für die Belastungszustände $X_a = 1$, $X_b = 1$, $X_c = 1$, ... gewonnen werden. *Diese Biegungslinien sind dann die Einflußlinien für die Summengrößen* $\Sigma P_m \delta_{ma}$, $\Sigma P_m \delta_{mb}$, $\Sigma P_m \delta_{mc}$, ...

Die Gln. (II) behalten auch Gültigkeit, wenn das zu untersuchende System kein Fachwerk, sondern ein Stabwerk ist, nur müssen dann die Verschiebungsgrößen entsprechend gedeutet werden. Wendet man nämlich auf das statisch bestimmte Hauptsystem des betreffenden Stabwerks das Prinzip der virtuellen Verrückungen für den wirklichen Belastungszustand P und die Formänderungen der nacheinander wirkenden Belastungszustände $X_a = 1$, $X_b = 1$, ... an, so ergibt sich, wenn wieder die Lager als starr vorausgesetzt werden:

$$\Sigma P_m \overline{\delta_{ma}} = \int \frac{N_0 N_a\, ds}{EF} + \int \frac{M_0 M_a\, ds}{EJ} + \int \varkappa \frac{Q_0 Q_a\, ds}{GF},$$

$$\Sigma P_m \delta_{mb} = \int \frac{N_0 N_b\, ds}{EF} + \int \frac{M_0 M_b\, ds}{EJ} + \int \varkappa \frac{Q_0 Q_b\, ds}{GF},$$

$$\cdots\cdots\cdots\cdots\cdots\cdots\cdots\cdots\cdots\cdots$$

Für den Belastungszustand $X_a = 1$ und die Formänderungen der nacheinander wirkenden Zustände $X_a = 1$, $X_b = 1$, ... liefert das Prinzip der virtuellen Verrückungen:

$$1\,\delta_{aa} = \int \frac{N_a^2\, ds}{EF} + \int \frac{M_a^2\, ds}{EJ} + \int \varkappa \frac{Q_a^2\, ds}{GF},$$

$$1\,\delta_{ab} = \int \frac{N_a N_b\, ds}{EF} + \int \frac{M_a M_b\, ds}{EJ} + \int \varkappa \frac{Q_a Q_b\, ds}{GF},$$

$$\cdots\cdots\cdots\cdots\cdots\cdots\cdots\cdots\cdots\cdots$$

In gleicher Weise findet man:

$$1\,\delta_{ba} = \int \frac{N_b N_a\, ds}{EF} + \int \frac{M_b M_a\, ds}{EJ} + \int \varkappa \frac{Q_b Q_a\, ds}{GF},$$

$$1\,\delta_{bb} = \int \frac{N_b^2\, ds}{EF} + \int \frac{M_b^2\, ds}{EJ} + \int \varkappa \frac{Q_b^2\, ds}{GF},$$

$$\cdots\cdots\cdots\cdots\cdots\cdots\cdots\cdots\cdots\cdots$$

Schließlich liefert das Prinzip der virtuellen Verrückungen, angewandt auf die Formänderungen infolge einer Temperaturänderung und die nacheinander wirkenden Belastungszustände $X_a = 1$, $X_b = 1$, ...

$$1\,\delta_{a\,t} = \int N_a\,\varepsilon_t\,t_s\,ds + \int M_a\,\varepsilon_t\,\frac{\Delta t}{h}\,ds\,,$$

$$1\,\delta_{b\,t} = \int N_b\,\varepsilon_t\,t_s\,ds + \int M_b\,\varepsilon_t\,\frac{\Delta t}{h}\,ds\,,$$

$$\cdot\;\cdot\;\cdot\;\cdot\;\cdot\;\cdot\;\cdot\;\cdot\;\cdot\;\cdot\;\cdot\;\cdot\;\cdot\;\cdot\;\cdot\;\cdot$$

Setzt man unter Beachtung der vorstehenden Ausdrücke die entsprechenden Verschiebungsgrößen an Stelle der Integrale in Gl. (Ia) auf S. 179 ein, so geht diese in die der statisch unbestimmten Größe X_r zugehörige Gleichung der Gruppe (II) über. Letztere gilt also allgemein für Fachwerke und Stabwerke.

4. Auflösung der allgemeinen Elastizitätsgleichungen

Für die Folge möge gesetzt werden:

$$\Sigma\,(C_a\,c) - \Sigma P_m\,\delta_{m\,a} - \delta_{a\,t} = K_a\,,$$

$$\Sigma\,(C_b\,c) - \Sigma P_m\,\delta_{m\,b} - \delta_{b\,t} = K_b\,,$$

$$\cdot\;\cdot\;\cdot\;\cdot\;\cdot\;\cdot\;\cdot\;\cdot\;\cdot\;\cdot\;\cdot\;\cdot\;\cdot\;\cdot$$

Dann nehmen die Gln. (II) die Form an:

$$\left.\begin{aligned}
X_a\,\delta_{a\,a} + X_b\,\delta_{b\,a} + \cdots + X_n\,\delta_{n\,a} &= K_a\\[4pt]
X_a\,\delta_{a\,b} + X_b\,\delta_{b\,b} + \cdots + X_n\,\delta_{n\,b} &= K_b\\[4pt]
\cdots\qquad\cdots\qquad\cdots\qquad\cdots\\[2pt]
\cdots\qquad\cdots\qquad\cdots\qquad\cdots\\[4pt]
X_a\,\delta_{a\,n} + X_b\,\delta_{b\,n} + \cdots + X_n\,\delta_{n\,n} &= K_n
\end{aligned}\right\} \qquad\text{(III)}$$

Die Auflösung dieser Gleichungen nach den statisch unbestimmten Größen mit Hilfe von Determinanten liefert:

$$X_a = \frac{\Delta_a}{\Delta}\,; \qquad X_b = \frac{\Delta_b}{\Delta}\,; \qquad \ldots\,; \qquad X_n = \frac{\Delta_n}{\Delta}\,,$$

wobei die Nennerdeterminante die Form hat:

$$\Delta = \begin{vmatrix}
\delta_{a\,a} & \delta_{b\,a} & \ldots & \delta_{n\,a}\\
\delta_{a\,b} & \delta_{b\,b} & \ldots & \delta_{n\,b}\\
\cdot & \cdot & \cdot & \cdot\\
\cdot & \cdot & \cdot & \cdot\\
\delta_{a\,n} & \delta_{b\,n} & \cdots & \delta_{n\,n}
\end{vmatrix}\,.$$

Die Zählerdeterminante Δ_r erhält man bekanntlich, indem man in Δ die r-te Vertikalreihe durch die Absolutglieder K_a, K_b, $\ldots$ ersetzt (vgl. S. 112).

Die statisch unbestimmten Größen lassen sich auch als Funktionen der Absolutglieder K darstellen, welche nur von den Lasten, Temperaturänderungen und Stützenverschiebungen abhängig sind, also für jeden Belastungsfall berechnet werden können. Zu diesem Zwecke setze man:

$$\left.\begin{aligned}
X_a &= \alpha_{a\,a}K_a + \alpha_{a\,b}K_b + \cdots + \alpha_{a\,r}K_r + \cdots + \alpha_{a\,n}K_n\\[4pt]
X_b &= \alpha_{b\,a}K_a + \alpha_{b\,b}K_b + \cdots + \alpha_{b\,r}K_r + \cdots + \alpha_{b\,n}K_n\\[2pt]
&\quad\cdots\qquad\cdots\qquad\cdots\qquad\cdots\\[2pt]
&\quad\cdots\qquad\cdots\qquad\cdots\qquad\cdots\\[2pt]
X_r &= \alpha_{r\,a}K_a + \alpha_{r\,b}K_b + \cdots + \alpha_{r\,r}K_r + \cdots + \alpha_{r\,n}K_n\\[2pt]
&\quad\cdots\qquad\cdots\qquad\cdots\qquad\cdots\\[2pt]
&\quad\cdots\qquad\cdots\qquad\cdots\qquad\cdots\\[2pt]
X_n &= \alpha_{n\,a}K_a + \alpha_{n\,b}K_b + \cdots + \alpha_{n\,r}K_r + \cdots + \alpha_{n\,n}K_n
\end{aligned}\right\}\,, \qquad\text{(18)}$$

wobei allgemein die Größen α_{ar}, α_{br}, α_{cr}, ... den Einfluß von K_r auf die statisch unbestimmten Größen X_a, X_b, X_c, ... angeben. Zu ihrer Bestimmung wähle man einen Belastungsfall, bei dem alle K verschwinden mit Ausnahme von K_r, dessen Wert gleich *eins* gesetzt wird. Dann erhält man für diesen gedachten Belastungszustand aus (18)

$$X_a = \alpha_{ar}; \quad X_b = \alpha_{br}; \quad \ldots; \quad X_r = \alpha_{rr}; \quad \ldots; \quad X_n = \alpha_{nr}.$$

Setzt man diese Werte für die X in die Gln. (III) ein, so gehen letztere über in:

$$\left.\begin{aligned}
\alpha_{ar}\delta_{aa} + \alpha_{br}\delta_{ba} + \alpha_{cr}\delta_{ca} + \cdots + \alpha_{rr}\delta_{ra} + \cdots + \alpha_{nr}\delta_{na} &= 0 \\
\alpha_{ar}\delta_{ab} + \alpha_{br}\delta_{bb} + \alpha_{cr}\delta_{cb} + \cdots + \alpha_{rr}\delta_{rb} + \cdots + \alpha_{nr}\delta_{nb} &= 0 \\
\cdots \cdots \cdots \cdots \cdots \cdots \cdots \cdots \cdots \\
\cdots \cdots \cdots \cdots \cdots \cdots \cdots \cdots \cdots \\
\alpha_{ar}\delta_{ar} + \alpha_{br}\delta_{br} + \alpha_{cr}\delta_{cr} + \cdots + \alpha_{rr}\delta_{rr} + \cdots + \alpha_{nr}\delta_{nr} &= 1 \\
\cdots \cdots \cdots \cdots \cdots \cdots \cdots \cdots \cdots \\
\cdots \cdots \cdots \cdots \cdots \cdots \cdots \cdots \cdots \\
\alpha_{ar}\delta_{an} + \alpha_{br}\delta_{bn} + \alpha_{cr}\delta_{cn} + \cdots + \alpha_{rr}\delta_{rn} + \cdots + \alpha_{nr}\delta_{nn} &= 0
\end{aligned}\right\} \quad . \quad (19)$$

Aus (19) können die Größen α_{ar}, α_{br}, α_{cr}, ... eindeutig berechnet werden. Man erhält z. B.

$$\alpha_{br} = \frac{\varDelta_{br}}{\varDelta}, \tag{20}$$

wo $\varDelta$ die bereits oben angeschriebene Nennerdeterminante bedeutet, während $\varDelta_{br}$ lautet:

$$\varDelta_{br} = \begin{vmatrix}
\delta_{aa} & 0 & \delta_{ca} \ldots \delta_{na} \\
\delta_{ab} & 0 & \delta_{cb} \ldots \delta_{nb} \\
\cdot & \cdot & \cdot \cdot \cdot \cdot \\
\cdot & \cdot & \cdot \cdot \cdot \cdot \\
\delta_{ar} & 1 & \delta_{cr} \ldots \delta_{nr} \\
\cdot & \cdot & \cdot \cdot \cdot \cdot \\
\cdot & \cdot & \cdot \cdot \cdot \cdot \\
\delta_{an} & 0 & \delta_{cn} \ldots \delta_{nn}
\end{vmatrix} \tag{20 a}$$

Durch einfache Transformation der Determinante $\varDelta_{br}$ ergibt sich, daß wegen $\delta_{ik} = \delta_{ki}$ (S. 127) auch

$$\varDelta_{br} = \varDelta_{rb}$$

und demnach wegen (20)

$$\alpha_{br} = \alpha_{rb} \tag{21}$$

ist.

Werden nun die der Gl. (20) entsprechenden Werte in (18) eingeführt, so erhält man:

$$\left.\begin{aligned}
X_a &= \frac{1}{\varDelta}\left(\varDelta_{aa}K_a + \varDelta_{ab}K_b + \cdots + \varDelta_{an}K_n\right) \\
X_b &= \frac{1}{\varDelta}\left(\varDelta_{ba}K_a + \varDelta_{bb}K_b + \cdots + \varDelta_{bn}K_n\right) \\
\cdots \cdots \cdots \cdots \cdots \cdots \cdots \cdots \\
\cdots \cdots \cdots \cdots \cdots \cdots \cdots \cdots \\
X_n &= \frac{1}{\varDelta}\left(\varDelta_{na}K_a + \varDelta_{nb}K_b + \cdots + \varDelta_{nn}K_n\right)
\end{aligned}\right\} \quad . \quad (22)$$

Die Auflösung der Elastizitätsgleichungen mit Hilfe von Determinanten bietet bei einer größeren Anzahl von Gleichungen erhebliche rechnerische Schwierigkeiten, sofern nicht durch Symmetrieeigenschaften des Systems wesentliche Vereinfachungen im Aufbau und in der Ausrechnung der Determinanten bedingt sind. Trifft das nicht zu, dann bedient man sich zweckmäßig der *Gaußschen Eliminationsmethode*, bei welcher die Unbekannten der Reihe nach aus den Gleichungen eliminiert werden.

Um dieses Verfahren z. B. auf die Gln. (19) anzuwenden, addiere man die erste und zweite Gleichung, nachdem man die erste mit $-\dfrac{\delta_{ab}}{\delta_{aa}}$ multipliziert hat, und man erhält so eine neue Gleichung, welche die Unbekannte α_{ar} nicht mehr enthält. Darauf multipliziere man die erste Gleichung mit $-\dfrac{\delta_{ac}}{\delta_{aa}}$ und addiere sie zur dritten, wodurch eine neue Gleichung entsteht, welche ebenfalls α_{ar} nicht enthält. Auf diese Weise fortfahrend, kann man aus den n Gln. (19) $n-1$ Gleichungen ableiten, in denen α_{ar} nicht mehr vorkommt. Dieses neue Gleichungssystem wird nun in ganz analoger Weise behandelt und dadurch eine weitere Unbekannte α_{br} entfernt usw., bis schließlich eine Gleichung mit nur *einer* Unbekannten übrigbleibt. Die anderen Unbekannten erhält man dann rückwärtsschreitend durch Substitution in die vorhergehenden Gleichungen. Zur Berechnung aller Faktoren α_{ik}, welche in den Gln. (18) auftreten, wäre dieses Verfahren n mal anzuwenden, wobei in den Gln. (19) das Absolutglied 1 ständig einer anderen Gleichung angehört. Dabei ist zu beachten, daß wegen der besonderen Eigenschaften der Elastizitätsgleichungen gewisse Vereinfachungen der Rechnung eintreten (vgl. S. 185)[1].

Nachdem mit Hilfe von (18) oder (22) die statisch unbestimmten Größen berechnet sind, können alle übrigen statischen Größen

$$S = S_0 + S_a X_a + S_b X_b + \cdots + S_n X_n,$$
$$C = C_0 + C_a X_a + C_b X_b + \cdots + C_n X_n,$$
$$M = M_0 + M_a X_a + M_b X_b + \cdots + M_n X_n$$

$$\cdot\ \cdot\ \cdot\ \cdot\ \cdot\ \cdot\ \cdot\ \cdot\ \cdot\ \cdot\ \cdot\ \cdot\ \cdot\ \cdot\ \cdot$$

angegeben werden.

Für den Sonderfall, daß über den Träger nur eine Einzellast $P = 1$ wandert, wird unter der Voraussetzung starrer Lager und unveränderlicher Temperatur

$$K_a = -1\,\delta_{ma}; \quad K_b = -1\,\delta_{mb}; \quad \ldots; \quad K_n = -1\,\delta_{mn}.$$

Die vorstehenden Verschiebungsgrößen können aus den Biegungslinien des statisch bestimmten Hauptsystems infolge der Zustände $X_a = 1$, $X_b = 1$, ..., $X_n = 1$ entnommen werden. Multipliziert man nun die Ordinaten δ_{ma} der Biegungslinie für den Zustand $X_a = 1$ mit $-\alpha_{aa}$, die Ordinaten δ_{mb} der Biegungslinie für den Zustand $X_b = 1$ mit $-\alpha_{ab}$ usw. und addiert diese für jeden Knotenpunkt, so erhält man nach (18) die *Einflußordinaten für die statisch unbestimmte Größe X_a*. In gleicher Weise können die Einflußordinaten der übrigen statisch unbestimmten Größen gewonnen werden. Sind diese bekannt, dann läßt sich die Einflußlinie irgendeiner Stabkraft wie folgt bestimmen. Man schreibt die Beziehung an

$$S = S_0 + S_a X_a + S_b X_b + \cdots + S_n X_n$$

und beachtet, daß S_a, S_b, ..., S_n für diesen Stab unveränderliche Werte sind. Demnach findet man die Einflußlinie für S, indem man zu den Einflußordinaten der S_0-Linie, d. h. der Einflußlinie des betreffenden Stabes im statisch bestimmten Hauptsystem, die mit dem konstanten Faktor S_a multiplizierten Einflußordi-

---

[1] Eine ausführliche Darstellung findet sich bei J. PIRLET: Statik d. Baukonstr. Bd. 2 Teil 1 (1921), ferner im Handb. f. Eisenbeton, 2. Aufl. Bd. 10 S. 45 (bearbeitet von O. DOMKE) und bei M. GRÜNING: Statik des ebenen Tragwerks S. 336 u. f. Berlin 1925.

naten der X_a-Linie, ferner die mit dem konstanten Faktor S_b multiplizierten Einflußordinaten der X_b-Linie usw. addiert, wobei natürlich die diesen Ordinaten zugehörigen Vorzeichen zu beachten sind. In analoger Weise werden die Einflußlinien für ein Moment, eine Normalkraft, eine Querkraft oder eine Stützenreaktion gefunden.

Die beiden hier beschriebenen allgemeinen Verfahren mögen jetzt auf ein dreifach statisch unbestimmtes Fachwerk von beliebiger Form angewendet werden. Nachdem die Spannkräfte S_a, S_b, S_c infolge der Zustände $X_a = 1$, $X_b = 1$, $X_c = 1$ bestimmt sind, berechne man die Verschiebungen

$$\delta_{aa} = \sum S_a^2 \varrho \; ; \qquad \delta_{ab} = \delta_{ba} = \sum S_a S_b \varrho \; ; \qquad \delta_{ac} = \delta_{ca} = \sum S_a S_c \varrho \; ;$$
$$\delta_{bb} = \sum S_b^2 \varrho \; ; \qquad \delta_{bc} = \delta_{cb} = \sum S_b S_c \varrho \; ; \qquad \delta_{cc} = \sum S_c^2 \varrho \; ;$$

und schreibe die Nennerdeterminante der Gln. (III) für das vorliegende System an:

$$\varDelta = \begin{vmatrix} \delta_{aa} & \delta_{ba} & \delta_{ca} \\ \delta_{ab} & \delta_{bb} & \delta_{cb} \\ \delta_{ac} & \delta_{bc} & \delta_{cc} \end{vmatrix} = \delta_{aa} \begin{vmatrix} \delta_{bb} & \delta_{cb} \\ \delta_{bc} & \delta_{cc} \end{vmatrix} - \delta_{ab} \begin{vmatrix} \delta_{ba} & \delta_{ca} \\ \delta_{bc} & \delta_{cc} \end{vmatrix} + \delta_{ac} \begin{vmatrix} \delta_{ba} & \delta_{ca} \\ \delta_{bb} & \delta_{cb} \end{vmatrix}$$

$$= \delta_{aa} (\delta_{bb} \delta_{cc} - \delta_{bc}^2) - \delta_{ab} (\delta_{ba} \delta_{cc} - \delta_{bc} \delta_{ca}) + \delta_{ac} (\delta_{ba} \delta_{cb} - \delta_{bb} \delta_{ca}) .$$

Die Unterdeterminanten $\varDelta_{ik}$ erhält man aus $\varDelta$ nach (20a) wie folgt:

$$\varDelta_{aa} = \begin{vmatrix} \delta_{bb} & \delta_{cb} \\ \delta_{bc} & \delta_{cc} \end{vmatrix} = \delta_{bb} \delta_{cc} - \delta_{bc}^2 \; ;$$

$$\varDelta_{ab} = - \begin{vmatrix} \delta_{ba} & \delta_{ca} \\ \delta_{bc} & \delta_{cc} \end{vmatrix} = \delta_{bc} \delta_{ca} - \delta_{ba} \delta_{cc} \; ;$$

$$\varDelta_{ac} = \begin{vmatrix} \delta_{ba} & \delta_{ca} \\ \delta_{bb} & \delta_{cb} \end{vmatrix} = \delta_{ba} \delta_{cb} - \delta_{bb} \delta_{ca} .$$

In gleicher Weise ergibt sich:

$$\varDelta_{ba} = - \begin{vmatrix} \delta_{ab} & \delta_{cb} \\ \delta_{ac} & \delta_{cc} \end{vmatrix} = \delta_{ac} \delta_{cb} - \delta_{ab} \delta_{cc} = \varDelta_{ab} \; ;$$

$$\varDelta_{bb} = \begin{vmatrix} \delta_{aa} & \delta_{ca} \\ \delta_{ac} & \delta_{cc} \end{vmatrix} = \delta_{aa} \delta_{cc} - \delta_{ac}^2 \; ;$$

$$\varDelta_{bc} = - \begin{vmatrix} \delta_{aa} & \delta_{ca} \\ \delta_{ab} & \delta_{cb} \end{vmatrix} = \delta_{ab} \delta_{ca} - \delta_{aa} \delta_{cb} \; ;$$

$$\varDelta_{ca} = \begin{vmatrix} \delta_{ab} & \delta_{bb} \\ \delta_{ac} & \delta_{bc} \end{vmatrix} = \delta_{ab} \delta_{bc} - \delta_{ac} \delta_{bb} = \varDelta_{ac} \; ;$$

$$\varDelta_{cb} = - \begin{vmatrix} \delta_{aa} & \delta_{ba} \\ \delta_{ac} & \delta_{bc} \end{vmatrix} = \delta_{ac} \delta_{ba} - \delta_{aa} \delta_{bc} = \varDelta_{bc} \; ;$$

$$\varDelta_{cc} = \begin{vmatrix} \delta_{aa} & \delta_{ba} \\ \delta_{ab} & \delta_{bb} \end{vmatrix} = \delta_{aa} \delta_{bb} - \delta_{ab}^2 .$$

Sämtliche Werte $\varDelta_{ik}$ können mit Hilfe der oben angeschriebenen Verschiebungsgrößen δ berechnet werden. Die Gln. (22) liefern also die statisch unbestimmten Größen, sobald die Belastungswerte K gegeben sind.

Will man die GAUSSsche Eliminationsmethode anwenden, so gehe man von den Gln. (19) aus, die für $r = c$ lauten

$$\begin{aligned} &(1) && \alpha_{ac} \delta_{aa} + \alpha_{bc} \delta_{ba} + \alpha_{cc} \delta_{ca} = 0 \\ &(2) && \alpha_{ac} \delta_{ab} + \alpha_{bc} \delta_{bb} + \alpha_{cc} \delta_{cb} = 0 \\ &(3) && \alpha_{ac} \delta_{ac} + \alpha_{bc} \delta_{bc} + \alpha_{cc} \delta_{cc} = 1 \end{aligned} \Biggr\} . \qquad (\text{I})$$

Nun multipliziere man (1) mit $-\dfrac{\delta_{ab}}{\delta_{aa}}$ und addiere zu (2), darauf mit $-\dfrac{\delta_{ac}}{\delta_{aa}}$ und addiere zu (3). Dann erhält man

$$(1') \qquad \alpha_{bc} \left(\delta_{bb} - \delta_{ba} \frac{\delta_{ab}}{\delta_{aa}} \right) + \alpha_{cc} \left(\delta_{cb} - \delta_{ca} \frac{\delta_{ab}}{\delta_{aa}} \right) = 0 ,$$

$$(2') \qquad \alpha_{bc} \left(\delta_{bc} - \delta_{ba} \frac{\delta_{ac}}{\delta_{aa}} \right) + \alpha_{cc} \left(\delta_{cc} - \delta_{ca} \frac{\delta_{ac}}{\delta_{aa}} \right) = 1 .$$

Jetzt multipliziere man (1') mit $-\dfrac{\delta_{bc}-\delta_{ba}\dfrac{\delta_{ac}}{\delta_{aa}}}{\delta_{bb}-\delta_{ba}\dfrac{\delta_{ab}}{\delta_{aa}}}$ und addiere zu (2'). Dann wird:

$$\alpha_{cc}\left\{\delta_{cc}-\delta_{ca}\frac{\delta_{ac}}{\delta_{aa}}-\left(\delta_{cb}-\delta_{ca}\frac{\delta_{ab}}{\delta_{aa}}\right)\frac{\delta_{bc}-\delta_{ba}\dfrac{\delta_{ac}}{\delta_{aa}}}{\delta_{bb}-\delta_{ba}\dfrac{\delta_{ab}}{\delta_{aa}}}\right\}=1,$$

woraus α_{cc} berechnet werden kann. Aus (1') ergibt sich darauf α_{bc} und schließlich aus (1) α_{ac}. Nun schreibe man die Gln. (19) für $r = b$ an, nämlich

(1) $$\alpha_{ab}\delta_{aa}+\alpha_{bb}\delta_{ba}+\alpha_{cb}\delta_{ca}=0$$

(2) $$\alpha_{ab}\delta_{ab}+\alpha_{bb}\delta_{bb}+\alpha_{cb}\delta_{cb}=1 \qquad\qquad\text{(II)}$$

(3) $$\alpha_{ab}\delta_{ac}+\alpha_{bb}\delta_{bc}+\alpha_{cb}\delta_{cc}=0$$

multipliziere (1) mit $-\dfrac{\delta_{ab}}{\delta_{aa}}$ und addiere zu (2). Dann ergibt sich

(1') $$\alpha_{bb}\left(\delta_{bb}-\delta_{ba}\frac{\delta_{ab}}{\delta_{aa}}\right)+\alpha_{cb}\left(\delta_{cb}-\delta_{ca}\frac{\delta_{ab}}{\delta_{aa}}\right)=1.$$

Da nach (21) $\alpha_{cb}=\alpha_{bc}$, also bereits bekannt ist, kann α_{bb} aus (1') und darauf α_{ab} aus (1) bestimmt werden. Schließlich lautet die erste Gleichung von (19) für $r = a$

$$\alpha_{aa}\delta_{aa}+\alpha_{ba}\delta_{ba}+\alpha_{ca}\delta_{ca}=1\,,$$

aus welcher α_{aa} berechnet werden kann, da $\alpha_{ba}=\alpha_{ab}$ und $\alpha_{ca}=\alpha_{ac}$ bereits oben gefunden sind. Nach Einführung der Werte α_{ik} in die Gln. (18) S. 182 sind X_a, X_b, X_c bestimmt.

Für eine Reihe von Gleichungssätzen besonderer Art sind spezielle Lösungsmethoden entwickelt worden. Bei diesen Verfahren werden entweder Symmetrie- oder sonstige besondere Eigenschaften des zu untersuchenden Systems benutzt, um die Elastizitätsgleichungen möglichst zu vereinfachen (vgl. sechster Abschnitt). Eine Zusammenstellung der wichtigsten Verfahren hat O. Domke im Handb. f. Eisenbetonbau, 4. Aufl. Bd. 1, S. 504ff. gegeben, worauf hier verwiesen sei.

Besondere Beachtung verdient bei der Auflösung von Elastizitätsgleichungen das Auftreten von Rechenfehlern[1]. Diese sind erstens bedingt durch Ungenauigkeiten bei der Bestimmung der Verschiebungsgrößen δ_{ik} und zweitens durch Abrundungen bei der Auflösung selbst. Die Einflußzahlen Δ_{ik} in den Gln. (22) werden, wie das obige Beispiel zeigt, gewonnen, indem man die Differenzen von Produkten der Verschiebungen δ_{ik} bildet. Selbst kleine Ungenauigkeiten in den δ_{ik} können somit bereits zu beträchtlichen Abweichungen für die Δ_{ik} und damit zu fehlerhaften Werten X_r führen. Aus diesem Grunde müssen bei mehrfach statisch unbestimmten Systemen die Verschiebungsgrößen auf *mehr* Stellen genau berechnet werden, als dies für das Endergebnis an sich erforderlich wäre. Durch geschickte Wahl des statisch bestimmten Hauptsystems können die mit der Auflösung der Elastizitätsgleichungen verbundenen Fehler wesentlich herabgemindert werden, indem man versucht, Elastizitätsgleichungen zu erhalten, die möglichst wenig voneinander abhängen (vgl. z. B. die Berechnung des Trägers auf beliebig vielen Stützen, S. 228).

Nicht selten sind die Verschiebungsgrößen δ_{ii} sehr viel größer als die δ_{ik} ($i \neq k$). In solchen Fällen empfiehlt sich die Auflösung der Elastizitätsgleichungen durch *Iteration*. Liegt z. B. ein dreifach statisch unbestimmtes System vor, so können die Gln. (III) in der Form geschrieben werden:

$$\begin{aligned}
X_a\,\delta_{aa} &= K_a - X_b\,\delta_{ba} - X_c\,\delta_{ca}\\
X_b\,\delta_{bb} &= K_b - X_a\,\delta_{ab} - X_c\,\delta_{cb}\\
X_c\,\delta_{cc} &= K_c - X_a\,\delta_{ac} - X_b\,\delta_{bc}
\end{aligned} \right\}. \qquad (23)$$

---

[1] Pirlet, J.: Fehleruntersuchungen bei der Berechnung mehrfach stat. unbest. Gebilde. Diss. Techn. Hochsch. Aachen 1909. — Hertwig, A.: Eisenbau 1917 S. 110.

Sind nun alle Verschiebungsgrößen δ_{ik} wesentlich kleiner als die δ_{ii}, so erhält man aus den vorstehenden Gleichungen, wenn man zunächst alle Glieder mit δ_{ik} unterdrückt, in erster Näherung

$$X_a' = \frac{K_a}{\delta_{aa}}; \qquad X_b' = \frac{K_b}{\delta_{bb}}; \qquad X_c' = \frac{K_c}{\delta_{cc}}.$$

Man führt nun die so gefundenen Werte X' auf der rechten Seite der Gln. (23) ein und berechnet aus ihnen die zweiten Näherungen X_a'', X_b'', X_c'' usw., bis die Abweichungen von den vorhergehenden Werten so gering sind, daß sich eine weitere Fortsetzung der Rechnung erübrigt.

Bei symmetrisch ausgebildeten Tragwerken läßt sich eine Vereinfachung der Rechnung durch *Belastungsumordnung*[1] erzielen, indem man die gegebene Belastung in eine symmetrische und eine gegensymmetrische aufteilt. Ist z. B. der in Abb. 230a dargestellte zweifach statisch unbestimmte Rahmen gegeben, der eine einseitige Belastung P trägt, so denke man sich den Rahmen zunächst mit den symmetrisch liegenden Kräften $+\frac{P}{2}$ belastet (Abb. 230b) und darauf mit den gegensymmetrischen Lasten $+\frac{P}{2}$ und $-\frac{P}{2}$. Durch Überlagerung ergibt sich die vorgelegte Belastung. Für den symmetrischen Belastungszustand wird $X_a = X_b$, für den gegensymmetrischen $X_a = -X_b$. Die beiden Elastizitätsgleichungen enthalten also je nur eine Unbekannte und sind somit unmittelbar zu lösen.

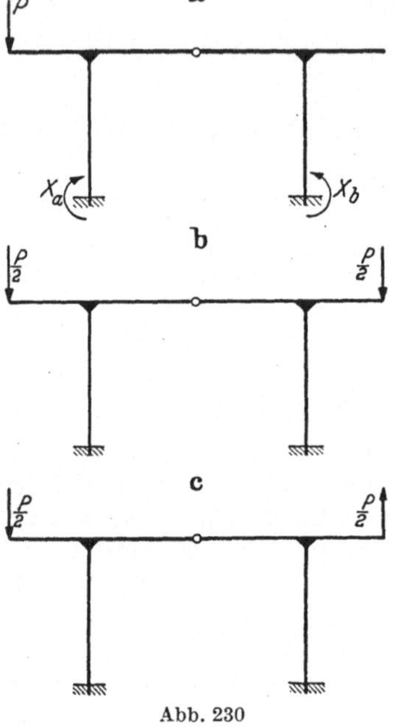

Abb. 230

Bei der Untersuchung von Stabwerken werden die Verschiebungen δ_{ik} im allgemeinen unter Vernachlässigung von Normal- und Querkräften bestimmt. Dann erhält man z. B. für ein dreifach statisch unbestimmtes Stabwerk

$$\delta_{aa} = \int \frac{M_a^2\,ds}{EJ}; \qquad \delta_{ab} = \delta_{ba} = \int \frac{M_a M_b\,ds}{EJ}; \qquad \delta_{ac} = \delta_{ca} = \int \frac{M_a M_c\,ds}{EJ};$$

$$\delta_{bb} = \int \frac{M_b^2\,ds}{EJ}; \qquad \delta_{bc} = \delta_{cb} = \int \frac{M_b M_c\,ds}{EJ}; \qquad \delta_{cc} = \int \frac{M_c^2\,ds}{EJ};$$

wobei M_a, M_b, M_c die Momente am statisch bestimmten Hauptsystem infolge der Belastungszustände $X_a = 1$, $X_b = 1$, $X_c = 1$ bezeichnen. Sind diese bekannt, dann können die obigen Verschiebungen berechnet werden, indem man die jedem Trägerabschnitt entsprechenden Momente unter Beachtung ihrer Vorzeichen in die Integrale einführt und darauf über das ganze System integriert. Nach Ermittlung der $\varDelta_{ik}$ bzw. α_{ik} und Bestimmung der Belastungsgrößen

$$K_a = \Sigma\,(C_a c) - \Sigma P_m \delta_{ma} - \delta_{at} = \Sigma\,(C_a c) - \int \frac{M_0 M_a\,ds}{EJ} - \int M_a \frac{\varepsilon_t\,\varDelta t}{h}\,ds$$

$$K_b = \Sigma\,(C_b c) - \Sigma P_m \delta_{mb} - \delta_{bt} = \Sigma\,(C_b c) - \int \frac{M_0 M_b\,ds}{EJ} - \int M_b \frac{\varepsilon_t\,\varDelta t}{h}\,ds$$

$$K_c = \Sigma\,(C_c c) - \Sigma P_m \delta_{mc} - \delta_{ct} = \Sigma\,(C_c c) - \int \frac{M_0 M_c\,ds}{EJ} - \int M_c \frac{\varepsilon_t\,\varDelta t}{h}\,ds$$

liefern die Gln. (22) bzw. (18) die statisch unbestimmten Größen X_a, X_b, X_c.

---

[1] ANDRÉE, W. L.: Das B.-U.-Verfahren. München u. Berlin 1919.

Nachstehend soll noch eine für die Integralwerte $\delta_{ik} = \int \dfrac{M_i M_k\, ds}{E\,J}$ wichtige Beziehung abgeleitet werden[1].

Abb. 231 möge einen Abschnitt der M_i-Fläche sowie den zugehörigen Abschnitt der M_k-Fläche darstellen, wobei M_i als trapezförmige, M_k als beliebig gestaltete M-Fläche und das Trägheitsmoment J auf die Länge c als konstant vorausgesetzt wird.

Dann ist mit Bezug auf die Bezeichnungen der Figur*

$$M_i = \frac{u' x}{c} + \frac{u x'}{c}$$

und

$$E\,J\,\delta_{ik} = \int M_i M_k\, dx = \frac{u'}{c} \int_0^c M_k\, x\, dx + \frac{u}{c} \int_0^c M_k\, x'\, dx'. \tag{24}$$

In dieser Gleichung stellt $\int_0^c M_k\, x\, dx$ *das statische Moment* $\mathfrak{S}_l$ *der M_k-Fläche* in bezug auf die Senkrechte zu $a{-}b$ durch das linke Balkenende und $\int_0^c M_k\, x'\, dx'$

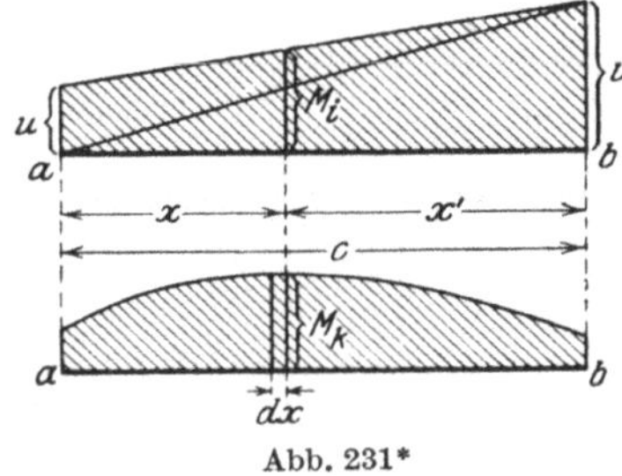
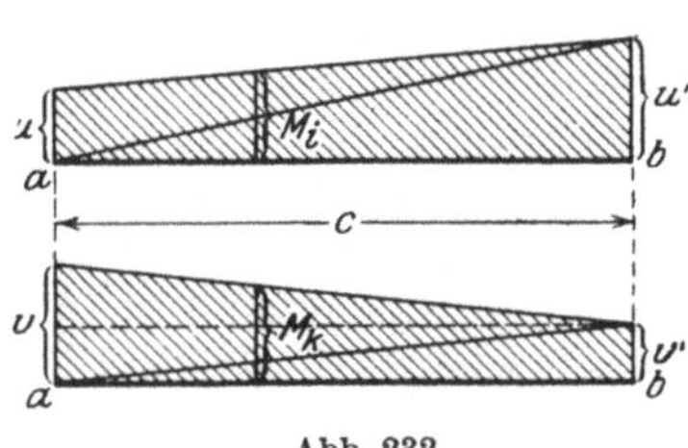

Abb. 231*   Abb. 232

das statische Moment $\mathfrak{S}_r$ *der M_k-Fläche* in bezug auf die Senkrechte zu $a{-}b$ durch das rechte Balkenende dar. Man erhält also

$$E\,J\,\delta_{ik} = \frac{u'\,\mathfrak{S}_l + u\,\mathfrak{S}_r}{c}. \tag{25}$$

Soll der Wert δ_{kk} gebildet werden, so ist

$$E\,J\,\delta_{kk} = \int M_k^2\, dx = 2 \int M_k\, dx\, \frac{M_k}{2}.$$

Nun ist aber $\int M_k\, dx\, \dfrac{M_k}{2}$ gleich dem statischen Moment $\mathfrak{S}'$ der M_k-Fläche in bezug auf die Gerade $a{-}b$, weshalb

$$E\,J\,\delta_{kk} = 2\,\mathfrak{S}'. \tag{26}$$

Für den besonders häufig vorkommenden Fall, daß beide Momentenflächen Trapeze sind (Abb. 232), wird nach (25)

$$E\,J\,\delta_{ik} = \frac{u'}{c}\left(\frac{v'\,c}{2}\,\frac{2}{3}\,c + \frac{v\,c}{2}\,\frac{c}{3}\right) + \frac{u}{c}\left(\frac{v'\,c}{2}\,\frac{c}{3} + \frac{v\,c}{2}\,\frac{2}{3}\,c\right)$$

oder

$$E\,J\,\delta_{ik} = \frac{c}{6}\left[u'\,(2\,v' + v) + u\,(v' + 2\,v)\right]. \tag{27}$$

---

[1] Müller-Breslau, H.: Stat. d. Baukonstr. Bd. 2, Abt. 2, S. 100. Leipzig 1908.
* In Abb. 231 lies dx' statt dx.

Ferner liefert (26)

$$E J\,\delta_{kk} = 2\left[v'\,c\,\frac{v'}{2} + \frac{(v-v')\,c}{2}\left(\frac{v-v'}{3} + v'\right)\right]$$

$$= c\left[v'^2 + (v - v')\,(v + 2\,v')\,\frac{1}{3}\right]$$

$$= c\left[v'^2 + \frac{v^2}{3} + \frac{v\,v'}{3} - \frac{2}{3}\,v'^2\right]$$

oder

$$E J\,\delta_{kk} = \frac{c}{3}\,(v'^2 + v\,v' + v^2)\,.\tag{28}$$

Entsprechend wird

$$E J\,\delta_{ii} = \frac{c}{3}\,(u^2 + u\,u' + u'^2)\,.$$

5. Einführung statisch unbestimmter Hauptsysteme. Reduktionssatz

Eine Herabsetzung der Zahl der Elastizitätsgleichungen läßt sich erreichen durch Benutzung eines statisch unbestimmten Hauptsystems, wie am Beispiel der Abb. 233 a gezeigt werden soll. Der Riegel des vorgelegten Rahmens sei bei A und B verschieblich gelagert, dagegen seien die Rahmenstiele bei C und D fest eingespannt. Wie man leicht erkennt, ist das Stabwerk fünffach statisch unbestimmt. Als überzählige Größen können etwa die Lagerkräfte A und B sowie Moment, Querkraft und Normalkraft für den Schnitt in der Mitte des Stabes EF gewählt werden (Abb. 233 b). Anstatt nun für diese fünf Überzähligen gleich viel Elastizitätsgleichungen anzuschreiben, geht man zweckmäßig folgendermaßen vor: Man betrachtet als Überzählige nur die Lagerkräfte A und B und erhält als *statisch unbestimmtes Hauptsystem* den bei C und D fest eingespannten Rahmen mit beiderseits überkragenden Riegelenden (Abb. 233 c). Dann lauten die Elastizitätsgleichungen für X_a und X_b

$$X_a\,\delta_{aa} + X_b\,\delta_{ba} = K_a\,,$$
$$X_a\,\delta_{ab} + X_b\,\delta_{bb} = K_b\,,$$

wobei aber jetzt die Verschiebungen δ_{aa}, δ_{bb}, $\delta_{ab} = \delta_{ba}$ und die Lastglieder K_a und K_b *am dreifach statisch unbestimmten Rahmen*

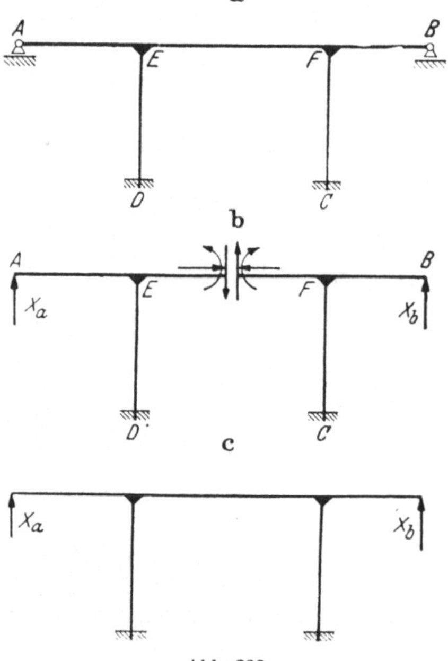

Abb. 233

(Hauptsystem) zu ermitteln sind, für dessen Berechnung besonders einfache Gleichungen zur Verfügung stehen (vgl. S. 271). Nachdem X_a und X_b gefunden sind, erhält man z. B. für das Moment an einer beliebigen Stelle des Stabwerks

$$M = M_0 + M_a\,X_a + M_b\,X_b\,,$$

und zwar sind M_0, M_a und M_b wieder den drei entsprechenden Belastungszuständen *am statisch unbestimmten Hauptsystem zu entnehmen*.

Die Berechnung der Verschiebungsgrößen δ_{ik} und der Belastungsglieder $\sum P_m\,\delta_{mi}$ gestaltet sich häufig besonders vorteilhaft, wenn man von folgender

Vereinfachung Gebrauch macht. Allgemein ist bei Vernachlässigung des Einflusses der Normal- und Querkräfte

$$1\,\delta_{ik} = \int \frac{M_i\,M_k\,ds}{E\,J}.$$

Dieser Ausdruck stellt nichts anderes dar als die Anwendung der Arbeitsgleichung auf den virtuellen Belastungszustand $X_i = 1$ und den Formänderungszustand infolge $X_k = 1$. Bei der Einführung eines statisch unbestimmten Hauptsystems ist die Verschiebung δ_{ik} für dieses System zu bestimmen, d. h. in dem obigen Ausdruck für δ_{ik} müssen die Momente M_k am statisch unbestimmten Hauptsystem infolge des Belastungszustandes $X_k = 1$ ermittelt werden. Dagegen kann der Belastungszustand $X_i = 1$ beliebig gewählt werden, sofern er nur einen *Gleichgewichtszustand* darstellt (vgl. S. 119), bei dem die virtuelle Arbeit $1\,\delta_{ik}$ geleistet wird. Die Momente M_i können somit auch am statisch *bestimmten* Hauptsystem ermittelt werden, wenn man dieses mit $X_i = 1$ belastet. Dadurch lassen sich häufig wesentliche Vereinfachungen bei der Auswertung der Integrale erzielen. So wäre z. B. zur Berechnung der Verschiebung δ_{ab} des obigen Rahmens die Momentenfläche M_a nur für den statisch bestimmten Träger $A-E-D$ (Abb. 233 b) aufzutragen, so daß lediglich die beiden Stäbe $A-E$ und $E-D$ einen Beitrag zum Integrale $\int \frac{M_a\,M_b\,ds}{E\,J}$ liefern würden.

Nach dem MAXWELLschen Satz ist $\delta_{ik} = \delta_{ki}$, d. h. man kann umgekehrt auch die Momente M_k am statisch *bestimmten* und die Momente M_i am statisch *unbestimmten* Hauptsystem ermitteln. Bezeichnet nun ein oben bei den Verschiebungen und Momenten hinzugefügter Zeiger (u), daß die betreffende Größe am statisch *unbestimmten*, ein Zeiger (o), daß sie am statisch *bestimmten* Hauptsystem zu nehmen ist, dann gilt folgende Beziehung:

$$\delta_{ik}^{(u)} = \int \frac{M_i^{(u)}\,M_k^{(u)}\,ds}{E\,J} = \int \frac{M_i^{(o)}\,M_k^{(u)}\,ds}{E\,J} = \int \frac{M_i^{(u)}\,M_k^{(o)}\,ds}{E\,J}.$$

Entsprechend ist

$$\Sigma\,P_m\,\delta_{mi}^{(u)} = \int \frac{M_0^{(u)}\,M_i^{(u)}\,ds}{E\,J} = \int \frac{M_0^{(o)}\,M_i^{(u)}\,ds}{E\,J} = \int \frac{M_0^{(u)}\,M_i^{(o)}\,ds}{E\,J}.$$

Diese Ausdrücke ermöglichen eine einfache und bequeme Rechenkontrolle aller Verschiebungswerte[1]. Das vorstehende Ergebnis wird häufig als *Reduktionssatz* bezeichnet.

6. Aufstellung von Elastizitätsgleichungen mit nur einer Unbekannten

Zur Vermeidung von Fehlern sowie zur Verminderung der Rechenarbeit muß man bestrebt sein, die Elastizitätsgleichungen mehrfach statisch unbestimmter Systeme nach Möglichkeit zu vereinfachen. In besonderem Maße wird das erreicht, wenn die Wahl der statisch unbestimmten Größen so getroffen werden kann, daß dadurch alle Verschiebungsgrößen δ_{ik} mit zwei verschiedenen Zeigern verschwinden. In diesem Falle gehen die Elastizitätsgleichungen (II) (S. 181) über in:

$$\left.\begin{aligned}
\Sigma\,(C_a\,c) &= \Sigma\,P_m\,\delta_{ma} + X_a\,\delta_{aa} + \delta_{at}\\
\Sigma\,(C_b\,c) &= \Sigma\,P_m\,\delta_{mb} + X_b\,\delta_{bb} + \delta_{bt}\\
\Sigma\,(C_c\,c) &= \Sigma\,P_m\,\delta_{mc} + X_c\,\delta_{cc} + \delta_{ct}\\
&\quad\ldots\ldots\ldots\ldots\ldots\ldots\ldots\ldots\\
&\quad\ldots\ldots\ldots\ldots\ldots\ldots\ldots\ldots
\end{aligned}\right\} \qquad \text{(IV)}$$

---

[1] Vgl. G. WORCH: Bauingenieur 1925 S. 554.

und diese liefern sofort:

$$\left.\begin{aligned}
X_a &= -\,\frac{\sum P_m\,\delta_{ma} + \delta_{at} - \sum(C_a\,c)}{\delta_{aa}}\\[2mm]
X_b &= -\,\frac{\sum P_m\,\delta_{mb} + \delta_{bt} - \sum(C_b\,c)}{\delta_{bb}}\\[2mm]
X_c &= -\,\frac{\sum P_m\,\delta_{mc} + \delta_{ct} - \sum(C_c\,c)}{\delta_{cc}}\\[2mm]
&\;\cdot\;\cdot\;\cdot\;\cdot\;\cdot\;\cdot\;\cdot\;\cdot\;\cdot\;\cdot\;\cdot
\end{aligned}\right\}\qquad (V)$$

Die dabei zu lösende Aufgabe besteht zunächst darin, die statisch unbestimmten Größen X_a, X_b, X_c, ... so zu wählen, daß die Verschiebungen $\delta_{ab} = \delta_{ba}$, $\delta_{ac} = \delta_{ca}$, $\delta_{bc} = \delta_{cb}$ ... zu Null werden. Zur Erreichung dieses Zieles können je nach Art der Aufgabe verschiedene Methoden zur Anwendung gelangen. Einige von ihnen werden im nächsten Abschnitt zur Untersuchung spezieller Systeme herangezogen, wogegen hier eine allgemeine Lösung des Problems nach dem Verfahren von S. Müller[1] besprochen werden soll.

In den Elastizitätsgleichungen (II) sind bisher die Größen X_a, X_b, X_c, ... stets als Einzelkräfte oder -momente angesehen worden, an deren Stelle in der nachfolgenden Untersuchung *Kraftgruppen*, treten. Der Zustand $X_a = 1$ wird also nicht mehr durch eine Last bzw. ein Lastenpaar von der Größe 1 oder ein Moment bzw. ein Momentenpaar *1* dargestellt, sondern durch eine Gruppe von Lasten bzw. Momenten.

Es mögen Y_1, Y_2, Y_3, ..., Y_n die *statisch unbestimmten Einzelwirkungen* in den überzähligen Konstruktionsgliedern eines *n*-fach statisch unbestimmten Systems bezeichnen, welche als Stabspannkraft, Lagerkraft, Moment, Normal- oder Querkraft auftreten können. Diese seien jetzt als Funktionen der Beastungen X_a, X_b, X_c, ..., X_n in der Form dargestellt:

$$\left.\begin{aligned}
Y_1 &= Y_{1a}X_a + Y_{1b}X_b + Y_{1c}X_c + \cdots + Y_{1n}X_n\\
Y_2 &= Y_{2a}X_a + Y_{2b}X_b + Y_{2c}X_c + \cdots + Y_{2n}X_n\\
&\;\cdot\;\cdot\;\cdot\;\cdot\;\cdot\;\cdot\;\cdot\;\cdot\;\cdot\;\cdot\;\cdot\;\cdot\;\cdot\;\cdot\;\cdot\;\cdot\\
&\;\cdot\;\cdot\;\cdot\;\cdot\;\cdot\;\cdot\;\cdot\;\cdot\;\cdot\;\cdot\;\cdot\;\cdot\;\cdot\;\cdot\;\cdot\;\cdot\\
Y_n &= Y_{na}X_a + Y_{nb}X_b + Y_{nc}X_c + \cdots + Y_{nn}X_n
\end{aligned}\right\},\qquad (29)$$

wobei Y_{1a}, Y_{2a}, Y_{3a}, ..., Y_{na} eine Gruppe von zunächst unbekannten Kräften bedeuten, welche zusammen den Zustand $X_a = 1$ bilden. Y_{1a} fällt in die Lage und Richtung von Y_1, Y_{2a} in die Lage und Richtung von Y_2 usw. Entsprechend stellen die Kräfte Y_{1b}, Y_{2b}, Y_{3b}, ..., Y_{nb} den Zustand $X_b = 1$, Y_{1n}, Y_{2n}, ..., Y_{nn} den Zustand $X_n = 1$ dar.

Es möge bezeichnen: δ_{1a} die Verschiebung des Angriffspunktes *1* der Kraft (Moment) Y_1 im Sinne dieser Kraft, hervorgerufen durch die Belastung $X_a = 1$, δ_{2a} die Verschiebung des Angriffspunktes *2* der Kraft Y_2 im Sinne dieser Kraft, hervorgerufen durch die Belastung $X_a = 1$ usw. Dann wird die virtuelle Arbeit des Zustandes $X_a = 1$ auf dem Wege infolge der Belastung $X_a = 1$ nach dem Superpositionsgesetz:

$$1\,\delta_{aa} = Y_{1a}\,\delta_{1a} + Y_{2a}\,\delta_{2a} + \cdots + Y_{na}\,\delta_{na}\,.$$

Entsprechend erhält man:

$$1\,\delta_{bb} = Y_{1b}\,\delta_{1b} + Y_{2b}\,\delta_{2b} + \cdots + Y_{nb}\,\delta_{nb},$$
$$1\,\delta_{cc} = Y_{1c}\,\delta_{1c} + Y_{2c}\,\delta_{2c} + \cdots + Y_{nc}\,\delta_{nc}\,.$$

$$\cdot\;\cdot\;\cdot\;\cdot\;\cdot\;\cdot\;\cdot\;\cdot\;\cdot\;\cdot\;\cdot\;\cdot\;\cdot$$

---

[1] Müller, S.: Zur Berechnung mehrfach statisch unbestimmter Tragwerke. Zbl. Bauverw. 1907 S. 23.

Ferner wird die virtuelle Arbeit des Zustandes $X_a = 1$ auf dem Wege infolge der Belastung $X_b = 1$

$$1\,\delta_{ab} = Y_{1a}\,\delta_{1b} + Y_{2a}\,\delta_{2b} + \cdots + Y_{na}\,\delta_{nb}$$

und allgemein wird

$$1\,\delta_{ik} = Y_{1i}\,\delta_{1k} + Y_{2i}\,\delta_{2k} + \cdots + Y_{ni}\,\delta_{nk}.$$

Aus dem *Bettischen Satz* (vgl. S. 128) folgt, daß $\delta_{ab} = \delta_{ba}$; $\delta_{ac} = \delta_{ca}$ und allgemein $\delta_{ik} = \delta_{ki}$ ist. Soll nun jede der allgemeinen Elastizitätsgleichungen (III)

$$\left.\begin{aligned}
K_a &= X_a\,\delta_{aa} + X_b\,\delta_{ba} + \cdots + X_n\,\delta_{na}\\
K_b &= X_a\,\delta_{ab} + X_b\,\delta_{bb} + \cdots + X_n\,\delta_{nb}\\
&\ \cdot\ \cdot\ \cdot\ \cdot\ \cdot\ \cdot\ \cdot\ \cdot\ \cdot\ \cdot\ \cdot\ \cdot\ \cdot\\
&\ \cdot\ \cdot\ \cdot\ \cdot\ \cdot\ \cdot\ \cdot\ \cdot\ \cdot\ \cdot\ \cdot\ \cdot\ \cdot\\
K_n &= X_a\,\delta_{an} + X_b\,\delta_{bn} + \cdots + X_n\,\delta_{nn}
\end{aligned}\right\}$$

nur *eine* statisch unbestimmte Größe X enthalten, so müssen die Gruppenlasten $Y_{1a}, Y_{2a}, \ldots, Y_{na}$; $Y_{1b}, Y_{2b}, \ldots, Y_{nb}$ usw. aus den vorstehend für die Verschiebungen δ_{ik} gefundenen Beziehungen so bestimmt werden, daß alle δ_{ik} mit verschiedenen Zeigern zu Null werden.

Bei einem n-fach statisch unbestimmten System treten in jeder Elastizitätsgleichung $n-1$ Verschiebungsgrößen mit verschiedenen Zeigern auf, in n Gleichungen $n\,(n-1)$ solche Werte. Da aber nach dem BETTISCHEN Satz je zwei einander gleich sind, so stehen zur Berechnung der Gruppenlasten $\dfrac{n\,(n-1)}{2}$ Bedingungen $\delta_{ik} = 0$ zur Verfügung. Die Zahl dieser Gruppenlasten beträgt nn. Man kann somit $n^2 - \dfrac{n\,(n-1)}{2} = \dfrac{n\,(n+1)}{2} = n + \dfrac{n\,(n-1)}{2}$ Gruppenlasten willkürlich annehmen, so zwar, daß die n Elastizitätsgleichungen befriedigt werden.

In der nachstehenden Tabelle sind die Größen X_a, X_b, X_c, $\ldots$ in einer Horizontalreihe, die statisch unbestimmten Einzelwirkungen Y_1, Y_2, Y_3, $\ldots$ in einer Vertikalreihe angeschrieben. Unter X_a werden die Gruppenlasten Y_{1a}, Y_{2a}, $Y_{3a}, \ldots$ unter X_b die Gruppenlasten Y_{1b}, Y_{2b}, $Y_{3b}, \ldots$ eingetragen usw. Man setzt nun n Gruppenlasten gleich 1 und $\dfrac{n\,(n-1)}{2}$ Gruppenlasten gleich Null, und zwar wählt man für die erste Art die Werte $Y_{1a} = Y_{2b} = Y_{3c}, \ldots = 1$ und für die zweite Art die Werte $Y_{2a} = Y_{3a} = Y_{4a} = \cdots = 0$, $Y_{3b} = Y_{4b} = Y_{5b} \ldots = 0$, $Y_{4c} = Y_{5c} = Y_{6c} = \cdots = 0$. Damit sind $\dfrac{n\,(n+1)}{2}$ Gruppenlasten festgelegt.

	X_a	X_b	X_c	X_d	X_e
Y_1	Y_{1a}	Y_{1b}	Y_{1c}	Y_{1d}	Y_{1e}
Y_2	Y_{2a}	Y_{2b}	Y_{2c}	Y_{2d}	Y_{2e}
Y_3	Y_{3a}	Y_{3b}	Y_{3c}	Y_{3d}	Y_{3e}
Y_4	Y_{4a}	Y_{4b}	Y_{4c}	Y_{4d}	Y_{4e}
Y_5	Y_{5a}	Y_{5b}	Y_{5c}	Y_{5d}	Y_{5e}

	X_a	X_b	X_c	X_d	X_e
Y_1	1	Y_{1b}	Y_{1c}	Y_{1d}	Y_{1e}
Y_2	0	1	Y_{2c}	Y_{2d}	Y_{2e}
Y_3	0	0	1	Y_{3d}	Y_{3e}
Y_4	0	0	0	1	Y_{4e}
Y_5	0	0	0	0	1

Der Rest muß aus den $\dfrac{n\,(n-1)}{2}$ zur Verfügung stehenden Bedingungen $\delta_{ik} = 0$ gefunden werden. In der Tabelle werden also die noch zu bestimmenden von den gewählten Gruppenlasten durch die stark ausgezogene Treppenlinie getrennt.

Zur Ermittlung der ersteren verfährt man wie folgt. Der Belastungszustand $X_a = 1$ besteht aus der einzigen Gruppenlast $Y_{1a} = 1$. Aus diesem können rechnerisch oder graphisch die Verschiebungswerte δ_{1a}, δ_{2a}, δ_{3a}, ... gefunden werden. Wegen $Y_{2b} = 1$ und $Y_{3b} = Y_{4b} = \ldots = 0$ lautet die Bedingung $\delta_{ba} = 0$

$$0 = Y_{1b}\,\delta_{1a} + 1\,\delta_{2a}, \tag{30}$$

woraus folgt:

$$Y_{1b} = -\frac{\delta_{2a}}{\delta_{1a}}.$$

Damit sind alle Gruppenlasten des Zustandes $X_b = 1$ bekannt (vgl. Tabelle), und es können nun mit deren Hilfe die Verschiebungen δ_{1b}, δ_{2b}, δ_{3b}, ... gefunden werden. Da auch $\delta_{ab} = 0$ sein muß, so erhält man:

$$0 = Y_{1a}\,\delta_{1b} \quad \text{oder} \quad \delta_{1b} = 0.$$

Der Verschiebungszustand infolge $X_b = 1$ muß also δ_{1b} gleich Null ergeben, worin eine erwünschte Kontrolle der Zeichnung oder Rechnung liegt.

Zur Bestimmung der Gruppenlasten Y_{1c} und Y_{2c} stehen die Bedingungen $\delta_{ca} = 0$ und $\delta_{cb} = 0$ zur Verfügung. Mit $\delta_{1b} = 0$ lauten diese:

$$\left.\begin{aligned}
\delta_{ca} = 0 &= Y_{1c}\,\delta_{1a} + Y_{2c}\,\delta_{2a} + 1\,\delta_{3a} \\
\delta_{cb} = 0 &= \qquad\qquad\;\; Y_{2c}\,\delta_{2b} + 1\,\delta_{3b}
\end{aligned}\right\}, \tag{31}$$

woraus folgt:

$$Y_{2c} = -\frac{\delta_{3b}}{\delta_{2b}}; \quad Y_{1c} = -\frac{Y_{2c}\,\delta_{2a} + \delta_{3a}}{\delta_{1a}}.$$

Damit sind alle Gruppenlasten des Zustandes $X_c = 1$ bekannt, und es können aus diesen die Verschiebungen δ_{1c}, δ_{2c}, δ_{3c}, ... ermittelt werden. Wegen $\delta_{ac} = 0$ muß sich auch $\delta_{1c} = 0$ ergeben und wegen $\delta_{bc} = 0$ wird auch $\delta_{2c} = 0$.

Zur Berechnung der Gruppenlasten Y_{1d}, Y_{2d}, Y_{3d} stehen die Bedingungen $\delta_{da} = 0$, $\delta_{db} = 0$, $\delta_{dc} = 0$ zur Verfügung. Diese lauten:

$$\left.\begin{aligned}
\delta_{da} = 0 &= Y_{1d}\,\delta_{1a} + Y_{2d}\,\delta_{2a} + Y_{3d}\,\delta_{3a} + 1\,\delta_{4a} \\
\delta_{db} = 0 &= \qquad\qquad\;\; Y_{2d}\,\delta_{2b} + Y_{3d}\,\delta_{3b} + 1\,\delta_{4b} \\
\delta_{dc} = 0 &= \qquad\qquad\qquad\qquad\;\; Y_{3d}\,\delta_{3c} + 1\,\delta_{4c}
\end{aligned}\right\}, \tag{32}$$

woraus folgt:

$$Y_{3d} = -\frac{\delta_{4c}}{\delta_{3c}}; \quad Y_{2d} = -\frac{Y_{3d}\,\delta_{3b} + \delta_{4b}}{\delta_{2b}}; \quad Y_{1d} = -\frac{Y_{2d}\,\delta_{2a} + Y_{3d}\,\delta_{3a} + \delta_{4a}}{\delta_{1a}}.$$

In gleicher Weise fortfahrend kann man sämtliche Gruppenlasten ermitteln.

Der Einfluß einer gegebenen Belastung P auf die Größen X_a, X_b, X_c, ... ergibt sich aus (V):

$$X_a = -\frac{\Sigma P_m\,\delta_{ma}}{\delta_{aa}}; \quad X_b = -\frac{\Sigma P_m\,\delta_{mb}}{\delta_{bb}}; \quad \ldots; \quad X_n = -\frac{\Sigma P_m\,\delta_{mn}}{\delta_{nn}}. \tag{33}$$

Die Summenwerte in diesen Gleichungen findet man im Falle beliebig gerichteter ruhender Lasten entweder mit Hilfe von Verschiebungsplänen für die Zustände $X_a = 1$, $X_b = 1, \ldots, X_n = 1$, aus denen die Verschiebungen δ_{ma}, $\delta_{mb}, \ldots$, δ_{mn} aller Punkte m in Richtung der in ihnen angreifenden Lasten P_m entnommen werden können, oder man bestimmt sie rechnerisch mittels der Gleichungen

$$\Sigma P_m\,\delta_{ma} = \Sigma S_0\,S_a\,\varrho, \quad \Sigma P_m\,\delta_{mb} = \Sigma S_0\,S_b\,\varrho, \quad \ldots,$$

wenn es sich um ein Fachwerk, bzw.

$$\Sigma P_m\,\delta_{ma} = \int \frac{M_0\,M_a\,ds}{EJ} + \ldots, \quad \Sigma P_m\,\delta_{mb} = \int \frac{M_0\,M_b\,ds}{EJ} + \ldots,$$

wenn es sich um ein Stabwerk handelt. Für die Wege δ_{aa}, δ_{bb}, δ_{cc}, ... ergibt sich aus den auf S. 191 aufgestellten Beziehungen:

$$\delta_{aa} = \delta_{1a}; \quad \delta_{bb} = \delta_{2b}; \quad \delta_{cc} = \delta_{3c}; \quad \cdots$$

Sie werden entweder den Verschiebungsplänen für $X_a = 1$, $X_b = 1$, $X_c = 1$, ... entnommen oder mit Hilfe der Arbeitsgleichung bestimmt. Sind X_a, X_b, X_c, ... bekannt, dann erhält man die statisch unbestimmten Einzelwirkungen in den überzähligen Konstruktionsgliedern aus (29) wie folgt:

$$\left.\begin{aligned}
Y_1 &= 1\,X_a + Y_{1b}\,X_b + Y_{1c}\,X_c + \cdots + Y_{1n}\,X_n \\
Y_2 &= \qquad\qquad 1\,X_b + Y_{2c}\,X_c + \cdots + Y_{2n}\,X_n \\
Y_3 &= \qquad\qquad\qquad\qquad 1\,X_c + \cdots + Y_{3n}\,X_n \\
&\cdot \quad \cdot \quad \cdot \quad \cdot \quad \cdot \quad \cdot \quad \cdot \quad \cdot \quad \cdot \quad \cdot \quad \cdot \quad \cdot \\
Y_n &= \qquad\qquad\qquad\qquad\qquad\qquad\qquad 1\,X_n
\end{aligned}\right\} . \qquad (34)$$

Bezeichnen nun etwa S_1, S_2, ... die Spannkräfte in einem beliebigen Stabe des statisch bestimmten Hauptsystems infolge $Y_1 = 1$, $Y_2 = 1$, ..., so kann die wirkliche Spannkraft dieses Stabes am statisch unbestimmten System in der Form dargestellt werden

$$S = S_0 + S_1\,Y_1 + S_2\,Y_2 + \cdots$$

oder mit Einführung der Werte Y_r aus (29)

$$S = S_0 + (S_1\,Y_{1a} + S_2\,Y_{2a} + \cdots)\,X_a + (S_1\,Y_{1b} + S_2\,Y_{2b} + \cdots)\,X_b + \cdots .$$

Nun sind aber offenbar

$$S_1\,Y_{1a} + S_2\,Y_{2a} + \cdots = S_a; \quad S_1\,Y_{1b} + S_2\,Y_{2b} + \cdots = S_b$$

die Spannkräfte des betrachteten Stabes am statisch bestimmten Hauptsystem infolge der Belastungszustände $X_a = 1$; $X_b = 1$, ..., weshalb sich die wirkliche Spannkraft S in der bekannten Form darstellt:

$$S = S_0 + S_a\,X_a + S_b\,X_b + \cdots + S_n\,X_n .$$

Entsprechend erhält man für die übrigen statischen Größen:

$$\begin{aligned}
M &= M_0 + M_a\,X_a + M_b\,X_b + \cdots + M_n\,X_n , \\
N &= N_0 + N_a\,X_a + N_b\,X_b + \cdots + N_n\,X_n , \\
Q &= Q_0 + Q_a\,X_a + Q_b\,X_b + \cdots + Q_n\,X_n , \\
C &= C_0 + C_a\,X_a + C_b\,X_b + \cdots + C_n\,X_n ;
\end{aligned}$$

wobei S_0, M_0, N_0, Q_0, C_0 die Spannkräfte bzw. Momente, Normalkräfte, Querkräfte und Stützendrücke des statisch bestimmten Hauptsystems infolge der Lasten P; S_a, M_a, N_a, Q_a, C_a die entsprechenden Werte infolge $X_a = 1$ bedeuten usw.

Für den speziellen Fall paralleler (im allgemeinen senkrechter) Lasten liefern die Biegungslinien der Zustände $X_a = 1$, $X_b = 1$, $X_c = 1$, ... die Einflußlinien für die Summenwerte $\sum P_m\,\delta_{ma}$, $\sum P_m\,\delta_{mb}$, $\sum P_m\,\delta_{mc}$, ..., welche zugleich die Einflußlinien für die Größen X_a, X_b, X_c, ... darstellen, wenn man ihnen die Multiplikatoren $-\dfrac{1}{\delta_{aa}}$, $-\dfrac{1}{\delta_{bb}}$, $-\dfrac{1}{\delta_{cc}}$, ... beilegt. Aus ihnen können alle übrigen Einflußlinien abgeleitet werden (vgl. S. 184).

Die weitaus größte Anzahl der praktisch vorkommenden Systeme besitzt eine Symmetrieachse oder läßt sich in mehrere leicht zu berechnende Teilsysteme zerlegen. In solchen Fällen empfiehlt es sich, auf die vorstehend beschriebene schrittweise Durchführung des Rechnungsganges zu verzichten und bei der Wahl der $\dfrac{n(n+1)}{2}$ willkürlichen Gruppenlasten die Eigenschaften der geometrischen Anordnung des betreffenden Tragwerks auszunutzen[1]. Man erhält dann im allgemeinen einfachere Belastungszustände $X_a = 1$, $X_b = 1$, $X_c = 1, \ldots$, durch welche die Rechenarbeit nicht unwesentlich vermindert wird.

Zur Erläuterung dieses Verfahrens soll nachstehend ein einfaches Beispiel behandelt werden, an dem die einzelnen Operationen leicht verfolgt werden

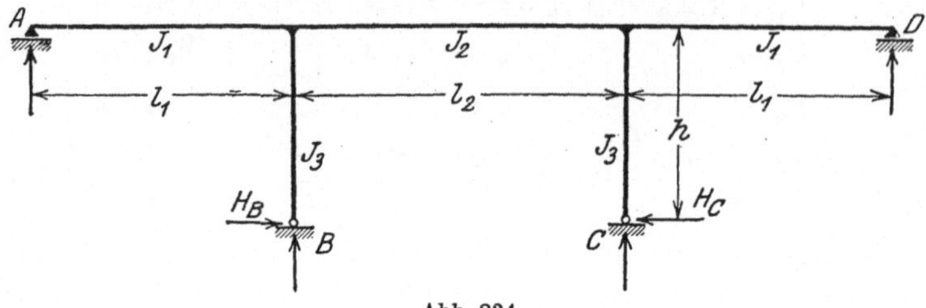

Abb. 234

können. Das in Abb. 234 dargestellte Tragwerk ist in den Punkten B und C gelenkig gelagert und besitzt außerdem bei A und D horizontal verschiebliche Stützpunkte. Es ist dreifach statisch unbestimmt, denn den sechs unbekannten Lagerreaktionen stehen nur drei Gleichgewichtsbedingungen gegenüber. Die Stützweiten der beiden Seitenöffnungen seien l_1, die des Mittelfeldes l_2. Entsprechend werden die über die Längen l_1 bzw. l_2 als konstant angenommenen Trägheitsmomente mit J_1 und J_2 bezeichnet, wogegen J_3 das Trägheitsmoment der Stiele sein möge. Als überzählige Größen werden die Momente im Punkte 1

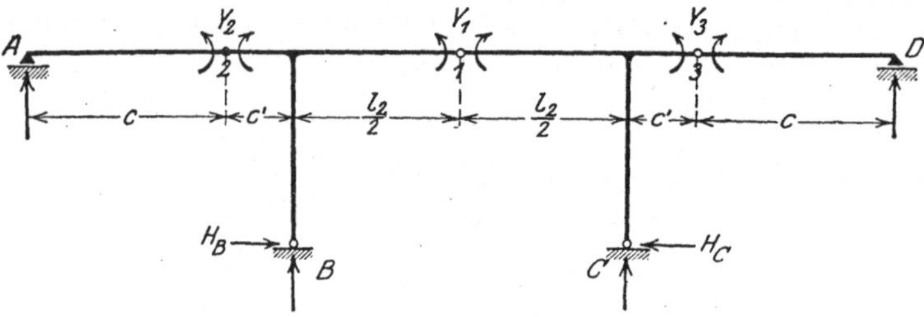

Abb. 235

des Mittelfeldes und in den symmetrisch zur Mitte liegenden Punkten 2 und 3 der Seitenfelder (Abb. 235) gewählt. Diese statisch unbestimmten Einzelwirkungen seien mit Y_1, Y_2, Y_3 bezeichnet und gemäß (29) als Funktionen der Kraftgruppen X_a, X_b, X_c wie folgt dargestellt:

$$\left.\begin{aligned} Y_1 &= Y_{1a}X_a + Y_{1b}X_b + Y_{1c}X_c \\ Y_2 &= Y_{2a}X_a + Y_{2b}X_b + Y_{2c}X_c \\ Y_3 &= Y_{3a}X_a + Y_{3b}X_b + Y_{3c}X_c \end{aligned}\right\}. \tag{35}$$

Über die $\dfrac{n(n+1)}{2} = 6$ willkürlichen Gruppenlasten soll unter Ausnutzung der Symmetrieeigenschaften des Systems wie folgt verfügt werden: Man setzt $Y_{1a} = 1$, $Y_{2a} = Y_{3a} = 0$, $Y_{2b} = Y_{3b} = 1$ und $Y_{3c} = -1$. Der Zustand $X_a = 1$

[1] Vgl. H. Müller-Breslau: Stat. d. Baukonstr. Bd. 2, Abt. 1, 4. Aufl. S. 162 u. f. Stuttgart 1907.

ist in Abb. 236 dargestellt, in welche auch die diesem Zustand entsprechende Momentenfläche (M_a-Fläche) eingetragen wurde. Aus

$$\delta_{ba} = 0 = Y_{1b}\,\delta_{1a} + Y_{2b}\,\delta_{2a} + Y_{3b}\,\delta_{3a} \qquad (36)$$

folgt wegen $Y_{2b} = Y_{3b} = 1$ und $\delta_{2a} = \delta_{3a}$ (infolge der Symmetrie)

$$Y_{1b} = -2\,\frac{\delta_{2a}}{\delta_{1a}}.$$

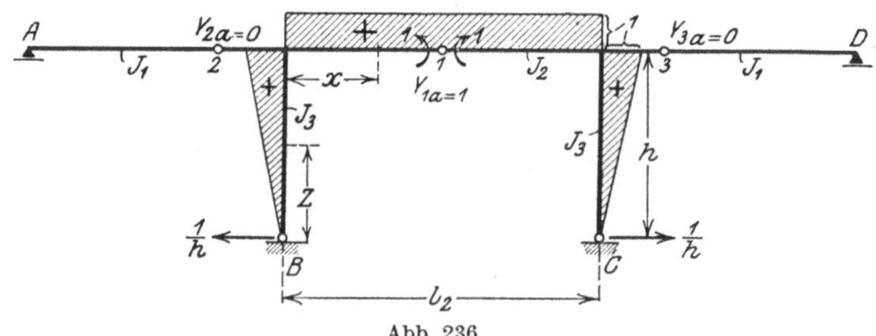

Abb. 236

Nun ist aber unter Vernachlässigung von Quer- und Längskräften

$$\delta_{1a} = \delta_{aa} = \int \frac{M_a^2\,ds}{EJ}$$

oder

$$\delta_{1a} = \frac{2}{EJ_3}\int\limits_0^h \left(\frac{z}{h}\right)^2 dz + \frac{1}{EJ_2}\int\limits_0^{l_2} 1^2\,dx = \frac{2}{EJ_3}\,\frac{h}{3} + \frac{l_2}{EJ_2}.$$

Setzt man jetzt $J_2 = J_c$ und multipliziert die vorstehende Gleichung mit EJ_c, so wird

$$EJ_c\,\delta_{1a} = \frac{2}{3}\,h\,\frac{J_c}{J_3} + l_2.$$

Zur Bestimmung der Drehung δ_{2a} wende man die Arbeitsgleichung für den Belastungszustand $\overline{M}_2 = 1$ an, indem man zwei entgegengesetzt gerichtete

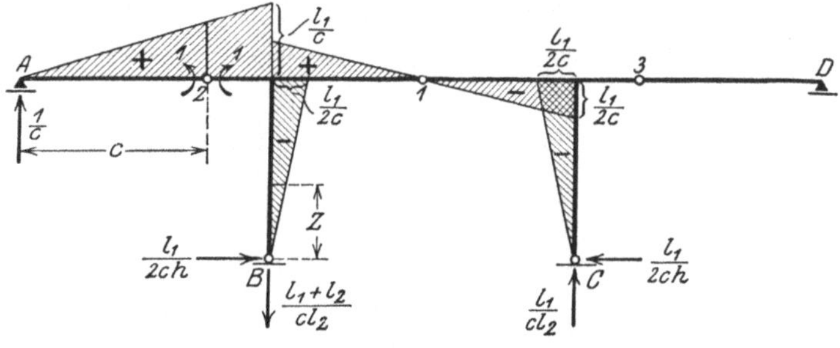

Abb. 237

Momente von der Größe 1 im Punkte 2 auf das Hauptsystem wirken läßt. Die virtuellen Stützendrücke und die Momentenfläche sind aus Abb. 237 ersichtlich. Die Arbeitsgleichung lautet

$$1\,\delta_{2a} = \int \frac{\overline{M}\,M_a\,ds}{EJ},$$

wobei $\overline{M}$ die aus vorstehender Momentenfläche zu entnehmenden Momente infolge $\overline{M}_2 = 1$ und M_a die Ordinaten der M_a-Fläche (Abb. 236) bedeuten.

Man erhält also

$$EJ_c\,\delta_{2a} = -2\int_0^h \frac{l_1}{2c}\frac{z}{h}\frac{z}{h}\,dz\,\frac{J_c}{J_3} = -\frac{l_1\,h}{3\,c}\frac{J_c}{J_3}.$$

Damit ergibt sich:

$$Y_{1b} = -\frac{2\,\delta_{2a}}{\delta_{1a}} = \frac{2\,l_1\,h}{3\,c\left(\dfrac{2}{3}\,h + l_2\dfrac{J_3}{J_c}\right)} = \frac{2\,l_1\,h}{c\left(2\,h + 3\,l_2\dfrac{J_3}{J_c}\right)} = \varkappa.$$

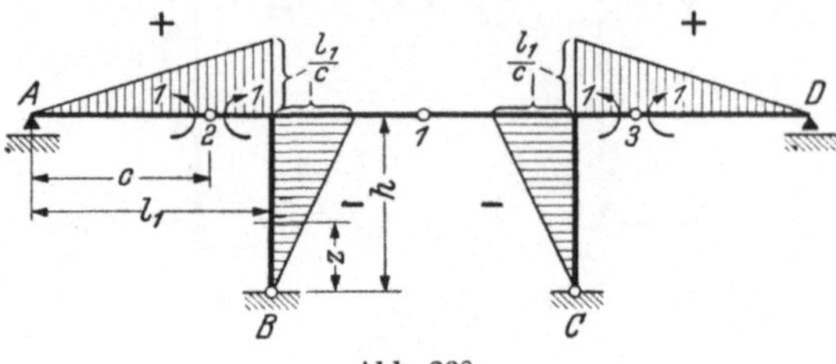

Abb. 238

Eine Vereinfachung bei der Berechnung von Y_{1b} ergibt sich mitunter, wenn man nach Gl. (36)

$$Y_{1b} = -\frac{\delta_{2a} + \delta_{3a}}{\delta_{1a}}$$

bildet und den Zähler dieses Ausdrucks durch Überlagerung der Momentenflächen aus den Zuständen $\overline{M}_2 = 1$; $\overline{M}_3 = 1$ und $X_a = 1$ berechnet[1]. Für das vorliegende Beispiel erhält man aus dem Zustand $\overline{M}_2 = 1$; $\overline{M}_3 = 1$ die in Abb. 238 dargestellte symmetrische Momentenfläche, und man liest sofort ab

$$EJ_c(\delta_{2a} + \delta_{3a}) = -2\int_0^h \frac{l_1}{c}\frac{z}{h}\frac{z}{h}\,dz\,\frac{J_c}{J_3} = -\frac{2\,l_1\,h}{3\,c}\frac{J_c}{J_3}.$$

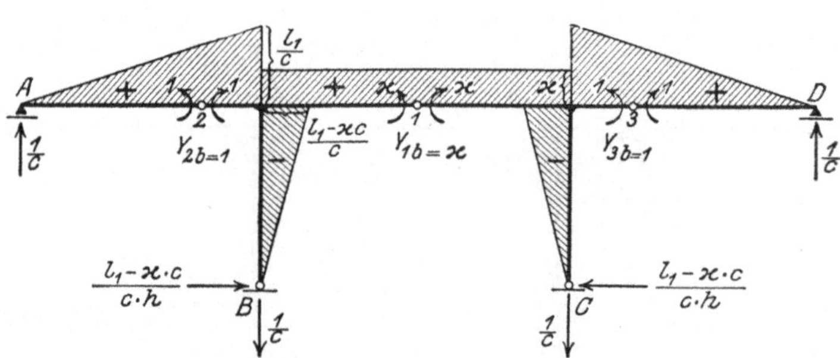

Abb. 239

Damit wird wie oben

$$Y_{1b} = \varkappa.$$

Somit sind die Gruppenlasten des Zustandes $X_b = 1$ bekannt. Sie liefern die in Abb. 239 dargestellte Momentenfläche (M_b-Fläche).

Aus

$$\delta_{ab} = 0 = Y_{1a}\delta_{1b} + Y_{2a}\delta_{2b} + Y_{3a}\delta_{3b}$$

---

[1] Auf diese Darstellung wurde ich von Herrn W. Bültmann, Warnemünde, freundlicherweise aufmerksam gemacht.

folgt wegen $Y_{1a} = 1$, $Y_{2a} = Y_{3a} = 0$

$$\delta_{1b} = 0.$$

Ferner ist infolge der Symmetrie $\delta_{2b} = \delta_{3b}$. Zur Bestimmung der noch fehlenden Gruppenlasten Y_{1c} und Y_{2c} des Zustandes $X_c = 1$ dienen die Bedingungen $\delta_{cb} = 0$ und $\delta_{ca} = 0$. Die erste liefert

$$\delta_{cb} = 0 = Y_{1c}\delta_{1b} + Y_{2c}\delta_{2b} + Y_{3c}\delta_{3b},$$

oder wegen $Y_{3c} = -1$, $\delta_{1b} = 0$ und $\delta_{2b} = \delta_{3b}$

$$0 = Y_{2c}\delta_{2b} - \delta_{2b},$$

woraus folgt

$$Y_{2c} = 1.$$

Die zweite Bedingung lautet:

$$\delta_{ca} = 0 = Y_{1c}\delta_{1a} + Y_{2c}\delta_{2a} + Y_{3c}\delta_{3a},$$

oder wegen $Y_{2c} = -Y_{3c}$ und $\delta_{2a} = \delta_{3a}$

$$Y_{1c} = 0.$$

Damit ist auch der Zustand $X_c = 1$ bekannt. Die ihm entsprechende Momentenfläche (M_c-Fläche) zeigt Abb. 240.

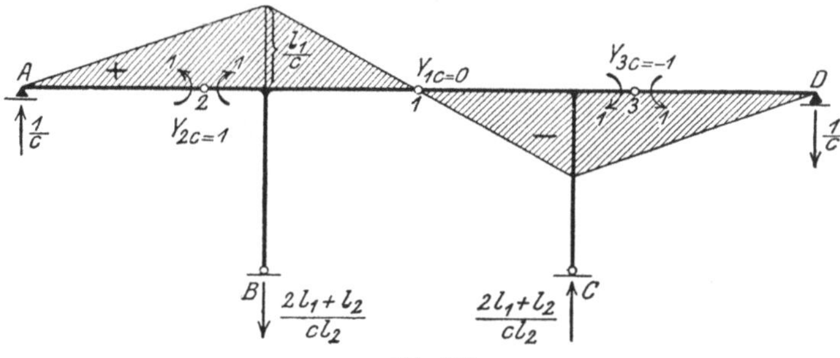

Abb. 240

Der Einfluß von Lasten P auf die Größen X_a, X_b, X_c ist nach (33)

$$X_a = -\frac{\Sigma\, P_m\,\delta_{ma}}{\delta_{aa}}; \quad X_b = -\frac{\Sigma\, P_m\,\delta_{mb}}{\delta_{bb}}; \quad X_c = -\frac{\Sigma\, P_m\,\delta_{mc}}{\delta_{cc}}.$$

Handelt es sich um lauter lotrechte Lasten, so stellen die Biegungslinien infolge der Zustände $X_a = 1$, $X_b = 1$, $X_c = 1$ die Einflußlinien für X_a, X_b und X_c dar, wenn man ihnen die Multiplikatoren $\mu_a = -\dfrac{1}{\delta_{aa}}$, $\mu_b = -\dfrac{1}{\delta_{bb}}$, $\mu_c = -\dfrac{1}{\delta_{cc}}$ beigibt.

Nachdem die Einflußordinaten für X_a, X_b, und X_c bekannt sind, erhält man diejenigen für die statisch unbestimmten Einzelwirkungen Y_1, Y_2, Y_3 aus den Gln. (35) unter Beachtung der hier eingeführten Gruppenlasten:

$$\left.\begin{aligned}
Y_1 &= 1\,X_a + \varkappa\,X_b, \\
Y_2 &= 1\,X_b + 1\,X_c, \\
Y_3 &= 1\,X_b - 1\,X_c.
\end{aligned}\right\} \tag{37}$$

Die Einflußordinaten für das Moment eines beliebigen Punktes m der Systemachse ergeben sich aus der Beziehung

$$M = M_0 + M_a X_a + M_b X_b + M_c X_c,$$

desgleichen für einen Stützendruck

$$C = C_0 + C_a X_a + C_b X_b + C_c X_c.$$

Das im vorliegenden Kapitel besprochene Verfahren ist ganz allgemein und führt immer zum Ziel. Es muß indessen betont werden, daß seine Anwendung nur dann die gewünschten Vereinfachungen gewährleistet, wenn es gelingt, möglichst einfache Belastungszustände $X_r = 1$ zu benutzen, wie dieses in dem hier behandelten Beispiel gezeigt wurde.

7. Einführung von Formänderungsgrößen als Unbekannte

Mitunter ist es zweckmäßig, nicht überzählige Schnittkräfte oder Lagerreaktionen eines statisch unbestimmten Tragwerks als Unbekannte einzuführen und diese mittels der oben entwickelten *Elastizitätsgleichungen* zu berechnen, sondern die Verschiebungskomponenten und•Drehwinkel der Knotenpunkte des Systems als Hauptunbekannte aufzufassen. Wie man dabei vorzugehen hat, wurde bereits in Ziffer 1 dieses Abschnitts im Prinzip erörtert. Bezüglich der Durchführung des Verfahrens mögen nachstehend noch einige weitere Erläuterungen folgen.

Zu diesem Zwecke denken wir uns einen beliebigen Knoten i des Tragwerks herausgeschnitten und bringen gemäß Abb. 241 an den Schnittstellen die unbekannten Schnittkräfte N, Q, M an. Hinsichtlich des Vorzeichens dieser Kräfte bzw. Momente gelten die auf S. 164 getroffenen Festsetzungen. Die Schnitte seien so nahe bei dem Knoten i gelegt, daß dieser als materieller Punkt aufgefaßt werden kann. Dann besteht zwischen der Normalkraft N_{ik}

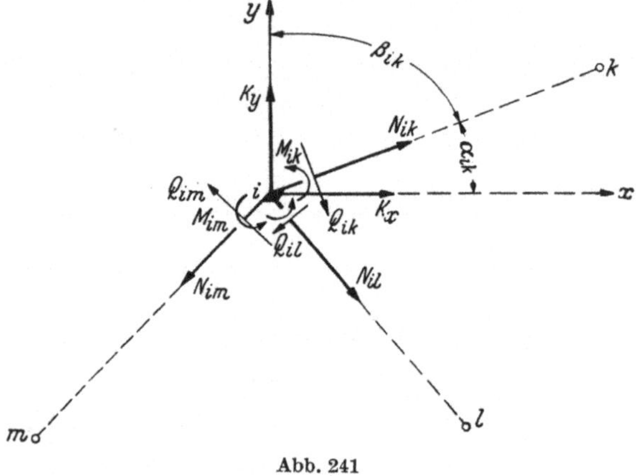

Abb. 241

und den Verschiebungskomponenten ξ_i und η_i des Knotens i in Richtung der X- und Y-Achse folgende Beziehung

$$N_{ik}\frac{s_{ik}}{E F_{ik}} = (\xi_k - \xi_i)\cos\alpha_{ik} + (\eta_k - \eta_i)\cos\beta_{ik} - \Delta s^0_{ik}, \qquad (38)$$

wo Δs^0_{ik} ein von der Belastung und Temperaturänderung des Stabes $i-k$ herrührender Betrag ist [Gl. (5), S. 164]. Aus Gl. (3a), S. 163 folgt außerdem

$$N_{ki} = N_{ik} - P\cos\delta. \qquad (38\,a)$$

Weiter ist nach Gl. (13), S. 165

$$\left.\begin{aligned}
M_{ik} &= \frac{2}{s_{ik}}[E J_{ik}(2\varphi_i + \varphi_k - 3\vartheta_{ik}) - (2\overline{A}_{ik} - \overline{B}_{ki})] - E J_{ik}\varepsilon_t\frac{\Delta t}{h} \\
M_{ki} &= \frac{2}{s_{ik}}[E J_{ik}(\varphi_i + 2\varphi_k - 3\vartheta_{ik}) - (\overline{A}_{ik} - 2\overline{B}_{ki})] + E J_{ik}\varepsilon_t\frac{\Delta t}{h}
\end{aligned}\right\}, \qquad (39)$$

wenn der Stab $i-k$ an den Knotenpunkten i und k biegungsfest angeschlossen ist. In diesen Gleichungen stellen φ_i und φ_k die *Knotendrehwinkel* der Knoten i bzw. k dar, während $\vartheta_{ik} = \vartheta_{ki}$ den *Stabdrehwinkel* bezeichnet, für welchen nach S. 163 gilt

$$\vartheta_{ik} = \frac{(\eta_i - \eta_k)\cos\alpha_{ik} - (\xi_{ik} - \xi_k)\sin\alpha_{ik}}{s_{ik}}. \qquad (40)$$

Die in den Gln. (39) weiter auftretenden Summanden rühren von der Belastung bzw. Temperaturänderung des Stabes $i-k$ her (vgl. S. 164).

Die Querkräfte Q_{ik} und Q_{ki} lassen sich aus dem Gleichgewicht des Stabes $i-k$ sofort wie folgt darstellen (Abb. 214, S. 163)

$$Q_{ik}\, s_{ik} + M_{ik} - P \sin\delta\, b_{ik} + M_{ki} = 0$$

oder

$$Q_{ik} = \frac{P \sin\delta\, b_{ik}}{s_{ik}} - \frac{M_{ik}+M_{ki}}{s_{ik}} \tag{41}$$

und

$$Q_{ki} = Q_{ik} - P \sin\delta, \tag{41 a}$$

wobei in (41) das erste Glied wieder nur von der Belastung des Stabes $i-k$ abhängt. Bei mehreren Lasten P ist entsprechend eine Summation durchzuführen.

Ist der Stab $i-k$ nur in i biegungsfest, in k aber gelenkig angeschlossen, dann treten an Stelle der Gl. (39) die Ausdrücke (14) von S. 165, nämlich

$$\left.\begin{aligned} M_{ik} &= \frac{3}{s_{ik}}\left[EJ_{ik}\left(\varphi_i - \vartheta_{ik}\right) - \overline{A}_{ik}\right] - \frac{3}{2}EJ_{ik}\,\varepsilon_t\frac{\varDelta t}{h} \\ M_{ki} &= 0 \end{aligned}\right\}, \tag{42}$$

und an Stelle von (41) tritt

$$Q_{ik} = \frac{P \sin\delta\, b_{ik}}{s_{ik}} - \frac{M_{ik}}{s_{ik}}. \tag{43}$$

Das Gleichgewicht am Knoten i verlangt

$$\sum_e N_{ie}\cos\alpha_{ie} + \sum_e Q_{ie}\sin\alpha_{ie} + K_x = 0, \quad (e = k,\,l,\,m\,\ldots) \tag{44}$$

$$\sum_e N_{ie}\sin\alpha_{ie} - \sum_e Q_{ie}\cos\alpha_{ie} + K_y = 0, \tag{45}$$

$$\sum_e M_{ie} - M_i = 0, \tag{46}$$

wo M_i ein auf den Knoten i wirkendes Lastmoment bezeichnet, dessen Drehsinn im Urzeigersinn positiv angenommen ist (in Abb. 241 nicht eingetragen). Derartige Gleichungen bestehen für jeden Knotenpunkt des Systems. Bei gelenkigen Knoten verschwindet die Gl. (46).

Es sei wieder k_1 die Zahl der gelenkigen, k_2 diejenige der steifen Knotenpunkte des Tragwerks, r_1 die Zahl der beiderseits gelenkig angeschlossenen Stäbe, r_2 diejenige der einerseits biegungsfest, andererseits gelenkig angeschlossenen und r_3 die Zahl der beiderseits biegungsfest angeschlossenen Stäbe, sowie a die Anzahl der voneinander unabhängigen Stützungen. Dann gibt es $k_1 + k_2$ Gln. (44) und (45) und k_2 Gln. (46), insgesamt also $2k_1 + 3k_2$ Knotengleichgewichtsbedingungen. Diese enthalten $2(r_1 + r_2 + r_3)$ unbekannte Normalkräfte, $2(r_1 + r_2 + r_3)$ unbekannte Querkräfte, $r_2 + 2r_3$ unbekannte Momente und a unbekannte Lagerreaktionen, insgesamt also $4r_1 + 5r_2 + 6r_3 + a$ unbekannte Schnitt- und Lagerkräfte bzw. Momente. Sämtliche Querkräfte können gemäß Gl. (41) und (41a) durch die Stabmomente M_{ik} und M_{ki} ausgedrückt werden, die Normalkräfte N_{ki} lassen sich nach Gl. (38a) durch N_{ik} ersetzen. Schließlich können die a unbekannten Lagerreaktionen mittels a Knotengleichgewichtsbedingungen für die Lagerknoten durch die Schnittkräfte der anschließenden Stäbe ausgedrückt werden. Es sind also nur noch $r_1 + r_2 + r_3$ unbekannte Normalkräfte und $r_2 + 2r_3$ unbekannte Stabmomente vorhanden. Außerdem stehen nach Elimination der a Lagerreaktionen noch $v = 2k_1 + 3k_2 - a$ Knotengleichgewichtsbedingungen zur Verfügung. An $k_1 + k_2$ Knotenpunkten treten $2k_1 + 3k_2$ Verschiebungsgrößen ξ, η und φ auf, von denen aber a durch ebensoviel Lagerbedingungen gegeben sind, so daß nur $v = 2k_1 + 3k_2 - a$ unbekannte Verschiebungen vorliegen. Alle unbekannten Schnittkräfte können nun mittels der Gln. (38) bis (43) durch die v unbekannten Verschiebungen ausgedrückt und in die noch verfügbaren ν Knotengleichgewichtsbedingungen eingeführt werden. Aus diesem System linearer Gleichungen lassen sich die unbekannten Verschiebungen eindeutig berechnen, vorausgesetzt, daß die Koeffizientendeterminante des Gleichungssystems einen von Null verschiedenen Wert hat. Sind alle Verschiebungen gefunden, dann können mittels der Gln. (38) bis (43) alle Schnittkräfte und darauf auch alle Lagerkräfte berechnet werden.

Wie man sieht, läuft das hier besprochene *Formänderungsverfahren* auf die Lösung von $\nu = 2k_1 + 3k_2 - a$ linearen Gleichungen hinaus, während man nach dem früher besprochenen *Kraftverfahren* (Ziffer 3) $n = \varkappa - \nu$ Elastizitätsgleichungen zu lösen hat, wo $\varkappa = r_1 + 2r_2 + 3r_3$ (S. 165). Ist nun $\nu < n$, dann empfiehlt sich im allgemeinen das Formänderungsverfahren, im anderen Falle das Kraftverfahren. Indessen kann man das erstgenannte Verfahren häufig auch im Falle $\nu > n$ anwenden, sofern man nämlich — dem Wesen der jeweiligen Aufgabe entsprechend — diejenigen unbekannten Formänderungen ξ, η oder φ gleich Null setzt, die auf das Ergebnis der Lösung nur einen untergeordneten Einfluß haben. Auf diese Weise lassen sich mitunter brauchbare Näherungslösungen angeben, die den Bedürfnissen der Praxis genügen. Welche der unbekannten Verschiebungen dabei zweckmäßig zu unterdrücken sind, muß von Fall zu Fall entschieden werden. In allgemeiner Form ist das Verfahren von OSTENFELD[1] und MANN[2] dargestellt worden, worauf hier verwiesen sei.

Besteht die Stützung des zu untersuchenden Tragwerks aus festen Stützgelenken und biegungsfesten Einspannungen, dann ist die Zahl der voneinander unabhängigen Stützreaktionen gerade gleich der Zahl der Gleichgewichtsbedingungen für die Lagerknoten. Bezeichnet nun k_1' die Zahl

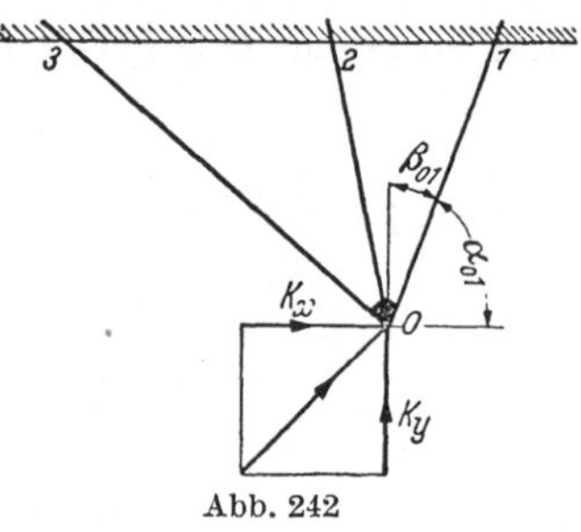

Abb. 242

der gelenkigen und k_2' diejenige der steifen *freien* Knoten des Tragwerks (also ohne Lagerknoten), dann wird

$$\nu = 2k_1 + 3k_2 - a = 2k_1' + 3k_2',$$

und es genügt, wenn die Gln. (44) bis (46) nur für die *freien* Knoten angeschrieben werden. Nachstehend soll das Verfahren an einigen Beispielen kurz erläutert werden.

a) Für das in Abb. 242 dargestellte Stabwerk mit steifem Knoten 0 und biegungsfesten Einspannungen an den Lagern *1*, *2* und *3* ist wegen $k_1' = 0$; $k_2' = 1$; $r_1 = r_2 = 0$; $r_3 = 3$

$$\nu = 3 \quad \text{und} \quad \varkappa = 9.$$

Das System ist also $n = \varkappa - \nu = 6$-fach statisch unbestimmt. Nach dem Kraftverfahren wären somit 6 Elastizitätsgleichungen aufzulösen, nach dem Formänderungsverfahren dagegen nur $\nu = 3$. Für den freien Knoten 0 lauten die Gln. (44) bis (46)

$$\sum_e N_{0e} \cos\alpha_{0e} + \sum_e Q_{0e} \sin\alpha_{0e} + K_x = 0, \quad (e = 1, 2, 3) \qquad (47)$$

$$\sum_e N_{0e} \sin\alpha_{0e} - \sum_e Q_{0e} \cos\alpha_{0e} + K_y = 0, \qquad (48)$$

$$\sum_e M_{0e} = 0. \qquad (49)$$

Darin ist nach (38)

$$N_{0e} \frac{s_{0e}}{E F_{0e}} = -\xi_0 \cos\alpha_{0e} - \eta_0 \cos\beta_{0e}, \qquad (50)$$

---

[1] OSTENFELD, A.: Die Deformationsmethode. Berlin 1926.
[2] MANN, L.: Theorie der Rahmenwerke auf neuer Grundlage. Berlin 1927.

wenn von einer Temperaturänderung der Stäbe abgesehen wird. Weiter ist nach
Gl. (39) wegen $\varphi_e = 0$ (feste Einspannung)

$$M_{0e} = \frac{2}{s_{0e}} EJ_{0e}(2\varphi_0 - 3\vartheta_{0e})$$

und mit Rücksicht auf (40)

$$M_{0e} = \frac{2}{s_{0e}} EJ_{0e}\left(2\varphi_0 - 3\frac{\eta_0\cos\alpha_{0e} - \xi_0\sin\alpha_{0e}}{s_{0e}}\right). \tag{51}$$

Entsprechend wird

$$M_{e0} = \frac{2}{s_{0e}} EJ_{0e}\left(\varphi_0 - 3\frac{\eta_0\cos\alpha_{0e} - \xi_0\sin\alpha_{0e}}{s_{0e}}\right), \tag{51 a}$$

somit

$$M_{0e} + M_{e0} = \frac{6}{s_{0e}} EJ_{0e}\left(\varphi_0 - 2\frac{\eta_0\cos\alpha_{0e} - \xi_0\sin\alpha_{0e}}{s_{0e}}\right).$$

Aus (41) folgt also

$$Q_{0e} = -\frac{6}{s_{0e}^2} EJ_{0e}\left(\varphi_0 - 2\frac{\eta_0\cos\alpha_{0e} - \xi_0\sin\alpha_{0e}}{s_{0e}}\right). \tag{52}$$

Führt man die Ausdrücke (50), (51) und (52) in die Gleichgewichtsbedingungen
(47) bis (49) ein, so erhält man, wenn man noch alle Summanden durch EJ_c
dividiert,

$$\sum_e \frac{F_{0e}}{J_c s_{0e}}(\xi_0\cos\alpha_{0e} + \eta_0\cos\beta_{0e})\cos\alpha_{0e} +$$

$$+ 6\sum_e \frac{J_{0e}}{J_c s_{0e}^2}\left(\varphi_0 - 2\frac{\eta_0\cos\alpha_{0e} - \xi_0\sin\alpha_{0e}}{s_{0e}}\right)\sin\alpha_{0e} = \frac{K_x}{EJ_c},$$

$$\sum_e \frac{F_{0e}}{J_c s_{0e}}(\xi_0\cos\alpha_{0e} + \eta_0\cos\beta_{0e})\sin\alpha_{0e} +$$

$$+ 6\sum_e \frac{J_{0e}}{J_c s_{0e}^2}\left(\varphi_0 - 2\frac{\eta_0\cos\alpha_{0e} - \xi_0\sin\alpha_{0e}}{s_{0e}}\right)\cos\alpha_{0e} = \frac{K_y}{EJ_c},$$

$$\sum_e \frac{J_{0e}}{J_c s_{0e}}\left(2\varphi_0 - 3\frac{\eta_0\cos\alpha_{0e} - \xi_0\sin\alpha_{0e}}{s_{0e}}\right) = 0.$$

Die Verhältniswerte $\dfrac{F_{0e}}{J_c}$ und $\dfrac{J_{0e}}{J_c}$ müssen, sofern sie nicht bekannt sind, im
ersten Rechnungsgang geschätzt werden. Damit hat man drei lineare Gleichungen
für die unbekannten Verschiebungsgrößen ξ_0, η_0 und φ_0, die nunmehr berechnet
werden können. Sind diese bekannt, dann liefern die Gln. (50), (51), (51a), (52),
(38a) und (41a) sofort die unbekannten Schnittkräfte und Momente. Die Lagerkräfte ergeben sich hierauf unmittelbar aus den Gleichgewichtsbedingungen für
die Lagerknoten.

Im Falle *gelenkiger* Lagerung in den Punkten *1, 2, 3* (Abb. 242) ist das System
nur noch dreifach statisch unbestimmt. Die Gln. (47) bis (50) gelten unverändert, dagegen wird jetzt nach (42)

$$M_{0e} = \frac{3}{s_{0e}} EJ_{0e}(\varphi_0 - \vartheta_{0e}) = \frac{3EJ_{0e}}{s_{0e}}\left(\varphi_0 - \frac{\eta_0\cos\alpha_{0e} - \xi_0\sin\alpha_{0e}}{s_{0e}}\right)$$

und nach (43)

$$Q_{0e} = -\frac{3EJ_{0e}}{s_{0e}^2}\left(\varphi_0 - \frac{\eta_0\cos\alpha_{0e} - \xi_0\sin\alpha_{0e}}{s_{0e}}\right).$$

Im übrigen bleibt der Rechnungsgang der gleiche wie vorher.

Besitzt das System auch im Knoten *0* ein Gelenk, dann liegt ein einfach statisch
unbestimmtes Tragwerk vor. Beim Formänderungsverfahren stellen wieder ξ_0

und η_0 die Unbekannten dar. Die Gln. (47) und (48) lauten dann wegen $Q_{0e} = 0$ einfacher

$$\sum_e N_{0e} \cos \alpha_{0e} + K_x = 0,$$

$$\sum_e N_{0e} \sin \alpha_{0e} + K_y = 0.$$

Führt man hier N_{0e} aus (50) ein, so erhält man sofort die erforderlichen Gleichungen für ξ_0 und η_0.

b) Der in Abb. 243 dargestellte Rahmenträger besitzt fest eingespannte Stützenfüße und im Punkte 4 ein festes Stützgelenk. Es ist $r_1 = 0$; $r_2 = 1$; $r_3 = 5$; $k_1' = 0$; $k_2' = 3$, demnach $\varkappa = 17$ und $\nu = 9$. Das System ist also achtfach statisch unbestimmt. Beim Formänderungsverfahren wäre demnach eine Gleichung mehr aufzulösen als beim Kraftverfahren. Indessen gestattet das Formänderungsverfahren eine sehr einfache Näherungslösung, sofern — wie im vorliegenden Falle — ein Endauflager fest ist, so daß wesentliche Verschiebungen der Knotenpunkte nicht eintreten können. Zunächst schreiben wir die Momentengleichgewichtsbedingungen für die freien Knoten 1, 2 und 3 an, nämlich

$$M_{11'} + M_{12} = 0,$$

$$M_{21} + M_{22'} + M_{23} = 0,$$

$$M_{32} + M_{33'} + M_{34} = 0,$$

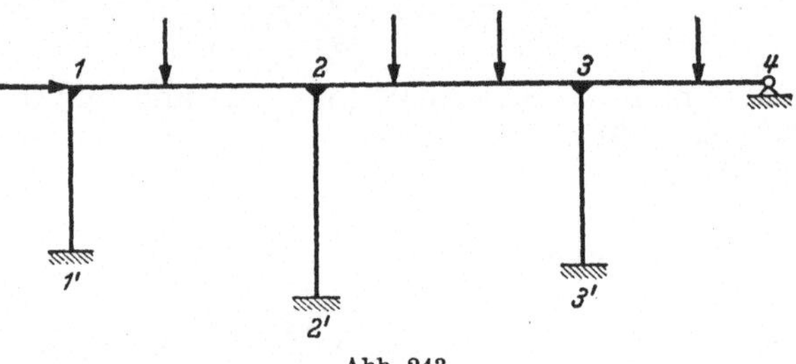

Abb. 243

und führen die Stabmomente nach Gl. (39) bzw. (42) ein. Dann wird unter Vernachlässigung einer Temperaturänderung Δt und wegen $\varphi_1' = \varphi_2' = \varphi_3' = 0$

$$\frac{E J_{11'}}{s_{11'}}(2\varphi_1 - 3\vartheta_{11'}) + \frac{1}{s_{12}}[E J_{12}(2\varphi_1 + \varphi_2 - 3\vartheta_{12}) - (2\overline{A}_{12} - \overline{B}_{21})] = 0,$$

$$\frac{1}{s_{12}}[E J_{12}(\varphi_1 + 2\varphi_2 - 3\vartheta_{12}) - (\overline{A}_{12} - 2\overline{B}_{21})] + \frac{E J_{22'}}{s_{22'}}(2\varphi_2 - 3\vartheta_{22'}) +$$

$$+ \frac{1}{s_{23}}[E J_{23}(2\varphi_2 + \varphi_3 - 3\vartheta_{23}) - (2\overline{A}_{23} - \overline{B}_{32})] = 0.$$

$$\frac{2}{s_{23}}[E J_{23}(\varphi_2 + 2\varphi_3 - 3\vartheta_{23}) - (\overline{A}_{23} - 2\overline{B}_{32})] + \frac{2 E J_{33'}}{s_{33'}}(2\varphi_3 - 3\vartheta_{33'}) +$$

$$+ \frac{3}{s_{34}}[E J_{34}(\varphi_3 - \vartheta_{34}) - \overline{A}_{34}] = 0.$$

Werden die vorstehenden Gleichungen nach den Winkeln φ geordnet und durch $E J_c$ dividiert, so gehen sie über in

$$2\varphi_1\left(\frac{J_{11'}}{J_c}\frac{1}{s_{11'}} + \frac{J_{12}}{J_c}\frac{1}{s_{12}}\right) + \varphi_2\frac{J_{12}}{J_c}\frac{1}{s_{12}} = \frac{1}{E J_c}\frac{2\overline{A}_{12} - \overline{B}_{21}}{s_{12}} + 3\left(\vartheta_{11'}\frac{J_{11'}}{J_c}\frac{1}{s_{11'}} + \vartheta_{12}\frac{J_{12}}{J_c}\frac{1}{s_{12}}\right),$$

$$(53)$$

$$\varphi_1\frac{J_{12}}{J_c}\frac{1}{s_{12}} + 2\varphi_2\left(\frac{J_{12}}{J_c}\frac{1}{s_{12}} + \frac{J_{22'}}{J_c}\frac{1}{s_{22'}} + \frac{J_{23}}{J_c}\frac{1}{s_{23}}\right) + \varphi_3\frac{J_{23}}{J_c}\frac{1}{s_{23}}$$

$$= \frac{1}{E J_c}\left(\frac{\overline{A}_{12} - 2\overline{B}_{21}}{s_{12}} + \frac{2\overline{A}_{23} - \overline{B}_{32}}{s_{23}}\right) +$$

$$+ 3\left(\vartheta_{12}\frac{J_{12}}{J_c}\frac{1}{s_{12}} + \vartheta_{22'}\frac{J_{22'}}{J_c}\frac{1}{s_{22'}} + \vartheta_{23}\frac{J_{23}}{J_c}\frac{1}{s_{23}}\right),$$

$$(54)$$

$$2\,\varphi_2\,\frac{J_{23}}{J_c}\,\frac{1}{s_{23}} + 2\,\varphi_3\left(2\,\frac{J_{23}}{J_c}\,\frac{1}{s_{23}} + 2\,\frac{J_{33'}}{J_c}\,\frac{1}{s_{33'}} + \frac{3}{2}\,\frac{J_{34}}{J_c}\,\frac{1}{s_{34}}\right)$$

$$= \frac{1}{E\,J_c}\left(2\,\frac{\overline{A}_{23} - 2\,\overline{B}_{32}}{s_{23}} + 3\,\frac{\overline{A}_{34}}{s_{34}}\right) +$$

$$+ 3\left(2\,\vartheta_{23}\,\frac{J_{23}}{J_c}\,\frac{1}{s_{23}} + 2\,\vartheta_{33'}\,\frac{J_{33'}}{J_c}\,\frac{1}{s_{33'}} + \vartheta_{34}\,\frac{J_{34}}{J_c}\,\frac{1}{s_{34}}\right). \qquad (55)$$

Da im vorliegenden Falle die Verschiebungen ξ und η aller Knotenpunkte des Rahmens nur klein sein können, behalten die Stabsehnen der Rahmenstäbe angenähert ihre ursprüngliche Lage bei, so daß man keinen wesentlichen Fehler begeht, wenn man alle Stabdrehwinkel ϑ in den Gln. (53) bis (55) gleich Null

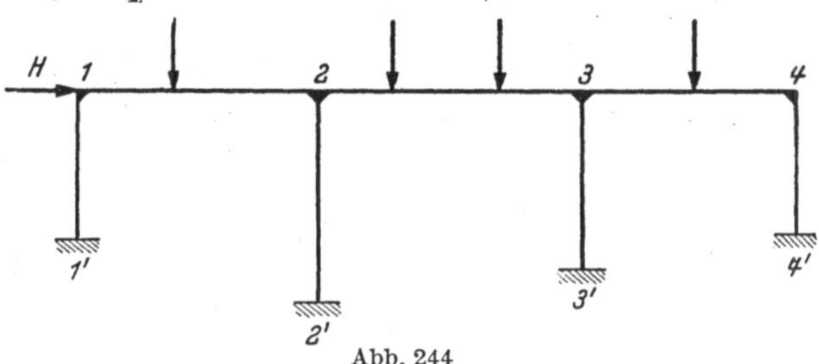

Abb. 244

setzt. Man erhält dann dreigliedrige Elastizitätsgleichungen in φ_1, φ_2 und φ_3, ähnlich den CLAPEYRONschen Gleichungen des durchlaufenden Trägers (vgl. S. 232). Nachdem die unbekannten Knotendrehwinkel berechnet sind, können alle Momente und Querkräfte mit Hilfe der Ausdrücke (39) und (41) bzw. (42) und (43) bestimmt werden.

Im Falle gelenkiger Lagerung der Stützenfüße bleibt der Rechnungsgang grundsätzlich derselbe, nur sind jetzt für die Momente $M_{11'}$, $M_{22'}$ und $M_{33'}$ die Ausdrücke nach Gl. (42) einzuführen.

c) Bei dem in Abb. 244 dargestellten Rahmenträger kann die vorher gemachte Annahme, daß die Knotenpunkte des Horizontalriegels keine oder nur unwesentliche Horizontalverschiebungen erleiden, nicht mehr aufrechterhalten werden. Es erweist sich daher jetzt als notwendig, wenigstens *einen* Stabdreh-

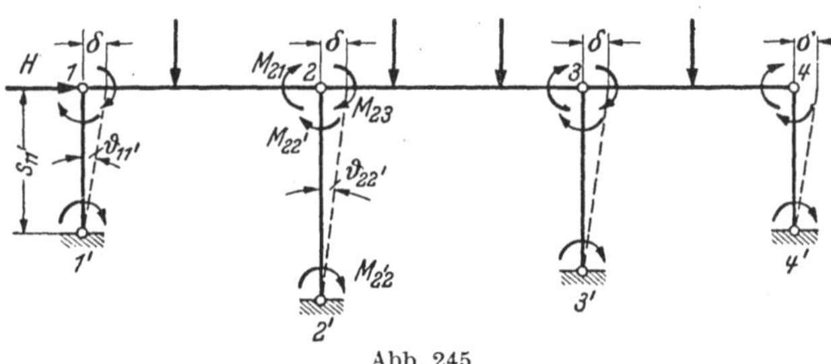

Abb. 245

winkel der Säulen als weitere Unbekannte einzuführen. Man kann dabei folgendermaßen vorgehen[1]:

Denkt man sich alle steifen Knotenpunkte durch gelenkige ersetzt und bringt dafür die Stabmomente als Belastung an (Abb. 245), so ist das Gelenksystem — obwohl an sich verschieblich — unter dem Einfluß dieser Momente und der gegebenen Belastung im Gleichgewicht. Die Verschiebungen der Knotenpunkte *1* bis *4* sind im wesentlichen bestimmt durch die Drehungen der Säulen, weshalb unter Vernachlässigung der elastischen Längenänderungen aller Stäbe die Stabdrehwinkel ϑ_{12}, ϑ_{23} ... der den Horizontalriegel bildenden Stäbe angenähert gleich Null gesetzt werden können. Für die Stabdrehwinkel der Säulen gelten unter diesen Voraussetzungen folgende Beziehungen

$$\delta = s_{11'}\,\vartheta_{11'} = s_{22'}\,\vartheta_{22'} = s_{33'}\,\vartheta_{33'} = s_{44'}\,\vartheta_{44'}, \qquad (56)$$

wenn δ die horizontale Verschiebung der Punkte *1* bis *4* bezeichnet. Auf den durch die Verschiebung δ und die Drehwinkel $\vartheta_{11'}$, $\vartheta_{22'}$, ... gekennzeichneten virtuellen Verschiebungszustand und den wirklichen Belastungszustand wende

---

[1] DOMKE, O.: Handb. für Eisenbetonbau Bd. 1 S. 536 u. 545. Berlin 1930.

man jetzt die Arbeitsgleichung an. Dann wird, da die Horizontalriegel im wesentlichen nur horizontale Verschiebungen erleiden:

$$H\,\delta + \sum_{i=1}^{i=4} (M_{i'i} + M_{ii'})\,\vartheta_{ii'} = 0$$

oder wegen (56)

$$H + \sum_{i=1}^{i=4} (M_{i'i} + M_{ii'})\,\frac{1}{s_{ii'}} = 0. \tag{57}$$

Nach Gl. (39) ist wegen $\varphi_i' = 0$ (feste Einspannung)

$$M_{i'i} + M_{ii'} = \frac{6\,E\,J_{ii'}}{s_{ii'}}\,(\varphi_i - 2\vartheta_{ii'}).$$

Führt man diesen Wert in (57) ein, so wird nach Division mit EJ_c und unter Beachtung von (56)

$$\frac{H}{EJ_c} + 6 \sum_{i=1}^{i=4} \frac{J_{ii'}}{J_c}\,\frac{1}{s_{ii'}^2}\Big(\varphi_i - 2\,\frac{\delta}{s_{ii'}}\Big) = 0. \tag{58}$$

Für die Knotendrehwinkel φ_1 bis φ_4 lassen sich nun analoge Gleichungen anschreiben wie Gl. (53) und (54), wenn man dort $\vartheta_{12} = \vartheta_{23} = \vartheta_{34} = 0$ und $\vartheta_{ii'} = \dfrac{\delta}{s_{ii'}}$ setzt. Man erhält auf diese Weise vier Gleichungen für die Unbekannten φ_1 bis φ_4 und δ, aus denen diese in Verbindung mit (58) berechnet werden können[1].

d) Mit besonderem Vorteil benutzt man Formänderungen — und zwar Stab- und Knotendrehwinkel — als Unbekannte bei der Berechnung der *Nebenspannungen in Dreiecksfachwerken*. Die Voraussetzung reibungsloser Gelenke, welche der Ermittlung der Stabkräfte nach den im dritten Abschnitt behandelten Verfahren zugrunde liegt, ist bei praktischen Ausführungen nie erfüllt, denn eine freie Drehbarkeit der Stäbe in den Knotenpunkten ist weder bei genieteten oder geschweißten Knotenverbindungen noch bei der Verwendung von Gelenkbolzen (infolge der in den Gelenken auftretenden Reibungskräfte) gewährleistet. Es wirken vielmehr an den Stabenden Biegungsmomente, durch welche in den Stäben sekundäre Spannungen erzeugt werden. Im Gegensatz zu den unter der Annahme gelenkiger Knotenverbindungen ermittelten *Hauptspannungen* bezeichnet man sie als *Nebenspannungen*. Bei den in der Bautechnik gewöhnlich verwendeten Dreiecksfachwerken spielen die Nebenspannungen gegenüber den Hauptspannungen meist nur eine untergeordnete Rolle, so daß man sich im allgemeinen mit der Ermittlung der Hauptspannungen als Grundlage für den Konstruktionsentwurf begnügen kann. Das schließt jedoch nicht aus, daß sich die Berechnung der Nebenspannungen mitunter, besonders bei außergewöhnlichen Bauformen, als notwendig erweist. Die nachstehend besprochene Theorie der Nebenspannungen ist im wesentlichen von ENGESSER und MOHR entwickelt worden[2].

Ein beliebiger Fachwerkstab i—k kann sich bei der Belastung des Fachwerks infolge der Steifigkeit der Knoten in diesen nicht frei drehen, so daß eine Verbiegung des Stabes eintritt. An den Einspannstellen i und k entstehen Bie-

---

[1] Weitere, an das Formänderungsverfahren anknüpfende Methoden sind u. a. von W. GEHLER: Rahmenberechnung auf neuer Grundlage, Festschrift OTTO MOHR zum 80. Geburtstag, Berlin 1916, und von C. KLOUČEK: Das Prinzip der fortgeleiteten Verformung als Weg zur Ausschaltung der Unbekannten aus dem Formänderungsverfahren, Berlin 1941, entwickelt worden.

[2] Vgl. hierzu FR. ENGESSER: Z. Baukunde 1879 S. 590. — MOHR, O.: Abhandlungen aus dem Gebiete der techn. Mechanik S. 420. Berlin 1906; ferner MÜLLER-BRESLAU, H.: Die graph. Statik der Baukonstr. Bd. II, 2. Abt. S. 269. Leipzig 1908. — GEHLER, W.: Nebenspannungen eiserner Fachwerkbrücken. Berlin 1910.

gungsmomente M_{ik} und M_{ki} — von MOHR als *Stabmomente* bezeichnet —, für welche nach Gl. (39) folgende Beziehungen gelten:

$$M_{ik} = \frac{2\,E\,J_{ik}}{s_{ik}}\,(2\varphi_i + \varphi_k - 3\vartheta_{ik}), \qquad (59)$$

$$M_{ki} = \frac{2\,E\,J_{ik}}{s_{ik}}\,(\varphi_i + 2\varphi_k - 3\vartheta_{ik}), \qquad (60)$$

da alle Fachwerkstäbe innerhalb ihrer freien Länge unbelastet sind. In den Gln. (59) und (60) ist außer φ_i und φ_k zunächst auch ϑ_{ik} unbekannt. Unter Zugrundelegung einer als unbedenklich geltenden Vernachlässigung lassen sich jedoch alle Stabdrehwinkel ϑ in einfacher Weise leicht bestimmen. Nimmt man nämlich an, daß die infolge der Verbiegung des Stabes $i{-}k$ entstehende Längenänderung der Strecke $\overline{ik}$ klein ist gegenüber der infolge der Stabkraft S_{ik} entstehenden Längenänderung $\varDelta s_{ik}$, dann können die Knotenpunktsverschiebungen ξ_i, η_i und ξ_k, η_k — und nach Gl. (40) somit auch δ_{ik} — mit hinreichender Genauigkeit an dem idealen Fachwerk mit Knotengelenken ermittelt werden. In einem WILLIOTSCHEN Verschiebungsplan (S. 154) wird die Verdrehung des Stabes $i{-}k$ durch das Lot ϱ_{ik} dargestellt (Abb. 246), weshalb

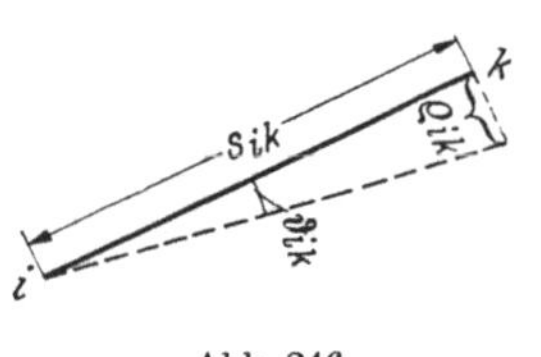

Abb. 246

$$\vartheta_{ik} = \frac{\varrho_{ik}}{s_{ik}}.$$

Auf diese Weise können alle Stabdrehwinkel dem Verschiebungsplan des Gelenkfachwerkes infolge der gegebenen Belastung entnommen werden, stellen also für die weitere Rechnung bekannte Größen dar.

Da an jedem der n Knotenpunkte des Fachwerks Drehungsgleichgewicht zwischen den Stabmomenten bestehen muß, erhält man mit Rücksicht auf (59)

$$\sum_e M_{ie} = 0 = 2\varphi_i \sum_e N_{ie} + \sum_e N_{ie}\varphi_e - 3\sum_e N_{ie}\vartheta_{ie}, \qquad (61)$$

wo $e = k, l, m \ldots$ die Knotenpunkte der von i ausgehenden Stäbe (außer i) bezeichnen und zur Abkürzung

$$N_{ie} = \frac{2\,E\,J_{ie}}{s_{ie}}$$

gesetzt ist. In diesen n Gleichungen sind n unbekannte Knotendrehwinkel enthalten, die somit berechnet werden können. Führt man sie in die Gln. (59) und (60) ein, so erhält man sofort die durch die steifen Knotenverbindungen auftretenden Stabmomente. Die größten Nebenspannungen im Anschlußquerschnitt des Stabes $i{-}k$ am Knoten i ergeben sich daraus zu

$$\nu_{ik} = \pm\,\frac{M_{ik}}{W_{ik}},$$

wo W_{ik} das Widerstandsmoment bezeichnet.

Die Auflösung der n Gl. (61) wird sehr umständlich, wenn es sich um eine größere Zahl von Knotenpunkten handelt. Man wendet dann zweckmäßig ein von MOHR vorgeschlagenes Iterationsverfahren an, dessen Grundgedanke der folgende ist: Jede der n Gl. (61) ist gewonnen aus dem Drehungsgleichgewicht eines Knotenpunktes, z. B. des Knotens i. Der Drehungswinkel φ_i dieses Knotens gibt daher der Gl. (61) das Gepräge, was sich mathematisch darin ausdrückt, daß sein Koeffizient der Größe nach diejenigen der sonst noch in der Gleichung vorkommenden Knotendrehwinkel φ_e weitaus überwiegt. Auch kann der Drehwinkel φ_i in gewissem Sinne als Mittelwert der Knotendrehwinkel φ_e aufgefaßt werden, die mit ihm in der Momentengleichung des Knotens i auftreten. Gl. (61)

lautet in etwas anderer Schreibweise

$$\varphi_i = \frac{3}{2}\,\frac{\sum\limits_{e} N_{ie}\,\vartheta_{ie}}{\sum\limits_{e} N_{ie}} - \frac{\sum\limits_{e} N_{ie}\,\varphi_e}{2\,\sum\limits_{e} N_{ie}}. \tag{62}$$

Setzt man jetzt in erster Näherung $\varphi_e = \varphi_i = \varphi_i'$, so erhält man aus (62)

$$\varphi_i' = \frac{3}{2}\,\frac{\sum\limits_{e} N_{ie}\,\vartheta_{ie}}{\sum\limits_{e} N_{ie}} - \frac{\varphi_i'}{2}$$

oder als ersten Näherungswert für φ_i

$$\varphi_i' = \frac{\sum\limits_{e} N_{ie}\,\vartheta_{ie}}{\sum\limits_{e} N_{ie}}.$$

In gleicher Weise bestimmt man erste Näherungswerte für alle n Knotendrehwinkel. Diese werden dann auf der rechten Seite von (62) eingesetzt und daraus zweite Näherungswerte φ_i'' berechnet usw., bis keine wesentliche Korrektur mehr nötig ist.

8. Berechnung statisch unbestimmter Stabwerke durch Momentenausgleich

Nachstehend soll ein insbesondere von H. Cross[1] entwickeltes *Iterationsverfahren* besprochen werden, welches gestattet, ohne Auflösung von Elastizitätsgleichungen, lediglich durch schrittweise allmähliche Verbesserung der

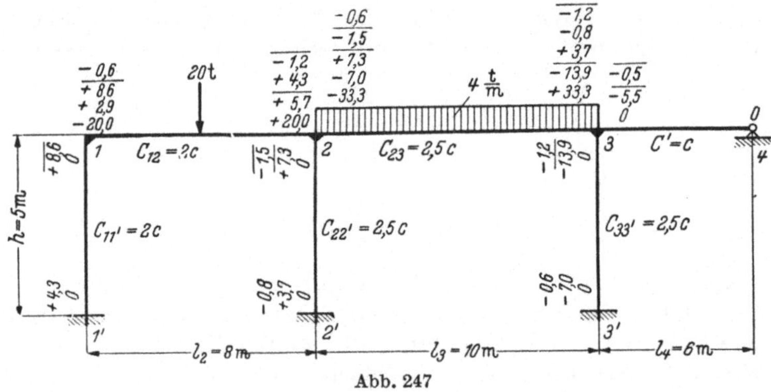

Abb. 247

Momente, ein vielfach statisch unbestimmtes Stabwerk in anschaulicher Weise zu berechnen.

Das Verfahren möge am Beispiel der Abb. 247 besprochen werden. Bei dem vorgelegten Rahmen können die Knotenpunkte infolge einer beliebigen Belastung nur geringfügige Verschiebungen erleiden, da das Endauflager *4* durch ein festes Stützgelenk gebildet wird; sie dürfen also angenähert als unverschieblich gelten. Dagegen erleiden sie Drehungen um gewisse, noch unbekannte Knotendrehwinkel. Denkt man sich zunächst alle Knotenpunkte auch gegen Drehen festgehalten, d. h. betrachtet man alle Stäbe als beiderseits in den Knotenpunkten fest eingespannt

[1] Cross, H.: Trans. Amer. Soc. civ. Engrs. Bd. 96, 1932. Vgl. auch W. Dernedde: Näherungsweise Berechnung von durchlaufenden Trägern und Rahmen, Bauingenieur 1938 S. 45; sowie G. Worch: Rahmenberechnung so oder so. Abh. aus dem Stahlbau, Heft 12, herausgeg. vom Deutschen Stahlbauverband, Köln, wo auch weitere einschlägige Literatur zu finden ist, und R. Guldan: Die Cross-Methode und ihre praktische Anwendung, 1955.

(mit Ausnahme des gelenkig gelagerten Stabes *3—4*, der nur einseitig fest eingespannt wird), so kann man zunächst die *Einspannmomente* berechnen, die
an den Enden jedes Stabes infolge seiner Belastung entstehen. Im Falle der
Abb. 247 treten Einspannmomente nur an den Stäben *1—2* und *2—3* auf, da
die übrigen Stäbe unbelastet sind. Hinsichtlich des Vorzeichens der Momente
soll der besseren Übersichtlichkeit wegen die Festsetzung getroffen werden,
daß Momente, welche das Stabende im Uhrzeigersinn zu drehen suchen, als
positiv gelten.

Wenn die so berechneten Einspannmomente die wirklichen Momente des
vorgelegten Rahmens wären, müßte ihre Summe an jedem Knotenpunkt ver-

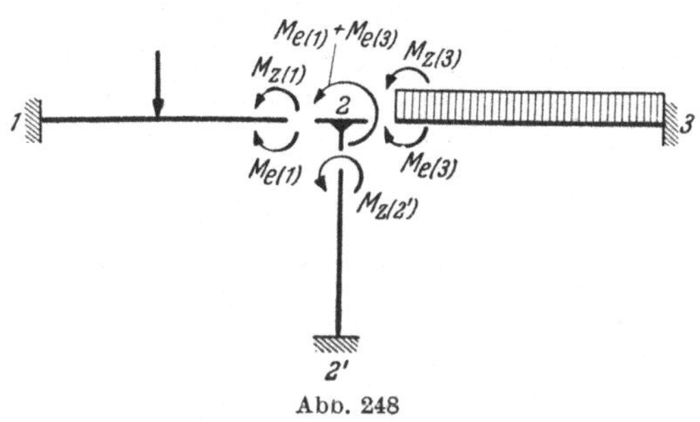

Abb. 248

schwinden. Das ist nun im allgemeinen offenbar nicht der Fall.
In Abb. 248 ist der zunächst noch
festgehaltene Knoten *2* herausgeschnitten. Auf ihn wirken nur die
Einspannmomente $M_{e(1)}$ und $M_{e(3)}$,
da der Stab *22'* unbelastet ist. Gibt
man jetzt den Knoten *2* vorübergehend frei, während alle übrigen
Knoten noch festgehalten bleiben,
so dreht er sich unter dem Einfluß des Momentes $M_{e(1)} + M_{e(3)}$

bis seine neue Gleichgewichtslage erreicht ist. Dabei werden an den Stabenden
Zusatzmomente $M_{z(1)}$, $M_{z(2')}$, $M_{z(3)}$ ausgelöst, deren Summe — sie sei als *Ausgleichsmoment* des Knotens *2* bezeichnet — von gleicher Größe, aber entgegengesetztem Vorzeichen wie die Summe der Einspannmomente der Stäbe sein
muß, also

$$M_{z(1)} + M_{z(2')} + M_{z(3)} = -\left[M_{e(1)} + M_{e(3)}\right].$$

Dieses Ausgleichsmoment verteilt sich nach einer bestimmten Gesetzmäßigkeit
auf die im Knoten *2* zusammentreffenden Stäbe, welche sich wie folgt ermitteln
läßt:

A—B sei ein gerader Stab von der Länge *l* und konstantem Trägheitsmoment *J*, der links fest eingespannt, rechts frei drehbar gelagert ist (Abb. 249).

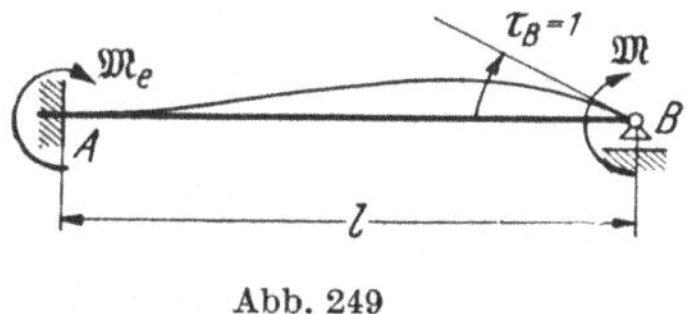 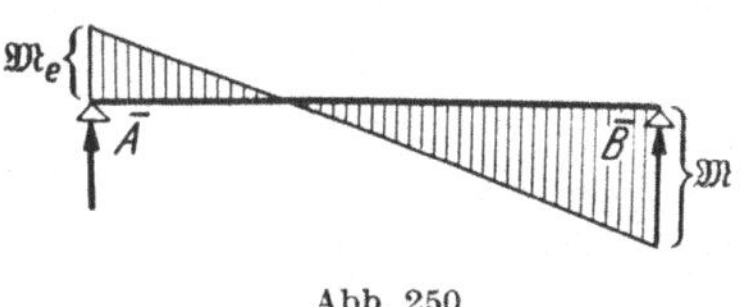

Abb. 249   Abb. 250

Das am drehbaren Ende angebrachte Moment, welches gerade die Winkeldrehung
$\tau_B = 1$ erzeugt, sei mit $\mathfrak{M}$, das am eingespannten Ende wirkende Moment mit $\mathfrak{M}_e$
bezeichnet. Nach dem MOHRschen Satz können die Drehwinkel an den Stab-
enden als die mit $\dfrac{1}{EJ}$ multiplizierten Auflagerkräfte gedeutet werden, welche
durch die fiktive Belastung des Stabes mit der Momentenfläche (Abb. 250) entstehen (S. 150). Man erhält also wegen $\tau_A = 0$

$$EJ\tau_A = \overline{A} = 0 = \mathfrak{M}_e\frac{l}{2} - (\mathfrak{M} + \mathfrak{M}_e)\frac{l}{2}\frac{1}{3}$$

oder

$$\mathfrak{M}_e = \frac{\mathfrak{M}}{2}. \tag{63}$$

Entsprechend wird wegen $\tau_B = 1$

$$- EJ\tau_B = \overline{B} = \mathfrak{M}_e \frac{l}{2} - (\mathfrak{M} + \mathfrak{M}_e) \frac{l}{2} \frac{2}{3} = - EJ$$

oder

$$\frac{\mathfrak{M}_e}{6} - \frac{\mathfrak{M}}{3} = - \frac{EJ}{l}, \tag{64}$$

und mit Rücksicht auf (63)

$$\mathfrak{M} = \frac{4EJ}{l}. \tag{65}$$

Außerdem folgt aus (63)

$$\gamma = \frac{\mathfrak{M}_e}{\mathfrak{M}} = \frac{1}{2}. \tag{66}$$

Der Wert $\mathfrak{M}$ soll hinfort als *Steifigkeit* des betreffenden Stabes, der Wert γ als *Übertragungsfaktor* bezeichnet werden.

Ist der Stab $A—B$ bei A ebenfalls gelenkig gelagert, so verschwindet $\mathfrak{M}_e$, und aus (64) folgt mit $\mathfrak{M} = \mathfrak{M}'$ als Steifigkeit eines solchen Stabes

$$\mathfrak{M}' = \frac{3EJ}{l} = \frac{3}{4} \mathfrak{M}. \tag{67}$$

Bei über die Länge l veränderlichem Trägheitsmoment sind die Werte $\mathfrak{M}$ und γ besonders zu berechnen, was keine weiteren Schwierigkeiten bereitet.

Die oben zur Herstellung des Knotengleichgewichts eingeführten Zusatzmomente verteilen sich nun — da alle Stäbe eines Knotens die gleiche Drehung erfahren — proportional der „Steifigkeit" auf die einzelnen Stäbe des Knotens. Ist M_i das *Ausgleichsmoment* am Knoten i, so entfällt auf den Stab $i—k$ das *Zusatzmoment*

$$M_{ik} = M_i \frac{\mathfrak{M}_{ik}}{\sum \mathfrak{M}_{ie}} \qquad (e = k, l, m \ldots)$$

oder, wenn

$$\frac{J}{l} = C \tag{68}$$

gesetzt wird,

$$M_{ik} = M_i \frac{C_{ik}}{\sum C_{ie}},$$

vorausgesetzt, daß alle Stäbe den gleichen Elastizitätsmodul E haben. Bei gelenkig angeschlossenen Stäben ist statt C gemäß Gl. (67)

$$C' = \tfrac{3}{4} C$$

einzuführen.

Da alle vom Knoten i ausgehenden Stäbe am anderen Ende eingespannt sind (mit Ausnahme des Stabes $3—4$), wird durch das im Knoten i auftretende Zusatzmoment M_{ik} nach dem Knoten k ein Zusatzmoment M_{ki} übertragen, das man erhält, wenn M_{ik} mit dem Übertragungsfaktor γ multipliziert wird, also

$$M_{ki} = \gamma\, M_{ik}.$$

Die Momente M_{ki} bzw. M_{ik} werden den vorher gefundenen Einspannmomenten überlagert.

Sobald der Ausgleich am Knoten i erfolgt ist, denkt man sich i wieder festgehalten und führt den Ausgleich nacheinander an allen übrigen Knoten in der angegebenen Weise durch. Dabei ist es aus Gründen der schnelleren Konvergenz des Verfahrens zweckmäßig, immer denjenigen Knoten zuerst auszugleichen, bei dem die Momentensumme am stärksten von Null abweicht. Das Verfahren wird so lange wiederholt, bis an jedem Knoten das Momentengleichgewicht mit der gewünschten Genauigkeit erfüllt ist. Häufig genügt dabei bereits ein zwei- oder dreimaliger Ausgleich.

Die numerische Auswertung ist, wie an Hand der Abb. 247 gezeigt wird, denkbar einfach. Für eine Einzellast in der Mitte ist das Einspannmoment des beiderseits eingespannten Trägers absolut $M_e = \dfrac{Pl}{8}$ (vgl. S. 255), für den Stab $1-2$ also unter Beachtung der oben festgelegten Vorzeichenregel $M_{12} = -20$ tm; $M_{21} = +20$ tm. Diese Momente werden bei den betreffenden Stabenden angeschrieben. Bei gleichförmig verteilter Belastung wird $M_e = \dfrac{p\,l^2}{12}$. Für den Stab $2-3$ ergeben sich also die Momente $M_{23} = -33,3$ tm; $M_{32} = +33,3$ tm. An allen übrigen Stabenden entstehen Momente Null. Der Ausgleich beginnt zweckmäßig am Knoten 3, da dort das am wenigsten ausgeglichene Moment $+33,3$ tm auftritt. Es ist hier ein Ausgleichsmoment von $-33,3$ tm zuzufügen und proportional den Steifigkeiten auf die anschließenden Stäbe zu verteilen. Die relativen Steifigkeiten C bzw. C' sind an die einzelnen Stäbe angeschrieben; c bedeutet eine beliebige Konstante, auf deren Größe es hier nicht ankommt. Durch die Verteilung entstehen folgende Zusatzmomente, die ebenfalls bei den entsprechenden Knotenpunkten angeschrieben werden: $M_{34} = -5,5$ tm, $M_{32} = M_{33}{}' = -13,9$ tm. Zum Zeichen dafür, daß am Knoten 3 der Momentenausgleich erfolgt ist, wird über der letzten Zahl ein Strich gezogen. Die am Knoten 3

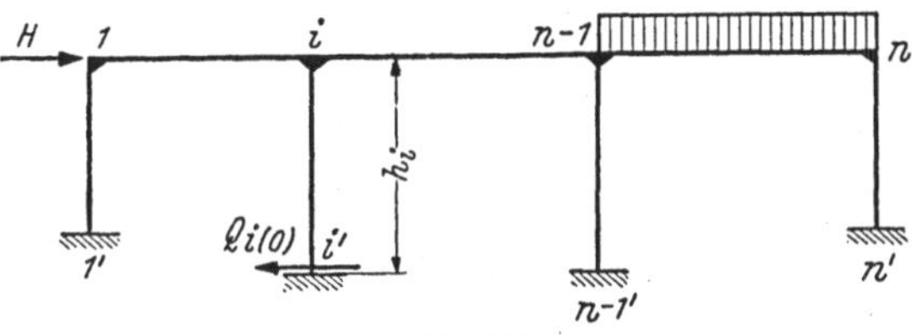

Abb. 251

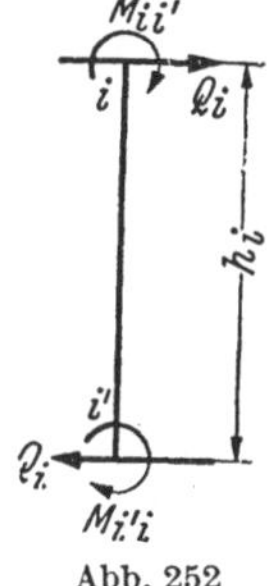

Abb. 252

bei dem Momentenausgleich hinzugefügten Momente erzeugen durch Übertragung an den Knotenpunkten 2 und $3'$ je ein Zusatzmoment $-13,9 \cdot \frac{1}{2} \approx -7,0$ tm. Jetzt wird festgestellt, welcher der übrigen Knoten am wenigsten ausgeglichen ist, wobei die übertragenen Zusatzmomente bereits mit in Rechnung gesetzt werden. Im vorliegenden Falle ist dieses der Knoten 2, an dem $-33,3 - 7,0 + 20,0 = -20,3$ tm unausgeglichen sind. Man hat also das Ausgleichsmoment $+20,3$ tm auf die anschließenden Stäbe proportional ihrer Steifigkeit zu verteilen, also $M_{23} = M_{22}{}' = +7,3$; $M_{21} = +5,7$. Gleichzeitig werden Zusatzmomente $M_{32} = M_{2'2}' = \frac{1}{2} \cdot 7,3 \approx 3,7$ und $M_{12} = \frac{1}{2} \cdot 5,7 \approx 2,9$ übertragen. Hierauf geht man nacheinander zu den Knoten $1, 2, 3$ usw. und führt jedes Mal die oben beschriebene Operation durch, bis die Abweichungen in den Momenten so klein werden, daß sich eine weitere Fortsetzung der Rechnung erübrigt. Durch Addition der einzelnen Momentenbeiträge erhält man das Gesamtmoment für jedes Stabende und damit die Momentenverteilung des ganzen Stabwerks. Das Verfahren konvergiert, wie man erkennt, sehr gut. Es gestattet deshalb auch in einfacher Weise eine nachträgliche Korrektur der gewählten Querschnitte, falls sich dieses als notwendig erweisen sollte.

Bei freistehenden Rahmen (Abb. 251) und unsymmetrischer, insbesondere horizontaler Belastung kann die Annahme unverschieblicher Knoten im allgemeinen nicht mehr aufrechterhalten werden. Ob und wie weit die Vernachlässigung der Horizontalverschieblichkeit bei *lotrechter* Belastung dann noch zulässig ist, läßt sich leicht durch Berechnung der Gesamtschubkraft an den Säulenfüßen feststellen, die bei strenger Lösung aus Gleichgewichtsgründen den Wert Null annehmen muß.

Für die Querkraft, welche durch die Wirkung der Momente an den Säulenfüßen erzeugt wird, gilt die Beziehung (Abb. 252)

$$Q_i h_i + M_{i'i} + M_{ii'} = 0$$

oder

$$Q_i = -\frac{M_{i'i} + M_{ii'}}{h_i}. \tag{69}$$

Bei nur lotrechter Belastung des Rahmens muß sein

$$\sum_{i=1}^{i=n} Q_i = 0.$$

Handelt es sich um eine angenähert symmetrische Belastung des Rahmens, so wird im allgemeinen nach erfolgtem Momentenausgleich (s. oben) $\sum Q_i$ nicht viel von Null abweichen, und man wird die unter der Annahme unverschieblicher Knotenpunkte berechneten Momente angenähert als richtig gelten lassen können. Bei stark unsymmetrischer oder gar waagerechter Belastung muß jedoch eine Ergänzung der Rechnung vorgenommen werden, die man nach PILKEY wie folgt durchführen kann[1].

Zunächst sei angenommen, daß der Rahmen nur lotrechte, und zwar unsymmetrische, Lasten trägt. Man führt jetzt die Rechnung wieder wie oben unter

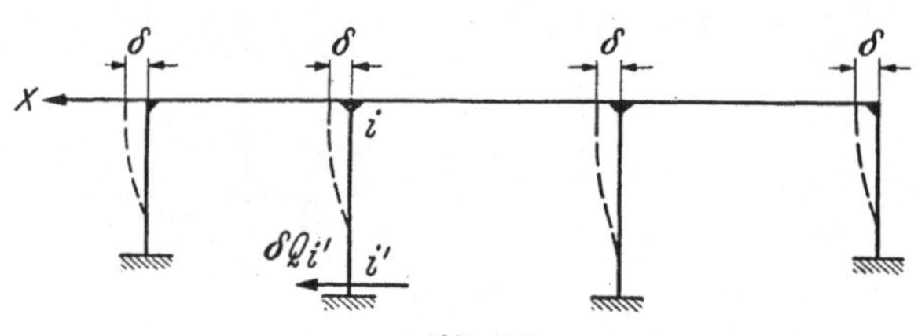

Abb. 253

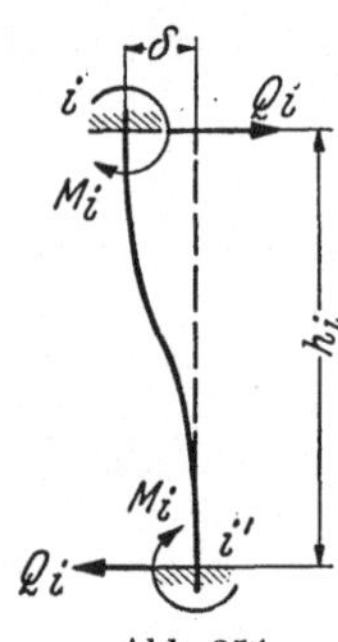

Abb. 254

der Annahme unverschieblicher Knotenpunkte durch, berechnet die dabei auftretenden Momente M_0, aus diesen die Querkräfte Q_0 und bildet die Summe der Schubkräfte $\sum\limits_{i=1}^{i=n} Q_{i\,(0)}$ an den Säulenfüßen. Da diese im allgemeinen von Null verschieden sein wird, denkt man sich am Riegel zur Herstellung des Gleichgewichts die Kraft

$$H = \sum_{i=1}^{i=n} Q_{i(0)}$$

wirkend (Abb. 251). Diese Kraft ist notwendig, wenn — wie angenommen — keine Verschiebungen der Riegelknoten eintreten sollen, und nur für den aus Abb. 251 ersichtlichen Belastungszustand gelten die oben berechneten Momente M_0 und Querkräfte Q_0.

Jetzt denke man sich an dem zunächst als starr angesehenen Riegel des Rahmens lediglich die Horizontalkraft X wirkend (Abb. 253), durch welche alle Säulenköpfe die gleiche seitliche Verschiebung δ erfahren mögen. Dann entstehen an den Säulenenden (Abb. 254) gleich große Momente M_i und Querkräfte

$$Q_i = -\frac{2\,M_i}{h_i}. \tag{70}$$

Um die zwischen δ, Q_i und M_i bestehende Beziehung zu bekommen, denke man sich die Säule bei i' fest eingespannt, bei i dagegen frei und mit Q_i und M_i be-

---

[1] Vgl. W. DERNEDDE: Näherungsweise Berechnung von durchlaufenden Trägern und Rahmen. Bauingenieur 1938, S. 45.

14*

lastet. Dann ist der aus Q_i folgende Beitrag zu δ_i, wie man leicht mit Hilfe der Arbeitsgleichung feststellt,

$$\delta_{Q_i} = - \frac{Q_i\, h_i^3}{3\, E\, J_i},$$

und der aus M_i folgende Beitrag

$$\delta_{M_i} = - \frac{M_i\, h_i^2}{2\, E\, J_i}.$$

Durch Überlagerung beider Beiträge folgt

$$\delta = \delta_{Q_i} + \delta_{M_i} = -\frac{h_i^2}{6\, E\, J_i}\,(2\, Q_i\, h_i + 3\, M_i)$$

oder wegen (70)

$$\delta = \frac{h_i^2}{6\, E\, J_i}\, M_i$$

bzw.

$$M_i = \frac{6\, E\, J_i\, \delta}{h_i^2}. \tag{71}$$

Die Säulenmomente M_i sind somit bei konstantem E nach (71) proportional den Werten $\frac{J_i}{h_i^2}$. Sie können jedoch vorerst nicht berechnet werden, weil δ noch unbekannt ist. Man geht nun zweckmäßig folgendermaßen vor: Für irgendeinen der Werte $6\,E\,\frac{J}{h^2}$, z. B. für die Stütze k, setze man

$$6\,E\,\frac{J_k}{h_k^2} = c \tag{72}$$

und drücke alle übrigen durch c aus, also

$$6\,E\,\frac{J_i}{h_i^2} = n_i\,c, \tag{73}$$

wo n_i eine Zahl und c eine Kraft darstellt. Weiter setze man zunächst $\delta = 1$, womit nach Gl. (71)

$$M_{i\,(\delta=1)} = n_i\,c$$

wird. Diese der Verschiebung $\delta = 1$ entsprechenden Säulenmomente gelten nur für den Fall *starrer* Einspannung der Säulenköpfe. Da aber der Horizontalriegel des Rahmens elastisch ist, die Säulenköpfe also entsprechende Verdrehungen erfahren, muß jetzt in allen Knotenpunkten des Systems der Momentenausgleich in der früher besprochenen Weise vorgenommen werden. Die nach erfolgtem Ausgleich an den Stabenden auftretenden Momente seien mit M' bezeichnet. Aus ihnen lassen sich nach (69) die Querkräfte an den Säulenfüßen berechnen, die sämtlich den konstanten Faktor c enthalten. Da nun die horizontale Verschiebung der Riegelknoten nicht, wie zunächst angenommen wurde, „eins", sondern δ beträgt, haben die infolge dieser Verschiebung entstehenden wirklichen Momente und Querkräfte die Größe $M'\,\delta$ bzw. $Q_i'\,\delta$. Für die weitere Rechnung sollen jetzt zwei Fälle unterschieden werden:

a) Der Rahmen trage nur eine unsymmetrische, lotrechte Belastung. Dann muß, wenn man die beiden Belastungszustände der Abb. 251 und 253 überlagert,

$$X = H = \sum_{i=1}^{i=n} Q_{i\,(0)} \tag{74}$$

sein. Das Gleichgewicht der horizontalen Kräfte in Abb. 253 verlangt außerdem

$$X + \delta \sum_{i=1}^{i=n} Q_i' = 0,$$

weshalb mit Rücksicht auf (74) folgt

$$\sum_{i=1}^{i=n} Q_{i(0)} + \delta \sum_{i=1}^{i=n} Q_i' = 0,$$

woraus δ berechnet werden kann. Damit erhält man schließlich für die wirklichen Momente des Rahmens infolge der angegebenen lotrechten Belastung

$$M = M_0 + M'\,\delta. \tag{75}$$

b) Der Rahmen sei mit einer am Riegel angreifenden Horizontalkraft W belastet, welche die gleiche Richtung wie die Kraft X in Abb. 253 haben möge. Dann muß aus Gründen des Gleichgewichts sein

$$W + \delta \sum_{i=1}^{i=n} Q_i' = 0,$$

und für die Momente dieser Belastung folgt

$$M = M'\,\delta.$$

Liegt ein mehrstöckiger Rahmen vor, so kann man in ähnlicher Weise verfahren, wenn man den einzelnen Stockwerken nacheinander Verschiebungen δ_a, δ_b ... erteilt. Bezüglich der Einzelheiten der Rechnung vgl. S. 269. Neuerdings hat G. KANI[1] ein Iterationsverfahren entwickelt, das gegenüber den älteren derartigen Methoden gewisse Vorteile bietet und auf Rahmenträger ohne und mit verschieblichen Knotenpunkten anwendbar ist. Dieses Verfahren hat sich inzwischen in der Praxis gut bewährt, weshalb an dieser Stelle darauf verwiesen sei.

Sechster Abschnitt

Statisch unbestimmte Tragwerke

1. Der durchlaufende Träger

I. Der Träger auf drei Stützen

Unter einem Träger auf drei Stützen versteht man im allgemeinen ein ebenes Tragwerk, welches in einem Punkte fest und in zwei weiteren Punkten in horizontaler Bahn beweglich gelagert ist, also vier unbekannte Lagerreaktionen aufweist. Da zu deren Bestimmung nur drei Gleichgewichtsbedingungen der starren Scheibe verfügbar sind, so ist das System einfach statisch unbestimmt. Zur Ermittlung der statisch unbestimmten Größe X_a, als welche entweder eine Stützkraft, ein Moment, eine Querkraft oder

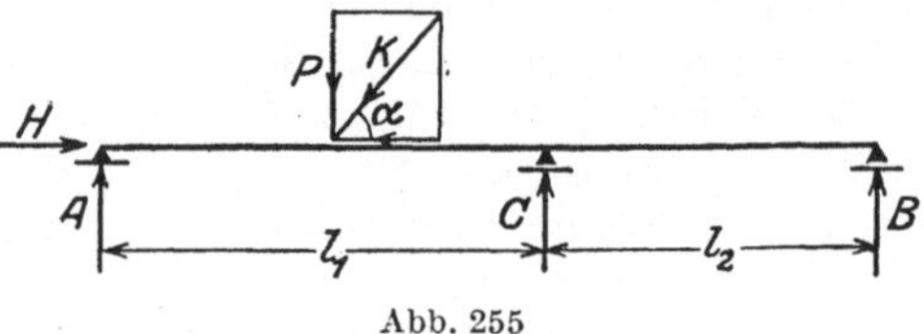

Abb. 255

(bei Fachwerken) eine Stabkraft eingeführt werden kann, besteht nach (II) S. 181 die Beziehung:

$$\sum (C_a\,c) = \sum P_m\,\delta_{ma} + X_a\,\delta_{aa} + \delta_{at},$$

woraus folgt:

$$X_a = -\frac{\sum P_m\,\delta_{ma} + \delta_{at} - \sum (C_a\,c)}{\delta_{aa}}. \tag{1}$$

---

[1] KANI, G.: Die Berechnung mehrstöckiger Rahmen, 3. Aufl. Stuttgart 1954; vgl. dazu auch G. WORCH: Fußn. 1 auf S. 207.

a) Vollwandige Träger

Wirkt auf den Träger $A-C-B$ in Abb. 255 eine unter dem Winkel α gegen die Balkenachse geneigte Last K, welche nach einer vertikalen und einer horizontalen Komponente zerlegt werde, so kann letztere nur von dem festen Lager bei A aufgenommen werden, weshalb

$$H = K \cos\alpha .$$

Die senkrechte Komponente $K \sin\alpha = P$ dagegen muß mit den senkrechten Stützendrücken A, C, B im Gleichgewicht stehen. Für die weitere Betrachtung sollen nur senkrechte Lasten vorausgesetzt werden, wobei es gleichgültig ist, an welcher Stütze das feste Auflager angeordnet wird.

Als statisch unbestimmte Größe X_a möge der Widerstand der Mittelstütze C eingeführt werden (Abb. 256a). Das statisch bestimmte Hauptsystem ist also ein

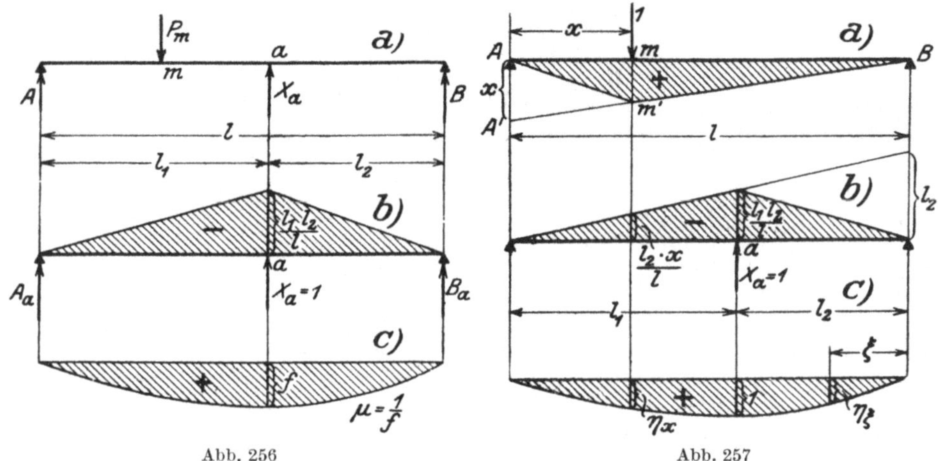

Abb. 256Abb. 257

einfacher Balken AB von der Stützweite $l = l_1 + l_2$. Der Einfluß einer Last $P_m = 1$ auf X_a ist nach (1) gegeben durch die Gleichung:

$$X_a = -1 \frac{\delta_{ma}}{\delta_{aa}} .$$

δ_{ma} bezeichnet die Verschiebung des Angriffspunktes m der Last P_m in Richtung dieser Last, hervorgerufen durch den Belastungszustand $X_a = 1$. *Es ist also die Biegungslinie des Trägers $A-B$ von der Stützweite l infolge $X_a = 1$ die Einflußlinie für X_a*, wenn man ihr den Multiplikator $\mu = -\dfrac{1}{\delta_{aa}}$ beilegt, wobei δ_{aa} die Ordinate der Biegungslinie für den Punkt a ist. Diese Biegungslinie wird gefunden, indem man die Momentenfläche für $X_a = 1$ (Abb. 256b) als Belastungsfläche auffaßt und zu dieser gedachten Belastung die Momentenlinie zeichnerisch oder rechnerisch ermittelt. Um nun sofort die Einflußlinie für X_a zu erhalten, verfährt man zweckmäßig so, daß man das Vorzeichen der Belastungsfläche umkehrt und für diese umgekehrte Belastung die Momentenlinie aufträgt (Abb. 256c). Die unter a gemessene Ordinate f ist absolut genommen gleich δ_{aa}. Es wird also $\mu = \dfrac{1}{f}$ der Multiplikator der Einflußlinie für X_a, was auch daraus hervorgeht, daß eine Last 1 im Punkte a den Stützendruck $X_a = C = 1$ erzeugt.

Ist das Trägheitsmoment des zu untersuchenden Balkens veränderlich, so führe man nach S. 148 die verzerrte M_a-Fläche als Belastungsfläche ein und verfahre im übrigen in gleicher Weise.

Bei Trägern mit konstantem Trägheitsmoment läßt sich für die Ordinaten der Einflußlinie ein einfacher Ausdruck ableiten. Allgemein ist bei Vernachlässigung von Querkräften

$$1\,\delta_{ma} = \int \frac{M_0\,M_a\,dx}{E\,J}\,.$$

In Abb. 257a und b sind die Momentenflächen infolge einer Last 1 im Punkte m der linken Öffnung (M_0-Fläche) und infolge der Last $X_a = 1$ (M_a-Fläche) dargestellt. Nach Gl. (25) und (27) S. 188 ist, wenn man das Dreieck $A\,m'B$ als Differenz der Dreiecke $A\,A'B$ und $A\,m'A'$ betrachtet,

$$E\,J\,\delta_{ma} = -\,\frac{x}{l}\left(\frac{l_2\,l}{2}\,\frac{l}{3} - \frac{l_2^2}{2}\,\frac{l_2}{3}\right) + \frac{x}{6}\,x\,\frac{l_2\,x}{l}$$

$$= -\,\frac{x\,l_2}{6\,l}\,(l^2 - l_2^2) + \frac{x^3\,l_2}{6\,l} = -\,\frac{x\,l_2}{6\,l}\,[(l_2 + l)\,l_1] + \frac{x^3\,l_2}{6\,l}\,.$$

Löst man die Klammer auf und beachtet, daß $l = l_2 + l_1$ ist, so wird

$$E\,J\,\delta_{ma} = -\,\frac{x\,l_2^2\,l_1}{3\,l} - \frac{x\,l_3\,l_1^2}{6\,l} + \frac{x^3\,l_2}{6\,l}\,.$$

Ferner ist nach Gl. (26) S. 188

$$E\,J\,\delta_{aa} = 2\,\frac{l_1\,l_2}{l}\,\frac{l}{2}\,\frac{l_1\,l_2}{3\,l} = \frac{l_1^2\,l_2^2}{3\,l}\,.$$

Setzt man die so gefundenen Werte in den Ausdruck

$$X_a = -\,\frac{\delta_{ma}}{\delta_{aa}}$$

ein, so erhält man die Ordinate der Einflußlinie für die linke Öffnung l_1 (Abb. 257c)

$$\eta_x = \frac{x}{l_1} + \frac{x}{2\,l_2} - \frac{x^3}{2\,l_1^2\,l_2}\,.$$

Entsprechend ergibt sich für die rechte Öffmumg, wenn die Abszisse ξ von B aus nach links positiv gerechnet wird,

$$\eta_\xi = \frac{\xi}{l_2} + \frac{\xi}{2\,l_1} - \frac{\xi^3}{2\,l_1\,l_2^2}\,.$$

Nachdem die Einflußlinie für X_a gefunden ist, können aus dieser alle übrigen abgeleitet werden.

Für das Moment an der Stelle m der linken Öffnung gilt:

$$M_m = M_{m0} + M_{ma}\,X_a\,.$$

Nun ist aber (vgl. Abb. 257b):

$$M_{ma} = -\,\frac{x_m\,l_2}{l}\,,$$

weshalb

$$M_m = M_{m0} - \frac{x_m\,l_2}{l}\,X_a = \frac{x_m\,l_2}{l}\left(\frac{M_{m0}\,l}{x_m\,l_2} - X_a\right)\,.$$

Man findet also die Einflußordinaten für das Moment M_m als Differenz der mit $\dfrac{l}{x_m\,l_2}$ multiplizierten M_{m0}-Ordinaten und der X_a-Ordinaten; ihr Multiplikator ist $\mu = \dfrac{x_m\,l_2}{l}$. Hat man die Einflußlinie für X_a in f-facher Vergrößerung aufgetragen (Abb. 258a), so müssen auch die mit $\dfrac{l}{x_m\,l_2}$ multiplizierten M_{m0}-Ordinaten f-fach vergrößert werden. Der Multiplikator der Einflußlinie für M_m ist dann $\mu = \dfrac{x_m\,l_2}{f\,l}$. Sie ist in Abb. 258b aufgetragen. Durch ähnliche Überlegungen wurde

die in Abb. 258c skizzierte Einflußlinie für das Stützmoment M_C gefunden.
An Stelle der Abszisse x_m tritt hier die Feldweite der linken Öffnung l_1.

Für den Stützendruck B gilt

$$B = B_0 + B_a X_a$$

Mit

$$B_a = - 1\,\frac{l_1}{l}$$

folgt

$$B = \frac{l_1}{l}\left(\frac{B_0\,l}{l_1} - X_a\right).$$

Man findet somit die Einflußordinaten für B als Differenz der mit $\dfrac{l}{l_1}\left(\text{bzw. }\dfrac{l\,f}{l_1}\right)$ multiplizierten B_0-Ordinaten und der X_a-Ordinaten (Abb. 258d). Ihr Multiplikator ist $\mu = \dfrac{l_1}{l}\left(\text{bzw. }\dfrac{l_1}{l\,f}\right)$, denn unter B muß sich in der Einflußlinie die Ordinate 1 ergeben.

Endlich ist in Abb. 258e die Einflußlinie für die Querkraft Q_m in m aufgetragen. Für diese gilt

$$Q_m = Q_{m\,0} + Q_{m\,a} X_a,$$

oder mit $Q_{m\,a} = -\dfrac{1\,l_2}{l}$

$$Q_m = \frac{l_2}{l}\left(Q_{m\,0}\,\frac{l}{l_2} - X_a\right).$$

Damit kann die Einflußlinie sofort gezeichnet werden.

Der Einfluß einer Temperaturänderung wird nach (1)

$$X_{a\,t} = -\frac{\delta_{a\,t}}{\delta_{a\,a}}.$$

Äußert er sich in der Weise, daß eine Gurtung des Trägers stärker erwärmt wird als die andere, so wird

$$\delta_{a\,t} = \int \frac{\varepsilon_t\,\varDelta t}{h}\,M_a\,d x$$

(vgl. S. 182),

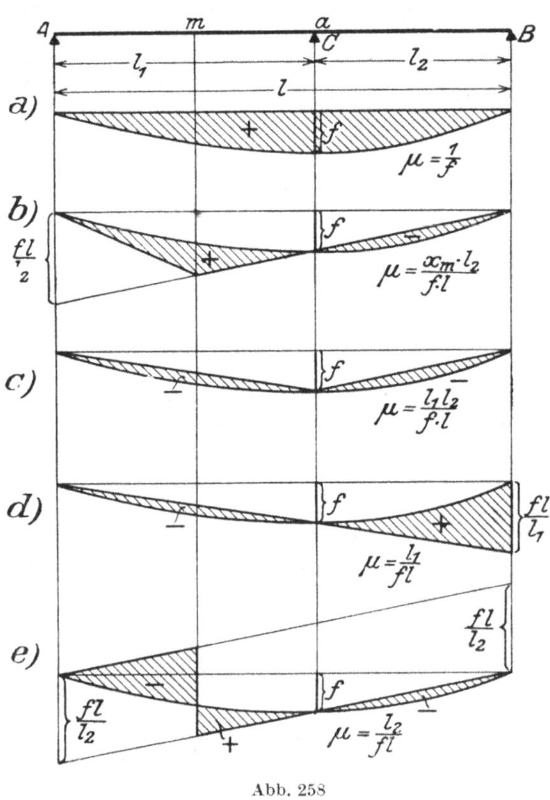

Abb. 258

wobei $\varDelta t = t_u - t_o$ die zwischen Unter- und Obergurt bestehende Temperaturdifferenz und h die Höhe des Balkenquerschnitts angibt. $\delta_{a\,a} = f$ kann aus der Einflußlinie für X_a entnommen werden. Ist bei konstantem Trägheitsmoment die Temperaturdifferenz über die ganze Balkenlänge unveränderlich, so wird

$$\delta_{a\,t} = \frac{\varepsilon_t\,\varDelta t}{h}\int_0^l M_a\,d x = -\frac{\varepsilon_t\,\varDelta t}{h}\left[\int_0^{l_1}\frac{l_2\,x}{l}\,d x + \int_0^{l_2}\frac{l_1\,\xi}{l}\,d\xi\right] = -\frac{\varepsilon_t\,\varDelta t}{h}\,\frac{l_1\,l_2}{2},$$

und da nach S. 215 $\delta_{a\,a} = \dfrac{l_1^2\,l_2^2}{3\,E\,J\,l}$ ist, so ergibt sich:

$$X_{a\,t} = \frac{3}{2}\,\frac{\varepsilon_t\,\varDelta t}{h}\,\frac{E\,J\,l}{l_1\,l_2}.$$

Der Einfluß der Temperatur auf das Moment an der Stelle m ist
$$M_{mt} = M_{ma} X_{at},$$
wobei M_{ma} aus der M_a-Fläche (Abb. 257b) entnommen wird.

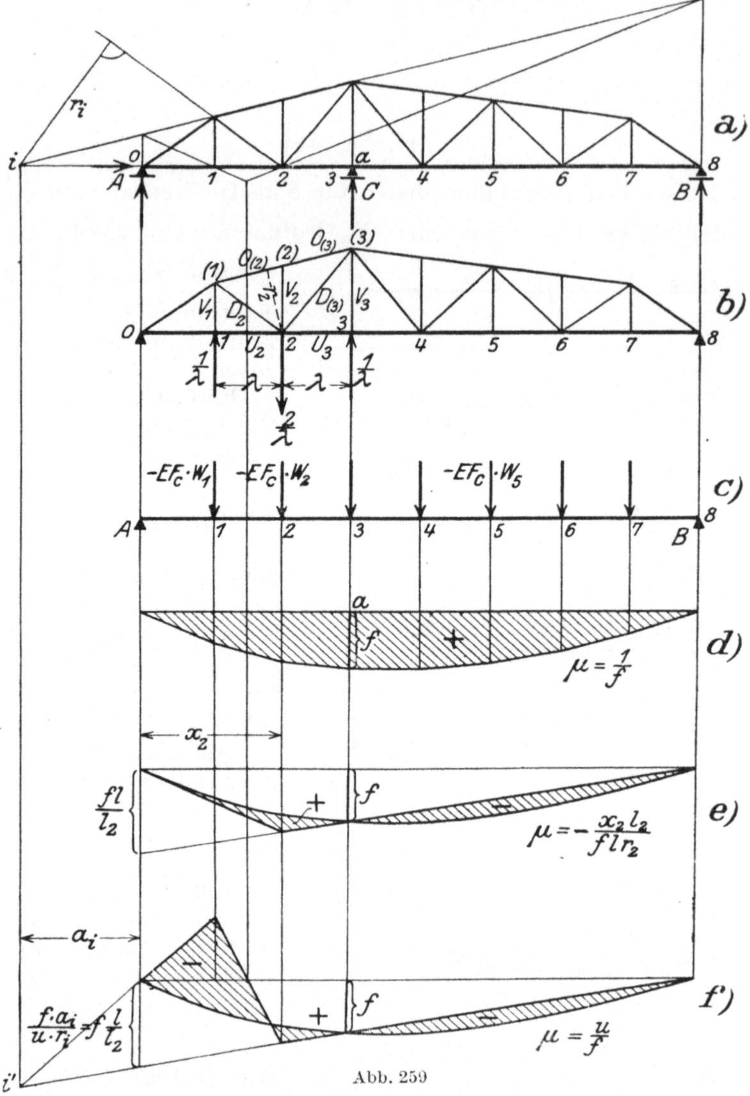

Abb. 259

Treten bei A, B und C Stützensenkungen von der Größe c_A, c_B und c_C auf (vgl. S. 173), so ergibt sich deren Einfluß auf X_a aus der Bedingung

$$X_{a_s} = \frac{\sum (C_a c)}{\delta_{aa}}.$$

Mit $A_a = -\dfrac{1\,l_2}{l}$, $B_a = -\dfrac{1\,l_1}{l}$ und $C_a = 1$ wird

$$X_{a_s} = \frac{1}{\delta_{aa}}\left(\frac{l_2}{l} c_A + \frac{l_1}{l} c_B - c_C\right).$$

b) Fachwerkträger

Der Betrachtung sei der in Abb. 259a skizzierte Träger auf drei Stützen zugrunde gelegt. Wirkt auf das System eine ruhende Belastung, bestehend aus beliebig gerichteten, in den Knotenpunkten angreifenden Lasten, so setze man nach S. 180

$$\Sigma\, P_m\, \delta_{ma} = \Sigma\, S_0\, S_a\, \varrho\,,$$

$$\delta_{aa} = \Sigma\, S_a^2\, \varrho\,.$$

Führt man wieder die Reaktion der Mittelstütze als statisch unbestimmte Größe X_a ein, so ist der Einfluß der Belastung P auf X_a gegeben durch die Beziehung

$$X_{aP} = -\,\frac{\Sigma\, S_0\, S_a\, \varrho}{\Sigma\, S_a^2\, \varrho} = -\,\frac{\Sigma\, S_0\, S_a\, \dfrac{s}{E\,F}}{\Sigma\, S_a^2\, \dfrac{s}{E\,F}}\,.$$

Im allgemeinen sind die Stabquerschnitte des zu untersuchenden Systems zunächst nicht bekannt. In diesem Falle erweitere man die rechte Seite der vorstehenden Gleichung mit $E F_c$, wobei F_c eine beliebige konstante Querschnittsfläche bezeichnet, für welche gewöhnlich der am häufigsten vorkommende Gurtquerschnitt eingeführt wird. Setzt man die Elastizitätszahl E als konstant voraus, was im folgenden durchweg der Fall sein möge, dann wird mit $\varrho' = \dfrac{F_c}{F}\,s$

$$X_{aP} = -\,\frac{\Sigma\, S_0\, S_a\, \varrho'}{\Sigma\, S_a^2\, \varrho'}\,.$$

Im ersten Rechnungsgang ist der Quotient $\dfrac{F_c}{F}$ für alle Stäbe zu schätzen. Sofern andere Anhaltspunkte über die Querschnittsverhältnisse nicht vorliegen, setze man für alle Gurtstäbe $\dfrac{F_c}{F} = 1$ und vernachlässige den Einfluß der Füllungsglieder (Diagonalen und Vertikalen). Sind dann nach Festlegung aller Spannkräfte des statisch unbestimmten Systems die Querschnitte ermittelt, so ist ein zweiter Rechnungsgang unter Beachtung der berechneten Querschnitte durchzuführen.

Die Spannkräfte S_0 und S_a werden zweckmäßig mit Hilfe zweier CREMONAscher Kräftepläne bestimmt. Ist X_{aP} gefunden, dann können alle Spannkräfte

$$S_P = S_0 + S_a\, X_{aP}$$

und alle Stützkräfte

$$C_P = C_0 + C_a\, X_{aP}$$

berechnet werden.

Im Falle einer veränderlichen lotrechten Belastung, welche hier am Untergurt angreifend gedacht sei, bedient man sich der Einflußlinien. Wandert über den Träger die Einzellast $P = 1$, so wird

$$X_{a\,(P=1)} = -\,1\,\frac{\delta_{ma}}{\delta_{aa}}\,.$$

Daraus folgt, daß die Biegungslinie des Untergurtes des statisch bestimmten Hauptsystems infolge des Belastungszustandes $X_a = 1$ zugleich die Einflußlinie für X_a darstellt, wenn man ihr den Multiplikator $\mu = -\,\dfrac{1}{\delta_{aa}}$ beilegt, wobei δ_{aa} die Ordinate der Biegungslinie für den Punkt a ist (Es ist fast immer zulässig, das Eigengewicht auf die Knotenpunkte des Lastgurtes verteilt anzunehmen. In diesem Falle kann mittels der Biegungslinie dieses Gurtes auch der Einfluß des Eigengewichts auf X_a angegeben werden.)

Die Bestimmung der Biegungslinie erfolgt entweder mit Hilfe eines Verschiebungsplanes (vierter Abschn. Ziffer 5) oder mittels der elastischen Gewichte

W (vierter Abschn. Ziffer 4). Hier soll das letztere Verfahren gewählt werden. Nach Gl. (34) S. 140 ist:

$$W_m = \sum \overline{S}\, \Delta s_a = \sum \overline{S}\, S_a \frac{s}{E\,F},$$

und zwar bedeuten $\overline{S}$ die Spannkräfte infolge der gedachten „$\frac{1}{\lambda}$-Belastung", S_a diejenigen infolge des Zustandes $X_a = 1$.

Die zur Bestimmung des im Knotenpunkt 2 angreifenden Gewichtes W_2 einzuführende virtuelle Belastung ist aus Abb. 259b ersichtlich. Da lediglich die Biegungslinie des Untergurtes bestimmt werden soll, so greift die virtuelle Belastung nur in den Knotenpunkten des Untergurtes an. Infolge dieser Belastung werden keine Stützendrücke erzeugt. Das Moment am Knoten 2 ist $\overline{M}_2 = 1$. Damit ergeben sich folgende Spannkräfte $\overline{S}$: $\overline{V}_1 = \overline{V}_3 = -\frac{1}{\lambda}$; $\overline{O}_{(2)} = \overline{O}_{(3)} = -\frac{1}{r_2}$, wenn r_2 den Abstand des Stabes (1)—(2)—(3) vom Knoten 2 angibt; $\overline{D}_2 = \frac{1}{v_2 \cos \varphi_2}$; $\overline{D}_{(3)} = \frac{1}{v_2 \cos \varphi_{(3)}}$, wobei v_2 die Länge des Stabes V_2 und φ_2 bzw. $\varphi_{(3)}$ die Neigungswinkel von D_2 bzw. $D_{(3)}$ gegen die Horizontale bezeichnen. Alle übrigen Stäbe erhalten keine virtuellen Spannkräfte. Nachdem die Spannkräfte S_a infolge $X_a = 1$ ermittelt sind, kann W_2 berechnet werden, vorausgesetzt, daß die Stabquerschnitte bekannt sind. In gleicher Weise werden alle übrigen W-Gewichte für den Untergurt gefunden. Sind — wie gewöhnlich — die Stabquerschnitte nicht bekannt, so führe man die EF_c-fachen W-Gewichte ein und schätze für jeden Stab das Querschnittsverhältnis $\frac{F_c}{F}$. Man erhält dann

$$E\,F_c\,W_m = \sum \overline{S}\, S_a\, s \frac{F_c}{F}.$$

Für den ersten Rechnungsgang begnügt man sich — wie oben bereits erwähnt — mitunter damit, lediglich die Gurtspannkräfte in den W-Gewichten zu berücksichtigen, vernachlässigt also den Einfluß der Füllungsstäbe. Bezeichnet dann M_{ma} das Moment an der Stelle m infolge des Zustandes $X_a = 1$, so wird die Spannkraft des Obergurtes O, dessen Bezugspunkt m ist, gleich $-\frac{M_{ma}}{r_m}$, wenn r_m den zugehörigen Hebelarm angibt, und entsprechend ergibt sich für den zum Bezugspunkt n gehörigen Untergurtstab die Spannkraft $+\frac{M_{na}}{r_n}$. Man erhält dann z. B.

$$E\,F_c\,W_2 = \frac{M_{2a}}{r_2^2}\,(o_{(2)} + o_{(3)})\,\frac{F_c}{F_{(1-3)}}, \tag{2}$$

wenn $o_{(2)} + o_{(3)}$ die Länge des Stabes (1)—(2)—(3) und $F_{(1-3)}$ dessen Querschnitt angibt. In analoger Weise wird

$$E\,F_c\,W_3 = \frac{M_{(3)a}}{r_{(3)}^2}\,(u_3 + u_4)\,\frac{F_c}{F_{2-4}} \quad \text{usw.}$$

Sind alle W-Gewichte bekannt, dann kann die Biegungslinie infolge $X_a = 1$ aufgetragen werden, indem man entweder das Seilpolygon der EF_c-fachen W-Gewichte zeichnet und die Schlußlinie mit Hilfe der Bedingungen festlegt, daß A und B die lotrechte Verschiebung Null erleiden, oder indem man die Momente M_{mw} des einfachen Balkens AB infolge der Gewichte EF_cW berechnet, welche sofort die mit EF_c multiplizierten Biegungsordinaten darstellen (vgl. hierzu S. 143). Um die Einflußlinie für X_a gleich mit dem richtigen Vorzeichen zu erhalten, empfiehlt es sich, die Vorzeichen der W-Gewichte umzukehren. Da die Momente M_{ma} infolge $X_a = 1$ im vorliegenden Fall negativ sind, so ergeben sich alle W-Gewichte negativ [s. Gl. (2)], die mit -1 multiplizierten

W-Gewichte (bzw. EF_c-fachen W-Gewichte) werden also positiv und sind deshalb in Abb. 259c nach abwärts aufgetragen. Die mit ihrer Hilfe gewonnene Biegungslinie (Abb. 259d) stellt die Einflußlinie für X_a dar, welche den Multiplikator $\mu = \dfrac{1}{f}$ erhält, wenn f die Ordinate unter a bezeichnet, da die Einflußordinate für a den Wert 1 annehmen muß.

Aus der Einflußlinie für X_a können alle übrigen abgeleitet werden. Diejenigen für die Gurtspannkräfte ergeben sich aus den Einflußlinien der Momente für die zugehörigen Bezugspunkte durch Multiplikation mit $\pm \dfrac{1}{r}$, je nachdem es sich um einen Unter- oder Obergurtstab handelt. In Abb. 259e ist die Einflußlinie für den Obergurtstab $O_{(2)} = O_{(3)}$ dargestellt. Ihr Multiplikator ist $\mu = -\dfrac{x_2\, l_2}{f\, l\, r_2}$ (vgl. auch Abb. 258b). (In der Abbildung wurde der gebrochene Linienzug der X_a-Linie der Einfachheit halber durch einen stetig gekrümmten ersetzt).

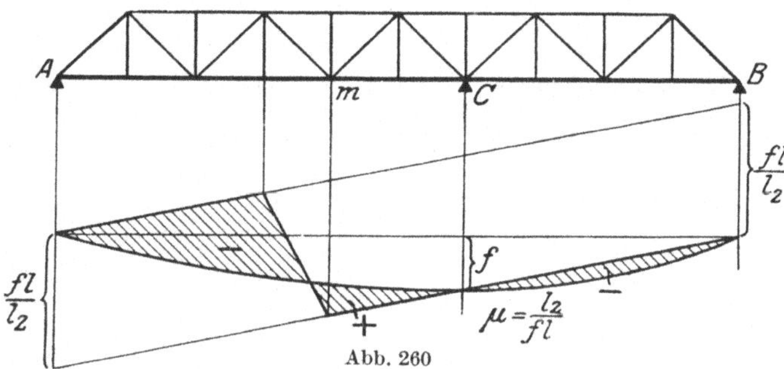

Abb. 260

Zur Bestimmung der Einflußlinie für die Spannkraft im Stabe D_2 schreibe man die Beziehung an

$$D_2 = D_{2_0} + D_{2a}\, X_a.$$

Die Spannkraft D_{2a} infolge $X_a = 1$ nimmt, wie man sich leicht überzeugt, einen negativen Wert an; er sei mit $-u$ bezeichnet. Dann wird

$$D_2 = u\left(\frac{D_{2_0}}{u} - X_a\right).$$

Man kann somit die Einflußordinaten für D_2 als Differenz der mit $\dfrac{1}{u}$ multiplizierten Ordinaten der Einflußlinie für D_{2_0} und der X_a-Ordinaten darstellen. Da hier die Einflußlinie für X_a in f-facher Vergrößerung aufgetragen wurde, so müssen die D_{2_0}-Ordinaten mit $\dfrac{f}{u}$ multipliziert werden. Der Multiplikator der Einflußlinie für D_2 wird dann $\mu = \dfrac{u}{f}$. Im übrigen ist die Konstruktion aus Abb. 259f ersichtlich (vgl. auch S. 73).

Die Einflußlinien für die Stützendrücke A und B sind unter Beachtung der hier gefundenen X_a-Linie die gleichen wie beim vollwandigen Träger.

Ist das zu untersuchende System ein Parallelträger, so empfiehlt es sich, die Einflußlinien der Diagonalspannkräfte aus denen für die Querkräfte abzuleiten (vgl. S. 75). In Abb. 260 ist die Einflußlinie für die Querkraft Q_m des m-ten Feldes aufgetragen (vgl. Abb. 258e).

Der Temperatureinfluß kann in ähnlicher Weise ermittelt werden wie beim vollwandigen Träger, nur ist hier nach S. 180 $\delta_{at} = \sum S_a\, \varepsilon_t\, s$ zu setzen. Man erhält

$$X_{at} = -\frac{\sum S_a\, \varepsilon_t\, t\, s}{\delta_{aa}}$$

und den Einfluß der Temperatur auf eine beliebige Stabspannkraft

$$S_t = S_a\, X_{at}.$$

II. Der Träger auf vier Stützen
a) Vollwandige Träger

Ein Träger auf vier Stützen mit einem festen und drei verschieblichen Auflagern ist zweifach statisch unbestimmt. Als statisch unbestimmte Einzelwirkungen Y_1 und Y_2 seien unter Benutzung des in Kap. 6 des fünften Abschnittes besprochenen Verfahrens die Reaktionen der beiden Außenstützen A und D (Abb. 261a) eingeführt. Dann ist nach (29) S. 191

$$\left.\begin{array}{l} Y_1 = Y_{1a}X_a + Y_{1b}X_b \\ Y_2 = Y_{2a}X_a + Y_{2b}X_b \end{array}\right\} \tag{3}$$

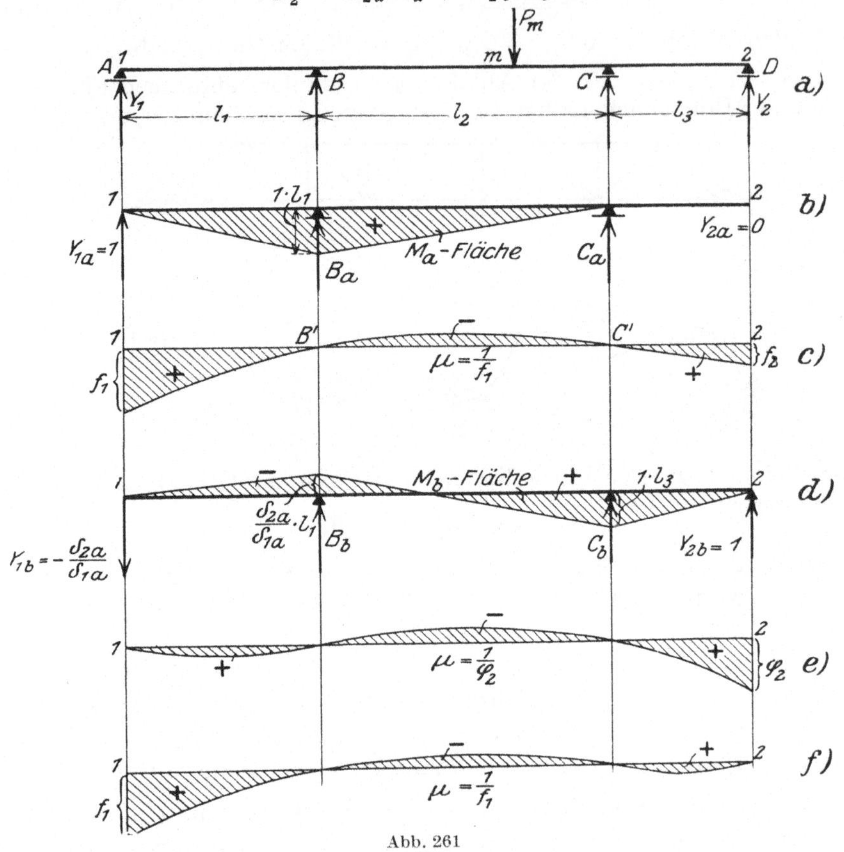

Abb. 261

Nun setze man $Y_{1a} = Y_{2b} = 1$, $Y_{2a} = 0$ und bestimme die Gruppenlast Y_{1b} mit Hilfe der Bedingung

$$\delta_{ba} = 0 = Y_{1b}\delta_{1a} + 1\,\delta_{2a},$$

woraus folgt

$$Y_{1b} = -\frac{\delta_{2a}}{\delta_{1a}}.$$

Der Belastungszustand $X_a = 1$ besteht aus der Gruppenlast $Y_{1a} = 1$ (Abb. 261b) und der Zustand $X_b = 1$ aus den Gruppenlasten $Y_{1b} = -\dfrac{\delta_{2a}}{\delta_{1a}}$ und $Y_{2b} = 1$ (Abb. 261d). Infolge einer gegebenen Belastung P wird wegen $\delta_{ab} = \delta_{ba} = 0$

$$X_{aP} = -\frac{\sum P_m \delta_{ma}}{\delta_{aa}},$$

$$X_{bP} = -\frac{\sum P_m \delta_{mb}}{\delta_{bb}}.$$

Die mit $-\dfrac{1}{\delta_{aa}}$ multiplizierte Biegungslinie des statisch bestimmten Hauptsystems (Balken auf 2 Stützen B und C mit überkragenden Armen) infolge
$X_a = 1$ stellt somit die Einflußlinie für X_a dar und entsprechend die mit $-\dfrac{1}{\delta_{bb}}$
multiplizierte Biegungslinie infolge $X_b = 1$ die Einflußlinie für X_b. Zur Bestimmung dieser Einflußlinien führt man die mit -1 multiplizierte M_a- bzw.
M_b-Fläche als Belastungsflächen des Trägers ein und ermittelt die zugehörigen
Momentenlinien. Die Einflußlinie für X_a ist in Abb. 261 c dargestellt. Sie besteht
in der Öffnung l_3 aus einer Geraden, nämlich der Tangente an die Einflußlinie
im Punkte C', da dieser Teil des Trägers infolge $X_a = 1$ keine Formänderung,
sondern nur eine Verdrehung erleidet. Unter Punkt 2 ergibt sich die Ordinate f_2,
welche die gleiche Größe (aber entgegengesetzte Richtung) hat wie δ_{2a}, und
unter 1 die Ordinate f_1, die absolut genommen gleich $\delta_{1a} = \delta_{aa}$ ist. Der Multiplikator der Einflußlinie ist also $\mu = \dfrac{1}{f_1}$.

Der Quotient $\dfrac{\delta_{2a}}{\delta_{1a}} = \dfrac{f_2}{f_1}$ liefert die Gruppenlast $Y_{1b} = -\dfrac{\delta_{2a}}{\delta_{1a}}$. Jetzt sind beide
Gruppenlasten des Zustandes $X_b = 1$ bekannt, und es kann somit die M_b-Fläche
gezeichnet werden (Abb. 261 d), welche, mit -1 multipliziert, als Belastungsfläche des Trägers zur Bestimmung der Einflußlinie für X_b (Abb. 261 e) benutzt
wird. Als Kontrolle muß sich $\delta_{1b} = 0$ ergeben, da $\delta_{ab} = 0 = 1\,\delta_{1b}$ ist.

Die unter 2 gemessene Ordinate φ_2 ist absolut genommen gleich δ_{2b}. Nun ist
aber $\delta_{2b} = \delta_{bb}$. Demnach wird der Multiplikator der Einflußlinie für X_b $\mu = \dfrac{1}{\varphi_2}$.

Führt man die Gruppenlasten in (3) ein, so erhält man die statisch unbestimmten Einzelwirkungen

$$Y_1 = X_a - \frac{\delta_{2a}}{\delta_{1a}} X_b,$$
$$Y_2 = X_b$$

und erkennt, daß die Einflußlinie für X_b (Abb. 261 e) zugleich Einflußlinie für
den Stützendruck Y_2 der rechten Außenstütze bei D ist. Dagegen ergeben sich
die Einflußordinaten für den Stützendruck Y_1 der linken Außenstütze bei A als
Differenz der X_a-Ordinaten und der mit $\dfrac{\delta_{2a}}{\delta_{1a}} = \dfrac{f_2}{f_1}$ multiplizierten X_b-Ordinaten.
Zu ihrer Berechnung verfährt man am besten so, daß man von den Ordinaten
der Abb. 261 c die mit

$$\frac{f_2}{f_1}\,\frac{f_1}{\varphi_2} = \frac{f_2}{\varphi_2}$$

multiplizierten Ordinaten der Abb. 261 e subtrahiert und der Einflußlinie dann
den Multiplikator $\mu = \dfrac{1}{f_1}$ beigibt (Abb. 261 f).

Ist das Trägheitsmoment des Balkens veränderlich, so hat man die verzerrten
Momentenflächen (M_a und M_b) einzuführen (S. 148) und verfährt im übrigen
wie vorstehend angegeben.

Im Falle eines unveränderlichen Trägheitsmomentes kann der Quotient $\dfrac{\delta_{2a}}{\delta_{1a}}$
leicht berechnet werden. Zur Bestimmung von δ_{2a} schreibe man die Beziehung

$$\delta_{2a} = \int \frac{\overline{M}\,M_a\,dx}{EJ}$$

an, worin $\overline{M}$ das Moment infolge der in 2 angreifenden senkrecht aufwärts gerichteten Last 1 bedeutet. Unter Bezugnahme auf Abb. 262, welche die M_a-
und die $\overline{M}$-Fläche darstellt, erhält man nach Gl. (27) S. 188

$$EJ\,\delta_{2a} = \int \overline{M}\,M_a\,dx = \frac{l_2}{6}\,l_1\,l_3$$

und nach Gl. (26) S. 188

$$E\,J\,\delta_{1a} = E\,J\,\delta_{aa} = 2\,\frac{l_1\,(l_1 + l_2)}{2}\,\frac{l_1}{3} = \frac{l_1^2\,(l_1 + l_2)}{3}\,.$$

Damit wird

$$\frac{\delta_{2a}}{\delta_{1a}} = \frac{l_2\,l_3}{2\,l_1\,(l_1 + l_2)}\,.$$

Die M_b-Fläche (vgl. Abb. 261 d) hat also bei B die Ordinate

$$\eta_B = -\,\frac{l_2\,l_3}{2\,(l_1 + l_2)}$$

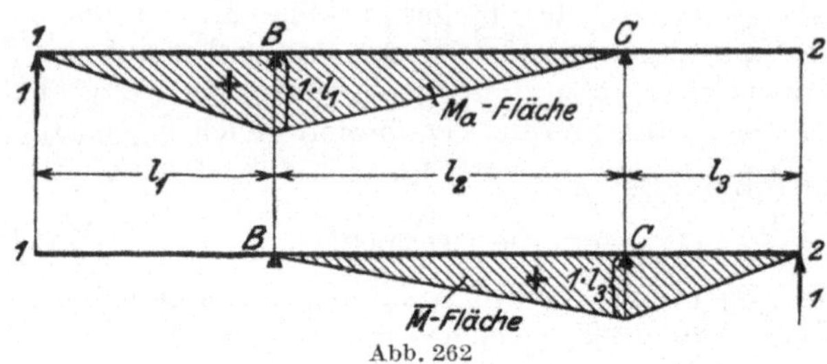

Abb. 262

und kann demnach sofort gezeichnet werden. Mit ihrer Hilfe wird die Einflußlinie für X_b bzw. Y_2 in der oben angedeuteten Weise bestimmt. Als Gegenstück
zur M_b-Fläche kann man jetzt eine weitere Momentenfläche zeichnen, welche
bei C die Ordinate $z_C = -\,\dfrac{l_1\,l_2}{2\,(l_2 + l_3)}$ und bei B die Ordinate $z_B = +\,l_1$ besitzt
(Abb. 263). Multipliziert man diese mit -1 und faßt sie als Belastungsfläche des
statisch bestimmten Hauptsystems auf, so ist die zu dieser Belastungsfläche gehörige Momentenlinie die Einflußlinie für Y_1. Ihr Multiplikator ist $\mu = \dfrac{1}{\psi_1}$,
wenn ψ_1 die unter 1 gemessene Ordinate angibt.

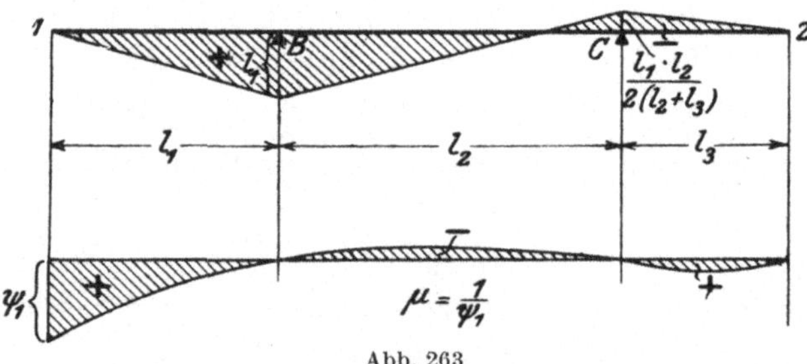

Abb. 263

Nachdem die Einflußlinien für Y_1 und Y_2 bekannt sind, lassen sich aus diesen
alle übrigen ableiten. Um z. B. diejenige für den Stützendruck B zu bestimmen,
schreibe man die Momentenbedingung für den Stützpunkt C unter der Annahme
an, daß das statisch bestimmte Hauptsystem mit Y_1 und Y_2 belastet sei. Diese
lautet

$$Y_1\,(l_1 + l_2) + B'\,l_2 - Y_2\,l_3 = 0\,,$$

woraus folgt

$$B' = \frac{Y_2\,l_3}{l_2} - Y_1\,\frac{l_1 + l_2}{l_2}\,.$$

Infolge einer Last P am statisch bestimmten Hauptsystem sei $B'' = B_0$.
Insgesamt wird also

$$B = B' + B'' = B_0 + \frac{Y_2\,l_3}{l_2} - Y_1\,\frac{l_1 + l_2}{l_2}\,.$$

Man kann somit die Einflußordinaten für B darstellen, indem man zu den B_0-Ordinaten die mit $\frac{l_3}{l_2}$ multiplizierten Y_2-Ordinaten addiert und davon die mit $\frac{l_1 + l_2}{l_2}$ multiplizierten Y_1-Ordinaten subtrahiert. Es ergibt sich dann die in Abb. 264a dargestellte Einflußlinie für B.

Besonders einfach gestaltet sich die Ermittlung der Einflußlinien für die Momente und Querkräfte in den Außenfeldern. Steht die Last 1 rechts von m, so ist (Abb. 264)

$$M_m = A\,x_m = Y_1\,x_m$$

und bei Laststellung links von m wird

$$M_m = Y_1\,x_m - 1\,\xi .$$

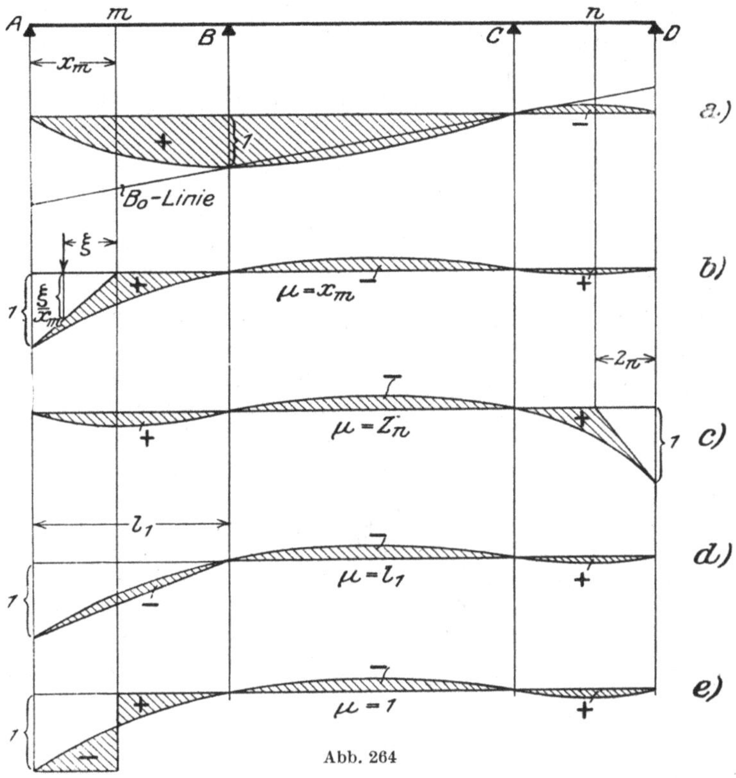

Abb. 264

Die Einflußordinaten für M_m sind also rechts von m identisch mit den mit x_m multiplizierten Y_1-Ordinaten (Abb. 264b). Links von m ist von den $x_m Y_1$-Ordinaten der Wert $1\,\xi$ oder von den Ordinaten der Y_1-Linie der Wert $\frac{1\,\xi}{x_m}$ abzuziehen. In analoger Weise ergibt sich die Einflußlinie für das Moment eines Punktes n der rechten Seitenöffnung (Abb. 264c) aus derjenigen für Y_2. In Abb. 264d ist ferner die Einflußlinie für das Stützmoment M_B dargestellt, welche aus derjenigen für M_m entsteht, wenn $x_m = l_1$ wird. Endlich zeigt Abb. 264e die Einflußlinie für die Querkraft Q_m. Bei einer Laststellung rechts von m ist $Q_m = A = Y_1$, bei Laststellung links von m $Q_m = Y_1 - 1$. Damit kann die Q_m-Linie aus der Y_1-Linie gewonnen werden.

Zur Bestimmung der Einflußlinien für die Querkräfte und Momente der Mittelöffnung bedient man sich zweckmäßig der Stützmomente M_B und M_C. Mit ihrer

Hilfe läßt sich die Querkraft Q_m in der Form

$$Q_m = Q_{m\,0} + \frac{M_C - M_B}{l_2}$$

und das Moment M_m in der Form

$$M_m = M_{m\,0} + \frac{M_C\,x_m + M_B\,x_m'}{l_2}$$

darstellen (S. 55), wobei $Q_{m\,0}$ und $M_{m\,0}$ die Querkraft bzw. das Moment des einfachen Balkens $B-C$ bedeuten (Abb. 265). Um also die Einflußlinie für die Querkraft Q_m zu erhalten, trage man zunächst die $Q_{m\,0}$-Linie auf, welche sich nur über die Öffnung $B-C$ erstreckt, und addiere zu deren Ordinaten diejenigen der $\frac{M_C - M_B}{l_2}$-Linie. In der Abb. 265a, welche die Einflußlinie für Q_m darstellt, wurde die $\frac{M_C - M_B}{l_2}$-Linie in der Mittelöffnung von den Geraden $B'-C''$ bzw. $B''-C'$ aus

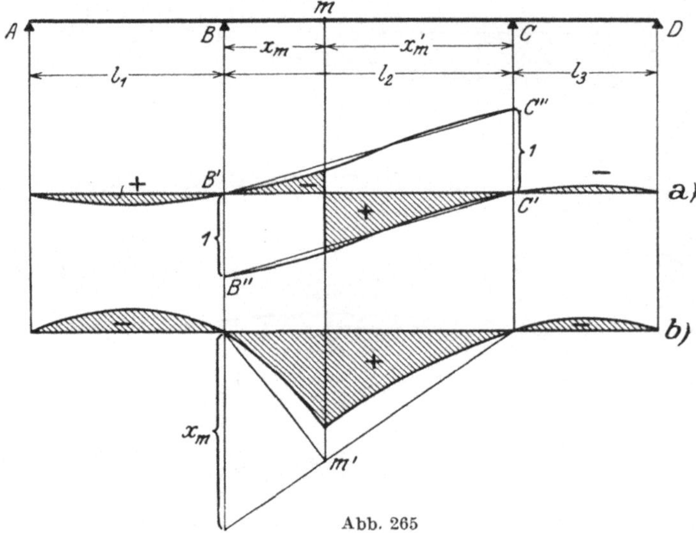

Abb. 265

abgetragen, um auf diese Weise eine geradlinig verlaufende Nullinie zu erhalten. Die $\frac{M_C - M_B}{l_2}$-Linie kann aus den Einflußlinien für die Stützmomente M_C und M_B abgeleitet werden. Sie bleibt für alle Querschnitte der Mittelöffnung die gleiche.

In ähnlicher Weise findet man die Einflußlinie für das Moment an der Stelle m. Man trägt zunächst die $M_{m\,0}$-Linie auf, welche durch ein Dreieck mit unter m liegender Spitze m' dargestellt wird und sich ebenfalls nur über die Öffnung $B-C$ erstreckt. Zu deren Ordinaten addiert man die mit $\frac{x_m}{l_2}$ multiplizierten Ordinaten der M_C-Linie und die mit $\frac{x_m'}{l_2}$ multiplizierten Ordinaten der M_B-Linie. Die so entstehende Einflußlinie für M_m ist in Abb. 265b dargestellt.

Der Einfluß einer Temperaturänderung auf die Größen X_a und X_b ist

$$X_{a\,t} = -\frac{\delta_{a\,t}}{\delta_{a\,a}}\,;\qquad X_{b\,t} = -\frac{\delta_{b\,t}}{\delta_{b\,b}}\,,$$

wobei

$$\delta_{a\,t} = \int \frac{\varepsilon_t\,\Delta t}{h}\,M_a\,dx\,;\qquad \delta_{b\,t} = \int \frac{\varepsilon_t\,\Delta t}{h}\,M_b\,dx\,.$$

Für das Moment an der Stelle m ergibt sich dann

$$M_{mt} = M_{ma} X_{at} + M_{mb} X_{bt} .$$

M_{ma} und M_{mb} werden der M_a- bzw. M_b-Fläche (Abb. 261b und d) entnommen.
Soll der Einfluß von Stützensenkungen verfolgt werden, so bestimmt man:

$$X_{aS} = \frac{\Sigma\,(C_a\,c)}{\delta_{aa}} ; \qquad X_{bS} = \frac{\Sigma\,(C_b\,c)}{\delta_{bb}} .$$

Infolge des Zustandes $X_a = 1$ wird

$$A_a = 1 , \qquad B_a = -1\,\frac{l_1 + l_2}{l_2} , \qquad C_a = 1\,\frac{l_1}{l_2} , \qquad D_a = 0 .$$

Infolge $X_b = 1$ wird

$$A_b = -\frac{\delta_{2a}}{\delta_{1a}} , \qquad B_b = 1\,\frac{l_3}{l_2} + \frac{\delta_{2a}}{\delta_{1a}}\,\frac{l_1 + l_2}{l_2} ,$$

$$C_b = -\frac{\delta_{2a}}{\delta_{1a}}\,\frac{l_1}{l_2} - 1\,\frac{l_2 + l_3}{l_2} , \qquad D_b = 1 .$$

Senken sich die Stützen A, B, C und D um c_A, c_B, c_C und c_D, so wird

$$X_{aS} = \frac{1}{\delta_{aa}}\left(-1\,c_A + \frac{l_1 + l_2}{l_2}\,c_B - \frac{l_1}{l_2}\,c_C\right) ,$$

$$X_{bS} = \frac{1}{\delta_{bb}}\left[\frac{\delta_{2a}}{\delta_{1a}}\,c_A - \left(\frac{l_3}{l_2} + \frac{\delta_{2a}}{\delta_{1a}}\,\frac{l_1 + l_2}{l_2}\right)c_B + \left(\frac{\delta_{2a}}{\delta_{1a}}\,\frac{l_1}{l_2} + \frac{l_2 + l_3}{l_2}\right)c_C - c_D\right] .$$

Damit kann der Einfluß der Stützensenkungen auf alle Momente usw. angegeben
werden.

b) Fachwerkträger

Das vorstehend für den vollwandigen Träger beschriebene Verfahren läßt
sich ohne weiteres auch auf den Fachwerkträger auf vier Stützen anwenden. Zur
Ermittlung der Einflußlinien für X_a und X_b bedient man sich der W-Gewichte,
welche getrennt für die beiden Zustände $X_a = 1$ und $X_b = 1$ zu berechnen sind.
Darauf belaste man den einfachen Balken AD von der Stützweite $L = l_1 + l_2 + l_3$
mit den W-Gewichten infolge $X_a = 1$ und bestimme die Biegungslinie. Die Null-
gerade wird mit Hilfe der Bedingung festgelegt, daß die Verschiebungen der
Punkte B und C gleich Null sind. *Die Biegungslinie ist Einflußlinie für X_a*, wenn
man ihr den Multiplikator $\mu = -\dfrac{1}{\delta_{aa}}$ beilegt. Statt dessen kann man die mit
-1 multiplizierten W-Gewichte einführen und erhält dann sofort die Einflußlinie für X_a mit dem richtigen Vorzeichen. In ganz analoger Weise wird die
Einflußlinie für X_b gefunden. Mit Hilfe dieser beiden Linien lassen sich die Einflußlinien für Y_1, Y_2, M_C und M_B leicht auftragen. Sind diese bekannt, dann
können aus ihnen die Einflußlinien aller Knotenpunktsmomente genau wie beim
vollwandigen Träger abgeleitet werden, welche die Einflußlinien der Gurtstäbe
liefern, sobald man ihnen den Multiplikator $\pm\dfrac{1}{r}$ beigibt.

Für den in Abb. 266 skizzierten Fachwerkträger auf vier Stützen ist zunächst
die Einflußfläche für Y_1 dargestellt (a)*. Aus ihr wird diejenige für M_m abgeleitet, welche, mit $\dfrac{1}{h_m}$ multipliziert, die Einflußfläche für den Untergurtstab
$U_{(m)} = U_{(m+1)}$ liefert (Abb. 266b).

Soll die Einflußlinie für den Stab O_n der Mittelöffnung gezeichnet werden,
so bestimme man diejenige für das Moment $M_{(n)}$ und gebe ihr den Multiplikator
$\mu = -\dfrac{1}{r_{(n)}}$ (Abb. 266c).

---

* In der Abbildung wurde wieder der gebrochene Linienzug durch einen gekrümmten
ersetzt.

Die Einflußlinien für die Spannkräfte in den Diagonalen der linken Seitenöffnung lassen sich aus der Y_1-Linie ableiten. Soll z. B. diejenige für $D_{(m+1)}$ gezeichnet werden, so bestimme man zunächst die Spannkraft $\mathfrak{D}$, welche im Stabe $D_{(m+1)}$ entsteht, wenn nur der Auflagerdruck $A = 1$ am Trägerteil $A-B$ wirkt. Eine Last 1 rechts von $(m+1)$ erzeugt dann eine Diagonalspannkraft $D_{(m+1)} = A\,\mathfrak{D}$, wobei A der wirkliche Auflagerdruck infolge dieser Last 1 ist. Die Einflußlinie für $D_{(m+1)}$ rechts von $(m+1)$ ist also identisch mit der mit $\mathfrak{D}$ multiplizierten $A = Y_1$-Linie. Steht die Last 1 links von (m) bzw. in (m), so

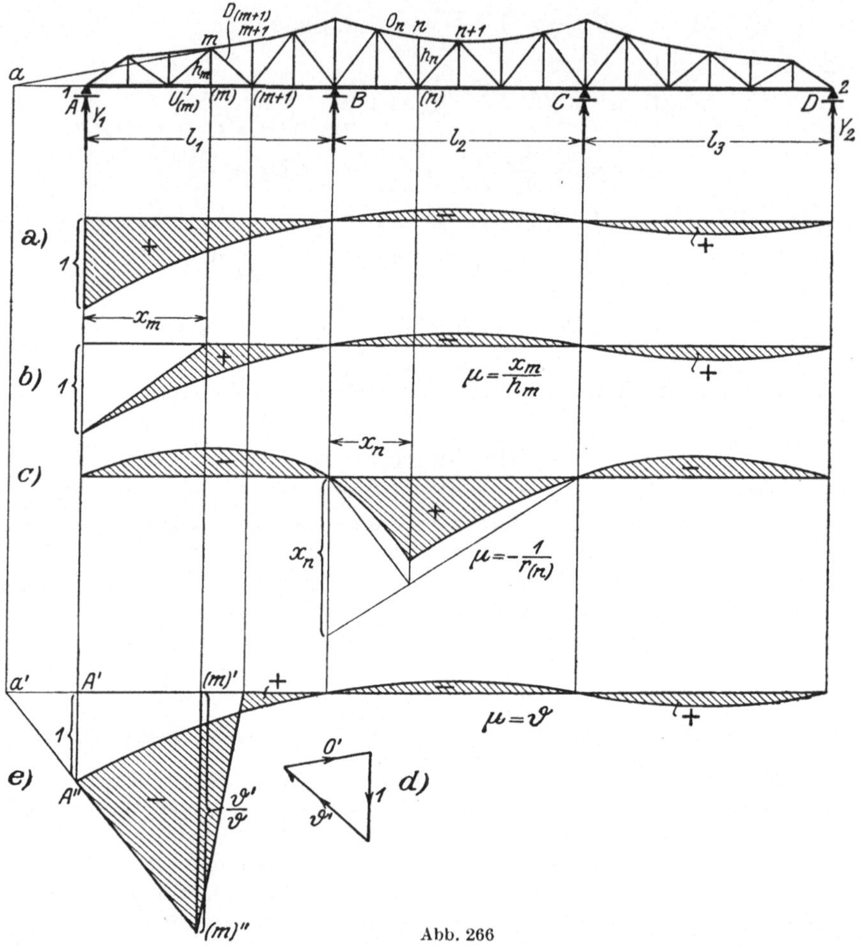

Abb. 266

setzt sich $D_{(m+1)}$ zusammen aus dem Wert $A\,\mathfrak{D}$ und dem Beitrag der Last 1, welcher mit Hilfe des CULMANNschen Verfahrens (vgl. S. 66) durch graphische Zerlegung gefunden werden kann. Steht z. B. die Last 1 im Punkte (m), so zerlege man 1 nach den Richtungen von $D_{(m+1)}$ und O_{m+1} und bestimme die in die Richtung von $D_{(m+1)}$ fallende Kraft $\mathfrak{D}'$ so, daß der Umfahrungssinn stetig ist. Diese ergibt sich hier als Druckkraft (Abb. 266d). Addiert man beide Beiträge $(A\,\mathfrak{D} + \mathfrak{D}')$ unter Beachtung der Vorzeichen, so erhält man die Einflußordinate für $D_{(m+1)}$ unter (m). Bei Benutzung der Y_1-Linie sind die Ordinaten der Einflußlinie für $D_{(m+1)}$ rechts von $(m+1)$ $\mathfrak{D}$-fach zu klein. Es muß also $\mathfrak{D}'$ ebenfalls durch $\mathfrak{D}$ dividiert werden. Damit ist die Form der Einflußlinie für $D_{(m+1)}$ festgelegt (Abb. 266e). Ihr Multiplikator ist $\mu = \mathfrak{D}$. Als Kontrolle ergibt

15*

sich, daß die Geraden $(m)'A'$ und $(m)''A''$ der Einflußlinie sich senkrecht unter dem Schnittpunkt a der beiden dem Feld $(m)-(m+1)$ angehörigen Gurtstäbe schneiden müssen.

In gleicher Weise hätte man zu verfahren, wenn es sich um die Bestimmung der Einflußlinien für die Vertikalen eines Ständerfachwerks handelte. Sollen die Einflußlinien für die Füllungsstäbe der rechten Seitenöffnung gezeichnet werden, so bedient man sich entsprechend der Y_2-Linien zu ihrer Ableitung.

Zur Bestimmung der Einflußlinie für die Spannkraft des Diagonalstabes D_{n+1} der Mittelöffnung schreibe man nach Gl. (4) S. 70 die Beziehung an:

$$D_{n+1} = \left(\frac{M_{(n)}}{h_n} - \frac{M_{n+1}}{h_{n+1}}\right)\frac{1}{\cos\varphi_{n+1}} = \frac{1}{h_n\cos\varphi_{n+1}}\left(M_{(n)} - M_{n+1}\frac{h_n}{h_{n+1}}\right).$$

Man erhält somit die Einflußfläche für D_{n+1} als Differenz der Einflußfläche für $M_{(n)}$ und der mit $\dfrac{h_n}{h_{n+1}}$ multiplizierten Einflußfläche für M_{n+1}. Ihr Multiplikator ist $\mu = \dfrac{1}{h_n\cos\varphi_{n+1}}$.

Bezeichnen V_B die über der Stütze B liegende Vertikale, O und O' die beiden sie begrenzenden Obergurtstäbe, so liefert die Bedingung $\sum V = 0$ des Gleichgewichts für den oberen Knoten von V_B (Abb. 267):

$$O\sin\beta + O'\sin\beta' + V_B = 0,$$

wenn β und β' die Neigungswinkel von O und O' gegen die Horizontale bedeuten.

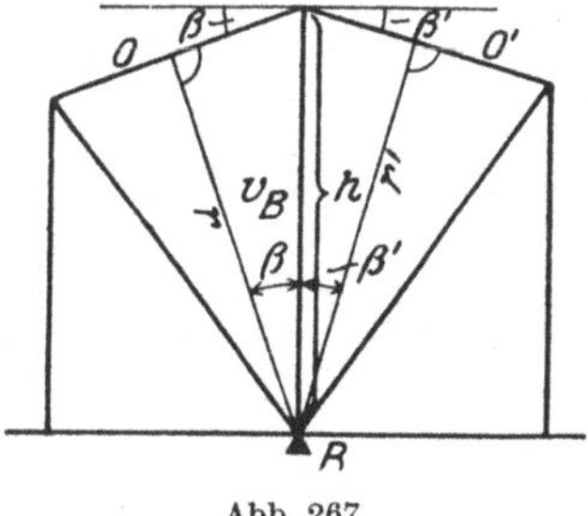

Abb. 267

Mit $O = -\dfrac{M_B}{r}$ und $O' = -\dfrac{M_B}{r'}$ ergibt sich

$$V_B = M_B\left(\frac{\sin\beta}{r} + \frac{\sin\beta'}{r'}\right),$$

oder wegen $r = h\cos\beta$; $r' = h\cos\beta'$

$$V_B = \frac{M_B}{h}(\operatorname{tg}\beta + \operatorname{tg}\beta').$$

Die Einflußfläche für V_B ist also identisch mit der mit $\mu = \dfrac{\operatorname{tg}\beta + \operatorname{tg}\beta'}{h}$ multiplizierten Einflußfläche für M_B.

Der Einfluß von Temperaturänderungen und Stützensenkungen kann nach den für den Träger auf drei Stützen und den vollwandigen Träger auf vier Stützen gegebenen Erläuterungen untersucht werden.

III. Der Träger auf beliebig vielen Stützen

Ein durchlaufender Träger auf $n+2$ Stützen ist bei Vorhandensein eines festen und $n+1$ beweglicher Auflager n-fach statisch unbestimmt, denn es stehen den $n+3$ unbekannten Lagerreaktionen nur drei Gleichgewichtsbedingungen gegenüber. Die noch fehlenden n Bedingungen erhält man durch Aufstellung von ebensoviel Elastizitätsgleichungen.

A. Vollwandige Träger

1. Ableitung der Elastizitätsgleichungen

Als statisch unbestimmte Größen seien die n Stützmomente über den Zwischenstützen eingeführt. Das statisch bestimmte Hauptsystem besteht dann aus $n+1$ nebeneinanderliegenden einfachen Balken. In Abb. 268a, b, c sind die drei Belastungszustände $M_r = 1$, $M_{r-1} = 1$ und $M_{r+1} = 1$ dargestellt, wenn $r-1, r, r+1$ drei aufeinanderfolgende Stützpunkte des durchlaufenden Trägers sind. Für die Folge sollen die beiden Geraden $(r-1)-r$ und $r-(r+1)$ als das r-te Geradenpaar bezeichnet werden. Entsprechend bilden $(r-2)-(r-1)$ und

$(r-1)-r$ das $(r-1)$-te Geradenpa*r* usw. Unter Beachtung der obigen Belastungszustände erhält man die Drehung τ_{rr} des r-ten Geradenpaares infolge $M_r = 1$ bei Vernachlässigung von Querkräften aus der Arbeitsgleichung

$1\,\tau_{rr} = \int \dfrac{\overline{M_r^2}\,dx}{EJ}$, ferner die Drehung $\tau_{(r-1)\,r}$ des $(r-1)$-ten Geradenpaares infolge

$M_r = 1$ $1\,\tau_{(r-1)\,r} = \displaystyle\int \dfrac{\overline{M}_{r-1}\,\overline{M}_r}{EJ}\,dx$ und endlich $1\,\tau_{(r+1)\,r} = \displaystyle\int \dfrac{\overline{M}_{r+1}\,\overline{M}_r}{EJ}\,dx$. Dabei

bezeichnen $\overline{M}_r$, $\overline{M}_{r-1}$, $\overline{M}_{r+1}$ die virtuellen Biegungsmomente infolge der Belastungszustände $M_r = 1$, $M_{r-1} = 1$ und $M_{r+1} = 1$ (S. 126 und 129).

Da die Momentenfläche für den Belastungszustand $M_{r-2} = 1$ ebenfalls aus einem Dreieck besteht, dessen Basis gleich $l_{r-2} + l_{r-1}$ und dessen Höhe gleich 1

ist, so überzeugt man sich leicht, daß $\tau_{(r-2)\,r} = \displaystyle\int \dfrac{\overline{M}_{r-2}\,\overline{M}_r}{EJ}\,dx$ gleich Null werden

muß, denn das $(r-2)$-te Geradenpaar wird durch den Zustand $M_r = 1$ nicht

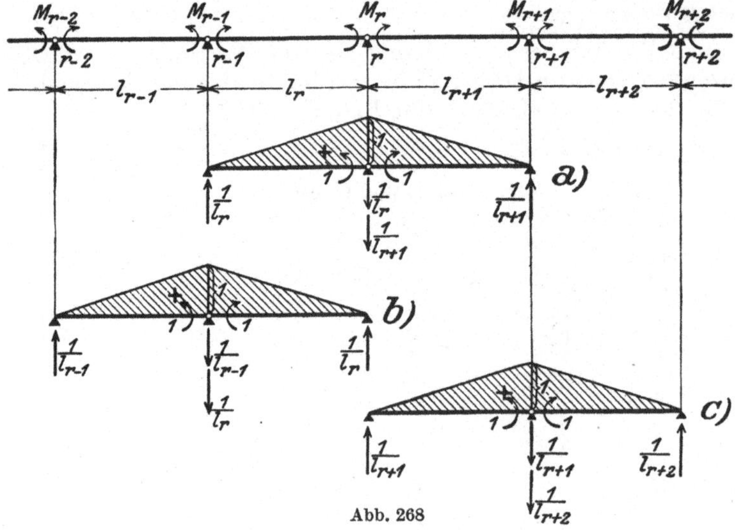

mehr beeinflußt. In gleicher Weise wird $\tau_{(r-3)\,r} = \tau_{(r-4)\,r} = .. = 0$ und ebenso $\tau_{(r+2)\,r} = \tau_{(r+3)\,r} = \ldots = 0$. Ersetzt man nun in den allgemeinen Elastizitätsgleichungen (II) S. 181 die statisch unbestimmten Größen X_a, X_b, ..., X_r, ... durch die Stützmomente M_1, M_2, ... M_3, ... und die Verschiebungen δ_{ar}, δ_{br}, ..., δ_{rr}, ..., δ_{rt}, durch die Drehungen τ_{1r}, τ_{2r}, ..., τ_{rr}, ..., τ_{rt}, so lautet die zu M_r gehörige bzw. die der Stütze r entsprechende Elastizitätsgleichung:

$$\Sigma\,(C_r c) = \Sigma\,P_m\,\delta_{mr} + M_1\tau_{1r} + M_2\tau_{2r} + \cdots + M_{r-2}\,\tau_{(r-2)\,r} + M_{r-1}\,\tau_{(r-1)\,r} +$$
$$+ M_r\tau_{rr} + M_{r+1}\tau_{(r+1)\,r} + M_{(r+2)}\,\tau_{(r+2)\,r} + \cdots + M_n\,\tau_{nr} + \tau_{rt},$$

oder, da nach obigen Erläuterungen

$$\tau_{1r} = \tau_{2r} = \cdots = \tau_{(r-2)\,r} = \tau_{(r+2)\,r} = \cdots = \tau_{nr} = 0,$$

$$\Sigma\,(C_r c) = \Sigma\,P_m\,\delta_{mr} + M_{r-1}\tau_{(r-1)\,r} + M_r\tau_{rr} + M_{r+1}\tau_{(r+1)\,r} + \tau_{rt}, \qquad (4)$$

wobei allgemein C_r die infolge $M_r = 1$ auftretenden Stützenreaktionen, c die gegebenen Stützensenkungen und τ_{rt} die Drehung des r-ten Geradenpaares infolge einer Temperaturänderung bedeuten.

Eine solche Elastizitätsgleichung (4) läßt sich für jede der n Zwischenstützen aufstellen, wodurch n lineare Gleichungen zur Berechnung der n statisch unbestimmten Stützmomente zur Verfügung stehen.

Die in der Elastizitätsgleichung (4) auftretenden Verschiebungsgrößen können mit Hilfe des Belastungszustandes $M_r = 1$ gefunden werden. Es sei zunächst vorausgesetzt, daß die Trägheitsmomente des Balkens innerhalb jeder Öffnung konstant, untereinander aber verschieden sind. J_r bezeichne das Trägheitsmoment der Öffnung l_r, J_{r+1} dasjenige von l_{r+1}. Abb. 269a zeigt die Momentenfläche infolge $M_r = 1$, Abb. 269b die zugehörige Biegungslinie. Die Tangente an letztere in $r-1$ schließt mit der Geraden $(r-1)-r$ den Winkel $\tau_{(r-1)r}$, und entsprechend die Tangente in $r+1$ mit der Geraden $(r+1)-r$ den Winkel $\tau_{(r+1)r}$ ein. Ferner liefert die Summe der beiden Winkel, welche die Tangenten in r an die beiden Äste der Biegungslinie mit der Geraden $(r-1)-r-(r+1)$ bilden, die Drehung τ_{rr}. Nach den Erläuterungen auf S. 150 können diese Winkel

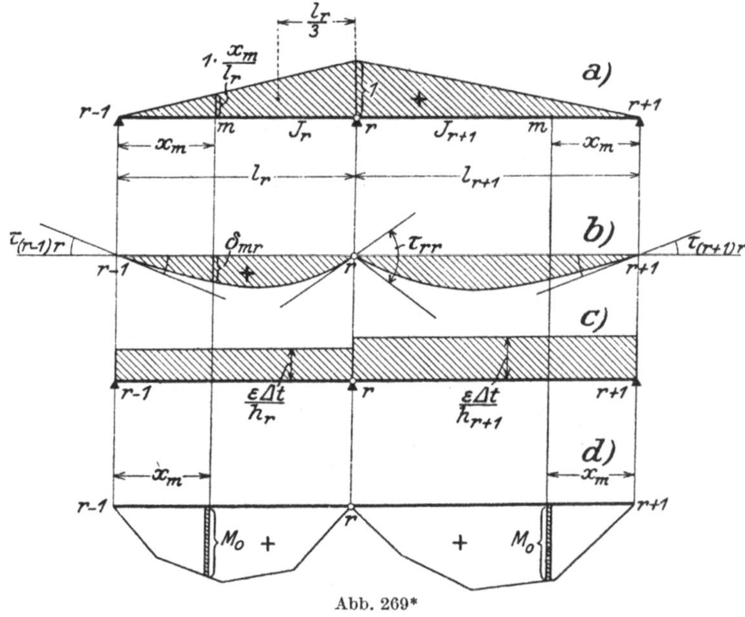

Abb. 269*

als Auflagerkräfte berechnet werden, welche die als Belastungsfläche aufgefaßte Momentenfläche infolge $M_r = 1$ an den entsprechenden Stützpunkten erzeugt, unter Beifügung des Faktors $\dfrac{1}{EJ}$. Man erhält also:

$$\tau_{(r-1)r} = \frac{1}{2}\frac{l_r}{3}\frac{l_r}{l_r}\frac{1}{EJ_r} = \frac{l_r}{6EJ_r},$$

$$\tau_{(r+1)r} = \frac{l_{r+1}}{6EJ_{r+1}},$$

$$\tau_{rr} = \frac{l_r}{3EJ_r} + \frac{l_{r+1}}{3EJ_{r+1}}.$$

Um den Wert τ_{rt} zu bestimmen, belaste man die Balken $(r-1)-r$ und $r-(r+1)$ mit einer Fläche, deren Belastungsordinate innerhalb der r-ten Öffnung $w_{xt} = \dfrac{\varepsilon_t \Delta t}{h_r}$ (vgl. S. 148), innerhalb der $(r+1)$-ten Öffnung $w_{xt} = \dfrac{\varepsilon_t \Delta t}{h_{r+1}}$ ist, wobei $\Delta t = t_u - t_0$ die zwischen Unter- und Obergurt des Balkens bestehende, konstant angenommene Temperaturdifferenz und h_r bzw. h_{r+1} die den Feldern l_r bzw. l_{r+1} entsprechenden Trägerhöhen bezeichnen (Abb. 269c)*. Die Verschiebung τ_{rt} läßt sich dann darstellen als Summe der beiden Auflagerdrücke

---

* In Abb. 269c lies ε_t statt ε.

der Balken $(r-1)-r$ und $r-(r+1)$ an der Stelle r infolge der hier eingeführten Belastungsflächen. Man erhält also

$$\tau_{rt} = \frac{\varepsilon_t \, \varDelta t}{2}\left(\frac{l_r}{h_r} + \frac{l_{r+1}}{h_{r+1}}\right).$$

Die Werte δ_{mr} ergeben sich als Ordinaten der Biegungslinie der beiden einfachen Balken $(r-1)-r$ und $r-(r+1)$ infolge der Belastung $M_r = 1$. Sie können nach dem MOHRschen Satz (vgl. S. 148) als Momente gedeutet werden, welche an den einzelnen Punkten m jedes der beiden Balken entstehen, sofern die mit $\frac{1}{EJ}$ multiplizierte Momentenfläche infolge $M_r = 1$ als Belastungsfläche eingeführt wird. Unter Bezugnahme auf Abb. 269a ergibt sich für einen Punkt m der Öffnung l_r:

$$\overset{r}{\delta}_{mr} = \frac{1}{EJ_r}\left(\frac{1}{6}\frac{l_r}{} x_m - \frac{x_m}{l_r}\frac{x_m}{2}\frac{x_m}{3}\right) = \frac{l_r^2}{6EJ_r}\left(\frac{x_m}{l_r} - \frac{x_m^3}{l_r^3}\right) \tag{5}$$

und entsprechend für einen Punkt m der Öffnung l_{r+1}:

$$\overset{r+1}{\delta}_{mr} = \frac{l_{r+1}^2}{6EJ_{r+1}}\left(\frac{x_m}{l_{r+1}} - \frac{x_m^3}{l_{r+1}^3}\right). \tag{6}$$

Der Zeiger über δ gibt an, in welchem Felde der betreffende Punkt liegt.

Ändern sich die Trägheitsmomente des Balkens auch innerhalb der einzelnen Öffnungen, so kann die Ermittlung der Verschiebungen ebenfalls in der vorstehend angegebenen Weise erfolgen, sofern die *verzerrte* Momentenfläche infolge $M_r = 1$ eingeführt wird. In den meisten Fällen der Praxis genügt jedoch schon die hier gemachte Voraussetzung, daß die Trägheitsmomente innerhalb jeder Öffnung konstant sind.

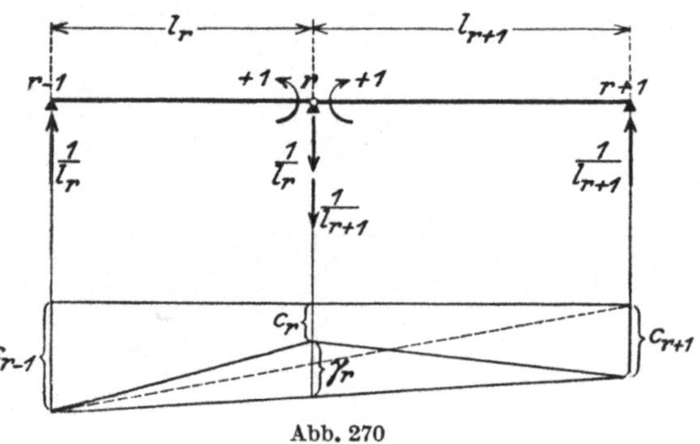

Abb. 270

An den Stützen $r-1$, r und $r+1$ mögen Senkungen um c_{r-1}, c_r und c_{r+1} beobachtet sein. Dann wird unter Beachtung der Abb. 270

$$\Sigma(C_r c) = -\frac{c_{r-1}}{l_r} + \left(\frac{1}{l_r} + \frac{1}{l_{r+1}}\right)c_r - \frac{c_{r+1}}{l_{r+1}}.$$

Bezeichnet γ_r die nach oben positiv angenommene relative Verschiebung der Stütze r gegen $r+1$ und $r-1$, so wird, wie aus Abb. 270 ersichtlich,

$$\gamma_r = \frac{c_{r+1}\, l_r}{l_r + l_{r+1}} + \frac{c_{r-1}\, l_{r+1}}{l_r + l_{r+1}} - c_r.$$

Multipliziert man diese Gleichung mit $-\dfrac{l_r + l_{r+1}}{l_r\, l_{r+1}}$, so ergibt sich:

$$-\gamma_r \frac{l_r + l_{r+1}}{l_r\, l_{r+1}} = -\frac{c_{r+1}}{l_{r+1}} - \frac{c_{r-1}}{l_r} + c_r \frac{l_r + l_{r+1}}{l_r\, l_{r+1}}.$$

Die rechte Seite dieser Gleichung stimmt mit dem oben für $\Sigma(C_r c)$ entwickelten Ausdruck überein, weshalb

$$\Sigma(C_r c) = -\gamma_r \frac{l_r + l_{r+1}}{l_r\, l_{r+1}}.$$

Setzt man jetzt den für $\Sigma(C_r\,c)$ gefundenen Wert in die Gl. (4) ein, so geht diese über in

$$M_{r-1}\,\tau_{(r-1)\,r} + M_r\,\tau_{r\,r} + M_{r+1}\,\tau_{(r+1)\,r} = K_r, \qquad (7)$$

wo

$$K_r = -\left(\Sigma P_m\,\delta_{m\,r} + \tau_{r\,t} + \gamma_r\,\frac{l_r + l_{r+1}}{l_r\,l_{r+1}}\right).$$

Der hier gefundene Ausdruck (7) soll hinfort als *die r-te Elastizitätsgleichung des kontinuierlichen Balkens* bezeichnet werden.

Besitzt der Träger ein durchgehend konstantes Trägheitsmoment J, so nehmen τ_{rr}, $\tau_{(r-1)\,r}$ und $\tau_{(r+1)\,r}$ folgende Werte an:

$$\tau_{rr} = \frac{1}{3EJ}(l_r + l_{r+1}); \quad \tau_{(r-1)\,r} = \frac{l_r}{6EJ}; \quad \tau_{(r+1)\,r} = \frac{l_{r+1}}{6EJ}.$$

Ferner wird wegen $h_r = h_{r+1}$

$$\tau_{r\,t} = \frac{\varepsilon_t\,\varDelta t}{2\,h}(l_r + l_{r+1}).$$

Endlich erhält man nach S. 181

$$\Sigma P_m\,\delta_{m\,r} = \int\frac{M_0\,M_r\,dx}{EJ} = \frac{1}{EJ}\int_0^{l_r} M_0\,\frac{x}{l_r}\,dx + \frac{1}{EJ}\int_0^{l_{r+1}} M_0\,\frac{x}{l_{r+1}}\,dx.$$

Nun ist aber $\int_0^{l_r} M_0\,x\,dx = \mathfrak{S}_{0\,(r-1)}$ das statische Moment der M_0-Fläche des

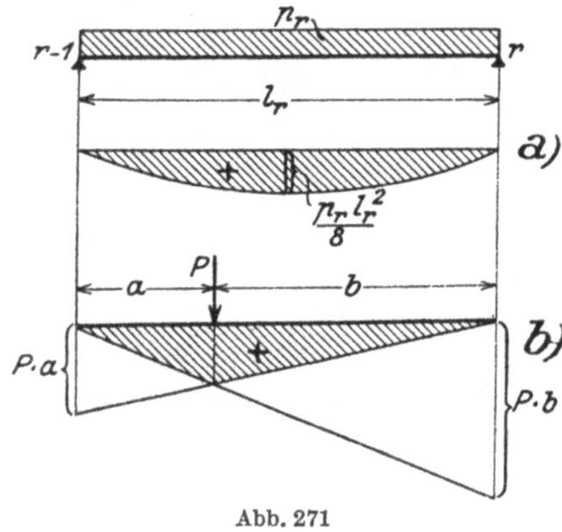

einfachen Balkens $(r-1)-r$ in bezug auf die Auflagersenkrechte durch $r-1$ (Abbildung 269d) und $\int_0^{l_{r+1}} M_0\,x\,dx = \mathfrak{S}_{0\,(r+1)}$ das statische Moment der M_0-Fläche des einfachen Balkens $r-(r+1)$ in bezug auf die Auflagersenkrechte durch $r+1$. Demnach wird

$$\sum P_m\,\delta_{m\,r} = \frac{1}{EJ}\left(\frac{\mathfrak{S}_{0\,(r-1)}}{l_r} + \frac{\mathfrak{S}_{0\,(r+1)}}{l_{r+1}}\right).$$

Abb. 271

Setzt man die vorstehend ermittelten Werte in die r-te Elastizitätsgleichung ein, so geht diese für den Fall eines konstanten Trägheitsmomentes über in

$$M_{r-1}\frac{l_r}{6EJ} + M_r\frac{l_r + l_{r+1}}{3EJ} + M_{r+1}\frac{l_{r+1}}{6EJ}$$

$$= -\frac{1}{EJ}\left(\frac{\mathfrak{S}_{0\,(r-1)}}{l_r} + \frac{\mathfrak{S}_{0\,(r+1)}}{l_{r+1}}\right) - \frac{\varepsilon_t\,\varDelta t}{2\,h}(l_r + l_{r+1}) - \gamma_r\,\frac{l_r + l_{r+1}}{l_r\,l_{r+1}}.$$

Nach Multiplikation mit $6\,EJ$ erhält man die *Clapeyronsche Gleichung*[1]:

$$M_{r-1}\,l_r + 2\,M_r\,(l_r + l_{r+1}) + M_{r+1}\,l_{r+1} = \Re_r,$$

wo

$$\Re_r = -6\left(\frac{\mathfrak{S}_{0\,(r-1)}}{l_r} + \frac{\mathfrak{S}_{0\,(r+1)}}{l_{r+1}}\right) - 3EJ\,\frac{\varepsilon_t\,\varDelta t}{h}(l_r + l_{r+1}) - 6EJ\,\gamma_r\,\frac{l_r + l_{r+1}}{l_r\,l_{r+1}}.$$

Die statischen Momente $\mathfrak{S}_{0\,(r-1)}$ und $\mathfrak{S}_{0\,(r+1)}$ können im allgemeinen leicht bestimmt werden. Handelt es sich z. B. um eine gleichmäßig verteilte Belastung p_r

---

[1] CLAPEYRON, B. P. E.: Comptes rendus 1857, vgl. auch O. MOHR: Z. Arch. Ing.-V. Hannover 1860 S. 323, 407.

des Feldes $(r-1)-r$, so ist mit Bezug auf Abb. 271a

$$\mathfrak{S}_{0(r-1)} = \mathfrak{S}_{0r} = \frac{2}{3} \cdot \frac{p_r\, l_r^2}{8}\, l_r\, \frac{l_r}{2} = \frac{p_r\, l_r^4}{24}, \tag{9}$$

oder, wenn die Öffnung l_r nur durch eine Einzellast P belastet ist (Abb. 271b),

$$\mathfrak{S}_{0(r-1)} = P\left(\frac{a\, l_r}{2}\, \frac{'l_r}{3} - \frac{a^2}{2}\, \frac{a}{3}\right) = \frac{P\, a}{6}\,(l_r^2 - a^2) \tag{10}$$

und

$$\mathfrak{S}_{0r} = \frac{P\, b}{6}\,(l_r^2 - b^2). \tag{11}$$

2. Auflösung der Elastizitätsgleichungen

a) Anwendung der Clapeyronschen Gleichung auf den Balken auf drei und vier Stützen

Für den Träger auf drei Stützen (0, 1, 2) lautet die der Mittelstütze 1 entsprechende Clapeyronsche Gleichung

$$M_0\, l_1 + 2\, M_1\,(l_1 + l_2) + M_2\, l_2 = \mathfrak{R}_1$$

oder, da bei frei aufliegenden — d. h. nicht eingespannten — Enden $M_0 = M_2 = 0$ ist,

$$M_1 = \frac{\mathfrak{R}_1}{2\,(l_1 + l_2)}.$$

Wirkt auf den in Abb. 272 dargestellten Balken innerhalb jeder Öffnung eine gleichmäßig verteilte Last p [kg/m], dann ist, wenn Temperaturänderungen und Stützensenkungen nicht auftreten,

$$\mathfrak{R}_1 = -6\left(\frac{\mathfrak{S}_{00}}{l_1} + \frac{\mathfrak{S}_{02}}{l_2}\right)$$
$$= -\frac{1}{4}\,(p_1\, l_1^3 + p_2\, l_2^3).$$

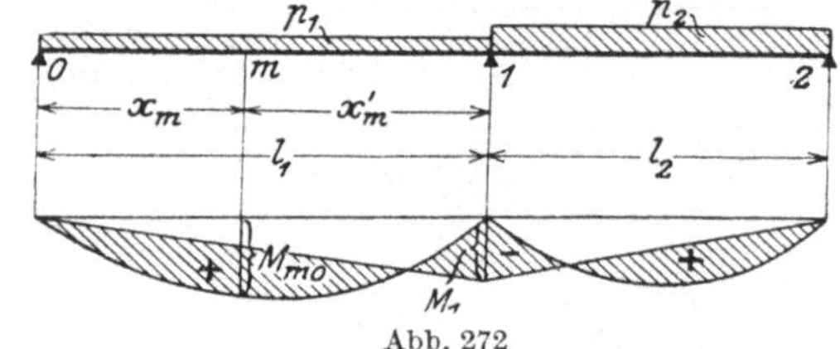

Abb. 272

Damit wird

$$M_1 = -\frac{p_1\, l_1^3 + p_2\, l_2^3}{8\,(l_1 + l_2)}.$$

Sobald M_1 bekannt ist, können auch die Feldmomente angegeben werden. Für den Punkt m der ersten Öffnung gilt:

$$M_m = M_{m\,0} + M_1\, \frac{x_m}{l_1} = \frac{p_1\, x_m\, x_m'}{2} - \frac{p_1\, l_1^3 + p_2\, l_2^3}{8\,(l_1 + l_2)}\, \frac{x_m}{l_1}.$$

Mit $l_1 = l_2 = l$ und $p_1 = p_2 = p$ wird

$$M_1 = -\frac{p\, l^2}{8},$$

d. h. das Moment über der Mittelstütze eines Balkens auf drei Stützen infolge einer gleichmäßig verteilten Belastung wird im Falle gleicher Stützweiten l absolut genommen ebenso groß wie das Maximalmoment eines einfachen Balkens von der Länge l.

Für den Träger auf vier Stützen $0-1-2-3$ mit frei aufliegenden Enden (Abb. 273) lauten die Clapeyronschen Gleichungen:

$$2\, M_1\,(l_1 + l_2) + M_2\, l_2 = \mathfrak{R}_1,$$
$$M_1\, l_2 + 2\, M_2\,(l_2 + l_3) = \mathfrak{R}_2,$$

woraus folgt:

$$M_1 = \frac{2\,\mathfrak{R}_1\,(l_2 + l_3) - \mathfrak{R}_2\, l_2}{4\,(l_1 + l_2)\,(l_2 + l_3) - l_2^2}; \quad M_2 = \frac{2\,\mathfrak{R}_2\,(l_1 + l_2) - \mathfrak{R}_1\, l_2}{4\,(l_1 + l_2)\,(l_2 + l_3) - l_2^2}.$$

Nach Einführung der Werte $\mathfrak{K}_1$ und $\mathfrak{K}_2$ in die vorstehenden Ausdrücke erhält man die Stützmomente, aus denen mit Hilfe der M_0-Fläche alle Balkenmomente abgeleitet werden können. Für die erste Öffnung ergibt sich:

$$M_m = M_{m\,0} + M_1\,\frac{x_m}{l_1},$$

für die zweite Öffnung

$$M_m = M_{m\,0} + \frac{M_1\,x_m' + M_2\,x_m}{l_2}$$

und für die dritte Öffnung

$$M_m = M_{m\,0} + M_2\,\frac{x_m'}{l_3}.$$

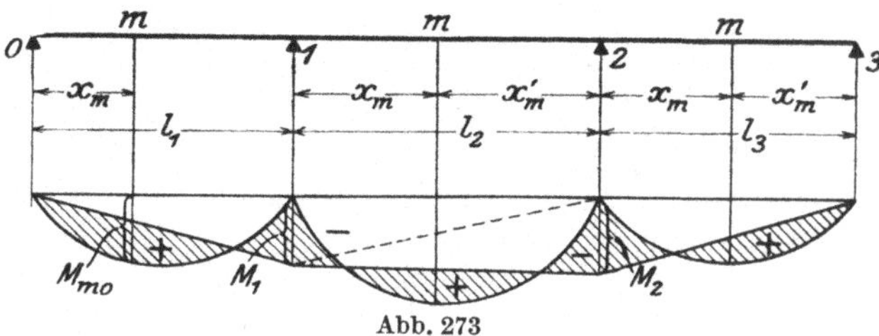

Abb. 273

Ist $l_1 = l_2 = l_3 = l$ und $p_1 = p_2 = p_3 = p$, so genügt zur Berechnung der Stützmomente $M_1 = M_2$ eine der beiden CLAPEYRONSchen Gleichungen. Man erhält dann:

$$5 M_1\,l = \mathfrak{K}_1 = -\frac{p\,l^3}{2}$$

oder

$$M_1 = M_2 = -\frac{'p\,l^2}{10}.$$

(Über die Berechnung der Stützendrücke und Querkräfte aus den Stützmomenten vgl. S. 245.)

Wirkt auf den Träger eine Gruppe ruhender Einzellasten, dann können, wenn es sich nur um wenige Lasten handelt, zur Ermittlung der statischen

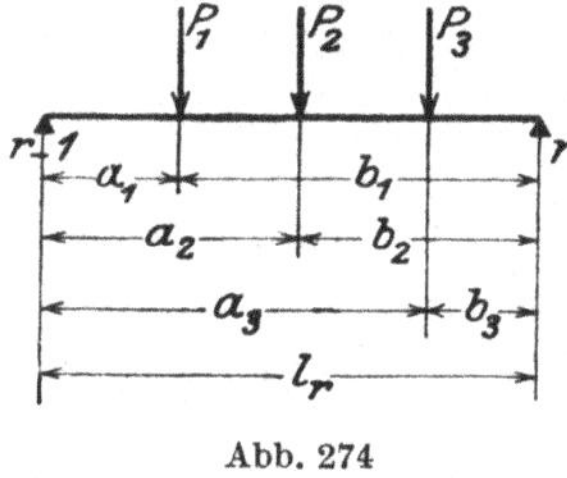

Abb. 274

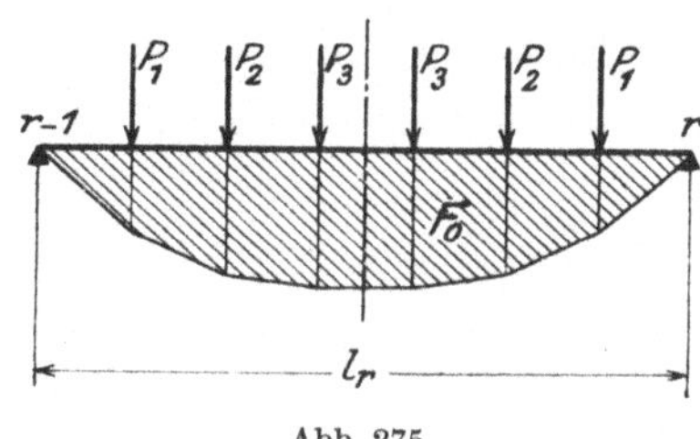

Abb. 275

Momente die Gln. (10) und (11) benutzt werden. So erhält man z. B. für die in Abb. 274 skizzierte Belastung

$$\mathfrak{S}_{0(r-1)} = \tfrac{1}{6}\left[P_1\,a_1\,(l_r^2 - a_1^2) + P_2\,a_2\,(l_r^2 - a_2^2) + P_3\,a_3\,(l_r^2 - a_3^2)\right],$$

$$\mathfrak{S}_{0r} = \tfrac{1}{6}\left[P_1\,b_1\,(l_r^2 - b_1^2) + P_2\,b_2\,(l_r^2 - b_2^2) + P_3\,b_3\,(l_r^2 - b_3^2)\right].$$

Im Falle einer symmetrischen Belastung (Abb. 275) wird

$$\mathfrak{S}_{0r} = \mathfrak{S}_{0(r-1)} = F_0\,\frac{l_r}{2},$$

wenn F_0 den Inhalt der M_0-Fläche der r-ten Öffnung angibt.

b) Allgemeine Lösung

Für einen kontinuierlichen Träger auf $n + 2$ Stützen mit frei aufliegenden Enden (Abb. 276) lauten die n Elastizitätsgleichungen (7) wegen $M_0 = M_{n+1} = 0$

$$
\left.
\begin{aligned}
M_1\tau_{11} + M_2\tau_{21} &= K_1 \\
M_1\tau_{12} + M_2\tau_{22} + M_3\tau_{32} &= K_2 \\
&\;\;\cdots \\
&\;\;\cdots \\
M_{r-1}\tau_{(r-1)r} + M_r\tau_{rr} + M_{r+1}\tau_{(r+1)r} &= K_r \\
&\;\;\cdots \\
&\;\;\cdots \\
M_{n-2}\tau_{(n-2)(n-1)} + M_{n-1}\tau_{(n-1)(n-1)} + M_n\tau_{n(n-1)} &= K_{n-1} \\
M_{n-1}\tau_{(n-1)n} + M_n\tau_{nn} &= K_n
\end{aligned}
\right\} \quad (12)
$$

Die statisch unbestimmten Stützmomente können als Funktionen der Belastungsglieder K in der Form:

$$
\left.
\begin{aligned}
M_1 &= \alpha_{11}K_1 + \alpha_{12}K_2 + \cdots + \alpha_{1r}K_r + \cdots + \alpha_{1n}K_n \\
M_2 &= \alpha_{21}K_1 + \alpha_{22}K_2 + \cdots + \alpha_{2r}K_r + \cdots + \alpha_{2n}K_n \\
&\;\;\cdots \\
&\;\;\cdots \\
M_r &= \alpha_{r1}K_1 + \alpha_{r2}K_2 + \cdots + \alpha_{rr}K_r + \cdots + \alpha_{rn}K_n \\
&\;\;\cdots \\
&\;\;\cdots \\
M_n &= \alpha_{n1}K_1 + \alpha_{n2}K_2 + \cdots + \alpha_{nr}K_r + \cdots + \alpha_{nn}K_n
\end{aligned}
\right\} \quad (13)
$$

dargestellt werden, wobei allgemein die Werte α_{mr} die Einflußzahlen des Belastungsgliedes K_r in bezug auf die statisch unbestimmten Größen bezeichnen (vgl. S. 182). Führt man jetzt einen gedachten Belastungsfall ein, bei dem alle K verschwinden, mit Ausnahme von $K_r = 1$, dann erhält man aus (13):

$$
M_1 = \alpha_{1r}; \quad M_2 = \alpha_{2r}; \quad \ldots; \quad M_r = \alpha_{rr}; \quad \ldots; \quad M_n = \alpha_{nr}.
$$

Nach Einführung dieser Werte in die Gln. (12) gehen letztere über in:

$$
\left.
\begin{aligned}
\alpha_{1r}\tau_{11} + \alpha_{2r}\tau_{21} &= 0 \\
\alpha_{1r}\tau_{12} + \alpha_{2r}\tau_{22} + \alpha_{3r}\tau_{32} &= 0 \\
&\;\;\cdots \\
&\;\;\cdots \\
\alpha_{(r-1)r}\tau_{(r-1)r} + \alpha_{rr}\tau_{rr} + \alpha_{(r+1)r}\tau_{(r+1)r} &= 1 \\
&\;\;\cdots \\
&\;\;\cdots \\
\alpha_{(n-2)r}\tau_{(n-2)(n-1)} + \alpha_{(n-1)r}\tau_{(n-1)(n-1)} + \alpha_{nr}\tau_{n(n-1)} &= 0 \\
\alpha_{(n-1)r}\tau_{(n-1)n} + \alpha_{nr}\tau_{nn} &= 0
\end{aligned}
\right\} \quad (14)
$$

Nun kann aus der ersten Gleichung der Gruppe (14) α_{1r} durch α_{2r} ausgedrückt werden, aus der zweiten Gleichung α_{2r} durch α_{3r} usw. bis zur $(r-1)$-ten Gleichung. Entsprechend läßt sich, von der letzten Gleichung ausgehend, α_{nr} durch $\alpha_{(n-1)r}$ ausdrücken, ferner mittels der vorletzten Gleichung $\alpha_{(n-1)r}$ durch $\alpha_{(n-2)r}$ usw.

bis zur $(r + 1)$-ten Gleichung. Dann ergibt sich folgendes Schema:

$$\alpha_{1r} = - \alpha_{2r}\frac{\tau_{21}}{\tau_{11}} = - \frac{\alpha_{2r}}{\varkappa_2}, \quad \text{wo} \quad \varkappa_2 = \frac{\tau_{11}}{\tau_{21}};$$

$$\alpha_{2r}\left(\tau_{22} - \frac{\tau_{12}}{\varkappa_2}\right) + \alpha_{3r}\tau_{32} = 0,$$

oder

$$\alpha_{2r} = - \alpha_{3r}\frac{\tau_{32}}{\tau_{22} - \dfrac{\tau_{12}}{\varkappa_2}} = - \frac{\alpha_{3r}}{\varkappa_3}, \quad \text{wo} \quad \varkappa_3 = \frac{\tau_{22} - \dfrac{\tau_{12}}{\varkappa_2}}{\tau_{32}}$$

$$\alpha_{3r} = - \frac{\alpha_{4r}}{\varkappa_4}, \quad \text{wo} \quad \varkappa_4 = \frac{\tau_{33} - \dfrac{\tau_{23}}{\varkappa_3}}{\tau_{43}};$$

$$\alpha_{4r} = - \frac{\alpha_{5r}}{\varkappa_5}, \quad \text{wo} \quad \varkappa_5 = \frac{\tau_{44} - \dfrac{\tau_{34}}{\varkappa_4}}{\tau_{54}};$$

$$\cdots\cdots\cdots\cdots\cdots\cdots$$
$$\cdots\cdots\cdots\cdots\cdots\cdots$$

$$a_{(r-1)r} = - \frac{\alpha_{rr}}{\varkappa_r}, \quad \text{wo} \quad \varkappa_r = \frac{\tau_{(r-1)(r-1)} - \dfrac{\tau_{(r-2)(r-1)}}{\varkappa_{r-1}}}{\tau_{r(r-1)}} \tag{15}$$

$$\alpha_{nr} = - \frac{\alpha_{(n-1)r}}{\varkappa'_n}, \quad \text{wo} \quad \varkappa'_n = \frac{\tau_{nn}}{\tau_{(n-1)n}};$$

$$\alpha_{(n-1)r} = - \frac{\alpha_{(n-2)r}}{\varkappa'_{n-1}}, \quad \text{wo} \quad \varkappa'_{n-1} = \frac{\tau_{(n-1)(n-1)} - \dfrac{\tau_{n(n-1)}}{\varkappa'_n}}{\tau_{(n-2)(n-1)}}$$

$$\alpha_{(n-2)r} = - \frac{\alpha_{(n-3)r}}{\varkappa'_{n-2}}, \quad \text{wo} \quad \varkappa'_{n-2} = \frac{\tau_{(n-2)(n-2)} - \dfrac{\tau_{(n-1)(n-2)}}{\varkappa'_{n-1}}}{\tau_{(n-3)(n-2)}};$$

$$\cdots\cdots\cdots\cdots\cdots\cdots$$
$$\cdots\cdots\cdots\cdots\cdots\cdots$$

$$\alpha_{(r+1)r} = - \frac{\alpha_{rr}}{\varkappa'_{r+1}}, \quad \text{wo} \quad \varkappa'_{r+1} = \frac{\tau_{(r+1)(r+1)} - \dfrac{\tau_{(r+2)(r+1)}}{\varkappa'_{r+2}}}{\tau_{r(r+1)}} \tag{16}$$

Führt man jetzt $\alpha_{(r+1)r}$ und $\alpha_{(r-1)r}$ in die r-te Gleichung der Gruppe (14) ein, so lautet diese:

$$\alpha_{rr}\left(- \frac{\tau_{(r-1)r}}{\varkappa_r} + \tau_{rr} - \frac{\tau_{(r+1)r}}{\varkappa'_{r+1}}\right) = 1,$$

woraus folgt:

$$\alpha_{rr} = \frac{1}{- \dfrac{\tau_{(r-1)r}}{\varkappa_r} + \tau_{rr} - \dfrac{\tau_{(r+1)r}}{\varkappa'_{r+1}}}. \tag{17}$$

Dieser Ausdruck soll noch etwas umgeformt werden. Setzt man analog zu $\varkappa'_{r+1}$

$$\varkappa_r' = \frac{\tau_{rr} - \dfrac{\tau_{(r+1)r}}{\varkappa'_{r+1}}}{\tau_{(r-1)r}} \tag{18}$$

so folgt

$$\tau_{rr} = \varkappa_r'\,\tau_{(r-1)r} + \frac{\tau_{(r+1)r}}{\varkappa'_{r+1}}.$$

Nach Einführung dieses Wertes in den Ausdruck für α_{rr} geht letzterer über in

$$\alpha_{rr} = \frac{1}{- \dfrac{\tau_{(r-1)r}}{\varkappa_r} + \varkappa_r'\,\tau_{(r-1)r}} = \frac{\varkappa_r}{\tau_{(r-1)r}\,(\varkappa_r'\,\varkappa_r - 1)}. \tag{19}$$

Ist α_{rr} bekannt, dann können mittels des Schemas (15), (16) auch alle übrigen Einflußzahlen $\alpha_{(r+1)\,r}$, $\alpha_{(r+2)\,r}$, ..., α_{nr}, $\alpha_{(r-1)\,r}$, $\alpha_{(r-2)\,r}$, ..., α_{1r} gefunden werden. Man erhält

$$\alpha_{(r+1)\,r} = -\frac{\alpha_{rr}}{\varkappa'_{r+1}}\,; \quad \alpha_{(r+2)\,r} = -\frac{\alpha_{(r+1)\,r}}{\varkappa'_{r+2}} = \frac{\alpha_{rr}}{\varkappa'_{r+1}\,\varkappa'_{r+2}}\,;$$

$$\alpha_{(r+3)\,r} = -\frac{\alpha_{rr}}{\varkappa'_{r+1}\,\varkappa'_{r+2}\,\varkappa'_{r+3}}\,; \quad \ldots\,;$$

$$\alpha_{(r-1)\,r} = -\frac{\alpha_{rr}}{\varkappa_r}\,; \quad \alpha_{(r-2)\,r} = \frac{\alpha_{rr}}{\varkappa_r\,\varkappa_{r-1}}\,; \quad \alpha_{(r-3)\,r} = -\frac{\alpha_{rr}}{\varkappa_r\,\varkappa_{r-1}\,\varkappa_{r-2}}\,.$$

Die Werte α_{rr} lassen sich für alle Stützen von $r = 2$ bis $r = n$ mit Hilfe von (19) bestimmen, nachdem die nur von den Abmessungen des Systems abhängigen, konstanten Zahlen $\varkappa$ und $\varkappa'$ mittels des Schemas (15), (16) berechnet sind. Um α_{11} zu finden, schreibe man die erste Gleichung der Gruppe (14) für den Fall an, daß $K_1 = 1$ wird, alle übrigen K gleich Null sind. Dann ergibt sich:

$$\alpha_{11}\,\tau_{11} + \alpha_{21}\,\tau_{21} = 1\,.$$

Mit $\alpha_{21} = -\dfrac{\alpha_{11}}{\varkappa_2'}$ wird

$$\alpha_{11}\left(\tau_{11} - \frac{\tau_{21}}{\varkappa_2'}\right) = 1$$

oder

$$\alpha_{11} = \frac{\varkappa_2'}{\tau_{11}\,\varkappa_2' - \tau_{21}}\,. \tag{20}$$

Nach Einführung der so gefundenen Einflußzahlen α_{ik} in die Gln. (13) gehen diese über in

$$
\begin{aligned}
M_1 = {}& \alpha_{11}K_1 - \frac{\alpha_{22}K_2}{\varkappa_2} + \frac{\alpha_{33}K_3}{\varkappa_3\varkappa_2} - \frac{\alpha_{44}K_4}{\varkappa_4\varkappa_3\varkappa_2} \\
& + \frac{\alpha_{55}K_5}{\varkappa_5\varkappa_4\varkappa_3\varkappa_2} - \frac{\alpha_{66}K_6}{\varkappa_6\varkappa_5\varkappa_4\varkappa_3\varkappa_2} + \cdots \\[4pt]
M_2 = {}& -\frac{\alpha_{11}K_1}{\varkappa_2'} + \alpha_{22}K_2 - \frac{\alpha_{33}K_3}{\varkappa_3} + \frac{\alpha_{44}K_4}{\varkappa_4\varkappa_3} \\
& - \frac{\alpha_{55}K_5}{\varkappa_5\varkappa_4\varkappa_3} + \frac{\alpha_{66}K_6}{\varkappa_6\varkappa_5\varkappa_4\varkappa_3} - \cdots \\[4pt]
M_3 = {}& \frac{\alpha_{11}K_1}{\varkappa_2'\varkappa_3'} - \frac{\alpha_{22}K_2}{\varkappa_3'} + \alpha_{33}K_3 - \frac{\alpha_{44}K_4}{\varkappa_4} \\
& + \frac{\alpha_{55}K_5}{\varkappa_5\varkappa_4} - \frac{\alpha_{66}K_6}{\varkappa_6\varkappa_5\varkappa_4} + \cdots \\[4pt]
M_4 = {}& -\frac{\alpha_{11}K_1}{\varkappa_2'\varkappa_3'\varkappa_4'} + \frac{\alpha_{22}K_2}{\varkappa_3'\varkappa_4'} - \frac{\alpha_{33}K_3}{\varkappa_4'} + \alpha_{44}K_4 \\
& - \frac{\alpha_{55}K_5}{\varkappa_5} + \frac{\alpha_{66}K_6}{\varkappa_6\varkappa_5} - \cdots \\[4pt]
M_5 = {}& \frac{\alpha_{11}K_1}{\varkappa_2'\varkappa_3'\varkappa_4'\varkappa_5'} - \frac{\alpha_{22}K_2}{\varkappa_3'\varkappa_4'\varkappa_5'} + \frac{\alpha_{33}K_3}{\varkappa_4'\varkappa_5'} - \frac{\alpha_{44}K_4}{\varkappa_5'} \\
& + \alpha_{55}K_5 - \frac{\alpha_{66}K_6}{\varkappa_6} + \cdots \\[4pt]
M_6 = {}& -\frac{\alpha_{11}K_1}{\varkappa_2'\varkappa_3'\varkappa_4'\varkappa_5'\varkappa_6'} + \frac{\alpha_{22}K_2}{\varkappa_3'\varkappa_4'\varkappa_5'\varkappa_6'} - \frac{\alpha_{33}K_3}{\varkappa_4'\varkappa_5'\varkappa_6'} + \frac{\alpha_{44}K_4}{\varkappa_5'\varkappa_6'} \\
& - \frac{\alpha_{55}K_5}{\varkappa_6'} + \alpha_{66}K_6 - \cdots \\[4pt]
& \cdots\cdots\cdots\cdots\cdots\cdots\cdots\cdots\cdots\cdots\cdots\cdots \\
& \cdots\cdots\cdots\cdots\cdots\cdots\cdots\cdots\cdots\cdots\cdots\cdots
\end{aligned}
\tag{21}
$$

oder allgemein:

$$M_r = \cdots - \frac{\alpha_{(r-3)(r-3)} K_{r-3}}{\varkappa'_{r-2} \varkappa'_{r-1} \varkappa_r'} + \frac{\alpha_{(r-2)(r-2)} K_{r-2}}{\varkappa'_{r-1} \varkappa_r'} - \frac{\alpha_{(r-1)(r-1)} K_{r-1}}{\varkappa_r'}$$

$$+ \alpha_{rr} K_r - \frac{\alpha_{(r+1)(r+1)} K_{r+1}}{\varkappa_{r+1}} + \frac{\alpha_{(r+2)(r+2)} K_{r+2}}{\varkappa_{r+2} \varkappa_{r+1}} - \frac{\alpha_{(r+3)(r+3)} K_{r+3}}{\varkappa_{r+3} \varkappa_{r+2} \varkappa_{r+1}} + \cdots \qquad (22)$$

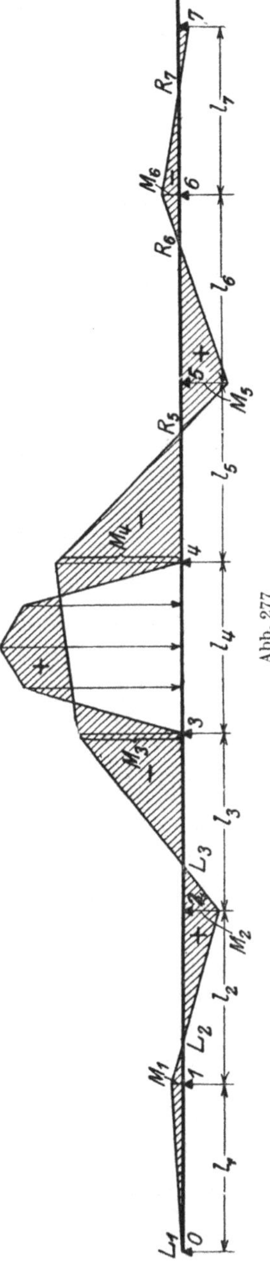

Durch (22) ist eine übersichtliche Beziehung gegeben, mittels deren alle statisch unbestimmten Stützmomente infolge einer beliebigen ruhenden Belastung berechnet werden können.

Unter der Voraussetzung, daß nur *eine* Öffnung des Trägers belastet ist, z. B. die Öffnung l_4 (Abb. 277), wird

$$K_1 = K_2 = K_5 = K_6 = K_7 = \cdots = 0.$$

Dann liefern die Gln. (21) für die Stützmomente M_3 und M_4 sofort:

$$\left. \begin{aligned} M_3 &= \alpha_{33} K_3 - \frac{\alpha_{44} K_4}{\varkappa_4} \\ M_4 &= - \frac{\alpha_{33} K_3}{\varkappa_4'} + a_{44} K_4 \end{aligned} \right\} . \qquad (23)$$

Nach (19) ist

$$\alpha_{44} = \frac{\varkappa_4}{\tau_{34} (\varkappa'_4 \varkappa_4 - 1)}.$$

In gleicher Weise könnte α_{33} berechnet werden. Um jedoch α_{33} durch α_{44} ausdrücken zu können, wird folgender Weg eingeschlagen. Aus (17) ergibt sich:

$$\alpha_{33} = \frac{1}{- \dfrac{\tau_{23}}{\varkappa_3} + \tau_{33} - \dfrac{\tau_{43}}{\varkappa_4'}}.$$

Ferner ist nach (15)

$$\varkappa_4 = \frac{\tau_{33} - \dfrac{\tau_{23}}{\varkappa_3}}{\tau_{43}},$$

woraus folgt:

$$\tau_{33} = \varkappa_4 \tau_{43} + \frac{\tau_{23}}{\varkappa_3}.$$

Setzt man diesen Wert in den Ausdruck für α_{33} ein, so geht letzterer über in

$$\alpha_{33} = \frac{1}{- \dfrac{\tau_{23}}{\varkappa_3} + \varkappa_4 \tau_{43} + \dfrac{\tau_{23}}{\varkappa_3} - \dfrac{\tau_{43}}{\varkappa_4'}} = \frac{\varkappa_4'}{\tau_{43} (\varkappa_4 \varkappa_4' - 1)}.$$

Da aber nach dem MAXWELLschen Satz $\tau_{34} = \tau_{43}$ ist, so wird

$$\alpha_{33} = \alpha_{44} \frac{\varkappa_4'}{\varkappa_4}.$$

Nach Einführung der hier für α_{44} und α_{33} gefundenen Werte in die Gln. (23) lauten diese:

$$\left. \begin{aligned} M_3 &= \frac{\alpha_{44}}{\varkappa_4} (K_3 \varkappa_4' - K_4) = \frac{K_3 \varkappa_4' - K_4}{\tau_{34} (\varkappa_4' \varkappa_4 - 1)} \\ M_4 &= \frac{\alpha_{44}}{\varkappa_4} (- K_3 + K_4 \varkappa_4) = \frac{K_4 \varkappa_4 - K_3}{\tau_{34} (\varkappa_4' \varkappa_4 - 1)} \end{aligned} \right\} . \qquad (24)$$

Die Stützmomente M_3 und M_4 können also mit Hilfe von (24) berechnet werden, wenn nur die Öffnung l_4 belastet ist. Sind diese bekannt, dann lassen sich für den vorliegenden Belastungsfall auch alle übrigen Stützmomente sofort angeben. Um dieses zu zeigen, sollen jetzt der Reihe nach die Momente M_2, M_1, M_5, $M_6, \ldots$ aus (21) bestimmt werden.

Man erhält:

$$\left.\begin{aligned}
M_2 &= -\frac{\alpha_{33} K_3}{\varkappa_3} + \frac{\alpha_{44} K_4}{\varkappa_4 \varkappa_3} = -\left(\alpha_{33} K_3 - \frac{\alpha_{44} K_4}{\varkappa_4}\right)\frac{1}{\varkappa_3} = -\frac{M_3}{\varkappa_3} \\[6pt]
M_1 &= \frac{\alpha_{33} K_3}{\varkappa_3 \varkappa_2} - \frac{\alpha_{44} K_4}{\varkappa_4 \varkappa_3 \varkappa_2} = -\frac{M_2}{\varkappa_2} = \frac{M_3}{\varkappa_2 \varkappa_3} \\[6pt]
M_5 &= \frac{\alpha_{33} K_3}{\varkappa_4' \varkappa_5'} - \frac{\alpha_{44} K_4}{\varkappa_5'} = -\frac{M_4}{\varkappa_5'} \\[6pt]
M_6 &= -\frac{\alpha_{33} K_3}{\varkappa_4' \varkappa_5' \varkappa_6'} + \frac{\alpha_{44} K_4}{\varkappa_5' \varkappa_6'} = -\frac{M_5}{\varkappa_6'} = \frac{M_4}{\varkappa_5' \varkappa_6'} \\[6pt]
&\cdot \quad \cdot \quad \cdot \quad \cdot \quad \cdot \quad \cdot \quad \cdot \quad \cdot \quad \cdot \quad \cdot \quad \cdot \\
&\cdot \quad \cdot \quad \cdot \quad \cdot \quad \cdot \quad \cdot \quad \cdot \quad \cdot \quad \cdot \quad \cdot \quad \cdot
\end{aligned}\right\} \quad (25)$$

Man erkennt also, daß sich die rechts von M_4 und links von M_3 liegenden Stützmomente aus M_4 und M_3 durch schrittweise Multiplikation mit den konstanten, nur von den Abmessungen des Balkens abhängigen $\frac{1}{\varkappa}$ bzw. $\frac{1}{\varkappa'}$-Werten ableiten lassen, welche von vornherein bestimmt werden können. Eine Betrachtung der Zahlen $\varkappa$ und $\varkappa'$ ergibt, daß diese sämtlich positiv sind. Für $\varkappa_2$ [vgl. (15)] ist dieses ohne weiteres ersichtlich, da sowohl $\tau_{11} = \int \frac{\overline{M_1^2}\, dx}{EJ}$ als auch $\tau_{21} = \int \frac{\overline{M_2}\, \overline{M_1}\, dx}{EJ}$ positiv wird. Aber auch für die übrigen Werte kann man sich davon überzeugen, wenn man beachtet, daß alle τ_{ik} positiv werden müssen und τ_{kk} immer größer ist als $\tau_{(k-1)k}$ bzw. $\tau_{(k+1)k}$. Aus dieser Erkenntnis folgt, daß die rechts von M_4 und links von M_3 liegenden Stützmomente abwechselnd positive und negative Vorzeichen annehmen. Ist z. B. M_4 negativ, dann wird M_5 positiv, M_6 dagegen negativ usw. Da aber die Zahlen $\varkappa$ und $\varkappa'$ konstante, von der Belastung unabhängige Werte haben, so folgt weiter, daß alle Momente rechts von M_4 in einem konstanten Verhältnis zu M_4, alle Momente links von M_3 in einem solchen zu M_3 stehen. Die Verbindungslinie der Endpunkte der als Ordinaten über den Stützen 3 und 2 aufgetragenen Momente M_3 und M_2, welche die Momentenfläche im Feld l_3 begrenzt, muß also die Öffnung l_3 in einem festen Punkte L_3 schneiden, der unabhängig von der Größe der Belastung seine Lage beibehält (s. Abb. 277). Dasselbe gilt von der Momentenlinie im zweiten Feld, welche die Öffnung l_2 im Punkte L_2 schneidet. Eine gleiche Beziehung ergibt sich für die Momente rechts von M_4. So geht z. B. die Momentenlinie im fünften Feld durch den Punkt R_5 der Öffnung l_5 usw.

Allgemein kann gesagt werden: Die Momentenlinie aller Öffnungen links von der belasteten wird dargestellt durch einen aus lauter Geraden bestehenden, über den Stützen gebrochenen Linienzug, welcher jedes Trägerfeld im zugehörigen *Festpunkt L* schneidet. Der Festpunkt L_1 des ersten Feldes fällt mit dem linken Stützpunkt 0 zusammen, sofern der Balken dort frei aufliegt. Analoges gilt für alle Felder rechts von der belasteten Öffnung. Die hier in Frage kommenden Festpunkte werden mit R bezeichnet.

In jedem Feld ist ein linker Festpunkt L und ein rechter Festpunkt R vorhanden, deren Lage in einfacher Weise bestimmt werden kann. Nach (25) ist:

$$-\frac{M_3}{M_2} = \varkappa_3; \qquad -\frac{M_2}{M_1} = \varkappa_2.$$

Allgemein gilt also für Felder links von der belasteten Öffnung $-\dfrac{M_r}{M_{r-1}} = \varkappa_r$.
Bezeichnen nun a_r und b_r die Abstände des Festpunktes L_r von den Stützen $r-1$ und r (Abb. 278a)*, so ergibt sich:

$$-\frac{M_r}{M_{r-1}} = \frac{b_r}{a_r} = \varkappa_r.$$

Da aber $b_r = l_r - a_r$, so folgt $l_r - a_r = a_r \varkappa_r$ oder[1]

$$\left.\begin{aligned} a_r &= \frac{l_r}{\varkappa_r + 1} \\[2mm] b_r &= l_r - \frac{l_r}{\varkappa_r + 1} = \frac{l_r \varkappa_r}{\varkappa_r - 1} \end{aligned}\right\} \tag{26}$$

und analog gilt für die Strecken $a_r{}'$ und $b_r{}'$, welche den Abstand des Festpunktes R_r von den Stützen r und $r-1$ bestimmen (Abb. 278b), wegen $-\dfrac{M_{r-1}}{M_r} = \varkappa_r{}' = \dfrac{b_r{}'}{a_r{}'}$

$$\left.\begin{aligned} a_r{}' &= \frac{l_r}{\varkappa_r{}' + 1} \\[2mm] b_r{}' &= \frac{l_r \varkappa_r{}'}{\varkappa_r{}' + 1} \end{aligned}\right\} . \tag{27}$$

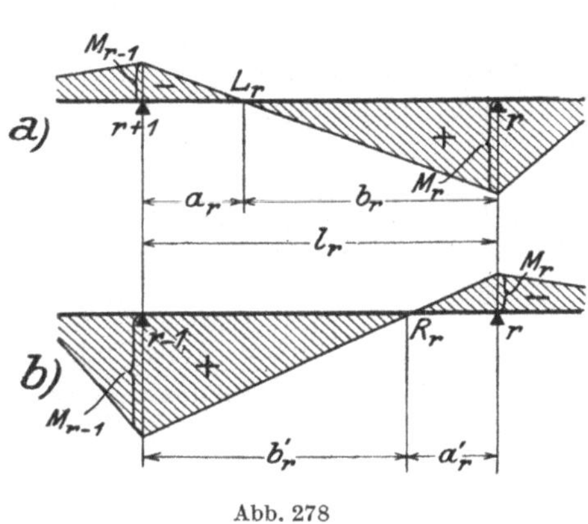

Abb. 278

Der Festpunkt R des letzten Feldes fällt mit der rechten Endstütze zusammen.

Die oben für die Stützmomente M_3 und M_4 angeschriebenen Gln. (24) lassen sich ohne weiteres in analoger Weise für jedes andere belastete Feld anwenden. Handelt es sich um die Öffnung l_r, so lautet (24) allgemein:

$$\left.\begin{aligned} M_{r-1} &= \frac{K_{r-1}\,\varkappa_r{}' - K_r}{\tau_{(r-1)r}\,(\varkappa_r{}'\,\varkappa_r - 1)} \\[2mm] M_r &= \frac{K_r\,\varkappa_r - K_{r-1}}{\tau_{(r-1)r}\,(\varkappa_r{}'\,\varkappa_r - 1)} \end{aligned}\right\} . \tag{28}$$

Nachdem mittels dieser Gleichungen die Stützmomente einer belasteten Öffnung berechnet sind, können alle übrigen mit Hilfe des für die Öffnung l_4 angegebenen Ansatzes (25) unter Benutzung der $\varkappa$- und $\varkappa'$-Zahlen berechnet werden.

Den vorstehenden Betrachtungen wurden die Elastizitätsgleichungen (12) unter Voraussetzung eines veränderlichen Trägheitsmomentes zugrunde gelegt. Ist dieses über die ganze Tragerlänge konstant, so wird nach S. 232

$$\tau_{11} = \frac{l_1 + l_2}{3EJ}; \quad \tau_{21} = \tau_{12} = \frac{l_2}{6EJ}; \quad \tau_{22} = \frac{l_2 + l_3}{3EJ}; \quad \tau_{32} = \tau_{23} = \frac{l_3}{6EJ}; \quad \ldots$$

und man erhält nach (15)

$$\varkappa_2 = \frac{2(l_1 + l_2)}{l_2}; \quad \varkappa_3 = \frac{2(l_2 + l_3)}{l_3} - \frac{l_2}{\varkappa_2 l_3}; \quad \varkappa_4 = \frac{2(l_3 + l_4)}{l_4} - \frac{l_3}{\varkappa_3 l_4}; \quad \ldots ;$$

$$\varkappa_r = \frac{2(l_{r-1} + l_r)}{l_r} - \frac{l_{r-1}}{\varkappa_{r-1} l_r},$$

und entsprechend nach (16) bzw. (18)

$$\varkappa_n{}' = \frac{2(l_{n+1} + l_n)}{l_n}; \quad \varkappa'_{n-1} = \frac{2(l_n + l_{n-1})}{l_{n-1}} - \frac{l_n}{\varkappa_n{}' l_{n-1}}; \quad \ldots ;$$

$$\varkappa_r{}' = \frac{2(l_{r+1} + l_r)}{l_r} - \frac{l_{r+1}}{\varkappa'_{r+1} l_r}.$$

---

* In Abb. 278a lies $r-1$ statt $r+1$.
[1] Müller-Breslau, H.: Stat. d. Baukonstr. Bd. 2 Abt. 1, 4. Aufl., S. 389. Stuttgart 1907.

Sind alle Stützweiten l außerdem gleich groß, so gehen die vorstehenden Werte über in:

$$\varkappa_2 = 4; \quad \varkappa_3 = 4 - \frac{1}{4} = 3{,}75; \quad \varkappa_4 = 4 - \frac{1}{3{,}75} = 3{,}733; \quad \ldots;$$

$$\varkappa_n' = 4; \quad \varkappa_{n'-1}' = 4 - \frac{1}{4} = 3{,}75; \quad \varkappa_{n'-2}' = 3{,}733; \quad \ldots.$$

Man erkennt, daß die Zahlen $\varkappa$ bzw. $\varkappa'$ schnell einem konstanten Werte zustreben. Dieser wird gefunden, wenn man in dem Ausdruck für $\varkappa_r$ die Stützweiten $l_{r-1} = l_r = l$ und $\varkappa_r = \varkappa_{r-1} = \varkappa$ setzt. Dann ergibt sich:

$$\varkappa = 4 - \frac{1}{\varkappa},$$

oder nach Auflösung

$$\varkappa = 3{,}7321.$$

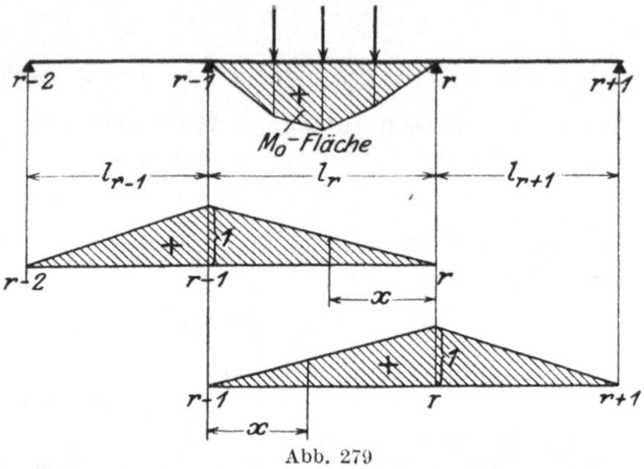

Den gleichen Wert erhält man für $\varkappa'$. Damit wird nach (26) und (27)

$$a = a' = \frac{l}{\varkappa + 1} = 0{,}2113\,l,$$

$$b = b' = l - a = 0{,}7887\,l.$$

Diese Werte können immer dann eingeführt werden, wenn eine größere Anzahl von gleichen Öffnungen vorliegt. Für die Endfelder gelten natürlich die oben ermittelten Zahlen.

Abb. 279

Die Annahme eines konstanten Trägheitsmomentes ist bei den meisten Aufgaben der Praxis zulässig. Soll nur der Einfluß von Lasten P verfolgt werden, dann ist bei Belastung der r-ten Öffnung (vgl. Abb. 279)

$$K_{r-1} = -\sum P_m \delta_{m(r-1)} = -\int_0^{l_r} \frac{M_0 \overline{M}_{r-1}\,dx}{EJ} = -\int_0^{l_r} \frac{M_0\,x\,dx}{EJ\,l_r} = -\frac{\mathfrak{S}_{0r}}{EJ\,l_r}$$

und

$$K_r = -\frac{\mathfrak{S}_{0(r-1)}}{EJ\,l_r}.$$

Da ferner $\tau_{(r-1)r} = \dfrac{l_r}{6\,EJ}$ ist, so gehen die Gln. (28) über in:

$$\left.\begin{aligned} M_{r-1} &= \frac{6}{l_r^2} \frac{\mathfrak{S}_{0(r-1)} - \mathfrak{S}_{0r}\,\varkappa_r'}{\varkappa_r'\,\varkappa_r - 1} \\[2mm] M_r &= \frac{6}{l_r^2} \frac{\mathfrak{S}_{0r} - \mathfrak{S}_{0(r-1)}\,\varkappa_r}{\varkappa_r'\,\varkappa_r - 1} \end{aligned}\right\}. \tag{29}$$

Nachdem die beiden Stützmomente der belasteten Öffnung bekannt sind, können alle übrigen angegeben werden. Man erhält dann sofort:

$$\left.\begin{aligned} M_{r-2} &= -\frac{M_{r-1}}{\varkappa_{r-1}}; & M_{r+1} &= -\frac{M_r}{\varkappa_r'+1} \\[2mm] M_{r-3} &= \frac{M_{r-1}}{\varkappa_{r-1}\varkappa_{r-2}}; & M_{r+2} &= \frac{M_r}{\varkappa'_{r+1}\varkappa'_{r+2}} \\[2mm] M_{r-4} &= -\frac{M_{r-1}}{\varkappa_{r-1}\varkappa_{r-2}\varkappa_{r-3}}; & M_{r+3} &= -\frac{M_r}{\varkappa'_{r+1}\varkappa'_{r+2}\varkappa'_{r+3}} \end{aligned}\right\}. \tag{30}$$

Das Verfahren soll an einem einfachen Beispiel erläutert werden. Der in Abb. 280 dargestellte Träger auf 7 Stützen mit konstantem Trägheitsmoment sei nur im Feld *2—3* mit gegebenen Lasten P belastet, die eine. M_0-Fläche von der aus der Figur ersichtlichen Form erzeugen. Es sollen sämtliche Stützmomente berechnet werden.

Für die Stützmomente M_2 und M_3 der belasteten Öffnung ergibt sich nach (29)

$$\left. \begin{aligned} M_2 &= \frac{6}{l_3^2}\, \frac{\mathfrak{S}_{02} - \mathfrak{S}_{03}\, \varkappa_3'}{\varkappa_3'\, \varkappa_3 - 1} \\[2mm] M_3 &= \frac{6}{l_3^2}\, \frac{\mathfrak{S}_{03} - \mathfrak{S}_{02}\, \varkappa_3}{\varkappa_3'\, \varkappa_3 - 1} \end{aligned} \right\} .$$

Bezeichnen F_0 den Inhalt der M_0-Fläche, ferner ξ und ξ' die horizontalen Abstände ihres Schwerpunktes von den Stützen *2* und *3* (Abb. 280), so wird

$$\mathfrak{S}_{02} = F_0\, \xi ; \qquad \mathfrak{S}_{03} = F_0\, \xi' .$$

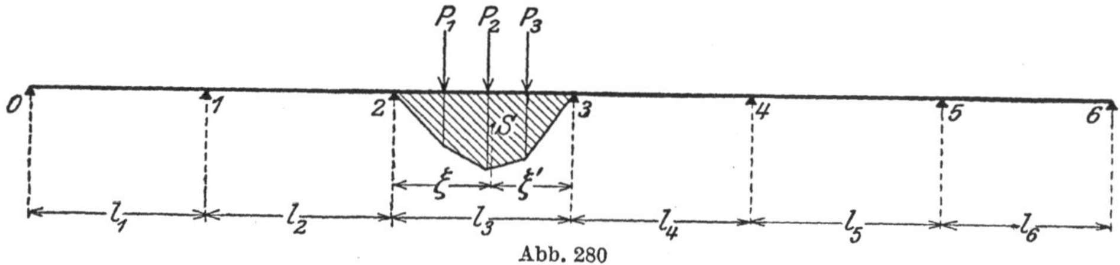

Abb. 280

Nach S. 240 erhält man für die Zahlen $\varkappa$ und $\varkappa'$ mit $r = 3$ und $n = 5$

$$\varkappa_2 = \frac{2\,(l_1 + l_2)}{l_2} ; \qquad \varkappa_3 = \frac{2\,(l_2 + l_3)}{l_3} - \frac{l_2}{\varkappa_2\, l_3} ; \qquad \varkappa_4 = \frac{2\,(l_3 + l_4)}{l_4} - \frac{l_3}{\varkappa_3\, l_4} ;$$

$$\varkappa_5 = \frac{2\,(l_4 + l_5)}{l_5} - \frac{l_4}{\varkappa_4\, l_5} ; \qquad \varkappa_6 = \frac{2\,(l_5 + l_6)}{l_6} - \frac{l_5}{\varkappa_5\, l_6} .$$

$$\varkappa_5' = \frac{2\,(l_6 + l_5)}{l_5} ; \qquad \varkappa_4' = \frac{2\,(l_5 + l_4)}{l_4} - \frac{l_5}{\varkappa_5'\, l_4} ; \qquad \varkappa_3' = \frac{2\,(l_4 + l_3)}{l_3} - \frac{l_4}{\varkappa_4'\, l_3} ;$$

$$\varkappa_2' = \frac{2\,(l_3 + l_2)}{l_2} - \frac{l_3}{\varkappa_3'\, l_2} ; \qquad \varkappa_1' = \frac{2\,(l_2 + l_1)}{l_1} - \frac{l_2}{\varkappa_2'\, l_1} .$$

Setzt man die hier angeschriebenen Werte für $\mathfrak{S}_{02}$, $\mathfrak{S}_{03}$, $\varkappa_3'$ und $\varkappa_3$ in die obigen Gleichungen für M_2 und M_3 ein, so liefern diese die gesuchten Stützmomente des belasteten Feldes. Sind letztere bekannt, dann findet man nach (30) sofort alle übrigen durch folgenden Ansatz:

$$M_1 = - \frac{M_2}{\varkappa_2} ; \qquad M_4 = - \frac{M_3}{\varkappa_4'} ; \qquad M_5 = \frac{M_3}{\varkappa_4'\, \varkappa_5'} ,$$

womit die Aufgabe gelöst ist.

Erstreckt sich die Belastung über mehrere Öffnungen, so kann nacheinander der Einfluß jeder Öffnung auf alle Stützmomente in der hier beschriebenen Weise angegeben werden. Nach Addition aller Beiträge erhält man die tatsächlich auftretenden Stützmomente. Statt dessen kann man auch mit Hilfe von (19) die Einflußzahlen α_{11}, α_{22}, . . ., α_{55} ermitteln und darauf die Stützmomente direkt aus (22) berechnen.

c) Graphisches Verfahren im Falle eines konstanten Trägheitsmomentes[1]

Es seien M_{r-1}, M_r und M_{r+1} (Abb. 281) die Stützmomente der drei aufeinanderfolgenden Stützen $r-1$, r, $r+1$ eines durchlaufenden Trägers in-

---

[1] Müller-Breslau, H.: Stat. d. Baukonstr. Bd. 2 Abt. 2 S. 395. Leipzig 1908. — Mohr, O.: Beiträge zur Theorie der Holz- und Eisenkonstr. Z. Arch. Ing.-V. Hannover 1868. S. 19. — Ritter, W.: Anwendungen d. graph. Statik Teil 3 S. 24ff. Zürich 1900.

folge einer beliebigen Belastung. Nach S. 232 lautet die CLAPEYRONsche Gleichung für die r-te Stütze:

$$M_{r-1}\,l_r + 2\,M_r\,(l_r + l_{r+1}) + M_{r+1}\,l_{r+1} = \Re_r,$$

wofür auch geschrieben werden kann:

$$(M_{r-1} + 2\,M_r)\,l_r + (M_{r+1} + 2\,M_r)\,l_{r+1} = \Re_r.'$$

Die im Abstande $\dfrac{l_r}{3}$ links von r und $\dfrac{l_{r+1}}{3}$ rechts von r gemessenen Ordinaten Z_r bzw. Z_{r+1} der Linie der Stützmomente $\ldots a\!-\!b\!-\!c\ldots$ haben die Größe

$$Z_r = \frac{M_{r-1}}{3} + \frac{2}{3}\,M_r\,; \qquad Z_{r+1} = \frac{M_{r+1}}{3} + \frac{2}{3}\,M_r.$$

Führt man diese Werte in die vorstehende CLAPEYRONsche Gleichung ein, so ergibt sich:

$$3\,Z_r\,l_r + 3\,Z_{r+1}\,l_{r+1} = \Re_r,$$

oder nach Division mit $3\,(l_r + l_{r+1})$

$$\frac{Z_r\,l_r}{l_r + l_{r+1}} + \frac{Z_{r+1}\,l_{r+1}}{l_r + l_{r+1}} = \frac{\Re_r}{3\,(l_r + l_{r+1})}.$$

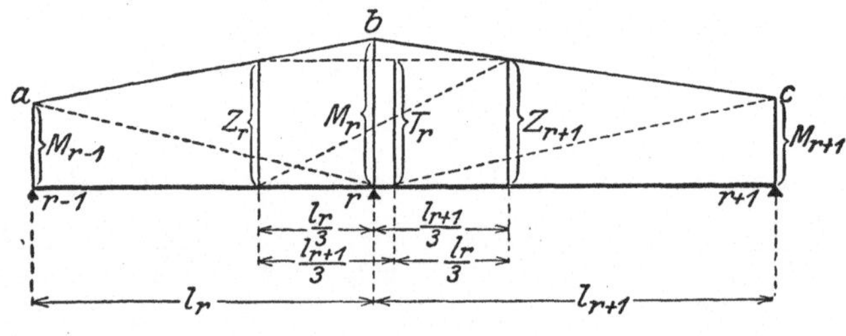

Abb. 281

Die linke Seite dieser Gleichung wird in Abb. 281 dargestellt durch die Strecke T_r, welche von der Verbindungslinie der Endpunkte der Strecken Z_r und Z_{r+1} auf der Senkrechten im Abstande $\dfrac{l_{r+1}}{3}$ von Z_r bzw. $\dfrac{l_r}{3}$ von Z_{r+1} abgeschnitten wird. Demnach ist

$$T_r = \frac{\Re_r}{3\,(l_r + l_{r+1})}$$

Dieser Wert ist nur von den gegebenen Lasten, Temperaturänderungen und Stützensenkungen abhängig und kann für jeden Belastungsfall berechnet werden. Die Senkrechte, auf welcher T_r abgetragen wird, heißt die *verschränkte Stützensenkrechte* der r-ten Stütze.

Um zu einer graphischen Darstellung der Stützmomente mit Hilfe der Werte T zu gelangen, wird zunächst angenommen, es sei ein Punkt L_r' der Geraden $a\!-\!b$ (Abb. 281) bekannt. Zieht man jetzt durch L_r' eine beliebige Gerade $a'\!-\!b'$ (Abb. 282), so kann die zugehörige Gerade $b'\!-\!c'$ des $(r+1)$-ten Feldes wie folgt gefunden werden. Man verbindet den Schnittpunkt E der Geraden $a'\!-\!b'$ und der im Abstande $\dfrac{l_r}{3}$ links von r liegenden Senkrechten v_r mit dem Endpunkt F' der auf der verschränkten Stützensenkrechten u_r aufgetragenen Strecke T_r und bringt $E\!-\!F'$ in G mit der im Abstande $\dfrac{l_{r+1}}{3}$ rechts von r aufgetragenen Senkrechten v_r' zum Schnitt. Verbindet man weiter b' mit G, so schneidet diese Gerade die Stützensenkrechte für $r+1$ in c', womit $b'\!-\!c'$ gefunden ist. Für jede andere Lage der Geraden $a'\!-\!b'$ ergibt sich eine zugehörige Gerade $b'\!-\!c'$. Dabei

16*

bewegen sich die Eckpunkte des Dreiecks $E—b'—G$ auf drei Strahlen v_r, $r—b'$, v_r' eines Strahlenbüschels, während die beiden Seiten $b'—E$ und $E—G$ durch die festen Punkte L_r' bzw. F' gehen. Nach dem Lehrsatz aus der Geometrie der Lage: „Ändert ein Dreieck in der Weise seine Form und Lage, daß seine Eckpunkte sich auf drei Strahlen eines Strahlenbüschels bewegen und zwei Seiten durch feste Punkte gehen, so geht auch die dritte Seite durch einen festen Punkt, welcher mit den beiden ersten auf einer Geraden liegt", müssen alle Geraden $b'—c'$ durch den Schnittpunkt L'_{r+1} von $b'—c'$ und $L_r'—F'$ gehen. Man kann somit L'_{r+1} finden, sobald L_r' gegeben ist.

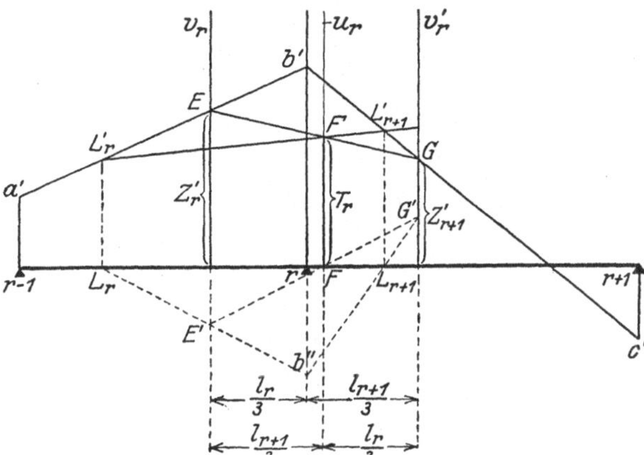

Abb. 282

Auf die Lage von L'_{r+1} kann auch wie folgt geschlossen werden. Man bestimmt zunächst senkrecht unter L_r' den Punkt L_r, zieht dann durch L_r eine beliebige Gerade, welche v_r in E' und $b'—r$ in b'' schneiden möge, verbindet E' mit dem Fußpunkt F von T_r und bringt $E'—F$ mit v_r' in G' zum Schnitt. Zieht man ferner $G'—b''$, so schneidet diese Gerade das Trägerfeld $r—(r+1)$ im Punkte L_{r+1}. Nun errichtet man in L_{r+1} das Lot und bestimmt dessen Schnittpunkt mit der Geraden $L_r'—F'$, welcher den gesuchten Punkt L'_{r+1} darstellt. (Der Beweis folgt leicht aus der Betrachtung ähnlicher Dreiecke, wobei zu beachten ist, daß sowohl die Punkte L_r', F', L'_{r+1} als auch L_r, F, L_{r+1} je auf einer Geraden liegen, und die Geraden $L_r—L_r'$, v_r, $b'—b''$, u_r, v_r' einander parallel sind.)

Zur Bestimmung sämtlicher Punkte L' eines kontinuierlichen Trägers verfährt man also wie folgt (s. Abb. 283). Da an der linken Außenstütze das Mo-

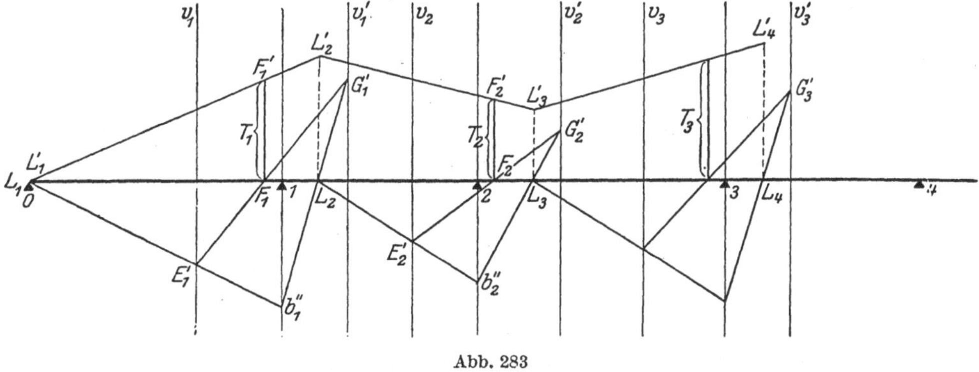

Abb. 283

ment Null ist, so geht die Momentenlinie durch den Stützpunkt O. Der Punkt L_1' und damit auch L_1 fallen also mit O zusammen. Zur Bestimmung von L_2 zieht man durch L_1 eine beliebige Gerade $L_1—E_1'$ bis b_1'', zieht darauf $E_1'—F_1$ bis G_1' und verbindet G_1' mit b_1''. Die Verbindungslinie $G_1'—b_1''$ schneidet das zweite Feld in L_2. Nun bestimmt man L_2' als Schnittpunkt des Lotes in L_2 und der Geraden $L_1'—F_1'$. In analoger Weise werden L_3', L_4' usw. gefunden.

Greifen nur Lasten rechts von der Stütze *3* an, so wird $T_1 = T_2 = 0$. Der Punkt L_2' fällt mit L_2, L_3' mit L_3 zusammen. Man erkennt also, daß die Punkte L_2, L_3, L_4, ... identisch mit den bereits früher ermittelten linken Festpunkten L sind, denn dort war gezeigt, daß die Momentenlinie in allen Feldern links von der belasteten Öffnung durch die Festpunkte L geht.

Die hier angestellte Überlegung kann in gleicher Weise auf die Festpunkte R und die ihnen entsprechenden Punkte R' angewandt werden, wenn man von rechts nach links vorgeht und mit den Punkten R_{n+1} bzw. R'_{n+1} beginnt, die mit dem rechten Stützpunkt $n + 1$ (vgl. Abb. 277) zusammenfallen.

Das vorstehend angegebene Verfahren ermöglicht eine einfache graphische Darstellung der Stützmomente. Für den in Abb. 284 skizzierten Träger auf 5 Stützen mögen die Festpunkte L entweder graphisch oder rechnerisch ermittelt sein. Man trägt nun auf den verschränkten Stützensenkrechten u_1, u_2, u_3 die Werte $T_1 = \dfrac{\Re_1}{3\,(l_1 + l_2)}$; $T_2 = \dfrac{\Re_2}{3\,(l_2 + l_3)}$; $T_3 = \dfrac{\Re_3}{3\,(l_3 + l_4)}$ auf und bestimmt die Punkte L_2', L_3', L_4' in der oben angegebenen Weise. Da diese Punkte dem Geradenzug angehören, welcher die Linie der Stützmomente bildet, so kann

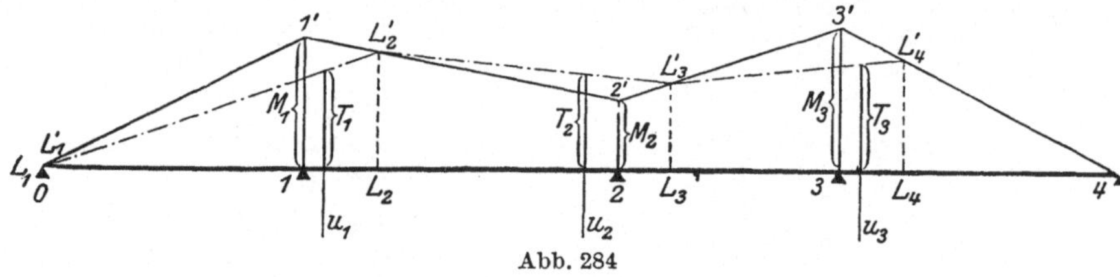

Abb. 284

letztere nunmehr gezeichnet werden. Zu diesem Zwecke zieht man $4—L_4'$ bis $3'$, $3'—L_3'$ bis $2'$, $2'—L_2'$ bis $1'$ und $1'—0$. Die Strecken $1—1'$, $2—2'$ und $3—3'$ stellen dann die gesuchten Stützmomente dar.

Nach Seite 232 ist

$$\Re_r = -\,6\left(\frac{\mathfrak{S}_{0\,(r-1)}}{l_r} + \frac{\mathfrak{S}_{0\,(r+1)}}{l_{r+1}}\right) - 3\,E\,J\,\frac{\varepsilon_t\,\varDelta t}{h}\,(l_r + l_{r+1}) - 6\,E\,J\,\gamma_r\,\frac{l_r + l_{r+1}}{l_r\,l_{r+1}}\,.$$

Will man also den Einfluß einer gegebenen, ruhenden Belastung P untersuchen, so setze man

$$T_{r_P} = -\,\frac{2}{l_r + l_{r+1}}\left(\frac{\mathfrak{S}_{0\,(r-1)}}{l_r} + \frac{\mathfrak{S}_{0\,(r+1)}}{l_{r+1}}\right),$$

bei einer ungleichmäßigen Temperaturänderung

$$T_{r_t} = -\,E\,J\,\frac{\varepsilon_t\,\varDelta t}{h}$$

und bei eintretenden Stützensenkungen

$$T_{r_S} = -\,\frac{2\,E\,J\,\gamma_r}{l_r\,l_{r+1}}\,.$$

3. Ableitung der Feldmomente, Querkräfte und Stützenreaktionen aus den Stützmomenten

Sind die Stützmomente M_{r-1} und M_r des Feldes $(r-1)—r$ nach einem der vorstehend beschriebenen Verfahren gefunden, so können auch die Feldmomente sofort angegeben werden. Unter Beachtung der Abb. 285 hält man:

$$M = M_0 + \frac{M_r\,x + M_{r-1}\,x'}{l_r}, \tag{31}$$

wobei M_0 das Moment des einfachen Balkens von der Stützweite l_r infolge der gegebenen Belastung bedeutet. Entsprechend erhält man für die Querkraft nach S. 55

$$Q = Q_0 + \frac{M_r - M_{r-1}}{l_r}. \tag{32}$$

Die Auflagerkraft für eine Zwischenstütze C_r wird wie folgt gefunden. Man denkt sich über den Stützen $r-1$, r und $r+1$ Gelenke eingeschaltet und stellt

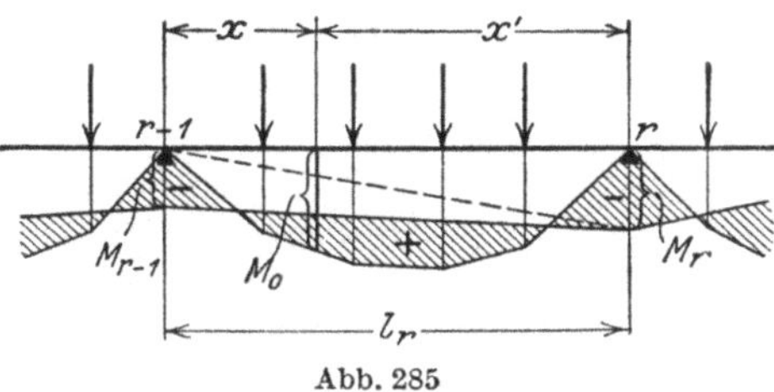

Abb. 285

den Zusammenhang der so entstehenden einfachen Balken dadurch wieder her, daß man in diesen Stützpunkten die Stützmomente M_{r-1}, M_r und M_{r+1} als Belastung anbringt. Bezeichnen nun B_{0r} den rechten Auflagerdruck des einfachen Balkens $(r-1)-r$ und $A_{0(r+1)}$ den linken Auflagerdruck des einfachen Balkens $r-(r+1)$ infolge der gegebenen Belastung, so ergibt sich der Druck der Stütze r (vgl. Abb. 286) zu:

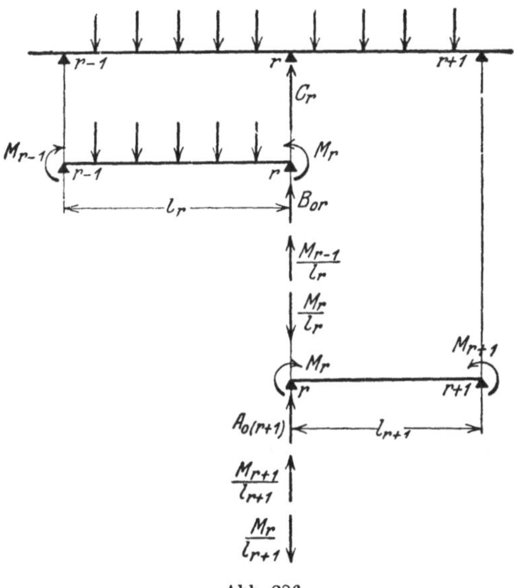

Abb. 286

$$C_r = B_{0r} + A_{0(r+1)} + \frac{M_{r-1} - M_r}{l_r} + $$
$$+ \frac{M_{r+1} - M_r}{l_{r+1}}. \tag{33}$$

Für die linke Endstütze 0 (Abbildung 287) wird:

$$C_0 = A_{01} + \frac{M_1}{l_1}.$$

4. Einflußlinien

a) Stützmomente

Zur Konstruktion der Einflußlinien für die Stützmomente bedient man sich zweckmäßig der Gln. (28). Steht die Last 1 im r-ten Felde, so nehmen M_{r-1} und M_r nach (28) die Werte an:

$$M_{r-1} = \frac{\delta_{mr} - \delta_{m(r-1)}\,\varkappa_r'}{\tau_{(r-1)r}\,(\varkappa_r'\,\varkappa_r - 1)} \left.\begin{array}{c}\\ \\ \\ \end{array}\right\}.$$
$$M_r = \frac{\delta_{m(r-1)} - \delta_{mr}\,\varkappa_r}{\tau_{(r-1)r}\,(\varkappa_r'\,\varkappa_r - 1)} \tag{34}$$

Für den Fall eines konstanten Trägheitsmomentes, der hier allein weiter untersucht werden soll, erhält man nach Gl. (6) S. 231 unter Beachtung der Abb. 288

$$\overset{r}{\delta}_{m(r-1)} = \frac{l_r^2}{6\,EJ}\left(\frac{x'}{l_r} - \frac{x'^3}{l_r^3}\right) = \frac{l_r^2}{6\,EJ}\,\omega_{D}',$$

wobei

$$\omega_D{}' = \frac{x'}{l_r} - \frac{x'^3}{l_r^3} = \frac{'l_r - x}{l_r} - \frac{(l_r - x)^3}{l_r^3} \, .$$

Der Zeiger r über δ gibt an, daß die Last 1 im r-ten Felde steht. Weiter ist nach Gl. (5) S. 231

$$\overset{r}{\delta}_{mr} = \frac{l_r^2}{6\,EJ}\,\omega_D \, ,$$

wenn

$$\omega_D = \frac{x}{l_r} - \frac{x^3}{l^3} \, .$$

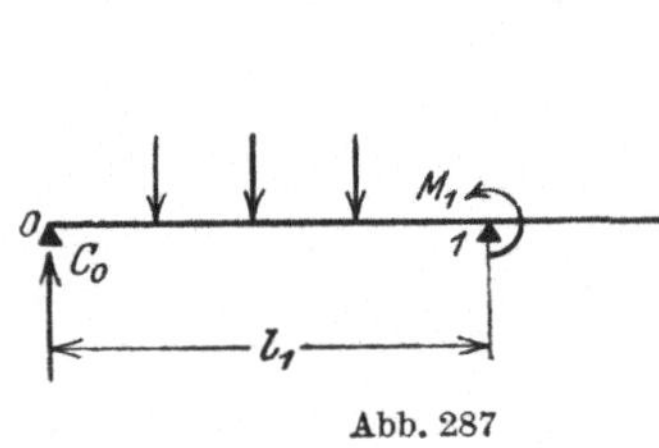

Abb. 287

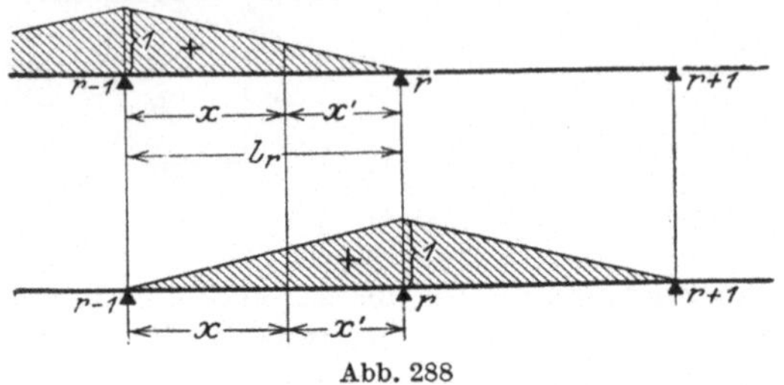

Abb. 288

Da ferner $\tau_{(r-1)\,r} = \dfrac{l_r}{6\,EJ}$ ist (S. 232), so lauten die Gln. (34) nach Einführung der für δ_{mr}, $\delta_{m(r-1)}$ und $\tau_{(r-1)\,r}$ angegebenen Werte:

$$\overset{r}{M}_{r-1} = -\,\frac{l_r}{1 - \varkappa_r \varkappa_r{}'}\,(\omega_D - \varkappa_r{}'\,\omega_D{}') \, . \tag{35}$$

$$\overset{r}{M}_r = -\,\frac{l_r}{1 - \varkappa_r \varkappa_r{}'}\,(\omega_D{}' - \varkappa_r\,\omega_D) \, , \tag{36}$$

ω_D und $\omega_D{}'$ sind für verschiedene Trägerpunkte in nachstehender Tabelle zusammengestellt[1].

$\dfrac{x}{l}$	ω_D	$\omega_D{}'$	$\dfrac{x}{l}$	ω_D	$\omega_D{}'$	$\dfrac{x}{l}$	ω_D	$\omega_D{}'$
0,05	0,0499	0,0926	0,40	0,3360	0,3840	0,70	0,3570	0,2730
0,10	0,0990	0,1710	0,45	0,3589	0,3836	0,75	0,3281	0,2344
0,15	0,1466	0,2359	0,50	0,3750	0,3750	0,80	0,2880	0,1920
0,20	0,1920	0,2880	0,55	0,3836	0,3589	0,85	0,2359	0,1466
0,25	0,2344	0,3281	0,60	0,3840	0,3360	0,90	0,1710	0,0990
0,30	0,2730	0,3570	0,65	0,3754	0,3071	0,95	0,0926	0,0499
0,35	0,3071	0,3754						

Steht die Last 1 im $(r+1)$-ten Feld, so erhält man analog

$$\overset{r+1}{M}_r = -\,\frac{l_{r+1}}{1 - \varkappa_{r+1}\varkappa'_{r+1}}\,(\omega_D - \varkappa'_{r+1}\,\omega_D{}') \, , \tag{37}$$

$$\overset{r+1}{M}_{r+1} = -\,\frac{l_{r+1}}{1 - \varkappa_{r+1}\varkappa'_{r+1}}\,(\omega_D{}' - \varkappa_{r+1}\,\omega_D) \, . \tag{38}$$

Mit Hilfe von (36) und (37) können somit die Ordinaten der Einflußlinie für M_r in den Feldern $(r-1)-r$ und $r-(r+1)$ berechnet werden. Steht die Last 1 im Feld $(r-2)-(r-1)$, so bestimmt man zunächst in der hier angegebenen

---

[1] Müller-Breslau, H.: Stat. d. Baukonstr. Bd. 2 Abt. 2 S. 105. Leipzig 1908.

Weise das Moment $\overset{r-1}{M_{r-1}}$ für verschiedene Laststellungen und benutzt dann

die Beziehung $\overset{r-1}{M_r} = -\dfrac{\overset{r-1}{M_{r-1}}}{\varkappa_r'}$ zur Ermittlung der Einflußordinaten für M_r bei

Belastung des Feldes $r-1$. In gleicher Weise verfährt man, wenn die Last 1 im $(r+2)$-ten Felde steht. Für Überschlagsrechnungen genügt schon die Untersuchung des Einflusses der beiden die Stütze r begrenzenden Felder auf das Stützmoment M_r.

Der zur Konstruktion der Einflußlinie des Stützmomentes M_r einzuschlagende Weg ist also der folgende: Nach Berechnung der Zahlen $\varkappa$ und $\varkappa'$ lasse man zu-

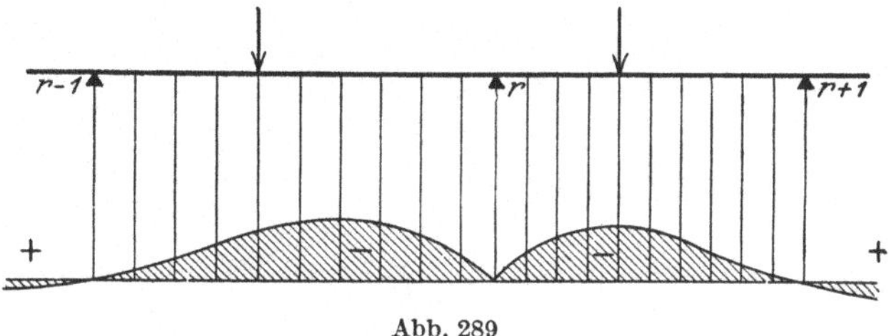

Abb. 289

nächst die Last 1 über die Öffnung $(r-1)-r$ wandern (Abb. 289) und berechne in der oben beschriebenen Weise für die verschiedenen Laststellungen das Moment $\overset{r}{M_r}$. Darauf läßt man in gleicher Weise die Last 1 über die Öffnung $r-(r+1)$ wandern und bestimmt $\overset{r+1}{M_r}$. Trägt man die so gefundenen Ordinaten auf und verbindet ihre Endpunkte, so erhält man die Einflußlinie für M_r in den beiden betrachteten Feldern. Nun stellt man die Last 1 in die $(r-1)$-te Öffnung und berechnet $\overset{r-1}{M_{r-1}}$ für verschiedene Laststellungen. Dann ergeben sich die Einfluß-

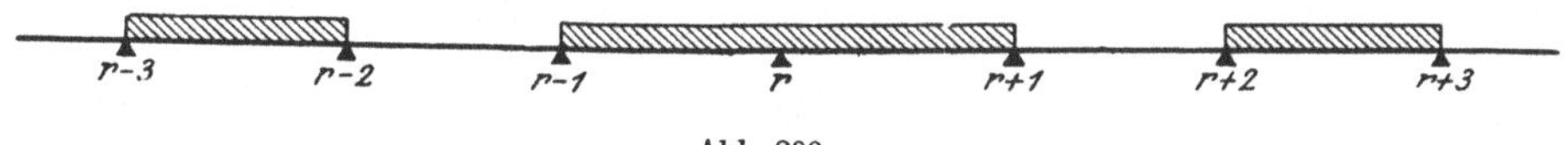

Abb. 290

ordinaten für M_r aus der Beziehung $\overset{r-1}{M_r} = -\dfrac{\overset{r-1}{M_{r-1}}}{\varkappa_r'}$. Die Laststellung im Feld

$(r+1)-(r+2)$ liefert das Moment $\overset{r+2}{M_{r+1}}$ und aus diesem folgt $\overset{r+2}{M_r} = -\dfrac{\overset{r+2}{M_{r+1}}}{\varkappa_{r+1}}$.

So fortfahrend kann auch der Einfluß der beiderseits weiter anschließenden Öffnungen verfolgt werden. Man erkennt indessen, daß die Ordinaten dieser Öffnungen schnell abnehmen.

Ist in dieser Weise die Einflußlinie für M_r aufgetragen, so ist die Art der Belastung, welche die ungünstigsten Werte liefert, festgelegt. Das größte (negative) Stützmoment tritt bei voller Belastung der beiden der Stütze r benachbarten Felder auf. Wird der Einfluß mehrerer Öffnungen in Betracht gezogen, so müssen diese abwechselnd unbelastet und belastet werden (Abb. 290). Nachdem die Einflußlinien für die Stützmomente aufgetragen sind, können alle anderen Einflußlinien aus diesen abgeleitet werden.

b) Feldmomente

Für das Feldmoment gilt nach (31)

$$M = M_0 + \frac{M_r\, x + M_{r-1}\, x'}{l_r}.$$

Die Einflußfläche für M läßt sich also darstellen als Summe der Einfluß-fläche für das Moment M_0 des einfachen Balkens $(r-1)-r$, der mit $\dfrac{x}{l_r}$ multi-plizierten Einflußfläche für M_r und der mit $\dfrac{x'}{l_r}$ multiplizierten Einflußfläche für M_{r-1} (Abb. 291).

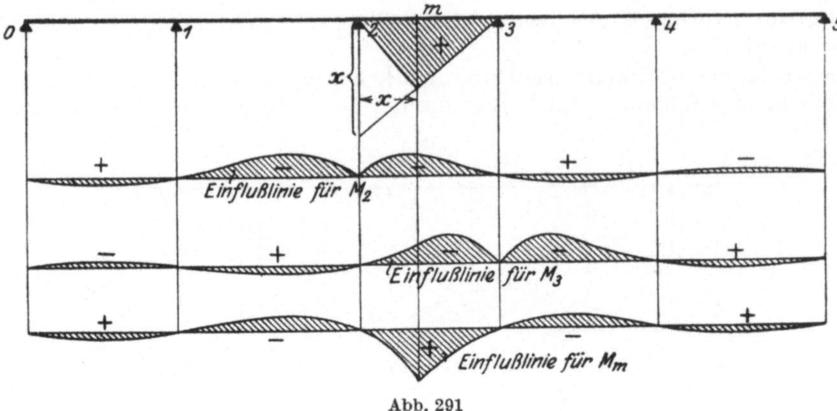

Abb. 291

c) Querkräfte

Nach (32) ist

$$Q = Q_0 + \frac{M_r - M_{r-1}}{l_r}.$$

Zur Konstruktion der Einflußlinie für Q trägt man zunächst die Einflußlinie für Q_0 auf und addiert zu deren Ordinaten diejenigen der $\dfrac{M_r - M_{r-1}}{l_r}$-Linie (Abb. 292a). Das Belastungsschema zur Bestimmung von Q_{max} bzw. Q_{min} ist aus Abb. 292b und c ersichtlich (vgl. auch Abb. 265a).

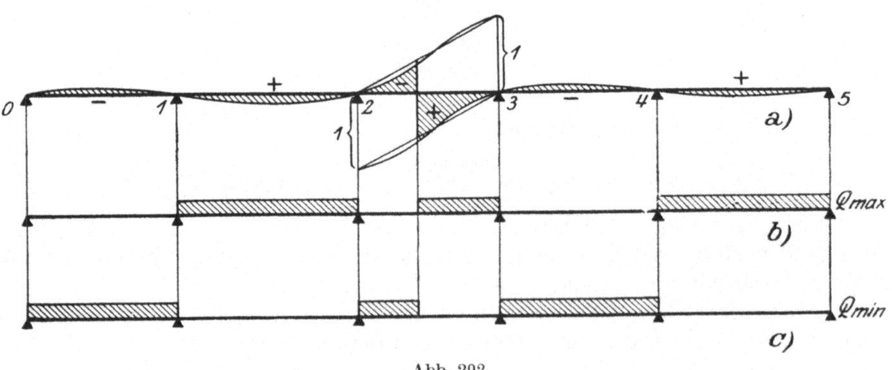

Abb. 292

d) Stützenreaktionen

Nach (33) ist

$$C_r = B_{0r} + A_{0(r+1)} + \frac{M_{r-1} - M_r}{l_r} + \frac{M_{r+1} - M_r}{l_{r+1}}.$$

Man erhält somit die Einflußlinie für C_r, indem man zu den Ordinaten der Einflußlinien für die Auflagerdrücke B_{0r} und $A_{0(r+1)}$ der einfachen Balken $(r-1)-r$ bzw. $r-(r+1)$ diejenigen der $\dfrac{M_{r-1} - M_r}{l_r}$- und der $\dfrac{M_{r+1} - M_r}{l_{r+1}}$-

Linien addiert (Abb. 293a). Das Belastungsschema zur Erzielung von $C_{r\,max}$ bzw. $C_{r\,min}$ ist aus Abb. 293 b und c ersichtlich.

e) Einflußlinien für die Momente und Querkräfte des Endfeldes

Die Einflußordinaten für den Stützendruck C_0 der linken Endstütze lassen sich mittels der Gl. (33), die hier

$$C_0 = A_{01} + \frac{M_1}{l_1} = \frac{1}{l_1}(A_{01}\,l_1 + M_1)$$

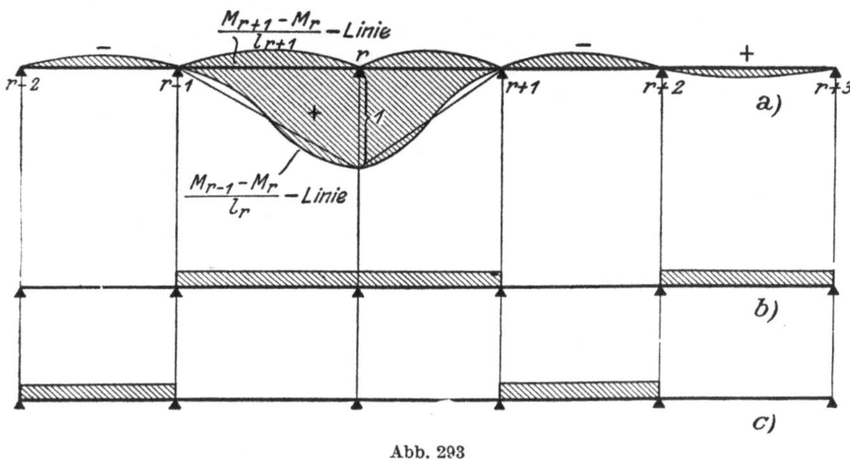

Abb. 293

lautet, darstellen, indem man zu den mit l_1 multiplizierten Ordinaten der A_{01}-Linie der ersten Öffnung diejenigen der M_1-Linie addiert. Ihr Multiplikator ist $\mu = \frac{1}{l_1}$. Die A_{01}-Linie erstreckt sich lediglich über die erste Öffnung (Abb. 294a).

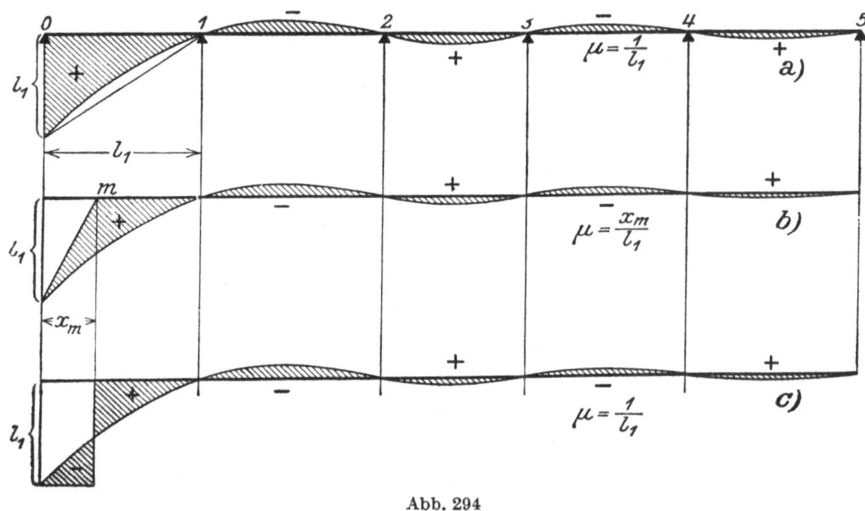

Abb. 294

Aus der Einflußlinie für C_0 können nun die Einflußlinien für die Feldmomente und Querkräfte der ersten Öffnung in der bereits beim Träger auf vier Stützen (vgl. S. 224) besprochenen Weise abgeleitet werden. Abb. 294b zeigt die Einflußlinie für M_m, Abb. 294c diejenige für Q_m.

B. Fachwerkträger

Durchlaufende Fachwerkträger auf mehr als vier Stützen sind bei praktischen Ausführungen verhältnismäßig selten. Liegt ein solches System vor, so finden die unter A für Balken mit veränderlichem Trägheitsmoment besprochenen Gesetze sinngemäße Anwendung. Auch hier werden zweckmäßig die Stützmomente als statisch unbestimmte Größen eingeführt. Die r-te Elastizitätsgleichung hat dann genau wie beim vollwandigen Träger die Form der Gl. (7).

In Abb. 295 seien $r-1$, r und $r+1$ drei aufeinanderfolgende Stützen eines durchlaufenden Parallelträgers. Zerschneidet man die den Stützen gegenüberliegenden Stäbe, so geht der kontinuierliche Träger in ein System nebeneinanderliegender einfacher Fachwerkbalken über. Der Belastungszustand $M_r = 1$ ist aus der Abbildung ersichtlich. Er liefert die Spannkräfte S_r. In analoger Weise ergeben sich aus den Zuständen $M_{r+1} = 1$ und $M_{r-1} = 1$ die Spannkräfte S_{r+1} und S_{r-1}. Aus diesen erhält man nach S. 180

$$\tau_{rr} = \sum S_r^2 \varrho; \quad \tau_{(r-1)\,r} = \sum S_{r-1}\,S_r\,\varrho; \quad \tau_{(r+1)\,r} = \sum S_{r+1}\,S_r\,\varrho; \quad \tau_{rt} = \sum S_r\,\varepsilon_t\,t\,s.$$

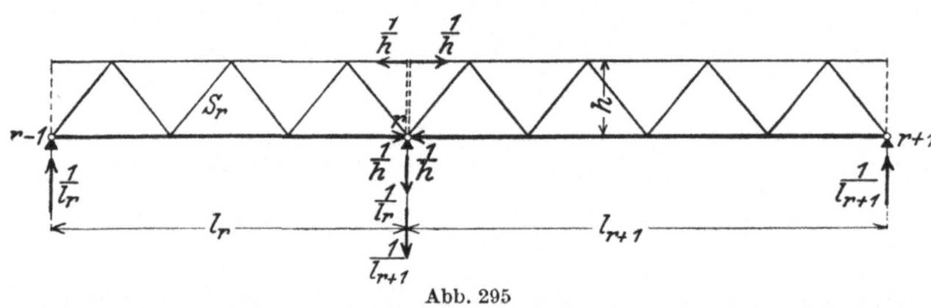

Abb. 295

Zur Ermittlung der Verschiebungen δ_{mr} der Knotenpunkte des Lastgurtes infolge $M_r = 1$ bestimme man zunächst die Gewichte $EF_c W = \sum \bar{S}\,S_r\,s\,\dfrac{F_c}{F}$, wobei $\bar{S}$ die Spannkräfte infolge der virtuellen „$\dfrac{1}{\lambda}$-Belastung" bezeichnen (S. 141), fasse diese Gewichte als Belastung der einfachen Balken $(r-1)-r$ und $r-(r+1)$ auf und berechne die infolge dieser fiktiven Belastung entstehenden Knotenpunktsmomente, welche sofort die mit EF_c multiplizierten Verschiebungen δ_{mr} liefern.

Die weitere Behandlung der Aufgabe erfolgt in der für den vollwandigen Träger beschriebenen Weise unter Benutzung des rechnerischen Verfahrens. Die Zahlen $\varkappa$ und $\varkappa'$ werden mit Hilfe der Gln. (15), (16) und (18) ermittelt. Sind die Einflußlinien der Stützmomente bekannt, so können diejenigen für die Stabspannkräfte nach den für den Fachwerkträger auf vier Stützen (vgl. S. 226) gegebenen Regeln bestimmt werden.

IV. Der kontinuierliche Träger auf elastischen Stützen

In den bisherigen Betrachtungen des vorliegenden Kapitels war angenommen, daß die Stützen des durchlaufenden Trägers entweder starr sind oder daß Senkungen eintreten, welche durch die Nachgiebigkeit des Baugrundes bedingt sind, also entweder durch Beobachtung oder lediglich durch Schätzung festgestellt werden. Anders verhält es sich, wenn die Stützen des zu untersuchenden Systems *elastisch senkbar* sind, ein Fall, der z. B. bei Trägern vorliegt, die auf hohen eisernen Pfeilern ruhen. Hier treten Stützensenkungen auf, welche den auf die Unterstützung ausgeübten Drücken verhältnisgleich sind. Für die Stütze C_r ergibt sich dann die elastische Senkung

$$c_r = \frac{C_r\, s_r}{E\, F_r} = \Delta_r\, C_r\,,$$

wenn $\Delta_r = \dfrac{s_r}{E\, F_r}$ die durch den Stützendruck 1 erzeugte Senkung bedeutet, und ferner s_r die Länge und F_r den Querschnitt der Stütze bezeichnen. Soll außerdem noch eine Temperaturänderung berücksichtigt werden, so wird nach S. 178

$$c_r = \Delta_r\, C_r - \varepsilon_t\, t_r\, s_r\,,$$

wobei das zweite Glied von C_r unabhängig ist. Für die folgenden Untersuchungen soll jedoch lediglich der erste Beitrag in Betracht gezogen werden.

Ähnlich liegen die Verhältnisse bei Schiffbrücken, bei denen die kontinuierlichen Hauptträger auf schwimmenden Unterstützungen ruhen. Bezeichnet man mit $\mathfrak{F}_r$ den Inhalt der waagerechten Schnittfläche des Schiffes in Höhe des Wasserspiegels, so besteht zwischen der Einsenkung c_r und dem Stützendruck C_r die einfache Beziehung

$$C_r = c_r\, \mathfrak{F}_r\, \gamma \quad \text{oder} \quad c_r = \Delta_r\, C_r\,,$$

wenn $\gamma = 1\left[\dfrac{t}{m^3}\right]$ das spezifische Gewicht des Wassers bedeutet und $\Delta_r = \dfrac{1}{\gamma\, \mathfrak{F}_r}$ gesetzt wird.

Um für den hier vorliegenden Fall elastisch senkbarer Stützen die Elastizitätsgleichungen abzuleiten, geht man zweckmäßig von Gl. (4) S. 229 aus. Setzt man in dieser zur Abkürzung

$$\alpha_r = \tau_{(r-1)\,r}\,; \qquad \beta_r = \tau_{r\,r}\,; \qquad \alpha_{r+1} = \tau_{(r+1)\,r}\,,$$

so lautet sie:

$$\alpha_r\, M_{r-1} + \beta_r\, M_r + \alpha_{r+1}\, M_{r+1} = -\left[\Sigma\, P_m\, \delta_{m\,r} + \tau_{r\,t} - \Sigma\,(C_r\, c)\right].$$

Nun ist aber nach S. 231

$$\Sigma\,(C_r\, c) = -\frac{c_{r-1}}{l_r} + c_r\, \frac{l_r + l_{r+1}}{l_r\, l_{r+1}} - \frac{c_{r+1}}{l_{r+1}}\,,$$

oder, wenn man jetzt $c_{r-1} = \Delta_{r-1}\, C_{r-1}$; $c_r = \Delta_r\, C_r$; $c_{r+1} = \Delta_{r+1}\, C_{r+1}$ setzt:

$$\Sigma\,(C_r\, c) = -\left(\frac{\Delta_{r-1}\, C_{r-1}}{l_r} - \Delta_r\, C_r\, \frac{l_r + l_{r+1}}{l_r\, l_{r+1}} + \frac{\Delta_{r+1}\, C_{r+1}}{l_{r+1}}\right).$$

Führt man diesen Wert in die Elastizitätsgleichung ein und beachtet, daß nach (33) S. 246

$$C_r = \mathfrak{C}_r + \frac{M_{r-1} - M_r}{l_r} + \frac{M_{r+1} - M_r}{l_{r+1}}$$

ist, wobei $\mathfrak{C}_r = B_{0\,r} + A_{0\,(r+1)}$ gesetzt wurde, und daß für C_{r-1} und C_{r+1} analoge Beziehungen bestehen, so geht diese über in:

$$\begin{aligned}
\alpha_r\, M_{r-1} + \beta_r\, M_r + \alpha_{r+1}\, M_{r+1} = -\Bigg[&\Sigma\, P_m\, \delta_{m\,r} + \tau_{r\,t} + \\
+ \frac{\Delta_{r-1}}{l_r}\, \mathfrak{C}_{r-1} + \frac{\Delta_{r-1}}{l_r}&\left(\frac{M_{r-2}}{l_{r-1}} - \frac{M_{r-1}\,(l_r + l_{r-1})}{l_r\, l_{r-1}} + \frac{M_r}{l_r}\right) - \\
- \Delta_r\, \frac{l_r + l_{r+1}}{l_r\, l_{r+1}}\, \mathfrak{C}_r - \Delta_r\, \frac{l_r + l_{r+1}}{l_r\, l_{r+1}}&\left(\frac{M_{r-1}}{l_r} - \frac{M_r\,(l_{r+1} + l_r)}{l_{r+1}\, l_r} + \frac{M_{r+1}}{l_{r+1}}\right) + \\
+ \frac{\Delta_{r+1}}{l_{r+1}}\, \mathfrak{C}_{r+1} + \frac{\Delta_{r+1}}{l_{r+1}}&\left(\frac{M_r}{l_{r+1}} - \frac{M_{r+1}\,(l_{r+2} + l_{r+1})}{l_{r+2}\, l_{r+1}} + \frac{M_{r+2}}{l_{r+2}}\right)\Bigg].
\end{aligned}$$

Nach einigen Umformungen folgt daraus

$$u_{r-1}\, M_{r-2} + v_r\, M_{r-1} + w_r\, M_r + v_{r+1}\, M_{r+1} + u_{r+1}\, M_{r+2} = K_r'\,, \qquad (39)$$

wobei

$$u_{r-1} = \frac{\Delta_{r-1}}{l_r\, l_{r-1}} ; \qquad v_r = \alpha_r - \frac{1}{l_r^2}\left(\Delta_{r-1}\frac{l_r + l_{r-1}}{l_{r-1}} + \Delta_r\frac{l_r + l_{r+1}}{l_{r+1}}\right);$$

$$w_r = \beta_r + \frac{\Delta_{r-1}}{l_r^2} + \Delta_r\left(\frac{l_r + l_{r+1}}{l_r\, l_{r+1}}\right)^2 + \frac{\Delta_{r+1}}{l_{r+1}^2};$$

$$v_{r+1} = \alpha_{r+1} - \frac{1}{l_{r+1}^2}\left(\Delta_r\frac{l_{r+1} + l_r}{l_r} + \Delta_{r+1}\frac{l_{r+1} + l_{r+2}}{l_{r+2}}\right); \qquad u_{r+1} = \frac{\Delta_{r+1}}{l_{r+2}\, l_{r+1}}$$

und

$$K_r' = -\left(\Sigma P_m\,\delta_{mr} + \tau_{rt} + \frac{\Delta_{r-1}}{l_r}\mathfrak{C}_{r-1} - \Delta_r\frac{l_r + l_{r+1}}{l_r\, l_{r+1}}\mathfrak{C}_r + \frac{\Delta_{r+1}}{l_{r+1}}\mathfrak{C}_{r+1}\right).$$

Eine solche Gl. (39) kann für jede Stütze aufgestellt werden, so daß ebenso viele Bestimmungsgleichungen wie Unbekannte verfügbar sind.

Die Auflösung dieser fünfgliedrigen Elastizitätsgleichungen erfolgt auf rechnerischem Wege[1]. (Die gleiche Aufgabe ist für den Fall eines konstanten Trägheitsmomentes von M. GRÜNING mit Hilfe von Differenzengleichungen behandelt worden[2].)

2. Der beiderseits eingespannte Träger

Ein an beiden Enden eingespannter gerader Stab $A\,B$ (Abb. 296a) ist dreifach statisch unbestimmt, denn es stehen den sechs unbekannten Lagergrößen (an

jeder Stütze ein Moment, eine vertikale und horizontale Reaktionskomponente) nur drei Gleichgewichtsbedingungen der Ebene gegenüber. Wirken auf den Träger nur senkrechte Lasten, so entfallen die Horizontalreaktionen, und das System kann jetzt als zweifach statisch unbestimmt angesehen werden[3]. Als überzählige Größen werden zweckmäßig die beiden Einspannungsmomente eingeführt. Zur Lösung der Aufgabe soll hier das im

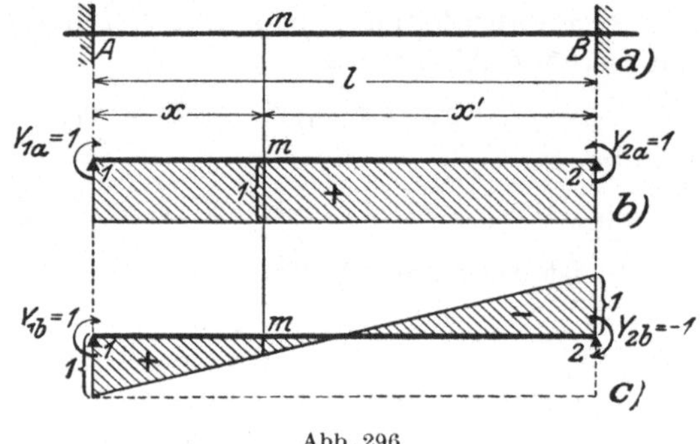

Abb. 296

Kap. 6 des fünften Abschnittes mitgeteilte Verfahren benutzt werden, und zwar sei vorausgesetzt, daß der Träger ein konstantes Trägheitsmoment J besitzen möge. Für die statisch unbestimmten Einzelwirkungen $Y_1 = M_A$ und $Y_2 = M_B$ gilt dann:

$$\left.\begin{aligned}Y_1 &= Y_{1a}X_a + Y_{1b}X_b \\ Y_2 &= Y_{2a}X_a + Y_{2b}X_b\end{aligned}\right\}. \tag{40}$$

Wählt man die Gruppenlasten $Y_{1a} = Y_{2a} = 1$ und $Y_{2b} = -1$, so liefert die Bedingung

$$\tau_{ba} = Y_{1b}\tau_{1a} + Y_{2b}\tau_{2a} = 0$$

den Wert

$$Y_{1b} = \frac{\tau_{2a}}{\tau_{1a}} = 1,$$

da wegen der Symmetrie des Zustandes $X_a = 1$ $\tau_{1a} = \tau_{2a}$ wird.

<hr>

[1] Über zweckmäßige Vereinfachungen vgl. H. MÜLLER-BRESLAU: Statik der Baukonstruktionen Bd. 2 Abt. 2 S. 66, Leipzig 1908, und Eisenbau 1916 Heft 5 S. 111.

[2] Vgl. Eisenbau 1918 Heft 6 S. 125 und Statik des ebenen Tragwerks, S. 571. Berlin 1925.

[3] Vgl. hierzu FUKUHEI TAKABEYA: Zur Berechnung des beiderseits eingemauerten Trägers unter bes. Berücksichtigung der Längskraft. Berlin 1924.

Somit sind alle Gruppenlasten bekannt. Die Belastungszustände $X_a = 1$ und $X_b = 1$ sowie die zugehörige M_a- und M_b-Fläche zeigen die Abb. 296b und c. Der Einfluß einer gegebenen Belastung P auf X_a und X_b ist:

$$X_{a_P} = - \frac{\Sigma\, P_m\, \delta_{ma}}{\tau_{aa}},$$

$$X_{b_P} = - \frac{\Sigma\, P_m\, \delta_{mb}}{\tau_{bb}}.$$

Die Verschiebungen δ_{ma}, δ_{mb} sowie die Drehungen τ_{aa} und τ_{bb} werden zweckmäßig rechnerisch bestimmt. Mit Hilfe der M_a-Fläche findet man nach Gl. (26) S. 188

$$E J \tau_{aa} = 2 \cdot 1\, l \tfrac{1}{2} = l.$$

Weiter ergibt sich, wenn man die M_a-Fläche als Belastungsfläche des Balkens auffaßt, für den Punkt m die Verschiebung

$$E J \delta_{ma} = M_m' = \frac{1\, l}{2} x - \frac{1\, x^2}{2} = \frac{x\, x'}{2},$$

wobei M_m' das Moment an der Stelle m infolge der Belastung des Balkens mit der M_a-Fläche bedeutet. Aus der M_b-Fläche findet man:

$$E J \tau_{bb} = 4 \cdot 1 \frac{l}{4} \frac{1}{3} = \frac{l}{3}.$$

Zur Bestimmung der Verschiebung $E J\, \delta_{mb}$ faßt man die M_b-Fläche als Belastungsfläche des Balkens auf und betrachtet diese als Differenz eines Rechtecks von der Höhe 1 und eines Dreiecks von der Höhe 2 (Abb. 296c). Dann wird $\frac{x\, x'}{2}$ der Beitrag des Rechtecks zur Verschiebung $E J\, \delta_{mb}$, und der Beitrag des Dreiecks ist nach Gl. (5), S. 231

$$-2 \frac{l^2}{6} \left(\frac{x}{l} - \frac{x^3}{l^3} \right) = - \frac{l^2}{3} \frac{x}{l} \left(\frac{l^2 - x^2}{l^2} \right) = - \frac{x\, x'}{3\, l} (l + x),$$

weshalb

$$E J\, \delta_{mb} = \frac{x\, x'}{2 \cdot} - \frac{x\, x'}{3} - \frac{x^2\, x'}{3\, l} = \frac{x\, x'}{6} - \frac{x^2\, x'}{3\, l}.$$

Die Ordinate der Einflußlinie für X_a wird somit dargestellt durch den Wert

$$\eta_a = - \frac{\delta_{ma}}{\tau_{aa}} = - \frac{x\, x'}{2\, l}$$

und die Ordinate der Einflußlinie für X_b

$$\eta_b = - \frac{\delta_{mb}}{\tau_{bb}} = - \frac{x\, x'}{2\, l} + \frac{x^2\, x'}{l^2}.$$

Damit sind aber auch die Einflußordinaten η_A und η_B für M_A und M_B gegeben, denn für diese gilt nach Gl. (40)

$$M_A = Y_1 = X_a + X_b,$$

$$M_B = Y_2 = X_a - X_b.$$

Somit wird

$$\eta_A = - \frac{x\, x'}{l} + \frac{x^2\, x'}{l^2} = - \frac{x\, x'}{l} \left(1 - \frac{x}{l} \right) = - \frac{x\, x'^2}{l^2}, \tag{41}$$

$$\eta_B = - \frac{x^2\, x'}{l^2}. \tag{42}$$

Die M_B-Linie ist das Spiegelbild der M_A-Linie. Nachdem die Einflußlinien für die Einspannungsmomente M_A und M_B gefunden sind, können aus ihnen mittels der Beziehungen

$$M = M_0 + \frac{M_A\,x' + M_B\,x}{l}\,,$$

$$Q = Q_0 + \frac{M_B - M_A}{l}\,,$$

$$A = A_0 + \frac{M_B - M_A}{l}\,,$$

$$B = B_0 + \frac{M_A - M_B}{l}$$

alle übrigen Einflußlinien abgeleitet werden.

Steht die Last P in Balkenmitte, so wird nach Gl. (41) bzw. (42)

$$M_A = M_B = -\frac{P\,l}{8}$$

und somit das Feldmoment unter der Last P:

$$M = \frac{P\,l}{4} - \frac{P\,l}{8} = \frac{P\,l}{8}\,,$$

d. h. halb so groß wie beim frei aufliegenden Balken. Eine gleichmäßig verteilte Belastung p [kg/m] erzeugt:

$$M_A = M_B = -\frac{p}{l^2}\int_0^l x\,(l-x)^2\,dx = -\frac{p\,l^2}{12}\,,$$

und somit das Moment in Trägermitte

$$M = \frac{p\,l^2}{8} - \frac{p\,l^2}{12} = \frac{p\,l^2}{24}\,.$$

Tritt eine Temperaturdifferenz $\varDelta t = t_u - t_o$ zwischen der oberen und unteren Balkenfaser auf, so wird

$$X_{a\,t} = -\frac{\tau_{a\,t}}{\tau_{a\,a}} = -\frac{\displaystyle\int M_a\,\frac{\varepsilon_t\,\varDelta t}{h}\,dx}{l}\,E\,J$$

und

$$X_{b\,t} = -\frac{\tau_{b\,t}}{\tau_{b\,b}} = -\frac{\displaystyle\int M_b\,\frac{\varepsilon_t\,\varDelta t}{h}\,dx}{l}\,3\,E\,J\,.$$

Mit

$$\frac{\varepsilon_t\,\varDelta t}{h}\int_0^l M_a\,dx = \frac{\varepsilon_t\,\varDelta t}{h}\,l \quad\text{und}\quad \frac{\varepsilon_t\,\varDelta t}{h}\int_0^l M_b\,dx = 0$$

wird

$$M_{A_t} = M_{B_t} = X_{a_t} = -E\,J\,\frac{\varepsilon_t\,\varDelta t}{h}\,.$$

Eine *gleichmäßige* Temperaturänderung über die ganze Trägerlänge l erzeugt Horizontalreaktionen H, für welche nach dem HOOKEschen Gesetz [Gl. (34), S.32] folgt

$$\varDelta l = 0 = \frac{H\,l}{E\,F} + \varepsilon_t\,t\,l\,.$$

$$H = -\varepsilon_t\,t\,E\,F\,.$$

3. Der Träger auf elastischer Unterlage

Ein mit senkrechten Einzelkräften belasteter, auf gleichförmiger, elastischer Unterlage ruhender gerader Stab möge an der Stelle x die Einsenkung y erleiden. Die von dem Stab auf seine Unterlage ausgeübte Pressung, bezogen auf die Längeneinheit, sei p. Nimmt man an, die Einsenkung y sei an einer beliebigen Stelle x des Balkens dem daselbst wirkenden Druck proportional, so besteht zwischen y und p die einfache Beziehung[1]

$$p = k\,y\,,$$

wo k eine von den elastischen Eigenschaften der Unterlage abhängige, durch Beobachtung gefundene Konstante — die *Bettungsziffer* — von der Dimension kg/cm² ist.

Der vorstehende Ansatz ist aus zwei Gründen mangelhaft: einmal trifft die vorausgesetzte Proportionalität erfahrungsgemäß nur bei *kleinen* Formänderungen — wie sie allerdings in der Praxis die Regel bilden — näherungsweise zu, zweitens aber drückt dieser Ansatz nur eine Abhängigkeit zwischen der Einsenkung y an der Stelle x und der dort wirkenden Pressung p aus, während y doch offenbar auch von den Pressungen an den übrigen Stellen des Balkens abhängen muß[2]. Da sich der obige Ansatz für p indessen durch große Einfachheit auszeichnet, seine Einführung sich außerdem bei der Berechnung des Eisenbahnoberbaues gut bewährt hat, so soll er auch hier — trotz seiner grundsätzlichen Mängel — beibehalten werden.

Vorausgesetzt sei ein gewichtsloser Balken, welcher lediglich Einzelkräfte P trägt. Bezeichnet dann Q die Querkraft an der Stelle x, und versteht man jetzt unter p die Pressung der Unterlage gegen den Balken, so ist $dQ = p\,dx$, und wegen $Q = \dfrac{dM}{dx}$ folgt $p = \dfrac{d^2 M}{dx^2}$. Die Gleichung der elastischen Linie lautet (vgl. S. 145) $EJ\dfrac{d^2 y}{dx^2} = -M$, woraus folgt:

$$EJ\frac{d^4 y}{dx^4} = -\frac{d^2 M}{dx^2} = -p = -k\,y\,. \tag{43}$$

Die allgemeine Lösung dieser Differentialgleichung ist bekannt. Sie lautet:

$$y = (A_1 e^{a x} + A_2 e^{-a x})\cos\alpha x + (A_3 e^{a x} + A_4 e^{-a x})\sin\alpha x\,. \tag{44}$$

Hierin bedeuten A_1 bis A_4 die vier willkürlichen Integrationskonstanten, $e = 2{,}71828$ die Basis der natürlichen Logarithmen und α einen von k, dem Trägheitsmoment J und der Elastizitätsziffer E des Balkens abhängigen konstanten Wert, der durch die Gleichung

$$\alpha = \sqrt[4]{\frac{k}{4\,EJ}} \tag{45}$$

gegeben ist. Bildet man nämlich nacheinander die erste bis vierte Ableitung von y, so erhält man:

$$\frac{dy}{dx} = \alpha\,[(A_1 e^{a x} - A_2 e^{-a x})\cos\alpha x - (A_1 e^{a x} + A_2 e^{-a x})\sin\alpha x +$$
$$+ (A_3 e^{a x} - A_4 e^{-a x})\sin\alpha x + (A_3 e^{a x} + A_4 e^{-a x})\cos\alpha x]\,,$$

$$\frac{d^2 y}{dx^2} = -2\,\alpha^2\,[(A_1 e^{a x} - A_2 e^{-a x})\sin\alpha x - (A_3 e^{a x} - A_4 e^{-a x})\cos\alpha x]\,,$$

$$\frac{d^3 y}{dx^3} = -2\,\alpha^3\,[(A_1 e^{a x} + A_2 e^{-a x})\sin\alpha x + (A_1 e^{a x} - A_2 e^{-a x})\cos\alpha x -$$
$$- (A_3 e^{a x} + A_4 e^{-a x})\cos\alpha x + (A_3 e^{a x} - A_4 e^{-a x})\sin\alpha x]\,,$$

$$\frac{d^4 y}{dx^4} = -4\,\alpha^4\,[(A_1 e^{a x} + A_2 e^{-a x})\cos\alpha x + (A_3 e^{a x} + A_4 e^{-a x})\sin\alpha x]\,.$$

---

[1] WINKLER, E.: Die Lehre von der Elastizität und Festigkeit, S. 182. Prag 1867.

[2] Vgl. K. WIEGHARDT: Über den Balken auf nachgiebiger Unterlage. Z. angew. Math. Mech. 1922 S. 165. WIEGHARDT führt für p einen allgemeineren Ansatz ein, der den wirklichen Verhältnissen besser entspricht als der hier gewählte, wodurch allerdings die Rechnung erheblich komplizierter wird. Vgl. auch E. PFLANZ: Untersuchungen über die Druckverteilung unter belasteten Balken auf nachgiebiger Unterlage. Ing.-Arch. Bd. 12 (1941) S. 201.

Da aber nach (45) $4\,\alpha^4 = \dfrac{k}{EJ}$, so folgt in der Tat $\dfrac{d^4 y}{dx^4} = -\dfrac{k\,y}{EJ}$, d. h. die Differentialgl. (43).

Zur Bestimmung von y bedarf es jetzt nur noch der Berechnung der Integrationskonstanten mit Hilfe der durch die Aufgabe gegebenen Grenzbedingungen.

Der in Abb. 297 skizzierte, gewichtslos angenommene Stab von der Länge l möge auf einer elastischen Unterlage so befestigt sein, daß der oben eingeführte Wert p auch negativ werden kann, und in Balkenmitte eine Einzellast P tragen. Rechnet man die positiven Abszissen x von der Mitte aus nach rechts, so stehen zur Bestimmung der Integrationskonstanten folgende Bedingungsgleichungen zur Verfügung

Für $x = \dfrac{l}{2}$ wird sowohl das Moment $M = -EJ\dfrac{d^2 y}{dx^2}$ als auch die Querkraft $Q = -EJ\dfrac{d^3 y}{dx^3}$ zu Null. Demnach erhält man mit $\dfrac{\alpha\,l}{2} = \nu$

$$1.\quad \frac{d^2 y}{dx^2}\bigg]_{x=\frac{l}{2}} = 0 = (A_1 e^{\nu} - A_2 e^{-\nu})\sin\nu - (A_3 e^{\nu} - A_4 e^{-\nu})\cos\nu\,;$$

$$2.\quad \frac{d^3 y}{dx^3}\bigg]_{x=\frac{l}{2}} = 0 = (A_1 e^{\nu} + A_2 e^{-\nu})\sin\nu + (A_1 e^{\nu} - A_2 e^{-\nu})\cos\nu -$$
$$- (A_3 e^{\nu} + A_4 e^{-\nu})\cos\nu + (A_3 e^{\nu} - A_4 e^{-\nu})\sin\nu\,.$$

In Balkenmitte verläuft die Tangente an die elastische Linie des Trägers wegen der bestehenden Symmetrie horizontal, weshalb $\dfrac{dy}{dx} = 0$ für $x = 0$ sein muß. Diese Bedingung liefert:

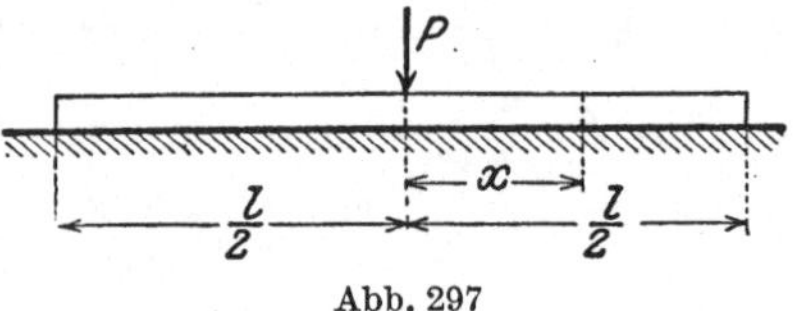

Abb. 297

$$3.\qquad \frac{dy}{dx}\bigg]_{x=0} = 0 = A_1 - A_2 + A_3 + A_4\,.$$

Endlich wird die Querkraft unmittelbar rechts von der Last P für $x \to 0$ $Q = -\dfrac{P}{2}$, woraus folgt:

$$\frac{d^3 y}{dx^3}\bigg]_{x=0} = \frac{P}{2\,EJ} = -2\,\alpha^3 (A_1 - A_2 - A_3 - A_4)$$

oder

$$4.\qquad \frac{P}{4\,EJ\,\alpha^3} = -(A_1 - A_2) + A_3 + A_4\,.$$

Durch Addition der Gleichungen 3. und 4. ergibt sich

$$A_3 + A_4 = \frac{P}{8\,EJ\,\alpha^3} \quad \text{oder} \quad A_4 = \frac{P}{8\,EJ\,\alpha^3} - A_3\,.$$

Subtrahiert man dagegen 4. von 3., so wird:

$$A_1 - A_2 = -\frac{P}{8\,EJ\,\alpha^3} \quad \text{oder} \quad A_2 = A_1 + \frac{P}{8\,EJ\,\alpha^3}\,.$$

Nun ersetze man in den Gln. 1. und 2. A_2 und A_4 durch die hier gefundenen Werte, und man erhält nach Einführung der Hyperbelfunktionen

$$\mathfrak{Sin}\,\nu = \frac{e^{\nu} - e^{-\nu}}{2} \quad \text{und} \quad \mathfrak{Cof}\,\nu = \frac{e^{\nu} + e^{-\nu}}{2},$$

$$A_1\,\mathfrak{Sin}\,\nu\,\sin\nu - A_3\,\mathfrak{Cof}\,\nu\,\cos\nu = \frac{P\,e^{-\nu}}{16\,EJ\,\alpha^3}(\sin\nu - \cos\nu)\,,$$

$$A_1\,(\mathfrak{Cof}\,\nu\,\sin\nu + \mathfrak{Sin}\,\nu\,\cos\nu) - A_3\,(\mathfrak{Sin}\,\nu\,\cos\nu - \mathfrak{Cof}\,\nu\,\sin\nu) = \frac{P\,e^{-\nu}}{8\,EJ\,\alpha^3}\cos\nu\,.$$

Die Auflösung dieser Gleichungen nach A_1 und A_3 ergibt:

$$A_1 = \frac{P\,e^{-\nu}}{16\,EJ\,\alpha^3}\;\frac{(\sin\nu - \cos\nu)\,(\mathfrak{Sin}\,\nu\cos\nu - \mathfrak{Cof}\,\nu\sin\nu) - 2\,\mathfrak{Cof}\,\nu\cos^2\nu}{\mathfrak{Sin}\,\nu\sin\nu\,(\mathfrak{Sin}\,\nu\cos\nu - \mathfrak{Cof}\,\nu\sin\nu) - \mathfrak{Cof}\,\nu\cos\nu\,(\mathfrak{Cof}\,\nu\sin\nu + \mathfrak{Sin}\,\nu\cos\nu)}\,;$$

$$A_3 = \frac{P\,e^{-\nu}}{16\,EJ\,\alpha^3}\;\frac{(\sin\nu - \cos\nu)\,(\mathfrak{Cof}\,\nu\sin\nu + \mathfrak{Sin}\,\nu\cos\nu) - 2\,\mathfrak{Sin}\,\nu\cos\nu\sin\nu}{\mathfrak{Sin}\,\nu\sin\nu\,(\mathfrak{Sin}\,\nu\cos\nu - \mathfrak{Cof}\,\nu\sin\nu) - \mathfrak{Cof}\,\nu\cos\nu\,(\mathfrak{Cof}\,\nu\sin\nu + \mathfrak{Sin}\,\nu\cos\nu)}\,.$$

Beachtet man die zwischen den Hyperbelfunktionen bestehenden Beziehungen:

$$\mathfrak{Cof}\,\nu + \mathfrak{Sin}\,\nu = e^{\nu}\,;\quad \mathfrak{Cof}\,\nu - \mathfrak{Sin}\,\nu = e^{-\nu}\,;\quad \mathfrak{Cof}^2\nu - \mathfrak{Sin}^2\nu = 1\,;$$
$$\mathfrak{Sin}\,2\nu = 2\,\mathfrak{Sin}\,\nu\,\mathfrak{Cof}\,\nu\,,$$

so gehen die vorstehenden Ausdrücke nach einigen Umformungen über in:

$$A_1 = \frac{P}{16\,EJ\,\alpha^3}\;\frac{\cos 2\nu - \sin 2\nu + e^{-2\nu} + 2}{\mathfrak{Sin}\,2\nu + \sin 2\nu}\,,$$
$$A_3 = \frac{P}{16\,EJ\,\alpha^3}\;\frac{\cos 2\nu + \sin 2\nu - e^{-2\nu}}{\mathfrak{Sin}\,2\nu + \sin 2\nu}\,.$$

Führt man nun die für die Konstanten A_1 bis A_4 gefundenen Werte in (44) ein und beachtet, daß $e^{\alpha x} + e^{-\alpha x} = 2\,\mathfrak{Cof}\,\alpha x$ und $e^{\alpha x} - e^{-\alpha x} = 2\,\mathfrak{Sin}\,\alpha x$ ist, so erhält man als Größe der Einsenkung des Balkens an der Stelle x:

$$y = \frac{P}{8\,EJ\,\alpha^3}\left[\frac{\cos 2\nu - \sin 2\nu + e^{-\nu} + 2}{\mathfrak{Sin}\,2\nu + \sin 2\nu}\,\mathfrak{Cof}\,\alpha x\cos\alpha x + e^{-\alpha x}(\cos\alpha x + \sin\alpha x) +\right.$$
$$\left.+\;\frac{\cos 2\nu + \sin 2\nu - e^{-2\nu}}{\mathfrak{Sin}\,2\nu + \sin 2\nu}\,\mathfrak{Sin}\,\alpha x\sin\alpha x\right].\tag{46}$$

Mit Hilfe von (46) lassen sich nun auch die Pressung $p_x = k\,y$, das Moment $M_x = -\,EJ\dfrac{d^2 y}{d x^2}$ und die Querkraft $Q_x = -\,EJ\dfrac{d^3 y}{d x^3}$ bestimmen.

Für Stäbe von großer Länge kann $l = \infty$ gesetzt werden. Dann wird auch $\nu = \dfrac{\alpha\,l}{2} = \infty$, und Gl. (46) geht wegen $\mathfrak{Sin}\,2\nu = \infty$ und $e^{-\nu} = \dfrac{1}{e^{\nu}} = 0$ für Punkte in größerer Entfernung von den Trägerenden über in

$$y = \frac{P\,e^{-\alpha x}}{8\,EJ\,\alpha^3}\,(\cos\alpha x + \sin\alpha x)\,.\tag{47}$$

Beachtet man ferner, daß nach (45) $EJ = \dfrac{k}{4\,\alpha^4}$ ist, so wird

$$p_x = k\,y = \frac{P\,\alpha}{2\,e^{\alpha x}}\,(\cos\alpha x + \sin\alpha x)\,;\tag{48}$$

$$M_x = -\,EJ\frac{d^2 y}{d x^2} = \frac{P}{4\,\alpha\,e^{\alpha x}}\,(\cos\alpha x - \sin\alpha x)\,;\tag{49}$$

$$Q_x = -\,EJ\frac{d^3 y}{d x^3} = -\,\frac{P}{2\,e^{\alpha x}}\cos\alpha x\,.\tag{50}$$

Insbesondere erhält man für $x = 0$ als Maximalwerte:

$$p_0 = \frac{P\,\alpha}{2}\,;\quad M_0 = \frac{P}{4\,\alpha}\,;\quad Q_0 = -\,\frac{P}{2}\,.$$

Bei einem Träger von ∞ großer Länge kann jede Stelle des Balkens als Balkenmitte angesehen werden. Die vorstehend entwickelten Gln. (48) bis (50) gelten dann (im Endlichen) für eine beliebige Folge von Einzellasten, und zwar bedeutet x jeweils den Abstand der Last von dem betrachteten Querschnitt. Für den unendlich langen Stab bestehen also allgemein folgende Beziehungen:

$$\text{Pressung:}\quad p = \frac{\alpha}{2}\,\Sigma\,P\,\eta\,,$$

$$\text{Moment:}\quad M = \frac{1}{4\,\alpha}\,\Sigma\,P\,\mu\,,$$

$$\text{Querkraft:}\quad Q = \frac{1}{2}\,\Sigma\,P\,\mu'\,,$$

wobei

$$\eta = e^{-\alpha x}\,(\cos\alpha x + \sin\alpha x)\,; \quad \mu = e^{-\alpha x}\,(\cos\alpha x - \sin\alpha x)\,; \quad \mu' = -\,e^{-\alpha x}\cos\alpha x.$$

Die Größen η, μ und μ' sind für verschiedene Werte αx berechnet und tabellarisch zusammengestellt worden[1].

Zu beachten ist noch, daß die Querkraft Q für zwei rechts und links von der Last P gleich weit entfernte Querschnitte zwar dieselbe Größe, aber entgegengesetztes Vorzeichen besitzt. Das Vorzeichen der Gl. (50) gilt für Laststellung links vom betrachteten Querschnitt (vgl. Abb. 297).

Die vorstehenden Gleichungen können auch dann zur Anwendung gelangen, wenn der Balken eine endliche Länge besitzt, die Lasten P aber in genügend großen Abständen von den Balkenenden stehen[2].

4. Rahmen

a) Zweistieliger Rahmen mit Fußgelenken

Der in Abb. 298 dargestellte Rahmen mit Fußgelenken von der Höhe h und Stützweite l ist — wie man sich leicht überzeugt — einfach statisch unbestimmt. Als überzählige Größe X_a soll der Horizontalschub am rechten Auf-

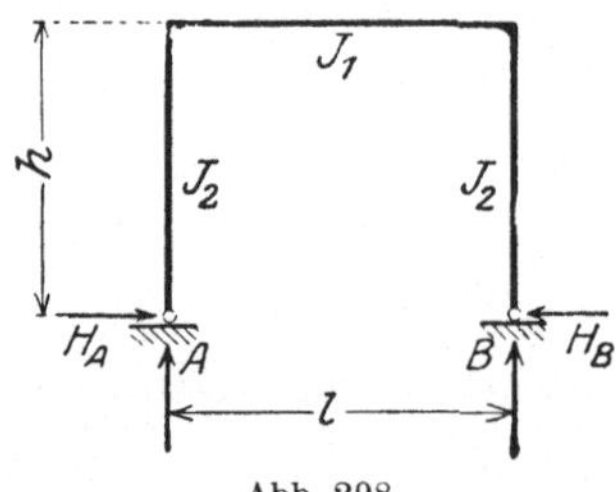

Abb. 298

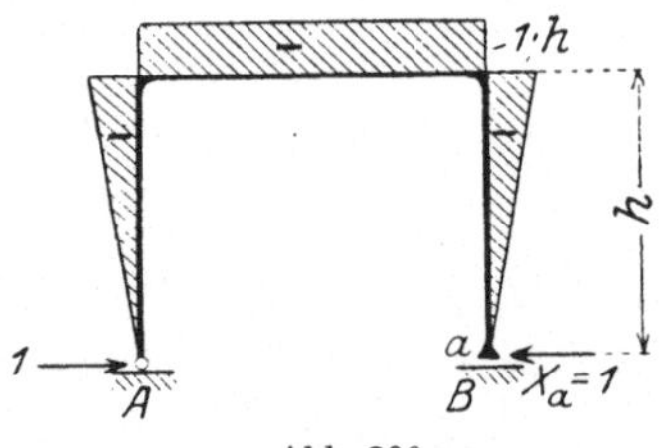

Abb. 299

lager eingeführt werden. Die Trägheitsmomente mögen für den Querriegel mit J_1, für die Stiele mit J_2 bezeichnet sein.

Unter der Annahme starrer Lager lautet die zur Bestimmung von X_a verfügbare Elastizitätsgleichung

$$0 = \sum P_m\,\delta_{ma} + X_a\,\delta_{aa} + \delta_{at}.$$

Den Zustand $X_a = 1$ sowie die zu ihm gehörige M_a-Fläche zeigt Abb. 299. Diese liefert, sofern der Einfluß von Quer- und Längskräften vernachlässigt wird,

$$E J_1\,\delta_{aa} = \int M_a^2\,ds\,\frac{J_1}{J} = 2\left(\frac{h^2 l}{2} + 2\,\frac{h^2}{2}\,\frac{h}{3}\,\frac{J_1}{J_2}\right) = h^2 l + \frac{2}{3}\,h^3\,\frac{J_1}{J_2}.$$

Es soll zunächst der Einfluß einer am Querriegel wirkenden lotrechten Last 1 auf X_a ermittelt werden. In diesem Falle wird:

$$X_{a(P=1)} = -\,\frac{1\,\delta_{ma}}{\delta_{aa}}.$$

Unter Beachtung der aus Abb. 300 ersichtlichen M_0-Fläche ergibt sich:

$$E J_1\,\delta_{ma} = \int M_0 M_a\,\frac{J_1}{J}\,ds = -\int_0^l \frac{a\,x}{l}\,1\,h\,dx + \int_0^a z\,1\,h\,dz$$

$$= -\,\frac{a\,l\,h}{2} + \frac{a^2\,h}{2} = -\,\frac{a\,b\,h}{2}.$$

[1] ZIMMERMANN, H.: Die Berechnung des Eisenbahnoberbaues S. 284, Berlin 1888, und H. MÜLLER-BRESLAU: Statik der Baukonstruktionen Bd. 2 Abt. 2 S. 242 Leipzig 1908.,
[2] Im übrigen vgl. K. HAYASHI: Theorie des Trägers auf elast. Unterlage. Berlin 1921. — v. SANDEN, K., u. F. SCHLEICHER: Zur Theorie des Balkens auf elast. Unterlage. Beton u. Eisen 1926.

Demnach wird

$$X_{a(P=1)} = \frac{1\,h\,a\,b}{2\left(h^2 l + \dfrac{2}{3}\,h^3\,\dfrac{J_1}{J_2}\right)} = \frac{1\,a\,b}{2\,h\,l\left(1 + \dfrac{2}{3}\,\dfrac{h}{l}\,\dfrac{J_1}{J_2}\right)}.\qquad(51)$$

Dieser Wert stellt die Einflußordinate für den Horizontalschub infolge einer lotrechten Belastung des Querriegels dar. Für eine gleichmäßig verteilte Belastung q [kg/m] erhält man damit

$$X_{a_q} = \frac{q}{2\,h\,l\left(1 + \dfrac{2}{3}\,\dfrac{h}{l}\,\dfrac{J_1}{J_2}\right)} \int_0^l a\,(l-a)\,da = \frac{q\,l^3}{12\,h\,l\left(1 + \dfrac{2}{3}\,\dfrac{h}{l}\,\dfrac{J_1}{J_2}\right)}.$$

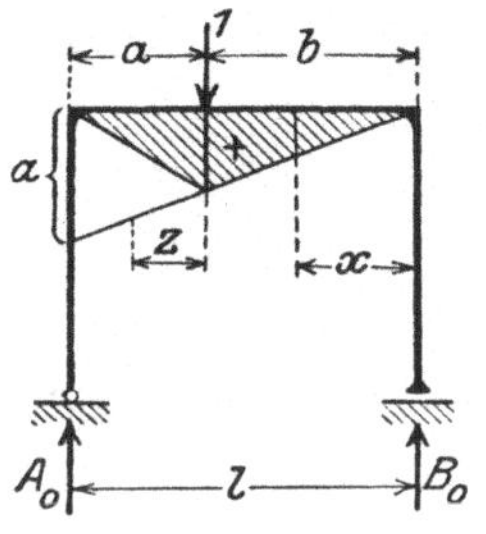

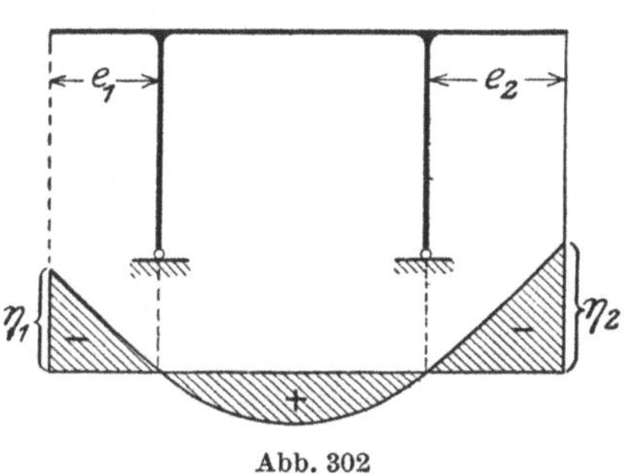

Abb. 300 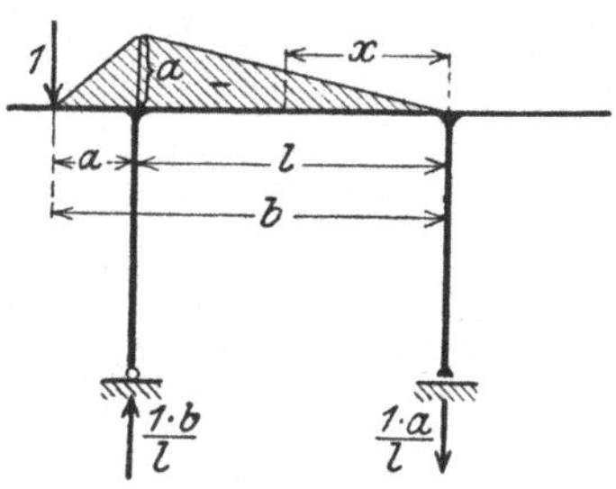   Abb. 301

Infolge einer lotrechten Belastung des Querriegels ist der Horizontalschub an beiden Lagern gleich groß. Somit wird:

$$H_A = H_B = X_a.$$

Besitzt der Rahmen Kragarme, so erzeugt eine im Abstande a vom linken Stiel stehende Last 1 die aus Abb. 301 ersichtliche M_0-Fläche. Dann ist:

$$E J_1\,\delta_{ma} = \int_0^l 1\,h\,\frac{a\,x}{l}\,dx = \frac{h\,l}{2}\,a$$

und

$$X_{a(P=1)} = -\frac{1\,l\,a}{2\,h\,l\left(1 + \dfrac{2}{3}\,\dfrac{h}{l}\,\dfrac{J_1}{J_2}\right)},$$

d. h. die Einflußlinie verläuft unter dem Kragarm geradlinig. Man braucht also zur Konstruktion der den beiden Kragarmen entsprechenden Äste der Einflußlinie für X_a nur die Endtangenten an den mittleren

Abb. 302

Ast zu zeichnen. Die Ordinaten unter den äußersten Punkten der Kragarme sind (vgl. Abb. 302):

$$\eta_1 = -\frac{l\,e_1}{2\,h\,l\left(1 + \dfrac{2}{3}\,\dfrac{h}{l}\,\dfrac{J_1}{J_2}\right)};\qquad \eta_2 = -\frac{l\,e_2}{2\,h\,l\left(1 + \dfrac{2}{3}\,\dfrac{h}{l}\,\dfrac{J_1}{J_2}\right)}.$$

Eine im Abstande ξ' von den Lagern auf den linken Stiel wirkende horizontale Last $W = 1$ erzeugt am statisch bestimmten Hauptsystem die aus Abb. 303 ersichtlichen Auflagerkräfte, so daß die M_0-Fläche die in dieser Figur dargestellte Form besitzt. Es wird also

$$\delta_{ma} = \int_0^l \frac{M_0\,M_a\,d x}{E J_1} + \int_0^h \frac{M_0\,M_a\,d\xi}{E J_2}$$

oder unter Beachtung der Gl. (27) S. 188

$$EJ_1\,\delta_{ma} = -1\,\frac{l}{6}\,\xi'\,3h - \left(1\,\frac{h}{6}\,h\,3\xi' - 1\,\frac{\xi'}{6}\,\xi'\,\xi'\right)\frac{J_1}{J_2}$$

$$= -1\left(\frac{l\,\xi'\,h}{2} + \frac{h^2\,\xi'}{2}\,\frac{J_1}{J_2} - \frac{\xi'^3}{6}\,\frac{J_1}{J_2}\right).$$

Somit findet man:

$$X_{a(W=1)} = 1\,\frac{\dfrac{h^2\,l}{2}\left(\dfrac{\xi'}{h} + \dfrac{\xi'}{l}\,\dfrac{J_1}{J_2} - \dfrac{\xi'^3}{3h^2l}\,\dfrac{J_1}{J_2}\right)}{h^2\,l\left(1 + \dfrac{2}{3}\,\dfrac{h}{l}\,\dfrac{J_1}{J_2}\right)}$$

$$= \frac{\xi'\left[1 + \dfrac{J_1}{J_2}\left(\dfrac{h}{l} - \dfrac{\xi'^2}{3hl}\right)\right]}{2h\left(1 + \dfrac{2}{3}\,\dfrac{h}{l}\,\dfrac{J_1}{J_2}\right)}.$$

Wirkt auf den Stiel die gleichmäßig verteilte Belastung w [kg/m], so wird:

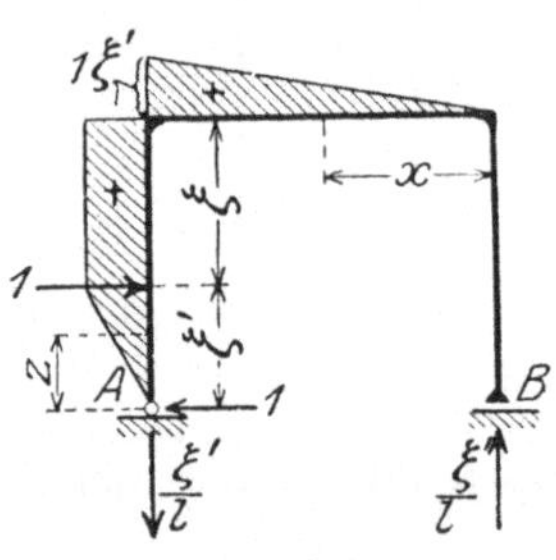

Abb. 303

$$X_{a_w} = \frac{w}{2h\left(1 + \dfrac{2}{3}\,\dfrac{h}{l}\,\dfrac{J_1}{J_2}\right)}\int_0^h\left(\xi' + \xi'\,\frac{h}{l}\,\frac{J_1}{J_2} - \frac{\xi'^3}{3hl}\,\frac{J_1}{J_2}\right)d\xi'$$

$$= \frac{w}{2h\left(1 + \dfrac{2}{3}\,\dfrac{h}{l}\,\dfrac{J_1}{J_2}\right)}\left(\frac{h^2}{2} + \frac{h^3}{2l}\,\frac{J_1}{J_2} - \frac{h^3}{12l}\,\frac{J_1}{J_2}\right)$$

oder

$$X_{a_w} = H_{Bw} = \frac{wh}{4}\,\frac{1 + \dfrac{5}{6}\,\dfrac{h}{l}\,\dfrac{J_1}{J_2}}{1 + \dfrac{2}{3}\,\dfrac{h}{l}\,\dfrac{J_1}{J_2}}.$$

Damit ist auch H_{A_w} bekannt. Aus der Gleichgewichtsbedingung $\sum H = 0$ ergibt sich:

$$H_B - wh - H_A = 0$$

oder

$$H_{A_w} = -(wh - H_{Bw}).$$

Den Einfluß einer Temperaturänderung findet man aus der Beziehung

$$X_{a_t} = -\frac{\delta_{at}}{\delta_{aa}} = -\frac{\displaystyle\int M_a\,\frac{\varepsilon_t\,\Delta t}{h}\,ds + \int N_a\,\varepsilon_t\,t_s\,ds}{\delta_{aa}}.$$

Ändert sich die Temperatur gleichmäßig um $t°$, so wird mit $\Delta t = 0$ und $N_a = -1$ im Querriegel

$$X_{a_t} = \frac{\varepsilon_t\,t\,l}{\delta_{aa}} = \frac{EJ_1\,\varepsilon_t\,t}{h^2\left(1 + \dfrac{2}{3}\,\dfrac{h}{l}\,\dfrac{J_1}{J_2}\right)}. \tag{52}$$

Nachdem der Horizontalschub gefunden ist, können in bekannter Weise die Lagerkräfte, Momente und Querkräfte angegeben werden.

b) Dreistieliger Rahmen mit Fußgelenken

Der dreistielige Rahmen entsteht durch Nebeneinanderstellung zweier einfacher Gelenkrahmen von der unter a) besprochenen Form, wenn man die nebeneinanderliegenden Stiele beider Rahmen zu einem einzigen, beiden gemeinsamen Ständer vereinigt (Abb. 304a). Ein solches System ist dreifach statisch unbestimmt, denn am Mittelstiel greifen zwei weitere unbekannte Reaktionskomponenten an. Die Berechnung eines solchen Rahmens kann nach dem *Form-*

änderungsverfahren leicht durchgeführt werden (vgl. S. 204). Hier soll indessen das *Kraftverfahren* angewandt werden, und zwar unter Einführung eines statisch unbestimmten Hauptsystems (vgl. S. 189). Man führt dabei zweckmäßig den Gelenkrahmen $A-A'-B'-B$ (Abb. 304b) als *einfach statisch unbestimmtes Hauptsystem* ein und wählt die Lagerkräfte $C = X_b$ und $H_C = X_c$ der Mittelstütze als überzählige Größen. Dann lauten die zur Bestimmung von X_b und X_c zur Verfügung stehenden Elastizitätsgleichungen, wenn wieder starre Lager vorausgesetzt werden:

$$\left.\begin{array}{l} 0 = \sum P_m\, \delta_{mb} + X_b\, \delta_{bb} + X_c\, \delta_{cb} + \delta_{bt} \\ 0 = \sum P_m\, \delta_{mc} + X_b\, \delta_{bc} + X_c\, \delta_{cc} + \delta_{ct}^{\,!} \end{array}\right\} , \qquad (53)$$

und zwar sind hier die Verschiebungen δ_{mb}, δ_{bb}, δ_{cb}, δ_{bt}, und δ_{mc}, δ_{bc}, δ_{cc}, δ_{ct} am statisch unbestimmten Hauptsystem, dem einfachen Gelenkrahmen $A-A'-$ $-B'-B$, zu ermitteln. Die Auflösung der Gleichungen und damit die Bestimmung von X_b und X_c kann in bekannter Weise erfolgen. Besonders einfach ge-

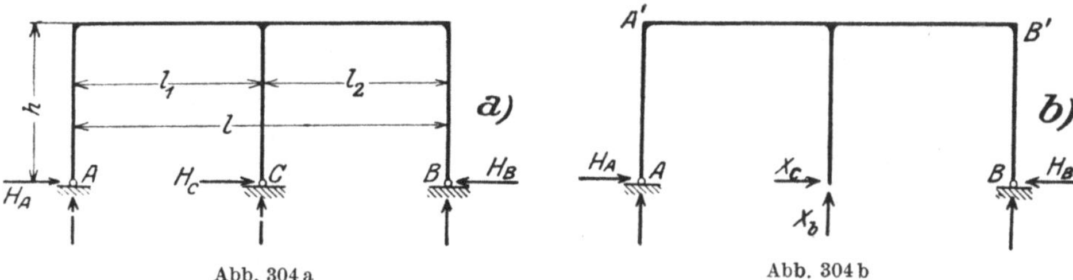

Abb. 304a   Abb. 304b

staltet sich die Untersuchung für den häufig vorliegenden Fall gleicher Feldweiten $l_1 = l_2 = \dfrac{l}{2}$, welcher im folgenden genauer betrachtet werden soll.

Der Horizontalschub des einfachen Gelenkrahmens $A-A'-B'-B$ infolge einer am Querriegel angreifenden lotrechten Last *1* ist nach (51)

$$H = \frac{1\,a\,b}{2\,h\,l\,c},$$

wenn

$$c = 1 + \frac{2}{3}\,\frac{h}{l}\,\frac{J_1}{J_2} \qquad (54)$$

gesetzt wird, wobei J_1 das konstant angenommene Trägheitsmoment des Querriegels und J_2 dasjenige der beiden Außenstiele AA' und BB' bedeuten. Das Trägheitsmoment des Mittelstieles möge J_3 sein.

Infolge $X_b = 1$ entsteht somit wegen $a = b = \dfrac{l}{2}$ der Horizontalschub

$$H_b = -\frac{l}{8\,h\,c},$$

während bei A und B die senkrechten Lagerkräfte $-\tfrac{1}{2}$ auftreten. Somit kann die M_b-Fläche aufgetragen werden (Abb. 305).

Infolge $X_c = 1$ entstehen bei A und B die Schübe $H_{A_c} = -\tfrac{1}{2}$, $H_{B_c} = \tfrac{1}{2}$, während senkrechte Lagerdrücke nicht auftreten. Die M_c-Fläche besitzt demnach die in Abb. 306 dargestellte Form.

Ein Vergleich der M_b- und M_c-Fläche ergibt wegen $\int M_b M_c\, ds = 0$, $\delta_{bc} = \delta_{cb} = 0$. Die Gln. (53) nehmen also die einfache Form an:

$$0 = \sum P_m\, \delta_{mb} + X_b\, \delta_{bb} + \delta_{bt},$$
$$0 = \sum P_m\, \delta_{mc} + X_c\, \delta_{cc} + \delta_{ct},$$

von denen jéde nur noch *eine* statisch unbestimmte Größe enthält. Der Einfluß einer lotrechten, auf den Querriegel wirkenden Einzellast *1* ist also bestimmt durch die Ausdrücke:

$$X_{b(P=1)} = -\frac{1}{\delta_{bb}}\,\delta_{mb}\,; \qquad X_{c(P=1)} = -\frac{1}{\delta_{cc}}\,\delta_{mc}\,.$$

Die Verschiebungen δ_{bb} und δ_{cc} können unter Vernachlässigung von Quer- und Längskräften aus der M_b- bzw. M_c-Fläche bestimmt werden. Man erhält unter

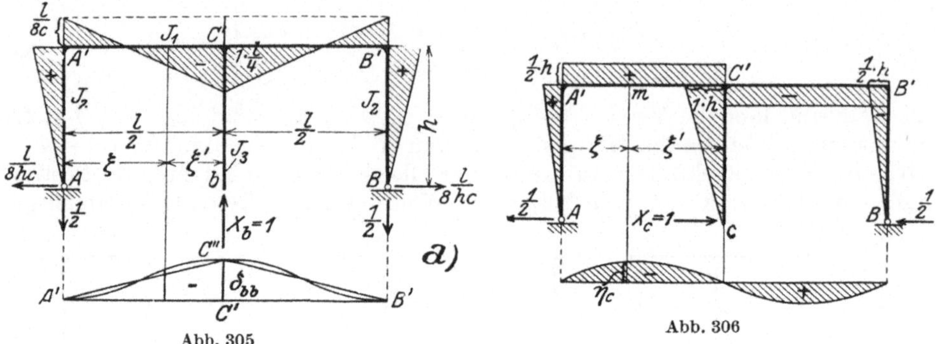

Abb. 305   Abb. 306

Beachtung von (28) und (26) S. 188 u. 189

$$EJ_1\,\delta_{bb} = \int M_b^2\,ds\,\frac{J_1}{J}$$

$$= 2\,\frac{l}{6}\left[\frac{l^2}{64\,c^2} - \frac{l}{8c}\left(\frac{l}{4} - \frac{l}{8c}\right) + \left(\frac{l}{4} - \frac{l}{8c}\right)^2\right] + 2\cdot 2\,\frac{l}{8c}\,\frac{h}{2}\,\frac{l}{24c}\,\frac{J_1}{J_2}$$

$$= l^2\,\frac{3\,l - 6\,lc + 4\,lc^2 + 2\,h\,\dfrac{J_1}{J_2}}{192\,c^2}$$

oder nach Einführung von $c = 1 + \dfrac{2}{3}\,\dfrac{h}{l}\,\dfrac{J_1}{J_2}$ im Zähler dieses Bruches

$$EJ_1\,\delta_{bb} = l^2\,\frac{l + \dfrac{10}{3}\,h\,\dfrac{J_1}{J_2} + \dfrac{16}{9}\,\dfrac{h^2}{l}\left(\dfrac{J_1}{J_2}\right)^2}{192\,c^2}\,. \tag{55}$$

Ferner wird:

$$EJ_1\,\delta_{cc} = \int M_c^2\,ds\,\frac{J_1}{J} = 2\left(2\,\frac{h}{2}\,\frac{l}{2}\,\frac{h}{4} + 2\,\frac{h}{2}\,\frac{h}{2}\,\frac{h}{6}\,\frac{J_1}{J_2}\right) + 2\,h\,\frac{h}{2}\,\frac{h}{3}\,\frac{J_1}{J_3}$$

oder

$$EJ_1\,\delta_{cc} = \frac{h^2 l}{4} + \frac{h^3}{6}\left(\frac{J_1}{J_2} + 2\,\frac{J_1}{J_3}\right). \tag{56}$$

Die Verschiebung des Punktes C' (Abb. 305) in Richtung einer abwärts wirkenden lotrechten Last infolge $X_b = 1$ ist gleich $-\delta_{bb}$, während die Verschiebung der Punkte A' und B' gleich Null wird. Um nun die Verschiebung δ_{mb} eines beliebigen Punktes m des Querriegels im Abstande ξ vom linken Stiel und ξ' vom Mittelstiel zu finden, bestimmt man zunächst die Verschiebung

$$\delta_{mb}' = -\delta_{bb}\,\frac{\xi}{\left(\dfrac{l}{2}\right)}\,,$$ welche der Punkt m er-

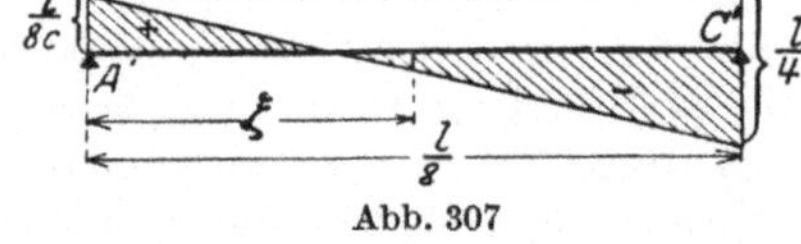

Abb. 307

leidet, wenn die Gerade $A' - C'$ in die Lage $A'\,C''$ übergeht (Abb. 305 a), und addiert dazu die Verschiebung δ_{mb}'' des Punktes m am einfachen Balken $A'\,C'$, welche gefunden wird, indem man die zu $A'\,C'$ gehörige Momentenfläche als Belastungsfläche auffaßt. Nun ist nach dem MOHRschen Satz unter Bezugnahme auf Abb. 307:

$$\delta_{mb}'' = \frac{1}{EJ_1}\left[\left(\frac{l}{8c}\frac{l}{2}\frac{1}{2} - \frac{l}{4}\frac{l}{4}\frac{1}{3}\right)\xi - \frac{l}{8c}\frac{\xi^2}{2} + \frac{l}{4}\frac{2\xi}{l}\frac{\xi}{2}\frac{\xi}{3}\right]$$

$$= \frac{1}{EJ_1}\left\{\frac{l^3}{64c}\left[\frac{\xi}{\left(\frac{l}{2}\right)} - \frac{\xi^2}{\left(\frac{l}{2}\right)^2}\right] - \frac{l^3}{96}\left[\frac{\xi}{\left(\frac{l}{2}\right)} - \frac{\xi^3}{\left(\frac{l}{2}\right)^3}\right]\right\}$$

oder mit

$$\omega_R = \frac{\xi}{\left(\frac{l}{2}\right)} - \frac{\xi^2}{\left(\frac{l}{2}\right)^2} \quad \text{und} \quad \omega_D = \frac{\xi}{\left(\frac{l}{2}\right)} - \frac{\xi^3}{\left(\frac{l}{2}\right)^3}$$

$$\delta_{mb}'' = \frac{l^3}{EJ_1}\left(\frac{\omega_R}{64c} - \frac{\omega_D}{96}\right)$$

und somit

$$\delta_{mb} = - \delta_{bb}\frac{\xi}{\left(\frac{l}{2}\right)} + \frac{l^3}{192\,c^2\,EJ_1}(3\,\omega_R\,c - 2\,\omega_D\,c^2). \tag{57}$$

Durch die vorstehende Gleichung sind die Ordinaten der Biegungslinie infolge $X_b = 1$ für das linke Feld des Querriegels und somit auch wegen der bestehenden Symmetrie für das rechte Feld bekannt. Diese Biegungslinie ist zugleich die Einflußlinie für X_b, wenn man ihr den Multiplikator $\mu = -\dfrac{1}{\delta_{bb}}$ beigibt. Demnach lautet die Ordinate der Einflußlinie im linken Feld:

$$\eta_b = \frac{2\,\xi}{l} - \frac{l\,(3\,\omega_R\,c - 2\,\omega_D\,c^2)}{l + \dfrac{10}{3}\,h\,\dfrac{J_1}{J_2} + \dfrac{16}{9}\,\dfrac{h^2}{l}\left(\dfrac{J_1}{J_2}\right)^2}.$$

Wirkt auf den Querriegel eine gleichmäßig verteilte Belastung p [kg/m], so liefert die Einflußlinie für X_b

$$X_{bp} = 2p\int\limits_0^{l/2}\left[\frac{2\,\xi}{l} - \frac{3\,l\,c\left(\dfrac{2\,\xi}{l} - \dfrac{4\,\xi^2}{l^2}\right) - 2\,l\,c^2\left(\dfrac{2\,\xi}{l} - \dfrac{8\,\xi^3}{l^3}\right)}{v}\right]d\xi,$$

wobei

$$v = l + \frac{10}{3}\,h\,\frac{J_1}{J_2} + \frac{16}{9}\,\frac{h^2}{l}\left(\frac{J_1}{J_2}\right)^2.$$

Nach Ausführung der Integration erhält man:

$$X_{bp} = pl\,\frac{\dfrac{l}{2} + \dfrac{5}{3}\,h\,\dfrac{J_1}{J_2} + \dfrac{8}{9}\,\dfrac{h^2}{l}\left(\dfrac{J_1}{J_2}\right)^2 - \dfrac{l\,c}{2} + \dfrac{l\,c^2}{2}}{v}$$

oder nach Einführung des Wertes c aus Gl. (54)

$$X_{bp} = pl\,\frac{\dfrac{l}{2} + 2\,h\,\dfrac{J_1}{J_2} + \dfrac{10}{9}\,\dfrac{h^2}{l}\left(\dfrac{J_1}{J_2}\right)^2}{v}.$$

Hebt man noch den Faktor $\left(\dfrac{1}{9}\,\dfrac{h}{l}\,\dfrac{J_1}{J_2} + \dfrac{1}{6}\right)$, welchen Zähler und Nenner gemeinsam enthalten, weg, so findet man schließlich:

$$X_{bp} = pl\,\frac{10\,h\,\dfrac{J_1}{J_2} + 3\,l}{16\,h\,\dfrac{J_1}{J_2} + 6\,l}.$$

Infolge dieser Belastung kann ein Schub an der Mittelstütze wegen der bestehenden Symmetrie nicht auftreten, weshalb sich $X_{cp} = 0$ ergibt.

Die Biegungslinie für $X_c = 1$ wird wie folgt bestimmt. Die Punkte A' und B' erleiden offenbar die Verschiebung $\delta_{mc} = 0$. Aber auch der Punkt C' kann keine Verschiebung in Richtung einer lotrechten Last erleiden, da $\delta_{bc} = 0$ ist und eine Längskraft im Mittelstiel nicht in Frage kommt. Man erhält also die Verschiebung δ_{mc} eines beliebigen Punktes m des linken Feldes, indem man den einfachen Balken $A'C'$ mit der zugehörigen M_c-Fläche belastet und das infolge dieser Belastung an der Stelle m auftretende Moment berechnet. Die Verschiebung δ_{mc} des in bezug auf den Mittelstiel symmetrisch zu m gelegenen Punktes im rechten Feld hat die gleiche Größe, aber entgegengesetztes Vorzeichen. Für das linke Feld findet man (vgl. Abb. 306)

$$E J_1\, \delta_{mc} = \frac{h}{2}\frac{l}{2}\frac{1}{2}\xi - \frac{h}{2}\frac{\xi^2}{2} = \frac{h}{2}\frac{l^2}{8}\left[\frac{\xi}{\left(\frac{l}{2}\right)} - \frac{\xi^2}{\left(\frac{l}{2}\right)^2}\right] = \frac{h\,l^2}{16}\,\omega_R.$$

Damit ist auch die Einflußordinate für X_c bekannt, welche den Wert annimmt:

$$\eta_c = -\frac{1\,\delta_{mc}}{\delta_{cc}} = -\frac{h\,l^2\,\omega_R}{4\,h^2\,l + \dfrac{8}{3}\,h^3\left(\dfrac{J_1}{J_2} + 2\dfrac{J_1}{J_3}\right)}.$$

In ähnlicher Weise kann der Einfluß einer horizontalen Einzellast verfolgt werden, welche auf einen der Stiele wirkt. Besonders einfach gestaltet sich die Rechnung für eine in Höhe des Querriegels angreifende Last W (Abb. 308). Diese erzeugt am statisch unbestimmten Hauptsystem die Schübe

$$H_{B_0} = -H_{A_0} = \frac{W}{2}$$

und die Lagerkräfte

$$-A_0 = B_0 = \frac{W\,h}{l}.$$

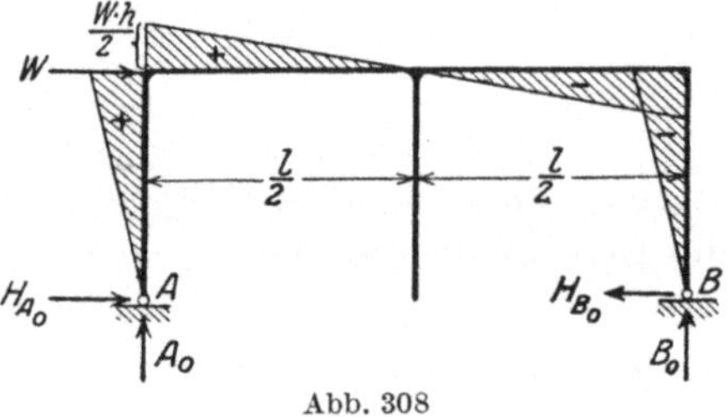

Abb. 308

Somit ergibt sich die in Abb. 308 dargestellte M_0-Fläche. Nun ist aber, wie ein Vergleich der M_0- und der M_b-Fläche zeigt,

$$W\,\delta_{mb} = \int\frac{M_0\,M_b\,ds}{EJ} = 0, \quad \text{weshalb auch} \quad X_b = 0.$$

Ferner ist nach (27) S. 188

$$E J_1\, W\,\delta_{mc} = \int M_0\, M_c\, ds\,\frac{J_1}{J} = 2\left(\frac{l}{12}\frac{W\,h}{2}\frac{3}{2}h + \frac{h}{6}\frac{W\,h}{2}h\frac{J_1}{J_2}\right)$$
$$= \frac{W\,h^2}{2}\left(\frac{l}{4} + \frac{h}{3}\frac{J_1}{J_2}\right)$$

und somit wird

$$X_c = -\frac{W\,\delta_{mc}}{\delta_{cc}} = -W\,\frac{3\,l + 4\,h\dfrac{J_1}{J_2}}{6\,l + 4\,h\left(\dfrac{J_1}{J_2} + 2\dfrac{J_1}{J_3}\right)}.$$

Aus

$$H_A = H_{A_0} + H_{A_b}X_b + H_{A_c}X_c = -\frac{W}{2} - \frac{1}{2}X_c$$

folgt

$$H_A = -\frac{W}{2}\,\frac{3\,l + 8\,h\dfrac{J_1}{J_3}}{6\,l + 4\,h\left(\dfrac{J_1}{J_2} + 2\dfrac{J_1}{J_3}\right)}.$$

Endlich wird

$$H_B = H_{B_0} + H_{B_c} X_c = \frac{W}{2} + \frac{1}{2} X_c = - H_A.$$

Den Einfluß einer gleichmäßigen Temperaturänderung um t° erhält man wie folgt. Es ist:

$$\delta_{bt} = \int N_b \, \varepsilon_t \, t \, ds.$$

Zu diesem Integral liefern die Stiele den Beitrag Null, wie aus Abb. 305 ersichtlich.
Im Riegel herrscht die Längskraft $N_b = \dfrac{l}{8\,h\,c}$, weshalb $\delta_{bt} = \dfrac{l^2 \, \varepsilon_t \, t}{8\,h\,c}$.

Damit wird

$$X_{bt} = -\frac{\delta_{bt}}{\delta_{bb}} = -\frac{192 \, c^2 \, E J_1 \, \varepsilon_t \, t}{8 \, h c \left[l + \dfrac{10}{3} \, h \, \dfrac{J_1}{J_2} + \dfrac{16}{9} \, \dfrac{h^2}{l} \left(\dfrac{J_1}{J_2} \right)^2 \right]}.$$

Beachtet man, daß der Klammerwert im Nenner sich als das Produkt $\left(\dfrac{2}{3} \, \dfrac{h}{l} \, \dfrac{J_1}{J_2} + 1 \right) \left(\dfrac{8}{3} \, h \, \dfrac{J_1}{J_2} + l \right)$ darstellen läßt, und daß $c = 1 + \dfrac{2}{3} \, \dfrac{h}{l} \, \dfrac{J_1}{J_2}$ ist, so erhält man schließlich nach einigen Kürzungen:

$$X_{bt} = -\frac{3 \, E J_1 \, \varepsilon_t \, t}{h \left(\dfrac{h}{3} \, \dfrac{J_1}{J_2} + \dfrac{l}{8} \right)}.$$

Da ferner $\delta_{ct} = \int N_c \, \varepsilon_t \, t \, ds = 0$ ist, so wird $X_{ct} = 0$.
Der Horizontalschub der linken Außenstütze ergibt sich jetzt wie folgt:

$$H_{A_t} = H_{0_t} + H_b X_{bt},$$

wobei nach Gl. (52)

$$H_{0_t} = \frac{E J_1 \, \varepsilon_t \, t}{h^2 \left(1 + \dfrac{2}{3} \, \dfrac{h}{l} \, \dfrac{J_1}{J_2} \right)} = \frac{E J_1 \, \varepsilon_t \, t \, l}{h^2 \, c}$$

den Schub des einfachen Gelenkrahmens $A\,A'\,B'\,B$ darstellt.

Mit $H_b = -\dfrac{l}{8\,h\,c}$ erhält man

$$H_{A_t} = \frac{E J_1 \, \varepsilon_t \, t}{h^2 \, c} + \frac{3 \, E J_1 \, \varepsilon_t \, t \, l}{8 \, h^2 c \left(\dfrac{h}{3} \, \dfrac{J_1}{J_2} + \dfrac{l}{8} \right)},$$

oder nach einfacher Umformung unter Einführung des Wertes für c:

$$H_{A_t} = \frac{E J_1 \, \varepsilon_t \, t \, l}{2 \, h^2 \left(\dfrac{h}{3} \, \dfrac{J_1}{J_2} + \dfrac{l}{8} \right)}.$$

c) Stockwerkrahmen

1. Zweistieliger, symmetrischer Stockwerkrahmen von beliebiger Felderzahl

Ein an den Fußenden eingespannter, symmetrischer Stockwerkrahmen kann durch Einschaltung von je zwei Gelenken in jedem Stockwerk gemäß Abb. 309 in eine Gruppe übereinanderstehender Zweigelenkrahmen verwandelt werden, welche das *statisch unbestimmte Hauptsystem* bilden mögen. Als statisch unbestimmte Größen X_a, X_b, X_c, ..., X_a', X_b', X_c', ... sollen hier *Momentengruppen* eingeführt werden, welche mit den überzähligen Momenten M_1, M_1',

M_2, M_2' usw. in den Punkten *1*, *1'*, *2*, *2'*, ... durch die Gleichungen

$$M_1 = X_a + X_a'; \qquad M_1' = X_a - X_a',$$
$$M_2 = X_b + X_b'; \qquad M_2' = X_b - X_b'$$

. . . .

verknüpft sind[1].

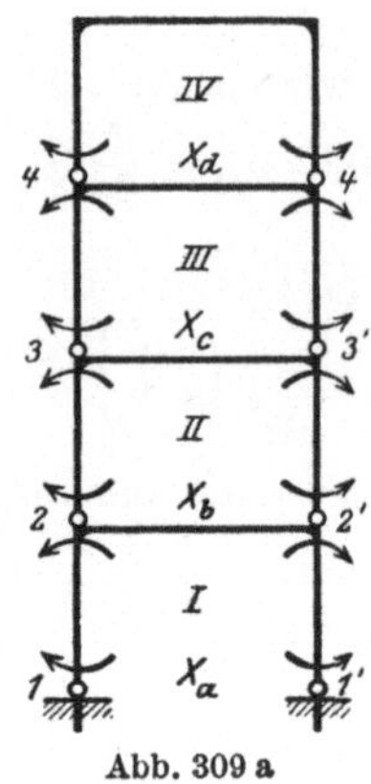

Abb. 309 a

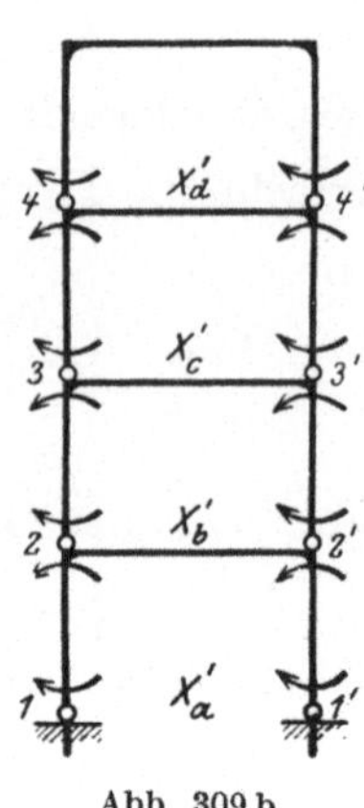

Abb. 309 b

Der Belastungszustand $X_a = 1$ besteht dann aus den beiden Momenten $M_1 = 1$ und $M_1' = 1$, der Zustand $X_b = 1$ aus den beiden Momenten $M_2 = 1$ und $M_2' = 1$ usw. (Abb. 309a). Der Zustand $X_a' = 1$ dagegen besteht aus den

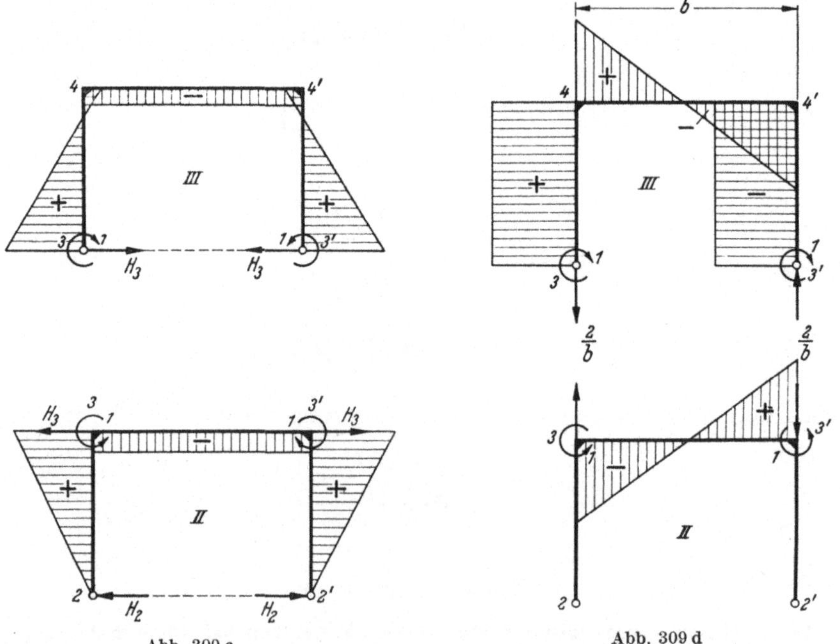

Abb. 309 c   Abb. 309 d

beiden Momenten $M_1 = 1$ und $M_1' = -1$, der Zustand $X_b' = 1$ aus den beiden Momenten $M_2 = 1$ und $M_2' = -1$ usw. (Abb. 309b).

In Abb. 309c und 309d sind die beiden Belastungszustände $X_c = 1$ und $X_c' = 1$ dargestellt, wobei die eingetragenen Momentenflächen — sowie die

---

[1] MÜLLER-BRESLAU, H.: Stat. d. Baukonstr. Bd. 2 Abt. 1 S. 162. Stuttgart 1907.

zugehörigen Längs- und Querkräfte — jeweils für den (einfach statisch unbestimmten) Zweigelenkrahmen entsprechend den Ausführungen unter Absatz a) zu berechnen sind.

Man erkennt aus diesen Abbildungen, daß die Zustände $X_b = 1$, $X_c = 1$ usw. sich nur über die beiden jeweils benachbarten Zweigelenkrahmen erstrecken, derjenige für $X_a = 1$ nur über den Rahmen I. Analoges gilt für die Zustände $X_a' = 1$, $X_b' = 1$, ... Aus diesem Grunde sind die Verschiebungsgrößen $\tau_{ac} = \tau_{ca} = \tau_{ad} = \tau_{da} = \cdots = \tau_{bd} = \tau_{db} = \cdots = 0$ und $\tau_{a'c'} = \tau_{c'a'} = \cdots = 0$. Da außerdem die Momentenflächen der X-Zustände symmetrisch, diejenigen der X'-Zustände gegensymmetrisch zur Mittelachse sind, so verschwinden auch alle Verschiebungsgrößen $\tau_{ik'} = \tau_{k'i}$. Man erhält also folgende zwei Gruppen dreigliedriger Elastizitätsgleichungen[1]:

$$X_a\tau_{aa} + X_b\tau_{ba} = K_a; \qquad\qquad X_a'\tau_{a'a'} + X_b'\tau_{b'a'} = K_a',$$

$$X_a\tau_{ab} + X_b\tau_{bb} + X_c\tau_{cb} = K_b; \qquad X_a'\tau_{a'b'} + X_b'\tau_{b'b'} + X_c'\tau_{c'b'} = K_b',$$

$$X_b\tau_{bc} + X_c\tau_{cc} + X_d\tau_{dc} = K_c; \qquad X_b'\tau_{b'c'} + X_c'\tau_{c'c'} + X_d'\tau_{d'c'} = K_c',$$

$$\cdots\cdots\cdots\cdots\cdots \qquad\qquad \cdots\cdots\cdots\cdots\cdots$$

$$\cdots\cdots\cdots\cdots\cdots \qquad\qquad \cdots\cdots\cdots\cdots\cdots$$

$$X_{(n-1)}\tau_{(n-1)n} + X_n\tau_{nn} = K_n; \qquad X'_{(n-1)}\tau_{(n-1)'n'} + X_n'\tau_{n'n'} = K_n',$$

wo K_a, K_b, ... wieder die auf S. 182 und S. 232 angegebene Bedeutung haben.

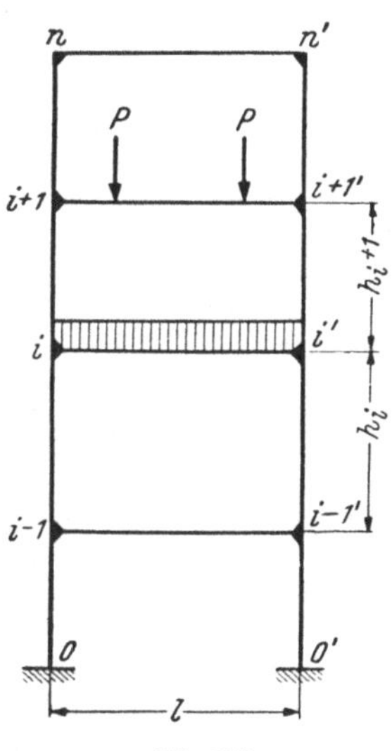

Abb. 310

Die vorstehenden Elastizitätsgleichungen stimmen in ihrem Aufbau vollständig mit denjenigen für den durchlaufenden Träger überein (S. 235) und können nach den dort besprochenen Verfahren gelöst werden.

Nachdem X_a, X_b, ..., X_a', X_b', ... gefunden sind, erhält man M_1, M_1', M_2, M_2', ... aus den oben dafür angeschriebenen Gleichungen. Bei der Berechnung der M_0-Flächen sind wieder die unter Absatz a) für den Zweigelenkrahmen angestellten Überlegungen entsprechend zu verwerten (vgl. dazu auch S. 281).

Trägt der Rahmen eine *lotrechte, symmetrische Belastung* (Abb. 310), so empfiehlt sich auch die Anwendung des Formänderungsverfahrens, da in diesem Falle die Rahmeneckpunkte als unverschieblich angesehen werden können und alle Stabdrehwinkel ϑ verschwinden (vgl. S. 204). Als Unbekannte der Aufgabe treten somit nur die Knotendrehwinkel auf, und zwar ist aus Symmetriegründen $\varphi_i = -\varphi_i'$. Da am Knoten i Drehungsgleichgewicht besteht, muß sein

$$M_{i(i+1)} + M_{ii'} + M_{i(i-1)} = 0.$$

Unter Vernachlässigung von Temperaturänderungen wird also mit Rücksicht auf Gl. (39), S. 199, und wegen $\overline{A}_{ii'} = \overline{B}_{i'i} = \overline{A}_i$

$$\frac{EJ_{i(i+1)}}{h_{i+1}}(2\,\varphi_i + \varphi_{i+1}) + \frac{1}{l}(EJ_{ii'}\,\varphi_i - \overline{A}_i) + \frac{EJ_{i(i-1)}}{h_i}(2\,\varphi_i + \varphi_{i-1}) = 0.$$

Dividiert man noch durch EJ_c und ordnet nach φ, so erhält man

$$\frac{\varphi_{i-1}}{h_i\dfrac{J_c}{J_{i(i-1)}}} + 2\,\varphi_i\left(\frac{1}{h_i\dfrac{J_c}{J_{i(i-1)}}} + \frac{1}{2\,l\dfrac{J_c}{J_{ii'}}} + \frac{1}{h_{i+1}\dfrac{J_c}{J_{i(i+1)}}}\right) + \frac{\varphi_{i+1}}{h_{i+1}\dfrac{J_c}{J_{i(i+1)}}} - \frac{\overline{A}_i}{EJ_c\,l} = 0.$$

[1] Mols, J.: Bauingenieur 1922 S. 377.

Eine derartige Gleichung besteht für jeden Riegelknoten 1 bis n. Man erhält also wieder dreigliedrige Elastizitätsgleichungen. Bei der Aufstellung des Drehungsgleichgewichts für den Knoten 1 ist zu beachten, daß $\varphi_0 = 0$ wird (starre Einspannung). Für den Knoten n erhält man wegen $J_{n(n+1)} = 0$ einfacher

$$\frac{\varphi_{n-1}}{h_n \dfrac{J_c}{J_{n(n-1)}}} + 2\,\varphi_n \left(\frac{1}{h_n \dfrac{J_c}{J_{n(n-1)}}} + \frac{1}{2\,l\,\dfrac{J_c}{J_{nn'}}} \right) - \frac{\overline{A}_n}{E\,J_c\,l} = 0.$$

Nachdem alle n Knotendrehwinkel bestimmt sind, können auch die Momente an den Stabenden nach Gl. (39) S. 199 wegen $\vartheta_{ik} = 0$ sofort berechnet werden.

2. Mehrstieliger Stockwerkrahmen

Die Berechnung mehrstieliger, insbesondere unsymmetrischer und unsymmetrisch belasteter Stockwerkrahmen gestaltet sich nach dem *Kraftverfahren* äußerst umständlich und zeitraubend. Auch das Formänderungsverfahren erfordert, da man bei unsymmetrischer Belastung die Stabdrehwinkel der Stiele nicht mehr vernachlässigen darf (s. S. 204), in solchen Fällen einen erheblichen Arbeitsaufwand. Dagegen kann hier mit Vorteil die *Crosssche Iterationsmethode* des Momentenausgleichs angewandt

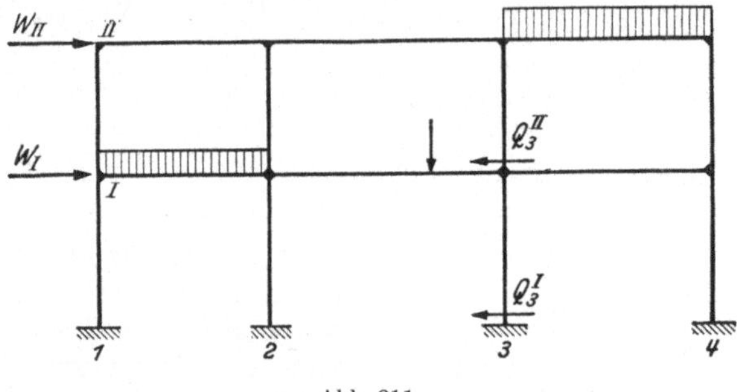

Abb. 311

werden (s. S. 207). Wie man dabei im einzelnen vorzugehen hat, möge an dem Rahmen Abb. 311 erläutert werden.

Zunächst denkt man sich alle Knotenpunkte des Rahmens festgehalten, berechnet für die belasteten Felder die Einspannmomente und führt den *Momentenausgleich* in der früher besprochenen Form durch. Auf die an den beiden Riegeln angreifenden Horizontalkräfte kommt es dabei zunächst nicht an. Die sich auf diese Weise an den Stabenden ergebenden Momente seien mit M_0 bezeichnet. Aus ihnen werden nach Gl. (69) S. 211 die Querkräfte $Q^I_{i(0)}$ und $Q^{II}_{i(0)}$ an den Säulenfüßen der beiden Stockwerke berechnet ($i = 1$, 2, 3, 4; Abb. 312). Wäre die oben ermittelte Momentenverteilung die der gegebenen Belastung tatsächlich entsprechende, so

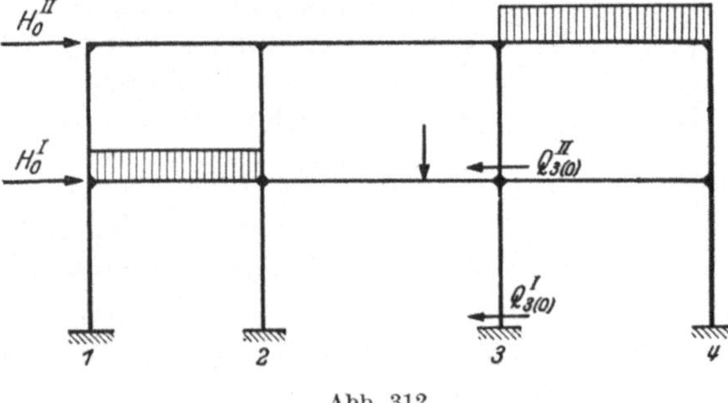

Abb. 312

müßte am oberen Riegel aus Gleichgewichtsgründen eine Horizontalkraft

$$H_0^{II} = \sum_i Q^{II}_{i(0)} \tag{58}$$

angreifen, am unteren Riegel eine Kraft H_0^I, für welche die Bedingung besteht

$$H_0^I + H_0^{II} = \sum_i Q^I_{i(0)}. \tag{59}$$

Im allgemeinen werden W_I und W_{II} (Abb. 311) von den Kräften H_0^I und H_0^{II} verschieden sein. Es muß also eine Korrektur der Momente M_0 erfolgen. Zu diesem Zwecke denke man sich zunächst den Riegel I um die beliebige Strecke δ_a horizontal nach links verschoben (Abb. 313), bringe an den Enden der Stiele des unteren Stockwerks die Momente $n_i^I c$ an (S. 212) und führe darauf unter der Annahme festgehaltener Knotenpunkte wieder den Momentenausgleich durch. Die so gewonnenen, der Verschiebung $\delta_a = 1$ entsprechenden Momente seien mit M_a, die aus ihnen an den Säulenfüßen der beiden Stockwerke entstehenden Querkräfte mit Q_{ia}^I bzw. Q_{ia}^{II} bezeichnet. Da nun die wirkliche Verschiebung nicht „eins", sondern δ_a ist, haben die Querkräfte die Größe $Q_{ia}^I \delta_a$ bzw. $Q_{ia}^{II} \delta_a$. Damit die angenommene Verschiebung möglich ist, denke man sich an den Riegeln Horizontalkräfte X_a und Y_a wirkend, für welche aus Gründen des Gleichgewichts folgende Bedingungen gelten

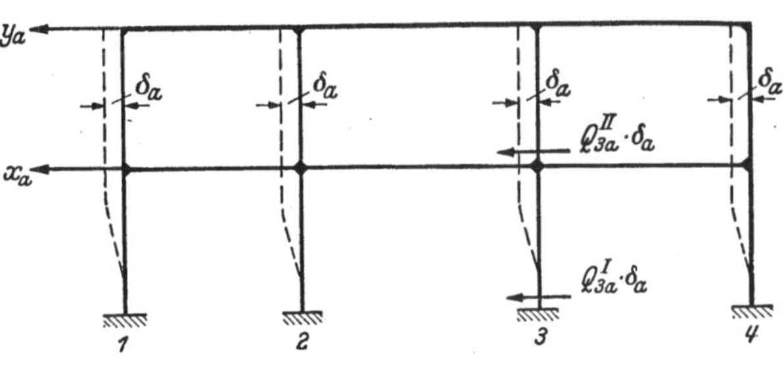

Abb. 313

$$Y_a + \delta_a \sum_i Q_{ia}^{II} = 0 \tag{60}$$

und

$$X_a + Y_a + \delta_a \sum_i Q_{ia}^I = 0. \tag{61}$$

In gleicher Weise erteile man jetzt dem oberen Riegel eine Horizontalverschiebung δ_b und bestimme die dem Werte $\delta_b = 1$ entsprechenden Momente M_b und Säulenquerkräfte Q_{ib}^I bzw. Q_{ib}^{II}. Man hat dann an den Riegeln Horizontalkräfte X_b und Y_b anzubringen (Abbildung 314), für welche die Bedingungen gelten:

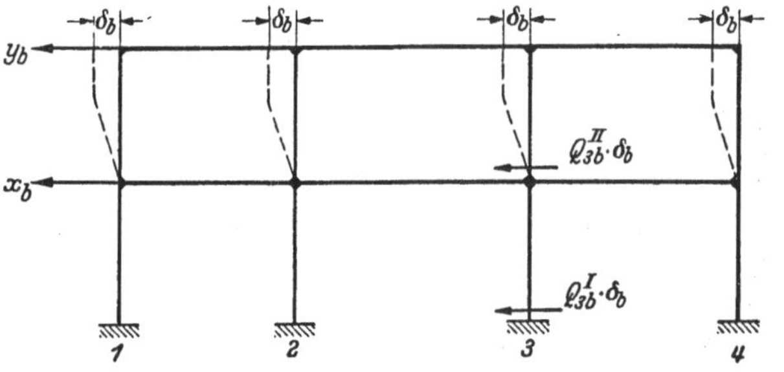

$$Y_b + \delta_b \sum_i Q_{ib}^{II} = 0 \tag{62}$$

und

$$X_b + Y_b + \delta_b \sum_i Q_{ib}^I = 0. \tag{63}$$

Abb. 314

Jetzt überlagere man die drei durch die Abb. 312 bis 314 dargestellten Zustände. Dann muß sein

$$W_{II} = H_0^{II} - Y_a - Y_b \tag{64}$$

und

$$W_I + W_{II} = H_0^I + H_0^{II} - (X_a + Y_a) - (X_b + Y_b). \tag{65}$$

Unter Beachtung von (58), (60) und (62) folgt aus Gl. (64)

$$W_{II} = \sum_i Q_{i(0)}^{II} + \delta_a \sum_i Q_{ia}^{II} + \delta_b \sum_i Q_{ib}^{II}, \tag{66}$$

und aus (65) folgt, wenn man dort die Ausdrücke (59), (61) und (63) einführt,

$$W_I + W_{II} = \sum_i Q_{i(0)}^I + \delta_a \sum_i Q_{ia}^I + \delta_b \sum_i Q_{ib}^I. \tag{67}$$

In (66) und (67) sind alle Größen bis auf δ_a und δ_b bekannt, die somit berechnet werden können. Schließlich erhält man als wirkliche Momente an den Stabenden infolge der gegebenen Belastung

$$M = M_0 + M_a\,\delta_a + M_b\,\delta_b\,.$$

Damit ist aber die gesamte Momentenverteilung des Rahmens bekannt und die vorgelegte Aufgabe gelöst.

Liegen mehr als zwei Stockwerke vor, so hat man weitere Verschiebungen δ_c, δ_d, ... einzuführen, für welche den Gln. (66) und (67) entsprechende Bedingungen aufzustellen sind. Bei n Stockwerken sind also n lineare Gleichungen zu lösen, das sind aber wesentlich weniger als beim Kraft- und Formänderungsverfahren[1].

d) Der eingespannte Rahmen[2]

Ein an beiden Enden fest eingespannter, im übrigen beliebig geformter, biegungssteifer Stabzug ist dreifach statisch unbestimmt. Denkt man sich die Stützung an einer Seite des Stabzuges entfernt und durch zwei beliebig gerichtete Kräfte X_a und X_b, deren positive Richtungen den Winkel α einschließen mögen, sowie ein Moment X_c ersetzt, so entsteht als statisch bestimmtes Hauptsystem ein einseitig eingespannter Träger (Abb. 315).

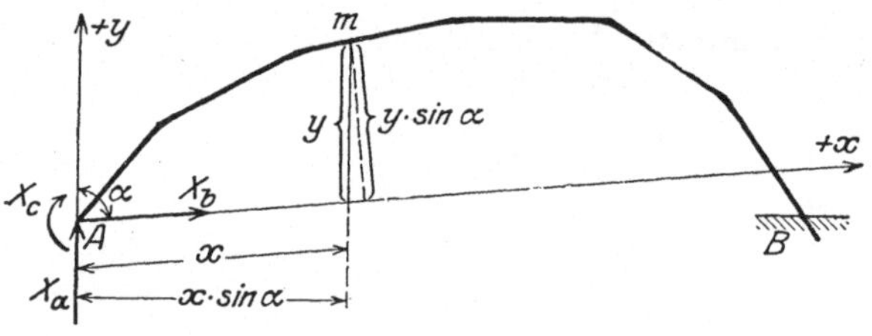

Abb. 315

Bezieht man nun das System auf zwei Achsen X und Y, welche mit den Richtungen der Kräfte X_b und X_a zusammenfallen, so ist das Moment für einen beliebigen Punkt m infolge $X_a = 1$ $M_a = 1\,x\,\sin\alpha$ und infolge $X_b = 1$ $M_b = -1\,y\,\sin\alpha$, während das Moment infolge $X_c = 1$ $M_c = 1$ wird.

Die zur Berechnung der drei statisch unbestimmten Größen zur Verfügung stehenden allgemeinen Elastizitätsgleichungen (s. S. 181) enthalten jede nur *eine* statisch unbestimmte Größe, wenn $\delta_{ab} = \delta_{bc} = \delta_{ac} = 0$ wird. Nun ist aber mit $\dfrac{J_c}{J}\,ds = ds'$

$$\left.\begin{aligned}
E J_c\,\delta_{ab} &= \int M_a M_b\,ds\,\frac{J_c}{J} = -\sin^2\alpha\int x\,y\,ds'\\[2mm]
E J_c\,\delta_{bc} &= \int M_b M_c\,ds\,\frac{J_c}{J} = -\sin\alpha\int y\,ds'\\[2mm]
E J_c\,\delta_{ac} &= \int M_a M_c\,ds\,\frac{J_c}{J} = \ \ \sin\alpha\int x\,ds'
\end{aligned}\right\} \tag{68}$$

Die Integrale $\int x\,ds'$ und $\int y\,ds'$ stellen die statischen Momente des Stabzuges, das Integral $\int x\,y\,ds'$ dessen Zentrifugalmoment in bezug auf die schiefwinkligen Achsen Y und X dar, wenn man den Wert $ds' = \dfrac{J_c}{J}\,ds$ als das elastische Gewicht des Stabteilchens ds auffaßt. Sollen nun $\delta_{ab} = \delta_{bc} = \delta_{ac} = 0$ werden, so muß, damit die beiden statischen Momente verschwinden, der Angriffspunkt der statisch unbestimmten Größen in den „elastischen Schwerpunkt" des Stabzuges gelegt werden, und ferner müssen, damit auch das Zentrifugalmoment gleich Null wird, die Achsen X und Y zwei konjugierte Achsen sein.

---

[1] Vgl. hierzu G. WORGH: Rahmenberechnung so oder so. Abhandl. aus dem Stahlbau 1952, Heft 12.
[2] MÜLLER-BRESLAU, H.: Die neueren Methoden der Festigkeitslehre, 4. Aufl. S. 124. Leipzig 1913.

Um dieses zu erreichen, denkt man sich im Punkte A einen *starren* Stab biegungsfest mit dem gegebenen Stabzug AB verbunden, dessen Endpunkt mit dem elastischen Schwerpunkt O des Stabzuges zusammenfällt (Abb. 316). Durch O möge ein rechtwinkliges Achsenkreuz ξ, η gelegt sein. Dann können das Zentrifugalmoment $Z_{\xi\eta}$ und das Trägheitsmoment T_η der elastischen Gewichte ds' berechnet werden, sobald der Schwerpunkt O in bekannter Weise ermittelt worden ist. Läßt man nun die Y-Achse mit der η-Achse zusammenfallen, so ist die X-Achse der η-Achse zugeordnet, und man findet ihre Lage aus der bekannten Beziehung[1]:

$$\operatorname{tg}\alpha = \frac{T_\eta}{Z_{\xi\eta}},$$

wenn α den von den positiven Richtungen der η- (bzw. Y-) und der X-Achse eingeschlossenen Winkel bezeichnet.

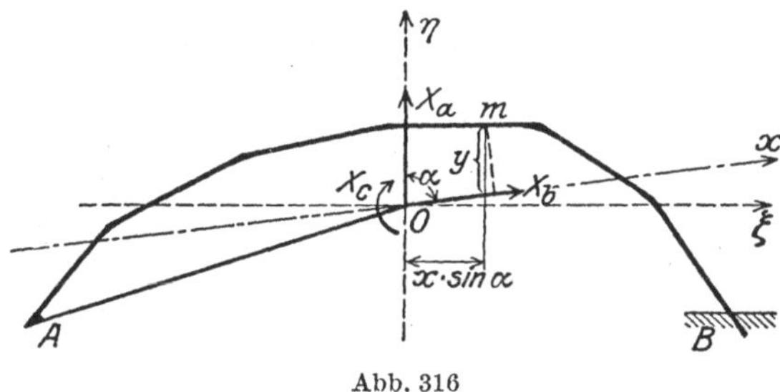

Abb. 316

Durch die Achsen X und Y ist auch die Lage von X_b und X_a gegeben. Die statisch unbestimmten Größen können jetzt aus den Gleichungen

$$
\left.
\begin{aligned}
X_a &= -\frac{\sum P_m\,\delta_{ma} + \delta_{at} - \sum(C_a\,c)}{\delta_{aa}} \\[2mm]
X_b &= -\frac{\sum P_m\,\delta_{mb} + \delta_{bt} - \sum(C_b\,c)}{\delta_{bb}} \\[2mm]
X_c &= -\frac{\sum P_m\,\delta_{mc} + \tau_{ct} - \sum(C_c\,c)}{\tau_{cc}}
\end{aligned}
\right\}
\tag{69}
$$

bestimmt werden. In diesen ist, wenn wieder der Einfluß von Quer- und Längskräften vernachlässigt wird, was bei Systemen von größerer Pfeilhöhe immer zulässig ist,

$$EJ_c\,\delta_{aa} = \int M_a^2\,ds\,\frac{J_c}{J} = \sin^2\alpha \int x^2\,ds' = \sin^2\alpha\;T_y, \tag{70}$$

$$EJ_c\,\delta_{bb} = \int M_b^2\,ds\,\frac{J_c}{J} = \sin^2\alpha \int y^2\,ds' = \sin^2\alpha\;T_x, \tag{71}$$

$$EJ_c\,\tau_{cc} = \int M_c^2\,ds\,\frac{J_c}{J} = \int ds' = G. \tag{72}$$

G heißt das „elastische Gewicht" des Stabzuges.

Bei der Berechnung der Trägheitsmomente T_x und T_y zerlegt man den Stabzug zweckmäßig in einzelne Teile zwischen je zwei Knoten- bzw. Eckpunkten. Der Beitrag eines solchen Stabstückes von der Länge s zu T_x wird wie folgt berechnet. Mit den Bezeichnungen der Abb. 317 ist

$$ds = \frac{1}{\sin\beta}\,dy\,\sin\alpha.$$

[1] Vgl. etwa H. MÜLLER-BRESLAU: Stat. d. Baukonstr. Bd. 1, 5. Aufl., S. 38. Leipzig 1912.

Demnach wird

$$T_x = \frac{J_c}{J} \int y^2\, ds = \frac{\sin\alpha}{\sin\beta}\,\frac{J_c}{J}\int\limits_{y_1}^{y_2} y^2\, dy = \frac{\sin\alpha}{\sin\beta}\,\frac{J_c}{J}\,\frac{y_2^3 - y_1^3}{3}.$$

Da aber $\sin\beta = \dfrac{(y_2 - y_1)\sin\alpha}{s}$ ist, so wird

$$T_x = \frac{J_c}{J}\,\frac{s}{y_2 - y_1}\,\frac{y_2^3 - y_1^3}{3} = \frac{1}{3}\,s'\,(y_2^2 + y_2 y_1 + y_1^2). \tag{73}$$

In gleicher Weise findet man

$$T_y = \int x^2\, ds' = \tfrac{1}{3}\,s'\,(x_2^2 + x_2 x_1 + x_1^2). \tag{74}$$

Die im Zähler der Gln. (69) auftretenden, den Einfluß der gegebenen Lasten ausdrückenden Summenwerte lassen sich wie folgt darstellen. Es ist

$$E J_c \sum P_m \delta_{ma} = \sin\alpha \int M_0\, x\, ds';$$
$$E J_c \sum P_m \delta_{mb} = -\sin\alpha \int M_0\, y\, ds';$$
$$E J_c \sum P_m \delta_{mc} = \int M_0\, ds'.$$

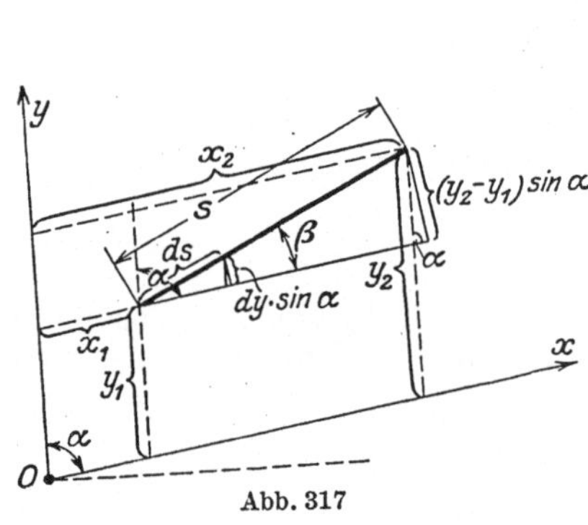

Abb. 317

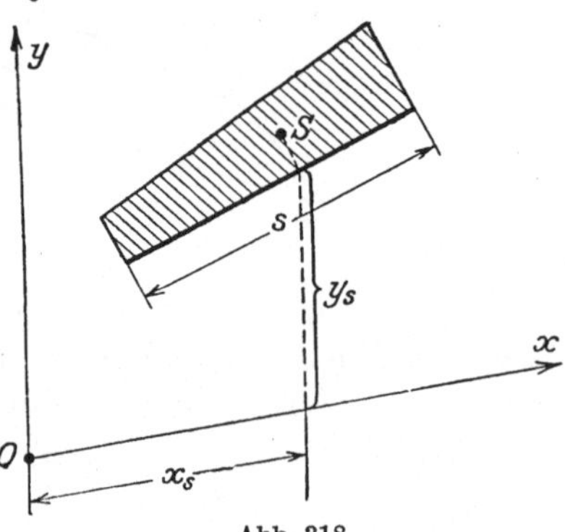

Abb. 318

In Abb. 318 möge die schraffiert dargestellte Fläche die zu dem oben betrachteten Stabstück von der Länge s gehörige M_0-Fläche infolge der gegebenen Belastung bedeuten. Bezeichnen nun F_0 den Inhalt und S den Schwerpunkt dieser M_0-Fläche, y_s und x_s die Koordinaten des Fußpunktes des von S auf die Stabachse gefällten Lotes, so wird

$$\int M_0\, x\, ds' = \frac{J_c}{J}\int M_0\, x\, ds = \frac{J_c}{J}\,F_0\, x_s,$$
$$\int M_0\, y\, ds' = \frac{J_c}{J}\int M_0\, y\, ds = \frac{J_c}{J}\,F_0\, y_s,$$
$$\int M_0\, ds' \quad = \frac{J_c}{J}\int M_0\, ds \quad = \frac{J_c}{J}\,F_0.$$

Man erhält demnach für die statisch unbestimmten Größen infolge der gegebenen Lasten P

$$X_{aP} = -\frac{\sum \dfrac{J_c}{J} F_0 x_s}{T_y \sin\alpha}; \quad X_{bP} = \frac{\sum \dfrac{J_c}{J} F_0 y_s}{T_x \sin\alpha}; \quad X_{cP} = -\frac{\sum \dfrac{J_c}{J} F_0}{G}, \tag{75}$$

wobei sich die Summen $\sum$ über alle Stabstücke erstrecken.

Ist der zu untersuchende Stabzug symmetrisch zur η- bzw. Y-Achse, so fällt die X-Achse mit der ξ-Achse (Abb. 316) zusammen. Dann ergibt sich für $\alpha = 90°$:

$$X_{aP} = -\frac{\sum \dfrac{J_c}{J} F_0 x_s}{T_y}; \quad X_{bP} = \frac{\sum \dfrac{J_c}{J} F_0 y_s}{T_x}; \quad X_{cP} = -\frac{\sum \dfrac{J_c}{J} F_0}{G}. \tag{76}$$

Die vorstehenden Gleichungen ermöglichen nun in einfacher Weise die Berechnung der statisch unbestimmten Größen eines eingespannten Rahmens von der in Abb. 319 dargestellten Form. Das elastische Gewicht des Rahmens ist mit $J_1 = J_c$

$$G = 2 h \frac{J_1}{J_2} + l$$

oder mit $h \dfrac{J_1}{J_2} = h'$

$$G = 2 h' + l.$$

Von dem Schwerpunkt O des Rahmens weiß man zunächst, daß er auf der Symmetrieachse Y liegt. Sein Abstand e vom Querriegel ergibt sich aus der Momentengleichung

$$e G = 2 h' \frac{h}{2},$$

woraus folgt

$$e = \frac{h\,h'}{G}. \tag{77}$$

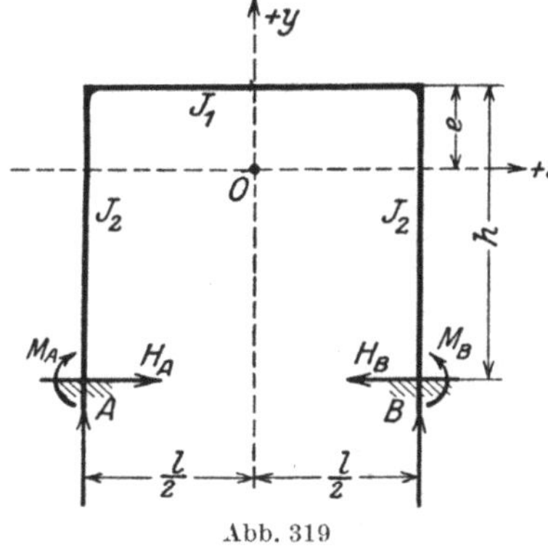

Abb. 319

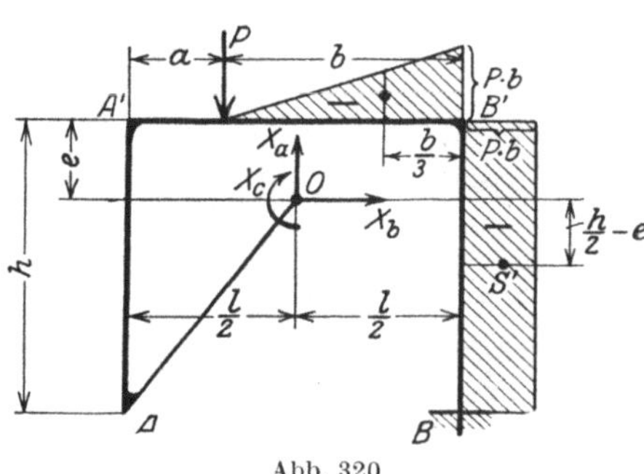

Abb. 320

Damit ist O festgelegt. Für das Trägheitsmoment T_x erhält man nach (73)

$$T_x = \tfrac{1}{3} l\, 3 e^2 + \tfrac{2}{3} h' \left[e^2 + e(e - h) + (e - h)^2 \right]$$
$$= l e^2 + 2 h' e^2 - 2 h h' e + \tfrac{2}{3} h' h^2 = e^2 G - 2 e h h' + \tfrac{2}{3} h' h^2.$$

Beachtet man, daß nach (77) $e = \dfrac{h\,h'}{G}$ und $h h' = e(2 h' + l)$, so wird

$$T_x = e h h' - 2 h h' e + \tfrac{4}{3} h h' e + \tfrac{2}{3} h e l$$

oder

$$T_x = \frac{h\,e}{3} (h' + 2\,l). \tag{78}$$

Ferner ergibt sich nach (74)

$$T_y = \frac{2}{3} h' 3 \frac{l^2}{4} + \frac{2}{3} \frac{l}{2} \frac{l^2}{4} = \frac{l^2}{12} (6 h' + l). \tag{79}$$

Am statisch bestimmten Hauptsystem erzeugt eine auf dem Querriegel stehende lotrechte Last P die aus Abb. 320 ersichtliche M_0-Fläche. Man erhält somit als Einfluß der Last P auf die statisch unbestimmten Größen nach (76)

$$X_{aP} = P \frac{\dfrac{b^2}{2}\left(\dfrac{l}{2} - \dfrac{b}{3}\right) + b h' \dfrac{l}{2}}{\dfrac{l^2}{12}(6 h' + l)} = P \frac{3 b^2 l - 2 b^3 + 6 b h' l}{l^2(6 h' + l)} = P \frac{b(3 a b + b^2 + 6 h' l)}{l^2(6 h' + l)};$$

$$\tag{80}$$

$$X_{bP} = -P \frac{\dfrac{b^2}{2} e + b h' \left(e - \dfrac{h}{2}\right)}{\dfrac{h e}{3}(h' + 2 l)} = -3 P \frac{b^2 e + 2 b e h' - b h h'}{2 h e (h' + 2 l)}$$

oder mit $h h' = e (2 h' + l)$

$$X_{bP} = -3 P \frac{b^2 + 2 b h' - b (2 h' + l)}{2 h (h' + 2 l)} = \frac{3 P a b}{2 h (h' + 2 l)} \qquad (81)$$

und

$$X_{cP} = P \frac{\dfrac{b^2}{2} + b h'}{2 h' + l} = P \frac{b (b + 2 h')}{2 (2 h' + l)}. \qquad (82)$$

Nachdem X_a, X_b, X_c berechnet sind, erhält man die Auflagerdrücke

$$A_P = X_{aP}; \quad B_P = P - X_{aP}$$

und den Horizontalschub

$$H_P = X_{bP}.$$

Die Momente an den Einspannungsstellen sind:

$$M_A = - X_a \frac{l}{2} + X_b (h - e) + X_c,$$

$$M_B = M_A + A l - P b,$$

und an den Endpunkten des Querriegels:

$$M_{A'} = M_A - H h;$$
$$M_{B'} = M_B - H h.$$

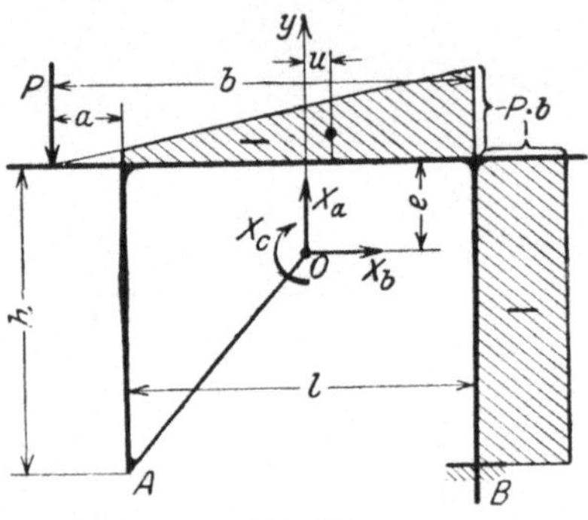

Abb. 321

Besitzt der Rahmen Kragarme, so sind diese bei der Bestimmung der Trägheitsmomente T und des elastischen Gewichtes G des Rahmens fortzulassen, denn die Momente dieser Kragarme sind von den statisch unbestimmten Größen X_a, X_b, X_c unabhängig. Ferner müssen aus dem gleichen Grunde bei der Bestimmung der Flächengrößen F_0 in den Gln. (75) und (76) die Beiträge der Kragarme in Fortfall kommen. Bei einer am Kragarm im Abstande a vom linken Stiel wirkenden Last P (Abb. 321) ist, wenn u den Schwerpunktsabstand der M_0-Fläche des Querriegels, ausschließlich des Kragarmes, von der Y-Achse angibt,

$$X_{aP} = P \frac{\dfrac{a + b}{2} l u + b h' \dfrac{l}{2}}{\dfrac{l^2}{12}(6 h' + l)}.$$

Nun ist aber $u = \dfrac{l}{2} - \dfrac{l}{3} \dfrac{2 a + b}{a + b} = \dfrac{l^2}{6 (a + b)}$, weshalb

$$X_{aP} = P \frac{l^2 + 6 b h'}{l (6 h' + l)}.$$

Ferner wird

$$X_{bP} = - P \frac{\dfrac{a + b}{2} l e + b h' \left(e - \dfrac{h}{2}\right)}{\dfrac{h e}{3}(h' + 2 l)} = - \frac{3 P a l}{2 h (h' + 2 l)}$$

und

$$X_{cP} = P \frac{(a + b) l + 2 b h'}{2 (2 h' + l)}.$$

Greift am rechten Stiel die horizontal gerichtete Last W im Abstand v von B an (Abb. 322), so besteht die M_0-Fläche aus einem Dreieck, dessen Inhalt $F_0 = - \dfrac{W v^2}{2}$ ist.

18*

Man erhält mit $v' = v\dfrac{J_1}{J_2}$ und $h - e = f$

$$X_{aW} = \frac{\dfrac{W\,v\,v'}{2}\cdot\dfrac{l}{2}}{\dfrac{l^2}{12}(6\,h' + l)} = 3\,\frac{W\,v\,v'}{l\,(6\,h' + l)},$$

$$X_{bW} = \frac{W\,v\,v'\left(f - \dfrac{v}{3}\right)}{\dfrac{2}{3}\,h\,e\,(h' + 2\,l)}; \quad X_{cW} = \frac{W\,v\,v'}{2\,(2\,h' + l)}.$$

Ferner ergibt sich:

$$A_W = -\,B_W = X_{a_W}; \quad H_{A_W} = X_{b_W}; \quad H_{B_W} = -\,W + X_{b_W}.$$

Die Momente M_A, M_B, $M_{A'}$ und $M_{B'}$ können nun in ähnlicher Weise wie auf S. 275 berechnet werden.

Wird das System einer gleichmäßigen Temperaturerhöhung um $t°$ ausgesetzt, so ist:

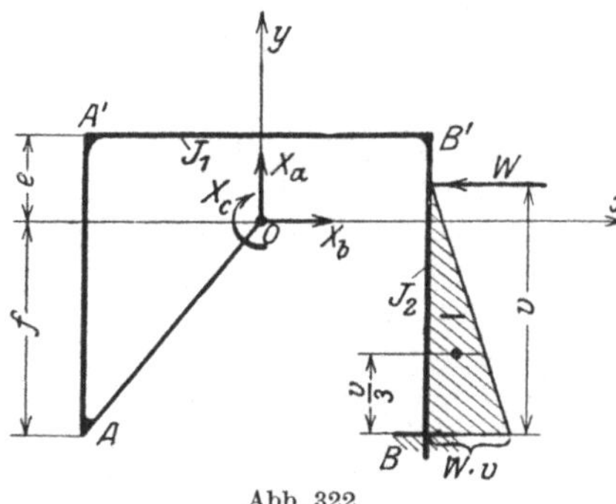

Abb. 322

$$X_{at} = -\,\frac{E\,J_c\,\delta_{at}}{T_y};$$

$$X_{bt} = -\,\frac{E\,J_c\,\delta_{bt}}{T_x};$$

$$X_{ct} = -\,\frac{E\,J_c\,\tau_{ct}}{G}.$$

Infolge $X_a = 1$ tritt im linken Stiel die Längskraft $N_a = -1$, im rechten $N_a = +1$ und im Querriegel $N_a = 0$ auf. Demnach wird $\delta_{at} = \varepsilon_t\,t\int N_a\,ds = 0$ und damit auch $X_{at} = 0$. Infolge $X_b = 1$ wirkt im Querriegel die Längskraft $N_b = -1$, in den Stielen $N_b = 0$. Man erhält $\delta_{bt} = \varepsilon_t\,t\int N_b\,ds = -\,\varepsilon_t\,t\,l$ und somit $X_{bt} = 3\,\dfrac{E\,J_1\,\varepsilon_t\,t\,l}{h\,e\,(h' + 2\,l)}$. Infolge $X_c = 1$ ist $N_c = 0$, also auch $\tau_{ct} = 0$ und $X_{ct} = 0$.

Die Einspannungsmomente nehmen somit den einfachen Wert an

$$M_{A_t} = M_{B_t} = X_{bt}\,f$$

und die Eckmomente

$$M_{A_t}^{'} = M_{B_t}^{'} = -\,X_{bt}\,e.$$

e) Der geschlossene Portalrahmen

Dem unter Absatz d) besprochenen Rahmen verwandt ist der geschlossene Portalrahmen. Wie jener ist auch dieser dreifach statisch unbestimmt und kann im wesentlichen in der gleichen Weise berechnet werden. Der Untersuchung soll ein zur Mittelsenkrechten symmetrischer Rahmen zugrunde gelegt werden, welcher in den Punkten A und B statisch bestimmt gestützt sei (Abb. 323). Der Abstand zwischen Querträger und oberem Querriegel sei h, die Stützweite l, der lotrechte Abstand des Querträgers von den Lagern A und B sei c. Das Trägheitsmoment des oberen Querriegels möge mit J_1, das der Stiele mit J_2 und das des Querträgers mit $J_3 = J_c$ bezeichnet werden. Der Querträger ist beiderseits ausgekragt.

Denkt man sich jetzt durch die Mitte des oberen Querriegels einen Schnitt gelegt und stellt den Zusammenhang des Systems dadurch wieder her, daß man an den beiden Ufern des Querschnittes je zwei Kräfte X_a und X_b und zwei

Momente X_c von gleicher Größe, aber entgegengesetzter Richtung anbringt (Abb. 324), so entsteht als statisch bestimmtes Hauptsystem ein Träger auf zwei Stützen A und B. Damit nun wieder die Verschiebungsgrößen $\delta_{ab} = \delta_{bc} = \delta_{ac}$ in den allgemeinen Elastizitätsgleichungen zu Null werden, verlegt man den Angriffspunkt der statisch unbestimmten Größen (durch Anordnung zweier an den Schnittflächen angreifender *starrer* Stäbe, Abb. 329) in den elastischen Schwerpunkt O des Rahmens und verfährt im übrigen in der früher besprochenen Weise[1].

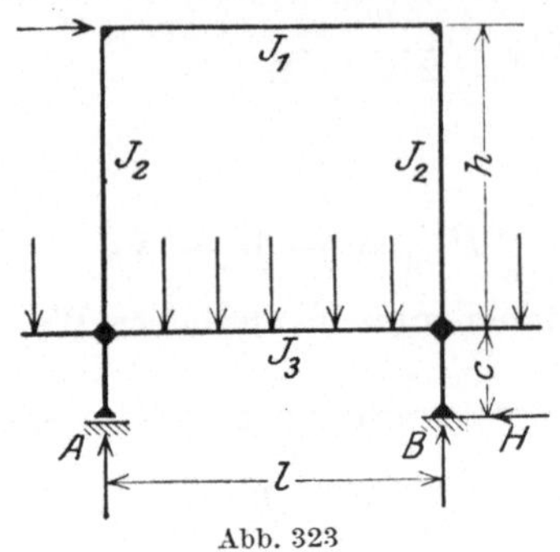

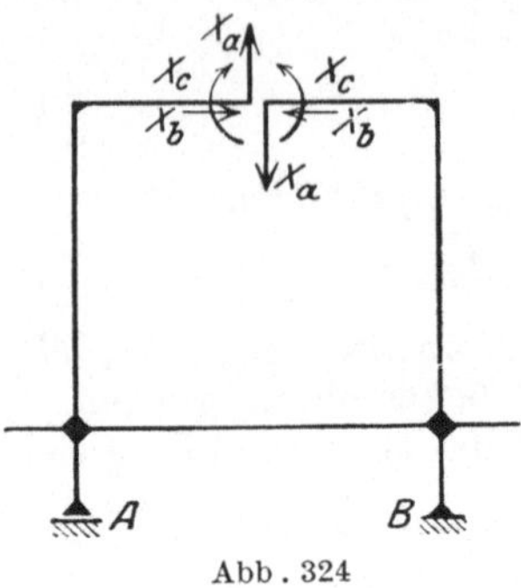

Abb. 323   Abb. 324

In Abb. 325 sind nur die am linken Trägerteil angreifenden Kräfte X_a, X_b, X_c eingetragen. Für diese gelten jetzt wieder die Gln. (69). Der elastische Schwerpunkt O liegt einmal auf der Symmetrieachse Y und zweitens auf einer Horizontalen, deren Abstand e vom oberen Querriegel mit Hilfe der Momentengleichung

$$G\, e = 2\, h' \frac{h}{2} + l\, h$$

bestimmt wird. Diese liefert

$$e = \frac{h\,(h' + l)}{G},$$

und zwar ist

$$G = l' + l + 2\, h'.$$

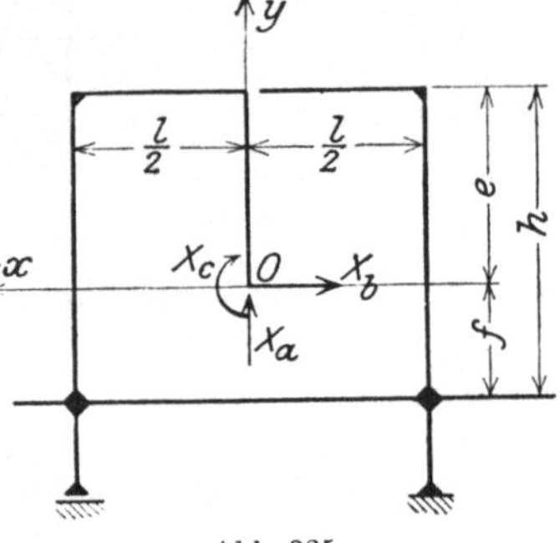

Abb. 325

Somit ist auch die X-Achse festgelegt, deren positive Richtung hier nach links angenommen werden soll. Nach (70) bis (72) ist

$$E J_c \delta_{aa} = T_y; \quad E J_c \delta_{bb} = T_x; \quad E J_c \tau_{cc} = G.$$

Gl. (74) liefert

$$T_y = 2\,\frac{1}{3}\,h'\,3\,\frac{l^2}{4} + 2\,\frac{1}{3}\,\frac{l'}{2}\,\frac{l^2}{4} + 2\,\frac{1}{3}\,\frac{l}{2}\,\frac{l^2}{4} = \frac{l^2}{12}\,(6\,h' + l' + l)$$

und Gl. (73):

$$T_x = \frac{1}{3}\,l'\,3\,e^2 + \frac{1}{3}\,l\,3\,f^2 + 2\,\frac{1}{3}\,h'\,[e^2 + e\,(e - h) + (e - h)^2]$$

$$= e^2\,(l' + 2\,h') + 2\,h\,h'\left(\frac{h}{3} - e\right) + l\,f^2.$$

Ferner ist

$$E J_c \sum P_m\, \delta_{ma} = -\int M_0\, x\,\frac{J_c}{J}\,ds = -\sum F_0\,\frac{J_c}{J}\,x_s;$$

$$E J_c \sum P_m\, \delta_{mb} = -\int M_0\, y\,\frac{J_c}{J}\,ds = -\sum F_0\,\frac{J_c}{J}\,y_s;$$

$$E J_c \sum P_m\, \delta_{mc} = \int M_0\,\frac{J_c}{J}\,ds = \sum F_0\,\frac{J_c}{J},$$

---

[1] In Abb. 325 bis 329 wird $e \gtrless \dfrac{h}{2}$, wenn $J_1 \gtrless J_3$ ist.

wenn x_s und y_s wieder die auf S. 273 erläuterte Bedeutung haben. Somit wird der Einfluß einer gegebenen Belastung P auf die statisch unbestimmten Größen

$$X_{aP} = \frac{\Sigma F_0 \frac{J_c}{J} x_s}{T_y} \; ; \qquad X_{bP} = \frac{\Sigma F_0 \frac{J_c}{J} y_s}{T_x} \; ; \qquad X_{cP} = - \frac{\Sigma F_0 \frac{J_c}{J}}{G} \; . \tag{83}$$

Eine auf den Querträger wirkende Einzellast P erzeugt die aus Abb. 326 ersichtliche M_0-Fläche. Der Fußpunkt des vom Schwerpunkt S dieser Fläche auf die Achse des Querträgers gefällten Lotes besitzt die Koordinaten $x_s = + \frac{u}{3}$, $y_s = - f$. Demnach wird mit $F_0 = \frac{P a b}{2}$

$$X_{aP} = \frac{P a b u}{6 T_y} \; ; \qquad X_{bP} = - \frac{P a b f}{2 T_x} \; ; \qquad X_{cP} = - \frac{P a b}{2 G} \; .$$

Eine am linken Kragträger angreifende Last P (Abb. 327 a) erzeugt eine M_0-Fläche, deren Inhalt zwischen den beiden den Stielen $F_0 = - \frac{P a l}{2}$ ist (vgl. S. 275).

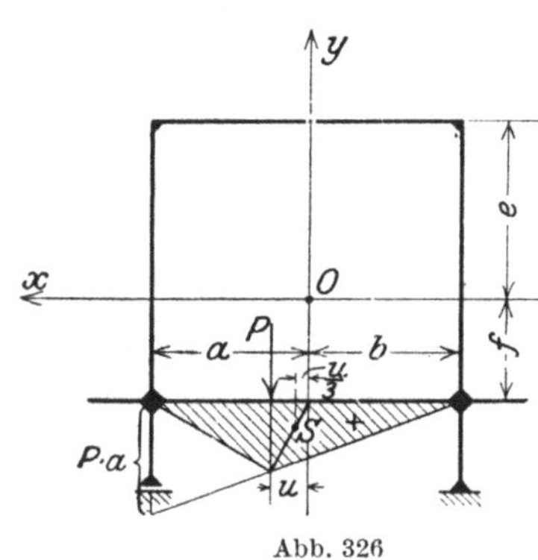

Abb. 326

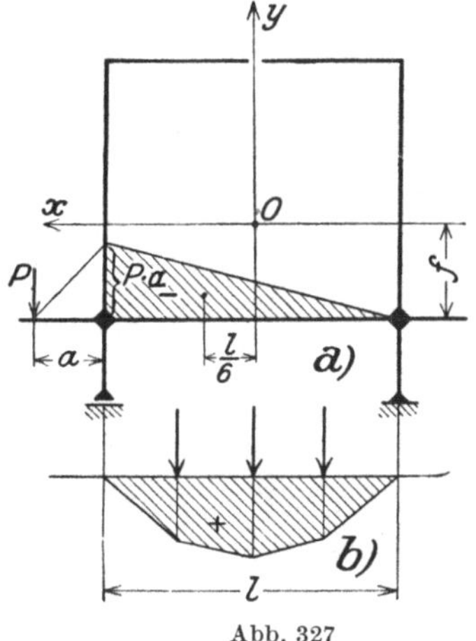

Abb. 327

Der Schwerpunkt dieser Teilfläche besitzt von der Y-Achse den Abstand $x_s = + \frac{l}{6}$. Demnach wird:

$$X_{aP} = - \frac{P a l^2}{12 T_y} \; ; \qquad X_{bP} = \frac{P a l f}{2 T_x} \; ; \qquad X_{cP} = \frac{P a l}{2 G} \; .$$

Ruht auf dem Querträger eine symmetrische Belastung, welche die aus Abb. 327 b ersichtliche M_0-Fläche erzeugen möge, so wird wegen $x_s = 0$

$$X_{aP} = 0 \; ; \qquad X_{bP} = - \frac{F_0 f}{T_x} \; ; \qquad X_{cP} = - \frac{F_0}{G} \; .$$

Eine auf den Rahmen in Höhe des Querriegels wirkende Horizontalkraft W erzeugt am statisch bestimmten Hauptsystem die aus Abb. 328 ersichtliche M_0-Fläche, von welcher nur die schraffierten Teile für die Berechnung der statisch unbestimmten Größen in Betracht zu ziehen sind. Man findet sofort:

$$X_{aW} = \frac{W \frac{h h'}{2} \frac{l}{2} + W \frac{w l}{2} \frac{l}{6}}{T_y} = \frac{W l}{12 T_y} (3 h h' + w l) \, ,$$

$$X_{bW} = - \frac{W \frac{h h'}{2} \left(f - \frac{h}{3}\right) + W w \frac{l}{2} f - W c l f}{T_x}$$

$$= - \frac{W}{2 T_x} \left[h h' \left(f - \frac{h}{3}\right) + l f (w - 2 c) \right] \, ,$$

$$X_{c_w} = - \frac{W\frac{h\,h'}{2} + W\frac{w\,l}{2} - W\,c\,l}{G} = - \frac{W}{2\,G}\,(h\,h' + w\,l - 2\,c\,l)\,.$$

Nunmehr erhält man die Momente an den vier Ecken des Rahmens (Abb. 329)

$$M_1 = -\,X_a\frac{l}{2} - X_b\,e + X_c\,,$$

$$M_2 = -\,X_a\frac{l}{2} + X_b\,f + X_c + W\,h\,,$$

$$M_3 = \quad X_a\frac{l}{2} + X_b\,f + X_c - W\,c\,,$$

$$M_4 = \quad X_a\frac{l}{2} - X_b\,e + X_c\,.$$

Der Beitrag $-W\,c$ zum Moment M_3 kommt nur für den Querträger bzw. den Ständer $3-B$ in Frage.

Zur Untersuchung des Einflusses einer Temperaturänderung sei angenommen, daß die Temperatur des Querträgers sich um $t_1{}^\circ$, diejenige des linken Stieles

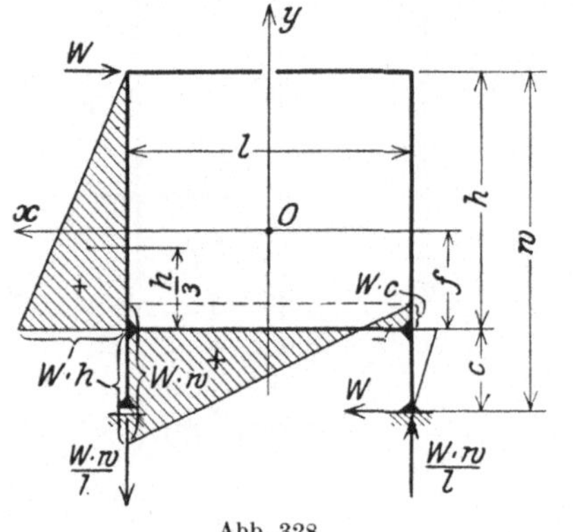

Abb. 328

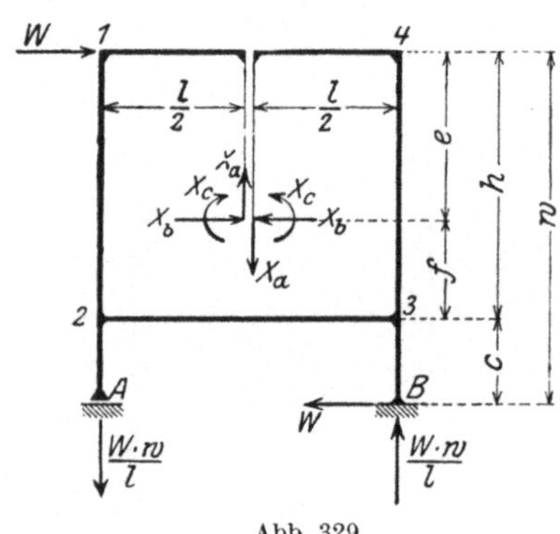

Abb. 329

und des oberen Querriegels um $t_2{}^\circ$ und diejenige des rechten Stieles um $t_3{}^\circ$ ändern möge. Es ist:

$$X_{a\,t} = - \frac{\delta_{a\,t}}{\delta_{a\,a}} = - \frac{E\,J_c\int N_a\,\varepsilon_t\,t\,ds}{T_y}\,,$$

$$X_{b\,t} = - \frac{\delta_{b\,t}}{\delta_{b\,b}} = - \frac{E\,J_c\int N_b\,\varepsilon_t\,t\,ds}{T_x}\,,$$

$$X_{c\,t} = - \frac{\tau_{c\,t}}{\tau_{c\,c}} = - \frac{E\,J_c\int N_c\,\varepsilon_t\,t\,ds}{G}\,.$$

Infolge $X_a = 1$ tritt im linken Stiel die Längskraft $N_a = +\,1$, im rechten $N_a = -\,1$, im Querträger und Querriegel $N_a = 0$ auf. Man erhält also

$$\int N_a\,\varepsilon_t\,t\,ds = \varepsilon_t\,t_2\,h - \varepsilon_t\,t_3\,h = -\,\varepsilon_t\,h\,(t_3 - t_2)\,.$$

Somit wird

$$X_{a\,t} = \frac{E\,J_c\,\varepsilon_t\,h\,(t_3 - t_2)}{T_y}\,.$$

Infolge $X_b = 1$ wirkt im Querriegel die Längskraft $N_b = +\,1$, im Querträger $N_b = -\,1$, in den Stielen $N_b = 0$. Damit wird

$$\int N_b\,\varepsilon_t\,t\,ds = -\,\varepsilon_t\,t_1\,l + \varepsilon_t\,t_2\,l = -\,\varepsilon_t\,l\,(t_1 - t_2)\,,$$

woraus folgt

$$X_{b\,t} = \frac{E\,J_c\,\varepsilon_t\,l\,(t_1 - t_2)}{T_x}\,.$$

Da infolge $X_c = 1$ eine Längskraft N_c nicht auftritt, so wird $\tau_{ct} = 0$ und somit auch $X_{ct} = 0$. Nunmehr können die Momente für alle Punkte des Rahmens in bekannter Weise angeschrieben werden.

f) Rahmenträger

Die Rahmenträger — auch VIERENDEEL-Träger genannt[1] — sind den in Absatz c, Ziffer 1 besprochenen zweistieligen Stockwerkrahmen von beliebiger Felder-

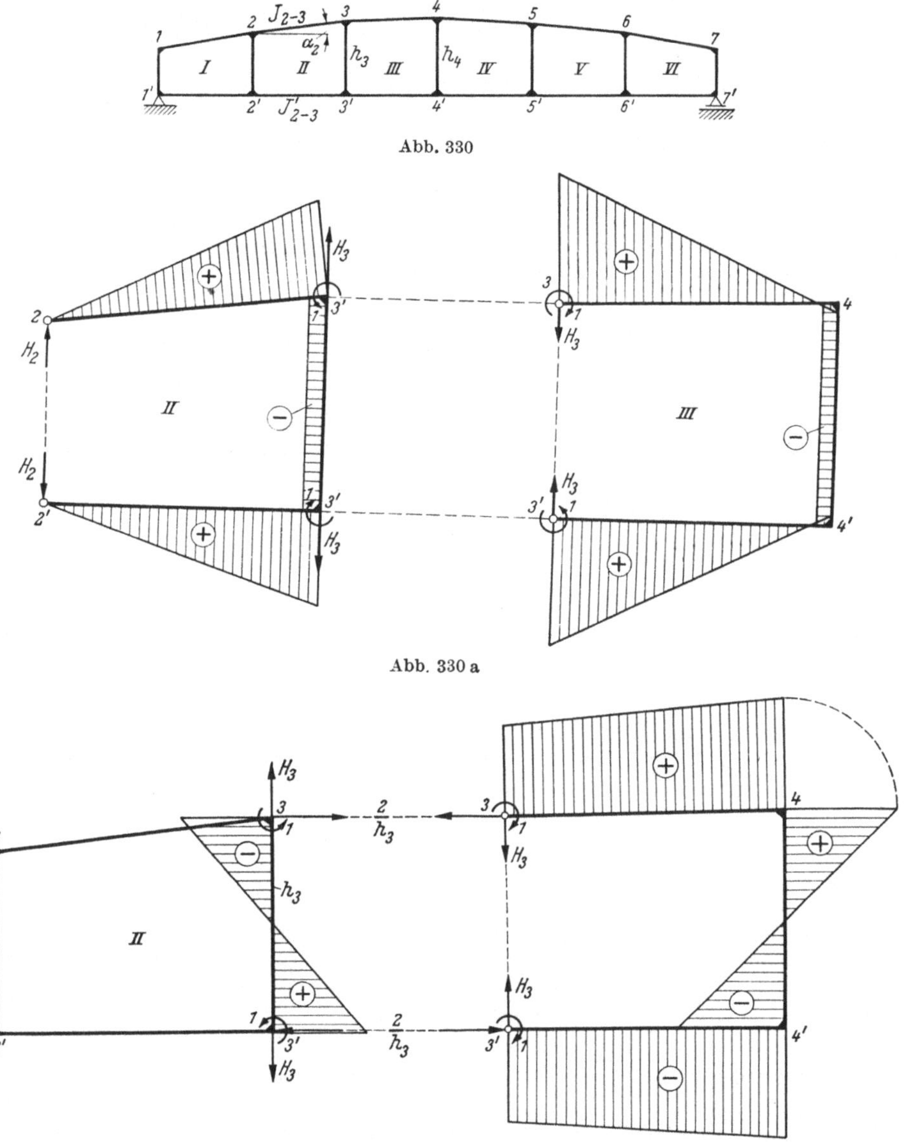

Abb. 330

Abb. 330 a

Abb. 330 b

zahl nahe verwandt. Wie diese sind sie bei n Feldern innerlich $(3\,n)$-fach statisch unbestimmt. Sie werden (Abb. 330) mit geradlinigem Unter- und gebrochenem

---

[1] Nach dem belgischen Professor A. VIERENDEEL, der diese Bauform erstmalig entwickelte.

Obergurt — oder umgekehrt — aber auch als Parallelträger ausgeführt. Die Träger können dabei statisch bestimmt gestützt werden (*eine* Trägeröffnung) oder auch über mehrere Stützen durchlaufen (statisch unbestimmte Lagerung). Kennzeichnend für die Rahmenträger ist, daß ihre Stäbe im allgemeinen neben großen Normalkräften auch große Biegungsmomente und Querkräfte aufnehmen müssen.

Wie beim zweistieligen Stockwerkrahmen (s. oben) kann man auch zur Berechnung der Rahmenträger ein *statisch unbestimmtes Hauptsystem* verwenden, das aus n aneinandergehängten Zweigelenkrahmen besteht (vgl. den Parallelträger in Abb. 331). Als statisch Unbestimmte werden dabei zweckmäßig wieder $2\,n$ Größen X und X' eingeführt, welche mit den überzähligen Knotenpunktsmomenten der Gurte durch die Gleichungen

$$M_1 = X_a + X_a'\,;\qquad\qquad M_{1'} = X_a - X_a'\,;$$
$$M_2 = X_b + X_b'\,;\qquad\qquad M_{2'} = X_b - X_b'\,;$$
$$\cdots\cdots\cdots\cdots\qquad\qquad\cdots\cdots\cdots\cdots$$
$$\cdots\cdots\cdots\cdots\qquad\qquad\cdots\cdots\cdots\cdots$$

verknüpft sind. Bei der Berechnung dieser statisch Unbestimmten können die elastischen Längenänderungen der Pfosten i. allg. vernachlässigt werden. Weiter

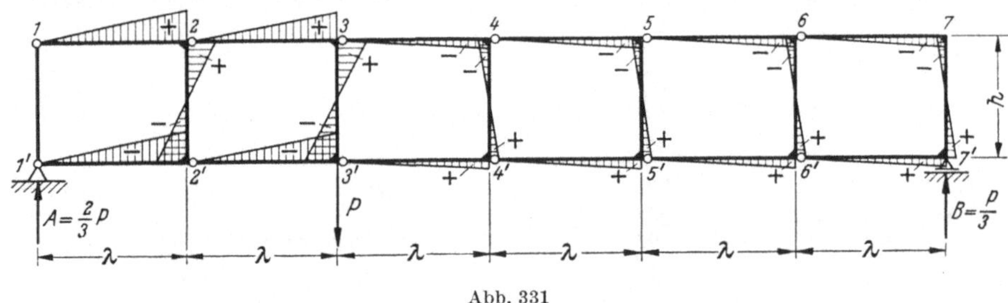

Abb. 331

sei angenommen, daß zwischen den Trägheitsmomenten der beiden Gurtstäbe eines Feldes die Beziehung

$$J \cos\alpha = J' \cos\alpha'$$

gelten soll, wobei α den Neigungswinkel des Obergurtstabes gegen die Horizontale bezeichnet, α' denjenigen des Untergurtstabes. Dieser Ansatz besagt, daß der längere Gurtstab jeweils in dem angegebenen Verhältnis steifer ist als der kürzere.

Abb. 330 a zeigt den Belastungszustand $X_c = 1$, Abb. 330 b den Zustand $X_c' = 1$. Beide Zustände erstrecken sich wieder nur über die beiden benachbarten Zweigelenkrahmen *II* und *III*. Außerdem ist — unter Zugrundelegung der obigen Bedingung für die Trägheitsmomente J und J' — der Zustand $X_c = 1$ „statisch symmetrisch", der Zustand $X_c' = 1$ „statisch gegensymmetrisch". Es gelten demnach für die Verschiebungsgrößen τ_{ik}, $\tau_{i'k'}$ und $\tau_{ik'}$ die gleichen Bedingungen wie auf S. 268 und demnach dieselben dreigliedrigen Elastizitätsgleichungen für die statisch Unbestimmten X bzw. X'.

Im allgemeinen werden bei Rahmenträgern nur Lasten betrachtet, die in den Knotenpunkten der Gurte angreifen. Wirken diese außerdem alle lotrecht abwärts, so sind auch alle M_0-Flächen (am statisch unbestimmten Hauptsystem) statisch gegensymmetrisch, so daß alle Verschiebungsgrößen $\tau_{i0} = 0$ werden, dagegen $\tau_{i'0} \neq 0$. Man hat deshalb nur das Gleichungssystem aufzulösen, das die statisch Unbestimmten X' enthält (S. 268). In Abb. 331 ist die M_0-Fläche für einen Rahmenträger mit parallelen Gurten bei Belastung durch eine lotrechte Einzelkraft P im Knoten *3'* dargestellt[1].

<hr>

[1] Vgl. im übrigen: K. BEYER: Die Statik im Eisenbetonbau, 2. Aufl. II. Bd., Berlin 1934, S. 484, wo auch weitere Literatur zu finden ist.

5. Bogenträger

a) Der Zweigelenkbogen

1. Der vollwandige Zweigelenkbogen[1]

Kommt das Mittelgelenk eines Dreigelenkbogens (vgl. S. 57) in Fortfall, so
entsteht der einfach statisch unbestimmte Zweigelenkbogen (Abb. 332). Als Auflagerreaktionen werden die senkrechten Drücke A und B sowie die in Richtung
der Bogensehne fallenden Schübe H_A und H_B eingeführt. Dann liefern die
Momentengleichungen für die Punkte B und A sofort die Lagerkräfte

$$A = \frac{\Sigma P b}{l}; \qquad B = \frac{\Sigma P a}{l},$$

welche mit denen eines einfachen Balkens von der Länge l übereinstimmen.

Als statisch unbestimmte Größe X_a sei der Horizontalschub bei B eingeführt, so daß als statisch bestimmtes Hauptsystem ein Träger auf zwei Stützen
$A-B$ mit einem festen Lager A und einem verschieblichen Lager B entsteht[2].

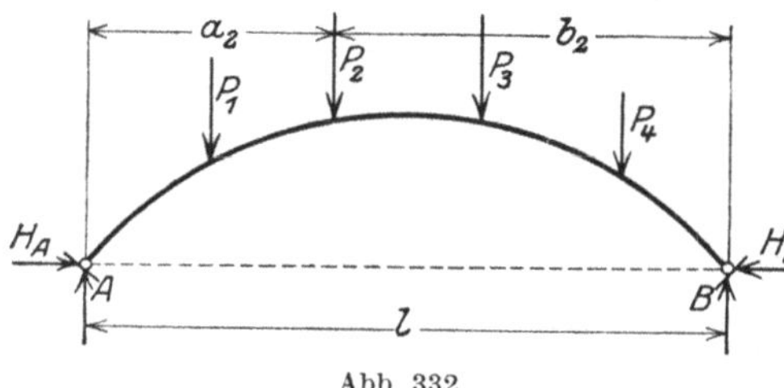

Abb. 332

Die allgemeine Elastizitätsgleichung für X_a lautet:

$$X_a = -\frac{\Sigma P_m \delta_{ma} + \delta_{at} - \Sigma (C_a c)}{\delta_{aa}},$$

mit deren Hilfe X_a für die verschiedenen Belastungs- und Tempe-
raturzustände berechnet werden
kann.

Der Einfluß lotrechter Lasten
wird zweckmäßig mit Hilfe der
Einflußlinien untersucht. Für eine über den Bogen wandernde Last 1 wird:

$$X_a = -\frac{\delta_{ma}}{\delta_{aa}}, \tag{84}$$

und zwar ist unter Vernachlässigung von Längs- und Querkräften:

$$E J_c \delta_{ma} = \int M_0 M_a \frac{J_c}{J} ds = -\int M_0 y \frac{J_c}{J} ds,$$

wenn y den Abstand eines beliebigen Punktes m des Bogens von der Sehne $A-B$
bezeichnet. Mit $ds = \dfrac{dx}{\cos \varphi}$ (Abb. 332 a) wird

$$E J_c \delta_{ma} = -\int M_0 y \frac{J_c}{J} \frac{dx}{\cos \varphi}.$$

Wählt man nun für $J \cos \varphi$ einen Mittelwert J_m, was bei den meisten Untersuchungen der Praxis zulässig ist, und setzt $J_c = J_m$, so erhält man schließlich

$$E J_c \delta_{ma} = -\int M_0 y \, dx.$$

Ferner wird unter Berücksichtigung der Längskräfte

$$E J_c \delta_{aa} = \int M_a^2 \frac{J_c}{J} ds + \int N_a^2 \frac{J_c}{F} ds.$$

Der Beitrag des zweiten Gliedes darf bei Bögen von genügend großer Pfeilhöhe wegen seines geringen Einflusses gewöhnlich vernachlässigt werden. Will

---

[1] Vgl. hierzu H. MÜLLER-BRESLAU: Stat. d. Baukonstr. Bd. 2 Abt. 2 S. 513 u.f. Leipzig
1908.

[2] Liegen die Kämpfergelenke nicht in gleicher Höhe, so verfahre man wie unter 2,
S. 287, angegeben (vgl. auch die entsprechenden Ausführungen beim Dreigelenkbogen, zweiter
Abschnitt, Kap. 3).

man ihn berücksichtigen, so empfiehlt sich die Annahme $N_a = -1$. Dann wird

$$E J_c \, \delta_{aa} = \int y^2 \, dx + 1 \int \frac{J_c}{F \cos \varphi} \, dx \, .$$

Setzt man noch den Mittelwert von $F \cos \varphi$ gleich F_m, so ergibt sich:

$$E J_c \, \delta_{aa} = \int y^2 \, dx + \frac{l \, J_c}{F_m} \, .$$

Nun ist aber

$$\int y^2 \, dx = 2 \int y \, dx \, \frac{y}{2} = 2 \, F_a \, e \, , \tag{85}$$

d. h. gleich dem mit 2 multiplizierten statischen Moment der M_a-Fläche in bezug auf die Gerade $A - B$ (Abb. 332a). Somit wird

$$E J_c \, \delta_{aa} = 2 \, F_a \, e + l \, \frac{J_c}{F_m} \, . \tag{86}$$

Gl. (84) besagt, daß die Biegungslinie des statisch bestimmten Hauptsystems infolge $X_a = 1$ zugleich Einflußlinie für X_a ist, wenn man ihr den Multiplikator

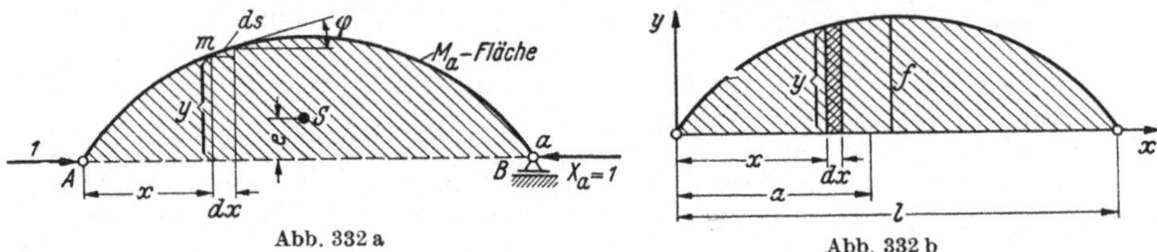

Abb. 332 a   Abb. 332 b

$\mu = -\dfrac{1}{\delta_{aa}}$ beilegt, wo δ_{aa} durch (86) gegeben ist. Diese Biegungslinie kann nach den Erläuterungen auf S. 153 dargestellt werden als Momentenkurve einer stetigen Belastung, deren Belastungsordinate an der Stelle x die Größe

$$w_x = \frac{M_a}{E J \cos \varphi} = - \frac{y}{E J \cos \varphi}$$

besitzt, wobei nach obigen Erklärungen für $J \cos \varphi$ der Mittelwert $J_m = J_c$ eingeführt werden kann. Bei Benutzung der $E J_c$-fach zu großen Belastungsordinaten wird

$$E J_c \, w_x = - \, y \, .$$

Ist der Bogen nach einer Parabel mit dem Biegungspfeil f gekrümmt, so wird das Moment an der Stelle $x = a$ infolge dieser fiktiven Belastung (Abb. 332b)

$$\overline{M} = - \left[\tfrac{1}{3} f \, l \, a - \int_0^a y \, dx \, (a - x) \right] ,$$

oder mit

$$y = \frac{4 \, f}{l^2} \, x \, (l - x) \quad \text{(Parabelgleichung)}$$

$$\overline{M} = - \left[\frac{f \, l \, a}{3} - \frac{4 \, f \, a}{l^2} \int_0^a (l \, x - x^2) \, dx + \frac{4 \, f}{l^2} \int_0^a (l \, x^2 - x^3) \, dx \right]$$

$$= - \frac{f \, l^2}{3} \left(\frac{a}{l} - 2 \, \frac{a^3}{l^3} + \frac{a^4}{l^4} \right) .$$

Demnach wird für einen beliebigen Punkt m mit der Abszisse x

$$E J_c \, \delta_{ma} = - \frac{f \, l^2}{3} \left(\frac{x}{l} - 2 \, \frac{x^3}{l^3} + \frac{x^4}{l^4} \right) .$$

Ferner ergibt sich nach (85) mit $F_a = \frac{2}{3} f l$ und $e = \frac{2}{5} f$

$$\int_0^l y^2 \, dx = \frac{8}{15} f^2 l \, .$$

Man erhält somit als Einflußordinate für X_a den Wert

$$\eta_a = -\frac{\delta_{ma}}{\delta_{aa}} = \frac{\dfrac{f l^2}{3}\left(\dfrac{x}{l} - 2\dfrac{x^3}{l^3} + \dfrac{x^4}{l^4}\right)}{\dfrac{8}{15} f^2 l + l \dfrac{J_c}{F_m}} \, .$$

Für $x = \dfrac{l}{2}$ ergibt sich mit

$$\nu = 1 + \frac{15}{8 f^2} \frac{J_c}{F_m} \, ,$$

$$\eta_{a\left(x = \frac{l}{2}\right)} = \frac{25}{128} \frac{l}{f \nu} \approx \frac{3}{16} \frac{l}{f \nu} \, .$$

Für Überschlagsrechnungen genügt es, wenn man die Einflußlinie für X_a als eine Parabel mit der Pfeilhöhe $f' = \dfrac{3}{16} \dfrac{l}{f \nu}$ auffaßt. Die Ordinate η_a der Einfluß-

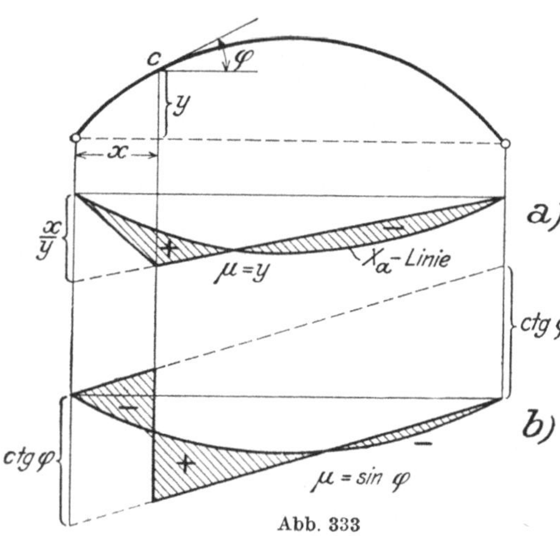

Abb. 333

linie ergibt sich dann aus der Parabelgleichung zu

$$\eta_a = \frac{4 f'}{l^2} x x' = \frac{3 x x'}{4 f l \nu} \, ,$$

und somit

$$X_a = H = \frac{3}{4 f l \nu} \Sigma P x x' \, . \qquad (87)$$

Ist X_a gefunden, so sind auch die Momente für beliebige Bogenpunkte bekannt. Für diese gilt

$$M = M_0 + M_a X_a$$
$$= M_0 - X_a y \, . \qquad (87 a)$$

Um die Einflußlinie für das Moment an der Stelle c auftragen zu können, schreibt man

$$M_c = y_c \left(\frac{M_0}{y_c} - X_a\right)$$

und findet somit die Einflußfläche für M_c als Differenz der mit $\dfrac{1}{y_c}$ multiplizierten Einflußfläche für M_0 und derjenigen für X_a (Abb. 333a). Der Multiplikator ist $\mu = y_c$.

Für die Querkraft Q_c gilt nach Gl. (20) S. 58

$$Q_c = Q_0 \cos\varphi - H \sin\varphi \, ,$$

wenn φ den Neigungswinkel der Tangente in c gegen die Horizontale bezeichnet. Setzt man $\sin\varphi$ vor die Klammer, so wird

$$Q_c = \sin\varphi \, (Q_0 \, \mathrm{ctg}\,\varphi - H) \, .$$

Man erhält also die Einflußfläche für Q_c als Differenz der mit $\mathrm{ctg}\,\varphi$ multiplizierten Einflußfläche für Q_0 und derjenigen für H. Der Multiplikator ist $\mu = \sin\varphi$ (Abb. 333b).

Zu einer einfachen Darstellung der Einflußlinie für den Horizontalschub eines Bogens von beliebiger Form gelangt man auf folgende Weise. Für den Horizontalschub gilt, wenn hier die Längskraft $N_a = -1\cos\varphi$ eingeführt wird,

$$X_a = \frac{\displaystyle\int \frac{M_0\,y\,dx}{E\,J\cos\varphi}}{\displaystyle\int y^2\,\frac{dx}{E\,J\cos\varphi} + \int \frac{\cos^2\varphi\,dx}{E\,F\cos\varphi}}\,. \tag{88}$$

Betrachtet man mit hinreichender Annäherung die Größen $\dfrac{y}{J\cos\varphi}$ und $\dfrac{\cos\varphi}{F}$ als konstant und setzt $\dfrac{y}{J\cos\varphi} = \dfrac{f}{J_c}$ und $\dfrac{\cos\varphi}{F} = \dfrac{1}{F_c}$, wobei f den Bogenpfeil, J_c das Trägheitsmoment und F_c den Flächeninhalt des Querschnitts im Bogenscheitel bedeuten, so erhält man den einfachen Ausdruck

$$X_a = \frac{\int M_0\,dx}{\int y\,dx + \dfrac{l}{f}\dfrac{J_c}{F_c}}\,. \tag{89}$$

Der Zähler des vorstehenden Bruches stellt den Inhalt F_0 der M_0-Fläche, der Wert $\int y\,dx$ den Inhalt der von der Bogenachse und Sehne begrenzten Fläche F_a dar (Abb. 334). Man erhält somit die Einflußordinate des Horizontalschubes

$$\eta_a = \frac{x\,x'}{2\left(F_a + \dfrac{l}{f}\dfrac{J_c}{F_c}\right)} = \frac{x\,x'}{2\,v'}\,,$$

wenn

$$v' = F_a + \frac{l}{f}\frac{J_c}{F_c}$$

gesetzt wird.

Die Einflußlinie für X_a ist also eine Parabel von der Pfeilhöhe $\dfrac{l^2}{8\,v'}$. Für den *Kreisbogen* ist

$F_a = \dfrac{r^2}{2}\left(\dfrac{\pi\,\gamma}{180°} - \sin\gamma\right)$, wobei γ den

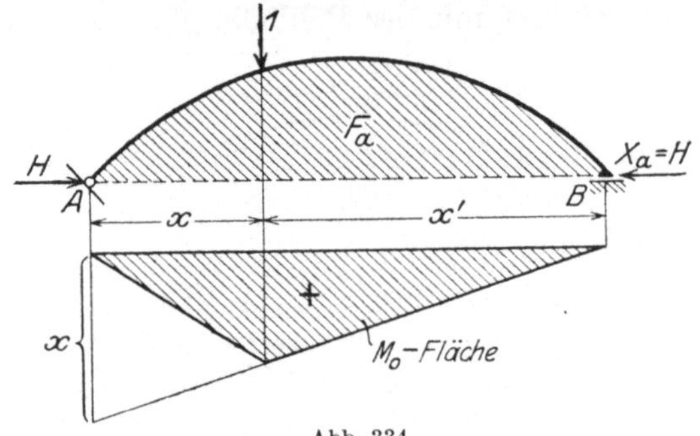

Abb. 334

Zentriwinkel in Graden und r den Radius bezeichnen, und für die *Parabel* $F_a = \tfrac{2}{3}f\,l$.

Der Einfluß einer gleichmäßigen Temperaturänderung um $t°$ auf X_a wird:

$$X_{at} = -\frac{\delta_{at}}{\delta_{aa}}\,.$$

Mit

$$\delta_{at} = \int N_a\,\varepsilon_t\,t\,ds = -\varepsilon_t\,t\int 1\cos\varphi\,\frac{dx}{\cos\varphi} = -\varepsilon_t\,t\,l$$

und

$$\delta_{aa} = \frac{8}{15}\frac{f^2\,l}{E\,J_c} \qquad \text{(Längskräfte vernachlässigt)}$$

ergibt sich

$$X_{at} = \frac{15}{8}\,E\,J_c\,\frac{\varepsilon_t\,t}{f^2}\,.$$

Um den *Einfluß schräger, ruhender Lasten* auf X_a angeben zu können, schreibe man die Beziehung an:

$$X_a = -\frac{\Sigma\,P_m\,\delta_{ma}}{\delta_{aa}} = \frac{\int M_0\,y\,\dfrac{J_c}{J}\,ds}{E\,J_c\,\delta_{aa}}\,.$$

Der Wert für den Nenner des vorstehenden Bruches kann aus Gl. (86) entnommen werden, für den Zähler ist die Integration nach Einführung der M_0-Ordinaten durchzuführen.

Verbindet man die beiden Bogenenden A und B durch eine Zugstange und bildet ein Lager fest, das andere beweglich aus, so entsteht der statisch bestimmt gelagerte, aber innerlich einfach statisch unbestimmte *Zweigelenkbogen mit aufgehobenem Horizontalschub* (auch Zweigelenkbogen mit Zugband genannt). Als statisch unbestimmte Größe X_a führt man hier zweckmäßig die Spannkraft des Zugbandes ein (Abb. 335). Dann wird unter Beachtung der Gl. (86)

$$E J_c \delta_{aa} = 2 F_a e + l \frac{J_c}{F_m} + l \frac{J_c}{F_z},$$

wo $l \frac{J_c}{F_z}$ den Beitrag des Zugbandes darstellt und F_z dessen Querschnitt bezeichnet.

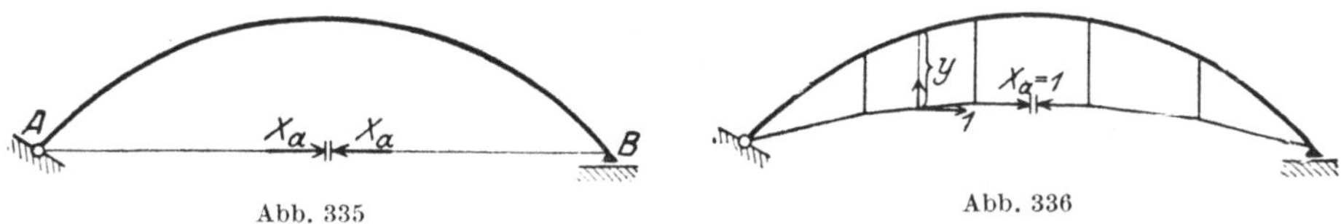

Abb. 335
Abb. 336

Bei Dachbindern empfiehlt es sich, den auf S. 285 besprochenen Weg einzuschlagen. Dann tritt zu dem Nenner des Bruches in Gl. (88) noch der Beitrag des Zugbandes $\frac{1}{E}\frac{l}{F_z}$, so daß (89) übergeht in

$$X_a = \frac{\int M_0\, dx}{\int y\, dx + \frac{l}{f}\frac{J_c}{F_c} + \frac{l}{f}\frac{J_c}{F_z}}$$

oder mit $\int M_0\, dx = F_0$ (Inhalt der M_0-Fläche) und $\int y\, dx = F_a$ (Inhalt der von der Bogenachse und Sehne begrenzten Fläche)

$$X_a = \frac{F_0}{F_a + \frac{l}{f} J_c \left(\frac{1}{F_c} + \frac{1}{F_z} \right)}. \tag{90}$$

Wird das Zugband gesprengt, so wähle man als statisch unbestimmte Größe X_a die Horizontalprojektion der Spannkraft des Zugbandes. Dann ist $M_a = -1\, y$,

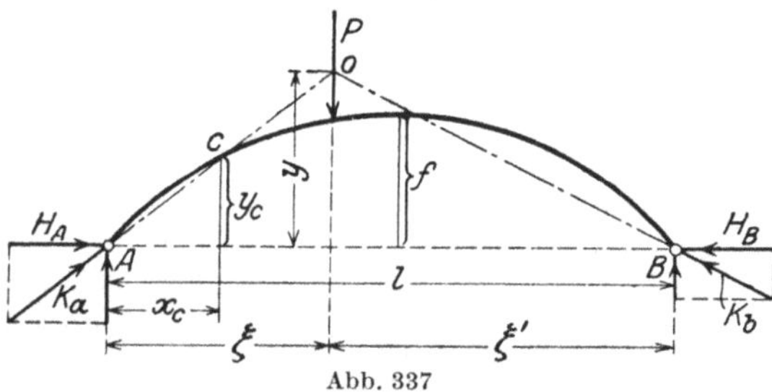

Abb. 337

und zwar bedeutet hier y die senkrechte Ordinate zwischen Zugband und Bogenachse. Der Inhalt der von beiden begrenzten Fläche ist gleich F_a (Abb. 336). In diesem Falle würde der Beitrag des Zugbandes und der Hängestangen zu δ_{aa} genau genommen durch den Wert $\sum S_a^2 \varrho$ zu ermitteln sein, wobei sich $\sum$ über das Zugband und die Hängestangen erstreckt. Für praktische Zwecke liefert jedoch auch hier die Gl. (90) befriedigende Resultate.

Kämpferdrucklinie. Der Schnittpunkt der beiden Kämpferdrücke infolge einer Einzellast P liegt auf der Richtungslinie dieser Kraft (vgl. S. 9). Im Falle lotrechter Lasten nennt man den geometrischen Ort dieser Schnittpunkte die *Kämpferdrucklinie.* Der Schnittpunkt der beiden Kämpferdrücke K_A und K_B mit der Richtungslinie der beliebig angenommenen lotrechten Last P sei mit O (Abb. 337)[1], dessen Abstand von der Sehne $A-B$ mit η bezeichnet. Wenn O ein

---

[1] In Abb. 337 lies η statt y als Abstand des Punktes O von $A-B$.

Punkt der Kämpferdrucklinie sein soll, so muß wegen $H_A = H_B = H$ die Beziehung bestehen:

$$A\,x_c - H\,y_c = 0\,;$$

woraus folgt:

$$y_c = \frac{A\,x_c}{H}\,.$$

Da aber

$$y_c = \eta\,\frac{x_c}{\xi}$$

ist, so wird

$$\frac{A\,x_c}{H} = \eta\,\frac{x_c}{\xi} \quad \text{oder} \quad \eta = \frac{A\,\xi}{H}\,.$$

Setzt man noch $A = \dfrac{P\,\xi'}{l}$, so wird

$$\eta = \frac{P\,\xi\,\xi'}{H\,l}\,.$$

Dieser Ausdruck stellt die Gleichung der Kämpferdrucklinie dar. Für parabelförmige Bögen kann nach (87) $H = \dfrac{3}{4}\,P\dfrac{\xi\,\xi'}{f\,l\,v}$ gesetzt werden. Nach Einführung dieses Wertes in die vorstehende Gleichung für η erhält man:

$$\eta = \tfrac{4}{3}\,f\,v\,.$$

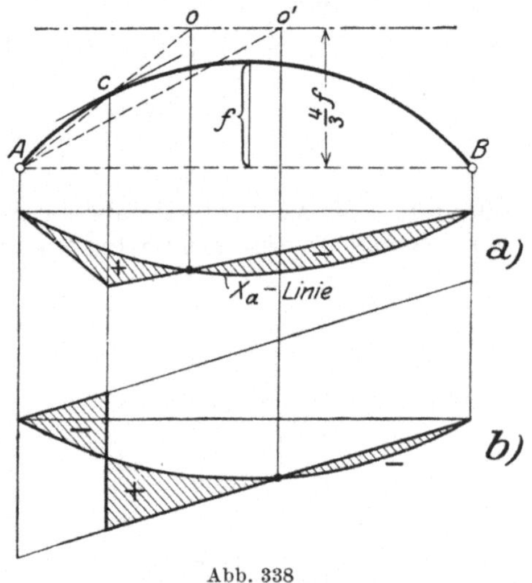

Abb. 338

Soll also für einen Bogen von der hier besprochenen Form die „Lastscheide" für das Moment M_c bestimmt werden (vgl. S. 60), so ziehe man die Gerade $A-c$ und bringe diese in O mit der im Abstand $\eta = \tfrac{4}{3}\,f\,v$ von $A-B$ gezogenen Parallelen zum Schnitt. Eine durch O gehende Last erzeugt das Moment $M_c = 0$, da K_a in bezug auf c keinen Hebelarm besitzt. Hat man die Einflußlinie für $X_a = H$ gefunden, so können mit Hilfe der Lastscheide auch schnell die Einflußlinien aller Momente aufgetragen werden (Abbildung 338a)[1]. In ähnlicher Weise bestimmt man die Lastscheide für die Querkraft, indem man zur Tangente in c die Parallele durch A zieht, welche die Kämpferdrucklinie in O' schneiden möge. Lotet man O' herunter, so ist mit Hilfe der X_a-Linie die Einflußlinie für Q_c festgesetzt (Abb. 338b; vgl. auch S. 61).

2. Der Fachwerkzweigelenkbogen

Abb. 339 zeigt einen Fachwerkbogen beliebiger Gestalt mit ungleich hohen Auflagern. Die Reaktionen in den Auflagergelenken mögen nach den Vertikalkomponenten A und B und den Horizontalkomponenten H_A und H_B zerlegt sein. Führt man nun den Schub H_B als statisch unbestimmte Größe X_a ein, so entsteht als statisch bestimmtes Hauptsystem ein Balken auf zwei Stützen $A-B$ von der Stützweite l. Den Zustand $X_a = 1$ zeigt Abb. 340. An der Stelle m entsteht das Moment

$$M_{ma} = -1\,y_m{'} + 1\,\mathrm{tg}\,\alpha\,x_m\,.$$

---

[1] In Abb. 338 lies $\dfrac{4}{3}\,f\,v$ statt $\dfrac{4}{3}\,f$.

Da aber

$$x_m \, \mathrm{tg}\,\alpha = y_m' - y_m,$$

so wird

$$M_{ma} = -1 \, y_m,$$

wobei y_m diejenige Strecke darstellt, welche auf der Senkrechten durch m zwischen m und der Bogensehne $A-B$ liegt.

Für $X_a = H_B$ gilt wieder die bekannte Beziehung

$$X_a = -\frac{\sum P_m \, \delta_{ma} + \delta_{at} - \sum (C_a \, c)}{\delta_{aa}}.$$

Liegen die Lager A und B gleich hoch, so wird $\alpha = 0$, $\mathrm{tg}\,\alpha = 0$ und $y' = y$.

Soll der Einfluß einer beliebigen ruhenden Belastung untersucht werden, so erhält man mit

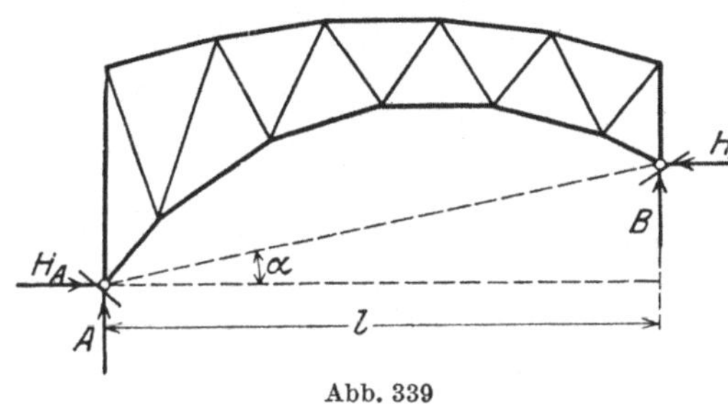

Abb. 339

$$E F_c \sum P_m \, \delta_{ma} = \sum S_0 S_a \, s \, \frac{F_c}{F}$$

und

$$E F_c \, \delta_{aa} = \sum S_a^2 \, s \, \frac{F_c}{F},$$

$$X_{aP} = -\frac{\sum S_0 S_a \, s \, \dfrac{F_c}{F}}{\sum S_a^2 \, s \, \dfrac{F_c}{F}},$$

wobei S_0 und S_a die bekannten Bedeutungen haben und F_c einen konstanten, im übrigen aber beliebigen Querschnitt darstellt. Gewöhnlich setzt man F_c gleich dem am häufigsten vorkommenden Gurtquerschnitt. Die Spannkräfte S ergeben sich aus der Beziehung:

$$S = S_0 + S_a X_a$$

und die Lagerkräfte

$$A = A_0 + X_a \, \mathrm{tg}\,\alpha,$$

$$B = B_0 - X_a \, \mathrm{tg}\,\alpha.$$

Handelt es sich um den Einfluß beweglicher Lasten, so führt die Benutzung der Einflußlinien am schnellsten zum Ziel. Der Einfluß einer über den Träger wandernden Last 1 auf X_a ist

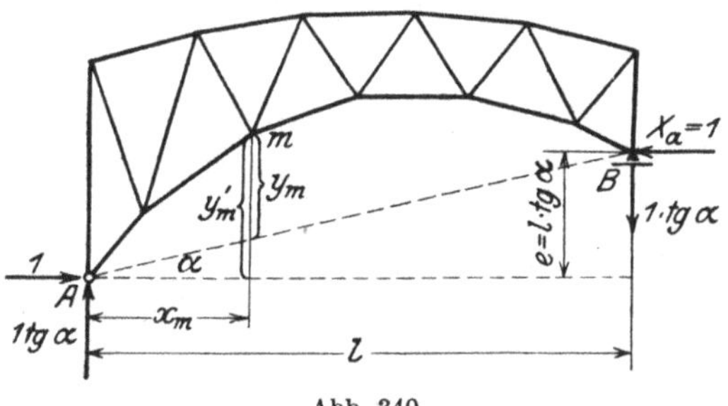

Abb. 340

$$X_{a(P-1)} = -\frac{1 \, \delta_{ma}}{\delta_{aa}}.$$

Die Einflußlinie für X_a ist also gleich der mit $-\dfrac{1}{\delta_{aa}}$ multiplizierten Biegungslinie des statisch bestimmten Hauptsystems infolge $X_a = 1$. Ihre Ermittlung erfolgt zweckmäßig mit Hilfe der W-Gewichte. Für diese gilt nach S. 142

$$E F_c W_m = \sum \overline{S} \, S_a \, s \, \frac{F_c}{F},$$ wobei $\overline{S}$ die virtuellen Spannkräfte infolge der „$\dfrac{1}{\lambda}$-Belastung" und S_a die Spannkräfte in den Stäben des statisch bestimmten Hauptsystems infolge des Zustandes $X_a = 1$ bedeuten. Letztere können entweder mit Hilfe eines Cremonaschen Kräfteplanes oder rechnerisch aus den Momenten $M_{ma} = -1 \, y_m$ gewonnen werden. (Über die Bestimmung der Spannkräfte $\overline{S}$ vgl. S. 141.)

Bei dem in Abb. 341 dargestellten System (*Sichelbogen* mit aufgeständerter Fahrbahn) greifen die Verkehrslasten am Obergurt an. Denkt man sich auch das gesamte Eigengewicht auf die Knotenpunkte des Obergurts verteilt, so genügt es, wenn die Biegungslinie dieses Gurtes bestimmt wird. Für die Ermittlung der W-Gewichte ist somit der stark ausgezogene Stabzug maßgebend.

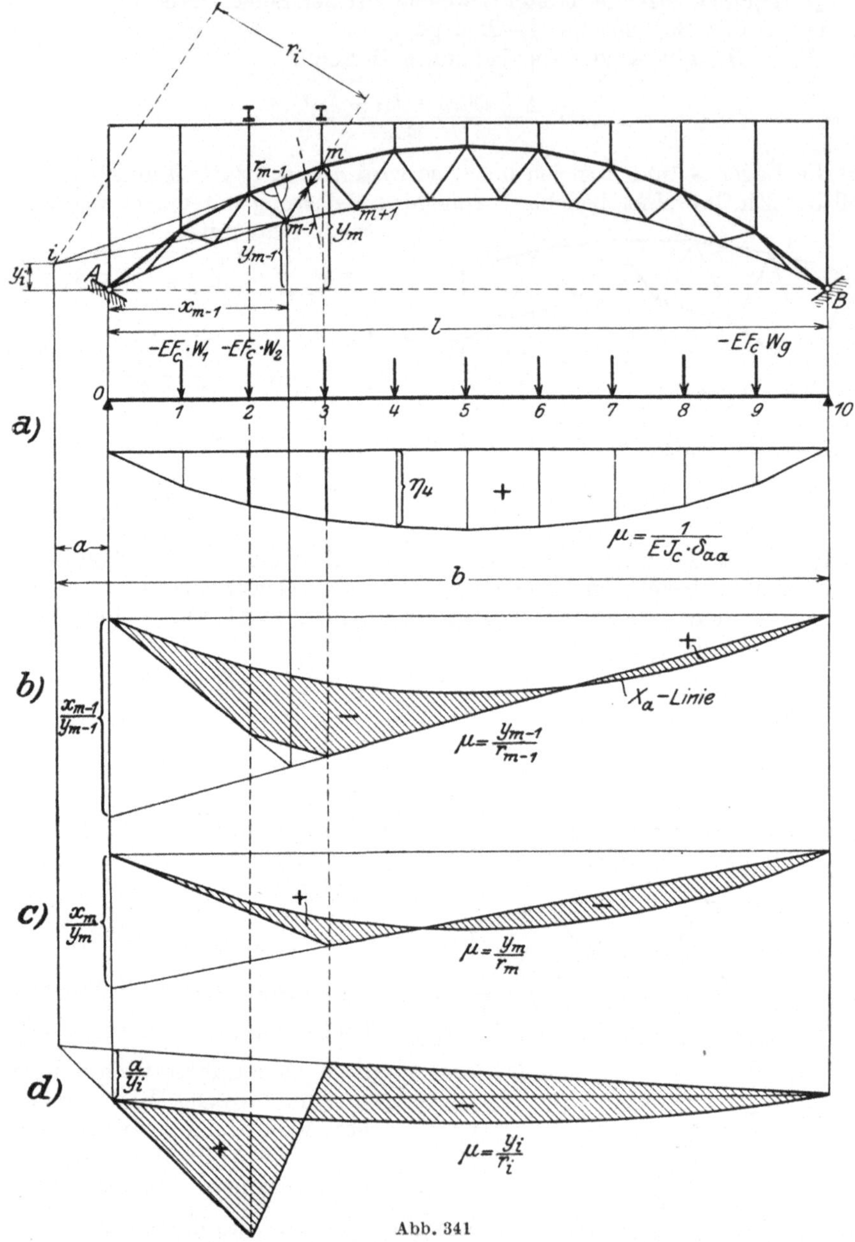

Abb. 341

Infolge $X_a = 1$ tritt eine Verschiebung der Knotenpunkte des Bogens nach oben ein, die W-Gewichte werden sich also negativ ergeben. Belastet man nun einen einfachen Balken $A-B$ von der Stützweite l mit den Gewichten $EF_c W_m$ und bestimmt die den Punkten m entsprechenden Biegungsmomente infolge dieser fiktiven Belastung, so stellen letztere die EF_c-fach zu großen Verschiebungswerte δ_{ma} dar. Statt dessen bestimmt man zweckmäßig die Momente des einfachen Balkens infolge der mit -1 multiplizierten Gewichte $EF_c W_m$ und erhält in dem so entstehenden Momentenpolygon direkt die Einflußlinie für X_a. Ihr Multiplikator ist $\dfrac{1}{EF_c \delta_{aa}} = \dfrac{1}{\sum S_a^2 s \dfrac{F_c}{F}}$ (Abb. 341 a).

Häufig genügt es, wenn für den ersten Rechnungsgang der Einfluß der Füllungsglieder bei der Berechnung der W-Gewichte außer acht gelassen und $\dfrac{F_c}{F}$ für die Gurte gleich 1 gesetzt wird. Im zweiten Rechnungsgang sind dann die gefundenen Querschnittsverhältnisse einzuführen.

Nachdem die Einflußlinie für X_a bekannt ist, können auch diejenigen für die Stabspannkräfte schnell aufgetragen werden. Aus der Beziehung

$$M_m = M_{m0} + M_{ma} X_a$$

folgt mit

$$M_{ma} = -1\, y_m,$$

$$M_m = y_m \left(\frac{M_{m0}}{y_m} - X_a \right).$$

Somit kann die Einflußfläche für das Moment am Knotenpunkt m dargestellt werden als Differenz der mit $\dfrac{1}{y_m}$ multiplizierten Einflußfläche für M_{m0} und der Einflußfläche für X_a. Ihr Multiplikator ist $\mu = y_m$. Beachtet man ferner die bekannten Beziehungen $O_m = -\dfrac{M_{m-1}}{r_{m-1}}$ und $U_{m+1} = \dfrac{M_m}{r_m}$ (Abb. 341), so können die Einflußlinien für die Gurtspannkräfte aus denjenigen für die Momente der zugehörigen Bezugspunkte abgeleitet werden. Abb. 341 b zeigt die Einflußlinie der Spannkraft O_m, Abb. 341 c diejenige für U_{m+1}. Zur Bestimmung der Einflußlinie für D_m geht man von der Beziehung aus:

$$D_m = D_{m0} + D_{ma} X_a.$$

D_{ma} wird bestimmt mit Hilfe der Momentengleichung um den Schnittpunkt i der Gurtstäbe O_m und U_{m+1}. Diese lautet:

$$-1\, y_i - D_{ma} r_i = 0,$$

woraus folgt:

$$D_{ma} = -\frac{y_i}{r_i},$$

wenn y_i die Ordinate des Punktes i in bezug auf die Sehne $A-B$ und r_i das Lot von i auf die Richtung des Stabes D_m angibt. Man erhält also

$$D_m = \frac{y_i}{r_i} \left(D_{m0} \frac{r_i}{y_i} - X_a \right).$$

Die Einflußfläche für D_m läßt sich somit darstellen als Differenz der mit $\dfrac{r_i}{y_i}$ multiplizierten Einflußfläche für D_{m0} und der Einflußfläche X_a. Ihr Multiplikator ist $\mu = \dfrac{y_i}{r_i}$. Die D_{m0}-Linie ergibt sich nach S. 74, indem man unter A die Größe $-\dfrac{a}{r_i}$ und unter B die Größe $\dfrac{b}{r_i}$ aufträgt, wobei a und b die Abstände des Punktes i von den Senkrechten durch A und B bedeuten. Da nun die D_{m0}-Fläche mit $\dfrac{r_i}{y_i}$ zu multiplizieren ist, so hat man hier unter A den Wert $-\dfrac{a}{y_i}$ und unter B den Wert $+\dfrac{b}{y_i}$ aufzutragen. Man kann aber auch die Bedingung benutzen, daß sich die durch die Strecken $-\dfrac{a}{y_i}$ und $+\dfrac{b}{y_i}$ festgelegten Geraden senkrecht unter dem Punkt i schneiden müssen. Subtrahiert man von der so gefundenen Einflußfläche diejenige für X_a, so erhält man schließlich die gesuchte Einflußfläche für D_m (Abb. 341 d).

In analoger Weise findet man die Einflußlinien für einen *Zwickelbogen* von der in Abb. 342 dargestellten Form. Genau genommen hat hier die Einflußlinie für X_a bei Belastung des Obergurtes unter A und B keine Nullpunkte,

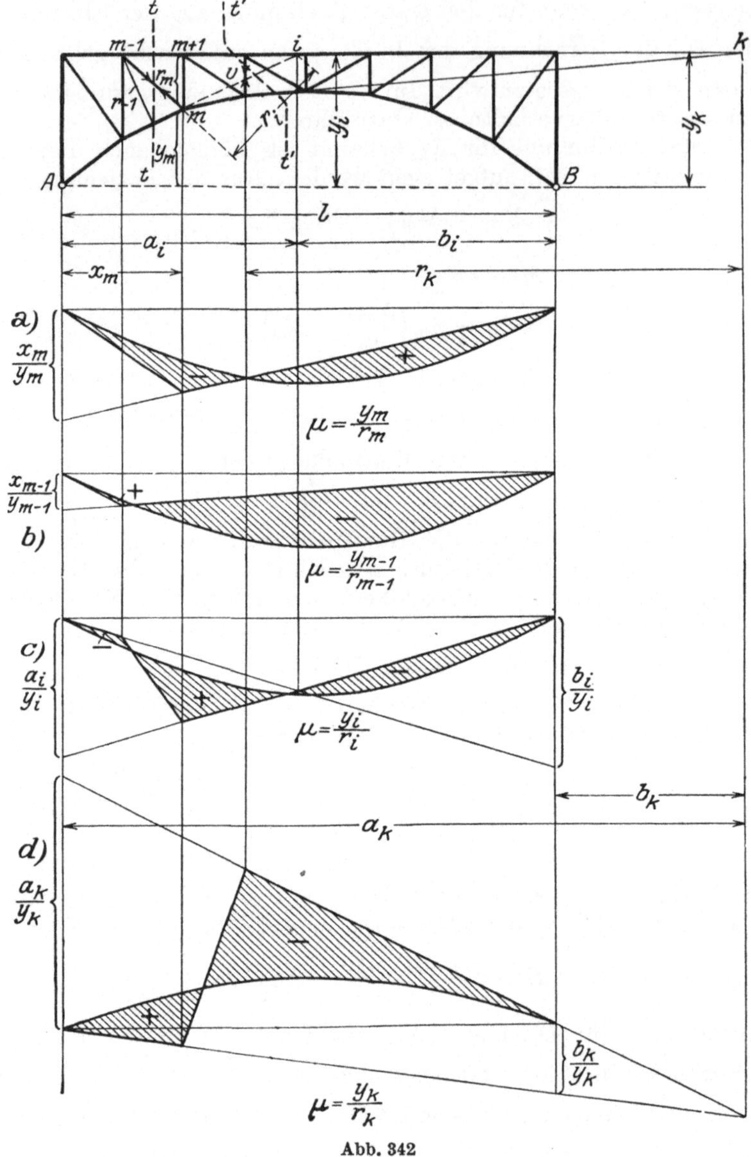

Abb. 342

da die oberen Endpunkte der beiden Endvertikalen infolge $X_a = 1$ eine aufwärts gerichtete Verschiebung von der Größe $\dfrac{V_{0a}\, v_0}{E\, F_v}$ erleiden, wenn V_{0a} die Spannkraft der Endvertikalen infolge $X_a = 1$, v_0 die Länge dieses Stabes und F_v dessen Querschnitt bedeuten. Die Ordinaten der Biegungslinie des Obergurtes müßten also sämtlich um den Wert $\dfrac{V_{0a}\, v_0}{E\, F_v}\left(\text{bzw. } V_{0a}\, v_0 \dfrac{F_c}{F_v}\right)$ vergrößert werden. Dieser

19*

Beitrag ist jedoch im allgemeinen unwesentlich und kann deshalb vernachlässigt werden.

Abb. 342a und b zeigen die Einflußlinien für die Spannkräfte O_{m+1} und U_m, die keiner weiteren Erläuterung bedürfen. Zur Bestimmung der Einflußlinie für D_m verfährt man genau wie beim Sichelträger, indem man zunächst D_{ma} ermittelt. Die Momentengleichung für den links vom Schnitt $t-t$ liegenden Trägerteil in bezug auf Punkt i liefert:

$$- D_{ma}\, r_i = 1\, y_i = 0\,,$$

woraus folgt:

$$D_{ma} = -\,\frac{y_i}{r_i}\,.$$

Damit wird

$$D_m = D_{m\,0} + D_{ma}\,X_a = \frac{y_i}{r_i}\Big(D_{m\,0}\,\frac{r_i}{y_i} - X_a\Big)\,.$$

Die mit $\frac{r_i}{y_i}$ multiplizierte Einflußfläche für $D_{m\,0}$ wird gefunden, indem man hier $+\,\frac{a_i}{r_i}\,\frac{r_i}{y_i}$ und $+\,\frac{b_i}{r_i}\,\frac{r_i}{y_i}$ unter A bzw. B aufträgt. Sie ist durchweg positiv. Subtrahiert man von ihr noch die Einflußfläche für X_a, so erhält man die gesuchte Einflußfläche für D_m. Ihr Multiplikator ist $\mu = \frac{y_i}{r_i}$ (Abb. 342c).

Abb. 342d zeigt die Einflußlinie für die Vertikale V. Für diese gilt:

$$V = V_0 + V_a\,X_a\,.$$

Aus der Momentengleichung für den linken Trägerteil in bezug auf den Punkt k ergibt sich:

$$V_a\,r_k - 1\,y_k = 0 \quad\text{oder}\quad V_a = \frac{y_k}{r_k}\,,$$

weshalb

$$V = \frac{y_k}{r_k}\Big(V_0\,\frac{r_k}{y_k} + X_a\Big)\,.$$

Die mit $\frac{r_k}{y_k}$ multiplizierte Einflußfläche für V_0 erhält man, indem man unter A den Wert $-\,\frac{a_k}{r_k}\,\frac{r_k}{y_k} = -\,\frac{a_k}{y_k}$ und unter B den Wert $+\,\frac{b_k}{y_k}$ aufträgt. Addiert man zu ihr die Einflußfläche für X_a, so ergibt sich als Summe beider die Einflußfläche für V, deren Multiplikator $\mu = \frac{y_k}{r_k}$ ist.

Der Einfluß der Temperatur auf X_a ist

$$X_{a_t} = -\,\frac{\delta_{at}}{\delta_{aa}} = -\,\frac{\sum S_a\,\varepsilon_t\,t\,s}{\sum S_a^2\,\varrho} = -\,\frac{E\,F_c\sum S_a\,\varepsilon_t\,t\,s}{\sum S_a^2\,s\,\dfrac{F_c}{F}}\,.$$

Ändert sich die Temperatur gleichmäßig für alle Stäbe um $t°$, so wird bei gleich hohen Lagern die Längenänderung der Sehne $A\,B$: $\varepsilon_t\,t\,l = -\,\delta_{at}$. Nach Einführung dieses Wertes in die vorstehende Gleichung ergibt sich

$$X_{a_t} = \frac{E\,F_c\,\varepsilon_t\,t\,l}{\sum S_a^2\,s\,\dfrac{F_c}{F}}\,.$$

Beim Zweigelenkbogen mit aufgehobenem Horizontalschub (Abb. 343) gestaltet sich die Untersuchung in ganz analoger Weise wie beim Bogen ohne Zugband. Als statisch unbestimmte Größe führt man gewöhnlich die Spannkraft im Zugband ein. Die Verschiebungsgröße $E\,F_c\,\delta_{aa}$ enthält hier auch den Beitrag des Zugbandes $\frac{1\,l\,F_c}{F_z}$, wenn F_z dessen Querschnitt bezeichnet. Im übrigen bleibt der Rechnungsgang der gleiche wie beim freien Zweigelenkbogen. Ist die Zugstange gesprengt, so liefern auch die Hängestangen einen Beitrag zu δ_{aa}, der indessen gewöhnlich vernachlässigt wird. (Wegen der Bestimmung der Momente M_a vgl. S. 286.)

Infolge einer gleichmäßigen Temperaturänderung ändern alle Stäbe des Fachwerks einschließlich des Zugbandes ihre Längen im gleichen Verhältnis, und die Trägerfigur bleibt wegen der statisch bestimmten Lagerung des Systems der ursprünglichen ähnlich. Die Formänderung ist für diesen Sonderfall zum Unterschied vom Zweigelenkbogen ohne Zugband eine freie und nicht wie dort eine gezwungene. Aus diesem Grunde können Temperaturspannungen nicht auftreten. Ändert sich jedoch die Temperatur des Zugbandes um t_1^0, die des Bogens und der Hängestangen um t_2^0, so wird:

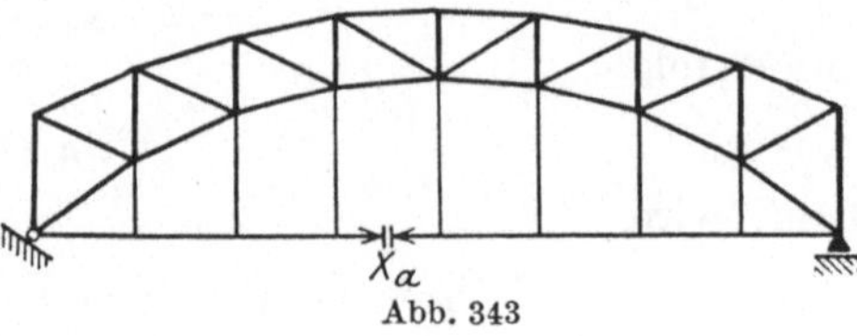

Abb. 343

$$X_{a_t} = -\frac{\delta_{at}}{\delta_{aa}} = -\frac{\sum S_a \, \varepsilon_t \, t_2 \, s + 1 \, \varepsilon_t \, l \, (t_1 - t_2)}{\delta_{aa}},$$

wobei die Summe $\sum$ sich über alle Stäbe des Systems einschließlich des Zugbandes erstreckt, also gleich Null wird. Es ergibt sich somit:

$$X_{a_t} = \frac{(t_2 - t_1) \, \varepsilon_t \, l}{\delta_{aa}} = \frac{E \, F_c \, (t_2 - t_1) \, \varepsilon_t \, l}{\sum S_a^2 \, s \, \dfrac{F_c}{F}}.$$

Die Summe $\sum$ im Nenner schließt auch das Zugband mit ein.

Dem einfachen Zweigelenkbogen eng verwandt ist der in Abb. 344 dargestellte Auslegerbogen mit festen Lagern bei A und B und verschieblichen

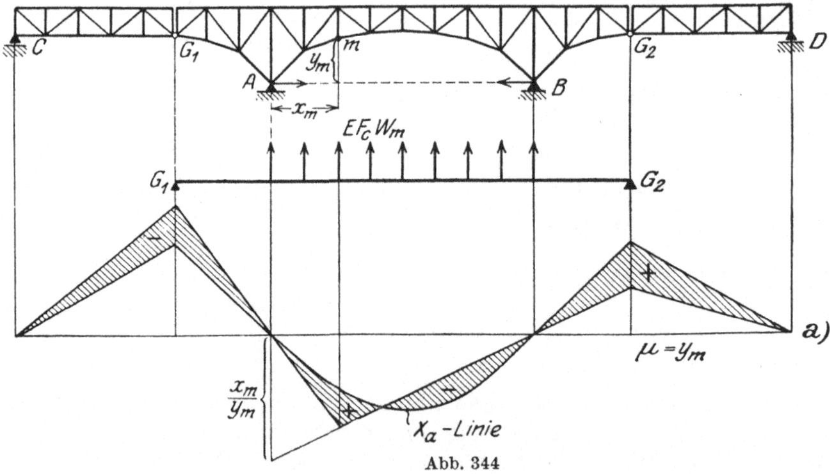

Abb. 344

Lagern bei C und D. In den Gelenkpunkten G_1 und G_2 sind die beiden Koppelträger CG_1 und DG_2 fest eingehängt. Das System ist einfach statisch unbestimmt. Als überzählige Größe X_a wird wieder der Horizontalschub H_B des Bogens eingeführt, so daß als statisch bestimmtes Hauptsystem ein *Gerberträger* entsteht. Die beiden Koppelträger sowie die Kragarme des Bogens sind vom Horizontalschub unabhängig. Die Einflußlinien für die Spannkräfte ihrer Stäbe können also in bekannter Weise gezeichnet werden.

Zur Bestimmung der Einflußlinie für X_a geht man in gleicher Weise vor wie beim einfachen Zweigelenkbogen. Nach Ermittlung der Gewichte $E F_c W_m$

belastet man mit diesen einen einfachen Balken von der Stützweite G_1—G_2 und berechnet die aus dieser fiktiven Belastung resultierenden Momente. Die Nullinie ergibt sich aus der Bedingung, daß den Lagern A und B Nullpunkte entsprechen müssen (vgl. die Bemerkung auf S. 291), womit die Biegungsordinaten infolge $X_a = 1$ festgelegt sind. Multipliziert man diese mit $-\dfrac{1}{E\,F_c\,\delta_{aa}}$, so erhält man die Ordinaten der Einflußlinie für X_a. Da die W-Gewichte für die Kragarme wegen $S_a = 0$ zu Null werden, so verläuft die Einflußlinie innerhalb dieser Kragarme geradlinig. Verbindet man schließlich die Endpunkte der Ordinaten unter G_1 und G_2 mit den Nullpunkten unter C und D, so ist die Einflußlinie für X_a vollständig festgelegt.

Für das Moment eines Knotenpunktes m des Mittelteiles $A\,B$ gilt

$$M_m = M_{m0} - X_a\,y_m = y_m\left(\frac{M_{m0}}{y_m} - X_a\right).$$

Die Einflußfläche für M_m kann also dargestellt werden als Differenz der mit $\dfrac{1}{y_m}$ multiplizierten Einflußfläche für M_{m0} und derjenigen für X_a. Ihr Multiplikator ist $\mu = y_m$ (Abb. 344a). Die Einflußlinien für die Stabspannkräfte des Mittelteiles erhält man nach vorstehenden Erläuterungen in gleicher Weise, wie dieses für den einfachen Zweigelenkbogen gezeigt ist.

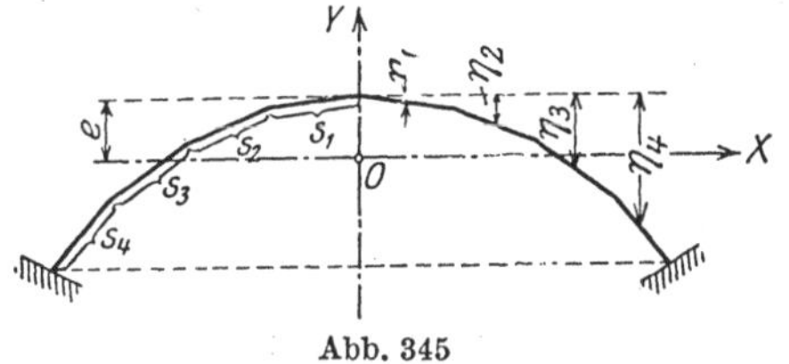

Abb. 345

Infolge einer Temperaturänderung wird

$$X_{a_t} = -\frac{\delta_{at}}{\delta_{aa}} = -\frac{E\,F_c\,\sum S_a\,\varepsilon_t\,t\,s}{\sum S_a^2\,s\,\dfrac{F_c}{F}}.$$

Da aber der Einfluß von $X_a = 1$ sich nur über den Bogen A—B erstreckt, so nimmt X_{a_t} den gleichen Wert an wie beim einfachen Bogen A—B. Ist also l die Stützweite des Mittelteiles, so wird bei gleichmäßiger Temperaturänderung aller Stäbe nach S. 292

$$X_{a_t} = \frac{E\,F_c\,\varepsilon_t\,t\,l}{\sum S_a^2\,s\,\dfrac{F_c}{F}}.$$

b) Der beiderseits eingespannte Bogen ohne Gelenke

1. Der Vollwandbogen

Der beiderseits eingespannte Bogen ohne Gelenke von beliebiger Gestalt kann nach den im Kap. 4 Absatz d) für den eingespannten Stabzug entwickelten allgemeinen Gesetzen behandelt werden, wobei es im allgemeinen zulässig ist, den Bogen durch eine hinreichende Anzahl kurzer Stäbe zu ersetzen. Dieses Verfahren empfiehlt sich immer dann, wenn das Trägheitsmoment J des Bogens zwischen dem Scheitel und den Kämpfern eine erhebliche Änderung erleidet. Für die im elastischen Schwerpunkt des Bogens angreifenden statisch unbestimmten Größen X_a, X_b, X_c gelten dann die Gln. (75) bzw. (76) S. 273.

Liegt ein zur Y-Achse symmetrischer Bogen vor, so ersetze man diesen durch einen gebrochenen Stabzug etwa von der in Abb. 345 dargestellten Form. Die Längen der einzelnen Stäbe s_1, s_2, s_3, s_4 werden so gewählt, daß für jeden von ihnen mit einem konstanten Trägheitsmoment J_1, J_2, J_3, J_4 gerechnet werden kann. Setzt man nun $J_4 = J_c$, so wird mit $s_n\dfrac{J_c}{J_n} = s_n'$ das „elastische Gewicht" des Trägers

$$G = 2\left(s_1' + s_2' + s_3' + s_4'\right).$$

Die Abstände der einzelnen Stabmitten von der durch den Scheitel gelegten Horizontalen seien mit η_1, η_2, η_3, η_4 bezeichnet. Dann bestimmt man die Lage des elastischen Schwerpunktes O mittels der Momentengleichung

$$G\,e = 2\,(s_1'\,\eta_1 + s_2'\,\eta_2 + s_3'\,\eta_3 + s_4\,\eta_4)\,,$$

woraus folgt:

$$e = \frac{(s_1'\,\eta_1 + s_2'\,\eta_2 + s_3'\,\eta_3 + s_4\,\eta_4)}{s_1' + s_2' + s_3' + s_4}\,.$$

Damit ist die X-Achse festgelegt. Die Trägheitsmomente T_x und T_y können mit Hilfe der Gln. (73) und (74) berechnet werden.

Die nachstehenden Untersuchungen sollen sich nur auf den symmetrischen Bogen mit wenig veränderlichem Trägheitsmoment erstrecken.

Der Einfluß gegebener Lasten P auf die statisch unbestimmten Größen wird, wenn O der elastische Schwerpunkt des Bogens ist (Abb. 346), allgemein durch die Gleichungen ausgedrückt:

$$X_a = -\,\frac{\sum P_m\,\delta_{ma}}{\delta_{aa}}\,; \qquad X_b = -\,\frac{\sum P_m\,\delta_{mb}}{\delta_{bb}}\,;$$

$$X_c = -\,\frac{\sum P_m\,\delta_{mc}}{\tau_{cc}}\,,$$

und zwar ist mit $ds = \dfrac{dx}{\cos\varphi}$ (Abb. 332a)

$$E\,J_c \sum P_m\,\delta_{ma} = \int M_0\,x\,\frac{J_c}{J}\,\frac{dx}{\cos\varphi}\,; \qquad E\,J_c \sum P_m\,\delta_{mb} = -\int M_0\,y\,\frac{J_c}{J}\,\frac{dx}{\cos\varphi}\,;$$

$$E\,J_c \sum P_m\,\delta_{mc} = \int M_0\,\frac{J_c}{J}\,\frac{dx}{\cos\varphi}\,.$$

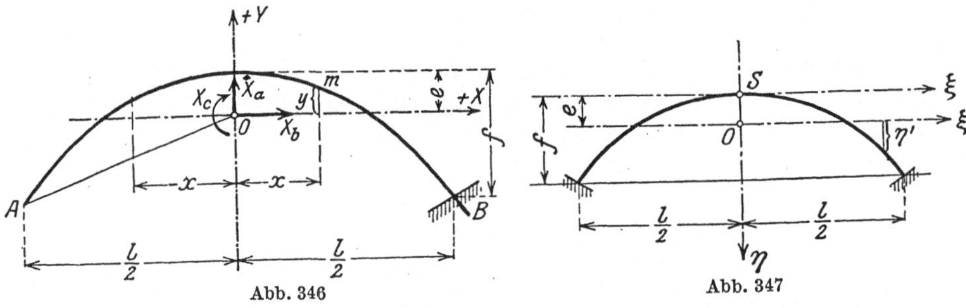

Abb. 346   Abb. 347

Bei der Berechnung der Verschiebungsgröße δ_{bb} empfiehlt es sich, den Einfluß der Längskraft zu berücksichtigen, und zwar wird näherungsweise $N_b = -1$ gesetzt. Dann ergibt sich:

$$E\,J_c\,\delta_{aa} = \int x^2\,\frac{J_c}{J}\,\frac{dx}{\cos\varphi}\,; \qquad E\,J_c\,\delta_{bb} = \int y^2\,\frac{J_c}{J}\,\frac{dx}{\cos\varphi} + 1\int \frac{J_c}{F}\,\frac{dx}{\cos\varphi}\,;$$

$$F\,J_c\,\tau_{cc} = \int \frac{J_c}{J}\,\frac{dx}{\cos\varphi}\,.$$

Wählt man nun wie beim Zweigelenkbogen für $J\cos\varphi$ bzw. $F\cos\varphi$ einen Mittelwert und setzt $J\cos\varphi = J_c$ und $F\cos\varphi = F_c$, so lauten die Bestimmungsgleichungen für die drei statisch unbestimmten Größen:

$$X_a = -\,\frac{\int M_0\,x\,dx}{\int x^2\,dx}\,; \qquad X_b = \frac{\int M_0\,y\,dx}{\int y^2\,dx + \dfrac{J_c}{F_c}\,l}\,; \qquad X_c = -\,\frac{\int M_0\,dx}{l}\,. \tag{91}$$

Für die weitere Untersuchung sei vorausgesetzt, der Bogen habe *Parabelform*. Aus der Scheitelgleichung der Parabel (Abb. 347)

$$\eta = \frac{\xi^2}{2\,p}$$

folgt mit $\xi = \dfrac{l}{2}$ und $\eta = f$

$$2\,p = \frac{l^2}{4\,f}, \qquad \text{weshalb} \qquad \eta = \frac{4\,f\,\xi^2}{l^2}\,.$$

Wird die ξ-Achse parallel um den Abstand e vom Scheitel verschoben, so ist

$$\eta' + e = \xi^2\,\frac{4\,f}{l^2}\,,$$

und die Gleichung der Bogenachse in bezug auf den Punkt O als Nullpunkt lautet jetzt mit $y = -\,\eta'$ und $x = \xi$ (Abb. 346):

$$y = e - x^2\,\frac{4\,f}{l^2}\,.$$

Ist O der elastische Schwerpunkt des Bogens, dann wird:

$$\delta_{bc} = 0 = \int \frac{M_b\,M_c\,ds}{E\,J}\,,$$

oder

$$0 = 2 \int\limits_0^{\frac{l}{2}} \frac{y\,dx}{J\cos\varphi} = 2 \int\limits_0^{\frac{l}{2}} \left(e - x^2\,\frac{4\,f}{l^2}\right) \frac{dx}{J\cos\varphi}\,.$$

Mit $J\cos\varphi = J_c$ (konstant) ergibt sich:

$$0 = e\,\frac{l}{2} - \frac{4\,f}{l^2}\,\frac{l^3}{24}\,,$$

woraus folgt

$$e = \frac{f}{3}$$

und somit

$$y = \frac{f}{3} - x^2\,\frac{4\,f}{l^2}\,. \tag{92}$$

Mit Hilfe dieses Wertes y findet man

$$\int y^2\,dx = 2 \int\limits_0^{\frac{l}{2}} \left(\frac{16\,f^2}{l^4}\,x^4 - \frac{8}{3}\,\frac{f^2}{l^2}\,x^2 + \frac{f^2}{9}\right) dx = \frac{4}{45}\,f^2\,l\,.$$

Ferner wird unabhängig von der Bogenform:

$$\int x^2\,dx = 2 \int\limits_0^{\frac{l}{2}} x^2\,dx = \frac{l^3}{12}\,.$$

Damit lauten die Gln. (91)

$$X_a = -\,\frac{12}{l^3} \int M_0\,x\,dx\,, \tag{93}$$

$$X_b = \frac{\int M_0\,y\,dx}{\dfrac{4}{45}\,f^2\,l + \dfrac{J_c}{F_c}\,l} = \frac{45\,k}{4\,f^2\,l} \int M_0\,y\,dx\,, \tag{94}$$

wo

$$k = \frac{1}{1 + \dfrac{J_c}{F_c}\,\dfrac{45}{4\,f^2}}\,, \tag{95}$$

$$X_c = -\,\frac{1}{l} \int M_0\,dx\,. \tag{96}$$

Mit Hilfe dieser Beziehungen lassen sich jetzt in einfacher Weise die Einflußlinien für X_a, X_b und X_c ableiten. Eine im Abstande b von der Senkrechten durch B stehende Last 1 erzeugt die aus Abb. 348 ersichtliche M_0-Fläche. Das in Gl. (93) auftretende Integral stellt das statische Moment der M_0-Fläche in bezug auf die Y-Achse dar. Man erhält somit als Einflußordinate des Punktes m für X_a

$$\eta_a = \frac{12}{l^3} \frac{1}{2} b^2 \left(\frac{l}{2} - \frac{b}{3}\right) = \frac{b^2}{l^3}(3\,l - 2\,b)$$

oder mit $a = l - b$

$$\eta_a = \frac{b^2}{l^3}(l + 2\,a) \, .$$

Das positive Vorzeichen ergibt sich, weil die M_0-Fläche negativ einzuführen ist. Zur Bestimmung der Einflußordinate für X_b wird zunächst der Wert $\int M_0\, y\, dx$ für die Laststellung 1 im Punkte m bestimmt. Man erhält mit $M_0 = -\,1\,(x - c)$, wenn c den Abstand der Last von der Y-Achse bedeutet:

$$\int M_0\, y\, dx = -\int_c^{\frac{l}{2}} (x - c)\, y\, dx \, .$$

Führt man für y den Wert (92) ein, so wird

$$\int M_0\, y\, dx = -\int_c^{\frac{l}{2}} \left(\frac{f\,x}{3} - x^3 \frac{4\,f}{l^2} - \right.$$
$$\left. - \frac{f\,c}{3} + x^2 \frac{4\,f\,c}{l^2}\right) dx$$
$$= \frac{f\,l^2}{48} - \frac{f\,c^2}{6}\left(1 - 2\,\frac{c^2}{l^2}\right),$$

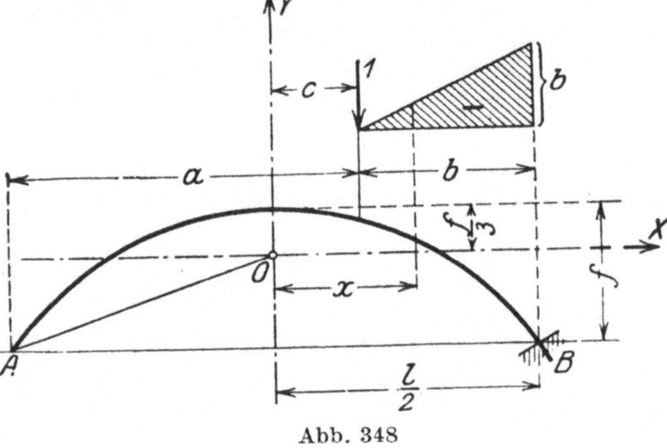

Abb. 348

woraus mit $c = a - \dfrac{l}{2}$ und $c^2 = a^2 - a\,l + \dfrac{l^2}{4} = \dfrac{l^2}{4} - a\,b$ nach einigen Umformungen folgt:

$$\int M_0\, y\, dx = \frac{a^2\, b^2\, f}{3\, l^2} \, .$$

Demnach ergibt sich als Einflußordinate für X_b nach (94)

$$\eta_b = \frac{15}{4} \frac{a^2\, b^2}{l^3\, f}\, k \, ,$$

wobei k durch (95) gegeben ist. Endlich findet man die Einflußordinate für X_c nach (96), indem man den Inhalt der negativen M_0-Fläche mit $-\dfrac{1}{l}$ multipliziert,

$$\eta_c = \frac{b^2}{2\,l} \, .$$

Die Einflußlinien für die drei statisch unbestimmten Größen sind in Abb. 349a bis c aufgetragen.

Für einen beliebigen Punkt m (Abb. 346) lautet das Moment

$$M = M_0 + X_a\, x - X_b\, y + X_c \, ,$$

wenn M_0 das Moment am statisch bestimmten Hauptsystem (bei B eingespannter Balken) bezeichnet.

Sind die Ordinaten der Einflußlinien für X_a, X_b und X_c ermittelt, so lassen sich aus ihnen mit Hilfe der vorstehenden Beziehung auch diejenigen für die

Momente ableiten. Für die Einspannungsmomente gilt

$$M_A = -\,X_a\,\frac{l}{2} + X_b\,\frac{2}{3}\,f + X_c$$

und

$$M_B = M_{B0} + X_a\,\frac{l}{2} + X_b\,\frac{2}{3}\,f + X_c\,.$$

Setzt man in diese Ausdrücke die für die Einflußordinaten der statisch unbestimmten Größen gefundenen Werte ein, so erhält man als Einflußordinate für M_A:

$$\eta_A = -\,\frac{b^2}{2\,l^2}\,(l + 2\,a) + \frac{5}{2}\,\frac{a^2\,b^2}{l^3}\,k + \frac{b^2}{2\,l} = \frac{a\,b^2}{l^2}\left(\frac{5}{2}\,\frac{a}{l}\,k - 1\right),$$

und entsprechend für M_B:

$$\eta_B = \frac{a^2\,b}{l^2}\left(\frac{5}{2}\,\frac{b}{l}\,k - 1\right).$$

Für die senkrechten Auflagerdrücke A und B ergibt sich:

$$A = X_a\,;$$

$$B = B_0 - X_a\,,$$

d. h. die statisch unbestimmte Größe X_a stellt direkt den Auflagerdruck A dar. Dessen Einflußlinie ist somit durch Abb. 349a gegeben. Diejenige für B ist das Spiegelbild der A-Linie. Man erkennt dieses, wenn man letztere von der B_0-Linie abzieht, welche durch ein Rechteck von der Höhe 1 dargestellt wird.

Die nach innen positiv angenommenen Schübe des Bogens bei A und B sind

$$H_A = X_b\,;$$

$$H_B = H_{B0} + X_b\,,$$

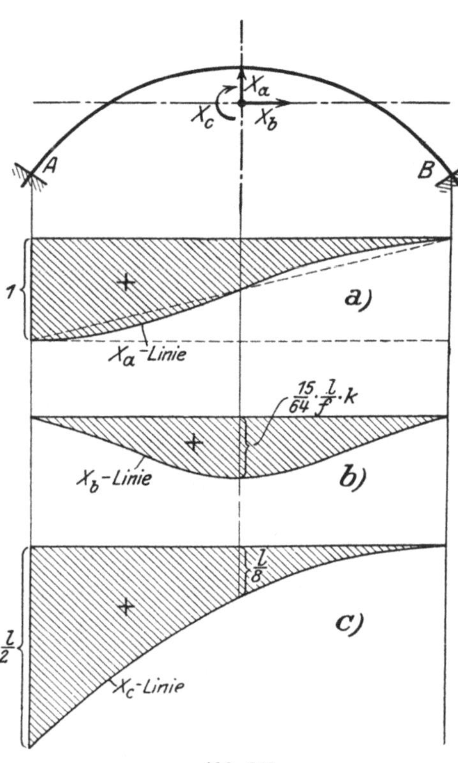

Abb. 349

wenn H_{B0} die horizontale Lagerkomponente bei B am statisch bestimmten Hauptsystem bedeutet, welche für senkrechte Lasten gleich Null ist. Die Einflußlinie für den Bogenschub H ist also durch Abb. 349b gegeben.

Wirkt auf den Bogen eine gleichmäßig verteilte Belastung p [kg/m], so erhält man durch Auswertung der Einflußflächen für die statisch unbestimmten Größen, wenn man hier als Veränderliche $b = \xi$ und $a = l - \xi$ setzt,

$$X_{a_p} = \frac{p}{l^3}\int_0^l (3\,\xi^2\,l - 2\,\xi^3)\,d\xi = \frac{p\,l}{2}\,;$$

$$X_{b_p} = \frac{15\,k\,p}{4\,l^3\,f}\int_0^l \xi^2\,(l - \xi)^2\,d\xi = \frac{l^2\,k}{8\,f}\,p\,;$$

$$X_{c_p} = \frac{p}{2\,l}\int_0^l \xi^2\,d\xi = \frac{p\,l^2}{6}\,.$$

Demnach wird

$$A = B = \frac{p\,l}{2}\,; \qquad H = \frac{k\,l^2\,p}{8\,f}\,;$$

$$M_A = M_B = -\,X_a\frac{l}{2} + X_b\frac{2}{3}f + X_c = \frac{p\,l^2}{12}\,(k-1)\,.$$

Der Einfluß einer gleichmäßigen Temperaturänderung des Bogens auf die statisch unbestimmten Größen ergibt sich aus den drei Gleichungen:

$$X_{a_t} = -\,\frac{\delta_{a\,t}}{\delta_{a\,a}}\,; \qquad X_{b_t} = -\,\frac{\delta_{b\,t}}{\delta_{b\,b}}\,; \qquad X_{c_t} = -\,\frac{\tau_{c\,t}}{\tau_{e\,c}}\,.$$

Da aber — wie ersichtlich — $\delta_{a\,t} = \tau_{c\,t} = 0$ ist, so werden auch $X_{a\,t}$ und $X_{c\,t}$ gleich Null. Infolge $X_b = 1$ entsteht im Bogen die Längskraft $N_b = -\,1\cos\varphi$. Man erhält also mit $\dfrac{dx}{\cos\varphi} = ds$

$$\delta_{b\,t} = \int N_b\,\varepsilon_t\,t\,ds = -\,\varepsilon_t\,t\int_0^l dx = -\,\varepsilon_t\,t\,l$$

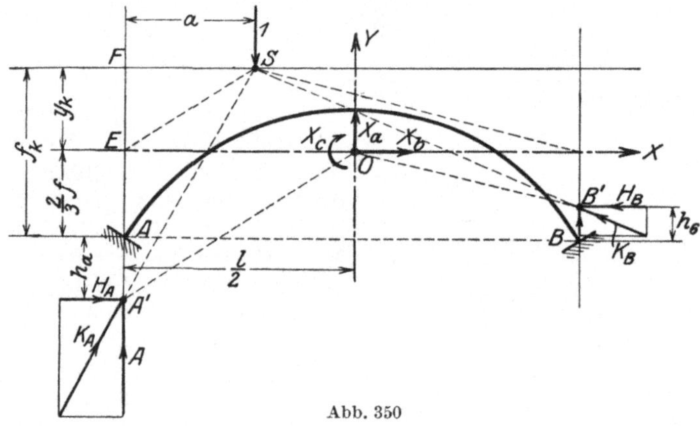

Abb. 350

und somit

$$X_{b_t} = \frac{\varepsilon_t\,t\,l}{\delta_{b\,b}} = \frac{E\,J_c\,\varepsilon_t\,t\,l}{\dfrac{4}{45}f^2\,l + \dfrac{J_c}{F_c}\,l} = \frac{45\,k}{4\,f^2}\,E\,J_c\,\varepsilon_t\,t\,.$$

Die Einspannungsmomente nehmen dann den Wert an

$$M_{A_t} = M_{B_t} = X_{b_t}\frac{2}{3}f = \frac{15\,k}{2\,f}\,E\,J_c\,\varepsilon_t\,t\,,$$

und an einer beliebigen Stelle m lautet das Moment

$$M_{m_t} = -\,X_{b_t}\,y\,.$$

Die beiden Kämpferdrücke K_A und K_B (Abb. 350) gehen beim beiderseits eingespannten Bogen ohne Gelenke nicht durch die Punkte A und B, sondern schneiden die Auflagersenkrechten in den Abständen

$$h_a = \frac{M_A}{H} \qquad \text{bzw.} \qquad h_b = \frac{M_B}{H}\,,$$

wobei die Momente mit ihren Vorzeichen einzusetzen sind. Positive h liegen oberhalb, negative unterhalb der Sehne $A-B$.

Wirkt auf den Bogen im Abstand a von der Senkrechten durch A die Last $P = 1$, so liegt der Schnittpunkt S der beiden Kämpferdrücke auf der Kraftlinie dieser Last, da die drei Kräfte sich gegenseitig das Gleichgewicht halten müssen. Der geometrische Ort für die Schnittpunkte der Kämpferdrücke infolge verschiedener Laststellungen ist die *Kämpferdrucklinie*. Soll der im Abstand y_k von der X-Achse liegende Punkt S ein Punkt der Kämpferdrucklinie sein, so muß bei der gegebenen Laststellung der Kämpferdruck K_A durch S gehen, d. h. das Moment in bezug auf diesen Punkt muß gleich Null werden. Man erhält also:

$$- X_a \left(\frac{l}{2} - a\right) - X_b\, y_k + X_c = 0$$

oder

$$y_k = \frac{- X_a \left(\dfrac{l}{2} - a\right) + X_c}{X_b}.$$

Führt man in die vorstehende Gleichung die dem Punkte S entsprechenden Einflußordinaten für X_a, X_b, X_c ein, so ergibt sich:

$$y_k = \frac{4}{15} \frac{l^3 f}{a^2 b^2 k} \left[\frac{a\, b^2}{l^3} (l + 2\,a) - \frac{b^2}{2\, l^2} (l + 2\,a) + \frac{b^2}{2\, l}\right],$$

woraus nach einigen Vereinfachungen folgt:

$$y_k = \frac{8}{15} \frac{f}{k}.$$

Die Kämpferdrucklinie ist also eine Gerade, die im Abstande y_k parallel zur X-Achse bzw. im Abstande $f_k = \dfrac{2}{3} f \left(1 + \dfrac{4}{5\, k}\right)$ parallel zur Bogensehne $A - B$ läuft. Sie leistet bei der zeichnerischen Ermittlung der Kämpferdrücke gute Dienste. Die beiden Komponenten des Kämpferdruckes K_A sind der Horizontalschub H und der senkrechte Lagerdruck A. Nun besteht zwischen den Strecken a und $f_k + h_a$ einerseits sowie den Komponenten H und A andererseits die geometrische Beziehung

$$\frac{f_k + h_a}{a} = \frac{A}{H}.$$

Führt man in die vorstehende Beziehung die für A und H bei der betrachteten Belastung (Last 1 im Punkte S) geltenden Einflußordinaten ein, so ergibt sich

$$f_k + h_a = \frac{(l + 2\,a)\, 4\, f}{15\, a^2\, k}\, a$$

oder mit

$$f_k = \frac{2}{3} f + \frac{8}{15} \frac{f}{k}$$

$$\frac{2}{3} f + h_a = \frac{(l + 2\,a)\, 4\, f}{15\, a\, k} - \frac{8}{15} \frac{f}{k} = \frac{4\, l f}{15\, a\, k} = \frac{\dfrac{l}{2}\, y_k}{a}.$$

Man findet somit die einfache Beziehung

$$\frac{\dfrac{2}{3} f + h_a}{\dfrac{l}{2}} = \frac{y_k}{a},$$

welche aussagt, daß die beiden rechtwinkligen Dreiecke EFS und $A'EO$ ähnlich sind. Die Gerade ES ist also zur Geraden $A'O$ parallel. Da erstere durch die Kämpferdrucklinie für jede Laststellung bekannt ist, so liefert die durch O zu ihr gezogene Parallele den Punkt A', in welchem der Kämpferdruck K_A die Senkrechte durch A schneidet. Somit ist die Lage von K_A durch die Punkte A' und S festgelegt. In ganz analoger Weise wird die Lage von K_B gefunden. Die Zerlegung der Last 1 in S nach diesen beiden Richtungen liefert schließlich die gesuchten Kämpferdrücke. Für jede andere Lage des Punktes S ergeben sich andere Kämpferdrücke K_A und K_B und andere Schnittpunkte A' bzw. B'. Die Kämpferdrücke umhüllen eine Kurve, die sogenannte *Kämpferdruckumhüllungslinie*, welche durch den Schwerpunkt O des Bogens geht und dort in der X-Achse eine Tangente besitzt. Diese Linie kann gezeichnet werden, indem man nach dem oben beschriebenen Verfahren für verschiedene Laststellungen die Lagen der Kämpferdrücke ermittelt und zu diesen Geraden als Tangenten die zugehörige Kurve zeichnet. Nachdem diese gefunden ist, können die Kämpferdrücke für jede beliebige Laststellung auf zeichnerischem Wege bestimmt werden[1].

Die vorstehend für X_a, X_b, X_c entwickelten Formeln und die aus ihnen für die übrigen statischen Größen abgeleiteten Ausdrücke liefern nur dann befriedigende Ergebnisse, wenn mit hinreichender Annäherung $J \cos \varphi$ als konstant angesehen werden kann, eine Annahme, die bei den meisten praktischen Ausführungen nicht zutrifft, da das Trägheitsmoment des eingespannten Bogens vom Scheitel nach den Kämpfern hin stark zunimmt. In diesem Falle liefern die vorstehenden Formeln nur Überschlagswerte und bedürfen einer genaueren Nachprüfung (vgl. S. 295).

2. Der Fachwerkbogen

Die Untersuchung des beiderseits eingespannten Fachwerkbogens wird zweckmäßig nach dem im Kap. 6 des fünften Abschnittes besprochenen Verfahren durchgeführt, welches hier für den symmetrischen Bogen im Prinzip angedeutet werden soll.

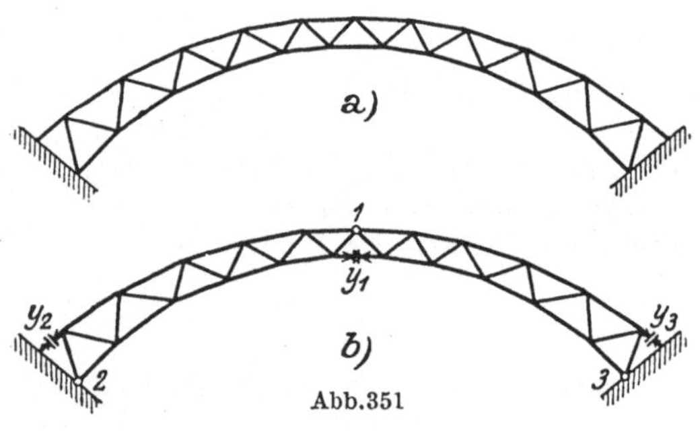

Der in Abb. 351a dargestellte Bogenträger ist dreifach statisch unbestimmt. Als statisch bestimmtes Hauptsystem wähle man den symmetrischen Dreigelenkbogen, führe die Spannkräfte der den Gelenken gegenüberliegenden Stäbe als statisch unbestimmte Einzelwirkungen Y_1, Y_2, Y_3 ein (Abb. 351b) und stelle diese als Funktionen der Belastungen X_a, X_b, X_c in der Form dar:

$$Y_1 = X_a\,Y_{1a} + X_b\,Y_{1b} + X_c\,Y_{1c}$$
$$Y_2 = X_a\,Y_{2a} + X_b\,Y_{2b} + X_c\,Y_{2c} \left.\right\} \qquad (97)$$
$$Y_3 = X_a\,Y_{3a} + X_b\,Y_{3b} + X_c\,Y_{3c}$$

Als willkürliche Gruppenlasten werden eingeführt:

$$Y_{1a} = 1; \quad Y_{2a} = Y_{3a} = 0; \quad Y_{2b} = Y_{3b} = 1; \quad Y_{3c} = -1.$$

Damit ist zunächst der Zustand $X_a = 1$ festgelegt (Abb. 352a). Infolge der bestehenden Symmetrie wird $\delta_{2a} = \delta_{3a}$. Zur Bestimmung der Gruppenlast Y_{1b} schreibe man die Bedingung an:

$$\delta_{ba} = 0 = Y_{1b}\,\delta_{1a} + Y_{2b}\,\delta_{2a} + Y_{3b}\,\delta_{3a},$$

woraus wegen $Y_{2b} = Y_{3b} = 1$ und $\delta_{2a} = \delta_{3a}$ folgt:

$$Y_{1b} = -\frac{2\,\delta_{2a}}{\delta_{1a}} = \nu.$$

Die Berechnung von Y_{1b} macht also die Ermittlung der Verschiebungen δ_{2a} und δ_{1a} erforderlich. Nun ist

$$\delta_{aa} = Y_{1a}\,\delta_{1a} + Y_{2a}\,\delta_{2a} + Y_{3a}\,\delta_{3a} :$$

---

[1] Müller-Breslau, H.: Stat. d. Baukonstr. Bd. 2 Abt. 2 S. 563, 570. Leipzig 1908.

oder wegen $Y_{1a} = 1$, $Y_{2a} = Y_{3a} = 0$

$$\delta_{aa} = \delta_{1a} = \sum S_a^2 \varrho \quad \text{und} \quad E F_c \delta_{aa} = \sum S_a^2 s \frac{F_c}{F}.$$

Ferner wird

$$\delta_{2a} = \sum \overline{S}_2 S_a \varrho \quad \text{bzw.} \quad E F_c \delta_{2a} = \sum \overline{S}_2 S_a s \frac{F_c}{F},$$

wenn $\overline{S}_2$ die Spannkräfte des statisch bestimmten Hauptsystems infolge $Y_2 = 1$ und S_a diejenigen infolge des Zustandes $X_a = 1$ bedeuten. Demnach wird:

$$Y_{1b} = -2 \frac{\sum \overline{S}_2 S_a s \dfrac{F_c}{F}}{\sum S_a^2 s \dfrac{F_c}{F}} = \nu.$$

Im ersten Rechnungsgang kann der Beitrag der Füllungsstäbe zu den vorstehenden Summen vernachlässigt werden. Da bei größeren Pfeilhöhen die Gurtquerschnitte vom Scheitel zu den Kämpfern hin ziemlich stark wachsen, so empfiehlt es sich, diese Unterschiede schätzungsweise zu berücksichtigen.

Eine spätere Kontrollrechnung mit den gewählten Querschnitten ist erforderlich.

Hat man Y_{1b} berechnet, so sind alle drei Gruppenlasten des Zustandes $X_b = 1$ bekannt (Abb. 352b). Dieser liefert

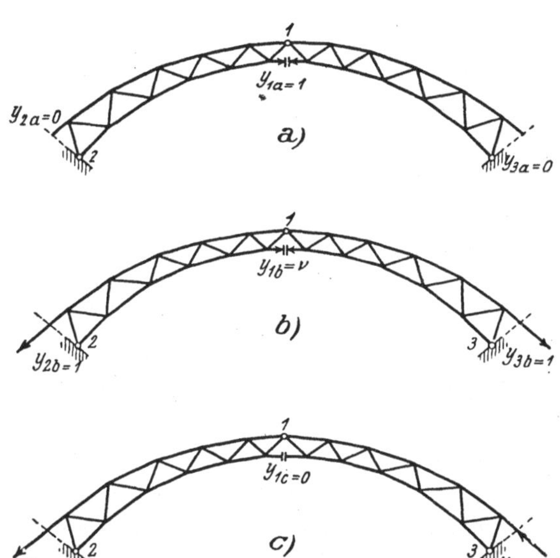

Abb. 352

$$E F_c \delta_{bb} = \sum S_b^2 s \frac{F_c}{F}.$$

Die beiden noch fehlenden Gruppenlasten des Zustandes $X_c = 1$ erhält man aus den Bedingungen $\delta_{cb} = 0$ und $\delta_{ca} = 0$. Die erste liefert:

$$\delta_{cb} = 0 = Y_{1c} \delta_{1b} + \\ + Y_{2c} \delta_{2b} + Y_{3c} \delta_{3b}.$$

Beachtet man, daß wegen $\delta_{ab} = 0$ auch $\delta_{1b} = 0$ und $\delta_{2b} = \delta_{3b}$ wegen der Symmetrie des Zustandes $X_b = 1$ ist, so geht obige Gleichung mit $Y_{3c} = -1$ über in:

$$0 = Y_{2c} \delta_{2b} - 1 \delta_{2b},$$

woraus folgt

$$Y_{2c} = 1.$$

Die Bedingung $\delta_{ca} = 0$ liefert schließlich:

$$\delta_{ca} = 0 = Y_{1c} \delta_{1a} + Y_{2c} \delta_{2a} + Y_{3c} \delta_{3a},$$

oder wegen $\delta_{2a} = \delta_{3a}$ und $Y_{2c} = -Y_{3c}$

$$Y_{1c} = 0.$$

Somit ist auch der Zustand $X_c = 1$ festgelegt (Abb. 352c). Er liefert:

$$E F_c \delta_{cc} = \sum S_c^2 s \frac{F_c}{F}.$$

Die Gruppenlasten sind in nachstehendem Schema noch einmal zusammengestellt.

	X_a	X_b	X_c
Y_1	1	v	0
Y_2	0	1	1
Y_3	0	1	-1

Nunmehr wird

$$X_a = - \frac{\varSigma\, P_m\, \delta_{ma} + \delta_{at} - \varSigma\, (C_a\, c)}{\delta_{aa}},$$

$$X_b = - \frac{\varSigma\, P_m\, \delta_{mb} + \delta_{bt} - \varSigma\, (C_b\, c)}{\delta_{bb}},$$

$$X_c = - \frac{\varSigma\, P_m\, \delta_{mc} + \delta_{ct} - \varSigma\, (C_c\, c)}{\delta_{cc}}.$$

Mit Hilfe dieser Beziehungen läßt sich der Einfluß einer ruhenden Belastung sowie der Einfluß einer Temperaturänderung oder Lagerverschiebung auf X_a, X_b, X_c in bekannter Weise ermitteln. Um die Einflußlinien zu finden, braucht man nur die Biegungslinien der Zustände $X_a = 1$, $X_b = 1$, $X_c = 1$ zu bestimmen und diesen die Multiplikatoren $\mu_a = -\dfrac{1}{\delta_{aa}}$, $\mu_b = -\dfrac{1}{\delta_{bb}}$, $\mu_c = -\dfrac{1}{\delta_{cc}}$ beizulegen.

Für die statisch unbestimmten Einzelwirkungen erhält man nach Einführung der Gruppenlasten in die Gln. (97)

$$Y_1 = X_a + v\, X_b,$$
$$Y_2 = X_b + X_c,$$
$$Y_3 = X_b - X_c.$$

und für eine beliebige Stabspannkraft:

$$S = S_0 + S_a\, X_a + S_b\, X_b + S_c\, X_c.$$

Hat man also die Einflußlinien für X_a, X_b, X_c gefunden, so können mit Hilfe vorstehender Bedingungen auch diejenigen aller Spannkräfte des Bogens aufgetragen werden.

6. Durch einen einfachen Balken versteifte Gelenkbögen und Ketten

a) Langerscher Balken

Der in Abb. 353 dargestellte LANGERsche[1] Balken besteht aus einem durch einen einfachen Fachwerkbalken versteiften Stabbogen und ist einfach statisch unbestimmt. Als statisch unbestimmte Größe X_a möge die zunächst positiv

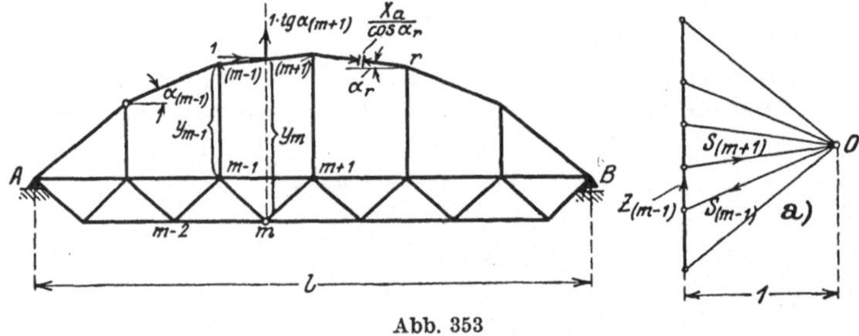

Abb. 353

angenommene Horizontalkomponente der Spannkraft des Bogens eingeführt werden. Das statisch bestimmte Hauptsystem besteht dann aus einem einfachen Balken $A-B$, an dessen Obergurt weitere Knotenpunkte zweistäbig angeschlossen sind. Zur Berechnung von X_a steht die bekannte Elastizitätsgleichung

$$X_a = - \frac{\varSigma\, P_m\, \delta_{ma} + \delta_{at} - \varSigma\, (C_a\, c)}{\delta_{aa}}$$

---

[1] Nach dem österreichischen Ingenieur LANGER, der diese Trägerart zuerst vorgeschlagen hat.

zur Verfügung, und zwar erstreckt sich $\delta_{aa} = \sum S_a^2\, \varrho$ über sämtliche Stäbe des Balkens und des Bogens sowie über die Hängestangen. Die Spannkräfte S_a des Bogens und der Hängestangen findet man, indem man durch einen Punkt O zu den Bogenstäben Parallele zieht und das so entstehende Strahlenbüschel durch eine im Abstande 1 von O gelegte Senkrechte schneidet (Abb. 353a). Dann geben die Strahlen die Spannkräfte S_a der Bogenstäbe, die Teilstrecken der Senkrechten diejenigen der Hängestangen an. Für den Bogen werden sämtliche S_a positiv, für die Hängestangen dagegen negativ. Bezeichnen $\alpha_{(m-1)}$ und $\alpha_{(m+1)}$ die Neigungswinkel der Bogenstäbe $S_{(m-1)}$ und $S_{(m+1)}$, so wird

$$S_{(m-1)\,a} = \frac{1}{\cos\alpha_{(m-1)}}\;; \qquad S_{(m+1)\,a} = \frac{1}{\cos\alpha_{(m+1)}}\;; \tag{98}$$

$$Z_{(m-1)\,a} = -\,1\,(\operatorname{tg}\alpha_{(m-1)} - \operatorname{tg}\alpha_{(m+1)})\,, \tag{99}$$

wenn $Z_{(m-1)}$ die Spannkraft der durch den Punkt $(m-1)$ des Bogens gehenden Hängestange angibt.

Die Spannkräfte S_a in den Stäben des Versteifungsträgers können entweder mit Hilfe eines Cremonaplanes ermittelt werden, indem man den Balken mit

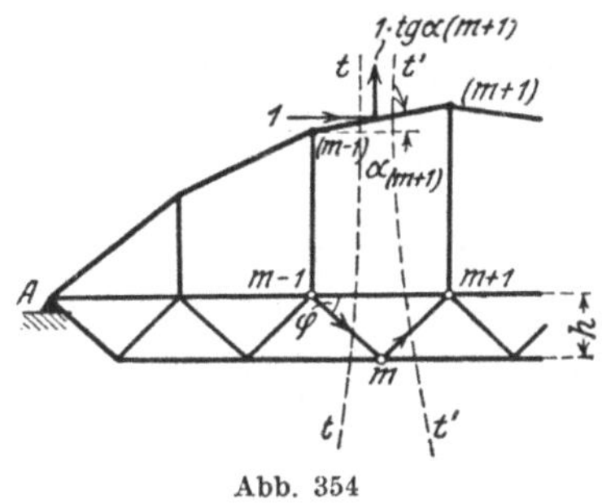

Abb. 354

den vorstehenden Spannkräften der Hängestangen und äußersten Bogenstäbe belastet, besser aber bestimmt man sie rechnerisch. Infolge $X_a = 1$ treten — wie man sich leicht überzeugt — am statisch bestimmten Hauptsystem keine Lagerkräfte auf. Für einen beliebigen Punkt m des parallelen Versteifungsträgers von der Höhe h wird somit das Moment infolge $X_a = 1$ $M_{m\,a} = 1\, y_m$, wenn y_m den senkrechten Abstand des Punktes m von der Bogenachse bezeichnet. Allgemein erhält man demnach für die Obergurtstäbe des Versteifungsträgers $O_a = -\dfrac{y}{h}$, für die Untergurtstäbe $U_a = +\dfrac{y}{h}$, wobei jeweils die dem zugehörigen Bezugspunkt entsprechende Ordinate y einzuführen ist. Legt man einen Schnitt $t-t$ durch das System zwischen den Punkten $m-1$ und m, dann liefert die Bedingung $\sum V = 0$ (Abb. 354)

$$1\,\operatorname{tg}\alpha_{(m+1)} - D_{m\,a}\sin\varphi = 0$$

oder

$$D_{m\,a} = 1\,\frac{\operatorname{tg}\alpha_{(m+1)}}{\sin\varphi}\,,$$

wenn φ den für alle D-Stäbe gleich großen Neigungswinkel gegen die Horizontale bezeichnet. In gleicher Weise erhält man für den Schnitt $t'-t'$:

$$1\,\operatorname{tg}\alpha_{(m+1)} + D_{(m+1)\,a}\sin\varphi = 0$$

oder

$$D_{(m+1)\,a} = -\,1\,\frac{\operatorname{tg}\alpha_{(m+1)}}{\sin\varphi} = -\,D_{m\,a}\,.$$

Somit können alle Spannkräfte S_a schnell gefunden werden.

Der Einfluß einer am Obergurt des Versteifungsträgers angreifenden Last 1 auf X_a ist:

$$X_{a\,(P=1)} = -\,\frac{1\,\delta_{m\,a}}{\delta_{a\,a}}\,.$$

Zur Ermittlung der Einflußlinie für X_a berechnet man in bekannter Weise die Gewichte $EF_c\,W_m = \sum \overline{S}\,S_a\,s\dfrac{F_c}{F}$, belastet mit ihnen den einfachen Balken

$A-B$ und bestimmt die Momente für die Knotenpunkte des Obergurtes infolge dieser fiktiven Belastung, welche mit

$$-\frac{1}{E\,F_c\,\delta_{aa}} = -\frac{1}{\sum S_a^2\,s\,\dfrac{F_c}{F}}$$

multipliziert die Ordinaten der Einflußlinie liefern. Die Biegungslinie des Obergurtes infolge $X_a = 1$ hat, wie man sich leicht überzeugt, positive Ordinaten, diejenigen der Einflußlinie für X_a werden also negativ, d. h. X_a wird eine Druckkraft (Abb. 355 a). Durch die Einflußlinie für X_a sind auch diejenigen für die Hängestangen und die Stäbe der Bogengurtung gegeben. Für diese gilt bei Belastung des Versteifungsträgers $S = S_a\,X_a$, wobei S_a aus (98) bzw. (99) zu entnehmen ist.

Das Moment am Knoten m wird

$$M_m = M_{m0} + M_{ma}\,X_a$$

oder mit

$$M_{ma} = 1\,y_m\,,$$
$$M_m = y_m\left(\frac{M_{m0}}{y_m} + X_a\right).$$

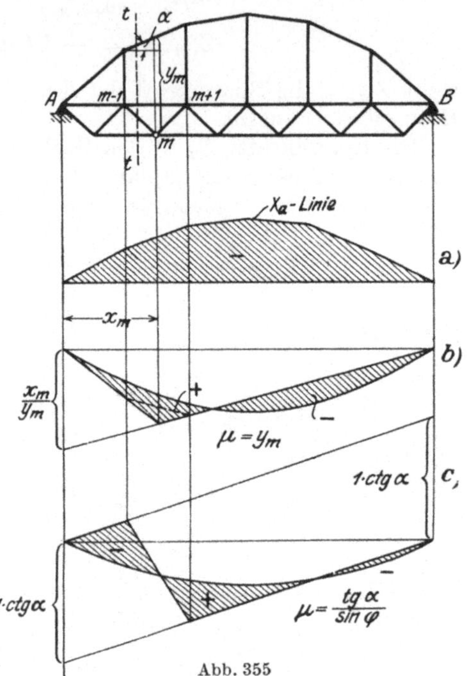

Abb. 355

Die Einflußlinie für M_m kann mittels vorstehender Beziehung aufgetragen werden (Abb. 355 b). Sie ist zugleich Einflußlinie des Obergurtstabes O_{m+1}, wenn man ihr statt $\mu = y_m$ den Multiplikator $\mu = -\dfrac{y_m}{h}$ beilegt und beachtet, daß die Einflußlinie für O_{m+1} im Feld $(m-1)-(m+1)$ geradlinig verläuft, denn für den links vom Schnitt $t-t$ liegenden Trägerteil gilt $M_{m0} + O_{m+1}\,h + X_a\,y_m = 0$, oder

$$O_{m+1} = -\frac{M_{m0} + X_a\,y_m}{h}.$$

Zur Bestimmung der Einflußlinie für die Spannkraft im Stabe D_m denke man sich wieder den Schnitt $t-t$ gelegt und schreibe die Bedingung $\sum V = 0$ an. Diese lautet, wenn α den Neigungswinkel des vom Schnitt getroffenen Bogengliedes gegen die Horizontale bezeichnet:

$$X_a\,\mathrm{tg}\,\alpha - D_m\,\sin\varphi + Q_0 = 0\,,$$

wobei Q_0 die Querkraft in dem vom Schnitt getroffenen Feld des einfachen Balkens $A\,B$ angibt. Somit wird

$$D_m\,\sin\varphi = Q_0 + X_a\,\mathrm{tg}\,\alpha$$

oder

$$D_m = \frac{\mathrm{tg}\,\alpha}{\sin\varphi}\,(Q_0\,\mathrm{ctg}\,\alpha + X_a)\,.$$

Man erhält also die Einflußfläche für D_m, indem man zu der mit $\mathrm{ctg}\,\alpha$ multiplizierten Einflußfläche für Q_0 diejenige für X_a addiert. Ihr Multiplikator ist $\mu = \dfrac{\mathrm{tg}\,\alpha}{\sin\varphi}$ (Abb. 355 c).

Eine gleichmäßige Temperaturänderung aller Stäbe erzeugt keine Stabspannungen (vgl. S. 293). Ändert sich dagegen die Temperatur der Bogengurtung um $t_1°$, diejenige des Versteifungsträgers und der Hängestangen um $t_2°$, so wird

$$X_{a_t} = - \frac{\delta_{at}}{\delta_{aa}} = - \frac{\Sigma_I S_a \, \varepsilon t \, t_2 \, s + \Sigma_{II} S_a \, \varepsilon t \, (t_1 - t_2) \, s}{\delta_{aa}},$$

wobei sich Σ_I über alle Stäbe des Systems, Σ_{II} dagegen nur über die Stäbe der Bogengurtung erstreckt. Wegen $\Sigma_I = 0$ ergibt sich:

$$X_{a_t} = \frac{E \, F_c \, \varepsilon t \, (t_2 - t_1) \, \Sigma_{II} S_a \, s}{\Sigma S_a^2 \, s \, \dfrac{F_c}{F}}.$$

b) Gelenkbogen mit oberem Versteifungsträger

Das in Abb. 356 skizzierte Tragwerk besteht aus einem einfachen Balken mit einem festen Lager A und einem verschieblichen Lager B, welcher vermittels

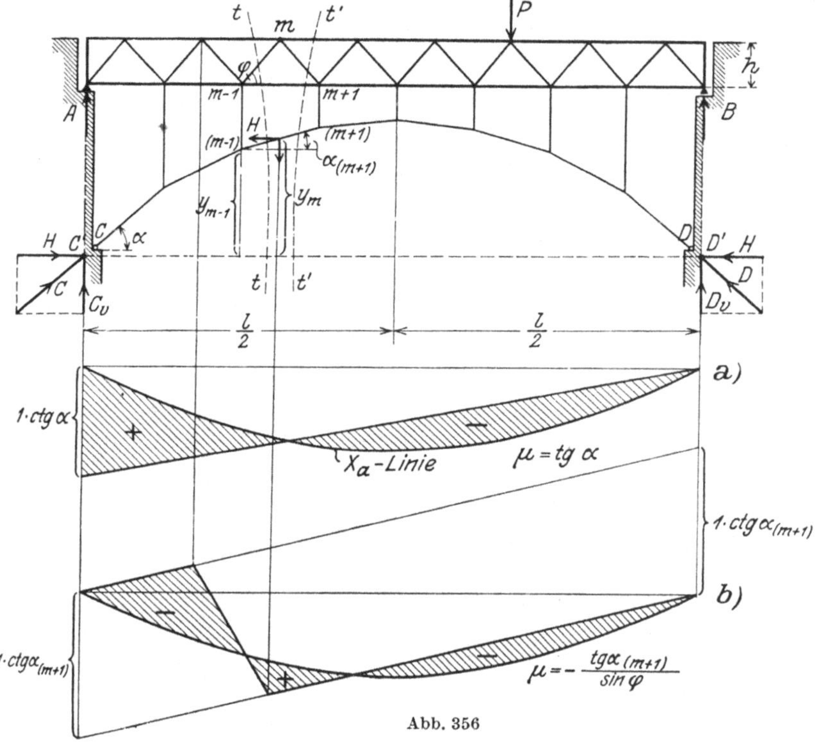

Abb. 356

vertikaler Ständer mit dem darunterliegenden Gelenkbogen CD in Verbindung steht und diesen versteift. Das System ist einfach statisch unbestimmt. Die Belastung möge aus senkrechten, am Obergurt des Versteifungsträgers angreifenden Einzellasten bestehen.

Verlängert man die Achse des letzten Bogengliedes bei C bis zum Schnitt C' mit der Auflagersenkrechten durch A und zerlegt den Kämpferdruck C des Bogens in C' nach seiner vertikalen Komponente C_v und seiner horizontalen Komponente H, und entsprechend den Kämpferdruck D in D' nach D_v und H, so sind die Summen der senkrechten Lagerkräfte $(A + C_v)$ bzw. $(B + D_v)$ gleich den Auflagerkräften A_0 bzw. B_0 eines einfachen Balkens von der Stützweite l, wovon man sich durch Anschreiben der Momentengleichungen für die Stützpunkte B bzw. A überzeugt. Zwischen C_v und H besteht ferner die Beziehung

$$C_v = H \, \mathrm{tg}\,\alpha, \tag{100}$$

wenn α den Neigungswinkel des letzten Bogengliedes gegen die Horizontale angibt. Demnach wird

$$A = A_0 - H\,\mathrm{tg}\,\alpha \atop B = B_0 - H\,\mathrm{tg}\,\alpha \biggr\} \, . \qquad\qquad (101)$$

Durch die Gln. (100) und (101) sind die senkrechten Lagerkräfte gegeben, sobald der Horizontalschub H des Bogens bekannt ist. Führt man letzteren als statisch unbestimmte Größe X_a ein, so lassen sich die Spannkräfte S_a infolge $X_a = 1$ in den Stäben der Bogengurtung und den Zwischenständern in der unter Absatz a) dieses Kapitels besprochenen Weise sofort anschreiben, wobei jedoch zu beachten ist, daß sowohl in der Bogengurtung als auch in den Zwischenständern sämtliche S_a negative Werte annehmen.

Für den Belastungszustand $X_a = 1$ liefert die Momentengleichung in bezug auf den Punkt B:

$$(A_a + C_{v_a})\,l = 0 \qquad \text{oder} \qquad A_a + C_{v_a} = 0\,.$$

Man erhält also das Moment für den Knotenpunkt m des Versteifungsträgers

$$M_{ma} = -1\,y_m\,,$$

wenn y_m diejenige Ordinate darstellt, welche auf der Senkrechten durch m von der Bogenachse und der Sehne $C'-D'$ abgeschnitten wird (Abb. 356). Bezeichnet h die Höhe des parallelen Versteifungsträgers, so ergeben sich infolge $X_a = 1$ die Spannkräfte in den Obergurtstäben dieses Trägers $O_a = \dfrac{y}{h}$ und in den Untergurtstäben $U_a = -\dfrac{y}{h}$, wobei jeweils die dem zugehörigen Bezugspunkt entsprechende Ordinate y einzusetzen ist.

Zur Bestimmung der Spannkraft D_{ma} lege man einen Schnitt $t-t$ durch das System und bilde $\sum V = 0$. Dann ergibt sich mit den Bezeichnungen der Abb. 356

$$0 = D_{ma}\sin\varphi - 1\,\mathrm{tg}\,\alpha_{(m+1)}\,, \qquad D_{ma} = 1\,\frac{\mathrm{tg}\,\alpha_{(m+1)}}{\sin\varphi}\,.$$

Entsprechend findet man für die Diagonale D_{m+1}

$$D_{(m+1)a} = -1\,\frac{\mathrm{tg}\,\alpha_{(m+1)}}{\sin\varphi} = -D_{ma}\,.$$

Mit Hilfe der vorstehenden Erläuterungen können alle Spannkräfte S_a ermittelt werden. Der Einfluß einer am Obergurt des Versteifungsträgers angreifenden Last 1 auf X_a ist

$$X_{a\,(P=1)} = -\,\frac{1\,\delta_{ma}}{\delta_{aa}}\,.$$

Um also die Einflußlinie für $X_a = H$ zu finden, hat man nur mit Hilfe der Gewichte $EF_c\,W_m = \sum \overline{S}\,S_a\,s\dfrac{F_c}{F'}$ die Biegungslinie des belasteten Gurtes zu zeichnen und deren Ordinaten mit $-\dfrac{1}{E\,F_c\,\delta_{aa}} = -\dfrac{1}{\sum S_a^2\,s\dfrac{F_c}{F}}$ zu multiplizieren.

Ist die Einflußlinie für X_a gefunden, so läßt sich auch diejenige für den Stützendruck A des Versteifungsträgers unter Beachtung der Gl. (101) zeichnen. Setzt man nämlich

$$A = \mathrm{tg}\,\alpha\,(A_0\,\mathrm{ctg}\,\alpha - X_a)\,,$$

so ergibt sich die Einflußfläche für A als Differenz der mit $\mathrm{ctg}\,\alpha$ multiplizierten Einflußfläche für A_0 und derjenigen für X_a. Ihr Multiplikator ist $\mu = \mathrm{tg}\,\alpha$ (Abb. 356a).

20*

Für das Moment an der Stelle m gilt:

$$M_m = M_{m0} + M_{ma} X_a = y_m \left(\frac{M_{m0}}{y_m} - X_a \right).$$

Die Einflußlinien der Knotenpunktsmomente können mit Hilfe der vorstehenden Beziehung aufgetragen werden. Aus ihnen werden diejenigen für die Gurtspannkräfte abgeleitet.

Zur Bestimmung der Einflußlinie für die Diagonalkraft D_m bildet man zunächst $\sum V = 0$ für alle am Trägerteil links vom Schnitt t—t (Abb. 356) angreifenden Kräfte und erhält

$$Q_{m0} + D_m \sin\varphi - X_a \, \mathrm{tg}\,\alpha_{(m+1)} = 0 \, .$$

Hierin bezeichnet Q_{m0} die Querkraft des einfachen Balkens A—B in dem vom Schnitt getroffenen Feld des belasteten Gurtes und $\alpha_{(m+1)}$ den Neigungswinkel des geschnittenen Bogenstabes. Nach D_m aufgelöst ergibt sich:

$$D_m = - \frac{\mathrm{tg}\,\alpha_{(m+1)}}{\sin\varphi} \left(Q_{m0} \, \mathrm{ctg}\,\alpha_{(m+1)} - X_a \right) .$$

Mit Hilfe dieser Beziehung kann die Einflußlinie für D_m aufgetragen werden (Abb. 356b).

Eine gleichmäßige Temperaturänderung des Systems um $t°$ erzeugt einen Horizontalschub

$$H_t = X_{a_t} = - \frac{\delta_{at}}{\delta_{aa}} = - \frac{\varepsilon_t \, t \, E \, F_c \sum S_a \, s}{\sum S_a^2 \, s \, \dfrac{F_c}{F}} .$$

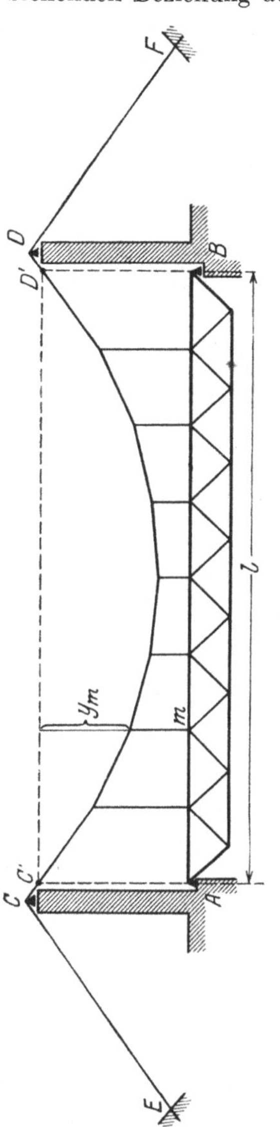

Abb. 357

c) Durch einen Fachwerkbalken versteifte Kette

Das in Abb. 357 dargestellte Tragwerk besteht aus einem einfachen Fachwerkbalken A—B, welcher bei A fest, bei B verschieblich gelagert ist und durch senkrechte Zugstangen mit der Kette E—C—D—F in Verbindung steht. Letztere ist in den Punkten E und F fest verankert und außerdem bei C und D verschieblich gelagert. Statisch betrachtet ist das vorliegende System die Umkehrung des unter Absatz b) dieses Kapitels besprochenen versteiften Gelenkbogens. Die Untersuchung erfolgt demgemäß in ganz analoger Weise wie dort angegeben. Als statisch unbestimmte Größe X_a wird die Horizontalprojektion des Kettenzuges eingeführt. Zu beachten ist, daß hier auch die „Rückhaltketten" E—C und F—D einen Beitrag zur Größe δ_{aa} liefern. Im übrigen kann die Berechnung des Systems nach den unter b) angegebenen Erläuterungen durchgeführt werden.

7. Durch einen über drei Öffnungen laufenden Vollwandträger versteifte Kette[1]

Das in Abb. 358 skizzierte System besteht aus der Kette $C\,A'\,B'\,D$ und dem sie versteifenden kontinuierlichen Träger $C\,A\,B\,D$. Die Verbindung beider ist

---

[1] Vgl. hierzu M. GRÜNING: Statik des ebenen Tragwerks S. 383, Berlin 1925, und W. SCHACHENMEIER: Z. VDI 1915 S. 437.

wieder durch Hängestangen bewirkt. Bei A ist ein festes, bei B, C und D sind horizontal verschiebliche Lager angeordnet.

Das System ist dreifach statisch unbestimmt. Als statisch unbestimmte Einzelwirkungen werden die Horizontalprojektion $H = Y_1$ des Kettenzuges so-

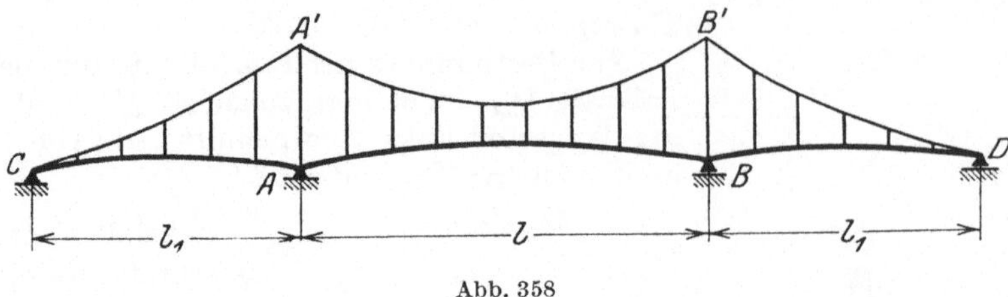

Abb. 358

wie die Stützmomente $M_A = Y_2$ und $M_B = Y_3$ des Versteifungsträgers eingeführt und als Funktionen der Belastungen X_a, X_b, X_c dargestellt (vgl. S. 191):

$$Y_1 = X_a\,Y_{1a} + X_b\,Y_{1b} + X_c\,Y_{1c}$$
$$Y_2 = X_a\,Y_{2a} + X_b\,Y_{2b} + X_c\,Y_{2c}$$
$$Y_3 = X_a\,Y_{3a} + X_b\,Y_{3b} + X_c\,Y_{3c}$$

	X_a	X_b	X_c
Y_1	1	v	0
Y_2	0	1	1
Y_3	0	1	-1

(102)

Da hier hinsichtlich der Wahl der drei überzähligen Glieder dieselbe Symmetrie besteht wie bei dem auf S. 301 besprochenen eingespannten Fachwerk-

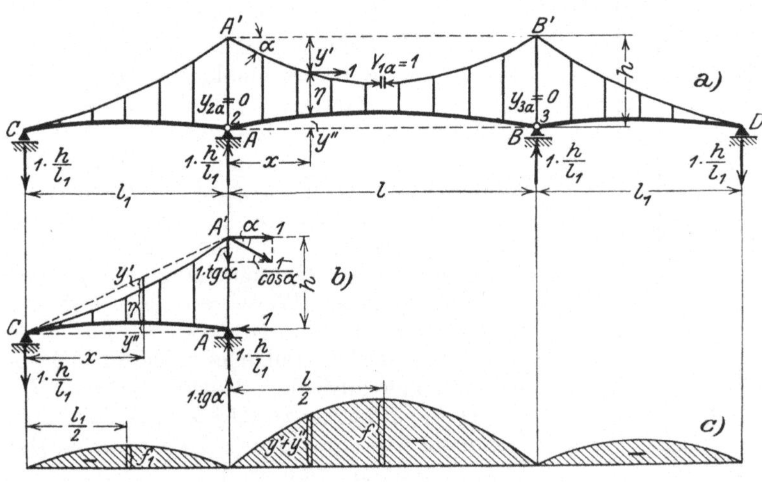

Abb. 359

bogen, so können die Gruppenlasten genau wie dort nach beistehendem Schema eingeführt werden, in dem wieder $v = -\,2\,\dfrac{\delta_{2a}}{\delta_{1a}}$ zu setzen ist.

Der Zustand $X_a = 1$, welcher nur *eine* Gruppenlast Y_{1a} aufweist, ist in Abb. 359a dargestellt. Betrachtet man zuerst den Balken CAA' als selbständigen Träger, indem man unmittelbar rechts von der Vertikalen V_A einen Schnitt durch das Gelenk 2 legt, so wirkt auf den Träger in A' die unter dem Winkel α

geneigte Kraft $\dfrac{1}{\cos\alpha}$, welche an der Stütze C die Reaktion $C_a = -\dfrac{1\,h}{l_1}$ erzeugt (Abb. 359 b). An der Stelle x des Balkens wirkt das Moment

$$M_a = -\frac{1\,h}{l_1}\,x + 1\,\eta\,,$$

wenn η die Ordinate bezeichnet, die auf der Senkrechten im Abstande x von C durch die Kette und die Achse des Versteifungsträgers abgeschnitten wird. Nun ist aber $\dfrac{h}{l_1}\,x$ gleich der von den Geraden $C\,A$ und $C\,A'$ auf der Senkrechten im Abstande x von C begrenzten Strecke, woraus mit den Bezeichnungen der Abb. 359 b folgt

$$M_a = -1\,(y' + y'')\,.$$

Die gleiche Beziehung ergibt sich für den Balkenteil $D\,B$. Nachdem durch vorstehende Überlegung $C_a = D_a = -\dfrac{h}{l_1}$ gefunden sind, liefert die Momentengleichung in bezug auf den Punkt B

$$-1\frac{h}{l_1}\,(l_1 + l) + A_a\,l + 1\frac{h}{l_1}\,l_1 = 0\,,$$

woraus folgt:

$$A_a = 1\frac{h}{l_1}\,, \quad \text{und wegen} \quad \sum V = 0: \quad B_a = A_a\,.$$

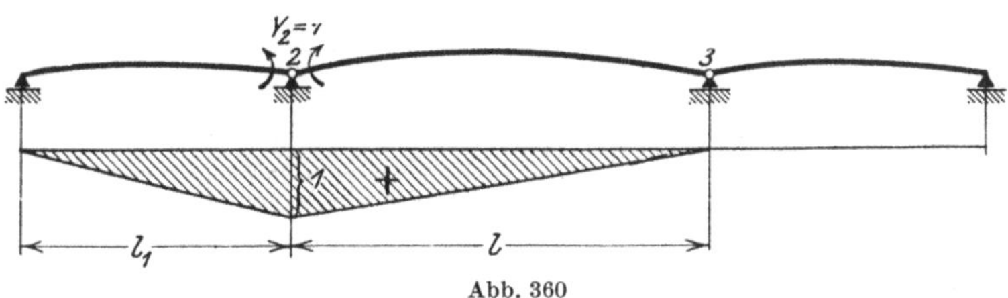

Abb. 360

Für das Moment an der Stelle x der Mittelöffnung (Abb. 359 a) erhält man jetzt:

$$M_a = -1\frac{h}{l_1}\,(l_1 + x) + 1\frac{h}{l_1}\,x + 1\,\eta = -(y' + y'')\,,$$

wobei y' und y'' wieder die aus der Figur ersichtliche Bedeutung haben.

Wegen der bestehenden Symmetrie des Zustandes $X_a = 1$ ist $\delta_{2a} = \delta_{3a}$, wo

$$E\,J_c\,\delta_{2a} = \int \overline{M}_2\,M_a\,\frac{J_c}{J}\,ds\,.$$

Die virtuellen Momente $\overline{M}_2$ ergeben sich aus der Momentenfläche für den Zustand $Y_2 = 1$ (Abb. 360).

Gewöhnlich können die Kettenlinien durch Parabeln ersetzt werden. Nimmt man auch für den Versteifungsträger eine parabelförmige Krümmung an und setzt dessen Trägheitsmoment als konstant voraus, so ergibt sich unter Beachtung der Gl. (25) S. 188

$$E\,J\,\delta_{2a} = -\frac{1}{l_1}\frac{2}{3}\,f_1\,l_1\frac{l_1}{2} - \frac{1}{l}\frac{2}{3}\,f\,l\frac{l}{2} = -\frac{1}{3}\,(f_1\,l_1 + f\,l)\,,$$

wenn f bzw. f_1 die Pfeilhöhen der Parabeln bedeuten, aus denen sich die M_a-Fläche Abb. 359 c zusammensetzt. Ferner ist nach Gl. (26) S. 188

$$\int M_a^2\,ds = 2\left(2\frac{2}{3}\,f_1\,l_1\frac{2}{5}\,f_1 + \frac{2}{3}\,f\,l\frac{2}{5}\,f\right) = \frac{8}{15}\,(2\,f_1^2\,l_1 + f^2\,l)\,.$$

Bezeichnet allgemein S_k die Spannkraft und α_k den Neigungswinkel des k-ten Kettengliedes gegen die Horizontale, so ist

$$S_{ka} = \frac{1}{\cos\alpha_k}\,;\quad S_{(k+1)a} = \frac{1}{\cos\alpha_{k+1}}\,.$$

Weiter gilt für die Spannkraft der durch den Punkt k gehenden Hängestange infolge $X_a = 1$

$$Z_{ka} = 1\,(\mathrm{tg}\,\alpha_k - \mathrm{tg}\,\alpha_{k+1})\,.$$

Man erhält also mit $N_a = -1$ im Versteifungsträger (diese Annahme ist wegen der schwachen Krümmung des Versteifungsträgers zulässig) unter Vernachlässigung von Querkräften:

$$EJ\,\delta_{1a} = EJ\,\delta_{aa} = \int M_a^2\,ds + \int N_a^2\,\frac{J}{F}\,ds + \Sigma\,S_a^2\,s\,\frac{J}{F}$$

$$= \frac{8}{15}\,(2\,f_1^2\,l_1 + f^2\,l) + 1\,\frac{J}{F}\,(2\,l_1 + l) + \frac{J}{F_s}\,\Sigma\,\frac{s_k}{\cos^2\alpha_k} +$$

$$+ \frac{J}{F_z}\,\Sigma\,z_k\,(\mathrm{tg}\,\alpha_k - \mathrm{tg}\,\alpha_{k+1})^2\,,$$

wenn s_k die Länge des k-ten Kettengliedes und z_k diejenige der k-ten Hängestange bedeuten, ferner F_s den konstant angenommenen Querschnitt der Ketten-

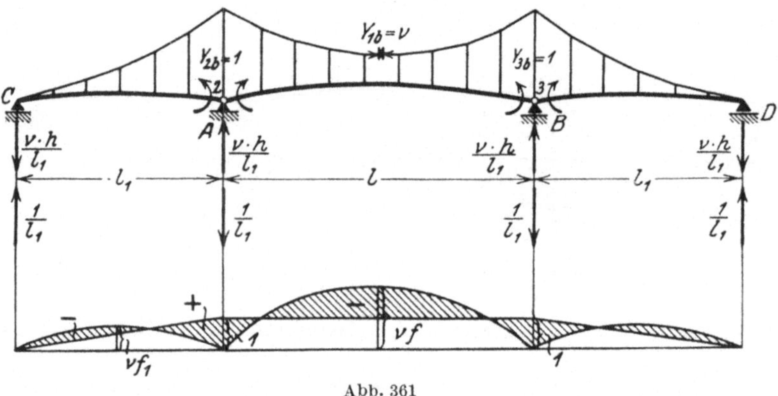

Abb. 361

glieder, F_z denjenigen der Hängestangen und F denjenigen des Versteifungsträgers bezeichnen.

Nun kann auch die Gruppenlast $Y_{1b} = \nu = -2\,\dfrac{\delta_{2a}}{\delta_{1a}}$ mit Hilfe der vorstehend für δ_{2a} und δ_{1a} berechneten Werte bestimmt werden. Sie wird positiv da δ_{2a} negativ ist. Damit ist der Belastungszustand $X_b = 1$ festgelegt (Abb. 361)

Die M_b-Fläche besteht aus drei Parabeln mit den Pfeilhöhen $-\nu\,f_1$ bzw. $-\nu\,f$, zu denen in den Außenfeldern je ein rechtwinkliges Dreieck von der Höhe 1 unter den Mittelstützen und im Mittelfeld ein Rechteck von der Höhe 1 zu addieren sind. Mit Hilfe der M_b-Fläche findet man nach Einführung der Parabelordinate $y = \dfrac{4\,f\,x\,(l-x)}{l^2}$

$$\int M_b^2\,ds = 2\int_0^{l_1}\!\left(1\,\frac{x}{l_1} - \frac{4\,\nu\,f_1\,x\,(l_1-x)}{l_1^2}\right)^2 dx + \int_0^{l}\!\left(1 - \frac{4\,\nu\,f\,x\,(l-x)}{l^2}\right)^2 dx$$

$$= \frac{2\,l_1}{3}\left(1 - 2\,\nu\,f_1 + \frac{8}{5}\,\nu^2\,f_1^2\right) + l\left(1 - \frac{4}{3}\,\nu\,f + \frac{8}{15}\,\nu^2\,f^2\right).$$

Nun wird

$$EJ\,\delta_{bb} = \int M_b^2\,ds + \frac{J}{F}\int N_b^2\,ds + \sum S_b^2\,s\,\frac{J}{F}$$

$$= \int M_b^2\,ds + \frac{J}{F}\,v^2\,(2\,l_1 + l) + \frac{J}{F_s}\,v^2\sum\frac{s_k}{\cos^2\alpha_k} + \frac{J}{F_z}\,v^2\sum z_k\,(\mathrm{tg}\,\alpha_k - \mathrm{tg}\,\alpha_{k+1})^2,$$

wobei für $\int M_b^2\,ds$ der obige Ausdruck einzuführen ist.

Den Zustand $X_c = 1$ sowie die M_c-Fläche zeigt Abb. 362. Mit $N_c = 0$ und $S_c = 0$ wird unter Beachtung der Gl. (26) S. 188

$$EJ\,\delta_{cc} = \int M_c^2\,ds = 4\left(l_1 + \frac{l}{2}\right)\frac{1}{2}\,\frac{1}{3} = \frac{1}{3}\,(2\,l_1 + l).$$

Nach Erledigung dieser Vorarbeiten können die Einflußlinien für die Größen X_a, X_b, X_c bestimmt werden. Für eine über den Versteifungsträger wandernde Last 1 gilt:

$$X_{a\,(P=1)} = -1\,\frac{\delta_{ma}}{\delta_{aa}}; \quad X_{b\,(P=1)} = -1\,\frac{\delta_{mb}}{\delta_{bb}}; \quad X_{c\,(P=1)} = -1\,\frac{\delta_{mc}}{\delta_{cc}}.$$

Man erhält also die Einflußlinien für diese Größen, indem man die den Zuständen $X_a = 1$, $X_b = 1$, $X_c = 1$ entsprechenden Biegungslinien des Versteifungsträgers zeichnet und deren Ordinaten mit $\mu_a = -\dfrac{1}{\delta_{aa}}$ bzw. $\mu_b = -\dfrac{1}{\delta_{bb}}$ bzw. $\mu_c = -\dfrac{1}{\delta_{cc}}$ multipliziert. Diese Biegungslinien ergeben sich in bekannter Weise als Momentenlinien der drei einfachen Balken CA, AB und BD, wenn die M_a- bzw. M_b- bzw. M_c-Fläche als Belastungsflächen betrachtet werden. Geht man in dieser Weise vor, so findet man die Einflußordinate für X_a an der Stelle x der linken Seitenöffnung (Abb. 363):

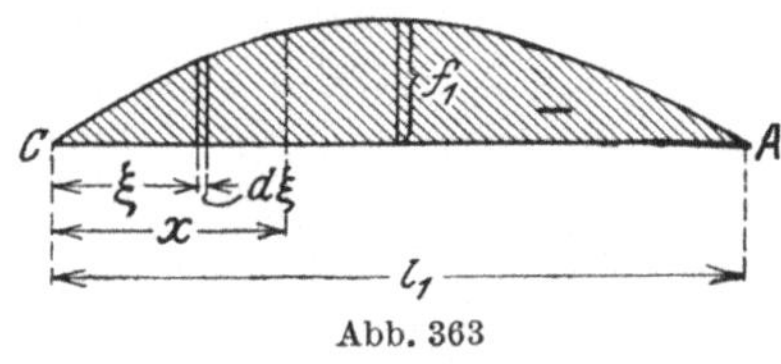

Abb. 363

$$\eta_a = \frac{1}{E\,J\,\delta_{aa}}\left[\frac{1}{3}\,f_1\,l_1\,x - \int_0^x \frac{4\,f_1\,\xi\,(l_1 - \xi)\,(x - \xi)\,d\xi}{l_1^2}\right],$$

oder nach Ausführung der Integration:

$$\eta_a = \frac{f_1\,l_1^2}{3\,E\,J\,\delta_{aa}}\left(\frac{x}{l_1} - 2\,\frac{x^3}{l_1^3} + \frac{x^4}{l_1^4}\right).$$

Der gleiche Wert gilt für die rechte Seitenöffnung. Für das Mittelfeld findet man analog:

$$\eta_a = \frac{f\,l^2}{3\,E\,J\,\delta_{aa}}\left(\frac{x}{l} - 2\,\frac{x^3}{l^3} + \frac{x^4}{l^4}\right).$$

Die Einflußordinate für X_b an der Stelle x der linken Seitenöffnung ergibt sich aus der M_b-Fläche (Abb. 361), wenn man diese wieder als Belastungsfläche auffaßt,

$$\eta_b = \frac{1}{EJ\delta_{bb}}\left[\frac{\nu f_1 l_1^2}{3}\left(\frac{x}{l_1} - 2\frac{x^3}{l_1^3} + \frac{x^4}{l_1^4}\right) - \left(\frac{1}{3}\frac{l_1}{2}x - \frac{x}{l_1}\frac{x}{2}\frac{x}{3}\right)\right].$$

$$= \frac{l_1^2}{6EJ\delta_{bb}}\left[2\nu f_1\left(\frac{x}{l_1} - 2\frac{x^3}{l_1^3} + \frac{x^4}{l_1^4}\right) - \left(\frac{x}{l_1} - \frac{x^3}{l_1^3}\right)\right].$$

Für das Mittelfeld wird:

$$\eta_b = \frac{1}{EJ\delta_{bb}}\left[\frac{\nu f l^2}{3}\left(\frac{x}{l} - 2\frac{x^3}{l^3} + \frac{x^4}{l^4}\right) - \left(\frac{l}{2}x - x\frac{x}{2}\right)\right]$$

$$= \frac{l^2}{6EJ\delta_{bb}}\left[2\nu f\left(\frac{x}{l} - 2\frac{x^3}{l^3} + \frac{x^4}{l^4}\right) - 3\left(\frac{x}{l} - \frac{x^2}{l^2}\right)\right].$$

Endlich erhält man aus der M_c-Fläche (Abb. 362) für die linke Seitenöffnung:

$$\eta_c = -\frac{l_1^2}{6EJ\delta_{cc}}\left(\frac{x}{l_1} - \frac{x^3}{l_1^3}\right),$$

für die rechte Seitenöffnung, wenn x von rechts nach links gerechnet wird:

$$\eta_c = \frac{l_1^2}{6EJ\delta_{cc}}\left(\frac{x}{l_1} - \frac{x^3}{l_1^3}\right),$$

und für die Mittelöffnung:

$$\eta_c = \frac{l^2}{6EJ\delta_{cc}}\left(\frac{x}{l} - \frac{x^3}{l^3} - \frac{x'}{l} + \frac{x'^3}{l^3}\right)$$

oder mit $x' = l - x$:

$$\eta_c = -\frac{l^2}{6EJ\delta_{cc}}\left(\frac{x}{l} - 3\frac{x^2}{l^2} + 2\frac{x^3}{l^3}\right).$$

Aus den Einflußlinien für X_a, X_b, X_c können alle übrigen abgeleitet werden. Das Moment an der Stelle m des Versteifungsträgers wird:

$$M_m = M_{m0} + M_{ma}X_a + M_{mb}X_b + M_{mc}X_c.$$

Ferner nehmen die statisch unbestimmten Einzelwirkungen nach Einführung der Gruppenlasten in die Gln. (102) die Werte an:

$$H = Y_1 = X_a + \nu X_b,$$
$$M_A = Y_2 = X_b + X_c,$$
$$M_B = Y_3 = X_b - X_c.$$

Für die Stäbe der Kette ergibt sich bei Belastung des Versteifungsträgers $S_k = \dfrac{H}{\cos\alpha_k}$ und für die Hängestangen $Z_k = H(\operatorname{tg}\alpha_k - \operatorname{tg}\alpha_{k+1})$. Deren Einflußlinien sind also bei entsprechender Wahl der Multiplikatoren durch die Einflußlinie für H mitbestimmt.

Ändert sich die Temperatur des Versteifungsträgers gleichmäßig um $t_1°$, diejenige der Kette und der Hängestangen um $t_2°$, so wird:

$$X_{a_t} = -\frac{\varepsilon t\, t_1 \int N_a\, ds + \varepsilon t\, t_2 \sum S_a\, s}{\delta_{aa}}$$

$$= EJ\frac{\varepsilon t\, t_1(2l_1 + l) - \varepsilon t\, t_2\left[\sum\dfrac{s_k}{\cos\alpha_k} + \sum z_k(\operatorname{tg}\alpha_k - \operatorname{tg}\alpha_{k+1})\right]}{EJ\,\delta_{aa}}.$$

Ferner wird mit $S_b = \nu S_a$ und $N_b = \nu N_a$:

$$X_{b_t} = EJ\,\nu\frac{\varepsilon t\, t_1(2l_1 + l) - \varepsilon t\, t_2\left[\sum\dfrac{s_k}{\cos\alpha_k} + \sum z_k(\operatorname{tg}\alpha_k - \operatorname{tg}\alpha_{k+1})\right]}{EJ\,\delta_{bb}}.$$

Infolge $X_c = 1$ sind die Kettenglieder und die Hängestangen spannungslos. Da außerdem $\int N_c\,ds = 0$ ist, so wird auch $X_{c_t} = 0$. Man findet somit

$$H_t = X_{a_t} + \nu\,X_{b_t},$$

$$M_{A_t} = M_{B_t} = X_{b_t}.$$

8. Dreifach statisch unbestimmter Bogen über drei Öffnungen

Der in Abb. 364a dargestellte Bogenträger besitzt bei C und D horizontal verschiebliche Lager, bei A und B dagegen feste. Er ist also dreifach statisch unbestimmt. Als statisch unbestimmte Einzelwirkungen sollen der Horizontal-

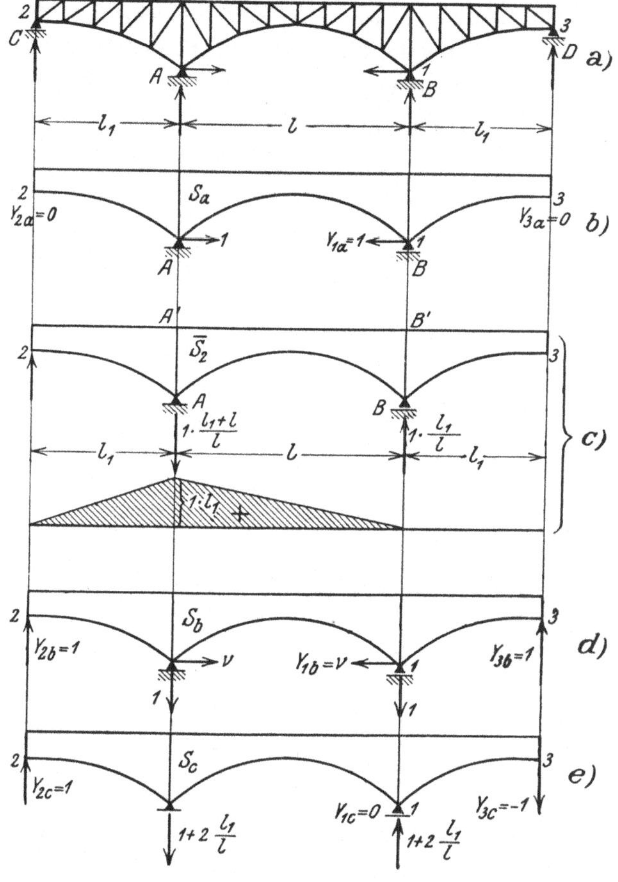

Abb. 364

schub des Bogens $H = Y_1$ sowie die Stützendrücke $C = Y_2$ und $D = Y_3$ eingeführt werden. Das statisch bestimmte Hauptsystem ist dann ein einfacher Balken $A\,B$ mit beiderseitigem Kragarm. Nun werden die Y wieder als Funktionen der Belastungen X_a, X_b, X_c in Form der Gln. (102) dargestellt und die Gruppenlasten in gleicher Weise gewählt bzw. bestimmt, wie aus der Tabelle auf S. 309 ersichtlich.

Den Zustand $X_a = 1$ zeigt Abb. 364b. Spannkräfte S_a entstehen nur im Bogen $A-B$, während die Kragarme spannungslos bleiben. Die Einflußlinie für X_a ergibt sich aus der Beziehung

$$X_{a\,(P=1)} = -\frac{EF_c\,\delta_{ma}}{EF_c\,\delta_{aa}},$$

wobei $EF_c\,\delta_{aa} = \Sigma S_a^2\, s\,\dfrac{F_c}{F}$ ist.

Man findet sie, indem man für den Lastgurt die Biegungslinie in der auf S. 293 für den Bogen G_1ABG_2 besprochenen Weise zeichnet und dieser den Multiplikator $\mu = -\dfrac{1}{EF_c\,\delta_{aa}}$ beilegt.

Zur Bestimmung der Verschiebung $EF_c\,\delta_{2a} = \Sigma \overline{S}_2\,S_a\,s\,\dfrac{F_c}{F}$ zeichnet man entweder einen Cremonaplan für den Fall, daß nur die Last 1 im Punkte 2 angreift, welcher die virtuellen Spannkräfte $\overline{S}_2$ liefert, oder man ermittelt letztere rechnerisch mit Hilfe der $\overline{M}_2$-Fläche (Abb. 364c). Da für die Kragarme sich alle S_a gleich Null ergeben, so genügt es, wenn die $\overline{S}_2$ nur für den Bogen $AA'B'B$ bestimmt werden. Nachdem $EF_c\,\delta_{1a} = EF_c\,\delta_{aa}$ und $EF_c\,\delta_{2a}$ gefunden sind, kann die Gruppenlast $Y_{1b} = -2\,\dfrac{\delta_{2a}}{\delta_{1a}} = \nu$ berechnet werden.

Den Zustand $X_b = 1$ zeigt Abb. 364d. Er liefert die Spannkräfte S_b, mit deren Hilfe die Gewichte $EF_c\,W_m = \Sigma \overline{S}\,S_b\,s\,\dfrac{F_c}{F}$ berechnet werden können. Die Einflußordinate für X_b wird aus der Bedingung gefunden:

$$X_{b\,(P=1)} = -\frac{EF_c\,\delta_{mb}}{EF_c\,\delta_{bb}}.$$

wobei $EF_c\,\delta_{bb} = \Sigma S_b^2\, s\,\dfrac{F_c}{F}$ ist.

Endlich ist in Abb. 364e der Zustand $X_c = 1$ dargestellt. Nach Ermittlung der Spannkräfte S_c berechnet man die Gewichte

$$EF_c\,W_m = \Sigma \overline{S}\,S_c\,s\,\frac{F_c}{F},$$

bestimmt mit ihrer Hilfe die Biegungslinie des Lastgurtes und daraus mittels der Beziehung

$$X_{c\,(P=1)} = -\frac{EF_c\,\delta_{mc}}{EF_c\,\delta_{cc}},$$

wobei $EF_c\,\delta_{cc} = \Sigma S_c^2\, s\,\dfrac{F_c}{F}$, die Einflußlinie für X_c.

Der Einfluß einer gleichmäßigen Temperaturänderung auf X_a, X_b, X_c ergibt sich wie folgt:

$$X_{a_t} = -\frac{EF_c\,\varepsilon_t\,t\,\Sigma S_a\,s}{\Sigma S_a^2\,s\,\dfrac{F_c}{F}},$$

$$X_{b_t} = -\frac{EF_c\,\varepsilon_t\,t\,\Sigma S_b\,s}{\Sigma S_b^2\,s\,\dfrac{F_c}{F}},$$

$$X_{c_t} = 0,$$

da infolge der gegensymmetrischen Belastung des Zustandes $X_c = 1$

$$\Sigma S_c\,s = 0$$

wird.

Sind X_a, X_b, X_c gefunden, so können mit ihrer Hilfe alle statischen Größen in bekannter Weise bestimmt werden.

9. Brückenträgerrost mit drillsteifen Hauptträgern

In Abb. 365a bezeichne H den in Kastenform ausgebildeten Querschnitt des Hauptträgers (bzw. des Versteifungsträgers einer Kette), an dem die Querträger Q_i biegungsfest angeschlossen sind (i = Ordnungsnummer). Beide Hauptträger seien an ihren beiderseitigen Auflagern *torsionsfest* eingespannt. In der Grundrißskizze Abb. 365b ist der aus Haupt- und Querträgern bestehende

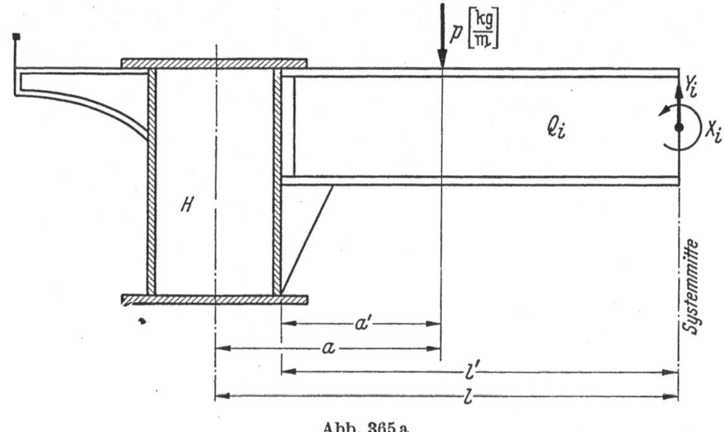

Abb. 365a

Trägerrost generell dargestellt. Bei der statischen Berechnung der Brücke soll die Drillsteifigkeit der Haupt- bzw. Versteifungsträger berücksichtigt werden. Die Querschnitte der Querträger seien als zweiflanschige (offene) Profile ausgebildet. Ihre relativ geringe Drillsteifigkeit soll bei der nachstehenden Untersuchung unberücksichtigt bleiben (vgl. dazu S. 28 und 30).

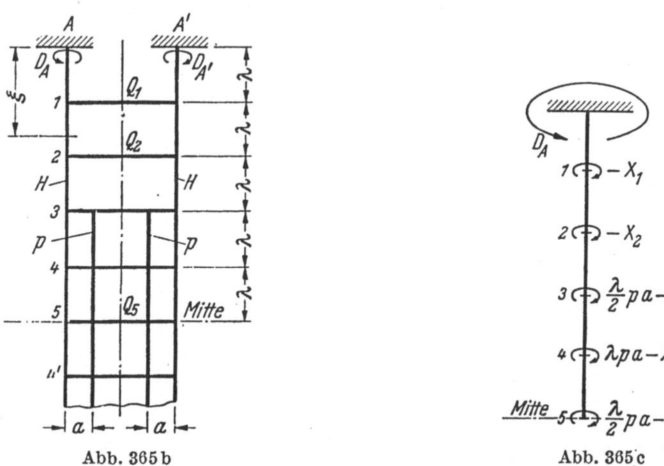

Abb. 365b   Abb. 365c

Als Belastung sei zunächst eine zur Längs- und Querachse der Brücke symmetrisch liegende Streckenlast mit konstanter Belastungsintensität $p\left[\dfrac{\text{kg}}{\text{m}}\right]$ und der Länge 4λ betrachtet (etwa zwei auf der Brücke stehende Eisenbahnzüge, Abb. 365b).

Zur Berechnung denke man sich einen Längsschnitt durch die Brückenachse gelegt. Dann treten bei *beliebiger* Belastung in den Querträgerschnitten Biegungsmomente X_i, Querkräfte Y_i, Normalkräfte N_i und Drillmomente D_i auf. Die

Normalkräfte spielen hier keine Rolle, und Drillmomente der Querträger sollen aus dem oben angeführten Grunde außer Betracht bleiben. Bei *symmetrischer* Belastung, wie sie hier zunächst vorausgesetzt wird, verschwinden auch alle Querkräfte Y_i, so daß von den Schnittkräften nur die statisch unbestimmten Biegungsmomente X_i übrigbleiben.

Die symmetrisch verteilte Streckenlast beansprucht die beiden Hauptträger gleichartig auf Biegung. Ihr Einfluß auf die Spannungen und Durchbiegungen kann bei gegebener Trägerform und Stützungsart (einfacher Balken, Durchlaufträger usw.) in bekannter Weise bestimmt werden. Außerdem werden die torsionssteif eingespannten Hauptträger aber noch durch die Streckenlast und die Momente X_i auf Torsion beansprucht. Dieser Einfluß ist Gegenstand der nachstehenden Betrachtung.

Unter der Annahme, daß die innerhalb eines Querträgerfeldes wirkende Streckenlast jeweils zu gleichen Teilen auf die benachbarten Querträger übertragen wird, ergibt sich die aus Abb. 365c ersichtliche Torsionsbelastung einer Hauptträgerhälfte. In den einzelnen Feldern entstehen damit folgende Drillmomente

$$\left.\begin{aligned}
D_{5-4} &= \frac{\lambda}{2}\,p\,a - \frac{X_5}{2} \\[2mm]
D_{4-3} &= \frac{3}{2}\,\lambda\,p\,a - \left(\frac{X_5}{2} + X_4\right) \\[2mm]
D_{3-2} &= 2\,\lambda\,p\,a - \left(\frac{X_5}{2} + X_4 + X_3\right) \\[2mm]
D_{2-1} &= 2\,\lambda\,p\,a - \left(\frac{X_5}{2} + X_4 + X_3 + X_2\right) \\[2mm]
D_{1-0} &= 2\,\lambda\,p\,a - \left(\frac{X_5}{2} + X_4 + X_3 + X_2 + X_1\right)
\end{aligned}\right\} \qquad (103)$$

Entsprechende Momente gelten für die Felder $5-4'$, $4'-3'$, $\ldots$ (Abb. 365b). Das Moment D_{1-0} bestimmt zugleich das Einspannmoment D_A.

Infolge der Momente (103) erfahren die einzelnen Querschnitte i des Hauptträgers nach Gl. (32) des ersten Abschnitts der Reihe nach die folgenden elastischen Verdrehungen (relativ gegen das starre Auflager):

$$\left.\begin{aligned}
\vartheta_1 &= \frac{\lambda}{G J_d}D_{1-0}; \quad \vartheta_2 = \frac{\lambda}{G J_d}(D_{1-0} + D_{2-1}); \\[2mm]
\vartheta_3 &= \frac{\lambda}{G J_d}(D_{1-0} + D_{2-1} + D_{3-2}); \\[2mm]
\vartheta_4 &= \frac{\lambda}{G J_d}(D_{1-0} + D_{2-1} + D_{3-2} + D_{4-3}); \\[2mm]
\vartheta_5 &= \frac{\lambda}{G J_d}(D_{1-0} + D_{2-1} + D_{3-2} + D_{4-3} + D_{5-4}).
\end{aligned}\right\} \qquad (104)$$

Dabei ist vorausgesetzt, daß der Drillungswiderstand J_d des Hauptträgers über dessen Länge als konstant angenommen werden darf. Andernfalls müssen die veränderlichen Werte in den einzelnen Feldern berücksichtigt werden.

Um die Winkel (104) würden sich mit dem Hauptträger auch die Querträger drehen, falls letztere „starr" wären. Nun muß aber — wegen der bestehenden Symmetrie — die elastische Verdrehung der Querträgerschnitte in der Brückenlängsachse zu Null werden. Die statisch unbestimmten Momente X_i sind also so zu bestimmen, daß die in Wahrheit *nicht* starren Querträger aus ihrer Last und den Momenten X_i eine Verbiegung erfahren, durch welche die Drehung ϑ_i der Querträgerschnitte rückgängig gemacht wird.

Für den elastischen Verdrehungswinkel τ_i des Endquerschnitts eines am Hauptträger steif eingespannten Querträgers gilt nach S. 126

$$\tau_i = \int\limits_{(l')} \frac{\overline{M}_x \, M_x \, d_x}{E\,J}, \qquad (105)$$

wo M_x das wirkliche Querträgerbiegungsmoment am Orte x (bzw. x', Abb. 365 d) ist, und $\overline{M}_x = 1$ das Moment aus der Belastung des Endquerschnitts durch das virtuelle Moment $\overline{M} = 1$. Bezeichnet $n_i \lambda p$ (n_i = Zahl) die auf die einzelnen Querträger i entfallende Streckenlast, und wird konstantes Trägheitsmoment J vorausgesetzt, so folgt aus (105) wegen

$$M_x = X_i \quad \text{und} \quad M_{x'} = X_i - n_i \lambda p \, x' \qquad (106)$$

$$\tau_i = \frac{1}{E\,J}\Big(X_i\, l' - n_i \lambda p \int\limits_{x'=0}^{x'=a'} x'\, d x'\Big) = \frac{l'}{E\,J}\Big(X_i - \frac{n_i \lambda p\, a'^2}{2\, l'}\Big). \qquad (107)$$

Aus der Bedingung $\tau_i = \vartheta_i$ ergeben sich dann wegen (104) und (107) folgende i Elastizitätsgleichungen für die statisch unbestimmten Momente X_i:

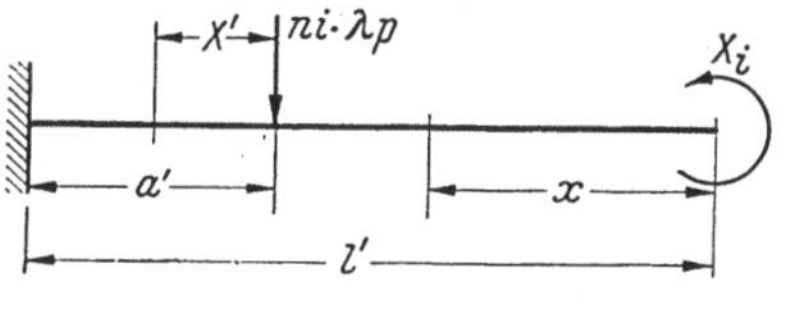

$$\frac{l'}{E\,J}\Big(X_i - \frac{n_i \lambda p\, a'^2}{2\, l'}\Big) = \frac{\lambda}{G\,J_d}$$
$$(D_{1-0} + D_{2-1} + \cdots + D_{i-(i-1)}).$$

Setzt man noch

$$\frac{E\,J\,\lambda}{G\,J_d\, l'} = k \quad \text{(Zahl)}, \qquad (108)$$

Abb. 365 d

so lauten diese Gleichungen unter Beachtung von (103) und wegen $n_1 = n_2 = 0$; $n_3 = \tfrac{1}{2}$; $n_4 = n_5 = 1$ im einzelnen

$$X_1 = k\,D_{1-0} = k\Big(2\,\lambda p\,a - \frac{X_5}{2} - \sum_{i=1}^{i=4} X_i\Big)$$

$$X_2 = k\,(D_{1-0} + D_{2-1}) = X_1 + k\,D_{2-1} = X_1 + k\Big(2\,\lambda p\,a - \frac{1}{2}\,X_5 - \sum_{i=2}^{i=4} X_i\Big)$$

$$X_3 = \frac{\lambda p\,a'^2}{4\,l'} + k\,(D_{1-0} + D_{2-1} + D_{3-2}) = \frac{\lambda p\,a'^2}{4\,l'} + X_2 + k\,D_{3-2}$$

$$\quad = \frac{\lambda p\,a'^2}{4\,l'} + X_2 + k\Big(2\,\lambda p\,a - \frac{1}{2}\,X_5 - \sum_{i=3}^{i=4} X_i\Big)$$

$$X_4 = \frac{\lambda p\,a'^2}{2\,l'} + k\,(D_{1-0} + \cdots + D_{4-3}) = \frac{\lambda p\,a'^2}{2\,l'} + X_3 - \frac{\lambda p\,a'^2}{4\,l'} + k\,D_{4-3}$$

$$\quad = \frac{\lambda p\,a'^2}{4\,l'} + X_3 + k\Big(\frac{3}{2}\,\lambda p\,a - \frac{1}{2}\,X_5 - X_4\Big)$$

$$X_5 = \frac{\lambda p\,a'^2}{2\,l'} + k\,(D_{1-0} + \cdots + D_{5-4}) = X_4 + k\,D_{5-4}$$

$$\quad = X_4 + k\Big(\frac{\lambda}{2}\,p\,a - \frac{X_5}{2}\Big).$$

$$\left.\phantom{\begin{matrix}X\\X\\X\\X\\X\\X\\X\\X\\X\\X\end{matrix}}\right\} (109)$$

Aus der ersten und zweiten Gl. von (109) folgt durch Subtraktion

$$X_2 - X_1 = X_1 + k\,X_1$$

oder, wenn noch

$$2 + k = c$$

gesetzt wird,

$$- c\,X_1 + X_2 = 0.$$ (110)

Entsprechend aus der zweiten und dritten

$$X_3 - X_2 = \frac{\lambda\,p\,a'^2}{4\,l'} + X_2 - X_1 + k\,X_2$$

oder

$$X_1 - c\,X_2 + X_3 = \frac{\lambda\,p\,a'^2}{4\,l'}.$$ (111)

Weiter wird in analoger Weise

$$X_5 - X_4 = X_4 + k\,(-\lambda\,p\,a + X_4) - \frac{\lambda\,p\,a'^2}{4\,l'} - X_3$$

oder

$$X_5 - c\,X_4 + X_3 = -\lambda\,p\left(k\,a + \frac{a'^2}{4\,l'}\right)$$ (112)

und

$$X_4 - X_3 = X_3 - X_2 + k\left(-\frac{\lambda}{2}\,p\,a + X_3\right)$$

oder

$$X_4 - c\,X_3 + X_2 = -\frac{\lambda}{2}\,p\,a\,k.$$ (113)

Mit Hilfe der Gln. (110) und (111) lassen sich erst X_1 und X_2, und darauf mit Hilfe von (113) und (112) ebenso X_4 und X_5 durch X_3 ausdrücken. Führt man diese Werte in die dritte der Elastizitätsgl. (109) ein, so erhält diese als einzige Unbekannte das Moment X_3, das daraus berechnet werden kann. Damit können dann auch die übrigen Momente X_i und mit diesen die Momentenverteilungen der Querträger nach (106) bestimmt werden.

Zur Berechnung der Torsionsbeanspruchung der Hauptträger bestimmt man zunächst aus den Gln. (103) die in den einzelnen Feldern auftretenden Drillmomente und damit nach Gl. (30) des ersten Abschnitts die zugehörigen Schubspannungen τ, wobei die überstehenden Enden der Gurtplatten des Hauptträgerquerschnitts unberücksichtigt bleiben können, da sie nur einen ganz geringen Bruchteil des Drillmomentes aufzunehmen vermögen. Der in Gl. (108) enthaltene Drillungswiderstand J_d kann unter Beachtung des auf S. 31 Gesagten mit Hilfe der BREDTschen Formel (33) des ersten Abschnitts berechnet werden. Auch hier dürfen die überstehenden Enden der Gurtplatten unberücksichtigt bleiben.

Bisher war nur von einer symmetrischen Belastung der Brücke die Rede. Handelt es sich dagegen um eine *unsymmetrische*, etwa derart, daß nur auf der linken Brückenseite eine Streckenlast p vorhanden ist, so wird zweckmäßig eine Belastungsumordnung vorgenommen (vgl. S. 187), indem man zunächst die *symmetrische* Belastung mit $p' = \frac{p}{2}$ wie oben betrachtet, und dieser die *gegensymmetrische* mit $p' = \frac{p}{2}$ und $p'' = -\frac{p}{2}$ überlagert, woraus die wirkliche — einseitige — Belastung durch p entsteht.

Zur Betrachtung der gegensymmetrischen Belastung legt man wieder einen Längsschnitt durch die Brücke. Dann treten in den Querträgerschnitten Querkräfte Y_i auf (Abb. 365a), aber keine Biegungsmomente X_i, da in Querträgermitte ein Wendepunkt liegt. Die Elastizitätsgleichungen für die statisch unbestimmten Querkräfte Y_i ergeben sich jetzt aus der Bedingung, daß die Durchbiegungen der Querträgermitten wegen der bestehenden Gegensymmetrie zu Null werden müssen.

Der Knoten i des linken Hauptträgers biegt sich infolge der Streckenlast p' um die Strecke $\delta_i(p')$ nach abwärts, und infolge der Querkräfte Y_i um $\delta_i(y)$ nach aufwärts durch, so daß insgesamt

$$\delta_i = \delta_i(p') - \delta_i(y)$$ (114)

ist. Die $\delta_i(p')$ können bei gegebener Form des Hauptträgersystems unmittelbar berechnet werden. Dagegen hängen die $\delta_i(y)$ von den zunächst unbekannten Querkräften Y_i ab. Nach S. 153 gilt für letztere

$$\delta_i(y) = \delta_{i1}\,Y_1 + \delta_{i2}\,Y_2 + \cdots + \delta_{i5}\,Y_5 + \delta_{i4'}\,Y_{4'} + \cdots + \delta_{i1'}\,Y_{1'}.$$

Wegen $\delta_{ik} = \delta_{ki}$ und $Y_i = Y_{i'}$ (Symmetrie) folgt daraus

$$\delta_i(y) = Y_1(\delta_{1i} + \delta_{1'i}) + Y_2(\delta_{2i} + \delta_{2'i}) + \cdots + Y_5\,\delta_{5i}. \tag{115}$$

Darin bezeichnen δ_{1i}, δ_{2i}, ... die Verschiebungen der Angriffspunkte 1, 2, ... der Kräfte Y_1, Y_2, ... in Richtung dieser Kräfte, hervorgerufen durch die Belastungseinheit $\overline{Y}_i = 1$. Die Verschiebung $\delta_i(y)$ läßt sich also aus der Biegungslinie des Hauptträgers infolge der virtuellen Last $\overline{Y}_i = 1$ berechnen, wenn alle Y bekannt sind. Die Querträgermitten würden die gleichen Durchbiegungen δ_i erleiden wie der Hauptträger, falls keine Verwindung des Hauptträgers und keine Verbiegung der Querträger eintreten würde. Bei der Verwindung des Hauptträgers (infolge der Streckenlast und der Querkräfte Y_i) werden indessen die Querträger mit gedreht, wobei die Querträgermitten die lotrechte Verschiebung $l\,\vartheta_i$ erfahren, wenn ϑ_i wieder den elastischen Verdrehungswinkel des Hauptträgers am Orte i bezeichnet. Schließlich erleidet die Mitte des am Hauptträger fest eingespannten Querträgers aus der Biegung infolge der Streckenlast $n_i\,\lambda\,p$ und der Querkraft Y_i noch eine lotrechte Verschiebung f_i. Für jeden Querträger gilt also nach dem oben Gesagten die Elastizitätsbedingung

$$\delta_i(p') - \delta_i(y) + l\,\vartheta_i + f_i = 0. \tag{116}$$

Mit Hilfe dieser Bedingung lassen sich die Elastizitätsgleichungen für die statisch unbestimmten Querkräfte Y_i in ähnlicher Weise aufstellen, wie dies im Falle der symmetrischen Belastung oben gezeigt wurde. Indessen ist die Auflösung dieser Gleichungen wesentlich umständlicher als dort, da die $\delta_i(y)$ von *allen* Y_i abhängen. Man kann dabei entweder die Gausssche Eliminationsmethode benutzen (vgl. S. 184) oder die Gleichungen durch Iteration lösen (S. 186), wobei man zweckmäßig von geeigneten Näherungswerten für die Y_i ausgeht. Solche lassen sich z. B. erhalten, wenn man in erster Näherung die Verschiebungen $\delta_i(y)$ den $\delta_i(p')$ verhältnisgleich annimmt, also $\delta_i(y) = n\,\delta_i(p')$ setzt. Man kann dann die Elastizitätsgleichungen auf eine ähnliche Form bringen wie die Ausdrücke (110) bis (113) und darauf die Näherungswerte $Y_{i(0)}$ berechnen, die sämtlich den gemeinsamen Faktor n enthalten, der seinerseits aus einer der Gln. (115) bestimmt werden kann. Mit Hilfe dieser $Y_{i(0)}$ läßt sich dann das Gleichungssystem (116) durch Iteration lösen. Auf die Wiedergabe dieser Rechnung muß hier indessen verzichtet werden.

10. Einführung in die Theorie zweiter Ordnung (Verformungstheorie)

a) Vorbemerkung

Bei gewissen Tragwerksformen — vor allem durch Vollwandträger versteiften Hängebrücken und schlanken Bogenträgern — kann die unter Ziffer 2 des ersten Abschnitts gemachte Voraussetzung „kleiner" Formänderungen des Tragwerks nicht mehr aufrechterhalten werden. Es handelt sich dabei um mehr oder weniger stark „nachgiebige" Trägerformen, bei denen die elastischen Formänderungen — etwa des Versteifungsträgers einer Hängebrücke — von erheblichem Einfluß auf die Größe der Biegungsmomente und Querkräfte sein können. Man erkennt dies sofort, wenn man nach Abb. 357 (in der man sich jetzt das Fachwerk durch einen Vollwandträger ersetzt denke) das Biegungsmoment am Orte m in der Form anschreibt

$$M_m = M_{m0} - y_m H,$$

wobei $H = X_a$ den statisch unbestimmten Horizontalzug der Kette bezeichnet. Da hier die Werte M_{m0} (Moment am statisch bestimmten Versteifungsträger ohne Kette) und $y_m H$ von gleicher Größenordnung sind, so werden schon relativ kleine Änderungen der Ordinaten y_m von erheblichem Einfluß auf die Größe der wirklichen Momente M_m sein können. Aus diesem Grunde ist es notwendig, den Einfluß der Verformungen des Versteifungsträgers und der Kette von vornherein zu berücksichtigen. Die auf dieser Überlegung fußenden Untersuchungen werden als „Theorie zweiter Ordnung" oder auch — weniger zutreffend — als „Verformungstheorie" bezeichnet.

Bei versteiften Hängebrücken, für welche diese Theorie von besonderer Wichtigkeit ist, ergeben sich damit *kleinere* Momente und Querkräfte der Versteifungsträger als nach der Theorie erster Ordnung. Der damit im Zusammenhang stehende wirtschaftliche Vorteil rechtfertigt also allein schon die Anwendung der genaueren Theorie.

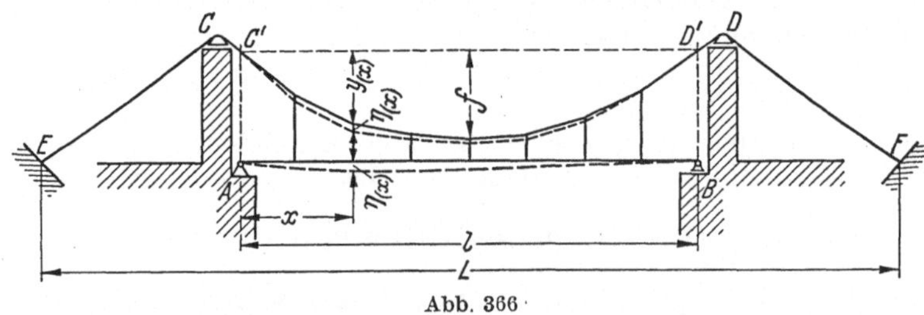

Abb. 366

b) Verankerte Hängebrücken[1]

Die genaue Berücksichtigung *aller* Formänderungen des Tragwerks führt zu recht umfangreichen Rechnungen[2]. Es werden deshalb i. allg. nur die *senkrechten* Verschiebungen des Versteifungsträgers und der Kette in Rechnung gesetzt und die Längenänderungen der Hängestangen vernachlässigt. Unter dieser Voraussetzung können die Durchbiegungen des Versteifungsträgers gleich den lotrechten Verschiebungen der entsprechenden Kettenpunkte gesetzt und außerdem die Schrägstellung der Hängestangen (infolge relativer Horizontalverschiebung der Kettenpunkte gegen die entsprechenden Punkte des Versteifungsträgers) vernachlässigt werden.

Bei der Montage von Hängebrücken geht man i. allg. so vor, daß die gesamte *ständige* Last der Brücke (Eigengewicht) allein von der Kette (und den Hängestangen) aufgenommen wird. Der Versteifungsträger erhält durch diese Maßnahme also nur Spannungen infolge der *beweglichen* (Verkehrs-) Belastung und eventueller Temperaturänderungen.

Da es sich bei der nachfolgenden Darstellung nur um eine prinzipielle Erörterung des Rechnungsganges handeln kann, soll der weiteren Betrachtung ein Tragwerk zugrunde gelegt werden, bei dem der Versteifungsträger ein auf zwei Stützen statisch bestimmt gelagerter Balken ist[3]. Man hat es also mit einem System zu tun, daß demjenigen der Abb. 357 identisch ist, wenn man dort den Fachwerkträger durch einen Vollwandbalken ersetzt (Abb. 366).

---

[1] Vgl. dazu H. H. BLEICH: Die Berechnung verankerter Hängebrücken. Wien 1935.

[2] Angaben darüber sind zu finden bei K. KLÖPPEL und K. H. LIE: Nebeneinflüsse bei der Berechnung von Hängebrücken nach der Theorie II. Ordnung. Forschungshefte auf dem Gebiete des Stahlbaues. Heft 5 (1942).

[3] Im übrigen sei auf die oben angegebenen und die weiter unten genannten Arbeiten verwiesen.

Im folgenden bezeichnen: $g(x)\left[\dfrac{\mathrm{kg}}{\mathrm{m}}\right]$ die Belastungsordinate der *ständigen* Last am Orte x des Versteifungsträgers, $p(x)$ diejenige der *Verkehrslast*, H_g den Horizontalzug der Kette aus der ständigen Last und H denjenigen, der aus ständiger und Verkehrslast entsteht. Da letztere zum Teil vom Versteifungsbalken (p_b), zum andern von der Kette (p_k) aufgenommen wird, sei $p = p_b + p_k$ und entsprechend $H = H_g + H_k$ gesetzt. Die Ordinaten der Kette — gerechnet von der Horizontalen $C'D'$ aus (Abb. 366) — seien nach erfolgter Aufbringung der ständigen Last mit $y(x)$ bezeichnet. Infolge der Verkehrslast werden sie um $\eta(x)$ vergrößert, wobei die $\eta(x)$ nach der oben getroffenen Festsetzung gleich den Durchbiegungen des Versteifungsträgers am Orte x nach Aufbringung der Verkehrslast sind. Dabei sollen die Feldlängen zwischen den einzelnen Hängestangen (theoretisch) als beliebig klein angenommen werden.

Dann folgt aus der Differentialgleichung der elastischen Linie des Versteifungsträgers [Gl. (38a), S. 146]

$$E\,J(x)\,\frac{d^2\eta(x)}{dx^2} = -\,M(x) \tag{117}$$

durch zweimalige Differentiation nach x und unter Beachtung von Gl. (3a), S. 39

$$\frac{d^2}{dx^2}\left[E\,J(x)\,\frac{d^2\eta(x)}{dx^2}\right] = -\,\frac{d^2M(x)}{dx^2} = p_b(x). \tag{118}$$

Für die Kette kann man unter der oben gemachten Voraussetzung eng nebeneinanderliegender Hängestangen die bekannte Differentialgleichung der Seilkurve anschreiben, welche für die ständige Last $g(x)$ lautet

$$H_g\,\frac{d^2y(x)}{dx^2} = -\,g(x) \tag{119}$$

und für die Gesamtbelastung der Kette

$$H\,\frac{d^2[y(x)+\eta(x)]}{dx^2} = -\,[g(x)+p_k(x)].$$

Wegen $H = H_g + H_k$ folgt aus der letzten Gleichung

$$H_g\,\frac{d^2y(x)}{dx^2} + H_k\,\frac{d^2y(x)}{dx^2} + H\,\frac{d^2\eta(x)}{dx^2} = -\,g(x) - p_k(x)$$

oder, unter Beachtung von (119),

$$H_k\,\frac{d^2y(x)}{dx^2} + H\,\frac{d^2\eta(x)}{dx^2} = -\,p_k(x).$$

Subtrahiert man diesen Ausdruck von (118), so ergibt sich wegen $p = p_b + p_k$ als *erste Grundgleichung* des Problems

$$\frac{d^2}{dx^2}\left[E\,J(x)\,\frac{d^2\eta(x)}{dx^2}\right] - H\,\frac{d^2\eta(x)}{dx^2} = H_k\,\frac{d^2y(x)}{dx^2} + p(x). \tag{120}$$

Aus Gl. (119) kann zunächst durch zweimalige Integration unter Beachtung der Auflagerbedingungen der Kette deren Gleichgewichtsform $y = y(x)$ infolge der ständigen Last $g = g(x)$ und daraus der Horizontalzug H_g berechnet werden, sofern — wie üblich — der größte Durchhang f der Kette vorgeschrieben ist[1]. Somit sind in (120) $y(x)$ und $H_g = H - H_k$, ferner das Trägheitsmoment $J = J(x)$ und die Verkehrslast $p = p(x)$ als gegeben anzusehen. Zur Berechnung der beiden Unbekannten H (bzw. H_k) und $\eta = \eta(x)$ wird also neben (120) eine weitere Gleichung benötigt. Dazu steht die geometrische Bedingung zur Ver-

---

[1] Vgl. dazu etwa W. KAUFMANN: Einf. in die Techn. Mechanik, Bd. 1 S. 102. Berlin/Göttingen/Heidelberg 1949.

fügung, daß der Horizontalabstand $\overline{EF} = L$ der beiden Kabelverankerungen nach erfolgter Belastung der gleiche sein muß wie vorher.

In Abb. 367 stelle $\overline{m\,n} = ds$ ein Kettenelement am Orte (x, y) *vor* Aufbringung der Verkehrslast dar, $\overline{m'\,n'}$ das gleiche Element *nach* erfolgter Belastung. Die Winkel φ bzw. $\varphi + \varDelta\varphi$ geben die Kettenneigung gegen die Horizontale an. Dann wird mit den eingetragenen Bezeichnungen

$$(ds + \varDelta ds)^2 = (dx + \varDelta dx)^2 + (dy + \varDelta dy)^2,$$

woraus unter Vernachlässigung der Glieder, die klein höherer Ordnung sind, und wegen $\varDelta dy = d\eta$ folgt

$$(ds)^2 + 2\, ds\, \varDelta ds = (dx)^2 + 2\, dx\, \varDelta dx + (dy)^2 + 2\, dy\, d\eta.$$

Da aber $(ds)^2 = (dx)^2 + (dy)^2$ ist, so wird

$$ds\, \varDelta ds = dx\, \varDelta dx + dy\, d\eta$$

oder wegen $\dfrac{dx}{ds} = \cos\varphi$

$$\varDelta dx = \frac{\varDelta ds}{\cos\varphi} - d\eta\,\frac{dy}{dx}. \tag{121}$$

Nun ist nach Gl. (34) auf S. 32

$$\varDelta ds = \frac{S_k\, ds}{E F_k} + \varepsilon_t\, t\, ds,$$

wenn S_k die Spannkraft der Kette aus der Verkehrslast und F_k den zugehörigen Querschnitt bezeichnen. Der zweite Summand gibt dabei den Einfluß einer Temperaturänderung um $t°$ an. Wegen

$$S_k = S - S_g = \frac{H}{\cos(\varphi + \varDelta\varphi)} - \frac{H_g}{\cos\varphi} \approx \frac{H_k}{\cos\varphi}$$

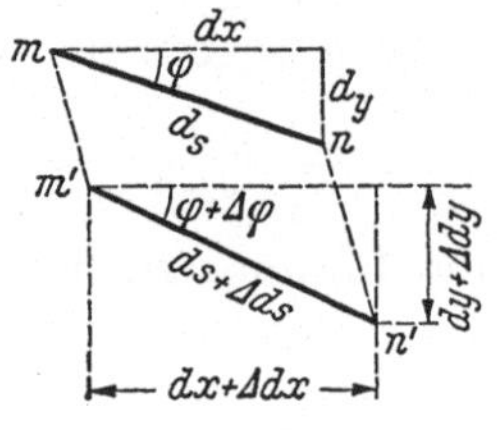

wird

$$\varDelta ds = \frac{H_k}{E F_k \cos\varphi}\,\frac{ds}{dx}\, dx + \varepsilon_t\, t\,\frac{ds}{dx}\, dx = \frac{H_k\, dx}{E F_k \cos^2\varphi} + \frac{\varepsilon_t\, t\, dx}{\cos\varphi}.$$

Setzt man diesen Ausdruck in (121) ein, so folgt schließlich

$$\varDelta dx = \frac{H_k\, dx}{E F_k \cos^3\varphi} + \frac{\varepsilon_t\, t\, dx}{\cos^2\varphi} - d\eta\,\frac{dy}{dx}. \tag{122}$$

Abb. 367

Die oben angegebene Bedingung, daß der Horizontalabstand $\overline{EF} = L$ unverändert bleibt, lautet demnach bei konstantem E-Modul

$$\int\limits_{(L)} \varDelta dx = 0 = \frac{H_k}{E} \int\limits_{(L)} \frac{dx}{F_k \cos^3\varphi} + \varepsilon_t\, t \int\limits_{(L)} \frac{dx}{\cos^2\varphi} - \int\limits_{(L)} \frac{dy}{dx}\, d\eta. \tag{123}$$

Bei gleichbleibendem Kettenquerschnitt kann F_k vor das Integralzeichen gesetzt werden. Andernfalls erweitere man den Integranden im Zähler und Nenner mit einem konstanten Bezugsquerschnitt F_{k0} und setze F_{k0} im Nenner vor das Integralzeichen.

Für das letzte Glied von (123) erhält man durch partielle Integration

$$\int\limits_{(L)} \frac{dy}{dx}\, d\eta = \left[\frac{dy}{dx}\,\eta - \int \eta\,\frac{d^2y}{dx^2}\, dx\right]_{(L)} = -\int\limits_{(L)} \eta\,\frac{d^2y}{dx^2}\, dx, \tag{123 a}$$

da für beide Integrationsgrenzen $\eta = 0$ ist. Setzt man (123a) in (123) ein, so erhält man als *zweite Grundgleichung* des Problems

$$\frac{H_k}{E F_{k0}} \int\limits_{(L)} \frac{F_{k0}}{F_k}\,\frac{dx}{\cos^3\varphi} + \varepsilon_t\, t \int\limits_{(L)} \frac{dx}{\cos^2\varphi} + \int\limits_{(L)} \eta\,\frac{d^2y}{dx^2}\, dx = 0. \tag{124}$$

Die Berechnung von H_k (bzw. $H = H_g + H_k$) und $\eta = \eta(x)$ ist damit auf die Lösung der beiden Gln. (120) und (124) zurückgeführt.

21*

Diese Gleichungen gelten zunächst ganz allgemein, sie können also sowohl für einen einzelnen Versteifungsträger (Abb. 366) als auch für Durchlaufträger über drei Öffnungen angewandt werden. Im letzteren Falle treten zu dem statisch unbestimmten Horizontalzug $H = X_a$ noch die Stützmomente X_b und X_c der Mittelstützen als weitere statisch Unbestimmte hinzu. Man kann dann zweckmäßig den Durchlaufträger als „statisch unbestimmtes Hauptsystem" einführen (vgl. S. 189).

Mit der Auflösung der Gln. (120) und (124) haben sich verschiedene Autoren beschäftigt (s. das angegebene Schrifttum). Hier möge der Gang der Rechnung nur für den einfachen Fall der Abb. 366 kurz angedeutet werden, wobei noch das Trägheitsmoment des Versteifungsbalkens als konstant angenommen sei, also $J(x) = J = \mathrm{const}$[1].

In Gl. (120) sind H und H_k für einen bestimmten Belastungsfall unveränderliche Größen. Beachtet man noch die bekannte Beziehung (S. 39)

$$p(x) = - \frac{d^2 M_0(x)}{d x^2},$$

wo $M_0(x)$ das Biegungsmoment des statisch bestimmten Versteifungsträgers (ohne Kette) infolge der Belastung $p(x)$ ist, so folgt aus (120) durch zweimalige Integration nach x

$$E J \frac{d^2 \eta}{d x^2} = H \eta + H_k y - M_0(x) + C_1 x + C_2.$$

Die Integrationskonstanten C_1 und C_2 bestimmen sich aus den Randbedingungen:

$$\left. \begin{array}{c} x = 0 \\ x = l \end{array} \right\} \quad y = 0; \quad \eta = 0; \quad M_0(x) = 0; \quad E J \frac{d^2 \eta}{d x^2} = - M(x) = 0 \quad [\text{Gl. (117)}]$$

zu $C_1 = C_2 = 0$, weshalb

$$E J \frac{d^2 \eta}{d x^2} = - M(x) = H \eta + H_k y - M_0(x). \tag{125}$$

Man erkennt daraus, daß das Glied $H \eta = (H_g + H_k)\, \eta$ wegen des großen Wertes von H_g bei weitgespannten Brücken von wesentlichem Einfluß auf die Biegungsmomente $M(x)$ des Versteifungsträgers werden kann (Theorie zweiter Ordnung). Nach Division durch H folgt aus (125) mit

$$\frac{E J}{H} = \frac{E J}{H_k + H_g} = a^2] \tag{125 a}$$

$$a^2 \frac{d^2 \eta}{d x^2} - \eta = \frac{H_k}{H_k + H_g} \left[y - \frac{M_0(x)}{H_k} \right] = \frac{H_k}{H_k + H_g} f(x). \tag{126}$$

Unter der Annahme, daß die ständige Last $g(x)$ als nahezu gleichmäßig über die Spannweite l des Versteifungsträgers angesehen werden darf, kann die Gleichgewichtsform der Kette infolge dieser Belastung als Parabel angesehen werden[2]. Damit wird

$$y = \frac{4 f}{l^2} x (l - x). \tag{127}$$

Da außerdem $M_0(x)$ bei gegebener Verkehrslast sofort berechnet werden kann, so ist (bis auf die konstante Größe H_k) $f(x)$ eine bekannte Funktion von x.

Gl. (126) stellt also eine lineare, inhomogene Differentialgleichung zweiter Ordnung mit konstanten Koeffizienten dar, die nach bekannten Methoden gelöst werden kann. Sie liefert unter Beachtung der Randbedingungen $\eta = \eta(x)$, worin der zunächst noch unbekannte Festwert H_k (bei einer bestimmten Belastung)

---

[1] Vgl. dazu H. Müller-Breslau: Statik der Baukonstruktionen, II. Bd. 2. Abt. S. 398. Leipzig 1908.
[2] Vgl. dazu W. Kaufmann: Einf. in die Techn. Mechanik, Bd. 1 S. 104. Berlin/Göttingen/Heidelberg: Springer 1949.

als Parameter erscheint. Bildet man jetzt daraus die zweite Ableitung $\dfrac{d^2\eta}{dx^2}$, so erhält man nach (117) unmittelbar das Moment $M(x)$ und wegen $Q_x = \dfrac{dM_x}{dx}$ auch die zugehörige Querkraft.

Zur Berechnung von H_k steht Gl. (124) zur Verfügung, nachdem $\eta = \eta(x)$ durch H_k ausgedrückt ist. Darin stellen die beiden ersten Integrale bei gegebener Systemform und gegebenen Querschnitten F_k der Kette Festwerte dar, die unmittelbar berechnet werden können. Das dritte Integral ist — wie die beiden anderen — an sich über die ganze Länge der Kette zu erstrecken. Da aber im vorliegenden Falle die beiden Endstücke, an denen kein Versteifungsträger hängt, nur geringen Durchhang $y(x)$ und nur kleine Änderungen $\eta(x)$ desselben erfahren, genügt es i. allg., wenn man das Integral nur über die Stützweite l des Versteifungsträgers erstreckt.

Beachtet man noch, daß wegen (127)

$$\frac{d^2 y}{dx^2} = -\frac{8f}{l^2}$$

ist, so kann Gl. (124) einfacher wie folgt geschrieben werden:

$$\frac{H_k}{EF_{k0}} \int\limits_{(L)} \frac{F_{k0}}{F_k}\,\frac{dx}{\cos^3\varphi} + \varepsilon_t t \int\limits_{(L)} \frac{dx}{\cos^2\varphi} = \frac{8f}{l^2} \int\limits_{(l)} \eta\,dx, \tag{128}$$

wobei das Integral der rechten Seite offenbar die von der Biegungslinie und „Nulllinie" des Versteifungsträgers eingeschlossene Fläche darstellt. Da $\eta = \eta(x)$ als Integral von (126) bekannt ist (s. oben), kann (128) zur Berechnung von H_k benutzt werden, womit auch die Momente $M(x)$ und Querkräfte $Q(x)$ des Versteifungsträgers sowie der gesamte Kettenzug H gefunden sind[1].

c) Bogenträger

Ähnliche Überlegungen wie die vorstehend für Hängebrücken angestellten gelten für Bogenträger. Auch bei diesen treten — streng genommen — zu der Momentengleichung (87a) von S. 284 Zusatzglieder, welche von der Verformung der Bogenachse infolge einer Verkehrsbelastung bedingt sind. Bei hoch gewölbten Bögen (große Pfeilhöhe f) ist dieser Verformungseinfluß nicht sehr erheblich und kann i. allg. unberücksichtigt bleiben. Dagegen ist bei flachen Bögen von großer Spannweite die genauere Rechnung nach der Theorie zweiter Ordnung schon deshalb erforderlich, weil — im Gegensatz zu den Hängebrücken — die Biegungsmomente durch die Zusatzglieder *vergrößert* werden.

Konnte man bei den Hängebrücken die Horizontalverschiebungen der Kette, ohne wesentliche Fehler zu begehen, vernachlässigen, so trifft dies bei Bogenträgern nicht mehr ohne weiteres zu, da hier die Zusatzmomente infolge der waagerechten Verschiebungen der Bogenachse von gleicher Größenordnung sein können wie diejenigen aus den lotrechten Verschiebungen. Dieser Sachverhalt bringt eine wesentliche Erschwerung der Aufgabe mit sich[2]. Nur bei sehr flach gespannten Bögen ist der Einfluß der lotrechten Formänderungen der entscheidendere. Vernachlässigt man in solchen Fällen wieder die waagerechten Verschiebungen, so kann die Theorie zweiter Ordnung in ganz ähnlicher Weise durchgeführt werden wie bei den Hängebrücken[3].

---

[1] Wegen weitergehenden Angaben vgl. F. Stüssi: Vorl. über Baustatik Bd. 2 S. 273, Basel/Stuttgart 1954, sowie A. Hoyden: VDI-Forsch.-Heft Nr. 452 (1955).

[2] Stüssi, F.: Vorl. über Baustatik Bd. 2 (1954) S. 231 ff. sowie F. Stüssi u. E. Amstütz: Verbesserte Formänderungstheorie verankerter Hängebrücken und Stabbogen. Schweiz. Bauztg. Bd. 16 (1940) S. 1.

[3] Vgl. dazu: H. Müller-Breslau: Statik der Baukonstr. Bd. 2, 2. Abt., S. 529 ff., Leipzig 1908, und B. Fritz: Theorie und Berechnung vollwandiger Bogenträger. Berlin 1934.

Sachverzeichnis

Die Zahlen geben die Seiten an